2023年6月26—28日，水利部部长李国英调研丹江口水库水质安全保障工作（中线水源公司 供图）

2023年6月28日，水利部部长李国英调研引江补汉工程（南水北调司 供图）

2023年8月2日，水利部部长李国英检查指导北拒马河暗渠应急抢险工作（南水北调司　供图）

2023年12月7日，为强化丹江口库区及其上游流域水质安全保障工作，水利部协调17个部委及沿线3省召开丹江口库区及其上游流域水质安全保障工作会议（南水北调司　供图）

2023年4月7日,水利部在南阳市召开南水北调工程管理工作会议(南水北调司 供图)

2023年7月30日,水利部副部长王道席一行到北拒马河暗渠穿河段工程视察防汛备汛工作(南水北调司 供图)

2023年12月11日,水利部举行"丹江口库区及其上游流域水质安全保障工作进展和成效"新闻发布会(南水北调司 供图)

2023年8月9日,水利部副部长刘伟平一行对北拒马河中支应急输水工程施工进展情况进行现场检查(南水北调司 供图)

2023年10月,丹江口水库继2021年10月以来第二次达到170.00m设计水位(中线水源公司 供图)

2023年,南水北调东线北延工程为京杭大运河补水,水生态环境越来越好(李新强 供图)

2023年,"数字孪生南水北调中线1.0"平台入选年度数字孪生水利建设十大样板名单。图为南水北调中线工程总调度中心调度运行现场展示(中国南水北调集团 供图)

2023年,南水北调东线一期工程穿黄工程获中国建设工程鲁班奖(国家优质工程)(中国南水北调集团 供图)

2023年，引江补汉工程建设加快推进，工程初步设计已全部批复，进入全面施工阶段。图为引江补汉工程二标3号平洞施工现场（中国南水北调集团　供图）

2023年7月21日，中国南水北调集团与河南省联合召开省级河湖长联席会议（南水北调司　供图）

2023年7月,中国南水北调集团有效应对海河"23·7"流域性特大洪水。图为南水北调中线易县管理处抢险队员冒雨装填沙袋备汛(中国南水北调集团 供图)

截至2023年12月31日,南水北调中线一期工程累计供水590.02亿 m^3。图为南水北调中线陶岔渠首工程(中国南水北调集团 供图)

中国南水北调年鉴
2024

China South-to-North Water Diversion Project Yearbook

中华人民共和国水利部　主管

水利部南水北调工程管理司
水利部南水北调规划设计管理局　组编

中国水利水电出版社
www.waterpub.com.cn
·北京·

《中国南水北调年鉴》在中国出版协会年鉴工作委员会主办的 2024 全国年鉴编纂出版质量检查推优活动中，获评"优秀年鉴"。

图书在版编目（CIP）数据

中国南水北调年鉴. 2024 / 水利部南水北调工程管理司，水利部南水北调规划设计管理局组编. -- 北京：中国水利水电出版社，2024. 11. -- ISBN 978-7-5226-2743-4

Ⅰ. TV68-54

中国国家版本馆CIP数据核字第2024FU3848号

封面照片为丹江口水库陶岔渠首枢纽工程

书　　名	中国南水北调年鉴2024 ZHONGGUO NANSHUI BEIDIAO NIANJIAN 2024	
	中 华 人 民 共 和 国 水 利 部　主管	
作　　者	水利部南水北调工程管理司 水利部南水北调规划设计管理局	组编
出版发行	中国水利水电出版社 （北京市海淀区玉渊潭南路1号D座　100038） 网址：www.waterpub.com.cn E-mail：sales@mwr.gov.cn 电话：（010）68545888（营销中心）	
经　　售	北京科水图书销售有限公司 电话：（010）68545874、63202643 全国各地新华书店和相关出版物销售网点	
排　　版	中国水利水电出版社微机排版中心	
印　　刷	北京印匠彩色印刷有限公司	
规　　格	184mm×260mm　16开本　25印张　583千字　4插页	
版　　次	2024年11月第1版　2024年11月第1次印刷	
定　　价	420.00元	

凡购买我社图书，如有缺页、倒页、脱页的，本社营销中心负责调换

版权所有·侵权必究

《中国南水北调年鉴》
编纂委员会

主 任 委 员： 李国英　水利部部长

副主任委员： 王道席　水利部副部长
　　　　　　　谈绪祥　北京市人民政府副市长
　　　　　　　谢　元　天津市人民政府副市长
　　　　　　　夏心旻　江苏省人民政府副省长
　　　　　　　陈　平　山东省人民政府副省长
　　　　　　　时清霜　河北省人民政府副省长
　　　　　　　孙运锋　河南省人民政府副省长
　　　　　　　盛阅春　湖北省人民政府副省长
　　　　　　　汪安南　中国南水北调集团有限公司董事长

委　　　员： 王九大　水利部规划计划司
　　　　　　　夏海霞　水利部政策法规司
　　　　　　　付　涛　水利部财务司
　　　　　　　王　健　水利部人事司
　　　　　　　张鸿星　水利部水资源管理司
　　　　　　　谭　文　水利部水库移民司
　　　　　　　许文海　水利部监督司
　　　　　　　李　勇　水利部南水北调工程管理司
　　　　　　　王　平　水利部调水管理司
　　　　　　　金　海　水利部国际合作与科技司
　　　　　　　鞠连义　水利部南水北调规划设计管理局
　　　　　　　杨国华　水利部河湖保护中心
　　　　　　　王　威　水利部长江水利委员会
　　　　　　　马水山　水利部长江水利委员会

安新代	水利部黄河水利委员会
杨　锋	水利部淮河水利委员会
户作亮	水利部海河水利委员会
刘　斌	北京市水务局
唐先奇	天津市水务局
李　娜	河北省水利厅
郑在洲	江苏省水利厅
黄红光	山东省水利厅
申季维	河南省水利厅
孙国荣	湖北省水利厅
宇　涛	陕西省水利厅
李　刚	中国南水北调集团有限公司
由国文	中国南水北调集团中线有限公司
冯旭松	中国南水北调集团东线有限公司
袁连冲	南水北调东线江苏水源有限责任公司
姜延国	南水北调东线山东干线有限责任公司
李　飞	南水北调中线水源有限责任公司
刘伦华	湖北省引江济汉工程管理局
王力军	湖北省汉江兴隆水利枢纽管理局

主　　　编：李　勇　鞠连义

副 主 编：袁其田　李志竑　马爱梅

（编委会名单收录截至 2024 年 10 月 15 日）

《中国南水北调年鉴》编纂委员会办公室

主　　任：李志竑　马爱梅

副 主 任：高立军　李　亮　关　炜

成　　员：陈桂芳　芦　珊　王泽宇　谷洪磊

特约编辑：（按姓氏笔画排序）

丁鹏齐	马　云	王子尧	王文丰	王　华
王声扬	王泽宇	王　晨	王　腾	王新雷
邓　妍	石世魁	田　枞	付　原	宁　聪
曲姿桦	朱荣进	朱树娥	刘　伟	刘青青
刘　洁	刘海杰	闫津赫	孙庆宇	孙　宇
李东奇	李庆中	李红群	李君宇	李　佳
李楠楠	杨乐乐	杨　阳	杨宏哲	吴志钢
吴志峰	吴　凯	何　珊	佟昕馨	谷洪磊
闵祥科	沈子恒	宋雨航	宋佳祺	张小俊
张怡非	张　晶	张祺帆	张　颜	陆旭昭
陈文艳	陈奕冰	陈悦云	陈鹏越	武文懿
范鹏浩	岳玉民	金　秋	周英豪	周思领
周晓霖	郑艳霞	单晨晨	赵　源	胡国琳
胡景波	柳　晗	袁浩瀚	原　雨	徐妍春雨
高定能	高逸琼	郭亚津	唐东炜	唐　祎
曹炜林	崔　萌	崔　硕	梁　祎	蒋雨彤
韩小虎	曾　钦	靳经纬	蒲　双	蔺秋生
熊　狮	潘新备	薛亚峰	霍静怡	

编辑部

主　　任：王若明

责任编辑：王若明　芦　珊

编 辑 说 明

一、《中国南水北调工程建设年鉴》创办于2005年，每年编印一卷，自2021卷起更名为《中国南水北调年鉴》。《中国南水北调年鉴》（以下简称"《年鉴》"）是逐年集中反映南水北调工程建设、运行管理、治污环保及征地移民等过程中的重要事件、技术资料、统计报表的资料性工具书。

二、《中国南水北调年鉴2024》拟全面记载2023年南水北调工程前期工作、建设管理、运行管理、质量安全、征地移民、生态环保和重大技术攻关等方面的工作情况。《年鉴》编纂委员会对2024卷编写框架进行了调整，调整后的《年鉴》包括11个类目：发展综述、特载、大事记、法规与文件、综合管理、东线一期工程、中线一期工程、后续工程、数字孪生南水北调工程、配套工程、党建工作。另有卷首专题图片和索引。

三、《年鉴》类目中包含文章、条目和表格。标有【】者为条目的题名。

四、《年鉴》所载内容文责自负。《年鉴》内容、技术数据及保密等内容均经撰稿人所在单位把关审定。

五、《年鉴》力求内容全面、资料准确、整体规范、文字简练，并注重实用性、可读性和连续性。

六、《年鉴》采用法定计量单位。技术术语、专业名词、符号等力求符合规范要求或约定俗成。

七、《年鉴》中中央国家机关和国务院机构名称、水利部相关司局和直属单位、有关省（直辖市）南水北调工程建设管理机构、相关企业、各项目法人单位等使用约定俗成的简称。例如：水利部南水北调工程管理司简称南水北调司，中国南水北调集团有限公司简称中国南水北调集团。

八、年鉴中各条目下括注内容为该条目供稿作者，如未明确供稿作者，则括注供稿单位。

类 目

- 一　发展综述
- 二　特载
- 三　大事记
- 四　法规与文件
- 五　综合管理
- 六　东线一期工程
- 七　中线一期工程
- 八　后续工程
- 九　数字孪生南水北调工程
- 十　配套工程
- 十一　党建工作

目　录

编辑说明

一、发展综述

2023 年中国南水北调发展综述 …… 2

二、特载

重要事件 …… 6

水利部召开推进南水北调后续工程
　高质量发展工作领导小组
　全体会议 …… 6
《国家水网建设规划纲要》正式公布
　到 2035 年基本形成国家水网
　总体格局 …… 6
推进丹江口库区及其上游流域水质
　安全保障工作会议在京召开 …… 7
中国南水北调集团划转接收大会
　召开 …… 7
王道席赴南水北调工程专家委员会
　调研并出席专家座谈会 …… 8
水利部召开南水北调工程管理
　工作会 …… 9
水利部开展南水北调中线工程汛前
　检查工作 …… 9
国家水网及南水北调高质量发展
　论坛在京举办 …… 10
水利部召开丹江口库区及其上游
　流域水质安全保障工作进展
　和成效新闻发布会 …… 11
人民论坛年会暨首届南水北调
　中线后续工程高质量发展
　论坛在京举办 …… 12
南水北调工程专家委员会年度工作
　会议在京召开 …… 12
水利部召开定点帮扶工作会 …… 13
国家减灾委员会督查检查引江济汉
　工程自然灾害防治工作 …… 13
南水北调东、中线一期工程超额
　完成年度调水任务 …… 14
引江补汉工程圆满完成年度建设
　任务，进入全面施工阶段 …… 14
中国南水北调集团防御海河"23·7"
　流域性特大洪水 …… 14
中国南水北调集团在国家水网
　建设中充分发挥领军企业作用 …… 14
中国水科院与中国南水北调集团签署
　科学技术合作协议 …… 15
"江苏南水北调智能调度运行管理
　系统的创新与应用"获"2023
　数字江苏建设优秀实践成果
　'十佳'案例"称号 …… 16
山东干线公司 9 个设计单元工程
　获中国水利工程优质（大禹）奖 …… 16
穿黄河工程获"国家优质工程奖" …… 16
中线水源公司部署推进数字孪生
　丹江口建设 …… 17
数字孪生丹江口建设成果参展
　第六届数字中国建设峰会 …… 17
中线水源公司举办丹江口水库联巡
　联查及协同管理工作经验交流
　暨库区管理业务专题培训班 …… 18
引江济汉工程引水 300 亿 m^3 综合

效益创新高 …………………………… 20
引江济汉工程获 2021—2022 年度
　　中国水利工程优质（大禹）奖 …… 21
湖北省引江济汉局六座水闸获评
　　湖北省第一批标准化管理
　　水闸工程 …………………………… 21
引江济汉工程获国家优质工程奖 …… 21
汉江兴隆船闸开启十年来首次停航
　　大修 ………………………………… 22
兴隆水利枢纽工程获 2021—2022
　　年度中国水利工程优质
　　（大禹）奖 ………………………… 23
兴隆数字孪生服务防汛初见成效 …… 24
南水北调泗洪站枢纽、洪泽站
　　获 2021—2022 年度中国水利
　　工程优质（大禹）奖 ……………… 25

考察调研

李国英调研南水北调中线工程水源地
　　水质安全保障工作 ………………… 25
李国英调研丹江口水库水质安全保障
　　工作　王忠林参加调研 …………… 27
王道席调研永定河水量调度与生态
　　补水工作 …………………………… 27
王道席调研数字孪生南水北调
　　中线建设工作 ……………………… 28
仲志余赴山东调研南水北调东线
　　二期工程 …………………………… 28
国务院参事室调研组调研南水北调
　　山东段工程及运河文化 …………… 29
南水北调司赴中线水源公司检查
　　指导工作 …………………………… 29
南水北调司赴中线水源公司
　　调研 ………………………………… 30
南水北调司检查江苏南水北调
　　工程防汛工作 ……………………… 31
刘冬顺一行赴丹江口检查调研 ……… 31
长江委调研中线水源公司 …………… 32

林武调研南水北调山东段工程 ……… 32
范波赴南水北调工程输水干线
　　巡河调研 …………………………… 33
湖北省水利厅调研汉江流域重点工程
　　和综合治理工作 …………………… 33
湖北省水利厅检查厅直单位安全
　　生产工作 …………………………… 34
中国南水北调集团领导元旦假期检查
　　冰期输水工作　看望慰问一线
　　干部职工 …………………………… 34
汪安南检查东线北延应急供水
　　工程冰期输水工作 ………………… 34
中国南水北调集团领导看望慰问一线
　　干部职工并检查节日安全工作 …… 35
汪安南检查调研中线黄河以南段
　　工程 ………………………………… 35
蒋旭光一行赴湖北调研推进中线
　　引江补汉工程建设 ………………… 35
蒋旭光调研督导中线河南段工程
　　防汛和水质保护工作 ……………… 36
汪安南检查调研中线工程安全
　　生产工作 …………………………… 36
蒋旭光检查调研中线渠首分公司
　　防汛等安全工作 …………………… 36
蒋旭光检查中线工程防汛度汛
　　及水毁工程修复工作 ……………… 37
汪安南检查调研引江补汉工程
　　建设情况和丹江口水库水质
　　安全保障工作 ……………………… 37
汪安南调研推进东线二期工程
　　和现代化灌区项目 ………………… 37
蒋旭光、汪安南调研西线工程
　　和青海水网建设相关工作 ………… 38
蒋旭光检查中线工程冰期输水
　　准备工作 …………………………… 38
中国台湾中兴工程顾问股份有限公司
　　赴中线水源公司考察交流 ………… 38

讲话、文章或专访

在南水北调工程管理工作会上的讲话
　　——水利部副部长王道席 …………… 39
全面推进南水北调工程高质量发展
　　为中华民族伟大复兴提供坚实
　　水资源支撑——水利部副部长
　　刘伟平 …………………………………… 47
扎实推进南水北调工程高质量发展
　　助力加快构建国家水网主骨架
　　和大动脉——《中国水利》
　　专访水利部南水北调司
　　司长李勇 ………………………………… 56
以高质量党建引领保障南水北调
　　高质量发展——中国南水北调
　　集团董事长蒋旭光 ……………………… 59
在加快构建国家水网中担当作为
　　——中国南水北调集团
　　董事长蒋旭光 …………………………… 62

三、大事记

2023年中国南水北调大事记 ………… 66

四、法规与文件

法规 …………………………………… 74
南水北调中线干线与石油天然气
　　长输管道交汇工程保护管理
　　办法 ……………………………………… 74

文件 …………………………………… 76
水利部重要文件一览表 ………………… 76
相关省（直辖市）重要文件
　　一览表 …………………………………… 77

五、综合管理

概况 …………………………………… 80
运行管理 ………………………………… 80
综合效益 ………………………………… 80
水质安全 ………………………………… 81
移民安置 ………………………………… 82
东、中线一期工程水量调度 …………… 82
东、中线一期工程受水区地下水压采
　　评估考核 ………………………………… 86
东线一期北延应急供水工程 …………… 86
东线二期工程 …………………………… 87
引江补汉工程 …………………………… 87
西线工程 ………………………………… 88

投资计划管理 ………………………… 88
投资计划情况 …………………………… 88
投资控制管理 …………………………… 89
工程投资完成情况 ……………………… 89
通水效益统计分析 ……………………… 89

资金筹措与使用管理 ………………… 90
水价水费落实 …………………………… 90
资金筹措供应 …………………………… 90
资金使用管理 …………………………… 91
资金监管 ………………………………… 91
企业财务管理 …………………………… 91
经济问题研究 …………………………… 92

建设与管理 …………………………… 93
工程进度管理 …………………………… 93
工程技术管理 …………………………… 93
运行管理 ………………………………… 95
安全生产 ………………………………… 96
验收管理 ………………………………… 99
科技工作 ………………………………… 100
河湖长制建立 …………………………… 100

征地移民 ……………………………… 100
工作进度 ………………………………… 100
政策研究及培训 ………………………… 101
管理和协调 ……………………………… 101
移民帮扶 ………………………………… 102
信访维稳 ………………………………… 102

| 定点扶贫 | 103 |
| 山东省内工程 | 138 |

监督检查
运行监管	106
质量监督	107
运行监督	108
运行监管问题台账管理	109
安全运行检查	110
相关专项检查	110

技术咨询与重大专题
专家委员会工作	110
工程检查评价与专题调研	111
重大专题研究	113

科技创新与科普
水利科技重大攻关	113
水利科技成果与成果推广转化	115
水利科技奖励	117
水利科普	118
技术标准	120
创新平台	120

水文化建设与工程宣传
水利部	120
北京市	121
天津市	121
湖北省	122
山东省	123
江苏省	125
中国南水北调集团	126
江苏水源公司	128
山东干线公司	130
中线水源公司	132
湖北省引江济汉局	132
湖北省兴隆局	133

六、东线一期工程

概况
| 江苏省内工程 | 136 |
| 山东省内工程 | 138 |

工程管理与运行
扬州段	139
淮安段	152
宿迁段	159
徐州段	164
枣庄段	172
济宁段	176
泰安段	183
胶东段	188
济南段	193
聊城段	202
德州段	206
北延应急供水工程	210

专项工程管理与运行
江苏段	213
山东段	215
苏鲁省际工程	216

治污与水质
| 江苏省内工程 | 218 |
| 山东省内工程 | 220 |

七、中线一期工程

概况
干线工程	232
水源工程	233
汉江中下游治理工程	234

工程管理与运行
釜山隧洞工程—惠南庄泵站工程	235
岗头隧洞出口—釜山隧洞进口段工程、天津干线工程	239
磁县段工程—漕河渡槽段工程	244
叶县段工程—穿漳河工程	249
淅川县段工程—方城段工程	257
陶岔渠首枢纽工程	260
水源工程	262

汉江中下游治理工程 …………… 265

生态环境
北京市 …………… 273
天津市 …………… 273
湖北省 …………… 274
陕西省 …………… 275

征地移民
河南省 …………… 276
湖北省 …………… 277

对口协作
北京市 …………… 277
天津市 …………… 277
河南省 …………… 278
湖北省 …………… 278

八、后续工程

后续工程总体情况 …………… 282
东线后续工程 …………… 282
中线后续工程 …………… 282
西线工程 …………… 287

九、数字孪生南水北调工程

东线一期工程
数字孪生顶层设计 …………… 290
数字孪生建设总体方案 …………… 291
数字孪生工程技术框架体系 …………… 292
数字孪生先行先试 …………… 293
数字孪生运行管控应用 …………… 295
数字孪生平台数据底板建设 …………… 296
数字孪生方案咨询及审查 …………… 297
数字孪生南水北调月度协调会议 …………… 297
数字孪生奖项荣誉 …………… 298
数字孪生先行先试项目效益发挥 …………… 298

中线干线工程
数字孪生顶层设计 …………… 298

数字孪生建设总体方案 …………… 299
数字孪生工程技术框架体系 …………… 300
数字孪生南水北调中线1.0 …………… 301
数字孪生运行管控应用 …………… 304
数字孪生平台数据底板建设 …………… 305
数字孪生方案咨询及审查 …………… 306
数字孪生南水北调月度协调会议 …… 306

中线水源工程
数字孪生顶层设计 …………… 306
数字孪生建设总体方案 …………… 307
数字孪生工程技术框架体系 …………… 308
数字孪生先行先试 …………… 309
数字孪生平台数据底板建设 …………… 309
数字孪生方案咨询及审查 …………… 310
数字孪生应用 …………… 311

十、配套工程

北京市
资金管理 …………… 314
建设管理 …………… 314
运行管理 …………… 314
质量管理 …………… 315
文明施工监督 …………… 316
安全生产及防汛 …………… 316
科技创新 …………… 317
工程验收 …………… 318
南水北调后续规划 …………… 318

天津市
建设管理 …………… 318
运行管理 …………… 318
质量管理 …………… 319
安全生产及防汛 …………… 319

河北省
建设管理 …………… 320
运行管理 …………… 321
安全生产及防汛 …………… 322

河南省 ………………………… 323
前期工作 ……………………… 323
资金筹措和使用管理 ………… 325
运行管理 ……………………… 325
安全生产及防汛 ……………… 326
重大事故隐患排查整治行动 … 326
有限空间作业排查整治 ……… 327
保护范围标识标牌制作埋设安装 …… 327
江苏省 ………………………… 328
建设管理 ……………………… 328
运行管理 ……………………… 328
工程效益 ……………………… 328
质量管理 ……………………… 328
监督运行检查 ………………… 328
维修养护经费 ………………… 328
山东省 ………………………… 328
前期工作 ……………………… 328
资金筹措和使用管理 ………… 329
运行管理 ……………………… 329
安全生产及防汛 ……………… 329
科技创新 ……………………… 330

十一、党建工作

水利部相关司局 ……………… 332

政治建设 ……………………… 332
干部队伍建设 ………………… 332
党风廉政建设 ………………… 332
作风建设 ……………………… 333
精神文明建设 ………………… 333
各省（直辖市） ……………… 333
北京市 ………………………… 333
天津市 ………………………… 334
河北省 ………………………… 335
河南省 ………………………… 336
湖北省 ………………………… 341
山东省 ………………………… 342
江苏省 ………………………… 345
中国南水北调集团、项目法人单位 … 347
中国南水北调集团 …………… 347
中线水源公司 ………………… 350
江苏水源公司 ………………… 351
山东干线公司 ………………… 354
湖北省引江济汉局 …………… 358
湖北省兴隆局 ………………… 362

十二、索引

索引 …………………………… 365

Contents

1. Development Overview

Review of the Development of the SNWDP in China in 2023 ·············· 2

2. Special Notes

Important Events ·············· 6
Visit and Inspection ·············· 25
Speech, Article or Interview ·············· 39

3. Chronicle of Events

2023 Major Events of the SNWDP in China ·············· 66

4. Regulations and Documents

Regulations ·············· 74
Documents ·············· 76

5. General Management

Overview ·············· 80
Investment Plan Management ·············· 88
Fund Raising and Allocation Management ·············· 90
Construction and Management ·············· 93
Land Acquisition and Resettlement ·············· 100
Monitoring and Supervision ·············· 106
Technical Consultation and Key Technologies ·············· 110
Technological Innovation and Science Popularization ·············· 113

Water Culture Construction and Project Publicity ·············· 120

6. The First Phase of Eastern Route Project

Overview ·············· 136
Project Management and Operation ·············· 139
Special Project Management and Operation ·············· 213
Pollution Control and Water Quality ·············· 218

7. The First Phase of Middle Route Project

Overview ·············· 232
Project Management and Operation ·············· 235
Ecological Environment ·············· 273
Land Acquisition and Relocation ·············· 276
Counterpart Cooperation ·············· 277

8. Follow-up Project

9. The Digital Twin Project of the SNWDP

The First Phase of Eastern Route Project ·············· 290

The Main Line of Middle Route
  Project 298
The Middle Route Water Source
  Project 306

10. The Matching Project

Beijing Municipality 314
Tianjin Municipality 318
Hebei Province 320
Henan Province 323
Jiangsu Province 328
Shandong Province 328

11. Construction of the Communist Party of China

Related Departments of the Ministry
  of Water Resources 332
Municipal/Provincial Bureau 333
Project Legal Entities and Operation
  Management Organizations of the
  SNWDP 347

12. Index

Index 365

一、发展综述

2023年中国南水北调发展综述

2023年,水利部深入贯彻落实习近平总书记"节水优先、空间均衡、系统治理、两手发力"治水思路和关于治水重要论述精神,特别是关于南水北调工程重要讲话指示批示精神,围绕推进南水北调工程高质量发展目标,精心组织、真抓实干,聚焦南水北调工程高质量发展要求,统筹发展和安全,守牢"三个安全"(工程安全、供水安全、水质安全)底线,积极应对海河"23·7"流域性特大洪水,充分发挥东、中线一期工程综合效益,持续推进后续工程建设,各项工作取得积极进展和成效,工程有力地改善了北方地区特别是黄淮海地区水资源条件和水资源承载能力,已成为中国式现代化新征程上的水资源重要支撑和水安全战略保障,为支撑国家重大战略实施、推进乡村全面振兴、建设美丽中国作出了巨大贡献。

坚决守牢"三个安全"底线。全力保障工程安全:组织完成"12+1"项中线工程安全风险评估项目;加强穿跨邻接项目和丹江口水库安全管理;强化"七下八上"关键期防汛工作,按期完成26项中线防洪加固项目,全面做好防汛备汛,有效应对海河"23·7"流域性特大洪水,妥善处置中线北拒马河暗渠险情,创造了水利工程应急抢修史上的奇迹。

全力保障供水安全:工程调度管理日益精细化、科学化、数字化。圆满完成2022—2023年度调水计划,东线一期工程完成调水量8.5亿 m^3、中线一期工程完成调水量74.1亿 m^3、东线北延工程完成调水量2.77亿 m^3。科学应对低温雨雪冰冻灾害复杂情况,加强监测巡查和动态调度,组织开展中线工程冰冻灾害应急抢险演练,做好应急处置措施准备,确保冰期输水安全。

全力保障水质安全:持续深化东线治污环保工作,深入推动水质检测能力建设,强化中线藻类防控以及丹江口库区及其上游流域水质安全保障工作,确保"一泓清水永续北上"。工程供水水质持续稳定达标,东线持续稳定保持在地表水水质Ⅲ类及以上;丹江口水库和中线干线稳定在地表水水质Ⅱ类及以上。

工程综合效益持续提升。东线工程首次将江苏省、安徽省净增供水量纳入年度水量调度计划管理;丹江口水库第二次达到170.00m设计水位,为新一年度供水提供水量保障,再次经受住高水位考验。东、中线工程已累计调水超680亿 m^3,惠及沿线7省(直辖市)44座大中城市,直接受益人口超过1.76亿人,支撑了受水区超14万亿元GDP增量,有效改变了受水区供水格局,改善了用水水质,提高了供水保证率。工程已经成为北方多座大中城市的供水生命线,南水已由原来规划的补充水源跃升为多个重要城市的重要水源,沿线人民群众获得感、幸福感、安全感持续增强。工程通过水源置换、生态补水等措施,有效保障了工程沿线的河湖生态安全,累计向北方50余条河流生态补水超过108亿 m^3,推动了沿线一大批河湖重现生机,河湖生态环境得以显著改善,为华北地区地下水超采综合治理提供助力,也为京津冀协同发展等国家重大战略实施提供了坚实水安全保障。2023年中线工程实施大流量输水,有效缓解北方地区夏季持续高温干旱不利局面,保障工程沿线生产、生活和生态用水需求,工程在防洪、排涝、抗旱、航运等方面也发挥

一、发展综述

日趋重要的作用。

强化科技创新支撑。 5 项数字孪生流域南水北调先行先试项目按期完成。"数字孪生南水北调中线 1.0"平台入选 2023 年数字孪生水利建设十大样板名单，数字孪生引江补汉面向数字化交付的工程建设管理系统入选《数字孪生水利建设典型案例名录（2023 年）》。数字孪生南水北调技术标准体系初步建立。先行先试建设成果、数字孪生丹江口工程有力支撑工程智能化管理。数字孪生水网南水北调工程建设加快推进，编制完成数字孪生东、中线水网建设先行先试实施方案。"东线工程多水源均衡配置与输水智能调控技术"等多项国家重点研发计划项目有序推进，取得重要成果；南水北调东线一期工程穿黄工程获中国建设工程鲁班奖（国家优质工程），陶岔渠首枢纽等 10 项工程获中国水利工程优质（大禹）奖。专家智库作用持续发挥，新一届南水北调工程专家委员会围绕南水北调重点事项，开展多项重大技术咨询、现场调研检查和专题研究，为工程高质量发展提供坚实技术支撑和保障。

持续推进体制机制和改革创新。 联合制订印发工作方案，大力推进理顺东线一期工程管理体制。注重依法行政，积极推进《南水北调工程供用水管理条例》修订前期工作，提出下一步修订计划。南水北调河湖长制协作机制进一步深化，充分发挥河湖长制优势，构建责任明确、协调有序、监管严格、保护有力的管理保护机制，不断营造良好法治环境。积极推动健全水价机制，配合国家发展改革委开展中线一期工程供水价格成本监审。

加快推进后续工程高质量发展。 加快构建国家水网主骨架和大动脉。作为南水北调后续工程首个开工项目，引江补汉工程建设加快推进，工程初步设计已全部批复，进入全面施工阶段。2023 年度建设目标按期完成，工程质量及安全可控。截至 2023 年底，主隧洞累计开挖掘进 1015m，完成土石方开挖 363.99 万 m^3，累计完成投资超 46 亿元。积极推进中线调蓄工程规划建设，完成调蓄规划体系研究，明确雄安调蓄库等调蓄工程主体责任、工作程序，雄安干渠工程顺利开工建设。积极推进南水北调工程总体规划修编和东线二期、西线工程前期工作。持续推进东、中线一期工程竣工验收准备有关工作。

持续强化党建引领。 扎实开展习近平新时代中国特色社会主义思想主题教育并取得显著成效，深入贯彻全面从严治党要求，党建引领持续强化。工程宣传持续加强，主流媒体和行业媒体开展广泛、深入宣传报道，进一步讲好南水北调故事，组织开展南水北调文化建设调研活动，总结交流文化建设经验，进一步推进南水北调文化建设，工程"国之大者""国之重器"的形象地位进一步深入人心。持续深化党风廉政建设，加强警示教育。加强干部和专业人才队伍培养，推进干部队伍作风建设。定点帮扶持续深化，2023 年定点帮扶湖北省十堰市郧阳区"八项重点任务"圆满完成，助力郧阳乡村振兴的水利支撑不断夯实。

（南水北调司）

二、特载

重 要 事 件

水利部召开推进南水北调后续工程高质量发展工作领导小组全体会议

2023年5月12日,水利部党组书记、部长李国英主持召开水利部推进南水北调后续工程高质量发展工作领导小组全体会议,深入贯彻落实习近平总书记2021年5月14日在推进南水北调后续工程高质量发展座谈会上的重要讲话精神,总结工作进展情况,研究部署下一步重点任务。

会议指出,水利系统认真贯彻落实习近平总书记重要讲话精神,构建完善南水北调工程安全风险防控体系,有效应对各类风险挑战,实现了工程安全、供水安全、水质安全。截至2023年4月,东、中线一期工程累计调水超620亿立方米,受益人口1.5亿人,优化水资源配置、保障群众饮水安全、复苏河湖生态环境、畅通南北经济循环的生命线作用日益彰显。

会议强调,要牢牢把握高质量发展这个首要任务,以高度的政治责任感和历史使命感,扎实做好南水北调后续工程高质量发展工作,为经济社会发展提供有力的水安全保障。要按照"系统完备、安全可靠,集约高效、绿色智能,循环通畅、调控有序"的总体要求,加快构建国家水网主骨架和大动脉。要完善南水北调工程风险防范长效机制,持续提升东、中线一期工程效益。要加快数字孪生南水北调建设,提升南水北调工程调配运管的数字化、网络化、智能化能力和水平。要坚持把节水作为受水区的根本出路,长期深入做好节水工作,支持发展节水产业。要深化南水北调工程建设、运营、水价、投融资等体制机制改革,促进南水北调后续工程高质量发展。

(来源:水利部网站,略有删改)

《国家水网建设规划纲要》正式公布 到2035年基本形成国家水网总体格局

2023年5月27日消息(记者刘梦雅)据中央广播电视总台中国之声《新闻和报纸摘要》报道,《国家水网建设规划纲要》近日印发,在国新办26日召开的新闻发布会上,相关负责人介绍,到2035年,基本形成国家水网总体格局。

国家水网是国家基础设施体系的重要组成,是系统解决水灾害、水资源、水生态、水环境问题,保障国家水安全的重要基础和支撑。水利部副部长王道席介绍,当前,加快推进国家水网规划建设,已取得明显成效。

王道席:加快完善国家水网主骨架和大动脉。充分发挥南水北调工程生命线作用,不断优化东中线一期工程水量调度运用方案,累计调水量已超过620亿立方米,直接受益人口1.5亿。推进建设一批骨干输排水通道,市县水网、农村供水、灌区现代化建设改造加快推进,全国农田灌溉率达到了54%,农村自来水普及率达到了87%。

《国家水网建设规划纲要》是当前和今后一个时期国家水网建设的重要指导性文件。《规划纲要》提出,到2035年,基本形成国家水网总体格局,国家水网主骨架和大动脉逐步建成,省市县水网基本完善。水利部部长李国英表示,加快构建"系统完备、安全可靠,集约高效、绿色智能,循环通畅、调控有序"的国家水网，重点要从"纲""目""结"三个方面推进。

李国英：一是以大江大河干流及重要江河湖泊为基础，以南水北调工程东线、中线、西线为重点，科学推进一批重大引调排水工程规划建设。二是加快国家重大水资源配置工程与区域重要水资源配置工程的互联互通，形成城乡一体、互联互通的水网格。三是加快推进控制性调蓄工程和重点水源工程建设，综合考虑防洪、灌溉、供水、航运、发电、生态等综合功能，提升水资源调控能力。

（来源：水利部网站，略有删改）

推进丹江口库区及其上游流域水质安全保障工作会议在京召开

2023年12月7日，推进丹江口库区及其上游流域水质安全保障工作会议在北京召开。水利部党组书记、部长李国英出席会议并讲话。河南省政府副省长孙运锋、湖北省政府副省长盛阅春、陕西省政府副省长窦敬丽出席会议并讲话。水利部副部长王道席、陈敏出席会议。

会议指出，习近平总书记十分关心南水北调中线工程水源地水质保护工作，多次就丹江口库区及其上游流域水质安全保障工作作出重要指示批示。要深入学习贯彻习近平总书记重要指示批示精神，认真落实党中央、国务院决策部署，心怀"国之大者"，坚决扛起政治责任，站在守护生命线的高度，以"时时放心不下"的责任感，扎实做好丹江口库区及其上游流域水质安全保障工作，确保"一泓清水永续北上"。

会议强调，要锚定工作目标，加快构建流域综合治理体系，推进水土流失治理，强化库区岸线保护，加强面源污染防控，增强突发水污染事件应对能力。要加快构建严密的监测体系，健全水文水质、水土流失、生态流量等监测网络，构建雨水情监测预报"三道防线"，完善省界、重要干支流、出入库、源头区全覆盖的站网布局，推进天空地一体化监测能力建设。要加快构建科学的水资源调度体系，推进数字孪生流域、数字孪生水利工程建设，构建汉江流域多目标统筹水资源调度系统，实施科学精准调度。要加快构建务实管用的制度体系，压紧压实各级河湖长责任，完善跨行政区河湖管理保护协作机制，落实水行政执法与刑事司法衔接、水行政执法与检察公益诉讼协作机制，建立健全跨区域联动、跨部门联合执法机制。要强化目标协同、部门协同、区域协同、措施协同，加强流域上下游、左右岸、干支流和区域间相互协作，强化组织领导、统筹协调、政策保障，凝聚工作合力，抓紧抓细抓实抓好各项任务落实，确保圆满完成目标任务，确保工作成效经得起历史、实践和人民的检验。

国家发展改革委、生态环境部有关负责同志在会上发言。科技部、工业和信息化部、公安部、司法部、财政部、自然资源部、住房城乡建设部、交通运输部、农业农村部、应急管理部、市场监管总局、中国气象局、国家能源局、国家林草局、国家矿山安监局有关负责同志，长江委、有关司局、直属单位负责同志，中国南水北调集团负责同志，河南省、湖北省、陕西省水利厅负责同志参加会议。

（来源：水利部网站，略有删改）

中国南水北调集团划转接收大会召开

2023年1月11日，中国南水北调集

团有限公司划转接收大会在京召开。会议宣布自2022年12月31日起中国南水北调集团列入国务院国资委履行出资人职责企业名单，水利部、国务院国资委负责同志现场签署了《中国南水北调集团有限公司移交国务院国有资产监督管理委员会管理交接书》。国资委党委书记张玉卓，水利部党组成员、副部长田学斌出席会议并讲话。国资委党委委员、副主任翁杰明主持会议并宣读了中国南水北调集团划转接收实施方案。中国南水北调集团主要负责同志作了发言。

张玉卓代表国资委对近年来有关部门和南水北调工程沿线有关省市党委政府给予中国南水北调集团的大力支持和帮助表示衷心感谢，对中国南水北调集团加入国资央企大家庭表示热烈欢迎。他表示，国资委将深入贯彻落实习近平总书记关于南水北调的重要指示批示精神，鼓励支持企业进一步扎实推进后续工程高质量发展，更好服务国家水网建设，助力构建新发展格局。强调要坚决服务"国之大者"，积极打造调水供水龙头企业、水网建设领军企业、水安全保障骨干企业，锻造与千年大计相匹配的"国之重器"；坚持遵循规律，聚焦引水调水主责主业，创新方式盘活存量资产、优化增量配置、扩大有效投资，全力推动高质量发展；持续深化改革强化管理，积极探索完善中国特色国有企业现代公司治理，深化三项制度改革，推行精益管理，着力打造现代新国企；始终坚持党的全面领导，着力提升党建规范化、精细化、体系化水平，以高质量党建为企业高质量发展提供坚强政治保证。

田学斌表示，水利部党组深入贯彻落实习近平总书记"节水优先、空间均衡、系统治理、两手发力"治水思路和关于南水北调重要指示批示精神，全力支持中国南水北调集团组建和发展，并充分肯定了中国南水北调集团组建两年多来取得的成绩。水利部高度重视中国南水北调集团划转接收工作，与国资委密切协作，印发了划转接收实施方案，确保平稳有序完成划转任务。下一步，水利部将继续履行好业务指导和行业管理职责，全力支持中国南水北调集团做强做优做大。希望企业立足战略定位，奋力当好国家水网建设的国家队、主力军，在推进南水北调后续工程高质量发展、加快构建国家水网上展现更大的作为。

中央和国家机关有关部门，部分中央企业、金融企业代表，水利部、国资委有关司局负责同志，中国南水北调集团领导班子成员参加会议。

（来源：国资委网站，略有删改）

王道席赴南水北调工程专家委员会调研并出席专家座谈会

2023年2月7日，水利部党组成员、副部长王道席赴南水北调工程专家委员会（以下简称专家委员会）调研并出席座谈会，专家委员会主任陈厚群院士主持座谈会。

王道席在听取专家委员会秘书处工作汇报和出席座谈会的专家发言后，充分肯定专家委员会的工作，并代表部党组和李国英部长对专家委员会在推进南水北调工程高质量发展工作中发挥的重要作用表示感谢。他指出，专家委员会要围绕贯彻落实党的二十大精神和2023年全国水利工作会议部署，继续发挥优良传统，勇于担当作为，为扎实推动新阶段水利和南水北调工程高质量发展作出新的贡献。

王道席强调，专家委员会是为南水北调工程建设提供科学技术咨询的高级咨询组织，要充分发挥咨询作用，在东中线一期工程竣工验收、总体规划修编、数字孪生南水北调工程建设等方面提供高质量技术支持；发挥技术把关作用，继续为南水北调工程建设与运行管理、安全保障等工作把脉问诊；发挥桥梁和纽带作用，广泛吸收社会各界不同领域、不同专家学者意见建议，积极发声，引导舆论，为南水北调工作营造良好氛围。

王道席要求，部机关相关司局要加强工作协调，更好支持专家委员会发挥作用；调水局要加强专家委员会秘书处工作，继续做好支撑服务工作，为专家委员会履行职能创造良好条件。

专家委员会副主任及部分委员，规计司、南水北调司、调水局负责同志参加座谈会。

（来源：水利部网站，略有删改）

水利部召开南水北调工程管理工作会

2023年4月7日，水利部在河南省南阳市召开南水北调工程管理工作会议，深入贯彻党的二十大精神，认真落实全国水利工作会议部署，总结近年来南水北调工程管理工作，分析面临的形势与任务，部署2023年工作任务。水利部副部长王道席、河南省副省长杨青玖、中国南水北调集团总经理汪安南出席会议，水利部总工程师仲志余主持会议。

会议指出，近年来，南水北调工程管理工作取得了重要进展，"三个安全"底线切实守牢，工程综合效益不断提升，引江补汉工程实现开工，完工财务决算和完工验收全面完成，后续工程高质量发展加快推动，为推进南水北调工程高质量发展奠定了坚实基础。

会议强调，要对标对表党中央、国务院决策部署，对标对表习近平总书记在推进南水北调后续工程高质量发展座谈会上的重要讲话精神，聚焦高质量发展主题，加强科学系统谋划，着力提升发展质量和效益，推动南水北调工程高质量发展。

会议要求，要全面学习贯彻党的二十大精神，深入贯彻落实习近平总书记治水重要论述和关于南水北调工程重要讲话指示批示精神；统筹发展和安全，确保南水北调"三个安全"；按照建设"四条生命线"要求，稳步提升工程综合效益；加快引江补汉工程建设，努力把工程建设成安全、绿色、优质工程；持续建设数字孪生南水北调工程，不断提升工程建设和运行管理数字化、信息化水平；全力做好一期工程竣工验收有关工作；加快推动后续工程前期工作；继续做好依法管理、南水北调工程专家委员会等各项工作。

会上，规计司介绍了南水北调后续工程前期工作有关进展情况，长江委、淮委、海委、天津市水务局、山东省水利厅、河南省水利厅及中国南水北调集团等单位作交流发言。部机关有关司局、部直属有关单位、有关流域管理机构、工程沿线省（直辖市）水利（水务）厅（局）以及中国南水北调集团、有关工程运行管理单位负责同志参会。

（来源：水利部网站，略有删改）

水利部开展南水北调中线工程汛前检查工作

2023年4月7—8日，水利部副部长王道席带队，检查南水北调中线工程备汛工作。检查组实地查看了南水北调中线干线河南段工程汛前准备情况，重点检查了鲁山管理处澎河渡槽、长葛管理处沉降渠段、焦作管理处高填方沉降段和高地下水段工程情况，以及南水北调中线干线工程防洪加固项目建设情况等，详细了解防汛责任制落实、隐患排查、预案修订等情况，并与中国南水北调集团总经理汪安南、河南省水利厅及有关地方负责同志现场交换了意见。

检查组指出，中线干线工程位于伏牛山和太行山前，沿线多地为暴雨集中地带，易受暴雨洪水袭击，左岸水库风险、交叉河道风险、左排建筑物排水通道风险、退水通道风险、区域性地表沉降等风险叠加，凸显了南水北调中线工程防汛工作任务复杂艰巨。检查组要求各级各有关部门深入学习贯彻党的二十大精神和习近平总书记关于防汛抗旱工作的重要指示精神，坚持人民至上、生命至上，全力做好南水北调工程防汛度汛工作，确保工程安全、供水安全。

检查组强调，中国南水北调集团要切实担起防汛主体责任，落实好水利部水旱灾害防御会议部署要求，落实责任，强化沟通，查漏补缺。要充分运用好南水北调工程河湖长制有力抓手，主动加强与属地政府、有关部门防汛协同，巩固完善信息共享、防汛抢险等联络机制，加强培训演练，形成防汛合力。要把南水北调"三个安全"牢牢掌握在自己手里，坚持安全第一、预防为主，坚持底线思维、极限思维，从最不利工况角度出发强化"四预"措施。抓住主汛期到来前的有限时间，抓紧开展风险隐患排查整改，全面落实应急预案、队伍、物资等准备。要加快南水北调中线干线工程防洪加固项目和汛前维护项目建设，坚持质量第一，狠抓安全生产，确保汛前完成。要强化数字孪生南水北调工程试点应用，充分利用信息化技术提升预报预警和科学调度水平。

南水北调司、防御司、河南省水利厅及有关地方负责同志等参加检查。

（来源：水利部网站，略有删改）

国家水网及南水北调高质量发展论坛在京举办

2023年9月12日，由水利部、国际水资源学会指导，中国南水北调集团主办的国家水网及南水北调高质量发展论坛在京举办。作为第18届世界水资源大会专场会议之一，论坛以"水安全保障：使命与愿景"为主题，来自水利部、国务院国资委等部委，国内外科研学术机构和高校，企业及涉水组织的近400位政商学界人士齐聚一堂，围绕水安全保障、水资源可持续利用、大型调水供水工程技术探索、国家水网建设等内容共话水资源合理利用经验举措，共享水资源领域先进发展理念和科技成果，共谋国家水网和南水北调事业高质量发展。

水利部党组成员、副部长王道席在致辞中指出，加快构建国家水网，建设现代化高质量水利基础设施网络，统筹解决水资源、水生态、水环境、水灾害问题，是以习近平同志为核心的党中央作出的重大战略部署。中国南水北调集团作为唯一一家中央管理的跨流域、超大型供水工程开发运营集团化企业，要牢牢把握加快构建国家水网的历史机遇，立足"调水供水行业龙头企业、国家水网建设领军企业、水安全保障骨干企业"战略定位，坚持"两手发力"，发挥优势作用，坚决扛起推进南水北调后续工程高质量发展、加快构建国家水网的历史使命，为保障国家水安全作出国资央企应有贡献。

中国南水北调集团党组书记、董事长蒋旭光在致辞中表示，希望以此次论坛为契机，与有关各方在引调水工程和水网项目、清洁能源、生态环保、智慧水网等方面加强交流，深化合作，凝聚发展共识，共同推进南水北调和国家水网事业高质量发展，加快构建与中国式现代化相适应的水安全保障和水资源支撑体系。

在主旨报告环节，国际水资源协会和世界水理事会的联合创始人、英国格拉斯哥大学教授阿西特·比斯瓦斯，中国工程院院士、水利部应对气候变化研究中心主任、南水北调工程专家委员会主任委员张建云，亚洲水理事会副主席、国际水利与环境工程学会主席菲利普·顾博维尔，中国工程院院士、水文学及水资源学家王浩，分别作了题为《南水北调：40年后再回顾》《关于中国用水需求问题的讨论》《大型水利基础设施：可持续维护的挑战和解决方案》《对国家水网建设的认识与思考》的报告，为提高水资源可持续利用与管理水平，共同推动国家水网及南水北调高质量发展分享经验、交流互鉴。

主论坛现场，中国南水北调集团发布了"国家水网及南水北调高质量发展学术交流成果"，并向10篇优秀论文作者代表颁奖。 （来源：水利部网站，略有删改）

水利部召开丹江口库区及其上游流域水质安全保障工作进展和成效新闻发布会

2006年以来，国务院连续批准实施四轮丹江口库区及上游水污染防治和水土保持规划，推动水源区生态环境质量持续改善，丹江口库区水质常年保持在Ⅱ类及以上，为南水北调中线工程提供了坚实的水质安全保障。2023年12月11日，水利部召开丹江口库区及其上游流域水质安全保障工作进展和成效新闻发布会，副部长王道席介绍有关情况，并与水资源司、水保司、南水北调司、长江委负责同志回答记者提问。

王道席表示，水利部深入贯彻落实习近平总书记关于南水北调中线工程水源地水质安全保障工作的重要指示精神，认真落实党中央、国务院有关工作部署，强化丹江口库区及其上游流域水资源管理保护，加强水土流失防治，研究建立水文水质全覆盖监测体系，充分发挥河湖长制平台作用，建立与地方协同管理机制，切实保障丹江口库区及其上游流域水质安全，确保"一泓清水永续北上"。

王道席介绍，保障丹江口库区及其上游流域水质安全是贯彻落实党中央、国务院决策部署的政治要求，是守护北方受水区生命线的重大责任，是切实维护中线工程水质安全的迫切要求。水利部将积极会同相关部门、地方采取有力措施，推进水质安全保障任务落实落地。按照山水林田湖草沙一体化保护和系统治理的总体要求，加强丹江口库区及其上游流域统一管理，加强水质保障综合治理，加快构建严密的监测体系，完善流域水资源调度体系，增强突发水污染事件应对能力，持续强化体制机制与法治保障。到2025年，使丹江口水库水质稳定达到供水要求，水环境质量稳中向好，水生态系统功能基本恢复，生物多样性进一步提高，水环境风险得到有效管控；到2035年，实现存量问题全面解决，潜在风险全面化解，增量问题全部抑制，体制机制全面健全。

人民日报、中央广播电视总台、中国

水利报等多家媒体记者参加了新闻发布会。

（来源：水利部网站，略有删改）

人民论坛年会暨首届南水北调中线后续工程高质量发展论坛在京举办

2023年12月12日，为深入学习贯彻习近平总书记在推进南水北调后续工程高质量发展座谈会上的重要讲话精神，人民论坛杂志社、中国南水北调集团中线有限公司、中共河南南阳市委、南阳市人民政府联合主办的"人民论坛年会暨首届南水北调中线后续工程高质量发展论坛"在北京举办。

全国政协副主席、民盟中央常务副主席王光谦出席并致辞。人民日报社总编辑于绍良，人民日报社副总编辑方江山，应急管理部副部长、水利部副部长王道席，北京市副市长谈绪祥，全国人大常委会委员、民盟中央专职副主席张道宏，中国南水北调集团总经理汪安南等出席。来自政府机构、科研院所、新闻媒体、知名企业的代表共约300人参加活动。

本次论坛紧紧围绕"强化源头保护，奋力续写南水北调中线后续工程高质量发展新篇章"等重大理论与现实问题展开交流研讨，形成高质量的建言献策成果，把宣传研究阐释习近平新时代中国特色社会主义思想引向深入，进一步推动南水北调后续工程高质量发展的理论创新和实践创新。中国工程院院士杜祥琬、中国工程院院士王浩等发表主题演讲。

（来源：人民网，略有删改）

南水北调工程专家委员会年度工作会议在京召开

2023年12月22日，南水北调工程专家委员会（以下简称"专家委"）年度工作会议在京召开。水利部副部长王道席出席会议并讲话。专家委主任张建云院士主持会议。

会上，人事司相关负责人宣读了《水利部办公厅关于印发南水北调工程专家委员会委员名单的通知》。专家委秘书处汇报2023年度工作情况及2024年初步打算，专家委顾问、主任、副主任、委员代表对专家委下一步工作建言献策，各参会单位代表就相关工作进行发言。

新一届专家委成员包括来自政府部门、科研院所、高等院校，以及工程建设单位、勘测设计单位、施工单位、咨询机构等单位的知名专家学者65名，其中中国科学院院士1名，中国工程院院士11名，全国工程勘察设计大师8名。

王道席充分肯定专家委在南水北调工程规划、建设及运行管理中发挥的重要作用。他表示，2023年以来，专家委围绕南水北调工程总体规划修编、西线工程前期论证及供水安全、竣工验收、水质安全保障等，组织开展13次技术咨询活动、11次调研检查、3项专题研究和1次研讨交流，相关技术活动卓有成效，为南水北调"三个安全"和后续工程高质量发展提供了重要技术支撑。

王道席强调，专家委要结合当前南水北调工程主要工作任务，继续秉持优良传统和作风，勇于担当作为，重点在保障工程"三个安全"、推动工程竣工验收、强化后续工程规划建设等方面进一步发挥技术支撑作用，全方位跟进国家水网建设、智慧水利建设等重点工作。

王道席要求部机关有关司局要进一步加强工作协调，专家委秘书处要做好服务保障，为专家委履行职能创造良好条件，充分发挥专家委的智库作用。

中国南水北调集团，规计司、南水北调司、国科司、调水局、水规总院、中国水科院负责人参加会议。（南水北调司）

水利部召开定点帮扶工作会

2023年5月6日，水利部在湖北省十堰市郧阳区召开定点帮扶工作会，总结交流两年来工作，分析形势任务，部署下一步工作。部党组成员、副部长刘伟平出席会议并讲话。会前，刘伟平先后调研考察了郧阳区南水北调中线工程水源区、湖北棉伙棉伴智能纺织科技有限公司、刘湾村库滨带（郧阳段）综合治理工程、东方橄榄园、南化村水系连通及水美乡村工程建设现场。

会议强调，要深刻领会党的二十大精神和习近平总书记重要讲话指示精神，坚决扛起乡村振兴和定点帮扶政治责任，紧紧围绕巩固拓展脱贫攻坚成果、推进乡村"五个振兴"、拓宽农民增收致富渠道等重点任务，将中央关于巩固拓展脱贫攻坚成果和全面推进乡村振兴的决策部署落实落细到各项工作中去，推进水利部定点帮扶的6县区经济社会高质量发展。

会议要求，要进一步压实工作责任，持续加强组织领导，坚持部领导带队深入定点帮扶一线考察调研工作机制，深入开展调查研究，对接帮扶需求，落实帮扶措施，确保年度目标任务顺利完成。要坚持因地制宜、精准施策，持续帮助定点帮扶县区巩固提升"三保障"和饮水安全保障水平，牢牢守住农村饮水安全底线。要扶志扶智结合，加大人才培训、技能培训等工作力度，激发6县区经济社会发展的内生动力。要保持"组团帮扶"工作机制，持续发挥水利行业优势，推动水利倾斜支持政策措施在6县区落地生效，全面推进乡村振兴。

水利部有关司局和直属单位、湖北重庆两省市水利和乡村振兴部门、湖北省十堰市政府和水利部定点帮扶的6县区党委、政府负责同志，以及水利部定点帮扶挂职干部和驻村第一书记参加会议。6县区负责同志和3名挂职干部代表在会上作交流发言，会议代表参观考察了郧阳区乡村振兴和定点帮扶工作现场。

（来源：水利部网站，略有删改）

国家减灾委员会督查检查引江济汉工程自然灾害防治工作

2023年9月16日，国家减灾委员会秘书长郑国光一行就自然灾害防治工作到引江济汉工程荆州段开展综合督查检查，湖北省应急管理厅副厅长、湖北省减灾办主任周宏亮，湖北省财政厅副厅长熊晓飞，湖北省水利厅副厅长高红民等陪同督查检查。

在荆江大堤防洪闸，郑国光一行听取了湖北省引江济汉局主要负责人关于工程运行管理和自然灾害防治工作情况汇报，详细了解工程建成通水以来在生态补水、抗旱防洪、航运等方面发挥的综合效益。在进口泵站节制闸，郑国光一行查看工程口门段水情、节制闸启闭机室、进口泵站及中央控制室，详细了解泵站机组维修保养及电力保障等情况，询问工作中存在的困难和需求。

引江济汉工程2014年9月建成通水，截至2023年底累计从长江引水323.68亿 m^3，年均引水35.95亿 m^3，直接惠及汉江兴隆河段以下的潜江、仙桃、孝感、武汉等地区的谢湾、泽口、东荆河区、江尾引提水区、沉湖区、汉川二站区等6个灌区，惠及645万亩［1亩＝(10000/15) m^2 ≈ 666.67m^2］耕地、889万人。2016年和2020年，引江济汉工程两次调度将长湖洪水撇向汉江，累计撇洪1.53亿 m^3，助力长湖战胜98+特大洪水和超保证水位洪水。2022年在抗御1961年以来最严重干旱中，引江济汉工程153天累计调水22.76亿 m^3，为抗旱减灾工作作出突出贡献。

郑国光对引江济汉工程在自然灾害防治工作方面所取得的成绩给予充分肯定，希望湖北省引江济汉局认真贯彻落实习近平总书记关于防灾减灾救灾系列重要论述精神，密切关注水雨情，做好泵站机组设备维护检修，进一步强化工程运行维护，提升工程防汛抗旱能力，不断推动湖北防灾减灾救灾事业高质量发展。（张立）

南水北调东、中线一期工程超额完成年度调水任务

南水北调东、中线一期工程2023年度调水85.37亿 m^3，超额完成年度调水任务。2023年度南水北调中线一期工程调水74.1亿 m^3，完成年度计划112%；东线一期工程向山东调水8.5亿 m^3，东线北延工程向黄河以北调水2.77亿 m^3，各完成年度计划的100%和102%。

（中国南水北调集团）

引江补汉工程圆满完成年度建设任务，进入全面施工阶段

2023年2月18日，引江补汉工程正式进入主体隧洞施工阶段，为引江补汉工程全面开工建设奠定坚实基础。9月6日，南水北调中线引江补汉工程项目贷款签约仪式在江汉水网公司举行。11月，"引江补汉工程勘察设计数字孪生应用"项目获2023年"智水杯"水工程BIM应用大赛"勘测设计组金奖"。11月28日，引江补汉工程土建施工及金结机电安装项目合同签约仪式在武汉举行。

2023年12月30日，随着新进场7个主体施工标开工令的下达，引江补汉工程进入全面施工阶段。

（中国南水北调集团）

中国南水北调集团防御海河"23·7"流域性特大洪水

2023年7月28日至8月1日，海河流域遭遇1963年以来最强降雨过程，肆虐的洪水严重威胁着南水北调中线黄河以北段工程安全、供水安全、水质安全。中国南水北调集团第一时间成立特大暴雨洪水防御工作指挥部，密集会商、全面部署，以最快速度解决防汛抢险重大问题。广大干部职工上下同心、众志成城，有序有效开展防汛抢险工作，取得了防御海河流域特大洪水重大成果。　（中国南水北调集团）

中国南水北调集团在国家水网建设中充分发挥领军企业作用

中共中央、国务院印发《国家水网建设规划纲要》。中国南水北调集团作为中央管理的唯一跨流域超大型供水工程开发运营集团化企业，坚决扛起推进南水北调后续工程高质量发展，加快构建国家水网的历史使命和战略任务，立足"调水供水行业龙头企业、国家水网建设领军企业、水安全保障骨干企业"战略定位，坚持"两手发力"，扛起市场化主体责任，充分

发挥国家水网建设国家队、主力军作用。3月，中国南水北调集团所属的水务投资有限公司正式更名为中国南水北调集团有限公司水网水务投资有限公司（简称水网水务投资公司），成为国内首个以水网为行业登记注册的中央企业。

2023年9月，由水网水务投资公司投资建设管理的浙江开化水库工程拦河坝填筑全线达到设计高程。作为浙江省唯一一项列入国家重点推进的150项重大水利工程，开化水库工程是浙江共同富裕先行示范区的重点项目和国家层面确定的投融资改革试点项目，也是中国南水北调集团充分发挥国家水网建设领军企业作用和国有经济战略支撑作用，积极推进国家水网建设、优化区域水资源配置的重要举措和有力行动。

（中国南水北调集团）

中国水科院与中国南水北调集团签署科学技术合作协议

2023年7月25日，中国水科院与中国南水北调集团在京签署科学技术合作协议。水利部副部长朱程清、中国南水北调集团董事长蒋旭光、中国水科院院长彭静出席签约仪式并讲话。中国南水北调集团总经理汪安南主持签约仪式。中国南水北调集团副总经理孙志禹、中国水科院副院长王建华、李锦秀、丁留谦，总工程师彭文启，以及双方相关部门负责人参加签约仪式。

朱程清代表水利部对双方签署合作协议表示祝贺。她表示，加快构建国家水网体系、推进南水北调后续工程高质量发展已成时代之需、战略之举。习近平总书记强调，加快建设科技强国，实现高水平科技自立自强，要求国家科研机构要以国家战略需求为导向，着力解决影响制约国家发展全局和长远利益的重大科技问题。水利部党组将实施国家水网重大工程作为推动新阶段水利高质量发展的"六条实施路径"之一，建设好、运行好、管理好国家水网工程并做好科技支撑十分必要。她指出，深化中国南水北调集团与中国水科院的战略合作是落实国家创新驱动发展战略和国家水安全保障的题中之义，是以水利科技创新支撑和引领国家水网体系建设、推进南水北调后续工程高质量发展的重要举措。

朱程清就此次合作提出五点期望。一是着力构建双方战略合作的长效机制；二是合力提升南水北调工程运行管理水平；三是深化南水北调后续工程规划论证相关应用基础研究；四是共同打造现代水网工程的样板与典范；五是携手共建人才培养与成长基地。希望双方战略合作尽快结出新硕果，为加快国家水网工程建设、推进南水北调后续工程高质量发展作出贡献。

蒋旭光感谢水利部领导、相关司局及中国水科院一直以来对中国南水北调集团和南水北调事业的关心和支持。他表示，中国南水北调集团以"志建南水北调、构筑国家水网"为初心使命，深入实施"通脉、联网、强链"总体战略。此次中国南水北调集团与中国水科院签署协议，必将推动双方深化战略合作迈出新步伐、开创新局面。希望双方深入学习习近平总书记关于治水特别是关于南水北调和国家水网建设的重要讲话指示批示精神，持续深化对推进南水北调高质量发展的规律性认识，进一步加强全方位交流与协作，重点在开展联合攻关、共促成果转化、共建科研平台、加强人才交流等方面开展深度合作,为中国式现代化提供有力的水资源支撑和水安全保障。

彭静感谢水利部党组和中国南水北调集团一直以来对中国水科院的指导、关心和支持。她表示,在主题教育开展的重要时段、在《国家水网建设规划纲要》正式印发之际、在中国南水北调集团和中国水科院合作迎来新机遇之时,双方签署合作协议恰逢其时。她指出,南水北调工程是具有广泛世界影响力的"国之重器",中国水科院作为科技部使命导向管理改革试点单位,将国家水网重大工程和数字孪生水利工程建设的科技支撑作为使命导向的核心任务,坚持"四个面向",心怀"国之大者"。中国水科院将以此次合作为契机,在管理、维护、保障南水北调工程"四条生命线"等方面,全方位、全过程、高质量做好科技支撑和服务保障工作,为南水北调高质量发展作出应有贡献,共同为新阶段水利高质量发展书写新篇章。

（来源：中国水利水电科学研究院网站,略有删改）

"江苏南水北调智能调度运行管理系统的创新与应用"获"2023数字江苏建设优秀实践成果'十佳'案例"称号

由江苏省委网信办会同省发展改革委、省工业和信息化厅、省政务办以及省通信管理局联合组织开展的"2023数字江苏建设优秀实践成果"评选结果公布,江苏水源公司"江苏南水北调智能调度运行管理系统的创新与应用"项目经推荐、预审、专家评审、集中评议等程序,从全省270个案例中脱颖而出,获"2023数字江苏建设优秀实践成果

'十佳'案例"称号。2023年10月23日,公司党委书记、董事长袁连冲出席第十届江苏互联网大会并参加"十佳"案例颁奖仪式。

此次获奖标志着公司在数字化转型领域的探索受到了广泛认可,为公司抢抓数字经济新机遇、拓展数字经济新赛道打下了坚实基础。下一步,江苏水源公司将进一步聚焦企业数字化、智能化转型升级,以数字技术创新赋能智慧水利发展,在畅通国家水网大动脉中彰显水源风采。

（傅汉霖　王馨冉）

山东干线公司9个设计单元工程获中国水利工程优质（大禹）奖

经中国水利工程优质（大禹）奖评审委员会评审,公示无异议,2023年5月正式发文公示,36项工程获2021—2022年度中国水利工程优质（大禹）奖。南水北调东线一期工程邓楼泵站、济南市区段输水工程成功获评。截至2023年底,山东干线公司已有济平干渠、大屯水库、八里湾泵站、韩庄泵站、穿黄河工程、双王城水库、万年闸泵站枢纽工程、邓楼泵站、济南市区段输水工程9个设计单元工程获得这一水利工程的至高荣誉。

（丁晓雪）

穿黄河工程获"国家优质工程奖"

2023年底,2022—2023年度国家优质工程奖正式公布,山东南水北调东线一期工程穿黄河工程获得"国家优质工程奖"殊荣。该工程曾先后获2019—2020年度中国水利工程优质（大禹）奖、全国优秀水利水电工程勘测设计金质奖、"海河杯"勘察设计一等奖2项,取得发明专

利 4 项、实用新型专利 8 项、行业工法 4 项，出版专著 1 部，发表论文 59 篇，多项科研成果获国家、省部级及行业科技进步奖共 12 项。　　　　（丁晓雪）

中线水源公司部署推进数字孪生丹江口建设

2023 年 1 月 4 日下午，中线水源公司组织召开数字孪生丹江口建设工作专题会，通报数字孪生流域建设先行先试中期评估情况，深入贯彻落实水利部、长江委关于数字孪生建设工作的有关指示精神，加紧部署推进数字孪生丹江口建设。公司总经理马水山主持会议并讲话。

马水山指出，数字孪生丹江口在水利部中期评估中获评"双优"是水利部、长江委的坚强领导和数字孪生建设工作组及公司上下共同努力的结果，阶段性工作成效突出，值得充分肯定，我们要以中期评估为契机，继续发扬勇于拼搏、善于挑战、不怕苦、不怕累、团结奋斗的工作作风，力争在后续开发建设中再创佳绩。面对下一阶段工作，他强调，数字孪生丹江口建设要实现"人无我有、人有我优"的建设目标还任重道远，要尽快梳理前阶段工作中存在的不足，针对中期评估反映出的问题要高度重视，提出具体措施并切实抓好落实；项目建设过程必须严格履行建设程序，确保工程规范建设；要继续加强组织协调，确保形成工作合力；要广泛开展调研学习，不断汲取先进技术和经验；重视总结提炼，加强知识产权保护；中线水源公司各部门要组织做好数字孪生工作组集中办公保障，并全过程深入参与项目建设，确保建设成果在实际工作应用中发挥成效。公司将继续全力推进数字孪生丹江口工程建设，强化管理、技术和业务统筹力度，积极投入试用完善和迭代升级，力争打造水利行业数字孪生样板工程。

公司副总经理张金锋介绍近期水利部组织的数字孪生流域建设先行先试中期评估情况，中线水源公司数字孪生流域建设先行先试获评"优秀"，公司组织申报的"数字孪生丹江口水质安全模型平台与'四预'业务"应用案例获评"优秀案例"；传达近期长江委召开的数字孪生丹江口阶段成果专题汇报会上各委领导的指示及会议精神。会议听取项目联合体牵头单位长江设计集团空间公司关于近期工作进展、存在的问题及下一步工作计划的汇报，听取项目监理单位关于监理工作情况的汇报。各参会单位围绕如何进一步做好项目建设管理、高标准高质量做好下阶段开发实施以及系统业务应用、部署集成等方面开展深入交流。

公司副总经理王健、付建军、曹俊启及公司相关部门负责人，项目监理及承建单位项目负责人和主要业务骨干以现场或视频方式参加会议。　（中线水源公司）

数字孪生丹江口建设成果参展第六届数字中国建设峰会

2023 年 4 月 26—30 日，中线水源公司牵头组织，以数字孪生丹江口最新数字技术成果和实践案例，参加在福州海峡国际会展中心举办的第六届数字中国建设峰会。

根据 2023 年 2 月福建省人民政府关于第六届数字中国建设峰会的邀请函和水利部、长江委有关批示精神，中线水源公司积极响应、精心谋划参展工作，组织相关单位开展数字孪生丹江口和南水北调中线水源工程宣传手册制作、视频采集、系统优化完善、特色亮点梳理、展位展台策划等筹备工作，着力展示数字孪生丹江口先行先试阶段性建设成果、可推广技术和特色亮点等，展现南水北调中线水源工程的重要作用，落实数字孪生流域建设赋能水利高质量发展的重要举措。

本届峰会以"加快数字中国建设，推进中国式现代化"为主题，以宣传贯彻落实《数字中国建设整体布局规划》为主线，设置"1+3+N"系列活动，集中展示数字中国建设最新成果，分享发展经验，以数字中国建设推动高质量发展，助力中国式现代化。中共中央政治局委员、中宣部部长李书磊出席第六届数字中国建设峰会开幕式并发表主旨讲话。峰会吸引来自全国28个省（自治区、直辖市）的320个政府部门、企事业单位参展，其中包括4个主宾省，人力资源社会保障部、生态环境部、应急部等国家部委，以及国家电网、中国电子、中国电科、华为、阿里巴巴、英特尔、西门子等知名企业。

数字孪生丹江口建设成果参展
第六届数字中国建设峰会
（中线水源公司　供图）

中线水源公司以数字孪生丹江口建设成果同时参与数字中国云上峰会3D展和现场展，通过播放南水北调中线水源公司宣传片、数字孪生丹江口建设宣传片，演示阶段性建设成果，发放宣传手册以及现场展示南水北调中线水源工程、数字孪生主要技术和特色亮点宣传海报等宣传宣讲形式，全方位展示数字孪生丹江口工程建设的最新成果。中线水源公司是水利系统唯一参展本次峰会的数字孪生建设单位。展览期间，应急部科信司有关领导专程莅临展台，听取数字孪生丹江口整体规划与系统介绍并给予高度评价；峰会组委会对中线水源公司展位进行视频专访并在峰会官方公众号进行专题报道；中国联通、陕西水务集团、华为技术有限公司、中国电建集团西北勘测设计研究院有限公司、中国电建集团华东勘测设计研究院有限公司、西安交通大学、福州大学等单位代表参观展位并深度交流数字孪生技术；现场展位累计吸引约2000人次到场观摩，有效展示数字孪生水利建设成果，展现中线水源公司及相关单位良好的企业形象。

中线水源公司副总经理张金锋带队并作为峰会嘉宾参加开幕式和主论坛，公司相关部门及项目承建单位有关负责人和技术人员参加本次峰会。

（中线水源公司）

中线水源公司举办丹江口水库联巡联查及协同管理工作经验交流暨库区管理业务专题培训班

2023年11月28日，中线水源公司举办丹江口水库联巡联查及协同管理工作经验交流暨库区管理业务专题培训班。长江委副主任王威出席开班式并讲话。

王威对丹江口库区联巡联查和协同管理试点工作成效给予充分肯定。他指出，在各方共同努力下，库区管理保护协作机制不断完善，库区政企协同管理机制初见成效,"守好一库碧水"专项行动成效显著,有力保障了南水北调中线工程安全、供水安全、水质安全。

王威指出,要深刻认识当前加强库区管理的形势要求。一是丹江口水库的重要性进一步凸显。随着受水区经济社会发展和用水需求加大,未来受益人口还将持续增加。保障南水北调中线供水安全,强化水源地水质保护,迫切需要持续加强库区联防联治和协同管理。二是库区水质安全保障工作不容有失。要深入贯彻习近平总书记重要指示批示精神,认真落实水利部部长李国英工作要求,全力保障库区水质安全,迫切需要进一步深化库区联防联治和政企协同管理机制。三是库区管理还存在一些亟待解决的难点问题。消落区土地管理难度大,水质安全风险隐患不容忽视,库区经济社会发展与生态保护矛盾突出,存在水污染防治、地质灾害治理等问题,尚缺少稳定的经费支持。

王威强调,要深入贯彻落实习近平总书记关于推动长江经济带发展和推进南水北调后续工程高质量发展系列重要讲话精神,谋长远之势、行长久之策、建久安之基,坚决扛牢丹江口库区管理的政治责任和使命担当,以河湖长制为抓手,全力推进库区管理保护再上新台阶。要深入推进库区联防联治,继续深化政企协同管理,持续加强水域岸线空间管控,加快推动建立"政事企"三方参与的数字孪生汉江流域建设工作机制,提升库区管理保护能力,持续发力、久久为功,推动丹江口库区管理保护工作不断取得新成效。

会上,中线水源公司总经理马水山介绍库区政企协同管理工作情况,十堰市、南阳市河长办,以及郧西县、张湾区、郧阳区、武当山特区、丹江口市、淅川县人民政府作交流发言,观看中线水源公司宣传片及2023年秋汛防御保蓄工作纪实专题片。会前,还开展2023年长江委中线水源公司鱼类增殖放流活动。

中线水源公司鱼类增殖放流活动现场(中线水源公司　供图)

长江委水资源局、河湖局、中线水源公司，十堰市、南阳市水利局，丹江口水库库区县（市、区）水利局负责人等参加经验交流会和开班式。　　　　　（刘霄）

引江济汉工程引水 300 亿 m³ 综合效益创新高

截至 2023 年 4 月 27 日，引江济汉工程自 2014 年 9 月建成通水以来，累计引水量突破 300 亿 m³，年均引水 34.6 亿 m³。汉江下游 7 个人口密集的城区和 6 个灌区直接受益，惠及 645 万亩耕地和 889 万人，成为名副其实的供水"生命线"。

引江济汉工程是南水北调中线一期汉江中下游四项治理工程之一，也是湖北最大的水资源配置工程和"荆楚安澜"现代水网调水骨干工程。工程主要任务是从长江上荆江河段附近引水至汉江兴隆河段，改善汉江兴隆以下河段（含东荆河）生态、灌溉、供水和航运用水条件。引江济汉工程设计引水流量为 350m³/s，最大引水流量为 500m³/s，泵站设计流量为 200m³/s。

工程全面建成通水 8 年多来，湖北省引江济汉工程管理局（简称"湖北省引江济汉局"）以工程效益发挥提质挖潜为目标，以工程管理标准化建设为抓手，加强工程调度运行管理，保障了工程安全平稳运行，工程效益发挥超越预期。

抗旱保灌施妙手：助力湖北省抗击 2014 年特大伏旱。在工程尚未建成通水的情况下，克服进水节制闸闸门启闭设备未达到设计运行工况等诸多困难，提前 49 天实施应急调水，向汉江下游补水 2.01 亿 m³，解了汉江中下游燃眉之急，受到湖北省政府通令嘉奖。2017—2019

引江济汉工程进口段运管人员日常巡查
（湖北省引江济汉局　供图）

年连续三年助力江汉平原抗伏旱，分别引水 14.6 亿 m³、9.41 亿 m³、18.23 亿 m³ 助力抗旱，500 万亩农田、百万群众受益。2022 年，助力湖北省抗击 1961 年有完整气象记录以来综合最强高温和近十年来最严重的旱情，历时夏秋冬三季，从 7 月 7 日出梅至 11 月 16 日，引江济汉工程共计调水 21.43 亿 m³，其中向汉江补水 15.17 亿 m³，向长湖、东荆河等补水 5.8 亿 m³，最大限度地减少旱情带来的影响。2023 年，为保障长湖周边及东荆河流域生产用水需求，3 次启用泵站引水，已累计引水 1.33 亿 m³。

生态补水护河湖：多次应急调水应对疑似"水华"。2018 年、2019 年、2021 年春节期间，2018 年应急调水 4.58 亿 m³，2019 年、2021 年调水均超 1 亿 m³，保证了汉江中下游生态和供水安全。大大改变荆州古城护城河水质，多年来已向其补水 46091 万 m³，改写护城河水质劣 Ⅴ 类的历史。

防洪排涝显神威：助力长湖战胜 2016 年的 98+ 特大洪水。在长湖水位超过保证水位 0.45m 的紧急关头，通过引江济汉渠道将洪水撇向汉江，累计撇洪 1.1 亿 m³，相当于降低长湖洪水位约

0.4m。2020年夏，助力长湖战胜历史罕见汛情，面对比2016年的历史最高水位高出0.11m、随时可能分洪的严峻形势，湖北省水利厅通过联合调度，运用引江济汉工程为长湖撇洪4343.73万 m^3，从根本上解除长湖随时可能破堤分洪的危局。

黄金水道航运忙：引江济汉工程新航道不仅缩短船舶绕道武汉的水运里程680km，还形成一条长810km的千吨级高等级航道圈。北方的煤炭经铁路运至襄阳后，可以通过汉江，经引江济汉工程，转运至长江沿线地区，成为"北煤南运"的重要通道。已累计通航船舶54292艘次，船舶总吨4225万t。（朱树城　金秋）

引江济汉工程获2021—2022年度中国水利工程优质（大禹）奖

2023年5月5日，中国水利工程协会揭晓2021—2022年度中国水利工程优质（大禹）奖评选结果，引江济汉工程获殊荣。

引江济汉工程是南水北调中线一期工程的重要组成部分，主要任务是向汉江兴隆以下河段补充水量，改善生态、灌溉、供水和航运用水条件。工程规模为大（1）型，工程等别为Ⅰ等。工程自2010年3月开工伊始，项目法人就以创造精品工程为目标，牢固树立"百年大计，质量第一，质量管理，预防为主"的指导思想。参建各方实行质量责任终身负责制，将创优质工程目标贯穿在建设管理、设计理念、施工工艺等各方面，积极开展质量、安全、进度等评比活动。工程建成以后，连续多年助力江汉平原抗旱，调水量超300亿 m^3，充分展现骨干调水工程担当。

中国水利工程优质（大禹）奖是中国水利工程行业优质工程的最高奖项，由水利部委托中国水利工程协会组织评选产生，获奖的均是质量优良、管理科学、工程效益、社会效益显著且建设水平国内领先的优质样板工程。引江济汉工程能在众多参评工程中脱颖而出获此殊荣，是水利部对工程设计服务、建设管理、运行管理等各方面的认可。湖北省引江济汉局将再接再厉，打造标准化调水工程样板，充分发挥工程效益，为推动"荆楚安澜"现代水网建设和南水北调事业高质量发展作出应有的贡献。

（余红枚　李悦聪）

湖北省引江济汉局六座水闸获评湖北省第一批标准化管理水闸工程

2023年湖北省水利厅公布湖北省第一批标准化管理水闸工程名录，湖北省引江济汉局六座水闸顺利通过省级标准化管理评审，被认定为湖北省第一批标准化管理水闸工程。

在创建过程中，各部门按时间节点倒排工期，明确分工任务，严格落实主体责任，对于梳理发现的问题，按立行立改、限期整改、持续整改分类分步实施解决。通过对标准化管理"软硬件"建设进行阶段性提档升级，工程整体形象得到提升，运管人员标准化管理意识、管理水平也得以提升，为保障水闸安全运行打下坚实基础。

（余晴　陈逸枫）

引江济汉工程获国家优质工程奖

2023年12月9日，2022—2023年度国家优质工程评选结果揭晓，引江济汉工程喜获殊荣，这也是湖北省第一个获得国家优质工程奖的水利工程。

国家优质工程奖自1981年设立，是工

国家优质工程奖现场核查末次会议现场
（湖北省引江济汉局　供图）

程建设质量方面设立最早、规格最高，跨行业、跨专业的国家级荣誉奖励，以"追求卓越　铸就经典"为宗旨和目标，评选范围涵盖工业、交通、水利、通信、市政、房屋建筑等各个方面。引江济汉工程积极参评并成功获奖，充分体现了优秀的设计水平、先进的建造技术、绿色的建造理念、可靠的施工质量和良好的综合效益，极大鼓舞了广大参建单位和运行管理单位。

湖北省引江济汉局切实发挥"荆楚安澜"现代水网骨干工程的作用，成为湖北加快建设构建全国新发展格局先行区和全省经济社会高质量发展的坚实水利支撑。

（余红枚）

汉江兴隆船闸开启十年来首次停航大修

2023年1月29日16时许，随着船闸L形门机将第一榀检修门缓缓放入水中，标志着为期30天的汉江兴隆船闸大修工程正式开工，这是兴隆船闸建成并投入运行近十年来的首次大修。

汉江兴隆船闸自2013年4月正式投入运行以来，已安全平稳运行3580余天，累计安全过船8.1万余艘，累计实际载货4000万t，有力促进长江经济带建设和汉江流域沿线经济社会发展。近年来，随着船舶大型化的发展，船闸通过量逐年提高，大大超过设计通过能力。兴隆船闸常年高负荷运转，主要存在金属结构锈蚀、运转件磨损、人字门异响、橡胶件及电气原件老化等"慢性病"，为提升船闸技术状况，保障通航安全和运行效率，大修工作势在必行。

为保证船闸大修工程顺利实施，湖北省兴隆局成立工程领导小组，负责工程安全运行、现场监督管理等工作。领导小组下设工程、安全等工作组，严格按照船闸大修相关管理制度要求，分工协作保障工程顺利推进。同时，为确保汉江兴隆段水上交通安全有序，湖北省兴隆局第一时间向地方海事和航道部门去函，积极办理水上水下作业施工许可证，与湖北省港航局、地方海事和航道部门密切联动协作。

本次船闸计划性大修具有工期紧、任务重、施工场地狭窄，交叉项目多，安全风险大等特点。为使船闸大修工程安全有序推进，湖北省兴隆局组织监理和施工单位多次召开大修工作专题会。1月28日上午，分管船闸工作的局领导组织施工、监理单位主要负责人和船闸全体干部职工召开"船闸大修动员部署会"，确定人员分工，明确职责分配。当日下午，召开"船闸大修技术交底及安全培训会"，提出筑牢安全底线、严把质量关、抢抓时间进度、精诚团结的明确要求。

本次汉江兴隆船闸大修内容主要包括闸门工程、阀门工程、启闭机工程、土建及助航工程、检测工程等5项工程。完工后将有效改善船闸设备设施技术性能，助力船闸安全、高效运行，为广大船民提供更为周到、贴心的服务，进一步擦亮"和谐兴隆·阳光水路"党建品牌。

(胡小熊　郭炎)

兴隆"阳光水路"通航忙
(湖北省兴隆局　供图)

兴隆水利枢纽工程获2021—2022年度中国水利工程优质（大禹）奖

2023年，2021—2022年度中国水利工程优质（大禹）奖评选结果揭晓，南水北调中线工程汉江兴隆水利枢纽工程名列其中。

中国水利工程优质（大禹）奖是全国水利工程行业优质工程的最高奖项，获奖工程是建设规范、设计优秀、施工先进、质量优良、运行可靠、效益显著、国内领先的优质工程，是所有参建单位团结协作、集体打造的精品工程。

兴隆水利枢纽工程是南水北调中线汉江中下游四项治理工程之一，是汉江流域梯级开发的最下一级，也是一座以灌溉、航运为主，兼顾发电、生态等综合效益的Ⅰ等大（1）型水利枢纽工程。工程总投资34.7亿元，规划灌溉面积327.6万亩，改善航道76km，电站装机容量40kW。工程于2009年2月开工，2013年4月主体工程完工，作为国内首座建设在深厚粉细砂地基上的大型枢纽，解决了超宽蜿蜒型河道稳定河势和深厚粉细砂地基处理的技术难题，创造国内多项水利施工记录。

兴隆水利枢纽工程已连续10年实现安全、平稳、高效运行。库区灌溉保证率达95%以上，船闸过船8万余艘，货运量

兴隆水利枢纽航拍全貌（湖北省兴隆局　供图）

超4000万t，电站累计发电超21亿kW·h，年均发电量达2.3亿kW·h。兴隆水利枢纽工程消除和改善中线调水对汉江中下游河段用水的影响，有效增加了南水北调中线工程可调水量，促进地方经济、社会可持续发展，充分发挥资源优化配置的作用。

兴隆水利枢纽工程获中国水利工程优质（大禹）奖是对湖北省兴隆局在工程建设和运行管理两个领域努力付出的最高褒奖。湖北省兴隆局将以此荣誉为新起点，坚决贯彻落实习近平总书记治水重要论述精神和水利厅决策部署，完整、准确、全面贯彻新发展理念，为加快构建"荆楚安澜"现代水网新格局贡献兴隆力量。

（吴铮　冯阳）

兴隆数字孪生服务防汛初见成效

2023年国庆长假期间，受强降雨影响，丹江口库区先后出现2023年第1号、第2号编号洪水，丹江口出库流量增加至9800m³/s，加上区间来水叠加，汉江中下游河段全线出现超警洪水。10月5日0时45分兴隆水利枢纽顺利通过2023年度最大过峰流量13600m³/s。在本次枢纽防汛度汛过程中，数字孪生工程充分发挥"四预"（预报、预警、预演、预案）功能，依托数字化场景，开展智慧化模拟，支撑精准化决策，为枢纽安全抵御建坝以来最大流量、最高水位洪水冲击提供有力支撑。

兴隆数字孪生工程深入研究相关流域自然规律，融合区域多源信息，克服区域水文资料奇缺、模型参数率定复杂等困难，建立区域洪水预报、洪水演进和泥沙动力学等水利专业模型。在此次应对汉江秋汛过程中，数字孪生在流域断面模型的基础上，利用水利专业模型计算洪峰水位、流量和历时等信息，并结合调度规程拟定调度方案，同时通过数字孪生场景三维可视化呈现淹没范围、淹没深度、淹没时长等预警情况，最终根据预演和预警结果优选调度规则，实现"降雨—产流—汇流—演进"全过程预报和调度方案优选。在此次汉江秋汛期间，兴隆数字孪生工程基本准确预测48h涨水过程中的流量，水位误差在5cm范围内，较好地支撑"四预"功能的实现和水利智能应用运行，为兴隆水利枢纽安全高效应对洪水提供决策支持。

在湖北省、云南省数字孪生建设先行先试实施方案审核会上，专家介绍数字孪生汉江兴隆建设先行先试实施方案

（湖北省兴隆局　供图）

兴隆数字孪生工程已完成BIM＋GIS三维可视化孪生场景构建，基本建成接入了基础数据、监测数据、业务管理数据、跨行业共享数据等数据的数据底板；完成工程安全智能分析预警模型、多目标智能调度模型、泥沙动力学模型等多维多时空尺度模型集成耦合，先行先试内容已进入试运行阶段，兴隆水利枢纽具有"四预"功能的数字孪生智慧水利体系初步建立。

（吕运锋）

南水北调泗洪站枢纽、洪泽站获 2021—2022 年度中国水利工程优质（大禹）奖

2023 年 5 月，经中国水利工程优质（大禹）奖评审委员会评定，南水北调泗洪站枢纽、洪泽站两项工程获 2021—2022 年度中国水利工程优质（大禹）奖，至此，江苏省内南水北调新建泵站获评中国水利工程优质（大禹）奖增至 12 座。

泗洪站枢纽工程批复总投资 6.2 亿元。2009 年 11 月开工，2015 年 7 月完工，2020 年 8 月通过设计单元工程完工验收。泗洪站枢纽工程等别为Ⅰ等，设计流量为 120m³/s，设计净扬程 3.23m，安装后置式灯泡贯流泵 5 台（套），总装机容量为 10000kW。

洪泽站工程批复总投资 5.33 亿元。2011 年 1 月开工，2015 年 1 月完工，2019 年 10 月通过设计单元工程完工验收。洪泽站工程等别为Ⅰ等，设计流量为 150m³/s，设计净扬程 6m，安装立轴混流泵 5 台（套），总装机容量为 17750kW。

在南水北调东线一期江苏省内工程建设之初，江苏水源公司提早布局，积极策划，确定创优目标，制订创优规划，成立创优机构，落实创优措施，着力将南水北调东线江苏省内工程建设成为建设管理规范、设计理念先进、施工技术创新、工程质量优良、工程运行可靠、生态环境优美的品牌工程；在建设过程中，江苏水源公司以"项目法人负责、监理单位控制、施工单位保证与政府监督相结合"的质量管理体系为基础，成立由公司主要负责人牵头负责的质量管理领导小组，严格规范质量管理行为，注重源头控制，强化过程监管，突出问题整改，严格责任追究，始终保持质量管理高压态势，切实保障了工程质量。

（卢振园　花培舒）

考察调研

李国英调研南水北调中线工程水源地水质安全保障工作

2023 年 6 月 24—28 日，水利部党组书记、部长李国英赴陕西、湖北、河南等省调研南水北调中线工程水源地水质安全保障工作。他强调，要深入贯彻落实习近平总书记重要讲话指示批示精神，提高政治判断力、政治领悟力、政治执行力，心怀"国之大者"，以"时时放心不下"的责任感和紧迫感，坚决有力、坚定不移抓紧抓细抓实抓好南水北调中线工程水源地水质安全保障工作，确保"一泓清水永续北上"。

李国英沿汉江自汉江源头至丹江口水库，先后深入陕西省汉江源头、褒河石门水库、汉江黄金峡水利枢纽、三河口水利枢纽、汉江干流武侯水文站、石泉水库、石泉水文站、安康水库、安康水文站、白河水文站、白河县白石河里端沟治理区，湖北省汉江干流孤山电站、杨溪铺镇水土保持及库滨带治理区、丹江口库区柳陂库湾和浪河库湾，河南省丹江磨峪湾水文站、老灌河淅川水文站，详细了解汉江上游流域水质保护和监测体系建设情况，并在丹江口召开座谈会，听取有关地方、流域管理机构、南水北调工程建设管理单位的意见建议，共商南水北调中线工程水源地水质安全保障对策。

李国英指出，习近平总书记高度重视南水北调工程水质安全保障工作，并亲临南水北调东、中线工程水源地考察调研，

多次作出重要讲话指示批示,强调要守好一库碧水,确保一泓清水永续北上。丹江口水库及其上游流域是南水北调中线工程的水源地,是保障北方 8500 万人口特别是首都地区供水安全的"生命线",水质安全保障工作丝毫不能有失。必须切实担负起丹江口水库及其上游流域水质安全保障责任,增强风险意识、忧患意识,树牢底线思维、极限思维,坚持目标导向和问题导向相统一,对标"确保一泓清水永续北上"目标,全面检视和查找丹江口库区及入库河流全流域水质风险隐患,逐项建档立卡、逐项整改落实,严之又严、细之又细、实之又实,做到存量问题全面解决、潜在风险全面化解、增量问题全面遏制、体制机制全面健全。

李国英强调,要立足确保南水北调中线工程调水水量、水质、永续北上三个方面,建立健全综合工作体系。一要强化体制机制法治管理,建立健全汉江流域统一规划、统一治理、统一调度、统一管理体制机制,加快流域初始水权分配,落实流域、省、市、县、乡、村河湖长制及联动运行机制,健全危险化学品运输风险源管控机制,依法依规划定守好水源保护区,不断完善政策法规保障体系,充分发挥水行政执法与刑事司法衔接、水行政执法与检察公益诉讼协作机制作用。二要建构严密的监测体系,按照"应设尽设、应测尽测、应在线尽在线"原则,加快完善水文水质监测体系、丹江口库区库周遥感监测体系、流域水土流失监测体系、流域水利水电工程生态流量泄放监测体系。三要建构流域水资源调度系统,抓紧推进数字孪生汉江和数字孪生水利工程建设,实现对流域内干支流水库和跨流域引调水工程科学精准调度。四要建构突发水污染事件应对预案,针对汉江流域各类风险源,提前制定并滚动修订应对预案,坚决守住丹江口库区水质安全底线。五要立足长远加强水资源供需形势分析,超前研究跨流域连通方案及其调度机制,构建区域水网,确

丹江口水库壮美景色(湖北省丹江口市人民政府宣传部 供图)

保极端干旱情况下水源地水量供给。六要精准确定流域结构及相应承担的任务责任，研究建立丹江口水库及其上游流域水质保护生态补偿机制。七要建构水质安全保障体系，研究建立工作协调机制、多元化投资保障机制，完善考核体系和激励机制。

李国英要求，要抓紧编制丹江口水库及其上游流域水质安全保障工作方案，明确治理对象，落实治理责任，制定治理措施，加大治理力度，坚决守好一库碧水，确保实现"一泓清水永续北上"。

（来源：水利部网站，略有删改）

李国英调研丹江口水库水质安全保障工作 王忠林参加调研

2023年6月26—28日，水利部党组书记、部长李国英来湖北省调研丹江口水库水质安全保障工作。湖北省委副书记、省长王忠林参加相关调研。

李国英来到丹江口市浪河库湾，察看流域综合治理、水质保护、库区水质监测及保护等情况，对相关工作给予充分肯定。他指出，丹江口库区作为南水北调中线工程的核心水源区，要牢记习近平总书记殷殷嘱托，坚持源头治理、系统施策，全力抓好生态保护修复，着力加强流域水土保持等工作，坚决确保水质安全；对标国际先进水平，构建库区和上游全覆盖的实时水质监测体系，提升机动监测能力，有效防范应对潜在风险。在引江补汉出口项目现场，李国英慰问一线工作人员、听取引江补汉工程规划及建设情况介绍，要求加强地质勘测，科学组织施工，加快推动工程建设；充分运用数字孪生智能建造技术，对勘测、施工、运营实行全生命周期管理，确保工程质量和后期可持续运行；严格落实安全生产各项措施，筑牢安全底线。在湖北省期间，李国英还察看了汉江孤山电站、郧阳区柳陂水库，并主持召开工作座谈会。

王忠林介绍了湖北省丹江口库区生态环境保护工作情况。他说，近年来，湖北认真贯彻习近平生态文明思想，在水利部关心指导下，坚定担当南水北调核心水源区生态保护的政治责任，全力推进国土空间生态修复、库周和岸线整治、城乡污水垃圾和面源污染治理等重点任务，系统开展水灾害防治、水生态保护、水环境治理，推动丹江口水库水质持续改善。一直以来，水利部高度重视湖北省丹江口库区建设，在水利工程项目、水旱灾害防御、河湖生态保护等方面给予了大力支持；恳请一如既往关心支持湖北，加强工作指导、助推丹江口库区加快绿色低碳转型发展，协调加快引江补汉输水沿线补水工程等重大项目实施，更好保障汉江中下游用水需求，助力湖北先行区建设和高质量发展。湖北省将牢记习近平总书记"守好这一库碧水"的殷殷嘱托，当好忠诚"守井人"，以流域综合治理明确并守住水安全、水环境安全等底线，扛实生态大省的政治责任。

湖北省副省长吴海涛、长江委主任马建华、中国南水北调集团总经理汪安南参加相关调研。

（来源：《湖北日报》，略有删改）

王道席调研永定河水量调度与生态补水工作

2023年2月8日，水利部副部长王道席赴永定河拦河闸至屈家店段调研永定河水量调度与生态补水工作。

王道席先后调研永定河北京段卢沟桥拦河闸调度及永定河防洪体系情况，大宁水库南水北调中线水源向永定河补水情况，永定河天津段屈家店闸水量调度情况，武清区邵七堤及河北廊坊段河道水情、冰情、工情，廊坊市南三通道过水路面架桥施工情况。每到一处，王道席详细了解永定河水资源状况、用水需求、河道现状、补水工程措施等情况。

王道席指出，做好永定河水资源统一调度及河湖生态环境复苏工作，是贯彻习近平生态文明思想和"节水优先、空间均衡、系统治理、两手发力"治水思路的重要体现，是落实水利部党组关于复苏河湖生态环境、促进人水和谐共生的必然要求。各单位要提高政治站位，心怀"国之大者"，站在推进京津冀协同发展重大国家战略、促进人与自然和谐共生的高度，以时时放心不下的责任感，从大时空、大系统、大担当、大安全四个方面准确把握永定河水量调度与生态补水工作，坚定不移地做好恢复永定河生命的工作，持之以恒全面复苏北京"母亲河"。

王道席要求，要科学合理设定永定河水量调度工作目标，强化永定河全年调度工作思维，统筹各项工作措施，工程建设等要服从水资源统一调度；落实并压实各方工作责任，建立高效的协调工作机制；加快数字孪生永定河流域建设，提升永定河"四预"保障能力；统筹"引黄水、引江水、当地水、再生水"调度，进一步优化调度方式，以日保旬，以旬保月，以月保季，以季保年，实现永定河河道全年生态调度目标。

规计司、调水司负责同志参加调研，南水北调司、海委、北京市、天津市、河北省水利（水务）厅（局）及永定河流域公司负责同志分段汇报相关情况。

（来源：水利部网站，略有删改）

王道席调研数字孪生南水北调中线建设工作

2023年12月8日，水利部党组成员、副部长王道席赴中国南水北调集团中线有限公司调研数字孪生南水北调中线建设工作，中国南水北调集团党组副书记、总经理汪安南陪同调研。

王道席充分肯定了数字孪生南水北调中线建设工作成效。他指出，数字孪生南水北调中线的建设理念、建设思路、应用方向、技术路径是正确的、合理的，围绕保障工程安全、供水安全、水质安全构建的"四预"功能体系取得了重要的阶段性成果，为后续工作打下了坚实的基础。实践证明，数字孪生技术在南水北调工程中具有丰富的应用场景和重要的实用价值。

王道席强调，数字孪生南水北调建设责任重大、使命光荣，中国南水北调集团要进一步提高政治站位，坚持按照"需求牵引、应用至上、数字赋能、提升能力"的总体要求，遵循数字孪生水利工程和数字孪生国家水网的技术框架，聚焦保障"三个安全"核心业务，进一步深化推广应用，筑牢网络安全防线，加快先进技术利用，力争走在数字孪生水利建设的前列。

南水北调司、信息中心、中国南水北调集团有关负责同志参加调研。

（来源：南水北调司网站，略有删改）

仲志余赴山东调研南水北调东线二期工程

2023年5月25—26日，水利部总工程师仲志余、规计司一级巡视员（正司级）高敏凤等赴山东参加国家省级水网先导区建设工作会议，并调研南水北调东线二期工程相关情况。调研组查勘了小清河五柳岛、东平县大汶河戴村坝、南水北调位山穿黄隧洞出口、德州潘庄引黄闸、德州四女寺枢纽，并召开了座谈会。

（山东省水利厅）

国务院参事室调研组调研南水北调山东段工程及运河文化

2023年4月10—13日，国务院参事室副主任张彦通一行到山东省开展"南水北调东线工程及运河文化"专题调研，在济南召开"南水北调工程山东省内运行供水和用水情况"座谈会。山东省政府办公厅二级巡视员曹悟响、山东省水利厅二级巡视员隋家明及山东干线公司副总经理郭东升陪同调研；山东省政府办公厅副主任刘太广、山东省水利厅厅长黄红光、山东干线公司总经理姜延国等参加座谈。调研组先后赴台儿庄泵站、二级坝泵站、长沟泵站、京杭大运河梁济运河段、八里湾泵站，详细了解工程特点、运行管理及日常维护管理情况，并就提升南水北调水供应能力及提高水资源利用效率等问题提出意见建议。张彦通表示，希望有关单位坚决贯彻习近平总书记重要指示精神，切实维护南水北调东线工程安全、供水安全、水质安全，提升南水北调工程的综合效益，为大运河全线通水提供强大水资源保障。

（丁晓雪）

南水北调司赴中线水源公司检查指导工作

2023年10月13—15日，南水北调司司长李勇率调研组到中线水源公司调研，并检查指导丹江口水库水质安全保障工作情况。中线水源公司总经理马水山陪同考察调研，并作专题汇报。

座谈会上，调研组观看中线水源公司2023年防汛备蓄专题片，听取丹江口水库170.00m蓄水工作情况、中线水源公司落实李国英部长调研南水北调中线工程水源地水质安全保障工作时讲话要求的情况，以及中线水源工程竣工决算审计问题整改、水价成本监审等汇报。

李勇高度肯定中线水源公司在丹江口水库170.00m蓄水期为维护中线水源工程"三个安全"所开展的各项工作成效，以及公司全体员工中秋、国庆假期坚守岗位、奋战一线，讲政治、顾大局、勇担当、甘奉献的精神。同时，他高度评价数字孪生丹江口工程建设成果在水利行业处于"第一梯队"，并慰问中线水源公司数字孪生攻关团队。他指出，数字孪生丹江口工程建设要根据应用情况持续更新优化各类模型精度，不断强化"四预"功能，为维护中线水源工程运行管理提供有力支撑。

李勇指出，中线水源公司心怀"国之大者"，深刻学习领会习近平总书记关于南水北调中线水源地保护的指示批示精神，准确把握李国英部长提出的"严、细、实、效"原则，全面落实水源地管理范围从丹江口水库延展至丹江口水库上游流域的重大部署，以及管理内容从原来的水库水域岸线巡查、水质断面监测扩大至水库及其上游流域的全要素、全流域、全时空监控的具体要求，对标对表编制《中线水源公司关于丹江口水库及其上游流域水质安全保障工作落实方案》，在库区管理机制健全完善、水源地管理与保护、水质监测和库区遥感监测体系建构、生态补偿机制研究等方面推进扎实有力。

李勇要求，中线水源公司要把握好此次工程高水位运行良机，做好2021年同期监测数据的对比分析，全面排查梳理涉及"三个安全"的有关问题，针对性地提出解决措施；要进一步做好水质监测、库区管理和数字孪生建设等工作，全面落实丹江口水库水质安全保障的工作要求，确保实现"一泓清水永续北上"目标；要进一步做好审计问题整改、水价成本监审、水费收缴等工作，加快推动公司高质量发展。

马水山表示，感谢南水北调司一直以来对中线水源工程建设和运行管理工作的关心和支持，中线水源公司将坚决执行水利部、长江委的决策部署，进一步做好丹江口水库高水位运行管理，抓紧抓细抓实丹江口水库水质安全保障工作，不折不扣地推进审计问题整改、水价监审等工作，为公司高质量发展夯实基础。

其间，李勇一行实地调研了数字孪生丹江口工程建设成果，并赴丹江口水库、十堰市郧阳区考察水质监测、岸线管理、小流域综合治理等水质安全保障相关工作。

水利部南水北调司一级巡视员谢民英、副司长马黔，中线水源公司副总经理付建军、张金锋、曹俊启，以及有关负责人参加会议。　　　　（中线水源公司）

南水北调司赴中线水源公司调研

2023年11月30日，南水北调司副司长袁其田一行到中线水源公司调研指导数字孪生丹江口建设工作。长江委监督局二级巡视员涂剑、公司副总经理王健参加调研座谈。

调研组现场查看丹江口水库高水位运行情况，听取了数字孪生丹江口工程先行先试阶段性建设成果演示汇报，重点观看了数字孪生丹江口系统在2023年秋汛及170.00m蓄水过程中的应用及"四预"功能发挥情况，详细了解平台各模块特点、技术攻关研发等有关情况，并对下一步数字孪生建设、库区及上游水质保护及其二者紧密结合等方面进行深入交流和指导。

袁其田对中线水源公司在数字孪生丹江口工程建设中取得的进展、阶段性成效以及在2023年秋汛及170.00m蓄水过程中发挥的作用等方面给予充分肯定。他指出，保障南水北调中线水源工程"三个安全"十分重要，建设数字孪生丹江口工程十分必要，在中线水源公司的精心组织下，数字孪生丹江口先行先试项目刚建成，即在秋汛和高水位蓄水中发挥应用，成效显著，意义重大，为落实好"三个安全"起到了很好的作用，充分体现数字孪生水利"需求牵引、应用至上、数字赋能、提升能力"的总要求。对于下一步工作，他强调，丹江口库区及上游环境条件复杂，影响"三个安全"特别是水质安全的因素众多，在先行先试之后，要结合国家和水利部对库区及上游管理的新政策、新措施，持续、全面、深入开展数字孪生丹江口后续工程建设，进一步加强覆盖库区及上游的需求分析，根据不同的使用场景，不断补充、细化和完善相关功能，按照"严之又严、实之又实、细之又细"的工作要求，更好发挥数字孪生作用，保障"一泓清水永续北上"。

王健对袁其田一行表示欢迎，感谢南水北调司长期以来对中线水源工程建设、运行及数字孪生丹江口先行先试等工作的支持和指导。他表示，中线水源公司将在水利部、长江委的坚强领导和指导下，着力开展覆盖库区及上游的算据、算法、算力建设，在先行先试建设成果的基础上不断完善、改进和提升，确保数字孪生丹江口工程实用、管用、好用，切实实现数字化场景、智慧化模拟、精准化决策。

水利部南水北调司、监督司，长江委监督局，中线水源公司有关部门，项目承建单位等有关部门、处室相关人员参加调研交流。　　　　　（中线水源公司）

南水北调司检查江苏
南水北调工程防汛工作

2023年7月20日，南水北调司二级巡视员朱涛带队检查江苏南水北调工程防汛工作。检查组在南水北调睢宁二站、解台站工程现场，对睢宁二站防汛物资储备、泵站主厂房及设备间、解台节制闸、启闭机等进行认真检查，仔细查阅防汛预案、设备设施维修养护、防汛演练记录、供电线路运维台账等资料，听取江苏水源公司关于2023年防汛工作开展情况的汇报，与现场管理单位进行交流座谈。

（卢振园）

刘冬顺一行赴丹江口检查调研

2023年10月23—24日，长江委主任刘冬顺一行到汉江集团公司、南水北调中线水源公司调研，并赴丹江口库区检查指导水库水质安全保障工作。

刘冬顺一行赴丹江口库区，实地察看凉子河台子山水质自动监测站、丹库2号浮动水质监测站、陶岔渠首、浪河库湾，了解库区水质监测体系建设、水质保护、消落带保护等库区管理工作情况；参观中线水源公司智慧展厅、数字档案馆、库区"一张图"项目办公室，汉江集团公司丹江口工程展览馆、大坝18坝段、右岸施工营地、丹江电厂、大数据公司、地产公司、电化公司、弘源碳化硅公司、铝业公司、松涛山庄，与两家公司开展座谈交流，听取工作汇报。调研途中还前往引江补汉出口段工程建设现场，察看相关工作情况。

刘冬顺充分肯定汉江集团和中线水源公司为维护南水北调中线"工程安全、供水安全、水质安全"开展的卓有成效的工作，对两家公司高质量发展成果给予高度评价。他强调，要深入贯彻落实习近平总书记关于治水的重要论述精神，按照水利部工作部署，扛牢政治责任，细化工作措施，为确保"一泓清水永续北上"作出新的更大贡献。一要以高质量党建引领高质量发展，对标对表主题教育"学思想、强党性、重实践、建新功"总要求，坚持高标准严要求，确保取得实效；要充分发挥基层党支部的战斗堡垒作用，认真履职尽责，创新开展工作。二要紧紧围绕"三个安全"，充分运用好各类水行政管理平台，统筹抓好水源地管理与保护、水质监测体系建构等各项工作，坚决守好一库碧水。三要完整准确全面贯彻新发展理念，坚持科技创新驱动发展，以数字化、信息化、智能化赋能公司高质量发展，勇当水利工程管理现代化的排头兵。四要坚守安全生产底线，认真贯彻落实水利部关于强化水利工程运行管理的职责要求，加强水库防洪调度和水资源调度，进一步完善内控体系建设，确保工程安全、防洪安全、供水安全和干部安全。

长江委副总工陈桂亚，委办公室、汉江集团、中线水源公司等相关部门和单位负责人参加调研。　　　（中线水源公司）

长江委调研中线水源公司

2023年8月25—28日,长江委党组成员、机关纪委书记任红梅率调研组到南水北调中线水源公司,与公司"一把手"及纪检干部谈心谈话,了解履行中线水源工程"三个安全"及全面从严治党职责情况,并召开座谈会听取水利部部长李国英到丹江口调研座谈会精神落实、中线水源公司审计整改以及数字孪生建设情况,实地调研查看丹江口库区水质保护和监测体系建设,督促丹江口水库水质安全保障工作任务的落实。

调研组一行深入丹江口库区,先后查看河南省淅川库区消落区土地利用及湿地治理保护情况、淅川县九重镇邹庄移民安置村、淅川水文站、磨峪湾水文站,湖北省杨溪铺镇水土保持及库滨带治理区、郧阳区城关镇污水处理厂、柳陂镇卧龙岗移民安置区、丹江口库区柳陂库湾、泗河库湾和浪河库湾。每到一处,调研组都认真查看、详细了解相关情况,充分听取有关部门意见建议。

任红梅对中线水源公司各项工作给予充分肯定。她指出,近年来,中线水源公司始终心怀"国之大者",时刻牢记总书记嘱托,不断强化政治能力、思维能力、实践能力,对照自身核心职责、社会责任和流域管理任务,全面担当、优质担当、主动担当、创新担当,切实维护了中线水源工程安全、供水安全、水质安全。

任红梅强调,要深入贯彻落实习近平总书记重要讲话和重要指示批示精神,按照水利部、长江委工作部署,坚定信心,坚决扛起守护"一泓清水永续北上"的政治责任。一要对标对表,切实保障丹江口水库及上游水源地水质安全。要对照李国英部长调研讲话要求,深入研究改进工作的具体思路,坚持全委一盘棋,细化责任、分解任务,把经过深入研究论证的工作思路转化为实实在在的主题教育成果。同时,充分利用发挥纪检机构政治监督责任,做到监督具体化、精准化、常态化,不断提升监督实效。二要充分发挥审计监督作用,为重点工作推进落实提供有力保障。要准确把握审计工作面临的新形势和新要求,深刻理解审计首先是经济监督的职能定位,通过审计工作反思内部管理漏洞,加强重点难点问题分析研究,服务公司改革发展。三要深入推进数字孪生丹江口建设,全力推动南水北调中线工程高质量发展。当前数字孪生丹江口建设已取得显著阶段性成效,要进一步做好数字孪生丹江口系统集成、部署、上线试运行和应用等各项准备工作,注重实效,久久为功,确保高质量推进先行先试建设任务。

长江委机关纪委、中线水源公司有关负责人参加调研。河南省淅川县、湖北省十堰市郧阳区等地有关负责人参加所在地调研。

(中线水源公司)

林武调研南水北调山东段工程

2023年4月24—26日,山东省委书记林武先后到济南、聊城、泰安、济宁、枣庄5市,调研黄河、大运河、东平湖、南四湖防汛备汛和水利建设情况,其间察看了南水北调东线一期穿黄工程、八里湾泵站、二级坝泵站、万年闸泵站,山东干线公司总经理姜延国、副总经理郭东升等参加调研。林武强调,水利事关山东省发展和安全大局,必须提高政治站位,加快补齐短板,加力提速现代水网建设,为高质量发展提供有力支撑。要加快重大水利基础设施建设，抓好南水北调工程建设，确保工程质量和生产安全。要进一步细化防汛备汛措施，强化隐患排查整治，加强监测预警，完善应急预案，确保安全度汛。

（丁晓雪）

范波赴南水北调工程输水干线巡河调研

2023年7月7日，山东省副省长范波到南水北调山东段输水干线大屯水库巡河调研。范波强调，当前已进入主汛期，各级各有关部门要坚决贯彻落实习近平总书记关于防汛救灾工作的重要指示要求，坚持人民至上、生命至上，认真履行河道巡查管护职责，确保河道度汛安全。要树牢系统思维、底线思维，坚持问题导向、预防为主，建立联合保护机制，周密细致做好河湖"清四乱"工作。要将水利和航运紧密结合，依托河道大力发展航运事业。要积极推进南水北调后续工程规划建设，加快解决沿线地区缺水问题，全力保障群众生产生活用水需求。

（丁晓雪）

湖北省水利厅调研汉江流域重点工程和综合治理工作

2023年2月15日，湖北省水利厅厅长廖志伟一行先后到湖北省碾盘山局、湖北省兴隆局和汉江局调研，查看重点工程项目进展情况，就防汛抗旱、水系连通及发电通航等工作进行指导，对2023年重点工作安排提出意见，要求以流域综合治理明确并守住安全底线，把新发展理念落实到水利工作各方面、全过程，做到前瞻性思考、全局性谋划和整体性推进，积极推动党的二十大精神和湖北省第十二次党代会工作部署落地见效。

在碾盘山工程现场，廖志伟一行查看碾盘山枢纽工程船闸、电站厂房安装间、泄水闸以及土石坝施工现场，详细询问项目推进和建设过程中存在的困难，要求坚定目标抓生产，紧盯关键线路和节点，在保证质量及安全的前提下，全面推进工程建设；统筹发展和安全，坚持底线思维，强化系统观念，认真落实安全责任，做好隐患排查整改，确保工程绝对安全；坚持全面从严治党，强化思想政治建设、组织建设、队伍建设和作风建设，以高质量党建引领高质量工程建设，大力推进"清廉工地"建设。

在兴隆水利枢纽，廖志伟一行详细了解汉江当前水情，查看船闸大修、鱼道改造施工情况，听取相关工作进展情况汇报，要求加强统筹谋划，针对枢纽下游水位下切和上游来水偏少问题，进一步优化处置方案，切实解决好通航问题；坚持极值思维，牢守安全底线，加强汛前检查，增强"四预"能力，确保运行安全；积极配合财决审计，做好问题整改，寻求支持，争取共识。

在汉江局，廖志伟一行现场踏勘东荆河入口处险工险段龙头拐现况，听取近期险工险段整治及防汛备旱情况汇报，要求以高度的政治责任感和工作紧迫感做好水旱灾害防御工作，压实防汛责任，细化工作措施，全面排查整改风险隐患，牢牢把握工作主动权；密切监视雨情、水情、旱情，加强综合研判，做好风险防范；加强水旱灾害防御队伍建设和物资储备，构建科学高效的水旱灾害防御体系，确保人民群众的生命和财产安全。

廖志伟一行还实地察看引隆补水取水

口，与有关地方水利部门主要负责人和设计单位负责人进行深入交流。

（湖北省水利厅办公室 湖北省水利厅宣传中心）

湖北省水利厅检查厅直单位安全生产工作

2023年2月20—21日，湖北省水利厅副厅长焦泰文率检查调研组赴湖北省漳河工程管理局、湖北省汉江局、湖北省兴隆局，检查节后复工复产安全防范情况、全国两会期间安全生产工作部署，督导重大安全隐患整改，调研违规吃喝问题专项整治等工作。检查调研组查看有关建设施工、工程运行及重大隐患整改现场，听取有关情况汇报，与相关人员进行交流座谈。

关于近期水利安全生产工作，检查组要求，要切实抓好节后复工复产和全国两会期间安全生产，主动作为，积极谋划，为全年工作开好头，起好步。一要提高站位，警钟长鸣，切实履行安全生产责任，认真贯彻全员安全生产责任制，确保责任落实到岗到人，以"时时放心不下"的责任感，持续抓好安全生产工作；二要完善预案，抓紧备汛，充分考虑极端暴雨洪水、干旱等突出问题，及时组织修订防汛抗旱应急预案，加强预案演练工作，储备防汛物资，保障防汛安全；三要加强管理，举一反三，做好日常巡查和专项检查，发现问题及时整改，全面消除安全生产隐患。

检查组还要求，坚决落实省委部署和省纪委监委要求，认真开展违规吃喝问题专项整治，杜绝违规问题发生。

（湖北省水利厅监督处）

中国南水北调集团领导元旦假期检查冰期输水工作 看望慰问一线干部职工

2023年元旦假期，中国南水北调集团董事长蒋旭光、总经理汪安南、副总经理耿六成分别检查东、中线一期工程冰期输水工作，慰问一线干部职工。

蒋旭光视频检查东线一期工程蔺家坝泵站、东平湖出湖闸，北延应急供水工程油坊节制闸、六五河节制闸、王希鲁节制闸；汪安南赶赴现场检查中线一期工程北拒马河暗渠节制闸、惠南庄泵站；耿六成视频检查中线一期工程放水河渡槽、北易水倒虹吸。检查过程中，中国南水北调集团领导详细询问职工值班值守、生活保障以及防冰措施、调水工况、安全生产等情况，慰问一线干部职工。

（孙瑞刚）

汪安南检查东线北延应急供水工程冰期输水工作

2023年1月8—9日，中国南水北调集团总经理汪安南带队，赴东线北延应急供水工程沿线检查冰期输水工作。天津市副市长李树起、河北省副省长时清霜、山东省人民政府办公厅一级巡视员张积军、海委副主任马涛等分别参加检查。

汪安南在检查中指出，北延应急供水工程首次开展冰期输水工作，是为冀津地区储备春灌水源，复苏河湖生态环境，巩固华北地区地下水超采综合治理效果的重要举措。沿线各省（直辖市）和东线公司为保障冰期输水做了大量工作，加强巡查巡视，配置防冰设备，精细调度工程，做好用水管理，强化应急准备，为做好冰期输水、应对冰冻灾害打下坚实基础。

（孙瑞刚）

中国南水北调集团领导看望慰问一线干部职工并检查节日安全工作

2023年春节前夕，中国南水北调集团董事长蒋旭光和总经理汪安南看望并慰问一线职工。

蒋旭光到中线公司北京分公司检查冰期输水工作，通过视频监控系统查看分公司辖区节制闸等冰期输水关键部位，询问冰期输水期间的设备设施运行及现场值守等情况，并视频检查易县管理处中控室，向现场值班人员及其家属致以新春的问候和祝福。

汪安南慰问东线公司总部调度运行和综合机房值班值守人员，视频连线东线工程油坊节制闸、六五河节制闸现场值守管理人员，并代表中国南水北调集团党组向东线公司所有干部职工拜年。

（中国南水北调集团）

汪安南检查调研中线黄河以南段工程

2023年2月14—16日，中国南水北调集团总经理汪安南赴中线黄河以南段工程检查调研工程调度、运行管理和安全生产工作。

汪安南在调研中指出：一是坚持"防住为王"，抓早抓小抓实抓细防汛备汛工作。尽快完成防洪加固工程，加强汛期巡查值守和会商研判，及时启动预警发布和应急响应。二是加强供水运行调度管理，持续优化调度，强化对重要输水建筑物、重点渠段、过流流态等的观测监测和穿跨邻接工程的监管。三是做实做细藻类防控工作，制订防控工作方案，落实防控措施，确保水质安全。四是充分发挥南水北调工程河湖长制作用，做到信息共享、联防联控。五是从严从细抓好安全生产工作，切实做到认识到位、责任到位、措施到位、监管到位，守住安全生产底线。

（中国南水北调集团）

蒋旭光一行赴湖北调研推进中线引江补汉工程建设

2023年2月17日，中国南水北调集团董事长蒋旭光一行赴湖北调研推进中线引江补汉工程建设，并与湖北省副省长董卫民座谈。

在与湖北省政府领导座谈时，蒋旭光指出，引江补汉作为南水北调后续工程首个开工项目，对全面推进后续工程高质量发展、加快构建国家水网具有标志性意义。中国南水北调集团充分发挥市场主体作用，全力推进引江补汉等后续工程规划建设，积极参与湖北现代水网建设，努力实现南北两地互利共赢。董卫民表示，湖北省将进一步建立健全相关工作机制，在建设用地、施工环境等方面提供全方位保障，希望双方共同推进湖北水网、水务、清洁能源等基础设施建设。

在江汉水网公司，蒋旭光强调，提高政治站位，以党的二十大精神为引领，全面增强政治责任感和历史使命感，全力推进初步设计报告尽快批复，尽快实现全面开工目标；全面加快工程建设，全力推进出口段工程标杆建设和施工准备工程尽早开工实施；全面加强质量、安全管理，深化创新，加强复杂地质条件下超大直径TBM选型等重大关键技术攻关和数字孪生引江补汉建设。

在长江设计集团，蒋旭光希望设计方继续发扬连续作战的优良作风，优化配置各种资源，统筹进度和质量，全力确保引江补汉工程初步设计报告按计划如期批复，并全面做好提前开工项目技术准备和后续设计支撑保障等工作，进一步深化重大关键技术研究和成果转化，为工程顺利实施提供有力的技术支撑。

（中国南水北调集团）

蒋旭光调研督导中线河南段工程防汛和水质保护工作

2023年3月16—18日，中国南水北调集团董事长蒋旭光调研督导中线河南段工程防汛和水质保护工作。

蒋旭光一行先后调研检查了北汝河倒虹吸、澎河渡槽、青龙河倒虹吸、赵庄分水口、任坡分水口、双洎河渡槽、庙后李渡槽、十八里河倒虹吸、索河渡槽、穿黄进口等工程防汛工作情况及防汛物资仓库储备情况，详细了解防汛备汛和水质保护等措施落实情况。蒋旭光强调，要深刻认识做好2023年防汛和水质保护工作的重要性，抓早抓细抓实各项防御措施，坚决守住"三个安全"底线。一是提高政治站位，树牢底线思维、极限思维，切实增强防汛工作使命感。坚持问题导向，提升应急能力。二是强化"四预"措施，科学组织演练，提升预案实用性、针对性和可操作性。三是密切关注水情工情，加强会商预警和响应，为守护工程安全争取应对时间。四是充分发挥南水北调工程河湖长制作用，消除红线外防汛风险。五是强化提质增效理念，做到物尽其用，确保效用。六是坚持不懈做好水质保护各项工作，加强与地方的协调联动，形成保护合力。

（中国南水北调集团）

汪安南检查调研中线工程安全生产工作

2023年5月10—11日，中国南水北调集团总经理汪安南带队检查调研中线工程"三个安全"和安全生产工作。

汪安南一行先后查看北京干线工程段3号连通井、北拒马河暗渠防洪堤，现场检查安全监测设施、裹头应急抢险措施、防洪堤巡查维护、截流沟清淤、中线工维和中线应急系统等设施、设备和软件运行情况，听取安全监测和惠南庄泵站运行情况汇报，并分别与中线惠南庄管理处、北京分公司、中线公司座谈交流。他要求，要从守护生命线的政治高度，切实维护好南水北调工程安全、供水安全、水质安全，切实保障好首都及沿线地区居民的供水安全，通过扎扎实实的工作成效来检验和落实主题教育活动成效。要坚持底线思维、极限思维，以"时时放心不下"的责任感，落实落细"三个安全"和安全生产各项工作措施，真正做到认识到位、责任到位、措施到位、监督到位。 （臧敏）

蒋旭光检查调研中线渠首分公司防汛等安全工作

2023年5月11日，中国南水北调集团董事长蒋旭光带队检查调研中线渠首分公司防汛等安全工作。

蒋旭光一行先后检查中线公司渠首分公司调度生产用房、淅川深挖方渠段、陶岔渠首枢纽、邓州和镇平白蚁影响渠段、湍河渡槽、西赵河防汛风险项目和谭寨分水口等工程情况，详细询问生产用房消防安全、填方渠段白蚁防治措施、深挖方膨胀土段安全监测、防汛备汛和防藻措施等安全工作，对渠首分公司开展的工作给予肯定。他要求，要按照集团公司防汛统一部署要求，强化风险意识和忧患意识，树牢底线思维和极限思维，全面落实防汛度汛各项措施，确保工程安全运行。同时指出，近期全国生产安全事故尤其消防安全事故多发，必须高度警醒，抓实安全生产管理。　　　　　　　　　（王蒙）

蒋旭光检查中线工程防汛度汛及水毁工程修复工作

2023年8月31日至9月1日，中国南水北调集团董事长蒋旭光赴河北检查中线工程防汛度汛及水毁工程修复工作，中国南水北调集团副总经理耿六成参加。

蒋旭光一行先后检查了中线枣园沟左排倒虹吸、沙套沟左排倒虹吸、漕河渡槽、唐河倒虹吸、沙河北倒虹吸、槐河（一）倒虹吸、南沙河倒虹吸、洺河渡槽、青兰高速交叉建筑物等项目，安排部署了后续防汛、水毁工程修复和加固提升等工作。蒋旭光强调要提高政治站位，加强组织领导，切实做到认识、责任、工作到位；要强化统筹谋划，做好防洪加固顶层设计，全面提升工程整体防洪减灾能力和本质安全水平；要科学分析论证，有效实施水毁工程修复和加固措施；要坚持慎终如始，确保安全度汛；要科学调度，确保供水安全。　　　　（中国南水北调集团）

汪安南检查调研引江补汉工程建设情况和丹江口水库水质安全保障工作

2023年10月12—13日，中国南水北调集团总经理汪安南赴湖北省丹江口市检查指导引江补汉工程建设，调研丹江口水库水质安全保障工作，并分别在江汉水网公司和中线水源公司召开座谈会。

汪安南一行来到引江补汉出口段工程建设现场，查看了数字孪生智能建造中心、出口段输水隧洞和桐木沟检修交通洞工程建设情况，详细听取了江汉水网公司和各参建单位关于工程建设、质量安全和数字孪生等方面工作的汇报，对取得的阶段性成果给予肯定。汪安南要求，要坚持高标准严要求，结合正在开展的主题教育，以高质量党建引领高质量发展，依法科学精细推进引江补汉工程高质量建设。要坚决守牢守住质量安全底线。强科技创新，解决工程建设中的重大科技问题，提高工程建设质量、安全、进度和投资控制的科技贡献率。　　　（盛旭军　金彦伶）

汪安南调研推进东线二期工程和现代化灌区项目

2023年10月30日至11月1日，中国南水北调集团总经理汪安南赴安徽省蚌埠市和六安市调研并推进东线二期工程可行性研究和现代化灌区项目经营工作。其间，还见证水网水务投资公司与六安市人民政府签署战略合作框架协议，分别与淮委，蚌埠和六安市委、市政府座谈交流。中国南水北调集团副总经理孙志禹出席签约仪式并参加调研活动。

在淮委，双方协商加强协同配合，共同发力，加快推进南水北调东线二期工程项目前期工作，加强工程规模、线路方案、水质保护等重大问题研究，力争2023年底前完成可行性研究报告修改完善。加快推进东线一期工程水量消纳，切实发挥好工程综合效益。在蚌埠市和六安市，各方一致认为现代化灌区建设对于保障粮食安全、促进乡村振兴具有重要意义，中国南水北调集团将加强与蚌埠市、六安市合作，坚持"依法合规、改革创新、价值创造、合作共赢"的原则，"两手发力"共同推进怀洪新河、淠史杭等灌区现代化示范项目建设。

（中国南水北调集团）

蒋旭光、汪安南调研西线工程和青海水网建设相关工作

2023年11月3—4日，中国南水北调集团董事长蒋旭光、总经理汪安南分别调研西线工程受水区和青海重大项目推进工作，中国南水北调集团副总经理孙志禹参加调研。

蒋旭光强调，青海是实现南水北调后续工程高质量发展的重要区域。要加强与青海等沿线省（自治区）合作，深入做好重大专题等工作，加快推进西线工程规划建设，争取早日上马。青海公司要不断深化拓展"调水+"区域战略，探索创新"水能融合"发展模式，积极参与青海水网重大引调水工程以及清洁能源项目的开发建设，打造国家水网高质量发展的"青海模式"。

汪安南一行在青海省海西蒙古族藏族自治州实地调研蓄集峡水利枢纽和蓄集峡水库德令哈供水工程，并在西宁召开座谈会，听取引黄济宁工程、青海水网、青海省海南藏族自治州共和县100万kW光伏项目有关情况。会议认为，要按照习近平总书记关于青海"四个扎扎实实""三个最大"的要求，紧紧围绕黄河流域生态保护和高质量发展战略，科学谋划青海水网，加快推进水网重大项目建设，切实提升水安全保障能力，为青海省提供坚实的水利支撑和保障。青海公司要高标准谋划、高起点发力，按照青海省委、省政府和中国南水北调集团党组要求，加强与青海省有关方面务实有效合作，开拓创新尽快推进有关项目落地，担当起青海水网建设的责任，助力青海高质量发展。

（中国南水北调集团）

蒋旭光检查中线工程冰期输水准备工作

2023年11月15日，中国南水北调集团董事长蒋旭光带队赴中线工程现场检查冰期输水准备工作。

蒋旭光一行先后来到西黑山枢纽工程、漕河渡槽、岗头隧洞节制闸，现场检查融冰、扰冰设备运行情况以及拦冰索布设和保温措施落实情况，详细了解气温、冰情等情况，听取中线冰期输水准备情况的汇报，检查冰期输水各项措施准备工作。他要求，一要提高政治站位，将开展第二批主题教育与工程现场管理实际结合起来，引导全体干部职工做到学思用贯通、知信行统一，坚持底线思维，从最不利情况出发，做好应对各种特殊情况准备；二要强化责任落实，严格落实"四预"措施，精准把控各类保障设备的启停条件，确保冰期输水安全运行；三要加强科技创新，开展试验模型研究，总结规律，不断提升冰期输水能力和水平；四要精确精准调度，加大与属地协同力度，在确保安全平稳完成冰期输水任务的同时，实现工程效益最大化；五要坚持党建引领，发挥各级党组织战斗堡垒作用和党员先锋模范作用，推进党建与业务深度融合，坚决打赢冰期输水这场硬仗。 （中国南水北调集团）

中国台湾中兴工程顾问股份有限公司赴中线水源公司考察交流

2023年11月22日，中国台湾中兴工

二、特载

程顾问股份有限公司（以下简称"中国台湾中兴公司"）董事长陈伸贤一行到中线水源公司调研考察。长江委国科局局长罗小勇陪同考察，中线水源公司总经理马水山与陈伸贤进行交流。

马水山对陈伸贤一行表示热烈欢迎。他表示，中国台湾中兴公司此次到访，将进一步延续和拓展与长江委相关单位的合作交流平台，不断加深彼此了解，共促两岸水利高质量发展。

陈伸贤一行先后到中线水源公司智慧展厅、丹江口水利枢纽工程展览馆、丹江口大坝和水库，在实地参观、听取讲解中，详细了解南水北调中线水源工程的历史背景、发展历程和运行管理等情况。他感谢中线水源公司的热情接待，对中线水源公司为"一泓清水永续北上"所作出的努力和取得的成就深表钦佩。他表示，此行考察丹江口水库是水利领域的互学互鉴，希望未来携手同行，强化交流，共同提升水资源管理水平。

中国台湾中兴公司执行副总经理严世杰及有关部门负责人员，中线水源公司副总经理张金锋及相关人员，长江设计集团有关领导和部门负责人员参加考察交流。

（中线水源公司）

讲话、文章或专访

在南水北调工程管理工作会上的讲话
—— 水利部副部长 王道席
（2023年4月7日）

同志们：

2021年5月14日，习近平总书记在南阳亲自主持召开推进南水北调后续工程高质量发展座谈会并发表重要讲话，为我们做好南水北调工作指明了方向，提供了根本遵循。在"5·14"重要讲话两周年前夕，我们循着总书记视察工程的足迹齐聚南阳，召开南水北调工程管理工作会议。会议的主要任务是：深入学习贯彻党的二十大精神、习近平总书记治水重要论述和关于南水北调工程重要讲话指示批示精神，落实全国水利工作会议部署，总结近年来工作，分析面临的形势任务，部署2023年重点工作，加快推进新阶段南水北调工程高质量发展再上新台阶。

刚才，河南省杨青玖副省长发表了热情洋溢的讲话。近年来，河南省委省政府认真贯彻落实党中央国务院决策部署，有力有效推进南水北调各项工作，特别在提升南水北调工程综合效益、构建中线工程安全风险防御体系等方面，推出一系列重要举措，充分体现了河南各级党委政府和水利部门的敢于担当、真抓实干。今天上午安排大家考察了陶岔枢纽及丹江口水库，下午的会议，部规计司还将就后续工程前期工作进展情况及有关安排作介绍，同时请南水北调集团及有关单位作大会交流，希望大家充分利用这次机会，深入交流工作经验、研讨下一步工作思路举措，认真抓好各项工作落实。

下面，我讲三点意见。

一、近年来工作回顾

近年来，南水北调工作取得了重要突破性进展。部各有关司局单位、沿线地方、南水北调集团及工程运管单位围绕推进南水北调工程高质量发展目标，在新冠疫情、重大汛情等多重考验下，迎难而上、担当作为，全面加强工程运行管理，积极推动一期工程建设扫尾验收和后续工程建设，扎实开展了一系列卓富成效的工作，顺利完成了各项目标任务。工程运行安全平稳、综合效益持续稳定发挥，人民群众的获得感、幸福感和安全感显著增强。我国水资源配置格局进一步优化、群众饮水安全保障能力进一步提升、河湖生态环境复苏进一步加快、南北经济循环进一步畅通，为推进南水北调后续工程高质量发展奠定了坚实基础，为我国经济社会长期持续健康发展和社会和谐稳定提供了有力的水安全保障。

（一）强化工程运行管理，切实守牢"三个安全"底线。从守护生命线的政治高度做好工程管理，确保南水北调工程安全、供水安全、水质安全。一是多措并举确保工程安全。切实落实中线防洪安全及供水保障工作，全面提升中线京津冀段输水蓄水工程安全风险管控能力，组织完成"12+1"项安全风险评估项目，与国家能源局联合出台《南水北调中线干线与石油天然气长输管道交汇工程保护管理办法》，推动构建中线工程风险综合防御体系。加强洪水灾害防御，完善并推广"视频飞检"等信息化监管，强化预报、预警、预演、预案"四预"措施，加强汛前、汛中、汛后全过程防汛安全监管力度，保障了工程度汛安全。针对2021年河南、山东等地特大暴雨带来的严峻汛情和2022年长江流域发生的特大旱情，各有关单位靠前指挥、统筹协调、科学调度、担当作为，有效应对险情，工程安全运行能力和管理水平得到全面检验。二是全力保障供水安全。认真组织做好首都地区安全风险隐患处置工作，首都供水安全保障水平进一步提升。科学组织制定年度水量调度计划，精心组织实施水量调度，印发《进一步加强东中线一期工程水量监督管理通知》并督促抓好落实，研究制定并实施东线和中线工程优化运用方案，有力地保障了供水安全。三是切实保障水质安全。加强水质监管，组织制定实施"十四五"时期南水北调东中线一期工程水质重点工作实施方案，推进水质监测基础能力建设，构建水质监督管理体系，中线水质快速检测相关措施落地，水质监测系统信息化、自动化水平明显提高。成功应对2022年中线总干渠刚毛藻异常增殖突发事件。全面通水以来，工程运行安全平稳，水质稳定达标，中线工程水质一直优于Ⅱ类，东线工程持续稳定保持Ⅲ类水标准。

（二）实施精准精确调度，工程综合效益不断提升。加强工程调度管理的精准化、科学化，充分发挥东中线一期工程的综合效益，截至2023年4月7日，工程已累计调水614.76亿立方米（其中中线一期工程551.54亿立方米，东线一期工程58.31亿立方米，东线北延应急供水工程4.91亿立方米），中线工程调水量连续三年突破90亿立方米（相应口门分水量连续三年超过规划多年平均供水规模）。一是经济效益持续释放。按照2021年万元GDP用水量为51.8立方米来计算，工程累计调水量有力支撑了受水区11.87万亿元GDP的增量，为沿线工业、农业、服务业等产业发展提供了有力的水资源支撑。与此同时，水费收缴机制进一步健全，水费收缴率逐年提高，截至2023年3月底，受水区累计缴纳水费636.57亿元。二是社会效益不断显现。工程直接受益人口突破1.5亿人，覆盖沿线7省（直辖市）42座大中城市和280多个县（市、区）。工程水质优良，受水区群众的饮水安全得到保障，以河北黑龙港流域为例，500多万人告别了世代饮用高氟水、苦咸水的历史。三是生态效益充分发挥。截至目前，工程累计实施生态补水超过 92.88 亿立方米，包括白洋淀在内的河湖水量明显增加、水质明显提升，有效遏制了华北地区地下水水位下降、地面沉降等生态环境恶化趋势，永定河、滹沱河、白洋淀、子牙河等一大批河湖重现生机，助力大运河全线贯通，河湖生态环境持续复苏。四是安全效益不断凸显。工程已成为北京、天津、石家庄等北方多座大中城市的供水生命线，为保障首都地区供水安全发挥了关键作用。东线一期北延应急供水工程顺利通水并实现常态化供水，天津、河北等地供水安全保障系数得到提升。工程已累计为雄安新区供水超过 1 亿立方米，有力保障了雄安新区供水安全。同时也为保障京津冀协同发展、黄河流域生态保护和高质量发展等重大国家战略实施以及北京冬奥会、冬残奥会等重大国家活动提供了坚实的水资源保障。

（三）实现中线引江补汉工程开工，拉开后续工程建设帷幕。在有关各方的共同努力下，通过采取超常规措施，加强工作统筹协调，2022 年 7 月 7 日高规格举办工程开工动员大会，拉开了后续工程建设帷幕，未来将有效提升汉江流域水资源调配能力，增加南水北调中线工程北调水量，对保障北京、天津等沿线重要城市供水安全和改善汉江中下游生态环境具有重要作用。引江补汉工程开工后，经过各方努力，全面完成 2022 年度建设目标，今年 2 月 18 日，出口段工程正式进入主体隧洞施工阶段。截至目前，工程累计完成投资 20.59 亿元，土石方开挖 74.86 万立方米。

（四）数字孪生南水北调工程建设取得初步成效。加强组织协调，组织编制并实施数字孪生南水北调总体建设方案和 5 个先行先试方案，启动编制 4 项技术标准，落实先行先试项目建设资金 9000 多万元，先行先试项目建设年度目标顺利完成。在部网信办开展的数字孪生流域中期评估和优秀案例评审中，南水北调数字孪生先行先试项目被评为优秀，南水北调东线洪泽站大型泵站 AI 声纹监测系统被评为优秀案例，为持续推进下一步工作积累了宝贵经验，创造了良好条件。

（五）多措并举，完工财务决算和验收全面完成。一是完工决算全面完成。按照"先审计、后核准"的要求，扎实组织做好东、中线一期工程完工财务决算编报、审计、修订和核准等工作，2021 年 12 月，177 个完工决算全部通过核准，为启动竣工决算创造了良好条件。二是完工验收全部完成。在水利部南水北调验收工作领导小组各部门单位协调推进下，沿线各省市坚持高标准、高效率，协同推进完工验收各项工作。2022 年 8 月 25 日，随着中线穿黄工程顺利通过水利部组织的完工验收，东、中线一期工程 155 个设计单元工程全部通过完工验收，按期保质完成了完工验收任务目标，工程全线运行进入新阶段。三是扎实做好竣工决算和验收准备。加紧组织东、中线一期工程竣工决算，2022 年底竣工决算编制工作全部完成，目前正在配合审计署审计并对 7 个审计特派办审计意见进行了反馈；牵头编制了东、中线一期工程竣工验收组织方案，开展竣工验收各项前期准备工作，为按期完成东、中线一期工程竣工验收打下了坚实基础。

（六）加强统筹协调，后续工程高质量发展加快推进。在部党组推进南水北调后续工程高质量发展工作领导小组的领导推动下，各有关单位以高度的政治自觉、强烈的使命担当，大力抓好推进南水北调后续工程高质量发展各项工作，取得重要阶段性成果。一是全面落实南水北调工程河湖长制。南水北调工程河湖长制体系全面建立，构建了责任明确、协调有序、监管严格、保护有力的管理保护机制。二是优化东、中线一期工程运用方案。加强中线效益提升研究和东线水量消纳研究，形成研究报告，为推动下一步工作提供重要参考。三是配合完成总体规划修编有关工作，开展南水北调工程建设运营体制等重大专题研究工作。四是全面落实深化改革任务，组建南水北调集团公司并于去年底顺利划转国资委，工程市场化运作机制进一步完善。

（七）深化党建业务融合，综合服务保障水平不断提升。各有关部门单位坚持以习近平新时代中国特色社会主义思想为指导，深入学习贯彻党的二十大精神，以党的政治建设为统领，扎实推进党建工作取得新成效，引领推动业务工作再创新局面。一是党的建设全面加强。南水北调司党支部以及南水北调集团6个党支部获评中央和国家机关"四强"党支部，党组织的创造力凝聚力战斗力持续增强，干部队伍作风进一步优化，干事创业精神头更足，精神面貌焕然一新。二是法治建设不断深化。深入宣传贯彻《南水北调工程供用水管理条例》（以下简称《条例》），开展《条例》执行情况专题调研，穿跨邻接项目管理办法等配套制度建设进一步健全，依法管理能力和水平得到新提升。三是专家委员会技术支撑有力。聚焦南水北调工程"三个安全"和高质量发展，开展了技术咨询、研讨活动、专题研究和调研等一系列活动，充分发挥了专家委员会的技术优势和权威性强的独特作用。四是工程宣传力度加大，正面形象日益深入人心。围绕重大事项、重要节点，精心策划组织，传统媒体和新媒体宣传相结合，创新宣传方式方法，提升宣传时效，营造了良好发展环境。加强舆情管控，积极回应、正面引导社会关切和舆论走向，工程"国之大者""国之重器"的形象地位有效确立。五是定点帮扶工作成效显著。南水北调司牵头的定点帮扶郧阳区工作扎实推进，在实现全区脱贫摘帽、16.3万建档立卡贫困人口全部脱贫的基础上，继续组织开展定点帮扶工作，助力郧阳区巩固提升脱贫攻坚成果与乡村振兴有效衔接。

同志们，成绩来之不易，根本在于我们始终坚持高举习近平新时代中国特色社会主义思想伟大旗帜，全面贯彻落实党中央、国务院决策部署；始终坚持践行以人民为中心的发展思想，把满足人民群众对优质水资源的需求作为奋斗目标，不断增进受水区人民福祉；始终坚持高质量发展这个工作主题，在更高标准和更严要求下推进工作；始终坚持把握建设"四条生命线"这个工作定位，守牢"三个安全"的底线，系统、综合、全面地推进工程管理各项工作部署落地落实，不断提升工程综合效益；始终坚持聚焦建设"一流工程"这个重要目标，持之以恒抓好标准化规范化和信息化数字化建设。这其中，离不开各方的大力配合、紧密协作；离不开沿线各省市政府、有关主管部门和南水北调集团公司、各项目法人、运行管理单位全力推动各项工作开展；离不开全体参与南水北调工程建设、运行、管理的一线员工恪尽职守、担当作为，凝心聚力、攻坚克难。在此，我谨代表水利部向大家致以崇高的敬意和衷心的感谢！

二、深刻把握南水北调工作的新形势新任务新要求

党的二十大报告指出，高质量发展是全面建设社会主义现代化国家的首要任务。我们要对标对表党中央、国务院决策部署、对标对表习近平总书记"5·14"重要讲话和指示批示精神，把发展质量问题摆在南水北调事业更为突出的位置来把握和谋划，始终聚焦高质量发展这一主题，在确保工程长期安全平稳运行、综合效益不断提升的同时，更加注重从战略高度着眼，进一步增强工作的前瞻性和预见性，科学系统谋划事关南水北调工程发展的根本性、全局性、长远性问题，着力提升南水北调工程发展质量和效益，不断推动南水北调工程高质量发展。

当前我国进入新发展阶段。对标进入新发展阶段的新形势新变化，对标贯彻新发展理念、构建新发展格局工作要求，对标党中央工作部署，南水北调工作也进入了新发展阶段，承担着新的历史使命。与人民群众对持久水安全、优质水资源、健康水生态、宜居水环境、先进水文化等的需求相比，推动南水北调高质量发展、保障国家水安全既具备了良好的发展基础和发展机遇，也面临着老问题仍有待解决，新问题越来越突出等压力和挑战。

一是南水北调工程是"国之大者""国之大事"，做好南水北调工作，加快构建国家水网责任重大、使命光荣。习近平总书记非常关心南水北调工程，2020年11月、2021年5月半年内两次亲临东、中线工程一线视察，亲自主持召开座谈会并发表重要讲话，亲自审定推进南水北调后续工程高质量发展下一步工作思路，多次就南水北调工作作出重要指示批示，为南水北调事业发展举旗定向、谋篇布局。近期习近平总书记再次对南水北调输水安全作出重要批示，强调要锲而不舍、持之以恒、常抓不懈，确保万无一失。去年10月党中央、国务院印发《国家水网建设规划纲要》，对国家水网建设作出战略谋划和顶层设计。南水北调工程作为国家水网的主骨架和大动脉，承担着重大历史使命，面临着重要历史机遇。我们要切实提高政治站位，深刻领悟"两个确立"的决定性意义，深刻领会习近平总书记重要讲话指示批示所蕴含的战略思维、问题导向、科学方法、实践要求，学深悟透其丰富内涵和精神实质，把思想和行动统一到习近平总书记重要讲话指示批示精神上来，把智慧和力量凝聚到习近平总书记作出的战略部署上来，按照国家水网规划纲要部署，扎实做好南水北调各项工作。

二是水安全保障压力持续加大，需要统筹发展和安全，坚决守住"三个安全"底线。南水北调工程已深度融入我国经济社会发展大局，事关战略全局、事关长远发展、事关人民福祉，我们要统筹发展和安全，采取坚决有效措施，牢牢守住"三个安全"底线。当前，东、中线一期工程长期运行带来的安全风险隐患增多，应对极端天气发生频率和强度增加等"灰犀牛""黑天鹅"事件的能力和保障水平还有待进一步检验，非传统领域安全风险和压力持续存在，中线工程水源不足，沿线无调蓄保障等，工程安全、供水安全和水质安全工作面临的责任越来越重、压力越来越大。破解这些问题迫切要求我们要加快构建综合立体的工程风险防御体系，有效防范和化解风险隐患，切实保障国家水安全。

三是水资源配置格局与经济社会发展对水资源的需求之间仍存在较大的不均衡

性不协调性。当前我国基本水情依然是夏汛冬枯、北缺南丰，水资源时空分布极不均衡，水资源配置格局不尽合理，供需矛盾十分突出，水环境和水生态保护形势依然严峻，这些问题仍将是我国经济社会可持续发展的重要制约因素和突出短板。作为优化我国水资源配置格局的重大战略性基础设施，南水北调工程目前仍面临着工程效益发挥还不够平衡和充分，与沿线群众对优质水资源、优美水环境、健康水生态的需求相比还有差距，生态功能发挥还存在较大提升空间，对受水区重要战略功能区的安全保障水平还比较脆弱，需要我们加快推进后续工程建设，构建国家水网主骨架和大动脉，持续优化我国水资源配置格局，努力实现我国水资源供给与需求在更高水平上的动态平衡。

四是南水北调工程功能定位和管理环境发生变化，对标"两手发力"要求，需要更好发挥市场和政府作用。经过多年的运行实践，工程功能定位发生了系列变化：工程供水地位由"辅"变"主"、工程目标达效速度由"慢"变"快"、受水区用水需求由"弱"变"强"、工程网络由"缺"变"全"等；2022年12月31日，南水北调集团公司正式划转国资委管理，工程管理职责、职能深刻转变，许多工作既存在处于改革转型期必然面临的调整期、磨合期的共性问题，也存在现有管理体制机制与推进工程高质量发展的需要不相协调、不相适应的问题。另外，一期工程效益还需进一步提升、后续工程推进还需加快、工程管理体制机制及法治化建设还需健全和完善、现代化数字化管理能力还有待增强等，这些问题亟需我们把握历史机遇，坚定历史自信，增强历史主动，系统运用创新思维和法治思维，向改革要动力，向创新要活力，向管理要效益，深化工程管理体制机制改革与创新，加快推动有效市场和有为政府更好结合，不断提高工程管理体系和管理能力现代化水平。

三、扎实做好2023年南水北调工程管理工作

今年是深入贯彻落实党的二十大精神的开局之年，是推动新阶段水利高质量发展的关键之年。南水北调各项工作要以习近平新时代中国特色社会主义思想为指导，全面学习贯彻党的二十大精神，深入贯彻落实习近平总书记治水重要论述和关于南水北调工程重要讲话指示批示精神，紧紧围绕推动新阶段水利高质量发展要求，以推动南水北调工程高质量发展为主题，以建设"四条生命线"和"一流工程"为目标，统筹发展和安全，坚持人民至上、坚持系统观念、坚持问题导向、坚持改革创新，进一步提高工程建设和运行管理水平，确保"三个安全"，不断提升南水北调工程综合效益，加快构建国家水网主骨架和大动脉，为全面建设社会主义现代化国家提供有力的水安全保障。重点抓好以下工作。

（一）始终确保南水北调"三个安全"。统筹好发展和安全，牢固树立底线思维和极限思维，强化风险意识，以时时放心不下的责任感，把保证工程安全、供水安全和水质安全作为根本前提，确保工程运行安全平稳。一要确保工程安全。各有关部门、单位要结合各自职能，认真落实安全管理工作责任，确保工程安全。要强化预报、预警、预演、预案措施，落实监督管理责任，加固特殊时点、重大活动期间安全监管措施，重点做好汛期、冰期工程安全管理工作。全面完成涉及中线工程防洪安全的左岸上游病险水库加固工

作，健全完善雨水情测报系统，及时清理河道交叉建筑物障碍，全线检视穿跨邻接工程安全管控问题，及时动态发现风险隐患，补齐短板漏洞，着力防患未然，筑牢安全防线。持续提升工程运行管理标准化水平，推进《南水北调工程安全防范要求》等安全制度标准实施。二要确保供水安全。增强持续深入推进首都地区安全风险隐患处置工作的政治定力和行动自觉，压紧压实责任，确保首都供水安全万无一失。坚持和完善科学调度工作机制，全力做好东、中线一期工程和东线一期北延应急供水工程年度水量调度计划管理，确保年度任务圆满完成。继续执行工程调度月会商、特殊时段加密调度会商机制，实施精准调度，更好发挥工程调水能力。根据《丹江口水利枢纽优化调度方案》，加大洪水资源利用，提高丹江口水库洪水资源利用率。编制东、中线一期工程水量调度应急预案，提高应急处置能力。三要确保水质安全。坚持"三先三后"原则，把水质安全摆在更突出的位置，加强南水北调工程沿线水质监管，提升监管水平。加强水质监测基础能力建设，推进水质监测系统信息化、自动化建设，持续提升工程水质监测管理标准化规范化水平。加强水质监测及相关调研，开展沿线重点区域摸排，建立信息共享机制，畅通信息渠道。全面提升水污染事件应急处置能力，特别是中线藻类防控能力，及时完善应急预案，建立联动机制，不断完善水质保障体系。

（二）着力稳步提升工程综合效益。按照建设"四条生命线"的要求，开展工程综合效益评估研究，配合国家发展改革委开展工程供水成本监审和水价校核调整工作。优化受水区和水源区协调调度，组织落实东线和中线工程水量调度优化运用方案。提高群众饮用水水质，增强群众的获得感、幸福感和安全感。持续发挥工程生态功能。建立健全生态补水常态化机制，统筹加强需求和供给管理，在保证正常供水前提下，相机开展生态补水，参与实施母亲河复苏行动，持续开展京杭大运河贯通补水、华北地区河湖夏季集中补水和常态化补水、永定河2023年度生态补水等。充分发挥东线北延应急供水工程效益。持续深化受水区和水源区对口协作。

（三）加快推进引江补汉工程建设。加快引江补汉工程初步设计报告审批工作，加强工程建设招投标监管。加强工程进度、质量及安全生产监督管理，强化安全度汛准备工作，加强安全生产风险管控，推动落实查找、研判、预警、防范、处置和责任等"六项机制"，组织开展安全生产风险隐患排查治理。压实工程参建各方责任，坚决防止重特大安全事故发生。深入推行施工过程标准化、信息化、数字化管理，推动绿色文明施工，全面完成今年建设目标任务，切实把引江补汉工程建成安全、绿色、优质工程。

（四）持续建设数字孪生南水北调工程。坚持把创新作为引领高质量发展的第一动力，不断提升南水北调工程建设运行管理创新能力，向创新要生产力，向创新要质量，向创新要效益。组织编制出台相关技术标准，加快数字孪生南水北调标准体系建设，为数字孪生南水北调工程后续建设提供标准支撑。按计划完成数字孪生工程先行先试建设任务，不断提升工程建设和运行管理的数字化、信息化水平。加快推进数字孪生南水北调总体建设，早日实现南水北调工程的预报、预警、预演、预案功能。

（五）全力做好一期工程竣工验收和竣工决算有关工作。今年要启动南水北调东、中线一期工程竣工验收工作。一方面，要组织配合审计署开展竣工决算审计。各有关单位要按照审计署和水利部工作部署，全力配合做好竣工决算审计相关工作；根据审计报告及整改通知书要求，严格落实审计问题整改责任，全面抓好审计问题整改；根据审计意见，及时修订完善竣工决算。另一方面，要扎实推进竣工验收各项工作。各有关方面要按照国务院批复的竣工验收组织方案，坚持目标导向，认真履职尽责，加强协调协作，坚持时间服从质量、进度服从效果，严把质量关、进度关，推动竣工验收各项任务按明确的时限要求保质保量完成。

（六）配合推动后续工程前期工作。深入学习领会习近平总书记"5·14"重要讲话和在推进南水北调后续工程高质量发展下一步工作思路上的重要批示精神，根据水利部关于贯彻落实《国家水网建设规划纲要》任务分工，扎实做好各项工作。一方面，要遵循"先健体制、再建工程"的要求，深入推进南水北调工程管理体制研究，完善工程建设运营管理体制，明晰水利部、南水北调集团公司和地方政府的职责。另一方面，要继续深入开展水价等重大问题研究，坚持"受益者负担"原则，健全工程水价机制，坚持两部制水价制度，合力制定并动态调整价格，推进受水区水价改革，推动供需双方在后续工程前期工作阶段签订量价协议，确定消纳水量及意向价格，落实用水及缴费责任。

（七）不断提升综合保障能力。一要提高依法管理水平，深入贯彻落实《南水北调工程供用水管理条例》，组织调研《条例》贯彻执行情况及存在问题，为推动《条例》修订完善打好基础。推进《条例》配套制度建设和贯彻落实。二要深化管理体制改革，按照国务院批复的南水北调集团组建方案和划转方案，进一步理顺东、中线一期工程管理体制。三要持续开展宣传文化工作，加强南水北调宣传新媒体矩阵建设，强化舆情管控和宣传引导；深入挖掘南水北调文化，大力弘扬南水北调精神，营造良好环境，凝聚强大合力。四要充分发挥南水北调工程专家委员会作用，加强专家委建设，做好专家委换届工作。组织专家委深入开展关键技术问题咨询、研究、论证，为工程高质量发展提供专业技术支撑。五要继续组织做好定点帮扶郧阳区工作，要按照党中央国务院关于全面推进乡村振兴的战略部署和部党组工作要求，持续助力郧阳区巩固脱贫攻坚成果，全面推进乡村振兴。

（八）切实发挥南水北调集团公司职能优势。集团公司划转后，水利部继续履行好业务指导和行业管理职责，各司局要切实加强指导协调、监督管理，同时也要做好服务保障，全力支持集团公司做强做优做大和国有资产保值增值。希望集团公司聚焦主责主业，切实履行好保障南水北调"三个安全"的主体责任，充分发挥央企平台优势作用，当好国家水网建设的国家队、主力军，在推进南水北调后续工程高质量发展、加快构建国家水网上展现更大作为。

（九）纵深推进全面从严治党。一要加强政治建设。按照中央要求深入开展学习习近平新时代中国特色社会主义思想主题教育，用党的创新理论武装头脑、指导实践、推动工作，深刻领悟"两个确立"的决定性意义，不断增强"四个意识"、坚定"四个自信"、做到"两个维护"。二要大兴调查研究。按照党中央工作部署，聚焦12方面调研内容，紧密结合南水北调工作实际，深入一线调查研究事关工程高质量发展的重大问题，摸清基层实情，找准问题关键，深化分析研究，精准分类施策。三要加强能力建设。要按照"高素质专业化"要求，加强领导班子建设，使广大党员干部在工作面前敢叫"跟我来"，在纪律面前敢讲"跟我学"，在困难面前敢喊"跟我上"。要注重人才培养，把南水北调工程建设成为人才培养的重要基地和技术创新的重要平台，为推进南水北调工程高质量发展提供人才和技术支撑。四要防范廉政风险。要认真履行抓党风廉政建设主体责任和监督责任，多措并举加强廉洁文化建设，严格执行新修订的中央八项规定及其实施细则精神，始终守住底线、不踩红线、不碰高压线，确保南水北调系统"山清水秀、风清气正"。

同志们，使命需要担当，实干成就未来。站在新时代新征程新起点上，让我们更加紧密地团结在以习近平同志为核心的党中央周围，进一步提高政治站位，弘扬伟大建党精神，牢记"三个务必"，勇挑重担、砥砺前行，加快建设"四条生命线"和"一流工程"，深入推进南水北调工程高质量发展，为全面建设社会主义现代化国家、全面推进中华民族伟大复兴提供坚实的水安全保障！

全面推进南水北调工程高质量发展
为中华民族伟大复兴提供
坚实水资源支撑
——水利部副部长 刘伟平

习近平总书记指出，"南水北调工程事关战略全局、事关长远发展、事关人民福祉"。作为一项基础性、前瞻性、全局性、战略性重大水资源配置工程，南水北调工程谱写了中华民族水利史上一部壮丽史诗，铸就了我国社会主义现代化建设事业的一座历史丰碑，是中国特色社会主义制度结出的重大成果，是几代中国共产党人接续奋斗的伟大见证。党的十八大以来，以习近平同志为核心的党中央十分关心南水北调工程，多次作出重要指示批示，为南水北调持续健康发展指明了前进方向、提供了根本遵循。展望新时代，南水北调这一大国重器，必将更好地泽被中华大地、造福亿万人民，必将为实现中华民族伟大复兴的中国梦作出新的更大贡献。

一、科学认识南水北调工程的重大意义与深远影响

习近平总书记指出："自古以来，我国基本水情一直是夏汛冬枯、北缺南丰，水资源时空分布极不均衡。"新中国成立以来，随着经济社会发展，北方地区水资源严重短缺的"本底条件"依然存在，对水资源的"后天需求"日益增长。全国水资源量的81%集中分布在长江及其以南地区，淮河及其以北地区水资源量仅占全国的19%，而北方地区人口、耕地、国内生产总值分别占全国的46%、64%、45%。即使充分采取节水、治污、挖潜措施，黄淮海流域仅靠当地水资源也难以为继。北方地区水资源承载能力与经济社会发展和生态环境保护之间的矛盾日趋尖锐。

党中央在统筹考虑我国自然资源条件、经济社会发展布局、未来发展趋势等基础上，审时度势、高瞻远瞩、科学谋划，作出了建设南水北调工程的战略决策。南水北调工程纵贯南北、沟通东西，通过东、中、西三条调水线路与长江、淮河、黄河、海河四大江河联系，构成"四

横三纵、南北调配、东西互济"的水网格局，是国家水网的主骨架、大动脉。

一方面，从基础性上来看，主要体现在以下几方面：一是保障城市饮水安全。我国北方地区水资源短缺，许多城市面临严峻的供水压力，全国目前有400多个城市供水不足，绝大部分分布在北方地区。南水北调工程的实施首先保障了沿线城市群的用水。东、中线一期工程通水以来，大大提高了受水区城市的供水保证率，保障了供水安全。在南水北调水与当地水源联合供水、相互补充的情况下，工程沿线受水区城市供水保障率将大幅提高。二是维护我国生态安全。通过实施南水北调工程，有效控制地下水超采，北方地区地下水位下降、地面沉降等生态环境问题逐步得到遏制，部分地区止跌回升。南水北调东、中线一期工程带来的水资源增量，通过严格控制地下水开采，北方地区减少超采地下水数十亿立方米。南水北调工程在增加城市和工农业供水的同时，增加生态供水量。40多座大中城市和280多个县（区、市）的水资源得到有效保障，被长期占用的生态环境用水得到退还，改善了水生态环境。促使沿线省份加快水污染防治的步伐，提前实现治污和生态建设目标。东线工程通过10年治污，在沿线经济每年保持两位数高增长的情况下，进入输水干渠污染物总量持续减少，2012年主要污染物化学需氧量和氨氮入河总量比2000年减少了85%以上，2012年11月开始，干线36个断面全部达标。山东、江苏两省治污工作至少提前了15年。中线工程在丹江口库区通过水污染防治和水土保持两期规划的实施，建设了100多项城镇污水和垃圾处理设施、工业点源治理项目，目前所有的县都建设了污水处理厂和垃圾处理场。通过治污项目的实施，在水源区近10年经济社会快速发展的同时，入库化学需氧量和氨氮排放量均有不同程度削减，并基本控制在库区环境容量范围内。三是增强我国粮食安全。习近平总书记强调，"中国人的饭碗任何时候都要牢牢端在自己手中"。黄淮海地区是我国重要的粮食主产区，这一地区耕地面积7亿亩，约占全国的36%；粮食产量约占我国的30%，是我国一半多的小麦和1/3左右的玉米产地。然而这一地区水资源匮乏，主要依靠大量抽取地下水来进行农业灌溉，而地下水是不可再生资源，一旦枯竭，我国的粮食安全必将受到严重威胁。南水北调东、中线一期工程一定程度上解决这一地区的农业用水问题。一方面，东线一期工程直接为农业增加供水量；另一方面，工程向城市提供充足的水资源后，城市长期占用的农业用水得到退还，增加的城市生活供水使用后的废水经处理也可以用于城郊农业，仅此两方面，南水北调东、中线一期工程又可以增加农业用水数十亿立方米。此外，在南方丰水时，东、中线一期工程都可以利用加大输水流量相机为北方的农业供水，进一步增加农业灌溉保证率。四是保障我国能源安全。能源是现代社会人类生存和发展不可或缺的重要资源。改革开放以来，我国能源消费迅速增长，我国目前的能源供应已经远远不能满足需求，尤其是油、气资源对外依存度很高，近些年我国的石油对外依存度超过70%。对外高依存度的能源资源利用现状，已成为我国经济社会发展的重大威胁。黄河流域沿线地区是我国重要的能源化工基地，大片能源基地和工业园区的建设和开发，均提出了强烈的用水需求。但黄河水资源开发利用程度已经高达80%，沿线省份的分水指标难以满足需求,由于缺水造成部分工业项目难以发挥效益,部分新增能源工业项目由于没有取水指标而无法立项,水资源短缺已经日渐成为国家能源战略布局实施的重要"瓶颈"。南水北调工程每年将近百亿立方米的清洁水资源调往北方,如此大量的水资源为北方地区更合理地统筹好当地水与外来水之间的关系以及支撑能源开发用水提供了重要条件,对保障我国的能源安全具有极其重要的意义。

另一方面,从战略性上来看,主要体现在以下几方面:一是促进经济高质量发展。水资源格局决定着经济社会发展布局。南水北调工程使北京、天津、石家庄、济南等北方数十座大中城市基本摆脱缺水的制约,为经济结构调整包括产业结构、地区结构调整创造机会和空间。南水北调调水以节水、治污、挖潜为前提,《南水北调工程供用水管理条例》也规定"南水北调工程水量调度遵循节水为先、适度从紧的原则",同时明确要求受水区县级以上人民政府要大力推广工农业节水技术,逐步限制、淘汰高耗水、高污染的建设项目,实行区域内用水总量控制,加强用水定额管理,提高用水效率和效益。南水北调工程通过价格杠杆的作用进一步促进受水区发展节水型农业、工业、服务业。二是保障国家区域发展战略的实施。南水北调工程规划线路与国家区域发展的东部地区率先发展、中部地区崛起和西部大开发三个发展战略相对应。在东线,沿线的江苏、山东区域经济发达、矿产资源丰富、交通便利,是我国重要的工业聚集区、粮棉油料产区,但区内水资源短缺,普遍面临地表水过度开发、地下水严重超采等严峻局面,现状缺水已很严重,被迫以牺牲环境为代价来维持城市和工农业发展对水的需求。工程实施以来,东线一期工程每年向江苏、山东提供了充足的水资源保障,水资源短缺对发展的制约得到初步缓解。在中线,沿线区域从北往南分属于环渤海经济区、冀中南经济区和中原经济区,是我国北方地区规模最大、现代化程度最高的工业密集区和农业主产区。中线工程通水以来,有效缓解京、津、冀、豫沿线水资源短缺状况,逐步消除制约经济社会高质量发展的"瓶颈",为经济社会发展注入新的活力。沿线的水资源条件得到重新配置,生产、生活条件和生态环境都发生了新的变化。依托中线工程这条"黄金水道",该区域的区位优势、资源优势、产业优势和基础优势都得到了充分发挥。三是保障京津冀一体化战略实施。南水北调工程对推进京津冀一体化战略实施发挥了重要的促进和保障作用。京津冀区域发展最大的制约因素之一就是水资源匮乏,南水北调中线一期工程年均向京、津、冀三省(市)的供水量,为该区域在结构调整、产业转移、人口分布等方面提供了更大的腾挪空间,进一步减少了水资源短缺的制约和限制。京津冀一体化就是要实现各生产要素之间能够在各区域之间科学配置、合理流动。南水北调工程使得水资源这一生产生活的基本要素在各区域之间的流动成为可能。《南水北调工程供用水管理条例》也规定,各省之间可以协商签订转让供水协议。此外,南水北调工程已经并将持续为雄安新区建设、黄河流域生态保护和高质量发展等重大国家战略的深入实施提供有力的水安全保障。

二、全面把握南水北调工程发展历程、总体布局及综合效益

自1952年毛泽东同志首次提出"南

水北调"伟大构想以来，南水北调事业走过了不平凡的 70 年光辉历程。70 余年来，在党中央、国务院坚强领导下，水利人逢山开路、遇水搭桥，使南水北调从规划蓝图变成了现实，创造了水利工程史的奇迹。

（一）南水北调工程由来及发展历程。新中国成立之初，党中央即着手筹划南水北调工程。1952 年毛泽东同志视察黄河，提出了"南方水多，北方水少，如有可能，借点水来也是可以的"宏伟设想。1953 年毛泽东同志视察长江时，强调指出"南水北调工作要抓紧"。1958 年 3 月，党中央正式决定动工兴建汉江丹江口水利枢纽，作为南水北调水源地。1958 年 8 月，党中央发出《关于水利工作的指示》，"南水北调"第一次见之于中央正式文献。1958 年至 1960 年三年中，中央先后召开 4 次全国性的南水北调会议，研究讨论有关重要问题。有关方面按照党中央决策部署，积极研究南水北调的实施方案。

改革开放以后，党中央加快推进南水北调工程。邓小平同志亲自视察丹江口水库，详细询问了工程建成后防洪、发电、灌溉效益与大坝二期工程加高情况。江泽民同志、胡锦涛同志都对加快南水北调工程建设作出了重要部署，要求在科学选比、周密计划的基础上抓紧制定合理的切实可行的方案，中央明确了"三先三后"（先节水后调水、先治污后通水、先环保后用水）原则。有关部门和科研院所组织众多力量对南水北调工程进行了大量统筹规划和深入研究。2002 年 10 月，中央政治局常委会审议通过了《南水北调工程总体规划》，12 月 23 日，国务院批复《南水北调工程总体规划》，12 月 27 日，南水北调工程开工典礼在人民大会堂举行，标志着南水北调工程进入实施阶段。

党的十八大以来，经过几十万建设大军的艰苦奋斗，南水北调东、中线一期工程分别于 2013 年 11 月 15 日、2014 年 12 月 12 日建成通水，提前实现了国务院确定的通水目标，自此，源源不断的江水持续滋润着广大北方地区。

在南水北调东、中线一期工程正式通水之际，习近平总书记两次作出重要指示，就做好南水北调工作提出明确要求。2015 年习近平总书记发表新年贺词时指出："南水北调中线一期工程正式通水，沿线 40 多万人移民搬迁，为这个工程作出了无私奉献，我们要向他们表示敬意，希望他们在新的家园生活幸福。"

2020 年 11 月，习近平总书记考察南水北调东线工程，提出建设南水北调"四条生命线"（优化水资源配置的生命线、保障群众饮水安全的生命线、复苏河湖生态环境的生命线、畅通南北经济循环的生命线）的重要要求，并就做好南水北调工作作出重要指示。仅隔半年，2021 年 5 月，习近平总书记来到南水北调中线工程，再次专门实地考察南水北调，亲自主持召开南水北调后续工程高质量发展座谈会并发表重要讲话。习近平总书记的重要讲话，为推进南水北调后续工程高质量发展指明了方向、提供了根本遵循，为新时代治水擘画了宏伟蓝图。

（二）南水北调工程总体布局。2002 年 12 月国务院批复的《南水北调工程总体规划》是南水北调工程的基础性和纲领性文件。规划确定南水北调分东、中、西三条调水线路，分别从长江下、中、上游向北方地区调水，调水总规模 448 亿立方米，相当于为北方地区增加了一条黄河。

其中东线148亿立方米，中线130亿立方米，西线170亿立方米，基本覆盖我国黄淮海流域、胶东地区和西北内陆河部分地区。东线工程规划从长江下游江苏扬州市江都区抽引长江水，利用京杭大运河及其平行的河道，通过13级泵站逐级提水北送，调水到达黄河岸边的东平湖后，即自流引水，兵分两路：一路向北过黄河，到达天津，输水干线1156公里，另一路向东，向胶东半岛输水，最东到达烟台、威海，输水干线701公里。一期工程向沿线江苏、安徽、山东三省供水，年调水规模87.7亿立方米，二、三期工程将扩大调水规模，供水范围也将向北扩至河北、天津。中线工程规划从河南南阳陶岔渠首引丹江口水库水北上，结合我国地理状况的第二阶梯优势，全程自流到达北京、天津，主要向沿线的河南、河北、北京、天津供水。一期工程兴建1267公里输水干线和154公里天津干线，多年平均调水量为95亿立方米；二期工程在一期工程基础上，扩大输水能力35亿立方米，多年平均调水规模达到130亿立方米。西线工程规划从长江上游调水入黄河上游，主要解决涉及青海、甘肃、宁夏、内蒙古、陕西、山西6省（自治区）黄河上中游地区和渭河关中平原的缺水问题。一期工程年调水40亿立方米；二期工程增加年调水50亿立方米；三期工程增加年调水量80亿立方米，累计达到170亿立方米。南水北调东、中、西三条规划线路构成了我国"四横三纵、南北调配、东西互济"的水资源配置格局。

自2002年12月南水北调工程开工建设至2014年12月南水北调中线一期工程正式建成通水，历经十余年的艰辛建设，水利工作者栉风沐雨、披荆斩棘、接续奋斗，成功克服了一项又一项重大难题、取得了一项又一项重要突破：在移民安置方面，完成移民及搬迁群众43.5万人，其中丹江口库区34.5万移民"四年任务、两年基本完成、三年彻底扫尾"，搬迁强度在世界水利移民史上前所未有；在资金保障方面，创新投融资体制机制，多渠道筹措资金，加强资金使用管理，有效确保了工程建设资金需求，3082亿元的工程投资安全可控；在科技攻关方面，南水北调工程在建设、运行过程中共取得新产品、新材料、新工艺等63项成果，填补了多项国际国内空白，申请国内专利110项，具有代表性的如：成功化解中线工程累计近400公里的膨胀土渠段带来的挑战，解决了这一号称工程建设中的"癌症"问题；建成了世界上规模最大的泵站群和世界规模最大的U型输水渡槽工程；中线穿黄隧洞工程成为国内穿越大江大河直径最大的输水隧洞；完成国内规模最大的大坝加高工程——丹江口大坝加高工程；实现世界上首次大管径输水隧洞近距离穿越地铁下部等。

目前，总体规划中确定的工程线路，已经建成通水并发挥效益的是南水北调东线一期工程和中线一期工程。南水北调后续工程中线引江补汉工程已经开工建设，拉开了后续工程建设的帷幕，随着后续工程建设的不断加快，国家水网的主骨架和大动脉有望早日构建成功并发挥效益。

（三）南水北调工程效益显著。南水北调东、中线一期全面通水八年多来，截至2022年12月12日，累计调水总量超过586亿立方米，其中生态补水92.81亿立方米，发挥了巨大的经济、社会和生态效益。

一是优化了水资源配置格局。通水以

来，工程年调水量从 20 多亿立方米持续攀升至近 100 亿立方米。南水北调水已成为北京、天津等许多北方城市的供水生命线，北京城区供水七成以上为南水；天津市主城区供水几乎全部为南水。东线工程在齐鲁大地上形成了"T"字形"动脉"。随着东线北延应急供水工程供水进入常态化，天津、河北等地水安全保障能力进一步增强。

二是保障了群众饮水安全。通过实施一系列综合水质保护措施，工程水质长期持续稳定达标。东线一期工程输水干线水质稳定在地表水水质Ⅲ类以上；丹江口水库和中线干线供水水质稳定在地表水水质Ⅱ类以上。北京市自来水硬度由过去的380 毫克/升降至 120 毫克/升；河北省黑龙港区域 500 多万人彻底告别了世代饮用高氟水、苦咸水的历史。东线工程在2017 年、2018 年山东大旱之年，一度成为保障青岛、烟台等城市供水安全的主力军。受水区群众的获得感、幸福感和安全感持续增强。

三是复苏了河湖生态环境。通过水源置换、生态补水等措施，工程有效保障沿线河湖生态用水，有效遏制因缺水造成的生态环境恶化趋势。中线累计向北方 50 余条河流生态补水超过 90 亿立方米，推动了滹沱河、大清河、白洋淀等一大批河湖重现生机，华北地区地下水超采综合治理成效显著，浅层地下水水位止跌回升。2021 年 8—9 月，通过向永定河生态补水，助力永定河 865 公里河道实现了 1996 年以来首次全线通水；2021 年 9 月，密云水库蓄水量达到破纪录的 35.59 亿立方米。2022 年 3 月 25 日至 5 月 31 日，东线北延工程实施调水 1.89 亿立方米，为京杭大运河全线贯通提供了有力的水源保障。

四是畅通了南北经济循环。工程将南方地区的水资源优势转化为北方地区的发展优势，北方重要经济发展区、粮食主产区、能源基地生产的商品、粮食、能源等产品通过交通网、电网等运输到全国各地，促进各类生产要素在南北方优化配置，为保障国家重大战略、重大活动的实施，推进经济社会高质量发展提供了坚实的水资源支撑。

同时，南水北调工程还提升了基础设施服务经济社会发展的功能水平。东线一期工程建成后，京杭大运河从东平湖至长江实现全线通航，新增运力相当于一条"京沪铁路"；增加农业供水量 13 亿立方米，涉及灌溉面积超 3000 万亩，增加双向排涝面积超 260 万亩。中线丹江口水库大坝加高后，汉江下游地区防洪标准由20 年一遇提高到 100 年一遇，70 多万人免遭洪水威胁。

三、深刻理解南水北调工程积累的宝贵经验

善于总结历史经验，是马克思主义认识论、实践论的具体体现。南水北调工程发展历程既是不断创新开拓的历程，更是不断积累丰富经验的历程。七十余年来，特别是《南水北调工程总体规划》实施二十多年来，南水北调工程创造了无数奇迹，积累了宝贵经验，书写了当代中国治水史的灿烂一页。

一是坚持全国一盘棋。南水北调工程涉及多流域、多省市、多领域，协调层级高、实施难度大。党中央总揽全局、协调各方，通盘考虑优化资源配置。工程开工建设伊始，中央层面就成立南水北调工程建设委员会，沿线地方政府也成立相应协调决策机构。在处理局部和全局的关系

上，把握好当前和长远、少数和多数的利益关系，实现局部利益与全局利益的良性互动，各项政策相互配套、相互耦合，在协调均衡中形成整体效能。各级党委政府胸怀大局、积极响应，坚持局部服从全局、地方服从中央，按照中央统一指挥、统一协调、统一调度，有序推进移民征迁、治污环保、工程建设、科技攻关、文物保护等，为工程提前建成通水并持续稳定发挥效益奠定了坚实基础。

二是集中力量办大事。长期以来，党中央始终把南水北调作为国家建设的一件大事来抓，从中央层面统一推动，把方向、谋大局、定政策，举全国之力规划论证和组织实施，广大干部群众同心协力、大量资源要素聚集整合。工程实施"政府宏观调控，准市场机制运作，现代企业管理，用水户参与"的建设管理体制，集中保障资金需求，建立由中央基本建设投资、南水北调工程基金、重大水利工程建设基金等多渠道筹集资金的来源，有效解决工程建设资金问题。集中保障用地需求，以人民利益为中心，精心组织、统筹安排，顺利完成永久征地96万亩，临时用地45万亩。统筹做好移民安置工作，实行"建委会领导、省级政府负责、县为基础、项目法人参与"的管理体制，一级抓一级、层层抓落实，43.5万工程移民实现了"搬得出、稳得住、能发展、可致富"，其中丹江口库区34.5万移民工作更是做到了"四年任务、两年完成"。在地上天河的背后，是党的集中统一领导下的政治定力和战略定力，是中国之治显著优势的集中彰显。

三是尊重客观规律。南水北调工程是科学的工程，从始至终都体现了对科学和规律的尊重。南水北调的战略构想，植根于我国"夏汛冬枯、北缺南丰，水资源时空分布极不均衡"的基本水情。从开始论证到开工建设，始终严格贯彻中央精神，遵循大型水利工程规划建设规律，贯彻"从长计议、全面考虑、科学选比、周密计划"的方针，先后组织上百次国家层面会议、6000多人次专家参加论证，合理确定工程规模、总体布局和实施方案，为党中央、国务院正确决策提供科学依据。规划建设过程中，集中体现了对生态环境的保护，无论是治污环保规划，还是"三先三后"原则，都鲜明地展现了人水和谐、人与自然共生的价值导向和目标追求，实现了经济、社会和生态效益的统一。

四是规划统筹引领。大国发展，规划先行，南水北调工程是我国重大工程项目坚持规划统筹引领的典范。把实施规划作为推进南水北调工作的重要依据，充分发挥规划的先导作用、主导作用和统筹作用。南水北调研究始于1952年，1959年编制完成的《长江流域综合利用规划要点报告》，明确提出了从长江上、中、下游多处取水，调往西北、华北的调水方案，成为指导南水北调工程此后发展的重要文献。经过50年、几代水利人广泛深入的勘测、规划研究、论证比选，最终形成《南水北调工程总体规划》，统筹北方受水区经济社会发展和水资源短缺状况以及调水区的水源条件，兼顾各有关地区和行业用水需求，分别从长江上、中、下游选定东、中、西三条调水线路，与长、黄、淮、海四大江河相互联系，构成"四横三纵、南北调配、东西互济"的我国水资源总体配置格局，成为构建国家水网的主骨架和大动脉。

五是重视节水治污。南水北调工程是

生态工程、绿色工程。按照"三先三后"原则，工程在规划设计、建设实施和运行管理中，始终坚持节水优先，把治污环保工作放在突出地位，探索了"政府主导、企业参与、社会监督、多方配合"的治污环保体制。一方面，加强节水管理，促进受水区调整用水结构，压缩高耗水行业用水需求，探索建立水权制度，发挥水价约束与激励机制作用，鼓励非常规水利用等，不同程度缓解区域水资源短缺压力。另一方面，把治污工作与国家重点流域水污染治理和节能减排工作统筹结合，通过规划实施治污项目、生态补偿等方式，倒逼水源区及沿线产业结构调整和优化升级，开创了重点流域治污工作新模式，生动诠释了"绿水青山就是金山银山"的发展理念，打造了践行习近平生态文明思想和绿色发展理念的发展线、生命线。

六是精准调度水量。越是重大工程的运行管理越要下足绣花功夫。面对调水沿线不同地域、不同受众、不同水情的千差万别，不能一本经念到底，必须要坚持精准调度水量，确保有水调、调水顺、用水效率高。加强规范管理，颁布实施《南水北调工程供用水管理条例》，科学编制年度水量调度计划；建立健全水量调度协调机制，开展"数字南水北调"建设，全面规范水量调度。加强水情汛情预测，精准调度来水，根据中线工程上游来水和入库水量实时变化，科学调度丹江口水库，及时调整入渠流量，2020年通过优化汛期调度，首次按设计最大流量420立方米每秒输水，年度供水总量超规划多年平均供水量，工程运行六年即达效，至2022年，中线工程调水量已连续三年超过规划设计调水量。及时掌握用水需求变化，精准调度受水区水量，在做好常规调度基础上，采取加大流量等措施增供水量，满足受水区紧急用水需求，多次向天津、河北、河南、山东等地紧急供水，保障了当地用水安全。2018年起，精准实施向华北地区生态补水，推进华北地区地下水超采综合治理和河湖生态环境修复。为保障居民用水需求，受水区各地建立完善的配套工程体系，通过信息化管理系统，实现全流程精准调度，确保优质南水安全送达千家万户。

四、深入推进南水北调工程高质量发展

进入新发展阶段，我国发展仍处于重要战略机遇期，但无论机遇还是挑战都有新的发展变化。我国社会主要矛盾已经转化为人民日益增长的美好生活需要和不平衡不充分的发展之间的矛盾，人民群众对水的需求已从防洪、供水、灌溉等基本需求，扩展到优质水资源、健康水生态、宜居水环境、先进水文化等更高需求。以习近平同志为核心的党中央高度重视南水北调工作，多次作出重要指示批示，2020年11月、2021年5月，习近平总书记半年内两次考察南水北调工程，并在南阳亲自主持召开专题座谈会并发表重要讲话。2022年5月、8月，习近平总书记就推进南水北调后续工程高质量发展工作作出重要批示，进一步明确了下一步工作思路和重点，在功能定位上东线工程应在解决沿线生活和工业供水的基础上增加向农业和生态供水；中线工程重点解决沿线生活和工业供水问题并置换被挤占的生态和农业用水；西线工程重点保障黄河上中游等地区用水需求；在调水规模上按照"适当留有余地、东中互补互济"原则，统筹研究确定东、中线后续工程中远期各阶段调水规模；在线路布局上，按照东线一干多支扩面、中线增源挖潜扩能、东中成网协同互济的思路，加快推进东、中线后续工程规划建设；西线工程加强前期论证，统筹考虑生活、工业、农业和生态需水问题，重点优化调水线路布局，加强地质勘察设计，强化生态影响评价等；同时对水价和投融资、体制机制、后续工程推进等工作作出部署。国家水网建设将南水北调工程作为国家水网的主骨架和大动脉，要加快建设进程。党的二十大指出，要"把我国建成富强民主文明和谐美丽的社会主义现代化强国""构建现代化基础设施体系"等，对做好南水北调工作提出了更高要求，需要我们切实承担历史使命，按照习近平总书记"不断造福民族、造福人民"的指示要求，守住"工程安全、运行安全、水质安全"三条底线，聚焦建成"优化水资源配置、保障群众饮水安全、复苏河湖生态环境、畅通南北经济循环的生命线"的目标，在更高层次、更高目标上全力推进科学管理、创新发展，真正把南水北调之水护好、调好、用好，为确保国家水安全、实现中国式现代化提供坚实的水资源支撑。

一是加快后续工程建设，构建水资源优化配置布局。围绕国家战略实施，按照国家水网建设规划纲要明确的目标、思路和举措，构建国家水网之"纲"、织密国家水网之"目"、打牢国家水网之"结"。加快推进南水北调后续工程建设进程，加速构建国家水网的主骨架和大动脉。深入推进中线引江补汉工程建设早日取得实质性突破性进展，加快推进东线二期、中线调蓄工程等工程建设，加快补齐水源保障不足、调蓄能力不够等短板。按照"确有需要、生态安全、可以持续"的原则，深入开展南水北调西线工程规划方案比选论证，把调水不利影响降到最低，消除各方质疑，达成社会共识，推动前期工作进程。

二是加强运行管理，提高供水保障能力。牢固树立总体国家安全观，守住安全底线，进一步提升规范化、标准化管理能力和水平，保障工程运行高效、安全、可靠。创新监管机制和措施，全面落实南水北调工程河湖长制，强化安全监管和应急管理，加强对工程设施的监测、检查、巡查、维修和养护，做好冰期、汛期等重要时段输水工作。落实好水量调度计划，及时足量供水，优化水量省际配置和调度，完善跨区域水量转让机制，最大程度满足沿线受水区用水需求。

三是强化体制机制改革，提升现代化管理水平。认真落实"两手发力"工作思路，持续深化市场化改革，依托中国南水北调集团公司，发挥市场在水资源配置中的决定性作用，更好发挥政府作用。深入推进水利投融资机制改革，用足用好财政、金融支持政策，拓宽资金筹措渠道。完善项目建设管理监管机制，保障工程质量、进度和安全。深化后续工程规划建设重大问题研究和关键技术攻关，推进新技术新装备应用，增强科技支撑能力。建立健全南水北调工程水价形成机制，完善运行管护机制，推动工程运行管理精细化、科学化、规范化。

四是推动数字赋能，建设数字孪生水网。始终把握"需求牵引、应用至上、数字赋能、提升能力"要求，以推进数字孪生南水北调工程建设为依托，对南水北调工程全要素和建设运行全过程进行数字映射、智能模拟、前瞻预演，与工程同步仿真运行、虚实交互、迭代优化，实现南水北调工程调控运行管理的预报、预警、预演、预案功能,以数字化南水北调工程搭建起数字化国家水网的主骨架和大动脉。

五是深化节约保护,助推生态文明建设。深化东线治污工作,加强中线水源地保护,完善中线水源区生态保护补偿转移支付政策,组织实施好丹江口库区及上游水污染防治和水土保持"十四五"规划,继续开展中线干渠两侧风险源排查整治,加快打造"绿色走廊"。大力开展节水行动,强化各项节水措施,推进水价改革,督促受水区加快配套工程建设,严格落实地下水压采方案,优化用水结构,加强水费计缴,增加南水用量,扩大供水范围,提高用水效率。进一步总结生态补水经验,挖掘洪水资源化利用潜力,加强华北地区地下水回补,促进生态保护修复。

六是保障移民发展稳定,加强对口支援协作。牢固树立以人民为中心的发展思想,响应乡村振兴战略,指导支持地方编制实施移民后续帮扶发展规划,全面推进美丽移民村建设,保证库区、移民安置区和干线沿线社会大局稳定,增强移民群众的获得感、幸福感和安全感。继续深化京津两市和豫鄂陕三省对口协作工作,持续推动水源区经济结构调整和产业转型升级,共同构建南北共建、互利双赢的区域协作发展新格局。

七是讲好南水北调故事,树立南水北调品牌形象。弘扬南水北调精神,讲好南水北调故事,让更多的人民群众和国际社会了解南水北调、走进南水北调、支持南水北调。深入挖掘南水北调在工程建设、运行管理、移民搬迁、污染治理、资金使用、文物保护、科技创新等方面的成功经验和先进理念,广泛宣传工程效益,打造调水工程样板、大国重器品牌形象,为世界贡献中国治水智慧。

(来源:《党委中心组学习》 2023年第1期,略有删改)

扎实推进南水北调工程高质量发展 助力加快构建国家水网主骨架 和大动脉——《中国水利》 专访水利部南水北调司司长李勇

2023年,在党中央、国务院坚强领导和部党组统一部署下,南水北调司扎实抓好学习贯彻习近平新时代中国特色社会主义思想主题教育,深入贯彻落实习近平总书记重要讲话指示批示精神,聚焦南水北调工程高质量发展要求,统筹发展和安全,守牢"三个安全"底线,积极应对海河"23·7"流域性特大洪水,充分发挥东、中线一期工程综合效益,持续推进后续工程建设,各项工作取得积极进展。

一、聚焦"三个安全"发展底线,做保障国家水安全的有力支撑者

全力做好防汛工作。加强行业管理,指导协调南水北调集团落实防汛主体责任,及早开展防汛准备。强化防汛督导检查,确保重要风险点全覆盖,发现问题全处置;公布防汛责任人,完善突发事件应急信息报告流程;会同河南省和应急管理部在鹤壁开展防汛应急抢险综合实操演练;强化"七下八上"关键期防汛工作,组织再部署、再动员、再检查;组建工作专班妥善应对处置海河"23·7"流域性特大洪水冲击,中线工程有940km渠段位于强暴雨区,绝大部分交叉建筑物、左岸排水建筑物、膨胀土渠段、高填方渠段经受住了强降雨及超标准洪水考验,工程总体运行平稳。

妥善开展中线水毁工程应急抢险工作。

2023 年 8 月中线北拒马河暗渠受超标准洪水冲击发生险情后，第一时间协调切换供水水源，保证北京市供水安全，协调组织实施抢通修复工作，最短时间内实现向北京应急供水目标，创造了特大型调水工程应急抢险的成功范例。目前，中线北拒马河暗渠水毁部位已完成修复并通过通水验收，恢复向北京正常供水，水质达标。

切实保障水质安全。加强水质安全工作部署，组织开展生物预警、快速检测方法、水质检测等督导调研，深入推动水质检测能力建设。部署强化中线藻类防控工作，定期组织专家团队现场分析研判，完成中线全断面拦捞设施安装，组织开展水质突发事件应急演练和专项培训，落实中线水源与干线水质信息共享，与地方建立藻类联防联控机制。强化中线丹江口库区及其上游流域水质安全保障工作，配合研究制定水质安全保障工作方案并落实分工，中线和东线水质稳定达标。

二、聚焦改革创新根本动力，做推动高质量发展的积极探索者

有效推动相关改革。组织调研完成东线一期工程水量消纳研究及效益提升建议报告。深入开展水量调度调研，完善水量调度月会商机制。协调江苏、山东两省解决东线水量调度相关问题，在东线一期工程 2023—2024 年度调度计划中，首次明确江苏净增供水量 5.67 亿 m^3，安徽净增供水量 0.23 亿 m^3。启动东线东平湖调度运用研究，推进完善统一调度机制。部署推进水量调度应急预案编制工作，为做好应急调度提供支撑。

大力推进引江补汉工程建设。创新方式方法，持续强化工程建设进度跟踪督导，截至 2023 年 12 月 15 日，年度完成投资 26.5 亿元，累计完成投资 43.2 亿元。目前，工程出口段已进入主体隧洞施工阶段。引江补汉工程初步设计已批复，工程输水总干线土建施工项目招标已完成。目前工程质量安全可控，进度可控。

加快推进数字孪生南水北调工程建设。按计划推进数字孪生南水北调 5 项先行先试项目建设，通过按月调度、现场督导协调推进，开展数字孪生水网在南水北调的试点。5 个先行先试项目实现上线试运行。加快推进国家水网主骨架和大动脉数字孪生建设进程。

协调推进南水北调后续工程前期工作。指导南水北调集团加快推进中线调蓄工程有关前期工作，相关成果已纳入总体规划修编。协调推进雄安干渠工程于 2023 年 6 月开工建设。配合明确雄安调蓄库建设相关事宜，完成总体规划中有关工程运行管理体制、水价机制等章节的修编以及东线二期、西线有关前期工作。

三、聚焦生态优先鲜明导向，做推进绿色发展的示范引领者

持续发挥工程生态功能。截至 2023 年 12 月 15 日，南水北调工程已累计实施生态补水超 98 亿 m^3，助力沿线河湖生态环境复苏，为推进绿色发展提供有力支撑。加大汛期雨洪资源化利用。根据丹江口水库水情加强优化调度，自 2023 年 6 月 15 日起中线工程利用丹江口水库汛期弃水开展生态补水，累计向七里河、浉河、瀑河等河流补水 5.9 亿 m^3。10 月 12 日，丹江口水库水位第二次达到 170m 设计水位，为中线工程 2023—2024 年度供水提供保障，增加了下一年度向汉江中下游补水量和中线工程生态补水量。

助力地下水压采取得实效。通过水源置换等综合措施推进华北地区地下水超采综合治理，地下水水位逐年下降的趋势得到根本扭转，深层承压水水位平均回升6.72m，区域内9成以上河湖生态环境有效恢复；江苏、山东两省受水区地下水水位总体呈上升趋势。

接续推进京杭运河全线水流贯通。2023年3月至5月，东线北延工程为京杭运河全线贯通补水1.45亿 m^3（穿黄断面），完成计划的119.8%，助力京杭运河再次实现全线水流贯通。

四、聚焦人民至上根本立场，做持续造福人民的不懈追求者

切实保障生产生活用水。顺利完成年度水量调度计划，水质稳定达标，中线工程水质稳定达到地表水Ⅱ类水质标准及以上，2023年以来，中线工程供水9成以上为Ⅰ类水质。截至2023年12月15日，工程累计调水675.54亿 m^3（其中东线调水62.89亿 m^3，中线调水606.78亿 m^3，东线北延工程调水5.87亿 m^3），直接受益人口超1.76亿人，有力保证了受水区人民群众的优质用水需求。

持续提升人居环境质量。借力南水北调生态补水，受水区地下水水位回升，河清岸美景观恢复，多地打造近水、亲水、乐水场所，发展特色旅游经济。

充分发挥防汛抗旱功能。工程建成运行后，受水区排涝面积大幅度增加，排涝标准进一步提升。东线一期工程建成运行以来连年参与抽排涝水，有力保障了苏北、苏中地区经济社会发展和水事安全。2023年6月，东线刘山站、解台站圆满完成抗旱调水任务，向淮海地区调水1.13亿 m^3，有效保障了江苏徐州等地农业用水、居民用水和不牢河沿线的航运水位。

五、凝心聚力聚焦工作目标，做一流工程品牌的合格塑造者

持续做好重要节点宣传。在习近平总书记主持召开推进南水北调后续工程高质量发展座谈会并发表重要讲话2周年、东线一期工程通水10周年、中线一期工程调水总量超过600亿 m^3、向雄安新区供水突破1亿 m^3 等节点，组织中央主流媒体开展多主题、多维度、多形式宣传报道，营造良好氛围。

主动发声加强正面宣传。主动发布权威信息，增进社会对南水北调工作最新进展和成效的了解；积极释疑答惑，回应社会关切，推动形成有利于南水北调工作的良好环境。

加强南水北调文化建设。组织梳理南水北调工程及沿线文化资源，全面掌握南水北调文化建设基础和条件，开展文化建设调研座谈活动，推进加强文化建设工作。

扎实做好书刊编撰。组织做好《中国南水北调年鉴》编纂、新闻集汇编出版发行和效益宣传册印制等工作，为丰富南水北调文化资料、建立系统完善的存史资政文库、扩大南水北调社会影响创造了有利条件。

同时，做好南水北调专家委换届和委员调整、竣工验收准备、人大建议及政协提案办理、干部队伍教育管理和人才培养、综合服务保障等工作，为推进南水北调工程高质量发展打下更扎实的基础。

2024年，南水北调司将以全面加强党的建设为引领，深化党建业务融合，守牢安全底线，确保南水北调工程安全、供水安全、水质安全。不断提升工程综合效益，全面完成新调水年度水量调度计划。根据国务院对竣工验收工作方案的意见，启动东中线一期工程竣工验收。加快推进后续工程建设进程，做好引江补汉工程全面开工建设行业监管，推动雄安调蓄库加快建设。加快推进数字孪生南水北调建设，推进数字孪生国家水网试点加快建设。配合完成总体规划修编和后续工程有关前期工作。以东、中线一期工程全面通水10周年为契机，组织开展南水北调系列宣传活动。以扎实的举措、务实的行动、求实的作风，再接再厉、稳扎稳打，深入推动南水北调工程高质量发展再上新台阶，为加快构建国家水网主骨架和大动脉、夯实国家水安全基础作出新贡献。

（来源：《中国水利》 2023年第24期，略有删改）

以高质量党建引领保障南水北调高质量发展——中国南水北调集团董事长蒋旭光

党建兴则事业兴，党建强则企业强。近年来，中国南水北调集团党组坚持以习近平新时代中国特色社会主义思想为指引，全面深入学习贯彻党的二十大精神，坚决落实新时代党的建设总要求，胸怀"国之大者"，牢记"三个事关"（事关战略全局、事关长远发展、事关人民福祉），以高质量党建引领保障南水北调和国家水网事业高质量发展，努力为中国式现代化提供有力水资源支撑和水安全保障。

坚持凝心铸魂、感恩奋进，走好践行"两个维护"第一方阵

始终把"两个维护"作为最高政治原则，筑牢政治忠诚，提高"政治三力"，坚定不移按照习近平总书记的指引踔厉奋发、勇毅前行。

坚持以党的政治建设为统领。严格落实"第一议题"制度，完善落实机制，深刻领悟"两个确立"的决定性意义，坚决扛起保障国家水安全的重大历史使命。党的十八大以来，习近平总书记高度重视治水和南水北调工作，站在中华民族永续发展的战略高度，提出"节水优先、空间均衡、系统治理、两手发力"治水思路，确立国家江河战略，亲自部署推进南水北调后续工程高质量发展，擘画国家水网宏伟蓝图。通过学习对标，我们深刻认识并忠诚履行好在实现中国式现代化伟大征程中确保国家水安全的崇高使命和重大责任，坚定"志建南水北调、构筑国家水网"初心使命。

持续深化党的创新理论武装。把加强思想建设作为第一动力，聚焦"学思想、强党性、重实践、建新功"，深入学习贯彻习近平总书记"节水优先、空间均衡、系统治理、两手发力"治水思路、国家水网建设规划纲要、建设世界一流企业等重点内容，发挥理论中心组领学促学作用，接续举办主题教育专题读书班、党的二十大精神专题培训班，不断深化对推进南水北调后续工程高质量发展的规律性认识，优化水网基础设施布局、结构、功能和系统集成，加快高端化、智能化、绿色化发展，着力打造安全工程、民生工程、战略工程、绿色工程、科技工程、可持续发展工程和廉洁工程。

积极主动服务构建新发展格局。紧抓推动高质量发展第一要务，深入学习贯彻习近平总书记关于治水的重要论述和关于南水北调、国家水网的重要讲话以及重要指示批示精神，接续开展"解放思想、对标提升"大调研。召开集团战略研讨会、推进高质量发展大会，锚定"调水供水行业龙头企业、国家水网建设领军企业、水安全保障骨干企业"的战略定位，完善落实"五个三"发展思路和"通脉、联网、强链"总体战略，充分发挥"两手发力"中市场主体作用和国有经济战略支撑作用，服务国家重大战略实施。

坚持守正创新、深化改革，筑牢现代新国企"根魂"优势

坚决贯彻"两个一以贯之"，坚持把党的领导融入公司治理各环节，把加强党的建设作为完善公司治理、深化改革攻坚、推动高质量发展的主引擎。

在完善治理机制中加强党的领导。制定党组、董事会、经理层决策清单，明确97个决策事项权限及流程，既确保党的领导组织化、制度化和具体化，又依法依规界定"三会"决策范围，充分发挥党组把方向、管大局、保落实的领导作用。制定集团总部与子企业权责事项清单142项和授权放权清单12项，推动子企业全面完成"党建入章"，全面推行治理主体决策"清单化"，完善监督考核机制，提升经营决策效率。

在深化改革创新中推进深度融合。实施"强根铸魂"，持续抓好党建+项目建设、安全生产、科技创新等7项工程，推进党建与生产经营深度融合，把党的政治优势、组织优势转化为公司治理效能和发展势能。集团成立两年多来，统筹发展和安全，从守护"生命线"的政治高度，切实维护南水北调工程安全、供水安全、水质安全，确保了工程效益持续有效发挥；全力推进后续工程规划建设，中线引江补汉工程于去年7月7日提前半年开工，彰显了"南水北调速度"，并超额完成年度投资计划，为稳定宏观经济大盘作出示范表率。

在价值创造中实现党建赋能增效。聚焦提高核心竞争力、增强核心功能，落实国企改革深化提升行动部署要求，实施对标世界一流企业价值创造、品牌引领等专项行动，深化"三项制度"改革，深入开展"管理实验室"活动等，促进工程效益和企业效益同步发挥。去年中线调水超92亿立方米再创历史新高，东线助力京杭大运河实现近百年来全线水流贯通，集团资产负债率保持较低水平，去年资产总规模、水费收入、企业营收均实现增长，今年上半年企业利润总额、年化净资产收益率、研发投入强度等均优于上年同期。

坚持强基固本、争创一流，打造关键时刻靠得住的战斗堡垒

认真贯彻新时代党的组织路线，狠抓基本组织、基本制度、基本队伍建设，增强各级党组织政治功能和组织功能，做到党建聚合力、实干促发展。

构建"1445"党建工作体系。围绕以高质量党建引领保障高质量发展主线，落实"四个坚持"重要要求，构建治理、价值、组织、监督、责任体系"五位一体"党建工作格局。完善党建述职评议考核机制，与领导班子综合评价和经营业绩考核挂钩，强化考核结果运用，推动管党治党责任和治企兴企责任两手抓两促进。

树立大抓基层的鲜明导向。坚持"四同步四对接"，跟进工程建设和市场拓展，及时调整基层组织设置，推进支部建在项目上，做实区域化党建，加强与沿线地方联建共建，扩大南水北调和国家水网事业"朋友圈"。狠抓基层党组织标准化规范化建设，推动基层党建从夯基垒台向全面过硬迈进，6个基层党组织被命名为中央和国家机关"四强"党支部。

让党旗在基层一线高高飘扬。完善基层党建联系点制度，党组成员分别带队深入120多处基层站点调研检查，与沿线地方联合开展水质安全、防汛度汛应急演练；各级党员干部闻令而动、向险而行，成功战胜了"7·20"等历史罕见特大暴雨和冰冻雨雪灾害，经受住了今年海河流域超强暴雨洪水考验。各级党员突击队、青年先锋队勇挑重担、开拓创新，推动重大项目建设、重大科技攻关取得重大突破，《南水北调工程总体规划》修编即将完成，中线引江补汉工程初步设计报告即将批复并全面开工，东线二期可研报告加快完善，西线前期工作取得积极进展，数字孪生南水北调加速推进，国家水网重大项目接续实施，展现了新征程上南水北调和国家水网建设蓬勃生机。

坚持自信自强、团结奋斗，彰显央企"姓党为民"政治本色

深入学习贯彻习近平总书记关于文化建设重要论述，坚持党管宣传思想文化，坚持以文赋能兴企，引导各级在服务国家战略、服务人民群众中强化"调水为民、治水兴邦"的使命担当。

深入实施文化强企战略。制定企业文化建设专项规划，传承京杭大运河水脉底蕴和深厚文化，构建以"上善若水"为核心的企业文化价值体系，统筹推进文化铸魂、文化融合、文化赋能三项工程。建好用好穿黄工程等爱国主义教育和研学实践基地，用心办好南水北调公民大讲堂，赓续红色基因血脉，传承南水北调精神文化。

全面加强宣传思想引领。制定实施党组思想政治工作责任清单，发挥集团融媒矩阵作用，深入开展"感恩奋进新征程、打造现代新国企"系列主题宣传，积极参与央视《大国基石·天河筑梦》《典籍里的中国——水经注》等专题拍摄，抓好全国文明单位创建、时代楷模等先进典型推荐选树，讲好新时代南水北调人新的赶考故事。

坚持以人民为中心的发展思想。以满足人民群众对优质水资源、健康水生态、宜居水环境日益增长的美好生活需要为目标，推动"我为群众办实事"常态化长效化，接续抓好调水补水、乡村振兴、结对帮扶、志愿服务等34个重点民生项目落地。目前，南水北调东中线一期工程累计调水超640亿立方米，成为沿线40多座城市280多个县市区不可或缺的供水生命线。南水已占北京城区供水的75％以上、占天津城区供水的近100％，河北省黑龙港流域500多万人告别了长期饮用高氟水、苦咸水的历史。工程还累计实施生态补水近100亿立方米，助力华北地下水超采综合治理和河湖生态环境复苏。工程直接受益人口已超1.5亿人，待东、中、西三线建成达效后，受益人口将进一步增加至5亿人。

坚持自我革命、强力正风肃纪，营造风清气正的政治生态

牢记"两个永远在路上"，以严的基调推动全面从严治党向纵深迈进，为高质量发展保驾护航。

压紧压实全面从严管党治党责任。制定实施全面从严治党主体责任和重点任务清单，坚持"四责协同"，逐级传导压力，推动主体责任、第一责任、一岗双责和监督责任贯通联动、一体落实。狠抓主题教育检视整改，制定党组问题清单19项、二级班子问题清单146项、专项整治方案6个，挂账督办、狠抓整改。

驰而不息纠治"四风"树立新风。严格落实中央八项规定及其实施细则精神，制定集团具体实施办法，推动总部去机关化专项整治，深化勤俭办企、降本增效等专项行动；开展形式主义、官僚主义问题调研，着力改进会风文风、减轻基层负担。

构建贯通融合的监督格局。与工程沿线天津、河北、湖北3省市纪委监委建立监督协作机制，推动巡视巡察联动全覆盖。统筹审计监督、巡视巡察、纪检监察等力量，推动各类监督贯通融合，狠抓重点项目专项监督检查。规范权力运行全过程监督制约机制，突出抓好对"一把手"和年轻干部的监督管理。

永远吹响反腐败斗争的冲锋号。深化"靠企吃企"专项整治"回头看"，持续巩固专项整治长效机制，强化招标采购规范化管理。严肃查处违法违纪问题，保持正风肃纪高压态势。推进"水清人净"廉洁文化建设，统筹加强党性党风党纪教育，强化廉洁从业和反腐倡廉警示教育，一体推进不敢腐、不能腐、不想腐。

南水北调集团将坚持以习近平新时代中国特色社会主义思想为指引，牢记"三个事关"谆谆嘱托，锚定"三个企业"战略定位，强化党建引领保障作用，不断提高企业核心竞争力、增强核心功能。聚焦增强产业控制力，当好国家水网建设主力军和现代水产业链链长；聚焦增强安全支撑力，为保障国家水安全、生态安全、粮食安全、能源安全作出积极贡献；聚焦增强科技创新力，着力打造新时代水利工程原创技术策源地；聚焦增强价值创造力，加快打造现代新国企、建设世界一流企业；聚焦增强党建引领力，筑牢党建赋能增效高质量发展的主引擎，加快推进南水北调后续工程高质量发展、加快构建国家水网、加快做强做优做大集团公司和国有资本，矢志不渝把习近平总书记亲自擘画的国家水网世纪画卷变成美好现实。

（来源：《旗帜》 2023年第8期，略有删改）

在加快构建国家水网中担当作为
——中国南水北调集团董事长蒋旭光

习近平总书记强调："'十四五'时期以全面提升水安全保障能力为目标，以优化水资源配置体系、完善流域防洪减灾体系为重点，统筹存量和增量，加强互联互通，加快构建国家水网主骨架和大动脉"。中共中央、国务院印发的《国家水网建设规划纲要》提出，加快构建"系统完备、安全可靠、集约高效、绿色智能、循环通畅、调控有序"的国家水网，实现经济效益、社会效益、生态效益、安全效益相统一。中国南水北调集团有限公司切实履行战略安全、产业引领、国计民生、生态环境、公共服务等功能，全面推进南水北调后续工程高质量发展，全力推进加快构建国家水网，为中国式现代化提供有力的水安全保障。

牢记初心使命，全面增强加快构建国家水网的政治责任感和历史使命感。我国基本水情一直是夏汛冬枯、北缺南丰，水资源时空分布极不均衡。全国人均、亩均水资源占有量分别仅为世界平均水平的1/4和1/2。党的十八大以来，习近平总书记站在实现中华民族永续发展的战略高度，亲自部署推动治水事业，擘画国家水网宏伟蓝图。中国南水北调集团作为中央直接管理的唯一跨流域超大型供水工程开发运营集团化企业，立足调水供水行业龙头企业、国家水网建设领军企业、水安全保障骨干企业战略定位，锚定"志建南水北调、构筑国家水网"初心使命，深入实施"通脉、联网、强链"总体战略，坚决履行好加快构建国家水网的政治责任。

坚决履行好中央骨干企业的职责使命，全面推进南水北调后续工程高质量发展。南水北调东中西三条线路，是国家水网的主骨架大动脉。南水北调东中线一期工程全面通水以来，已累计调水660多亿立方米，成为沿线40多座大中城市280

多个县市区的重要水源，直接受益人口超过 1.76 亿人；累计实施生态补水超 100 亿立方米，加上水源置换等其他措施，从根本上扭转了自上世纪 70 年代以来华北地区地下水水位逐年下降的趋势，助力京杭大运河连续两年实现全线水流贯通，白洋淀、滹沱河等一大批河湖重现生机，为美丽中国建设发挥了重要作用。中国南水北调集团作为南水北调工程的建设运营主体，深入分析南水北调面临的新形势新任务，遵循"确有需要、生态安全、可以持续"的重大水利工程论证原则，积极参与《南水北调工程总体规划》评估修编，高标准高质量建设中线引江补汉工程，积极推进中线调蓄工程论证实施和总干渠挖潜扩能研究，全力推动东线二期工程立项建设，加快推进西线工程规划编制和先期工程可研工作，力争早日开工建设，早日发挥效益，进一步打通南北输水通道，完善南水北调"四横三纵"工程体系，不断增强南北区域水土资源适配能力，促进我国人口经济布局和国土空间利用格局优化调整。

坚持服务国家战略，全力促进国家骨干水网和地方水网建设。近年来，我国经济总量、产业结构、城镇化水平等显著提升，我国社会主要矛盾转化为人民日益增长的美好生活需要和不平衡不充分的发展之间的矛盾，京津冀协同发展、长江经济带发展、长三角一体化发展、黄河流域生态保护和高质量发展等区域重大战略相继实施，我国北方主要江河特别是黄河来沙量锐减，地下水超采等水生态环境问题动态演变。这些都对加强和优化水资源供给提出了新的要求。中国南水北调集团充分发挥国家水网建设领军企业作用和国资央企优势，全力促进国家水网建设。一方面，积极推进并参与有关控制性调蓄工程、重点水源工程、国家水网骨干排水通道等重点工程项目规划建设，增强国家骨干网控制能力；另一方面，促进建设区域水网、地方水网，积极参与现代灌区建设，实施河湖生态修复治理，助力各地优化完善水资源配置工程体系，逐步形成国家水网"一张网"，促进水资源与人口经济布局相均衡，为经济社会高质量发展和生态环境改善提供有力支撑。

坚持"两手发力"，全力推进水网建设运营体制机制和商业模式创新。国家水网建设是一项长期任务，规模巨大、市场空间广阔，必须坚持"两只手"协同发力。组建中国南水北调集团，是"两手发力"推进水利改革、构建市场平台、加快水利改革发展的重要实践。中国南水北调集团要在政府主管部门的指导下，积极探索并用好市场机制，通过水价改革、水权交易、投融资体制创新、水生态产品价值实现机制等手段，切实增强国家水网建设的生机活力，加快建设速度，提高运营质量效率，实现高质量发展。中国南水北调集团成立 3 年来，充分发挥经营主体作用，推进建设运营体制机制创新，积极探索水网投资建设运营新的业务模式、商业模式、盈利模式。目前，中国南水北调集团已成功中标浙江开化水库等一批水网水务和生态环保项目；利用市场竞争机制完成引江补汉工程 330 亿元项目贷款比选；成功发行首期私募债；以市场导向积极推动水价水费政策调整，推动理顺工程管理体制，工程运营能力和效益、价值创造水平得到不断提升。

坚持系统观念，积极探索水产业链融合发展新路径。国家水网是以自然河湖为基础、引调排水工程为通道、调蓄工程为结点、智慧调控为手段，集水资源优化配置、流域防洪减灾、水生态系统保护等功能于一体的综合体系，是现代化基础设施体系和现代化产业体系的重要组成部分。《国家水网建设规划纲要》提出，把联网、补网、强链作为国家水网建设的重点，推进各层级水网协同融合，着力提升国家水网整体效能和全生命周期综合效益。中国南水北调集团紧紧围绕南水北调和国家水网项目建设运营与效益发挥，坚持依网布链、协同固链、整合优链，不断加强与有关地方和企业战略合作，推动建立水产业链上中下游供需对接机制、项目共建机制、成果共享机制和生态共建机制，实现多维度协同，已累计与1个国家部委、19个省级政府、29家企业、2家科研院所及2家高校签署战略合作协议，探索现代水产业链融合发展新路径。一方面，充分发挥引江补汉、开化水库等重大水利工程的强引擎作用，通过合资建设、增资扩股、投资并购等方式广泛合作，引领带动各类经营主体参与重大项目建设；另一方面，努力争当现代水产业链"链长"，强化产业链供需协同，通过水网与电网、信息网、航运网等深度融合，积极拓展水网水务、清洁能源、生态环保、智慧科技、水文化旅游等涉水主业，在产业补链、延链、升链、建链方面加快打造一批示范项目，努力做强做优做大国有资本，不断提高核心竞争力，推动建立完善现代化水产业体系，促进高端化、智能化、绿色化发展，为中国式现代化提供有力水安全保障。

（来源：《人民日报》 2023年11月27日12版，略有删改）

三、大事记

2023年中国南水北调大事记

1月

7日，中国南水北调集团副总经理孙志禹主持召开引江补汉工程初步设计报告审查预备会，会议听取战略投资部对中国南水北调集团参加水规总院引江补汉工程初步设计报告审查工作方案的汇报、江汉水网公司的发言，对审查会相关工作作出部署。

11日，水利部副部长田学斌出席中国南水北调集团划转接收大会。会议宣布自2022年12月31日起中国南水北调集团列入国务院国资委履行出资人职责企业名单，水利部、国务院国资委负责人现场签署《中国南水北调集团有限公司移交国务院国有资产监督管理委员会管理交接书》。

31日，江汉水网公司2023年工作会议在武汉召开。中国南水北调集团总经理汪安南出席会议并讲话。

2月

1日，水利部副部长王道席出席南水北调东、中线一期工程竣工决算审计进点会并讲话。

1日，水利部副部长朱程清听取关于优化完善南水北调水费使用政策汇报，水利部总经济师程殿龙参加。

4日，第77届联合国大会主席克勒希一行考察南水北调中线穿黄工程，实地了解南水北调工程建设成就。水利部副部长王道席陪同考察。河南省副省长张敏、中国南水北调集团总经理汪安南参加。

5日，南水北调东、中线一期工程累计调水突破600亿 m^3（含东线一期北延应急供水工程）。

7日，水利部副部长王道席调研南水北调工程专家委员会。

14日，水利部部长李国英主持召开2023年第4次部务会议，其中研究优化完善南水北调水费使用政策，水利部副部长田学斌，驻水利部纪检监察组组长王新哲，水利部副部长王道席、刘伟平出席，水利部总规划师吴文庆、总经济师程殿龙参加。

16日，中国南水北调集团董事长蒋旭光，副总经理孙志禹、耿六成一行赴江汉水网公司调研推进引江补汉工程建设情况，并就加快推进工程建设、加大投资完成力度等作出安排部署。

20—21日，中国南水北调集团副总经理耿六成一行到引江补汉工程输水总干线出口段调研指导工程建设情况，并召开座谈会。中国南水北调集团质量安全部、环保移民部和江汉水网公司，以及出口段工程参建各方相关负责人参加。

21日，水规总院在北京召开西线工程水资源配置方案研究专题技术审查会议，水利部、黄委、中国南水北调集团、黄河设计院参会。

24日，水利部副部长王道席赴引江补汉工程取水口调研工程推进情况。三峡司、移民司，湖北省水利厅、宜昌市、江汉水网公司有关负责人参加。

26日至3月3日，黄河设计院西线工程规划项目组前往黄河上中游青海、甘肃、宁夏、内蒙古、山西和陕西6省（自治区），开展西线工程水资源配置方案研究调研及资料收集工作。项目组围绕各省（自治区）受水区经济社会发展现状和供用水情况、缺水形势、节水水平、节水潜力、各行业发展用水需求、水资源配置格局、供水区配套工程等方面与省（自治区）有关部门进行座谈交流，同时对典型工业园区和西线配套工程进行现场查勘。

27—28日，国务院参事室副主任张彦通一行赴引江补汉工程开展调研活动。

28日，南水北调中线一期工程和东线北延应急供水工程2022—2023年度冰期输水工作圆满结束，冰期输水期间，工程累计向北京、天津、河北、河南4省（直辖市）供水15.2亿 m^3。其中，中线一期工程累计向北京、天津、河北、河南4省（直辖市）供水14亿 m^3；东线北延应急供水工程向河北、天津供水1.2亿 m^3。

3月

9日，中国南水北调集团党组副书记、副总经理于合群带队检察引江补汉出口段工程并调研引江补汉工程建设管理三部党支部"党建＋"工程实施情况。

9日，湖北省委、常委、副书记诸葛宇杰一行视察引江补汉出口段工程建设情况。

18日，南水北调东、中线一期工程累计调水量突破700亿 m^3（含生态补水超108亿 m^3）。

23—24日，中国南水北调集团董事长蒋旭光、副总经理耿六成一行赴湖北省丹江口市调研指导引江补汉工程建设并与参建各方开展座谈。

4月

1日，南水北调中线一期工程累计向雄安新区城市生活和工业供水突破1亿 m^3，利用汛期洪水资源向白洋淀及上游河流生态补水8.49亿 m^3。

4日，南水北调东线北延应急供水工程、潘庄引黄、官厅水库、岳城水库、引滦工程、再生水及雨洪水6个水源的水全部进入京杭大运河，京杭大运河黄河以北段（自北京市东便门至山东省聊城市位山闸）707km及运河全线实现水流贯通。

7日，水利部副部长王道席在河南南阳出席南水北调工程管理工作会议，水利部总工程师仲志余参加。

7—12日，水规总院在北京召开南水北调西线重大专题研究成果审查会议，对"8＋1"重大专题研究成果进行技术审查，特邀专家、水利部、黄委、中国南水北调集团、黄河设计院、黄河保护院参加会议。

8日，水利部副部长王道席在河南开展南水北调中线干线工程汛前检查。

19—26日，国家投资项目评审中心组织专家赴湖北开展引江补汉工程现场踏勘及初步设计概算评审工作。

29日，南水北调东线一期工程自2013年11月正式通水以来，已累计向山东省调水突破60亿 m^3，惠及沿线12个市、61个县（市、区），受益人口超6700万人，为沿线地区高质量发展提供了可靠的水安全保障。

5月

5日，水利部副部长刘伟平在湖北十堰调研南水北调中线工程水源区保护、水美乡村工程建设等情况。

5日，中国南水北调集团在南水北调中线干线京冀交界处模拟一起由交通事故引起的突发水污染事件，并展开应急演练。

6—7日，南水北调司司长李勇一行检查指导引江补汉出口段工程，并组织召开座谈会。

11日，水规总院在北京召开西线一

期可行性研究任务书审查会，水利部相关司、调水局、中国南水北调集团、黄委、黄河设计院、黄河保护院参加会议。会后黄河设计院对南水北调西线一期可行性研究任务书进行补充完善，6月26日水规总院将任务书审查意见上报水利部。

12日，水利部党组书记、部长李国英主持召开水利部党组推进南水北调后续工程高质量发展工作领导小组全体会议，水利部总工程师仲志余参加。

23日，水利部、河南省政府、中国南水北调集团在鹤壁淇河倒虹吸工程现场联合举办南水北调中线工程防汛应急抢险演练。

23—24日，水利部在北京召开推进南水北调后续工程高质量发展研究成果审议会，对西线工程重大专题研究成果进行审议，特邀专家、水利部相关司、中国水科院、水规总院、调水局、黄委、长委、海委、淮委及中国南水北调集团等单位参加会议。

29日，历时3个月的2023年京杭大运河全线贯通补水任务顺利完成，累计补水9.26亿 m^3，超计划补水量近一倍，置换沿线94.2万亩耕地地下水灌溉用水。补水期间，京杭大运河黄河以北707km河段全线有水，其中4月4日至5月31日全线过流。

31日，南水北调东线一期工程北延应急供水工程2022—2023年度调水任务圆满完成。本年度北延应急供水工程向黄河以北调水2.77亿 m^3，助力京杭大运河百年来再次实现全线水流贯通。

6月

4—5日，中国南水北调集团副总经理耿六成一行检查指导引江补汉工程输水总干线出口段工程建设，并组织召开座谈会。

5日，水利部副部长王道席研究推进南水北调西线、古贤和黑山峡水利枢纽工程前期工作，水利部总工程师仲志余参加。

14日，江汉水网公司在武汉召开引江补汉工程监理项目及前期施工准备工程土建施工项目合同签署仪式。

14—26日，黄河设计院"十四五"国家重点专项"南水北调西线工程调水对长江黄河生态环境影响及应对策略"项目组牵头，组织南京水利科学研究院、清华大学、河海大学、四川大学、中国环境科学研究院、调水局等参研单位，对南水北调西线工程调水线路及引水河流调水坝址，各专用水文站生态状况，相关生态湿地、自然保护区等进行考察。

21日，南水北调司副司长袁其田一行与湖北省水利厅南水北调处、谷城县人民政府在建管三部召开座谈会，围绕引江补汉前期准备工程征迁移民事宜进行深入交流。

24—28日，水利部部长李国英在陕西、湖北、河南调研南水北调中线工程水源地水质安全保障工作。

28日，水利部部长李国英一行调研指导引江补汉工程输水总干线出口段工程建设，中国南水北调集团总经理汪安南陪同。

29日，水利部党组书记、部长李国英主持召开第20次党组会议，传达学习贯彻习近平总书记关于认真落实南水北调东、中线一期工程竣工决算审计整改重要指示批示精神，以及其他中央领导同志批示要求。

29日，中国南水北调集团董事长蒋

旭光一行在青海省西宁市会见青海省委书记、省人大常委会主任陈刚，省委副书记、省长吴晓军，并共同出席中国南水北调集团与青海省人民政府战略合作框架协议签署仪式。

7月

3日，水利部党组书记、部长李国英主持召开第21次部党组会议，对习近平总书记关于认真落实南水北调东、中线一期工程竣工决算审计整改重要指示批示精神进行再传达再学习，对审计整改工作作出安排部署。

4日，水利部成立李国英任组长的南水北调东、中线一期工程竣工决算审计整改工作领导小组。

11日，南水北调中线工程已累计向北京输水90.23亿 m^3，水质始终稳定在地表水环境质量标准Ⅱ类以上，北京市直接受益人口超过1500万人。

19日，水利部党组书记、部长李国英主持召开2023年第23次党组会议，其中审议关于贯彻落实习近平总书记等中央领导对丹江口水库水质安全保障重要批示情况的报告和南水北调东、中线一期工程竣工决算审计问题整改方案，水利部党组成员、副部长田学斌，驻水利部纪检监察组组长王新哲，水利部党组成员、副部长刘伟平出席，水利部总工程师仲志余，水利部总经济师程殿龙列席。

21日，中国南水北调集团与河南省在郑州市召开第一次南水北调河湖长联席会议。

28日，水利部党组书记、部长李国英主持召开第24次部党组会议，专题审议南水北调东、中线一期工程竣工决算审计报告中指出的影响决算真实完整问题处置方案。

31日，水利部将处置方案上报国务院。

31日，水利部副部长田学斌出席南水北调东、中线一期工程竣工决算审计整改工作调度会。

8月

9日，水利部副部长王道席出席南水北调东、中线一期工程竣工决算审计整改工作调度会。

9日，水利部副部长刘伟平赴北京市房山区指导北拒马河中支险情处置工作。

17日，驻水利部纪检监察组组长王新哲主持召开南水北调东、中线一期工程竣工决算审计整改监督工作调度会。

20日，中国南水北调集团董事长蒋旭光、副总经理三合群一行调研引江补汉工程出口段数字孪生智能建造中心和出口段工程建设情况。

24日，水利部党组书记、部长李国英主持召开第30次部党组会议，审议南水北调东、中线一期工程竣工决算审计发现问题整改落实情况报告。

29日，水利部向审计署报送南水北调东、中线一期工程竣工决算审计发现问题整改落实情况报告。

29日，南水北调中线一期工程已累计向河南省供水200亿 m^3，相当于提供黄河多年平均径流量580亿 m^3 的三分之一的优质水源。

9月

6日，南水北调中线引江补汉工程项目贷款签约仪式在江汉水网公司举行。

12日，"国家水网及南水北调高质量发展论坛"在京成功举办，水利部副部长王道席出席会议。论坛由水利部、国际水资源学会指导，中国南水北调集团主办。

来自水利部、国务院国资委等部委，国内外科研学术机构、高校、企业及涉水组织的近400位政商学界人士围绕水安全保障、水资源可持续利用、大型调水供水工程技术探索、国家水网建设等内容共话水资源合理利用经验举措，共享水资源领域先进发展理念和科技成果，共谋国家水网和南水北调事业高质量发展。

14日，水利部党组书记、部长李国英主持召开第32次部党组会议，审议南水北调东、中线一期工程竣工决算审计发现问题整改落实进展情况。

21日，水利部党组书记、部长李国英主持召开第35次部党组会议，审议南水北调东、中线一期工程竣工决算审计发现问题整改落实进展情况。

22日，南水北调中线一期工程已累计向天津供水超90亿 m^3，为保障人民群众饮水安全、加快天津高质量发展、促进生态环境改善提供重要的水资源保障，发挥巨大综合效益。

22日，中国南水北调集团副总经理孙志禹在江汉水网公司主持召开数字孪生南水北调工程建设专题会，听取数字孪生引江补汉工程建设情况汇报。

25日，水利部向中央审计委员会办公室报送南水北调东、中线一期工程竣工决算审计发现问题整改落实情况报告。

26日，第三届中国节水论坛在天津举行，中国南水北调集团董事长蒋旭光受邀出席并作题为《以南水北调和国家水网事业高质量发展全面助力节水型社会建设》的主题演讲。

10月

12日，水利部副部长王道席听取三峡司、南水北调司、信息中心第四季度工作安排情况汇报。

13日，中国南水北调集团总经理汪安南检查指导引江补汉工程建设。

27日，全国保护母亲河行动领导小组公布第十一届母亲河奖获奖名单，中国南水北调集团新能源投资公司子公司——东线新能源（北京）有限公司获得"绿色贡献奖"荣誉称号。

31日，国务院批复影响决算真实完整问题处置方案。

31日，南水北调中线一期工程顺利完成2022—2023年度调水工作，超额完成水利部下达的年度水量调度计划。通水近9年来，中线一期工程运行总体安全平稳，供水水质稳定达标，经受住汛期特大暴雨洪水、冰期输水等多次重大考验，累计调水超597亿 m^3，直接受益人口超过1.08亿人，已成为工程沿线26个大中城市的供水生命线，发挥显著的社会、经济、生态和安全效益。

11月

1日，水利部副部长王道席致信湖北省人民政府、河南省人民政府分管领导，协调推动南水北调东、中线一期工程竣工决算审计问题按期整改。

3日，中国南水北调集团青海有限公司在西宁正式挂牌成立。青海省委书记、省人大常委会主任陈刚，省委副书记、省长吴晓军，中国南水北调集团董事长蒋旭光，中国南水北调集团总经理汪安南出席仪式并共同为公司揭牌。

6日，水利部副部长王道席、陈敏组织召开会议研究南水北调中线调蓄工程建设有关工作，水利部总工程师仲志余参加。

9日，驻水利部纪检监察组组长王新哲在湖北十堰调研，听取丹江口库区、南水北调中线工程和武当云谷大数据科技有限公司等单位有关工作汇报。

13日，南水北调中线工程已持续向北方输水3258天，累计调水量突破600亿 m³，直接受益人口超过1.08亿人。

13日，南水北调东线一期工程苏鲁省界台儿庄泵站开机调水北送，南水北调东线一期工程2023—2024年第11个调水年度的全线调水工作正式启动。

20日，水利部副部长王道席出席南水北调东、中线一期工程竣工决算审计整改工作推进会。

12月

7日，水利部部长李国英出席推进丹江口库区及其上游流域水质安全保障工作会议并讲话，水利部副部长王道席出席，水利部副部长陈敏主持。

8日，水利部副部长王道席赴中国南水北调集团中线公司调研数字孪生南水北调中线建设工作。

11日，水利部副部长王道席出席"丹江口库区及其上游流域水质安全保障工作进展和成效"新闻发布会。

12日，水利部副部长王道席出席"人民论坛年会暨南水北调中线后续工程高质量发展论坛"。

12日，水利部副部长王道席听取三峡司、南水北调司和信息中心有关工作汇报。

13—14日，黄委规划计划局组织有关专家，在郑州召开《南水北调西线工程规划》技术咨询会。会议由黄委总规划师王煜主持，特邀专家，黄委水资源管理局、水资源节约与保护局、黄河设计院、黄河保护院等有关单位领导和代表参加会议。

20日，黄委副主任李群主持召开专题会议，对西线工程规划成果进行研究。

22日，水利部副部长王道席出席南水北调工程专家委员会年度工作会议。

22日，水利部副部长陈敏主持召开推进丹江口库区及其上游流域水质安全保障工作会议。

26日，黄委召开党组会议，听取西线工程规划成果汇报。

28日，黄委向水利部上报关于审批南水北调西线工程规划的请示。

（单晨晨　靳经纬　王玉峰　赵发）

四、法规与文件

法　　规

南水北调中线干线与石油天然气长输管道交汇工程保护管理办法

第一条　为加强南水北调中线干线工程（以下简称中线干线工程）与石油天然气长输管道（以下简称油气长输管道）相互穿越、跨越及邻接工程的保护，保障中线干线工程和油气长输管道的安全，依据《中华人民共和国水法》《中华人民共和国石油天然气管道保护法》和《南水北调工程供用水管理条例》等法律法规，制定本办法。

本办法适用于中线干线工程与油气长输管道相互穿越、跨越及邻接的工程（以下统称交汇工程）。

第二条　水利部和国家能源局按照部门职责分工，依法指导协调交汇工程保护工作。

有关地方人民政府及中国南水北调集团有限公司、国家石油天然气管网集团有限公司相关企业依法负责交汇工程保护的有关工作。

第三条　中线干线工程与油气长输管道交汇时应遵循以下原则：

（一）统筹发展和安全。交汇工程应确保中线干线工程和油气长输管道安全。

（二）坚持依法合规。交汇工程规划、建设与运行管理等工作应符合相关法律法规及国家、行业等相关技术标准要求。

（三）坚持统筹兼顾。交汇工程应统筹结合中线干线工程和油气长输管道规划，合理安排建设，尽可能避免在一定范围内多次交汇。

（四）坚持后建服从先建。尽量减少交汇工程和既有工程的改建。

（五）坚持经济合理、保护环境。交汇工程应符合经济合理、保护环境等方面要求。

第四条　交汇工程后建方应在可行性研究阶段充分调研中线干线工程、油气长输管道现状分布及规划情况，既有工程管理单位应积极配合后建方，提供有关信息。

根据调研结果，后建方应提出与既有工程交汇关系的处理方案（内容包括项目简介、交汇位置、施工起终点、设计交汇方式、环境和安全影响评价分析等基本信息），并征求既有工程管理单位意见。既有工程管理单位在接到征求意见函件后，应于30个工作日内书面回复。

第五条　交汇工程后建方应在初步设计阶段向既有工程管理单位提交交汇工程设计方案和安全影响评价报告，并就建设项目概况、技术参数、交汇位置描述、拟定通过方案等作出说明。后建方应优先选用满足既有工程防护要求、对既有工程扰动小和施工便利的技术方案，既有工程管理单位应在接到后建方交汇工程设计方案后30个工作日内回复书面意见。后建方应在初步设计方案中响应落实既有工程管理单位出具的书面意见。

第六条　交汇工程采用穿越方式的，后建方应优先选择对既有工程影响较小的部位穿越，尽量避开既有工程的管理范围和保护范围，合理选择定向钻、顶管、盾构等穿越方式，既有工程管理单位应为后建方提供便利。

第七条　交汇工程采用跨越和邻接方式的，交汇距离应综合考虑既有工程保护工作需要。

第八条 交汇工程由后建方负责建设，既有工程管理单位应积极配合支持，平等协商。

交汇工程施工前，后建方与既有工程管理单位应协商确定施工作业方案并签订防护协议。

交汇工程施工过程中，后建方应采取必要措施对既有工程及附属设施实施良好保护。既有工程管理单位应指派专门人员到施工现场进行工程保护指导。

交汇工程由后建方组织工程竣工验收，既有工程管理单位参与，竣工资料由双方归档。

第九条 交汇工程因施工需要在既有工程管理范围或保护范围内进行勘探、取土、弃土、堆料、设置临时设施、临时占用既有工程管理单位用地等活动，应经既有工程管理单位同意，依法依规采取保护措施，并接受既有工程管理单位的全过程保护指导，工程施工结束后恢复原貌。

第十条 交汇工程后建方应在交汇处设置相应的警示标志，以及其他必要的保护措施。需要设置视频监控、监测等措施的，视频监控信号及有关数据应同时传输给既有工程管理单位。

第十一条 交汇工程同为新建、改（扩）建时，双方建设单位应按照利于保护、推动建设、节省投资等要求，共同协商，合理选择建设方案。

第十二条 交汇工程双方管理单位应签订互保协议，建立沟通协调长效机制，建立风险问题清单，制定针对性应急预案，每年至少联合开展一次交流会商或应急演练等专项工作。

第十三条 交汇工程双方管理单位对本方设施进行维护、检修时，应保护对方设施，并做好相关的应急预案；维护、检修发生在对方管理范围或保护范围内时，应向对方管理单位提出书面申请，报送维护检修技术方案并接受全过程监管，维护检修结束后尽快恢复原貌。

第十四条 交汇工程日常巡检、维护中发现对方设施存在异常现象或隐患时，应及时通知对方管理单位；当交汇工程出现紧急事故危及对方设施运行时，应立即通知对方管理单位，双方应共同采取有效措施，及时排除风险。

国家重大活动、重要节假日、防汛、冰期输水期间，交汇工程双方管理单位应加强巡查和保护。

第十五条 交汇工程一方需要停用、封存或废弃时，其处理实施方案应征求对方管理单位意见。

第十六条 本办法中相关术语定义如下：

（一）中线干线工程，指南水北调中线干线总干渠渠道和各类建筑物及其附属设施。

（二）油气长输管道，指连接油气产地、储存库及使用单位，用于长距离输送石油、天然气商品介质的钢制管道。其中石油包括原油、成品油；天然气包括天然气、煤层气和煤制气。不包括城镇燃气管道、油气田集输管道和炼油、化工等企业厂区内管道。

中线干线工程和油气长输管道保护范围分别依据《南水北调工程供用水管理条例》和《中华人民共和国石油天然气管道保护法》划定。

第十七条 本办法自 2023 年 3 月 1 日起施行。

（南水北调司）

文 件

【水利部重要文件一览表】

水利部重要文件一览表

序号	文件名称	文号	发布时间
1	水利部关于印发 2023 年水利安全生产工作要点的通知	水监督〔2023〕59 号	2023 年 2 月 17 日
2	关于进一步加强隧道工程安全管理的指导意见	安委办〔2023〕2 号	2023 年 2 月 17 日
3	水利部南水北调司关于印发南水北调工程 2023 年安全生产工作要点的通知	南调便函〔2023〕26 号	2023 年 3 月 29 日
4	水利部办公厅关于进一步做好调水工程标准化管理工作的通知	办调管函〔2023〕498 号	2023 年 6 月 9 日
5	水利部办公厅关于进一步明确调水工程前期工作有关要求的通知	办调管〔2023〕172 号	2023 年 7 月 3 日
6	关于进一步加强水库水电站放水安全风险防范工作的通知	安委办〔2023〕6 号	2023 年 7 月 28 日
7	水利部办公厅关于做好南水北调东线一期工程 2023—2024 年度水量调度计划编制和 2022—2023 年度水量调度工作总结的通知	办南调〔2023〕204 号	2023 年 8 月 8 日
8	水利部办公厅关于做好南水北调中线一期工程 2023—2024 年水量调度计划编制和 2022—2023 年度水量调度总结工作的通知	办南调〔2023〕224 号	2023 年 8 月 31 日
9	水利部关于印发南水北调东线一期工程 2023—2024 年度水量调度计划的通知	水南调〔2023〕278 号	2023 年 9 月 28 日
10	水利部关于印发南水北调中线一期工程 2023—2024 年度水量调度计划的通知	水南调函〔2023〕107 号	2023 年 10 月 23 日
11	水利部办公厅关于做好南水北调东线一期工程北延应急供水工程 2023—2024 年度水量调度计划编制工作的通知	办南调〔2023〕268 号	2023 年 11 月 7 日
12	水利部关于印发水利部直属单位水利工程运行管理监督检查办法的通知	水监督〔2023〕327 号	2023 年 11 月 22 日

续表

序号	文件名称	文号	发布时间
13	水利部关于推进水利工程建设安全生产责任保险工作的指导意见	水监督〔2023〕347号	2023年12月13日
14	水利部办公厅关于印发水利水电工程（调水工程）运行危险源辨识与风险评价导则（试行）的通知	办调管函〔2023〕1229号	2023年12月14日
15	水利部关于印发南水北调东线一期工程北延应急供水工程2023—2024年度水量调度计划的通知	水南调函〔2023〕150号	2023年12月22日

（李君宇　韩小虎）

【相关省（直辖市）重要文件一览表】

相关省（直辖市）重要文件一览表

序号	文件名称	文号	发布时间
1	河南省南水北调配套工程防汛应急预案	豫水调中心〔2023〕219号	2023年6月25日
2	关于加强南水北调后续工程征地移民项目招投标管理工作的通知	苏调办函〔2023〕9号	2023年8月9日
3	关于规范南水北调后续工程征迁包干和实施管理工作的通知	苏调办函〔2023〕10号	2023年8月9日
4	河南省南水北调受水区供水配套工程监理管理细则（试行）	豫水调中心〔2023〕268号	2023年8月18日
5	河南省南水北调受水区供水配套工程施工进度管理办法（试行）	豫水调中心〔2023〕269号	2023年8月18日
6	河南省南水北调运行保障中心"三重一大"事项决策制度	豫水调中心〔2023〕276号	2023年8月21日
7	河南省南水北调运行保障中心安全度汛管理办法	豫水调中心〔2023〕290号	2023年8月29日
8	江苏省水利厅关于报送《江苏省南水北调东线一期工程2023—2024年度水量调度计划》的函	苏水南调〔2023〕4号	2023年8月30日
9	河南省南水北调受水区供水配套工程运行监管实施办法	豫水调〔2023〕12号	2023年9月8日
10	江苏省水利厅关于报送《江苏省南水北调东线一期工程2022—2023年度水量调度工作总结报告》的函	苏水南调〔2023〕5号	2023年10月11日

续表

序号	文件名称	文号	发布时间
11	省水利厅 省南水北调办公室关于实施我省南水北调工程2023—2024年度向省外调水的请示	苏水南调〔2023〕6号	2023年10月24日
12	省南水北调办公室关于做好江苏南水北调工程2023—2024年度向省外调水工作的通知	苏调办〔2023〕3号	2023年11月7日
13	省水利厅 省南水北调办公室关于做好江苏南水北调工程2023—2024年度向省外调水工作的通知	苏水南调〔2023〕7号	2023年11月8日
14	江苏省南水北调办公室关于报送《江苏南水北调工程2023年安全生产监管工作总结》的函	苏调办函〔2023〕13号	2023年12月6日

（宋佳祺　杨宏哲）

五、综合管理

概 况

【运行管理】 2023年,南水北调工程聚焦"三个安全",持续优化工程运行管理,设备设施运行状况良好,各项工作取得显著成效,实现了工程运行安全平稳。

1. 全力保障工程安全 切实落实中线防洪安全及供水保障工作,全面提升工程安全风险管控能力,组织完成"12+1"项中线工程安全风险评估项目,正式批复安全风险评估报告,各有关单位细化风险管控措施,并进行优化调整,安全风险长效机制进一步完善;按期完成26项中线防洪加固项目,完善突发事件应急信息报告流程,公布防汛责任人名单,压实防汛责任,联合开展防汛应急抢险演练,全面做好防汛备汛;强化"七下八上"关键期防汛工作,有效应对海河"23·7"流域性特大洪水。

2. 扎实做好运行安全 精心实施水量调度管理,圆满完成2022—2023年度调水计划,东线、中线、东线北延工程实际调水量分别为8.5亿 m^3、74.1亿 m^3、2.77亿 m^3。加强工程调度管理的精准化、科学化,开展东线一期工程水量消纳研究及效益提升研究,协调解决东线水量调度用而不计或不计不报的痛点,东线工程首次将江苏省、安徽省净增供水量纳入2023—2024年度水量调度计划管理。加强流域水工程联合调度,丹江口水库第二次达到170.00m设计水位,为中线新一年度供水提供水量保障。指导科学应对低温雨雪冰冻灾害复杂情况,加强监测巡查和动态调度,组织开展中线工程冰冻灾害应急抢险演练,做好应急处置措施准备,确保冰期输水安全。冰期强化会商研判,优化应对措施,精准调度调控,实现了工程运行安全和效益充分发挥的双重目标。

3. 强抓专项工作落实 组织工程管理单位开展南水北调工程白蚁等害堤动物专项排查,全面掌握白蚁分布、种类及危害情况,指导落实白蚁防治机构、人员配置及经费,实行台账常态化管理。指导做好东线工程震后处置工作,2023年8月6日山东省德州市平原县发生5.5级地震后,南水北调司第一时间派出工作组赴现场指导,组织专家对东湖、双王城、大屯3座平原水库及穿黄工程受损情况进行研判,指导工程管理单位开展第三方安全监测,加密观测比对,确保工程安全。积极推进南水北调中东线工程标准化创建各项工作,形成了《南水北调中线干线工程标准化管理初评报告》并报送水利部予以评价,编制印发多项技术规程,进一步规范提升工程运行调度能力和水平。

(李益 梁祎 杨乐乐)

【综合效益】 截至2023年12月31日,南水北调东、中线一期工程(含北延应急供水工程)已累计向北方调水超过680亿 m^3,惠及北京、天津、河北、河南、江苏、安徽、山东7省(直辖市)沿线40多座大中城市和280多个县(市、区),直接受益人口超过1.76亿人,发挥了巨大的社会、经济、生态、安全效益。南水北调工程已成为许多北方城市供水新的生命线,北方地区水资源短缺局面得到缓解;工程水质长期持续稳定达标,有效保障群众饮水安全;通过水源置换、利用汛期洪水资源向沿线生态补水等综合措施,有效保障了沿线河湖生态安全,沿线一大批河湖重现生机。南水北调东、中线一期工程通水以来,充分发挥"四条生命线"作用,承担起"国之大事""世纪工程"的

五、综合管理

使命，为落实习近平总书记提出的"江河战略"、支撑重大国家战略实施、建设美丽中国等重要论述作出了积极贡献。

1. 改变广大北方地区供水格局，水资源配置格局持续优化 南水北调东、中线一期工程全面建成通水，沟通了长江、黄河、淮河、海河四大流域，初步构筑了我国南北调配、东西互济的水网格局。在做好精准精确调度的基础上，充分利用汛前腾库容的有利时机和工程输水能力，实时优化调度，充分发挥工程综合效益，其中中线一期工程已连续7个调水年度超额完成水利部下达的调水计划。随着南水北调东线北延应急供水工程通水运行，天津、河北等地的水安全保障能力进一步增强，中国北方地区水资源短缺局面从根本上得到缓解。

2. 推动复苏河湖生态环境，促进沿线生态文明建设 全面通水以来，东、中线一期工程累计向沿线多条河流湖泊生态补水105.10亿 m^3，沿线地区特别是华北地区，干涸的洼、淀、河、渠、湿地重现生机，初步形成了河畅、水清、岸绿、景美的靓丽风景线。南水北调中线工程利用汛期洪水资源累计向北方50多条河流进行生态补水，补水总量超过100亿 m^3，华北地区滹沱河、瀑河、南拒马河、大清河、白洋淀等一大批河湖重现生机，河湖生态环境显著改善。东线一期工程沿线受水区各湖泊，利用抽江水及时补充蒸发渗漏水量，湖泊蓄水保持稳定，生态环境持续向好。2021年8—9月，利用汛期洪水资源首次通过北京段大宁调压池退水闸向永定河生态补水，助力永定河实现了1996年以来865km河道首次全线通水。东线北延工程连续两年助力京杭大运河实现百年来全线水流贯通。

3. 倒逼产业结构优化调整，推动受水区高质量发展 水资源格局影响和决定着经济社会发展格局，作为人类生产活动不可或缺的重要生产资料，水资源的有效配置在保障其他要素市场化配置、畅通经济循环中发挥着不可或缺的重要作用。南水北调工程在加快培育国内完整的内需体系中充分发挥水资源保障供给作用，打通水资源调配互济的堵点，解决北方地区水资源短缺的痛点，通过构建国家水网将南方地区的水资源优势转化为北方地区的经济优势，北方重要经济发展区、粮食主产区、能源基地生产的商品、粮食、能源等产品再通过交通网、电网等运输到全国各地，畅通南北经济大循环，促进各类生产要素在南北方更加优化配置，实现生产效率效益最大化，切实增强了北方地区经济发展后劲，为京津冀协同发展、雄安新区建设、黄河流域生态保护和高质量发展等区域协调发展战略实施提供了强有力的水资源保障。

(杨乐乐　潘新备　靳经纬　刘璇)

【水质安全】 南水北调工程已成为奔涌不息的绿色生命线，守护着工程沿线亿万人民群众的饮用水安全。通过推进铁腕治污和持续强化监督管理，南水北调工程水质长期持续稳定达标，东线一期工程输水干线水质全部达标，并持续稳定保持在地表水水质Ⅲ类以上；丹江口水库和中线干线供水水质稳定保持在地表水水质Ⅱ类以上。由于水质优良、供水保障率高，受水区对南水北调水依赖度越来越高。在北京，自来水硬度由过去的380mg/L降至120mg/L；在河南，10余座省辖市用上南水，其中郑州中心城区90%以上居民生活用水为南水北调水，基本告别饮用黄河水的历史；河北省黑龙港流域500多万人彻底告别了世代饮用高氟水、苦咸水的历史；东线工程在齐鲁大地上形成了T字形"动脉"，不仅为沿线居民提供了生活保障水和生产必需水，也成了应对旱灾等极端天气的"救命水"。

为落实习近平总书记多次就丹江口库区水质安全保障作出的重要指示批示，水利部南水北调司按照水利部党组会议研究部署，以及水利部牵头，会同国家发展改革委、生态环境部制订的水质安全保障工作方案，强化丹江口库区及其上游流域水质安全保障工作，协调17个部委、河南、湖北、陕西3省召开丹江口库区及其上游流域水质安全保障工作会议并召开新闻发布会说明宣传工作进展和成效，印发水利任务分工方案，细化落实各方责任，确保"一泓清水永续北上"。强化调研督导，深入推动水质检测能力建设；部署强化中线藻类防控工作，组织开展水质突发事件应急演练和专项培训，落实中线水源与干线水质信息共享，建立与地方藻类联防联控机制；全面通水以来，工程运行安全平稳，水质稳定达标，中线干线工程输水水质达到或优于地表水Ⅱ类标准，其中符合地表水Ⅰ类水质的断面占比为92.16%，未发生藻类异常增殖及脱落事件；东线工程输水水质稳定在地表水Ⅲ类标准，断面达标率达100%。　　（王凯　梁祎）

【**移民安置**】　截至2023年底，国家已批准南水北调工程（含后续工程）建设用地386118.9亩，其中，东线一期工程120999.9亩（已建）、中线一期工程264426.9亩（已建）、引江补汉工程692.1亩（在建）。

引江补汉工程作为南水北调后续工程首个重大项目，建设征地涉及宜昌市夷陵区、远安县，襄阳市保康县、谷城县，十堰市丹江口市等3市5县（市、区），依据初步设计报告，工程征地总面积18967.9亩。　　（中国南水北调集团）

【**东、中线一期工程水量调度**】　截至2023年底，南水北调东、中线一期工程累计调水总量已突破680亿 m^3，其中生态补水105.10亿 m^3。中线一期工程2022—2023年度调水量达74.10亿 m^3，口门供水量67.92亿 m^3。东线一期工程调水8.50亿 m^3，年度计划完成率为100%，同时山东省调引东平湖水量2.83亿 m^3；东线北延工程2022—2023年度向黄河以北调水2.77亿 m^3，年计划完成率为102%。通过东线一期与北延联合调度，穿黄断面累计调水5.02亿 m^3，首次超过东线一期穿黄断面规划多年平均调水量4.42亿 m^3目标。

南水北调司不断完善常态水量调度月会商、特殊时段周会商、调度计划旬批复等工作机制，克服丹江口水库前期来水偏枯等不利因素，强化调度管理，优化供水结构，实现供水效益最大化，确保了年度调水任务顺利完成。优化冰期输水调度，探索运用冰期输水调度服务平台和冰期综合指数量化体系进行预报预测，动态调整冰期调度模式，提升冰期输水能力。紧盯丹江口水库水位变化，抢抓丹江口水库第二次达到170.00m设计水位供水关键时机，优化调度增加供水，及时启动380 m^3/s 大流量输水工作，加大生态补水力度，充分发挥工程效益。本年度累计调水74.10亿 m^3，其中向4省（直辖市）口门供水67.92亿 m^3，生态补水5.18亿 m^3。

本年度东线沿线江苏省降雨总体偏少，省内遭遇连续干旱期，洪泽湖、骆马湖水位偏低；山东省来水偏多，南四湖下级湖、上级湖调水前水位均高于历年平均水位。南水北调司根据这一明显的"南枯北丰"特点，积极协调江苏、山东两省各相关单位，科学修正调水计划，调水入山东省 8.5 亿 m^3，净增供水量 6.66 亿 m^3（调算量）。加强东线多水源联合调度，利用工程能力增调东平湖黄河水资源 2.82 亿 m^3，实现利用东线工程年度调水 11.32 亿 m^3。

（潘新备　杨乐乐）

1. 年度水量调度计划编制情况调研及监督检查　2023 年，南水北调司深入调研南水北调工程受水区各省（直辖市）用水需求情况，加强与长江委、黄委、淮委、海委、调水局、中国南水北调集团、中线有限公司、东线有限公司等单位，以及江苏、山东、北京、天津、河北、河南、湖北等省（直辖市）的沟通交流，组织编制了南水北调东、中线一期工程和北延应急供水工程 2023—2024 年度水量调度计划，并按规定及时印发实施。

（1）东线一期工程。2023 年 8 月 8 日，水利部办公厅发文要求各有关单位开展南水北调东线一期工程 2023—2024 年度水量调度计划编制工作。按审计整改意见的要求，从 2023—2024 年度开始，东线一期工程年度水量调度计划编制要求安徽省上报年度用水计划建议；并完善江苏省的用水计划建议。

8 月 29 日，黄委水资源管理局报送了南水北调东线一期工程 2023—2024 年度水量调度计划建议；8 月 30 日，江苏省水利厅报送了江苏省南水北调东线一期工程 2023—2024 年度水量调度计划；9 月 1 日，安徽省水利厅报送了安徽省南水北调东线一期工程 2023—2024 年度水量调度计划；9 月 4 日，山东省水利厅报送了山东省南水北调东线一期工程 2023—2024 年度水量调度计划建议；9 月 4 日，中国南水北调集团报送了南水北调东线一期工程运行情况及 2023—2024 年度工程运行总体安排建议；9 月 8 日，淮委依据中国南水北调集团报送的东线一期工程运行管理情况及江苏、山东、安徽 3 省的 2023—2024 年度用水计划建议以及《南水北调东线一期工程水量调度方案（试行）》，编制完成《南水北调东线一期工程 2023—2024 年度水量调度计划（送审稿）》。

9 月 14 日，调水局组织专家对年度水量调度计划编制情况进行审查，会后会同南水北调司、淮委等有关单位，根据专家意见修改完善了年度水量调度计划，并于 9 月 15 日将审查意见和修改后的年度水量调度计划报水利部。水利部于 9 月 28 日批复下达了东线一期工程 2023—2024 年度水量调度计划。

（2）东线一期工程北延应急供水工程。2023 年 11 月 7 日，水利部办公厅发文要求各有关单位开展南水北调东线一期工程北延应急供水工程 2023—2024 年度水量调度计划编制工作。

11 月 15 日，淮委报送了 2023—2024 年度南水北调东线一期工程穿黄工程出口断面可调水量及过程计划；11 月 18 日，山东省水利厅报送涉及北延应急供水工程有关市引黄输水计划。11 月 19 日，天津市水务局报送了南水北调东线一期工程北延应急供水工程用水需求建议；11 月 20 日，河北省水利厅报送南水北调东线一期工程北延应急供水工程 2023—2024 年度用水需求；11 月 21 日，黄委报送南水北调东线一期工程北延应急供水工程 2023—2024 年度利用东平湖调水有关情况；11 月 24 日，中国南水北调集团报送南水北调东线一期工程北延应急供水工运行情况及 2023—2024 年度工程运行总体安排建议；12 月 2 日，海委依据《南水北调东线一期工程北延应急供水工程水量调度方案（试行）》规定，结合相关省（直辖市）报送的用水计划建议、东线一期工程北延应急供水工程调水有关情况、东线一期工程北延应急供水工程水量调度相关的引黄输水计划，编制完成《南水北调东线一期工程北延应急供水工程 2023—2024 年度水量调度计划（送审稿）》。

12 月 5 日，调水局组织专家对年度水量调度计划编制情况进行审查，会后会同南水北调司、海委等有关单位，根据专家意见修改完善年度水量调度计划，并于 12 月 6 日将审查意见和修改后的年度水量调度计划报水利部。水利部于 12 月 22 日批复下达东线一期工程北延应急供水工程 2023—2024 年度水量调度计划。

（3）中线一期工程。2023 年 8 月 31 日，水利部办公厅发文要求有关单位开展南水北调中线一期工程 2023—2024 年度水量调度计划编制工作。

9 月 21 日，湖北省水利厅报送湖北省南水北调中线一期工程 2023—2024 年度用水计划建议；9 月 22 日，中国南水北调集团报送南水北调中线一期工程运行状况及下年度运行调度建议；9 月 24 日，汉江水利水电（集团）有限责任公司和中线水源公司报送丹江口水库运行状况及 2023—2024 年度运行调度建议；9 月 26 日，海委报送南水北调中线一期工程海河流域受水区雨水情分析和来水预测情况；9 月 27 日，长江委报送南水北调中线一期工程 2023—2024 年度可调水量。

北京、天津、河北、河南 4 省（直辖市）水利（水务）厅（局）分别于 9 月 26 日、9 月 28 日、9 月 26 日、10 月 6 日报送本省（直辖市）2023—2024 年度用水计划建议。

10 月 9 日，长江委依据各省（直辖市）报送的用水计划建议、丹江口水库可调水量、中线一期工程运行管理情况、丹江口水库运行管理情况和《南水北调中线一期工程水量调度方案（试行）》，编制完成《南水北调中线一期工程 2023—2024 年度水量调度计划（送审稿）》。

10 月 17 日，调水局组织专家对年度水量调度计划编制情况进行了审查，会后会同南水北调司与长江委，根据专家意见修改完善年度水量调度计划，并于 10 月 18 日将审查意见和修改后的年度调度计划报水利部。水利部于 10 月 23 日批复下达中线一期工程 2023—2024 年度水量调度计划。

2. 2022—2023 年度水量调度计划执行情况 2022—2023 年度东、中线一期工程和北延应急供水工程运行安全平稳，东线一期工程累计调水 11.32 亿 m^3；北延应急供水工程过穿黄工程出口 27728 万 m^3；中线一期工程向受水区调水 74.10 亿 m^3，圆满完成正常供水和生态补水任务。

（1）东线一期工程。2022—2023 年度，南水北调东线一期工程计划向山东省供水的抽江水量为 14.47 亿 m^3，入山东省的水量为 12.63 亿 m^3，入鲁北干线 2.74 亿 m^3，入胶东干线 6.96 亿 m^3，调水时间为 2022 年 11 月至 2023 年 5 月。

由于雨水情发生较大变化，山东省水利厅于 2023 年 4 月 28 日向水利部申请调整南水北调东线一期工程 2022—2023 年度省界调水量计划，在不调整受水区净供水 9.25 亿 m^3 水量计划的基础上，充分利用汛前东平湖蓄存水量，同时综合考虑北延应急供水计划安排和执行情况,将年度计划省界调水量调整为 8.50 亿 m³。2023 年 9 月 7 日,水利部同意将山东省 2022—2023 年度通过南水北调东线一期工程省界调长江水量调整为 8.50 亿 m³,向受水区净供长江水量调整为 6.66 亿 m³(调算量)。

山东省 2022—2023 年度开展跨省调水的同时,利用东线一期工程调引东平湖水资源向受水区供水,通过东线一期工程累计调水 11.32 亿 m³(利用东平湖水量 2.82 亿 m³,省界调水 8.50 亿 m³)。

东线一期工程韩庄运河段工程自 2022 年 11 月 13 日开始运行,至 2023 年 5 月 29 日停机,苏鲁省界台儿庄泵站调水入山东省 8.50 亿 m³,完成调整后年度计划的 100%;韩庄泵站调水入下级湖 8.06 亿 m³。南四湖段工程自 2022 年 11 月 14 日开始运行,至 2023 年 5 月 29 日停机,二级坝泵站调水入上级湖 7.64 亿 m³。南四湖至东平湖段工程自 2022 年 11 月 29 日开始运行,至 2023 年 5 月 31 日停机,八里湾泵站调水入东平湖 6.42 亿 m³。鲁北干线工程自 2022 年 9 月 23 日启动,至 2023 年 6 月 10 日结束,利用东线一期工程累计从东平湖调水 2.25 亿 m³(含东平湖水)。胶东干线工程自 2022 年 10 月 15 日启动,至 2023 年 6 月 29 日结束,利用东线一期工程累计从东平湖调水 7.00 亿 m³(含东平湖水)。

(2)东线一期工程北延应急供水工程。2022—2023 年度,南水北调东线一期工程北延应急供水工程计划向河北省、天津市受水区供水的抽江水量为 35822 万 m³,穿黄工程出口水量 27223 万 m³,南运河第三店水量 21646 万 m³,天津市九宣闸水量 3326 万 m³,调水时间为 2022 年 12 月 15 日至 2023 年 5 月 31 日。

南水北调东线一期工程北延应急供水工程于 2022 年 12 月 9 日开启六五河节制闸,至 2023 年 5 月 31 日关闭六五河节制闸,调水工作历时共 174 天。南水北调东线一期工程北延应急供水工程 2022—2023 年度各关键断面实际调水量为抽江水量 37800 万 m³、穿黄工程出口 27728 万 m³、南运河第三店 23868 万 m³、天津市九宣闸 4042 万 m³。

(3)中线一期工程。南水北调中线一期工程 2022—2023 年度计划向受水区各省(直辖市)正常供水 68.33 亿 m³,其中北京市 10.21 亿 m³、天津市 9.76 亿 m³、河北省 23.40 亿 m³、河南省 24.96 亿 m³。

分析研判受水区实际用水需求后,河北省水利厅于 2023 年 7 月 20 日向水利部申请将 2022—2023 年度水量调度计划由 23.40 亿 m³ 调整为 20.56 亿 m³。受海河"23·7"流域性特大洪水影响,北京市水务局于 2023 年 9 月 4 日向水利部申请将北京市 2022—2023 年度用水计划由 10.21 亿 m³ 调整为 9.41 亿 m³。2023 年 9 月 7 日,水利部同意调整南水北调中线一期工程 2022—2023 年度北京市分配水量为 9.41 亿 m³,河北省分配水量为 21.00 亿 m³,相应调整南水北调中线一期工程 2022—2023 年度供水量为 65.13 亿 m³,调水量(陶岔渠首)为 67.99 亿 m³。

中线一期工程 2022—2023 年度累计向受水区各省(直辖市)正常供水 67.92 亿 m³,完成调整后年度正常供水计划 65.13 亿 m³ 的 104.3%。其中,北京市 9.48 亿 m³、天津市 10.39 亿 m³、河北省 21.75 亿 m³、河南省 26.30 亿 m³,分别完成调整后年度正常供水计划的 100.7%、106.5%、103.6%、105.4%。

2023年，南水北调司、调水局会同有关单位采用现场调研和电话调研的方式，多次对东、中线一期工程和北延应急供水工程2022—2023年度水量调度计划执行情况进行了监督检查，及时掌握水源区、受水区水量调度情况，监督水量调度计划执行情况，保证了年度调水工作的顺利开展，对检查中发现的问题及时向有关单位反映并协商解决办法，保证了年度调水工作的顺利开展。

（丁鹏齐　张爱静　陈悦云）

【**东、中线一期工程受水区地下水压采评估考核**】　水利部会同国家发展改革委、财政部、自然资源部，坚持以习近平生态文明思想为指导，认真贯彻落实《南水北调东中线一期工程受水区地下水压采总体方案》（以下简称《总体方案》）要求，2023年组织有关专家对2022年度受水区有关省（直辖市）落实《总体方案》情况进行了评估。

根据评估，截至2022年底，受水区累计压采地下水79.18亿 m^3，其中城区34.38亿 m^3，非城区44.80亿 m^3。受水区总体完成《总体方案》远期（2025年）压采任务，个别省份非城区仍剩余少量压采任务量。

根据国家地下水监测工程2018—2022年监测资料，受水区2022年浅层、深层地下水平均水位较2021年及2018年均有所上升。2022年末，受水区浅层地下水平均水位较2021年末上升0.16m，深层地下水平均水位较2021年末上升1.67m。

受水区有关省（直辖市）全面落实节水优先方针，坚持先节水后调水，加强水资源节约集约利用。进一步提升水资源调配能力，统筹推进各级水网建设，增强外调水、当地地表水、再生水利用配套能力。从严从细加强地下水保护利用管理，推进受水区新一轮地下水超采区、禁采区、限采区划定工作，推动地下水取水总量、水位控制指标确定，均建立起了水位变化通报机制。持续推进受水区河湖生态环境复苏，2022年受水区实施多水源生态补水超78亿 m^3，有效回补了地下水。坚持政府作用和市场机制协同发力，国家发展改革委、财政部、水利部、农业农村部联合印发《关于稳步推进农业水价综合改革的通知》（发改价格〔2022〕934号），受水区有关省（直辖市）贯彻落实水利部、国家发展改革委、财政部《关于推进用水权改革的指导意见》，完善配套制度建设。国务院有关部门、受水区有关省（直辖市）持续推进水利基础设施建设，为进一步巩固地下水超采治理成效提供保障。

在评估基础上，评估工作组编写完成了《水利部等4部门关于2022年度南水北调东中线一期工程受水区地下水压采情况的报告》，以水资管〔2024〕8号文联合上报国务院。

（李佳　袁浩瀚　王仲鹏　曲姿桦　高媛媛）

【**东线一期北延应急供水工程**】　东线一期北延应急供水工程是《华北地区地下水超采综合治理行动方案》中的新增水源重点项目，工程利用南水北调东线一期工程和位山及潘庄引黄部分线路输水入河北和天津。南水北调司积极组织协调各相关单位，取得了东线北延工程2023年度启动时间早、调水时间长、调水量大、调度运行管理难度高四个方面的重大突破，调水任务圆满完成，累计向黄河以北调水2.77亿 m^3。与往年调水时段集中在3—5月不同，本年度早在2022年12月9日就启动了调水工作，开启了冰期输水的先河。不间断调度运行174天，创造了北延工程调水时间最长纪录。

工程建设：东线一期北延应急供水工程于2023年11月10日完成六五河节制闸下游局部渠段衬砌及移动测流系统项目合同工程完工验收工作。

调水运行：按照《水利部关于印发南水北调东线一期工程北延应急供水工程2022—2023年度水量调度计划的通知》（水南调函〔2022〕132号）要求，东线一期北延应急供水工程自2022年12月9日至2023年5月31日累计向河北、天津供水23868万 m^3，其中天津收水4042万 m^3，完成了计划调水量的121.5%。本次调水为京杭大运河补水1.45亿 m^3，成为2023年京杭大运河全线贯通补水任务的最大补水水源，助力推动实现"十四五"大运河主要河段基本有水、京杭大运河全线有水。

安全管理：东线一期北延应急供水工程成功应对2023年7月"杜苏芮"台风和8月6日山东德州平原县5.5级地震的影响，工程安全平稳运行。

（潘新备　杨乐乐　冷东升　詹力）

【东线二期工程】　根据现有规划成果，东线二期工程在一期工程的基础上扩大规模、向北延伸。东线二期工程从江苏省扬州市附近的长江干流取水，利用京杭大运河以及与其平行的河道输水，连通洪泽湖、骆马湖、南四湖、东平湖，经泵站逐级提水入东平湖后，向北穿黄河后利用现有河道和新开渠输水至九宣闸，再通过管道向北京供水，干线终点为采育镇。供水范围涉及北京市、天津市2个直辖市，安徽省、江苏省、山东省、河北省4省28个地级市的181个县（市、区）及雄安新区〔包括东线一期供水范围的江苏、安徽、山东省23个地级市的101个县（市、区）〕，主要建设内容包括扩挖现有河道，疏浚高邮湖、南四湖，新开挖输水渠道（管道），扩建北大港水库，新建广陵站等18座泵站，实施芒稻河等影响处理工程，以及数字孪生工程等。

东线二期工程的任务是以城乡生活、工业、白洋淀和大运河补水为主，兼顾农业灌溉、地下水超采治理补源和航运，并为其他河湖、湿地补水及黄河水量优化调整创造条件。

工程建成后可进一步完善我国水资源配置格局，提高南水北调供水保障能力，缓解华北地区和山东半岛水资源供需矛盾，保障北京、天津等重要区域的供水安全，改善区域生态环境，成为优化水资源配置、保障群众饮水安全、复苏河湖生态环境、畅通南北经济循环的生命线。

2023年，开展东线二期沿线4省（直辖市）和淮委、海委调研，围绕"四条生命线"凝聚加快立项开工共识。在中国南水北调集团党组推进南水北调后续工程高质量发展工作领导小组前期工作组指导下，设立东线后续工程前期工作专班，聚焦重点任务，开展专项研究，全力支撑《南水北调工程总体规划》修编和东线二期工程可行性研究深化论证。

（冷东升　王玥　朱荣进　姚文锋）

【引江补汉工程】　引江补汉工程作为南水北调中线工程的后续水源工程，从长江三峡库区引水入汉江，提高汉江流域的水资源调配能力，增加南水北调中线工程北调水量，提升中线工程供水保障能力，加快构建国家水网主骨架和大动脉。同时，对提高汉江流域水资源调配能力、改善汉江中下游水生态环境具有重要作用。引江补汉工程多年平均引水量 39.0 亿 m^3，输水总干线渠首（龙潭溪）设计引水流量 $170m^3/s$。

工程由输水工程和汉江影响河段综合整治工程两部分组成。输水工程由进口建筑物、输水隧洞及其检修交通洞、石花控制闸、出口建筑物、检修排水泵站等组成，输水线路长约 194.7km，采用有压单洞自流输水方式，等效过水洞径 10.2m；汉江影响河段综合整治工程包括羊皮滩右汊出水渠、航道整治和河道整治工程。

2023 年 9 月 22 日，水利部以《南水北调中线引江补汉工程初步设计报告准予行政许可决定书》（水许可决〔2023〕45 号）对引江补汉工程初步设计报告准予行政许可。2023 年 12 月 30 日，引江补汉工程主体工程全面开工建设。

（冷东升　张国锋）

引江补汉工程输水线路采用坝下方案，从长江三峡水库库区左岸龙潭溪自流引水至丹江口坝下汉江，建设项目包括输水总干线工程和环境影响河段综合整治工程两部分，并在输水总干线预留向湖北汉江右岸丘陵区补水的分水口门。工程供水范围为南水北调中线一期工程受水区、汉江中下游（含清泉沟供水区）、引汉济渭工程受水区及工程输水线路沿线补水区。

工程多年平均调水量 39.0 亿 m^3，其中向南水北调中线一期工程总干渠补水 24.9 亿 m^3（中线北调水量由一期工程规划的多年平均 95.0 亿 m^3 增加至 115.1 亿 m^3），向汉江中下游补水 6.1 亿 m^3，补充引汉济渭工程 5.0 亿 m^3，向工程输水线路沿线补水 3.0 亿 m^3，设计施工总工期 9 年，批复静态总投资 582.35 亿元。

2023 年 3 月，江汉水网公司启动引江补汉工程数字化建管系统上线工作。2023 年 6 月，引江补汉工程保康段、谷城段开工建设。

（朱荣进　姚文锋）

【西线工程】　西线工程重点围绕国家粮食安全、生态安全、能源安全和西部地区高质量发展等，保障黄河上中游等地区用水需求，其工程任务以城乡生活和工业供水为主，兼顾农业灌溉和生态环境用水。中国南水北调集团认真贯彻落实习近平总书记关于南水北调的重要讲话和指示批示精神，高度重视西线工程前期工作，在国家发展改革委、水利部等部委指导下，2023 年全力推进西线工程前期工作，全过程参与西线工程 11 项重大专题研究以及多方案比选论证，并就先期实施工程、水价及筹融资、调水影响、建管体制、综合开发模式等提出意见建议。中国南水北调集团积极赴青海、宁夏、内蒙古、甘肃、陕西、山西、四川等 7 省（自治区）开展西线工程调研，主动参与全国政协、国务院参事室、水利部科技委、水利学会等多部委调研，并参与起草调研报告加快推进西线工程立项开工。中国南水北调集团商有关单位研究制订加快推进西线上线调水工程可行性研究工作方案，明确时间表、路线图和责任人，加快推进西线工程可行性研究报告编制、前期要件办理等相关工作。

（张利锋　朱荣进　姚文锋）

投资计划管理

【投资计划情况】　2023 年南水北调主体工程计划投资 41 亿元，主要包括：

（1）推进引江补汉工程高质量建设，计划投资 29.4 亿元。完成引江补汉工程初步设计报告审批，实施征地移民工作，进行前期施工准备工程施工，出口段主体工程施工按计划推进，同步开展勘察设计、监理、科研等工作，加大投资执行力度，为稳增长、促消费、扩内需作出积极贡献。

（2）积极推动西线工程立项，计划投资0.2亿元。做好有关重大专题研究、多方案比选论证，推进西线工程规划编制和先期实施工程可行性研究工作，研究提出综合开发新模式，加强与沿线省（直辖市）战略合作，形成共推合力，力争西线工程实现新突破。

（3）保障中线工程"三个安全"，中线在建项目计划投资11.4亿元。高度重视、精心组织，实施了南水北调中线防洪加固和安全专项项目，投资计划分别为1.1亿元和10.3亿元，保障了南水北调工程安全、供水安全和水质安全。

（中国南水北调集团）

【投资控制管理】 2023年，根据水利部工作安排，调水局组织开展了南水北调东、中线一期工程投资控制分析工作，在收集、梳理南水北调东、中线一期工程投资控制管理有关制度及办法等相关资料的基础上，结合工程竣工财务决算、结算审核资料、审计意见及其整改情况，分析东、中线一期工程投资控制情况，以及实际完成投资与国家批复投资之间投资变化情况及其主要原因，归纳总结工程投资控制经验，分别编制了《南水北调东线一期工程投资控制分析报告》和《南水北调中线一期工程投资控制分析报告》，为南水北调一期工程竣工验收提供基础支撑。

（李楠楠　田野　张颜）

中国南水北调集团组织中线公司和东线公司梳理总结了东、中线一期工程投资控制经验做法，形成了一期工程投资控制分析报告，系统分析了"静态控制、动态管理"的投资管控成效，全面总结了东、中线一期工程投资控制正反两方面经验、教训，以及投资控制的管理体系、职责分工、管控措施、重点环节、典型案例等方面内容。

为加强投资控制管理，在中国南水北调集团内外部开展了广泛调研，其中内部单位调研了7家，外部企业调研了5家。根据调研成果形成"关于优化投资管理的建议"，总结了投资控制管理相关经验。

根据东、中线一期工程投资控制经验做法和调研成果，结合引江补汉工程实际，研究提出了关于引江补汉工程投资管控相关建议方案，为加快推进引江补汉工程、降低投资风险、提高投资效益、加强投资控制管理提供了有力保障。

（中国南水北调集团）

【工程投资完成情况】 截至2023年底，南水北调主体工程累计完成投资36.3亿元，完成率为88%。其中引江补汉工程完成投资29.9亿元，完成率为102%；中线防洪加固和安全专项项目完成投资6.4亿元，完成率为56%。

（刘思若）

【通水效益统计分析】 2023年，按照水利部工作安排，调水局扎实开展南水北调工程通水效益统计分析工作。在组织联系15家单位填报通水效益数据的基础上，编制完成了《南水北调工程通水效益统计分析报告》（截至2022年12月），并上报南水北调司。调水局赴北京市、河北省、河南省、山东省和江苏省开展通水效益统计工作调研，了解当地工程效益的发挥和统计工作开展情况。开展东线一期工程典型年通水效益研究，为更科学、全面地统计东线工程通水效益数据提供参考。通过南水北调工程通水效益统计分析，直观地展现了南水北调工程发挥的社会效益、经济效益和生态效益，提高了南水北调工程社会关注度，扩大了南水北调工程的影响力。

（王声扬）

资金筹措与使用管理

【水价水费落实】 2023年国家发展改革委启动南水北调中线水源公司、中国南水北调集团中线有限公司供水定价成本监审工作。

（财务司）

1. 《南水北调工程总体规划》修编工作 中国南水北调集团按照工作分工，深度参与水利部组织的《南水北调工程总体规划》修编工作，对工程水价及投资融资机制、保障措施等内容提出相关建议。

2. 水费"松绑"工作 中国南水北调集团配合政法司开展优化完善南水北调水费政策，推动扩大水费使用范围相关研究工作（水费松绑）。中国南水北调集团配合沟通协调司法部、国家发展改革委、财政部、国务院国资委等有关部委，达成一致意见，并配合水利部将水费松绑请示报告报送国务院。

3. 南水北调一期工程供水成本梳理及水价模拟调整研究 中国南水北调集团委托中国水权交易所对东、中线一期工程供水成本进行梳理，比选了水价模拟调整方案，提出了政策建议，为国家发展改革委价格司开展中线一期工程成本监审和水价调整提供了参考。

4. 南水北调西线工程水价形成机制和筹资方案研究 中国南水北调集团委托水利部发展研究中心结合西线工程特点，提出工程水价制订思路与筹融资方案，并向国家发展改革委等主管部门报送相关情况，反映中国南水北调集团利益诉求，积极推进西线工程前期工作。

5. 中线一期工程成本监审工作 2023年9月，国家发展改革委价格司成本监审工作组对中线一期工程开展成本监审，组织中线公司按照监审政策要求，全面梳理、及时准确提供资料，积极配合完成成本监审工作，为后续按照"准许成本＋合理收益"原则调整水价奠定了基础。

6. 水费收缴 中国南水北调集团组织中、东线公司加强与受水区省份的沟通协调，并以中国南水北调集团名义向中线4省（直辖市）发函催缴水费；研究提出水费收取长效机制建议报南水北调司参考。中国南水北调集团领导同南水北调司领导赴河北、河南、山东等省调研水费收缴情况，协调受水区省份落实审计整改要求研究制订还款计划及时清欠，实现水费新的不欠、旧的逐步偿还。2023年，中、东线顺利完成年度水费收缴考核指标，实现时间提前、额度提升。

7. 东线一期工程运行维护和还贷资金拨付工作 中国南水北调集团牵头组织东线公司、江苏水源公司、山东干线公司对2023—2024调水年度东线一期工程运行维护和还贷资金进行测算核定，并向东线公司印发《关于2023—2024调水年度东线一期工程运行维护和还贷资金拨付事宜的指导性意见》，指导东线公司及时向江苏水源公司、山东干线公司拨付资金。

（中国南水北调集团）

【资金筹措供应】 1. 发行首期私募公司债券 2023年1月16日，中国南水北调集团在上海证券交易所发行首期20亿元3年期私募公司债券，票面利率为3.4%。

2. 优化中线一期工程银行贷款债务结构　开展中线一期工程银团贷款再融资，贷款期限拉长至20年，贷款利率由5年期以上LPR-35BP降至LPR-110BP。

3. 落实引江补汉工程建设资金　2023年9月6日落实引江补汉工程银行贷款330亿元，期限45年，其中280亿元为浮动利率LPR-160BP、50亿元为固定利率2.8%。2023年12月25日，江汉水网公司通过上海联合产权交易所完成增资扩股，引入国绿基金投入资本金15亿元。

（中国南水北调集团）

【资金使用管理】　中国南水北调集团对标国务院国资委监管要求，围绕构建世界一流财务管理体系目标和中国南水北调集团"十四五"发展规划，科学规划资金管理体系，并融入财务管理"1158"专项规划（"1158"指围绕一个中心、锚定一个目标、不断提升五种能力、推动构建八大体系），为中国南水北调集团未来三年的财务管理指明了方向。加快资金制度体系建设，不断强化资金制度执行，2023年全年制修订资金类制度7项，涵盖司库体系、资金预算、债券管理、资金运用等多个方面，制度体系更趋完善，基石作用更加牢固；组织开展制度宣传贯彻5次，宣传贯彻制度10项，促进了制度落地执行。

（中国南水北调集团）

【资金监管】　按照国务院国资委司库体系建设要求和中国南水北调集团财务管理专项规划安排，中国南水北调集团按时建成满足现发展阶段需求的司库信息系统，基本实现中国南水北调集团全级次子企业银行账户可视、资金流动可溯、归集资金可控。

充分利用"司库看板"风险监控功能，切实加强对负债率、带息负债结构、经营性现金流等资金风险指标的监控，动态监测经营现金流和债务期限的匹配情况，防范资金流动性风险。

充分利用司库系统风险预警功能，实现了对大额对私支付、同一时期同一对象多次付款等异常支付情况的检测，防范资金合规性风险。　　（中国南水北调集团）

【企业财务管理】

1. "成本管理实验室"活动　以中线公司、浙江省开化水库项目、引江补汉项目为重点，深入业务前端开展调研，参加中线公司成本管理实验室经验交流会议，印发加强引江补汉工程成本管控工作的通知，逐步推动中国南水北调集团成本管理理念、手段和机制变革，进一步探索建立成本分类管控体系，提升中国南水北调集团成本优势和抗风险能力，取得积极成效。2023年中国南水北调集团营业总成本较年度预算下降12.65%。

2. 预算系统搭建工作　按照《中国南水北调集团有限公司财会资产数字化平台详细设计方案》要求，2023年6月初步完成预算系统编制模块搭建工作，包括预算编报、预算调整、预算查询、预算控制、预算分析和预算执行等六个模块，涵盖70余张报表，300多条表内、表间、账表取数及勾稽关系。8月，组织各部门、各单位完成相关测试验收工作。12月，预算系统已全面投入使用。

3. 提质增效专项行动　按照国务院国资委相关要求，中国南水北调集团从增收节支、战略支撑、产业升级、科技创新、风险防控五个方面全面开展提质增效专项行动。2023年，通过开展提质增效专项行动，中国南水北调集团经营绩效和成本效益明显提升。全年实现营收 91.24 亿元，同比增长 4.6%，利润总额较预算减亏 13.26 亿元；通过开展成本管理实验室工作，直接节约成本超 4 亿元，营业总成本较年初目标下降 12.65%；通过优化债务融资结构，推动实现中线一期工程银团贷款再融资，年节约利息支出约 1.22 亿元；通过推动税收优惠政策落地实施，中东线落实 2022 年退税 7724 万元，2023 年节约税款约 1.7 亿元。

(中国南水北调集团)

【经济问题研究】 2023 年，南水北调司等有关部门单位根据工作需要和有关任务分工，继续组织做好南水北调工程经济问题研究有关工作，取得了显著成效。

1. 开展南水北调工程经济问题研究 南水北调司组织开展 3 个课题研究，为后续工程规划论证、建设管理工作提供支撑。

(1) 开展南水北调工程供水成本监审问题分析研究。梳理南水北调中线一期工程通水以来相关工程管理单位供水成本支出、核算、归集、分摊管理等相关情况，对照新修订的《水利工程供水价格管理办法》和《水利工程供水定价成本监审办法》，梳理开展南水北调中线一期工程供水成本监审工作涉及的相关内容、程序及要求，分析相关工程管理单位供水成本支出、核算、归集、分摊管理中存在的问题与不足，并提出意见建议。

(2) 开展南水北调用水权交易问题分析。聚焦南水北调用水权市场培育及交易，进一步厘清南水北调用水权交易涉及的相关概念，深入分析用水权管理涉及的相关主体职责与交易需求，总结面临的困难问题，研究提出南水北调用水权交易需要建立健全的重点制度以及培育南水北调用水权交易市场的建议，为完善南水北调用水权管理工作提供支撑。

(3) 开展南水北调工程受水区水价承受能力分析。厘清价格承受能力内涵，全面梳理国内外水价承受能力测算方法以及电力、天然气、房地产等领域价格承受能力测算方法，梳理南水北调工程及其实际水价政策执行情况，研究南水北调工程水价承受能力测算实践。在综合考虑影响水价承受能力关键因素的基础上，研究构建全面反映地区经济社会发展、水资源禀赋和供求以及地方财政能力等水价承受能力方法和指标体系并进行试测算。

调水局组织开展了南水北调后续工程水价机制研究，系统总结了东、中线一期工程资金筹措与水价政策经验；重点梳理了西线工程受水区现状引黄供水、价格政策及存在问题；全面分析了西线工程定价关键因素及需求；综合多方因素提出了 5 种定价方式并进行了利弊分析，为建立健全西线工程水价机制提供了有力支撑。

2. 开展水价机制调研 按照水利部主题教育调研工作安排，南水北调司针对西线工程水价机制、东线北延工程水价进行了调研。

(1) 组织调研西线工程水价机制有关问题。了解黄河水资源配置管理、西线公司水资源供需分析、供水成本、水价形成机制、水费收缴机制、受水区水价承受能力等情况，梳理西线水价机制研究尚需解决的重大问题，商讨研提相关意见建议，并形成调研报告。

(2) 组织调研东线水量水价有关问题。组织赴中水淮河公司、中水北方公司、山东省水利厅、东线公司等单位调研东线水量水价有关问题，了解东线一期和北延应急供水工程规划设计水源、水量调配原则、设计供水对象、供水过程、供水量、供水保证率等情况，并结合东线一期和北延调水存在的多水源多用户、供水保证率不同等特点，以及工程实际运行情况，深入交流对完善东线工程水价机制的意见建议，形成调研报告。　　（沈子恒）

建设与管理

【工程进度管理】

1. 引江补汉工程全面建设　南水北调司编制并印发2023年引江补汉工程建设管理工作要点。协调中国南水北调集团明确工程建设目标和进度计划，推动工程多消纳投资、多形成实物工作量。会同监督司、调水局等有关司局和单位加强工程质量安全监督管理，组织开展安全管理强化年行动和重大事故隐患专项排查整治2023行动。及时跟踪工程建设进度，多次现场调研工程建设质量安全情况，落实重要时期工程安全生产相关工作，并协调长江委完成工程安全生产措施方案备案。在中国南水北调集团统筹协调下，江汉水网公司锚定任务目标，组织设计单位修编引江补汉工程初步设计报告，于2023年9月经水利部批复。创新采用"一招两采"方法，同步采购土建施工单位和TBM设备供应单位，7个主体工程施工标于2023年底全部正式开工，拉开主体工程全面施工大幕。2023年内实现14条施工支洞进洞施工，累计开挖进尺达2788m，18条进场道路完成修建，桐木沟检修交通洞9月底贯通，工程形象面貌超出预期，工程安全平稳受控。在中国南水北调集团的组织指导下，江汉水网公司开展"百日大干"劳动竞赛活动，承办全国总工会举办的南水北调国家水网工程劳动技能大赛，树立全国水网建设标杆。2023年共开展6次现场检查和调研，就发现的问题及时印发整改通知并督促整改。截至2023年底，引江补汉工程累计完成投资超46亿元、土石方363.99万m^3。出口段主隧洞开挖掘进累计完成1015m。圆满完成引江补汉有关督办任务。全年未发生质量事故和生产安全事故。

2. 推动中线干线防洪加固工程建设　南水北调中线干线工程防洪加固项目设计报告于2022年1月16日经水利部批复后，中国南水北调集团全力推进项目建设，于2023年6月完成已批复的26个子项目建设。在项目实施过程中，中线公司按照设计报告审查意见对"修复衬砌板渠段的桩号范围及数量"和"高地下水渠段处理范围"进行复核，根据复核情况编制了第一、第二批项目设计变更报告，并于2023年6月经中线公司批复，9月陆续开工建设，工程安全平稳可控。

3. 协调推进雄安干渠有关建设事宜　加快协调雄安干渠工程建设事宜。年初组织河北省水利厅专项沟通雄安干渠水源接口事宜。指导有关单位加快雄安干渠新增水源接口工程前期工作，督促编制并完善新增水源接口方案论证报告，委托水规总院对接口方案进行技术审查，参与技术讨论、发文督促工作进度，就审查意见书面征求天津市水务局意见后，以部办公厅函形式正式批复接口方案，圆满完成相关工作计划。
　　（丁俊岐）

【工程技术管理】

1. 参与南水北调工程总体规划修编工作　南水北调司配合开展《南水北调工程总体规划》修编工作，多次参加相关工作集中修改讨论会，编写提交工程建设运行管理体制和智慧水利工程建设相关内容。组织开展南水北调工程建设运营体制研究，协调指导水利部发展研究中心开展深化南水北调东线工程管理体制研究，形成研究报告，并根据东线工程统一调度模型研究成果修订完善。配合审计署审计组赴山东省、江苏省调研东线一期工程管理体制问题，跟踪山东、江苏两省和中国南水北调集团关于东线体制问题的意见，多次与审计组沟通交流，提供相关材料，并根据水行政的行业监管政府职能，研提水利部意见。协调有关司局与审计组进行了座谈交流，就南水北调工程管理体制问题进行了充分沟通。

2. 做好南水北调工程专家委员会相关工作　南水北调司协调调水局组织做好专家委章程修订和委员调整增补事宜，并召开南水北调工程专家委员会换届大会及宣传报道等相关工作。协调调水局组织召开专家委年度工作大会，邀请水利部副部长王道席和总工程师仲志余参加。此外，联合调水局征集2023年、2024年专家委咨询课题。于2023年年中陪同副部长王道席赴专家委开展交流座谈。

3. 南水北调中线一期工程河北省综合效益分析　2023年，根据水利部工作安排，调水局组织开展了南水北调中线一期工程河北省综合效益分析工作。在前期相关研究的基础上，对河北省效益发挥的实际情况进行调研和资料收集，分析河北省受水区效益发挥的基本情况和特点，构建南水北调中线一期工程河北省综合效益评估指标体系，明确各项指标的计算方法，采取定量计算与定性分析相结合的方法，对河北省受水区社会效益、经济效益、生态效益进行了评估分析，形成《南水北调中线一期工程河北省综合效益分析报告》，为南水北调一期工程竣工验收及后评价提供基础资料，为南水北调后续工程的规划论证提供支撑。

4. 调水工程技术经济指标及其计算分析　2023年，根据水利部工作安排，调水局组织开展了调水工程技术经济指标及其计算分析研究工作。通过收集、梳理相关行业工程技术经济指标及其计算方法有关标准、规范等，调研了解国内有关调水工程技术经济指标设置情况，分析提出了调水工程技术经济指标分类及设计原则，对调水工程前期阶段、建设阶段和运行阶段技术经济指标及其计算方法进行了系统研究，并对南水北调工程竣工财务决算中应反映的主要技术经济指标及其计算方法提出建议，编制形成《调水工程技术经济指标及其计算分析研究报告》，为调水工程前期、建设和运行阶段的技术经济指标设置和计算提供借鉴。

5. 南水北调工程技术经济管理工作　2023年，根据水利部工作安排，调水局组织开展了南水北调工程技术经济管理工作研究。根据水利部机构改革、中国南水北调集团转隶实际，结合南水北调工程特点，考虑南水北调一期工程收尾与运行、后续工程规划建设与运营、国家水网建设新要求等，对国家水行政部门（水利部）层面的技术经济管理要求以及类似国资企业政府行业管理经验进行了分析，研究提出南水北调工程建设前期、建设、验收以及运营等各阶段国家水行政部门（水利部）需开展的技术经济管理工作内容及有关工作建议，编制形成《南水北调工程技术经济管理工作研究报告》及其简本，为水利部进一步加强对南水北调工程的业务指导和行政管理提供借鉴。

（丁俊岐　李楠楠　田野　张颜）

五、综合管理

【运行管理】 推进调水工程标准化管理，水利部办公厅印发《关于进一步做好调水工程标准化管理工作的通知》（办调管函〔2023〕498号），跟踪指导做好南水北调工程标准化管理工作。2023年5月，调水司调研座谈南水北调中线干线工程标准化管理推进情况，对南水北调中线干线工程标准化管理工作提出意见和要求。10月，调水司调研南水北调中线一期引江济汉工程，指导持续推动调水工程标准化管理，统筹推进水资源统一调度，充分发挥水网工程综合效益。中国南水北调集团、江苏省水利厅、山东省水利厅、湖北省水利厅分别组织完成南水北调中线干线工程、南水北调东线一期工程江苏段（新建泵站、水闸、堤防等工程）、南水北调东线一期山东干线工程、南水北调中线一期引江济汉工程标准化管理初评，并申报水利部评价。

（李君宇）

1. 超额全面完成调水任务 中国南水北调集团加强与水利部相关司局、流域管理机构沟通协调，会同中、东线公司建立月度会商机制，规范信息报送，督促加强工程安全管理和运行调度，优化供水结构，在确保安全的前提下充分发挥工程综合效益。中线工程全线64座节制闸全部投入运行控制，全线分水共计111处，2022—2023年度累计调水74.10亿 m^3，连续7年超额完成调度计划。东线工程2022—2023年度工程累计运行230天，共13梯级22座泵站参与抽水运行，泵站累计运行12.88万台时，实现向山东省调水8.50亿 m^3。北延工程自2022年12月9日就启动了2022—2023年度调水工作，不间断调度运行174天，创造了东线北延工程调水时间最长纪录，实现向黄河以北调水2.77亿 m^3，再次助力京杭大运河实现全线水流贯通。同时，在已有研究成果基础上，与江苏省水利厅、南水北调办在技术层面上进行了多次深入沟通确认增供水量，并首次将江苏、安徽增供水量纳入新一年度水量调度计划，全面反映工程整体性效益。建立月调度会商工作机制，每月分析供用水形势，加强调度会商研判，安排部署调度工作。克服丹江口水库前期来水偏枯、北拒抢险修复等不利因素，科学制订应对方案，抢抓汛期丹江口水库来水的有利时机，在长江委支持下，协调沿线受水区增供水量，启动大流量输水，充分发挥工程综合效益，同时有力有序做好海河"23·7"流域性特大洪水水量应急调度。

2. 冰期输水安全平稳运行 中国南水北调集团组织做足防御准备，组织对所有融扰冰设备进行专项维护及检修，精准精确调度，召开冰期输水专题会，超前部署冰期输水工作，细化工作要点，逐级压实责任，制订完善方案预案，组织开展冰冻灾害应急抢险演练。12月中旬，南水北调工程沿线出现罕见的较大范围低温雨雪冰冻灾害和多次寒潮过程时，中国南水北调集团强化会商研判，优化应对措施，精准调度调控，实现了工程运行安全和效益充分发挥的双重目标，确保了南水北调工程"三个安全"。

3. 推进南水北调中东线工程标准化创建工作 中国南水北调集团对照《水利工程标准化管理评价办法》《调水工程标准化管理评价标准》等规定，结合中线干线工程特点，组织制订了《南水北调中线干线工程标准化管理评价工作方案》，细化工作任务分工，明确工作要求和完成时限，逐项逐条进行对照检查，扎实完成初评工作，形成了《南水北调中线干线工程标准化管理初评报告》，于2023年7月正式申报水利部评价。东线工程江苏段、山东段分别由各自项目法人完成省级初评。同时，编制印发了《南水北调中线工程大流量输水调度管理导则》《南水北调工程泵站机组振动测试与评价技术规程》两项技术标准，开展中线输水能力提升关键技术攻关和东线多水源统一调度模型研究，进一步规范提升工程运行调度能力和水平。

4. 规范工程运行管理制度　建立完善中国南水北调集团、中东线层级的制度标准，以制度标准促管理能力。2023年编制印发《南水北调工程信息》12期。工程管理方面，全面完成东、中线工程标准化自评工作，具备申报水利部评价标准。水量调度方面，首次牵头起草行业标准《调水工程调度管理规程》，在《南水北调工程运行调度管理规定》的基础上出台《南水北调中线工程大流量输水调度管理导则》，首次从技术层面形成江苏增供水量调算成果。防汛方面，在《自然灾害应急预案》的基础上，出台《防汛应急响应工作规程》。监督检查方面，2023年完整实施《工程运行管理监督检查实施细则》，并将后续工作纳入部门监督检查序列。应急管理方面，调整应急预案体系，督促完成4项应急预案编制，"1＋11"应急预案体系基本建成。

5. 推动河湖长协作机制落地见效　组织督导中线公司、东线公司加强协商，及时移交影响南水北调"三个安全"问题，建立问题清单台账，截至2023年10月底，共向工程沿线地方河湖长制机构反馈问题224个，其中126个已解决。加强联防联动，落实工作会议、信息共享、联合巡查、应急协同、督导检查等机制，提升地企协同工作合力。组织开展专题调研，编制协调联动机制实施意见报水利部。7月21日，中国南水北调集团与河南省在郑州市召开南水北调河湖长第一次联席会议。　　　　（中国南水北调集团）

【安全生产】
1. 强化安全生产组织领导机制
（1）及时传达学习贯彻习近平总书记关于安全生产重要指示批示精神，水利部部长李国英9次主持召开会议，研究部署水利部门贯彻落实工作，提出具体工作要求。副部长刘伟平多次研究部署重点工作任务，赴基层一线检查调研指导安全生产有关工作。

（2）定期分析研判形势，2023年召开6次水利部安全生产领导小组会议，研究水利安全生产重点工作，部署推进落实措施。制订年度水利安全生产工作要点，提出重点工作及具体任务，明确责任单位和完成时限，组织做好水利规划、建设、运行、生产等各环节安全生产工作。

（3）强化统筹协调，协同国务院安委办等部门出台《关于进一步加强隧道工程安全管理的指导意见》《关于进一步加强水库水电站放水安全风险防范工作的通知》《关于加强浮桥吊桥类设施项目安全管理的通知》，共同推进重点领域安全风险防范。

（4）强化元旦春节、全国"两会"、汛期、中秋国庆、岁末年初等重要时段、重要节点安全生产，部署做好低温雨雪冰冻灾害防范应对、秋冬季水利安全生产、冬春消防安全防范等工作。

2. 完善安全生产风险管控机制
（1）组织开展"六项机制"建设试点，指导各地区各单位实施安全生产风险全链条管控。

（2）推进"安全监管＋信息化"，依托水利安全生产监管信息系统，汇总分析危险源、隐患和事故信息，每季度开展安全生产状况评价排名并实施风险预警。

（3）严格按照中央关于统筹规范督查检查考核工作要求，在水利工程建设与运行日常监督检查中，对部分省份水利工程建设项目进行安全生产巡查，根据国务院安委会安排部署组织开展水利安全生产检查，印发"一省一单"督促做好整改和责任追究，将检查发现的违反安全生产法问题线索移交有关省级水行政主管部门调查处理，每季度公布安全生产执法典型案例。

3. 落实安全隐患排查整治机制

（1）深入开展《水利重大事故隐患专项排查整治2023》行动，结合水利行业实际制订方案，明确7个重点整治领域，细化151项重点检查事项，修订重大事故隐患清单指南，召开专题会议动员部署，对阶段性工作进展情况进行总结调度，专项行动取得明显成效。

（2）聚焦水利工程建设、工程运行、水利设施公共安全、人员密集场所消防燃气安全等重点领域，组织全行业开展水利安全生产风险隐患排查整治及水利工程隧洞施工、施工现场交通安全专项整治、水利重大事故隐患排查整治专项行动、水利安全生产风险专项整治、岁末年初水利安全生产风险隐患专项整治等5项整治工作，全面组织排查整治事故隐患，有效防范化解了一批风险隐患。

4. 健全安全生产基础保障机制

（1）加强对部直属单位水利工程的监督，制订印发《水利部直属单位水利工程运行管理监督检查办法》，按行业管理要求，将南水北调工程列入监督检查范围。

（2）出台《水利部关于推进水利工程建设安全生产责任保险工作的指导意见》，进一步明确水行政主管部门、水利工程参建单位的工作职责，规范安责险实施，强化事故预防服务，探索运用市场机制提升水利工程建设风险防控能力。

（3）修订水利工程项目法人、施工企业、运行管理单位安全生产标准化评审标准，开展标准化达标评审，对存在安全生产违法违规行为、发生生产安全事故的，予以黄牌警示、不予延期、撤销证书等动态管理措施，督促达标单位持续改进。

（4）严格水利水电工程施工企业主要负责人、项目负责人和专职安全生产管理人员安全生产考核管理，修订《水利水电工程施工企业主要负责人、项目负责人和专职安全生产管理人员安全生产考试大纲》，建设全国电子证照库，实现安全生产考核合格证书"跨省通办"。

（5）组织开展水利安全生产知识网络答题、"一把手"谈安全生产、水利安全生产应急演练成果评选展示等宣教活动，举办全国水利安全生产应急管理公益培训、安全与质量警示教育、水利安全生产监督管理培训等，提升从业人员的安全意识。

（王甲　韩小虎　张红杰）

5. 加强调水工程安全管理　水利部办公厅印发《水利水电工程（调水工程）运行危险源辨识与风险评价导则（试行）》（办调管函〔2023〕1229号），指导科学辨识与评价南水北调工程运行危险源及其风险等级，有效防范运行生产安全事故。

（李君宇）

6. 引江补汉工程建设　南水北调司组织开展"安全管理强化年行动和重大事故隐患专项排查整治2023"行动。对引江补汉工程建设开展6次现场检查和调研，就发现的问题及时印发整改通知并督促整改。全年未发生质量事故和生产安全事故。

7. 加强穿跨邻接项目管理　水利部与国家能源局联合出台了《南水北调中线干线与石油天然气长输管道交汇工程保护管理办法》，并做好规章规范性文件信息公开及相关宣传工作。协调中国南水北调集团与国家管网集团建立联系机制，定期了解相关情况。协调国家能源局等有关单位开展中线穿跨邻接项目督导检查，印发整改通知，并实时跟进整改工作进展，具备短期整改条件的问题已全部整改完成。指导协调河北省水利厅在河北省开展南水北调工程跨渠桥梁安全监管保护试点工作。

（丁俊岐）

8. 安全生产组织领导　2023年，中国南水北调集团印发安全生产专项规划，推动实现安全生产与改革发展同研究、同部署、同落实。以开展安全管理强化年行动为全年工作主线，制订行动方案和90项年度工作要点。中国南水北调集团党组研究审议安全生产重大事项10次，召开安全生产委员会季度例会和专题会议11次，印发安全生产方案性、指导性文件27份，动态研判安全形势，安排部署重点工作。

9. 健全安全责任体系　中国南水北调集团主要领导于2023年初与各部门、各单位签订安全生产责任书，明确安全生产目标职责。完成中国南水北调集团领导、各部门、综合服务中心、新闻宣传中心191个岗位全员安全生产责任清单，组织5家重点单位制订"纵向到底、横向到边"的全员安全生产责任清单，指导划设项目法人牵头、参建各方协作的首批现场安全责任网格480个。

10. 完善安全应急制度机制　修订中国南水北调集团《安全生产管理办法》《安全生产委员会工作规则》《安全生产经费管理规定》，制订《安全生产奖惩管理规定》。优化应急管理领导小组组成，进一步明确应急管理职责，提升应急指挥决策能力。规范完善生产安全事故、防汛突发事件、供水突发事件等六大类突发事件信息报告要求，组织编制中国南水北调集团网络安全事件应急预案，完成防汛应急响应工作规程编制，落实突发事件信息报送、应急处置、调查处理全过程闭环管理。全面推行安全生产标准化建设，组织5家重点单位开展对标调研并制订实施方案。细化经营业绩考核、并购项目尽职调查等工作中的安全生产要求。

11. 开展风险隐患排查　中国南水北调集团印发方案组织开展"重大事故隐患专项排查整治2023"行动，组织各级主要负责人落实"五带头"要求。细化建立季度危险源辨识和风险评价机制、重大隐患挂牌督办机制、问题隐患清单对账机制、安全生产信息定期报送机制。对重大安全风险清单化动态管理，根据全年风险发展演变情况，开展3次安全生产大检查和2次消防安全检查，针对隧洞施工、消防安全、危险作业、场内交通等开展专项排查整治，全面落实问题隐患整改。在全国两会、节假日等重要时期开展安全加固。

12. 安全教育培训　组织开展中国南水北调集团党组理论学习中心组安全生产专题讲座，结合主题教育组织各级领导讲安全生产149次。组织"安全生产月""消防宣传月"活动和年度安全生产培训等各类培训近200场，近13000人次参加，28人通过中级注册安全工程师培训考试。运用"报刊网端"开展形式多样的

安全宣教，推动提升全体员工和沿线群众安全意识。 （张璞）

【验收管理】

1. 南水北调东、中线一期工程竣工验收准备工作

（1）验收条件调研。遵照《中共水利部党组关于大兴调查研究的实施方案》有关精神，为推动南水北调工程东、中线一期工程竣工验收顺利开展，南水北调司会同南水北调工程专家委员会、调水局、中国南水北调集团组成调研组，于2023年5月下旬至6月中旬，集中赴北京、天津、河北、江苏、山东、河南、湖北多地，对南水北调东、中线一期工程竣工验收条件开展调研。调研聚焦工程建设及完工验收过程中的重点问题，赴现场察看、与基层人员沟通情况、与管理人员座谈交流，查摆竣工验收制约问题，研究提出有关措施和建议。

（2）竣工验收大纲编制。验收大纲是竣工验收各项工作的重要遵循，在与27个部委、省（直辖市）及有关单位达成一致的基础上，水利部组织编制验收大纲，并完成初步成果。验收大纲明确了验收范围、组织方式、验收条件、工作原则和目标、验收主体、工作任务流程、工作要求和有关专业技术文件格式要求等。

（3）专项核查（验收）方案编制。专项核查（验收）是竣工验收的基础，在竣工验收前，由有关部委、单位牵头率先开展工程建设及运行、征地补偿及移民安置、工程建设环境保护、水土保持、消防、工程档案、网络安全、文物保护、公路跨渠桥梁及航道通航设施等专项核查（验收）。水利部结合南水北调工程实际，组织编制了专项核查（验收）方案，并完成初步成果。

2. 南水北调在建工程验收工作 强化南水北调工程在建项目法人验收管理。南水北调司印发《关于南水北调工程有关在建项目法人验收有关事项的通知》（南调便函〔2023〕46号），明确南水北调工程在建项目法人验收监督管理要求，对有关验收工作开展督促指导。 （刘海杰）

3. 推进南水北调东、中线一期工程竣工验收准备工作 水利部积极推动建立南水北调东、中线一期工程竣工验收协调机制，并开展验收大纲和专项验收工作方案编制。中国南水北调集团已组织制订竣工验收工作方案（初稿），组织东线公司、中线公司同步推进有关准备工作，完成设计单元完工验收以及专项验收相关资料收集。中国南水北调集团组织指导中线公司、东线公司加快对所辖范围内设计单元工程完工验收和专项验收遗留及尾工等问题进行处理，对于尚未处理完成的遗留问题建立台账、明确处置方案和时间安排。根据相关行业验收有关规定和技术标准，并结合前期验收情况，已初步拟定9个专项验收自评价报告提纲。汇编形成《一期工程竣工验收工作手册》，为后续工作提供重要支撑参考。

4. 开展项目法人验收工作 中国南水北调集团组织中线公司和江汉水网公司分别编制中线干线防洪加固工程和引江补汉工程出口段工程项目法人计划并进行备案，组织东线公司编制北延应急供水工程信息化建设等2个新增项目法人验收工作计划并进行备案。2023年中线公司提前完成防洪加固项目55个分部工程验收、9个单位工程验收、9个合同工程完工验收工作，防洪加固项目已建设完成的26个子项目全部通过合同工程完工验收；北延应急供水工程（不含邱屯枢纽影响处理工

程）12 个单位工程已按计划完成验收 10 个，90 个分部工程已按计划完成验收 86 个，13 个合同工程已按计划完成验收 11 个；引江补汉工程出口段工程累计完成单元工程验收 479 个。

（徐才厚）

【科技工作】 2023 年 4 月，中国南水北调集团启动开展学习贯彻习近平新时代中国特色社会主义思想主题教育调研工作，科技发展部围绕"南水北调后续工程和国家水网建设科技创新路径"调研主题，深入中国移动、中国电信、中国电子、三峡集团、中国建筑、国家电网等中央企业，中国环境科学院、北京微芯院等科研单位，学习调研单位的典型经验和做法。采取"四不两直"的方式直抵工程一线，通过现场巡渠、座谈交流、督导检查等方式赴中线公司北京分公司惠南庄管理处、天津分公司西黑山管理处、东线公司总调度中心等基层单位，深入交流了解现场工巡、绿化、水质等运行管理情况，实地挖掘基层单位在科技创新、数字化转型方面的痛点、堵点问题。结合调研成果运用，通过对标一流企业先进经验，结合基层单位摸底调研，明确了中国南水北调集团科技创新下一步工作方向。

2023 年 6 月 16 日，中国南水北调集团总经理汪安南主持召开高水平科技自立自强及加强基础性研究工作专题会议，中国南水北调集团副总经理孙志禹参加会议。会议梳理分析现阶段中国南水北调集团高水平科技自立自强及加强基础研究有关情况，研究部署下阶段工作，提出各单位下一步开展课题的研究方向。

2023 年 7 月 25 日，中国南水北调集团与中国水科院签署科学技术合作协议。水利部副部长朱程清见证签约。中国南水北调集团董事长蒋旭光、总经理汪安南、中国水科院院长彭静出席签约仪式。中国南水北调集团副总经理孙志禹、中国水科院副院长王建华代表双方签约。本次签约是双方为加快构建国家水网、推进南水北调后续工程高质量发展、夯实科技支撑与战略纽带的重大举措。双方将聚焦国家水网建设、数字孪生南水北调建设，携手开展科技攻关，推进产学研用深度融合，加快科技成果转化，推动联合共建科技创新平台，开展多层次、宽领域人才交流培养，为全面提升国家水安全保障能力提供科技支撑和人才支持。

（中国南水北调集团）

【河湖长制建立】 2023 年 7 月 21 日，中国南水北调集团与河南省在郑州召开第一次河湖长联席会议，标志着中国南水北调集团与工程沿线省级人民政府开启了高位推动、上下贯通的河湖长制协作机制，为更大程度推动河湖长制在确保南水北调工程"三个安全"中"有能有效"具有十分重要的意义。截至 2023 年底，河南省沿线地方河湖长办与南水北调中线工程运行管理单位初步建立了联防联控协作机制，探索实行"河长＋检察长"协作机制，协调解决了交叉河道妨碍行洪风险、穿跨邻接、穿城区段市政排水等问题 61 项，大大提升了南水北调中线工程安全保障能力。

（李泽平）

征地移民

【工作进度】 2023 年 3 月，江汉水网公司分别与宜昌市夷陵区和襄阳市保康县、谷城县签订了引江补汉工程征迁补偿和安置任务协议书，为顺利取得引江补汉前期施工准备工程建设用地奠定基础。4月，自然资源部以自然资办函〔2023〕586号文批准引江补汉前期施工准备工程先行用地。5月，国务院批准引江补汉工程出口段永久用地，自然资源部以自然资函〔2023〕258号文下发批复文件。9月，工程总体初步设计获批后，经积极协商推动，江汉水网公司分别与宜昌市夷陵区和襄阳市保康县、谷城县签订剩余部分工程征迁补偿和安置任务协议书。

（中国南水北调集团）

【政策研究及培训】　中国南水北调集团积极开展政策研究，制订并印发《中国南水北调集团有限公司经营性固定资产投资项目建设用地事项审核管理规定》（南水北调环移〔2023〕185号）和《中国南水北调集团有限公司土地统计管理规定》（南水北调环移〔2023〕195号），防范投资风险，强化用地管理。开展国家建设用地管理基本制度及中国南水北调集团征地移民管理相关规定培训，普及国家建设用地管理基本制度，宣传贯彻近两年中国南水北调集团征地移民管理相关规定，协助各部门、各单位了解掌握建设用地管理程序内容及要求，进一步树立依法合规用地意识，促进征地移民工作规范实施。

（中国南水北调集团）

【管理和协调】

1. 开展南水北调丹江口水库移民发展和安稳情况第三方评估　习近平总书记在南水北调后续工程高质量发展座谈会上作出集中力量办大事，从中央层面统一推动，集中保障资金、用地等建设要素，统筹做好移民安置等工作相关指示。南水北调丹江口水库移民搬迁至今，仍然存在收入水平偏低、发展缓慢等问题，移民安稳发展仍面临较大困难。移民司委托长江勘测规划设计研究有限责任公司承担湖北、河南两省南水北调丹江口水库移民发展和安稳情况第三方评估课题，通过调查两省丹江口水库2022年农村移民的移民安置及后续发展情况、农村移民生产生活水平恢复情况、外迁移民融入安置区情况、移民信访及社会稳定情况，并作出客观、公正的评价，提出意见和建议，为决策提供技术支持。

评估结论表明，移民生产生活情况已超过原有水平，与当地平均水平差距逐步缩小；移民收入以务工为主，经营性收入为辅；移民外迁安置后，居住环境极大改善，生产生活水平得到了恢复和提高，并逐渐融入当地社会，大多数移民对未来充满信心。当前丹江口水库移民信访形势平稳向好，库区和安置区社会总体和谐稳定。

2. 推进南水北调丹江口库区地质灾害防治工作　丹江口库区位于秦巴山区，地质环境条件复杂。丹江口水库抬高蓄水位运行以来，随着库区水位涨落变化，增加了涉水地质灾害隐患的不稳定性。特别是2021年、2023年，丹江口水库两次蓄水至正常蓄水位170.00m高程，库区蓄水诱发地质灾害和蓄水影响问题逐步显现，给群众生命财产安全带来威胁。保障群众生命财产安全，及时开展地质灾害防治十分迫切。2023年11月，长江委向水利部报送《关于明确淅川县丹江口库区地质灾害防治剩余投资拨付渠道的请示》（长办〔2023〕526号）。《水利部办公厅关于明确淅川县丹江口库区地质灾害防治剩余投资拨付渠道的函》（办移民函〔2023〕1163号）对丹江口库区地质灾害防治剩余投资筹集渠道进行了明确。

（1）参照小浪底水库地质灾害处理资金筹措渠道，按照权益、责任划分，由长江委督促指导中线水源公司和地方人民政府共同筹资做好丹江口库区地质灾害工作，并协调解决中线水源公司出资渠道。

（2）抓住新增1万亿元国债投向领域包括地质灾害防治体系建设的有利时机，由长江委督促地方政府积极申报丹江口库区地质灾害防治项目，争取国债资金支持。

随着丹江口库区高水位运行时间的增加，库区地质灾害几率增加，水利部要求长江委督促河南、湖北两省及中线水源公司严格落实责任，加强监测预警和应急处置工作，避免出现人员伤亡，切实维护区域社会稳定。（移民司）

中国南水北调集团利用土地政策机遇期，及时取得引江补汉前期施工准备工程先行用地，保障工程年度投资落地；协调解决卡点问题，完成引江补汉输水总干线工程移民安置协议签订、出口段正式用地报批等工作；积极协调工程整体初步设计概算评审中征地移民问题，力保有关项目和资金；开展引江补汉工程征地移民监督检查，依法依规查找风险隐患，积极推动整改落实。

中国南水北调集团紧抓中线干线工程建设用地确权登记工作，推动不动产权证办理。细化工作目标，制订工作方案，成立工作专班，建立调度机制，扎实有效推动相关工作开展。沟通协调自然资源部门，恳请特殊支持，疏通办证主要障碍。摸索经验、探索路径，选取河北保定段作为试点开展确权登记工作。截至2023年底，保定段30493亩建设用地已取得不动产权证。落实自然资源部门意见，补充完善河南河北段压矿评估，积极推进办证前置压矿手续办理。完成中线全线办证技术服务单位招采，正式启动全线建设用地确权登记工作。（中国南水北调集团）

【**移民帮扶**】 习近平总书记在河南省南阳市九重镇邹庄村考察时强调要继续做好移民安置后续帮扶工作，全面推进乡村振兴，种田务农、外出务工、发展新业态一起抓，多措并举畅通增收渠道，确保搬迁群众稳得住、能发展、可致富。南水北调丹江口水库移民搬迁安置完成后，移民司指导库区各地持续加大移民后续帮扶力度，促进移民安稳发展致富，推动移民工作高质量发展。

（1）深化移民后续帮扶，推动增收致富。通过支持移民产业发展、建设美丽移民村等，以发展保稳定，以稳定促发展，加快推进移民增收和村集体经济壮大。

（2）多措并举，全面落实移民后期扶持政策。全面贯彻落实乡村振兴战略要求，巩固拓展水库移民脱贫攻坚成果，推进库区和移民安置区乡村振兴。积极推进扶持方式由基础设施建设为主向发展产业项目转变，由一般性发展项目向经营性资产项目转变，由分散使用资金向集中使用资金转变，不断提高移民资金使用效益。

（3）化解矛盾保稳定。坚持和发展"枫桥经验"，变上访为下访，对移民各类诉求和期盼，分类施策，多解决实际问题，多化解矛盾纠纷，努力让移民群众满意。（移民司）

【**信访维稳**】 2023年，河南、湖北两省各级党委、政府坚决贯彻党中央、国务院关于防风险、保稳定系列决策部署，围绕"事要解决"，着力化解南水北调水库移民群众信访突出问题，取得明显效果。2023

年，南水北调移民信访总体上处于低位平稳状态，未发生群体性、规模性、系统性信访问题，切实维护了库区和移民安置区的和谐稳定。

（1）始终坚持用正面宣传来凝聚社会共识。河南、湖北两省结合自身特点，组织开展形式多样、丰富多彩的活动，大力宣传水库移民安置和后期扶持工作的政策法规和管理制度，宣传移民工作取得的成功经验和有效做法，宣传移民群众发展致富奔小康的先进典型，广泛凝聚社会共识，为移民工作高质量发展营造良好氛围。

（2）深入基层解决移民群众急难愁盼问题。河南、湖北两省以学习贯彻习近平新时代中国特色社会主义思想主题教育为契机，大兴调查研究，变移民上访为干部下访，深入移民村移民户，用行动解决库区难题，解决信访问题，推进移民融入当地社会，使移民与当地群众共同发展，共享改革发展成果。（移民司）

【定点扶贫】 2023年，按照党中央、国务院关于巩固拓展脱贫攻坚成果同乡村振兴有效衔接的决策部署和水利部党组统筹安排，定点帮扶湖北省十堰市郧阳区工作组研究制订2023年度帮扶工作计划，深入对接沟通，创新帮扶方式，精准组织实施水利行业倾斜支持等"八项重点工作"，全面完成了年度工作任务，促进郧阳区巩固脱贫成果同乡村振兴有效衔接，守住了不发生规模性返贫的底线。

1.2023年定点帮扶工作情况

（1）领导高度重视，全面安排部署。2023年3月16日，水利部乡村振兴领导小组办公室组织召开巩固水利扶贫成果同乡村振兴水利保障有效衔接工作会，水利部部长李国英出席会议并讲话，部署2023年水利乡村振兴工作要点。5月6日，2023年水利部定点帮扶工作会议在郧阳区召开，副部长刘伟平出席会议并讲话，部署2023年水利定点帮扶有关工作。定点帮扶县（区）、挂职干部代表在会议上做了交流发言。

（2）落实工作责任，深入对接推进。2023年4月9日，南水北调司组织帮扶组各成员单位根据《2023年水利部定点帮扶工作要点》要求，结合实际研究制订并印发了水利部定点帮扶郧阳区2023年度工作计划，将八个方面的重点帮扶工作分解落实到帮扶组各成员单位，要求各成员单位切实履行帮扶责任，抓好各项工作落实。郧阳区切实扛起乡村振兴主体责任，坚定工作目标，加大工作力度，确保各项工作任务如期圆满完成。10月14—15日，南水北调司司长李勇带队赴郧阳区调研定点帮扶有关工作。先后深入郧阳区城关镇、谭家湾镇、鲍峡镇、茶店镇等4个镇，实地察看大峡河水系连通及水美乡村建设试点项目、太阳坡村数字平台建设项目、城关镇污水处理厂改扩建项目建设情况；详细了解沧浪山腊梅园、民宿等产业发展情况并与十堰市、郧阳区政府领导及部门进行座谈交流，看望了水利部新派驻郧阳区2位挂职干部，听取基层干部群众的意见建议。定点帮扶组各成员单位及有关司局结合本单位实际，组织赴郧阳区深入调研，推进落实定点帮扶郧阳区各项工作。8月22日，水利部节水中心副主任刘金梅带领专家团队对郧阳区节水工作进行现场指导。10月8日，湖北省水利厅副厅长孙国荣带队调研水利乡村振兴工作。长江委、水规总院、中国水科院等单位多次赴郧阳区开展帮扶，扎实推进"八项重点工作"，为巩固拓展脱贫攻坚成果、助力乡村振兴注入了强劲动力。

（3）驻点帮扶精准有力。选派优秀干部：监督司挂职干部尚达摸民情，谋发展，做好新冠疫情防控工作，协调长江委、中国南水北调集团捐赠防疫资金15万元，帮助基层医务人员530名。促成南水北调文旅集团与郧阳区政府签订五年期框架合作协议，协调长江委、湖北省水利厅、湖北省发展改革委推进箩筐岩水库、马龙河水库、水系连通及水美乡村建设、节水型社会创建、水政执法等重点水利工作。带队赴西安参加十堰市文旅推介会（西安站），推荐郧阳区农产品。驻村第一书记郭巍以玉皇山村为家，以产业发展、项目和人才建设为抓手，推进玉皇山村乡村振兴工作，助力玉皇山村被评为全省乡村振兴示范村、郧阳区A级旅游景区示范村。干部轮换有条不紊：按照新旧干部压茬轮换的要求，9月和11月，水利部分别新选派李鹏担任驻谭家湾镇黄畈村第一书记、盖志杰挂职郧阳区人民政府副区长，全部到岗履职。盖志杰充分发挥桥梁纽带作用，多次带队赴水利部、湖北省水利厅沟通汇报，争取万亿国债项目，协调水规总院开展滔河水库除险加固、现代水网规划等技术咨询，协调江汉水网公司推动引江补汉项目以工代赈和物资采购工作；协助做好郧阳农产品北京展销会，确保水利部专场顺利举办。李鹏凝心聚力办实事、防返贫，制订"一户一方案、一人一措施"，争取各类项目资金435万元，实施污水管道改造、村庄环境整治、建设蔬菜大棚等民生工程，提升群众民生福祉。

（4）八项重点工作高效实施。持续实施水利行业倾斜：湖北省水利厅牵头负责，计划在水利项目安排、资金安排、前期工作等方面给予郧阳区优先保障，高于全省县级平均水平20%以上。2023年在水利部相关业务司局及相关单位的支持下，湖北省共安排郧阳区中央和省级水利投资3亿元，高于全省县级平均水平（0.93亿元）220%以上；指导郧阳区水美乡村建设、中型灌区节水改造、水土保持、小型水库除险加固等纳入中央计划执行调度的项目投资1.44亿元，已完成1.41亿元，完成率为97.92%，在全省县（市、区）中位于前列。

持续做好水利技术帮扶：水规总院牵头负责，水利部节水中心、河湖中心、中国水科院、中水淮河公司参加。水规总院通过与郧阳区及技术帮扶组成员单位反复沟通，充分考虑郧阳实际需求及与以往帮扶工作的接续与提升，提出了7项技术帮扶重点任务，并据此印发了《水利部定点帮扶湖北郧阳区2023年度水利技术帮扶工作方案》，明确技术帮扶工作任务安排与时间节点，组织技术帮扶组在河湖长制落实推进、数字孪生流域建设、水库渗漏探测检测、水库除险加固、县域节水型社会创建、水系连通及水美乡村建设和水生态保护修复等7个方面给予郧阳区技术帮扶。7项工作任务已全部完成，为郧阳区迈向乡村振兴打下了坚实基础。此外，水规总院还组织专家对《郧阳区现代水网规划报告》开展技术咨询，出具了咨询意见。

持续开展水利人才培训：中国水科院牵头负责，长江委参加，计划培训50人次以上，切实提高郧阳区专业技术人员的能力和水平。2023年，中国水科院、长江委、节水中心围绕国家水网、数字孪生水利建设、水旱灾害防御、流域综合治理、河湖长制、节水型社会创建等方面，组织相关领域专家授课，帮助郧阳区培训水利技术人员103人次。

继续实施职业技能培训：长江委牵头负责，汉江集团参加，计划帮助培训劳动力100人次以上，举办1期50人以上致富带头人培训班，培训新型职业农民，助力稳岗就业。2023年累计完成培训161人次，其中长江委投入经费12万元，帮助培训畜禽养殖、小水果及蔬菜种植等技能培训班2期，累计培训103人次；汉江集团投入经费6万元，帮助培训致富带头人累计58人次。

实施党建促乡村振兴：防御司牵头负责，长江委、中线水源公司、水利工程协会参加，与郧阳区白浪镇袁家湾村党支部开展"支部共建"活动，着力加强村"两委"班子建设。8月中旬，长江委直属机关党委副书记宋宏斌带领调研组一行5人，赴白浪镇袁家湾村开展支部共建活动，调研组深入袁家湾村安幼养老中心、菖蒲等中药材产业基地、庙沟河治理现场、党群服务中心，详细了解白浪镇党建促乡村振兴工作开展情况，实地调研袁家湾村中药材产业发展及乡村"五个"振兴推进落实情况，与镇村干部和党员代表进行深入座谈交流并针对产业发展提出意见建议。中线水源公司落实驻村帮扶工作经费10万元、支部共建经费5万元。9月6—8日、10月17—20日，水利工程协会联合郧阳区委组织部共同举办2期全区村（社区）党组织党务干部能力提升全覆盖培训班，对全区350个村（社区）350名党务干部进行培训，围绕如何做好村级助手、如何落实好组织生活制度、如何做好农村党员教育管理等三个方面开展党建业务培训。深化共同推进农村乡风文明建设。推行微网格、微组织、微服务、微建设、微评议"五微一体"湾组治理模式，推动建设幸福湾组驿站，开展"最美湾组""十星级文明户""和美庭院"等评选活动，实施"百村千湾万户"提升示范工程，以29个共同缔造试点村为基础，着力打造100个示范村、1000个示范湾组、10000户"和美庭院"示范户。

创新开展消费帮扶：调水司牵头负责，淮委等成员单位参加，帮助销售郧阳区农产品，推动特色产业发展。2023年，调水司制订定点帮扶郧阳区工作计划，及时与郧阳区农业农村局进行对接，了解详细需求。与有关成员单位进行对接，沟通协商组织购买、帮助销售郧阳区农产品有关事宜。2023年，帮扶组成员单位购买郧阳区农产品共计207.47万元。此外，大力支持郧阳区农产品现场展销，协调机关服务局在部内开展郧阳区农特产品现场展销活动5次，在北京市消费扶贫双创中心举行郧阳绿色食品展销会和水利部专场展销会，共帮助销售农产品315万元。

推广以工代赈促进稳岗就业：郧阳区牵头负责，湖北省水利厅、水利工程协会指导，选择合适项目纳入巩固拓展脱贫攻坚成果和乡村振兴项目库，组织开展以工代赈项目实施，帮助农村低收入人口就近就地就业增收。2023年水利工程协会、湖北省水利厅帮助争取中央财政以工代赈项目2个，落实资金400万元。在水利项目建设上推广以工代赈，优先吸纳当地群众务工增收，参与以工代赈群众约944人，预计获得劳务报酬1567万元。

实施内引外联帮扶：移民司牵头负责，南水北调司参加，充分发挥中央国家机关联系广泛、沟通协调的优势，帮助协调国家有关部委争取在政策、项目和资金上给予郧阳区更大的倾斜支持。2023年移民司积极协调北京市做好与郧阳区对口协作工作，引入帮扶资金2100万元，建设郧阳区一中学生公寓项目，解决1200名学生住宿问题。

2. 典型经验与做法

（1）提高政治站位，压实工作责任。帮扶组各成员单位高度重视定点帮扶郧阳区工作，单位主要负责人亲自抓工作落实，压实帮扶郧阳区的工作责任；各单位根据年度帮扶工作计划，在深入调研了解郧阳区实际困难和需求的基础上，研究制订具体实施方案，确保年度帮扶工作落到实处。南水北调司统筹协调帮扶组各单位赴郧阳区调研工作，合理安排工作节奏，防止扎堆或接茬调研，及时开展对各成员单位帮扶任务进展、作风建设及郧阳区落实乡村振兴主体责任情况进行督促检查，确保工作责任落实。

（2）多措并举，创新开展消费帮扶。调水司牵头，会同帮扶组成员单位积极与郧阳区农业农村局对接，沟通协商采取向职工提供内容丰富的采购套餐、农产品进食堂展销展示、直采直供、线下现场展销、线上平台展销等多种形式组织购买，帮助销售农产品。积极向单位职工推介郧阳区特色旅游线路，通过旅游消费助推对郧阳区消费帮扶。

（3）发挥技术帮扶合力，助力实现乡村振兴。水规总院充分发挥自身业务专长，协调带动成员单位形成技术帮扶合力，实施工作考核并接受监督检查，形成了对郧阳区技术帮扶的稳定工作机制。与郧阳区反复沟通对接，充分了解分析实际技术需求，并动态调整帮扶内容，精准高效开展技术帮扶，助力郧阳区向实现乡村振兴的新目标奋力迈进。

（王贤慧　沈子恒）

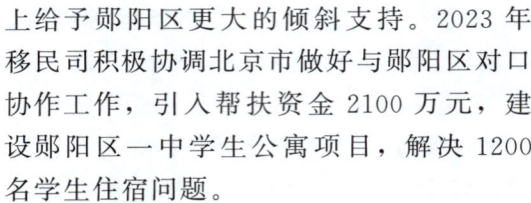

监督检查

【**运行监管**】　南水北调司深入贯彻落实习近平总书记"节水优先、空间均衡、系统治理、两手发力"治水思路和关于治水的重要论述精神以及南水北调"四条生命线"的重要指示，全力做好监督检查工作，切实保障南水北调工程"三个安全"。

1. 重点强化安全运行管理顶层设计　精细化提升安全运行管理水平，以长江、黄河、淮河、海河四大流域管理机构为主力，以南水北调工程安全运行督查人员库和专家库的监管力量为抓手，对南水北调工程安全运行和生产安全、冰期输水、防汛度汛、首都安全风险隐患处置、东中线水质安全保障、中线工程穿跨邻接项目、引江补汉工程建设等情况，加大加密联合检查和自查、专题专项检查、整改问题复查等措施，形成层次分明、上下联动、紧密协作、共同推进的工作格局。

2. 提早部署安全生产各项工作　根据《水利部南水北调司关于印发南水北调工程2023年安全生产工作要点的通知》（南调便函〔2023〕26号）、《水利部南水北调司关于进一步做好南水北调工程安全工作的通知》（南调便函〔2023〕36号）等一系列文件，进一步完善和落实安全生产责任制，健全安全风险分级管控和隐患排查治理双重预防机制，指导运管单位强化基础能力、提高监管水平、消除事故隐患、化解重大风险，防范和遏制各类安全事故发生。

3. 持续强化南水北调工程运行安全监管工作　对运管单位开展全方位安全运行及防汛检查，实施"清单式"防汛监管，发挥层级化安全监管工作体系监管作用。持续推进安全监管方式创新和技术进步的广泛应用，丰富信息化监管手段；加强南水北调工程汛前、汛中、汛后全过程防汛安全监管力度，督促指导运管单位强化预报、预警、预演、预案"四预"措施，确保工程度汛安全。联合国家能源局等有关单位对穿跨邻接中线工程项目管理开展检查，印发整改通知，并实时跟进整改工作进展。

4. 狠抓问题隐患整改落实　持续坚持"以问题为导向、以整改为目标、以问责为抓手"，对工程安全运行监管中发现的各类问题，印发整改通知，督促举一反三整改落实，加大整改力度，坚持"整改不完成绝不放过、整改不达标绝不放过"，确保监管工作见实效。

（潘新备　丁俊岐　梁祎）

【**质量监督**】　水利部监督司、水利部建设管理与质量安全中心（以下简称"建安中心"）精心组织、真抓实干，坚持目标导向、问题导向、结果导向，贯彻落实中央关于统筹规范督查检查考核的有关要求，不断提升南水北调相关项目质量管理水平和工程实体质量，切实履行政府质量监督职责。

1. 重点工作

（1）南水北调中线引江补汉工程质量监督工作。2023年12月，监督司委托建安中心与江汉水网公司签订了《水利工程建设质量监督书》（建安监督3号），承担南水北调中线引江补汉工程的质量监督具体工作。

针对引江补汉工程全线各个标段进行梳理，对三个建设管理部所辖全部施工标段的质量安全管理体系、施工质量过程控制情况、施工现场安全生产情况进行全面检查，查找工程质量管理中存在的突出问题，消除某一施工阶段集中存在的质量通病，及时了解和掌握工程实时质量动态。针对引江补汉长距离输水隧洞施工难度大、质量安全隐患风险大的实际情况，开展隧洞施工原材料和中间产品、初期支护质量、混凝土衬砌质量专项检查检测，有效保障隧洞工程施工质量。

（2）南水北调中线防洪加固项目质量监督工作。结合南水北调中线防洪加固项目特点，加强统筹，制订计划、有序组织，突出重点，以巡查的方式组织开展质量监督工作。对参建单位质量管理体系建立健全和运行情况，以及对关键环节工程实体质量的监督检查，落实项目法人的首要责任和勘察设计、施工、监理等单位的质量主体责任。针对影响工程结构安全的关键部位和重要环节进行重点检查，严格"查、认、改、罚"四个环节，保障南水北调中线防洪加固项目高质量实施。

严格履行南水北调中线防洪加固项目质量监督程序性工作。对参建单位质量终身责任制材料进行备案，对工程项目划分、外观质量评定标准进行确认，列席重要隐蔽（关键部位）单元工程、分部工程、单位工程等法人验收，核备重要隐蔽（关键部位）单元工程、分部工程、单位工程等工程验收质量结论，对工程质量缺陷进行备案，参加阶段验收，出具工程评定意见或质量监督报告等。

（3）拒马河应急抢险加固工程质量监督工作。监督司及时受理拒马河应急抢险加固工程质量监督申请，并对该工程以监督检查的形式开展质量监督工作，具体工作由建安中心承担。

建安中心组织专家对参建各方质量管理体系运行复核，重点检查参建各方现场管理机构设置、人员及设备配备是否发生变化，变更手续是否齐全；检查按质量管理制度开展工作情况，结合实体质量检查情况复核质量管理体系是否需要进一步完善。检查重要部位施工质量过程控制情况主要针对重要隐蔽工程、影响结构安全的关键部位和重要环节是否符合设计和规范的规定；检查主要原材料、中间产品和实体质量检验是否符合有关规定；检查施工单位是否按图施工、是否存在人为的偷工减料、单元（工序）工程施工质量评定是否存在弄虚作假的问题等。

面对北拒马河暗渠按期通水的急迫形势，及时印发质量监督检查工作报告，参加暗渠通水阶段验收，为南水北调中线恢复正常供水提供监督保障。

2. 监督成效

（1）有效督促各参建单位落实法定质量责任。按照质量监督工作计划对各参建单位质量体系进行全面复核、随机抽查，对新进场单位质量体系进行检查，对不符合资质要求的单位、不符合资格要求的人员、不满足工程建设需要的现场质量管理机构、质量管理制度等提出整改要求，有效督促参建单位建立健全质量管理体系。

检查及检测提出的质量问题，项目站均建立了问题整改台账，利用监督人员常驻工程现场的优势，持续督促、跟踪问题整改。通过检查发现问题、落实问题整改有效闭环，督促建设各方进一步规范质量行为，落实法定质量责任。

（2）有效强化工程关键部位和环节质量管理。强化隧洞工程施工质量管理：针对隧洞工程施工难度大、质量安全隐患风险大的实际情况，开展了隧洞工程施工质量专项检查检测。制订了《隧洞工程施工质量与安全专项检查检测方案》，根据方案巡查和检测重点检查了隧洞工程的超前地质预报、开挖支护、混凝土衬砌、灌浆、安全监测等的施工质量，以及安全生产制度的建立和执行、爆破作业、施工临时用电、安全防护措施等安全生产情况，重点检测了隧洞施工的原材料和中间产品、初期支护质量、混凝土衬砌质量等，及时发现隧洞工程施工存在的质量和安全问题并督促落实整改，有效强化隧洞工程施工质量管理，保障隧洞工程施工质量。

加强对单元工程施工质量验收管理：按照《水利工程质量管理规定》（水利部令第52号）规定，对工程建设执行技术标准清单进行了专项检查，检查项目法人组织编制工程建设执行技术标准清单情况，重点检查单元（工序）工程施工质量验收表中的质量标准是否符合执行的技术标准清单要求，确保工程质量过程控制和工程验收的标准正确统一。同时，针对重要隐蔽工程，加强对影像资料的检查，确保隐蔽工程的照片、音视频文件等影像资料能够清晰反映工程隐蔽前质量状况，不断强化施工质量过程控制，保障工程施工质量。

（方文杰　许朝勇）

【运行监督】　监督司高度重视审计问题整改工作，针对分工负责的有关问题，以消除工程建设及运行安全风险为目标，及时制订审计整改检查工作方案，2023年采取专项抽查有关单位安全生产风险管控"六项机制"落实情况和防洪加固项目建设施工质量安全，配合河湖司督促河道采砂问题地方整改及责任落实情况等措施，推动审计问题全面整改、长效整改。全年实地检查和调研工作，均严格遵守中央八项规定及其实施细则精神，轻车简从，不搞层层汇报、层层陪同，不给基层增加额外负担。

2023年7月，监督司、河湖司组成工作组，专项抽查审计问题涉及的防洪加固工程和重点建筑物上下游河道采砂情况，现场核查了中线干线北拒马河暗渠等穿河建筑物，督促现场管理人员加强安全生产风险管控"六项机制"落实落地、值班值守、安全监测、防汛应急和工程质量管理等工作。检查现场对发现的漕河渡槽上游河道上游私自挖塘督促实现立查立改，部分涉及历史砂坑等采砂问题移交河湖司。9月，中国南水北调集团反馈，已针对专项核查情况加强"六项机制"落实落地、值班值守、安全监测成果应用等工作。10月，监督司与河湖司共同开展调研，查看南水北调中线干线交叉河道非法采砂排查整治工作情况，进一步了解审计关注的6个防护工程2023年水毁情况和修复计划。 （李笑一　韩小虎）

河湖保护中心根据水利部有关工作安排，全力做好运行监督工作。

1. 加强调查研究、开展重点区域督查督导　2023年4月13—14日，河湖保护中心随同南水北调司、调水局等对南水北调中线公司天津分公司实验室进行了调研。5月17日，河湖保护中心对中线公司河北分公司刚毛藻聚集应急处置联合演练情况进行了调研。

2. 加强水质实验室规范化管理　为规范南水北调实验室管理，提升南水北调沿线实验室能力，根据水利部有关工作安排，河湖保护中心于5月15—18日分两个巡查组，分别对中线公司河南水质监测中心、河北水质监测中心进行了专项巡查。巡查按照检查实验室体系建设情况、开展实验室盲测盲评、开展对比试验验证检测能力3个方面进行，共发现问题15个，提出建议8条。

3. 强化丹江口水库水质安全保障　河湖保护中心于4—5月对南水北调水源地、中线工程、东线工程开展了水质抽检工作，共检测点位46个，编制完成46组次的水质检测报告。4月24日，根据相关舆情通报，开展了湖北省丹江口市泗河下游段偷排现场断面水体现场水质检测，并及时将检测情况报告南水北调司，协助南水北调司编制了《丹江口泗河排污问题报告》。该报告得到水利部部长李国英、副部长王道席、驻水利部纪检监察组组长王新哲等3位领导的批示和表扬，部长李国英做出"任何时候、任何情况下，都必须确保南水北调中线水源水质安全"的批示。

4. 完成质量监督总报告　为保障南水北调工程竣工验收工作的顺利开展，河湖保护中心联合湖北、河南、河北、天津、北京、山东、江苏等7省（直辖市）质量监督站编制完成了《南水北调东线一期工程质量监督总报告》（初稿）和《南水北调中线一期工程质量监督总报告》（初稿）2个监督报告，做好竣工前的验收准备工作。

5. 科技赋能助力水质保护　6月12—16日，河湖保护中心组织有关专家赴南水北调东线开展了污染因子溯源调研，共发现问题2个，提出建议3条。

（河湖保护中心）

【运行监管问题台账管理】　调水局建立检查发现问题台账，并按安全运行检查和防汛检查分类规范管理，定期对台账问题进行统计分析。按照《水利工程运行管理监督检查办法（试行）》等规定，建立检查发现问题台账报送机制，规范问题台账格式、问题分类、印证资料、问题整改等报送要求。科学动态管理问题台账，做好问题督促整改核查，推进问题整改落实，做好台账闭环式管理；以台账促整改，做好检查成果汇总分析，对重点工作、系统性问题提出整改意见及建议，确保监督检查效果。通过台账库管理，跟踪督促问题整改落实情况，及时掌握南水北调工程运行监管工作总体进展，推动提升南水北调工程运行管理水平。

（李东奇　吕平安）

【安全运行检查】　按照《水利部南水北调司关于印发南水北调工程2023年安全生产工作要点的通知》（南调便函〔2023〕26号）要求和南水北调司工作安排，调水局积极开展各类监督检查工作。2023年南水北调司、长江委、黄委、淮委、海委及调水局共组织开展安全运行相关检查19次，覆盖全部二级管理单位，主要检查内容是防汛准备、运行管理、安全生产、标准化建设等情况。同时，南水北调司、调水局组织开展防汛抗旱查漏补缺现场抽查，主要涉及中线公司河南分公司、河北分公司近10余个现场管理处，山东干线公司3个管理局；4月，调水局组织开展中线工程输水蓄水安全检查发现问题和隐患整改落实情况核实工作，对邯郸、保定和西黑山管理处等进行了抽查；7月，南水北调司、调水局组织开展"七下八上"防汛关键期检查，范围涵盖东、中线共计8个现地管理处的防汛物资储备、防汛预案、设备设施及维修养护等方面；12月，南水北调司、调水局以"四不两直"方式开展南水北调工程冰期输水准备工作检查，重点对值班值守、拦、扰、融、排、捞冰设备设施调试及运维情况，机电设备和自动化设备维修保养等情况开展检查。

（佟昕馨　李东奇）

【相关专项检查】　2023年4月，南水北调司、调水局组织开展中线防洪加固项目检查，重点对南水北调中线一期工程河南分公司辖区3个标段防洪加固项目进行了检查，7—8月组织两次现场复核，调水局对剩余整改不到位或未完成整改问题逐一开展复核；5月，运管司、南水北调司、调水局组织开展首都安全风险隐患处置督导工作，对北京、天津、河北开展专项督导；6月，南水北调司、调水局就引江补汉工程进度、质量、安全和数字孪生四方面开展视频检查。

（李东奇　轩辕浩正）

技术咨询与重大专题

【专家委员会工作】　2023年，南水北调工程专家委员会完成了换届，专家委一如既往主动作为、实干担当，全年共开展了13次重大技术咨询活动、12次调研检查和研讨交流、3项专题研究，为推进南水北调工程高质量发展提供了重要技术支撑。

1. 技术咨询活动　紧扣南水北调工程"三个安全"保障工作，组织对南水北调中线一期工程总干渠停水检修必要性研究、水利水电工程（调水工程）运行危险源辨识与风险评价导则等3项专题成果开展了技术咨询；着眼南水北调工程竣工验收，组织对南水北调工程丹江口水库移民遗留问题处理及后续帮扶规划、南水北调中线一期工程竣工验收重点问题梳理研究等3项成果开展了技术咨询；聚焦南水北调后续工程高质量发展，组织对南水北调西线工程可调水量评估研究、南水北调中线调蓄工程体系规划研究等5项成果开展了技术咨询；围绕南水北调工程的运行与效益评价分、水量消纳研究及效益提升建议等2项成果开展了技术咨询。

2. 调研、检查及研讨活动　在总体规划方面，专家委主动介入，与规计司、水规总院共同召开了南水北调工程总体规划修编研讨会。在竣工验收方面，专家委分别赴东、中线对影响竣工验收的若干问题开展了调研，初步摸清了现阶段影响竣工验收存在的主要问题和工作重点；赴杭州千岛湖配水工程，了解借鉴地方引调水工程建设运行及验收有关经验。在首都供水安全方面，8月初北拒马河险情发生后，专家委第一时间赴现场开展了相关工程水毁情况和应急修复工程的检查；9月下旬赴河北、北京开展了首都供水安全情况调研，了解南水北调工程"三个安全"保障及效益发挥情况。在西线工程方面，赴长江委、黄委就南水北调西线工程可调水量开展相关调研，赴青海、甘肃、宁夏、内蒙古、山西、陕西6省（自治区）开展南水北调西线工程关键问题调研，积极为推进西线工程前期工作提供技术支撑。在中线水源水质保障方面，赴丹江口水库开展了水库消落区土地利用及管理情况调研。

3. 专题研究　开展了西线可调水量研究，从西线可调水量已有方案评估、筛选潜在可调水方案、调水后影响评估方面，综合提出了可调水量评估意见；开展了西线工程关键问题研究，从工程体制机制、对水源区生态环境影响、水源水库民族宗教影响、水价定价等方面着手研究，提出解决西线关键问题的相关建议，以期为西线工程的规划论证提供参考；开展了南水北调中线一期工程竣工验收重点问题梳理研究，梳理了各设计单元工程完工验收遗留问题，归纳总结了需要关注的重点问题，为工程安全运行管理和竣工验收工作顺利推进提供有力支撑。

（陈阳　张健峰）

【**工程检查评价与专题调研**】　根据《水利部办公厅关于进一步明确水利部南水北调工程验收工作领导小组各成员单位职责分工的通知》（办南调〔2022〕35号）以及《水利部办公厅关于印发2023年水利档案工作要点的通知》（办档〔2023〕65号）有关工作安排，为做好南水北调东、中线一期工程档案竣工验收相关工作，调水局开展了南水北调东、中线一期工程档案专项验收阶段遗留问题整改情况调研工作。

1. 南水北调中线一期工程惠南庄泵站等设计单元工程档案专项验收遗留问题整改情况调研　2023年4月17—21日，调水局调研了南水北调中线一期工程惠南庄泵站等设计单元工程档案专项验收遗留问题整改情况，主要调研了南水北调中线一期工程惠南庄泵站、京石段应急供水工程北拒马河暗渠、北京段永久供电3个设计单元工程完工验收阶段工程档案专项验收遗留问题整改情况。

2. 南水北调东线一期工程鲁北段工程小运河段等设计单元工程档案专项验收遗留问题整改情况调研　2023年5月9—12日，调水局调研了南水北调东线一期工程鲁北段工程小运河段等设计单元工程档案专项验收遗留问题整改情况，主要调研了南水北调东线一期鲁北段工程小运河段设计单元工程、胶东干线济南至引黄济青段工程东湖水库设计单元工程、胶东干线济南至引黄济青段工程明渠段设计单元工程完工验收阶段工程档案专项验收遗留问题整改情况。

3. 南水北调中线一期工程漕河渡槽段等设计单元工程档案专项验收遗留问题整改情况调研　2023年5月22—26日，

调水局调研了南水北调中线一期工程漕河渡槽段等设计单元工程档案专项验收遗留问题整改情况，主要调研了南水北调中线一期工程漕河渡槽段工程、南水北调中线京石段应急供水工程河北段工程管理专题、南水北调中线京石段应急供水工程（石家庄至北拒马河段）生产桥工程3个设计单元工程完工验收阶段工程档案专项验收遗留问题整改情况。

4. 南水北调中线一期工程永定河倒虹吸工程等设计单元工程档案专项验收遗留问题整改情况调研　2023年6月5—9日，调水局调研了南水北调中线一期工程永定河倒虹吸工程等设计单元工程档案专项验收遗留问题整改情况，主要调研了南水北调中线一期工程永定河倒虹吸工程、西四环暗涵工程、北京市穿五棵松地铁工程、北京段铁路交叉工程和北京段其他工程5个设计单元工程完工验收阶段工程档案专项验收遗留问题整改情况。

5. 南水北调中线干线京石段应急供水工程釜山隧洞等设计单元工程档案专项验收遗留问题整改情况调研　2023年6月12—16日，调水局调研了南水北调中线干线京石段应急供水工程釜山隧洞等设计单元工程档案专项验收遗留问题整改情况，主要调研了南水北调中线京石段应急供水工程（石家庄至北拒马河段）总干渠及连接段工程、釜山隧洞工程，南水北调中线一期工程永年县段、沙河市段等4个设计单元工程完工验收阶段工程档案专项验收遗留问题整改情况。

6. 南水北调中线一期工程邢台市段等设计单元工程档案专项验收遗留问题整改情况调研　2023年7月2—7日，调水局调研了南水北调中线一期工程邢台市段等设计单元工程档案专项验收遗留问题整改情况，主要调研了南水北调中线一期工程邢台市段工程、南沙河倒虹吸工程、磁县段工程、高邑县至元氏县段工程4个设计单元工程完工验收阶段工程档案专项验收遗留问题整改情况。

7. 南水北调中线京石段应急供水工程（北京段）工程管理专题工程档案专项验收遗留问题整改情况调研　2023年9月5—8日，调水局调研了南水北调中线京石段应急供水工程（北京段）工程管理专题设计单元工程档案专项验收遗留问题整改情况，主要调研了南水北调中线京石段应急供水工程（北京段）工程管理专题设计单元工程完工验收阶段工程档案专项验收遗留问题整改情况。

8. 南水北调中线一期工程石家庄市区段等设计单元工程档案专项验收遗留问题整改情况调研　2023年10月15—20日，调水局调研了南水北调中线一期工程石家庄市区段等设计单元工程档案专项验收遗留问题整改情况，主要调研了南水北调中线一期工程石家庄市区段工程、邯郸市至邯郸县段工程、洺河渡槽工程等设计单元工程完工验收阶段工程档案专项验收遗留问题整改情况。

9. 南水北调中线一期工程叶县段等设计单元工程档案专项验收遗留问题整改情况调研　2023年11月26日至12月1日，调水局调研了南水北调中线一期工程叶县段等设计单元工程档案专项验收遗留问题整改情况，主要调研了南水北调中线一期工程叶县段工程、澧河渡槽工程、北汝河渠道倒虹吸工程、穿黄工程管理专项、穿漳河工程等5个设计单元工程完工验收阶段工程档案专项验收遗留问题整改情况。

（闫津赫　王文丰　江兴泊　薛亚峰）

【重大专题研究】

1. 南水北调西线工程调水对长江黄河生态环境影响及应对策略 2022年底，黄河勘测规划设计研究院有限公司（以下简称"黄河设计院"）会同南京水利科学研究院、河海大学、四川大学、中国环境科学研究院、调水局、清华大学、中国南水北调集团等10家单位成功申报了"十四五"国家重点研发计划"长江黄河等重点流域水资源与水环境综合治理"重点专项——"南水北调西线工程调水对长江黄河生态环境影响及应对策略"项目。该项目于2022年11月正式立项，研究周期为2022年11月至2026年10月。调水局参与课题四"西线工程调水生态补偿机制及生物入侵风险分析"，并牵头开展专题二"西线工程受水区生态环境效益评价"和专题四"西线工程调水生态补偿模式和机制"研究任务，经过2023年一年的研究，提出了西线工程受水区生态环境效益评价指标体系初步成果，并对西线工程调水生态补偿模式和机制进行了初步分析。

（李楠楠　田野　张颜）

2. 浮动式曝气联合扰冰装置及多热源增温技术 2022年底，调水局参与了"十四五"国家重点研发计划"长江黄河等重点流域水资源与水环境综合治理"重点专项"南水北调中线冬季输水能力提升关键技术研究与示范"项目。该项目于2022年11月正式立项，研究周期为2022年11月至2026年10月。调水局参与课题"南水北调中线工程冬季大流量非冰盖输水主动提升技术"，并牵头开展专题"浮动式曝气联合扰冰装置及多热源增温技术"研究任务。

截至2023年底，研究完成了渠道扰冰融冰设施的设计、曝气扰冰效果分析及参数率定、试验方案参数的敏感性分析，并结合人工智能算法开展了曝气扰冰运行方案优化分析，研究针对多目标需求下的扰冰装置运行方式；开展基于水-热-力三场耦合数值模型的渠道衬砌碎石桩辅热性能数值分析。

（王声扬　陈阳）

3. 南水北调中线工程多水源供水保障与智慧调控技术 2023年12月，河北工程大学、天津大学、华中科技大学、中国水科院、武汉宏信技术服务有限责任公司等10家单位联合申报的"十四五"国家重点研发计划"长江黄河等重点流域水资源与水环境综合治理"重点专项"南水北调中线工程多水源供水保障与智慧调控技术"成功立项，研究周期为2023年12月至2027年11月。调水局负责项目课题一"中线多水源调水系统水资源适应性均衡配置理论与技术"的子课题四"中线调水系统水资源适应性均衡配置模型及方案"的研究工作。

（陈悦云　张爱静）

科技创新与科普

【水利科技重大攻关】

1. 水利部 2023年，国科司围绕南水北调多水源智能调控技术、水质安全保障、工程建设关键设备、跨流域调水生态影响等重大科技问题，多渠道争取相关科技计划支持。

（1）协调科技部，加强"长江黄河等重点流域水资源与水环境综合治理"等"十四五"国家重点研发计划涉水重点专项对南水北调科技创新的支持力度，新增立项"跨流域人工调水系统低营养水体中藻类暴发机制与预防技术""南水北调中线工程多水源供水保障与智慧调控技术""南水北调中线水源区中长期水资源预测技术"等研究项目，争取国拨经费约3778万元用于南水北调水利科技研究。

（2）会同国家自然科学基金委、长江三峡集团公司通过长江水科学研究联合基金，新增立项"丹江口水库磷循环失衡机制与富营养化风险研究""丹江口库区消落带水土流失与面源污染驱动机制及防治"等2项重点项目，争取国拨经费600万元支持南水北调中线水源地水质保障科学研究。

（3）完成首批水利部重大科技项目计划立项工作。组织开展重大科技项目计划申报、评审、立项工作，实施"南水北调西线工程水源点及可调水量研究""南水北调东线工程沿线地下水演化规律与智慧管理""南水北调西线工程水源点及可调水量研究""南水北调西线工程输水隧洞建设关键技术及装备"等多项重大科技项目，有力支撑南水北调相关水利科技研发工作。　　　　（张景广　陈学凯　孙彭成）

2. 中国南水北调集团、项目法人单位

（1）中国南水北调集团。中国南水北调集团牵头申报的国家重点研发计划"跨流域人工调水系统低营养水体中藻类暴发机制与预防技术"研究项目通过评审，实现中国南水北调集团总部作为牵头单位获批国家重点研发计划项目"零"的突破，中国南水北调集团成立后连续三年作为牵头单位获批国家重点研发计划项目。中国南水北调集团不断加强对财政部国有资本经营预算"南水北调工程关键技术攻关"的项目管理，定期召开协调调度会，动态把控项目研究工作。"南水北调中线总干渠影响水质类别关键指标溯源及防治措施示范"等两个项目入选水利部重大科技项目清单并启动研究工作。紧密围绕科技创新专项规划和亟须解决的重大问题，开展2023年集团级科研项目立项工作，确定了"南水北调中线总干渠输水调度数字孪生仿真预演技术及应用研究"等项目作为中国南水北调集团重大项目并推动项目实施。

（中国南水北调集团）

（2）中线水源公司。数字孪生丹江口入选《数字孪生水利建设十大样板名单（2023年）》，数字孪生丹江口大坝安全模型平台及"四预"业务入选《数字孪生水利建设典型案例名录（2023年）》，"湖（库）突发水污染事故快速模拟技术""数字孪生水库水质安全模型平台与预报-预警-预演-预案关键技术"已入选《2023年度水利先进实用技术重点推广指导目录》。2023年中线水源公司申报了"物理机制与多维监测信息融合驱动的数字孪生丹江口大坝安全模型平台及'四预'业务典型案例"项目，此外还申报1项水利学会团体标准，即《数字孪生湖库水质管理信息系统设计技术导则》。　（张伊）

（3）江苏水源公司。2023年，江苏水源公司紧扣调水运营和涉水经营业务"双轮驱动"、融合发展战略目标，聚焦重点领域积极开展重大科技攻关，坚持问题为导向、需求为指引，围绕调水运行优化、泵站设备优化、工程安全监测等方面组织年度内部科研立项4项，承担国家重点研发计划子课题1项、省级国际合作科技计划1项、区级产业前瞻科技计划1项，获中国博士后科学基金课题1项。

智能泵站建设和管理关键技术攻关：依托江苏省泵站工程技术研究中心，积极推进智能泵站技术标准研究，开展编制地方标准《智能泵站技术导则》工作并通过江苏省市场监督管理局审查。持续开展大型泵站群"远程集控、少人值守"管理模式研究，组织制订相关企业标准，为江苏省泵站智能化建设和管理提供技术指导和支撑。

数字孪生泵站关键技术攻关：研发泵组声纹 AI 监测诊断模型算法，积累声纹特征数据，通过水泵机组运行实时监测实现异常诊断预警。研发智能调控、设备安全评价、关键部件劣化趋势预测、泵站故障预警与诊断、泵组健康评价等专业模型，有效提高设备运行监控预警与应急处置能力，有力保障泵站安全稳定运行。

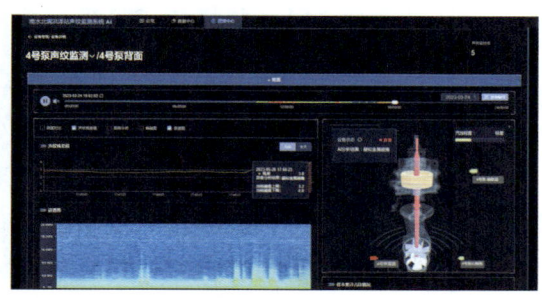

声纹 AI 监测诊断模型异常测试预警图
（李英玉 供图）

大型泵站群智能控制和优化调度关键技术攻关：依托国家重点研发计划子课题，开展常规、应急调度工况水量-水质-水力输入样本构建，提出多目标常规调度方案和应急调度方案，为提升调水经济效益提供有效支撑。自主研发了大型泵站自主可控智能化运行控制软硬件系统与成套设备，摆脱了关键设备进口依赖的"卡脖子"难题，提升了工程运行可靠性。

（王希晨 李英玉）

【水利科技成果与成果推广转化】

1. 水利部

（1）国科司。水利部围绕国家水网重大水利工程建设等水利行业重点领域相关科技需求，面向行业内外开展成果征集，水利部办公厅印发《2023 年度成熟适用水利科技成果推广清单》，其中"南水北调中线浮游藻类 AI 识别技术"已在南水北调工程得到应用。2023 年度共组织实施 35 个水利技术示范项目，其中"预应力钢筒混凝土管断丝电磁无损检测技术"和"水利工程地下岩体综合信息采集及管理系统"等 2 项成果已在南水北调工程建设中得到示范应用。同时，通过组织推介交流活动、开展媒体宣传等方式，进一步加强相关技术成果的推广运用。

（王洪明 原杰辉 王海）

（2）调水局。"十三五"期间，调水局根据南水北调工程安全稳定运行需要，牵头组织完成了国家重点研发计划"南水北调工程运行安全检测技术研究与示范项目"研究。该项目于 2018 年 7 月正式立项，2022 年 4 月通过中国 21 世纪议程管理中心组织的绩效评价，评分为 90.80 分。

该项目研发大型输水建筑物检测装备 4 套、线性渠道工程检测装备 3 套，提出结构损伤理论方法 1 项、监测检测技术标准 2 套，开发智能预警系统 1 套、泵站故障诊断系统 1 套，形成了南水北调工程运行安全检测系统性解决方案及配套技术装备，实现了检测手段和缺陷诊断智能化，不仅为南水北调工程安全、智慧运行提供了有力支撑，而且对提升我国重大水利工程建设与运行管理水平具有重大意义。

项目验收后，为进一步促进研究成果的转化应用，2023 年调水局及有关参研单位积极、广泛开展成果应用与优化升级，为我国长距离引调水工程安全稳定运行、防汛抢险等提供了专业、优质的技术服务，经济社会效益显著。

在预应力钢筒混凝土管（以下简称

"PCCP")监测检测方面，中国水科院于2022年建成长距离大口径PCCP无损检测实验平台，通过试验累积不同工况（静水加压、动水、空管）下的断丝信号，深入开展断丝声光纤监测的识别精度和定位精度研究；开发了全国首套PCCP健康诊断数字孪生系统，可以实现断丝、泄漏和第三方扰动信号监测成果的可视化展示；参与多个PCCP输水工程的声光纤监测方案设计工作，中标涡阳县地表水厂项目输水PCCP管道断丝安全监测设备采购项目。

在长距离线性工程检测方面，黄河设计院研发的拖曳式电磁感应设备先后在郑州"7·20"抢险、小型水库检测、史灌河渗漏检测、深圳地下排水管网等开展了广泛的推广应用工作，同时参与了黄河秋汛和马渡险工等部分险情抢险工作；无人船低频声纳设备先后在多布水电站、天津西河闸、山东小型水库自动化测报、黄河宁蒙段、小北干流、三门峡库区和黄河下游河道整治工程等开展了广泛的推广应用工作，同时参与了黄河部分险情抢险工作；相关成果分别入选了《2023年度成熟适用水利科技成果推广清单》和《2023年度水利先进实用技术重点推广指导目录》，并获黄河水利委员会2023年度科技进步特等奖、黄河设计公司2023年度科技进步特等奖。

在检测技术标准方面，长江地球物理探测（武汉）有限公司与调水局联合编制的《南水北调工程安全稳定运行检测技术标准》（Q/CJSJY 1-003—2021）于2021年在企业内部颁布实施，经优化完善后，于2022年在水利学会成功立项团体标准《引调水工程物探检测技术规程》，且已完成初稿编制。项目研究提出的工程隐患分级分类、工程安全评估等相关技术成果，支撑参研单位在郏县广阔渠和恒压灌区等工程成功中标多个项目，取得了良好的应用效果。

（李楠楠　田野　张颜）

2. 中国南水北调集团、项目法人单位

（1）中国南水北调集团。2023年，中国南水北调集团新增专利52项，其中发明专利11项。"重大引调水工程安全鉴定及评价技术""省级山洪灾害监测预报预警平台"2项技术入选《2023年度水利先进实用技术重点推广指导目录》，"南水北调中线浮游藻类AI识别技术"入选《2023年度成熟适用水利科技成果推广清单》，提高南水北调科技成果引领示范作用。

（中国南水北调集团）

（2）中线水源公司。数字孪生丹江口大坝安全、水质安全、库区安全、防洪兴利、供水安全等各个业务板块，已在"2＋N"业务中得到了应用。

大坝安全依托安全趋势预测预报模型智能组合技术、变化环境下的多维度预警指标拟定技术、大坝有限元多物理场耦合仿真技术，实现了2023年汉江秋汛及170.00m蓄水过程大坝性态的同步跟踪与动态推演。大坝安全孪生应用克服了传统预演分析耗时长、及时性差的短板，采用有限元仿真分析技术，实现了大坝结构性态的实时在线推演，一分钟内便能以大坝的即时结构性态为起点，完成预测工况和特征水位下大坝安全性态的演算，实现对重点坝段多场景状态下的安全运行状态预测、预演、预警，为工程运行管理及汉江流域防洪调度决策提供重要支撑。

水质安全采用调蓄型深水水库高效高精度三维水动力水质模拟技术和突发水污染事件模拟技术，成功复演和实时在线推演了2021年老灌河锑污染事件、2023年泗河排污口偷排氨氮事件和丹江荆紫关锑污染事件、2023年秋汛170.00m蓄水过程中的水质滚动预测推演，为汉江秋汛防御与汛后蓄水的水质安全保障提供重要支撑。

库区安全依托地质灾害智慧防控技术，实现了库区重点地质灾害体全天候动态预警及实时预演。依托卫星遥感、无人机及智慧巡查模块，及时发现和处置库区消落区、水域"四乱"问题，有效保障秋汛及170.00m蓄水库区安全。

防洪兴利（闸门调度）在汉江2023年第1号洪水应对中进行了应用，对提升水库调度效率起到了重要的支撑作用。

供水安全方面，公司协助长江委水资源局，编制完成南水北调中线一期工程2022—2023、2023—2024年度水量调度计划，对保障南水北调中线一期工程供水安全发挥了重要作用。　　（张伊）

（3）江苏水源公司。汇聚整合科技创新要素和资源，构建协同创新的工作机制，依托科技创新平台，加强新兴技术在泵站工程中的应用攻关，积极推动成果转化与推广应用。2023年，博士后工作站获国家博士后基金1项、南京市博士后补助2项，江苏省泵站工程技术研究中心顺利通过绩效考核，与黄委共建中国湖库清淤与泥沙利用协同创新平台，与科大讯飞、江苏移动、无锡物联网创新中心等头部企业（机构）共建泵站声纹AI监测、5G泵站、物联网等企业联合实验室，牵头成立江苏南水北调泵站技术创新联盟，持续发挥南水北调数字孪生技术创新联盟作用。洪泽站试点实现少人值守、基于AI声纹的异常诊断预警；宝应站完成了泵站5G网络部署，开展了部分设备的5G改造和物联网应用研究；远程集控（少人值守）泵站群运管标准、泵站故障预警与诊断系列专业模型等技术成果在省内外具体项目中转化应用。"南水北调东线大型泵站群'远程集控、少人值守'关键技术研究与示范""南水北调大型泵站声纹AI监测技术应用研究""南水北调工程垂直位移上浮影响因素分析研究"等3项成果获江苏省优秀水资源成果认定，授权专利26项，形成地方标准1项、工法4项，参与编著的《大型泵站机组典型故障案例分析》《调水工程标准化创建指导手册》等两部图书出版。　　（王希晨　李英玉）

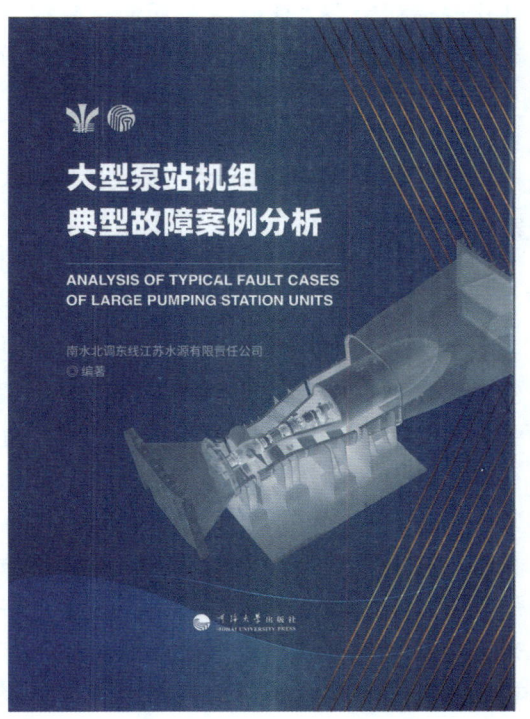

江苏水源公司编著的
《大型泵站机组典型故障案例分析》
图书出版（王希晨　供图）

【水利科技奖励】　2023年，中国南水北调集团积极启动南水北调工程申报国家科技进步奖工作以及申报省部级科学技术奖励。其中,"南水北调中线工程特殊输水期调度运行关键技术"获水力发电科学技术奖二等奖;"基于北斗三号的南水北调天津干线沉降关键技术研究及应用"获卫星导航定位科学技术奖二等奖。组织开展首届南水北调科学技术进步奖评审工作,授予"水下衬砌修复技术研究""大型输水渠道输水状态下渠道衬砌水下修复与拼装关键技术""南水北调中线总干渠汛期、冰期水力优化调控关键技术及应用"等3项优秀科技成果奖二等奖,授予"南水北调中线冬季冰情观测信息化平台研究与建设""禹州采空区柔性测斜仪自动化改造研究""复杂条件下长距离地下有压箱涵不断水渗水修复技术研究""南水北调中线藻类图谱建立及智能识别项目""水下机器人探测设备系统研发及应用示范"等5项优秀科技成果奖三等奖,营造积极主动的科技创新氛围。

（中国南水北调集团）

2023年,中线水源公司积极谋划开展各类奖项和创新基地申报。组织编制丹江口大坝加高工程创优申报方案,对照赋分标准对参建单位奖项、专利、工法等进行摸底,召开中国水利工程优质（大禹）奖、"江汉杯"申报工作启动会以及申报材料、视频审查会;积极组织学习和申报湖北省科学技术奖、长江技术经济学会科技进步奖,为后续规范有序开展报奖工作积累经验;组织开展长江委创新基地申报工作。圆满承办涉及长江委各企事业单位规模约120人的长江委首届科技成果推介会,加快科技创新成果向现实生产力转化,推动长江委科技成果与中线水源工程运行维护和管理需求精准对接,切实支撑南水北调中线水源工程"三个安全";组织参加第十八届世界水资源大会,配合开展长江大保护展台制作。

（张伊）

2023年,江苏水源公司参与的"高性能混流泵瞬态过程理论与关键技术研究及应用"成果获2022年度教育部科技进步奖二等奖;"南水北调东线大型泵站群优化调度和智能控制关键技术与装备"成果获2023年度水力发电科学技术奖二等奖;江苏鸿基水源科技股份有限公司"江苏治淮重要堤防防渗隐患诊断与处理及评价研究"获2022年度江苏省水利科技进步奖三等奖;"江苏南水北调智能调度运行管理系统的创新与应用"获评2023数字江苏建设优秀实践成果十佳案例、获第四届中国工业互联网大赛首届国企数字场景创新专业赛生产运营类一等奖;"数字孪生南水北调洪泽站BIM应用"获2023年"智水杯"水工程BIM应用大赛——运行维护BIM应用银奖;"南水北调东线一期江苏段数据安全防护实践"获评江苏省网络数据管理优秀案例,公司获评2023年度首批江苏省星级上云企业;南水北调江苏泵站技术有限公司获国家高新技术企业、省级专精特新中小企业认定。

（王希晨　李英玉）

【水利科普】　2023年,陶岔管理处管理园区、南水北调天河公园等2家全国科普教育基地深入挖掘南水北调工程科普资源,加大科普资源开放共享力度,在"全国科普日""全国科技活动周""世界水日""中国水周"等重要时间节点积极组织开展"开放日"等科普活动,生动展现南水北调工程科普元素,不断提高科普服务能力。　　（王洪明　管玉卉　王誉翔）

2023年,中国南水北调集团在南水北调工程全线,组织开展以"共筑水网工程　共享好水好生活"为主题的"南水北调品牌日"活动20余场,社会各界群众参加近 6000 多人次。组织"南水北调公民大讲堂""南水北调开放日"等水利科普活动，开展进社区、进广场、进校园等宣传 300 余场，线上线下超万余人次参与。依托工程沿线全国科普教育基地、国家水情教育基地、中央企业爱国主义教育基地、全国中小学生研学实践教育基地，宣传南水北调科普知识，扩大中国南水北调品牌影响力。

9 月 17—23 日，中国南水北调集团组织开展以南水北调工程为主的 2023 年全国科普日系列活动，在中线陶岔渠首开展全国科普日（暨）工程开放日活动，以破解南水北调水质安全"科技密码"为主题，通过现场无人机取水、水质监测等科技手段展示南水北调在保障水质安全方面的科技力量，现场还举办特色课程展演和虚拟现实互动体验。（中国南水北调集团）

2023 年，中线水源公司开展科研技术发展专项规划研究，编制印发公司科研技术工作管理办法，编制完成重大科研顶层设计分年实施方案。组织开展"科技活动周""全国科普日"宣传活动并上报工作成果。代表长江委参加了 2023 年湖北省科普讲解大赛并取得二等奖的优异成绩。积极谋划对外交流合作，积极策划组团赴水质监测体系先进国家调研水安全保障措施；开展"中外典型调水工程核心水源区水安全管理保障体系对比研究及在中线水源管理中的应用"等国际合作项目；编制公司 2024 年度因公临时出国（境）团组计划；做好日、韩代表团接待工作。

（张伊）

2023 年，江苏水源公司积极开展水情科普教育，丰富教育基地功能，充实水文化内涵，引导公众不断加深对南水北调工程的认识。

擦亮科普教育"金名片"：为更好发挥水情科普教育作用，不断整合资源，制订基地管理办法，设计精品研学手册。通过"线上＋线下""实体＋课堂"兼顾模式，改造提升南水北调东线工程规划馆，建设南水北调江苏水情教育室，建成江苏省国资系统党员教育实境课堂。成立"水源红"宣讲团，构建"专家团队＋专业队伍＋志愿者"宣讲队伍。将南水北调江苏水情科普教育基地，打造为各级领导调研视察、指导后续工程高质量发展的主阵地和社会各界"走进大国重器 感受中国力量"爱国主义教育阵地，年均开展科普活动 1200 批次 3 万人次。

守护南水北调"生命线"：开展的节水护水主题宣传活动蝉联全国节水主题优秀活动。在"世界水日""中国水周"期间，组织开展""节水中国 你我同行'——水源红·节水护水系列宣传活动"；组织"四点半课堂——走进南水北调 感受中国力量"青少年暑期实践活动；联合"中国江苏网·新江苏"客户端、"学习强国"江苏学习平台，组织开展强国公益主题研学；每月开展"南水北调水情教育"企业开放日活动，邀请在校学生、职工家属、社会公众参加，通过 VR 技术了解工程环境、建筑外观、水情、工情等内容，增进对南水北调这一"大国重器"的认识。

做优产教融合"发展链"：推动产教融合高质量发展，与河海大学合作开办"江苏南水北调干部学院（党校）"、与扬州大学联合开办"江苏水源公司泵站技能学院"。与高校签订产学研合作协议、教学实习基地协议，构建"一中心（江苏省泵站工程技术研究中心）、两站（博士后科研工作站、江苏省研究生工作站）、三基地（江苏省博士后创新实践基地、河海大学研究生培养基地、中国留学生实习实践基地）"产学研协同创新平台，组建数字孪生、泵站技术 2 个创新联盟，共建 5G 泵站、声纹监测、物联网等 3 个实验室。编制出版发行《南水北调泵站工程技术培训教材》等教材 18 本；创作发行《一江清水向北流》系列工程片，开发"水源云课堂"，将水情教育覆盖学校、社区、乡村。

唱响江苏水源"好声音"：为扩大科普教育活动辐射面，策划专题宣传 20 个，在中央电视台《新闻联播》《大国基石》《寻访中国传奇》，江苏新时空走进南水北调等各类主流媒体报道 243 篇；在《人民日报》《新华日报》"学习强国"平台等多次头版、整版报道公司高质量发展成效，实现央视有画面、日报有专版、强国有声音。在东线工程通水 10 周年之际，组织 10 余家中央媒体赴工程沿线采访。公司网站和微信公众号及时更新动态，为"世界水日""中国水周"开设专栏，进行水知识科普，全年访问量 15 万余人次。出版《奋楫笃行 20 年·南水北调江苏段工程纪事》画册，全方位展示江苏南水北调综合效益、高质量发展成效。

（张谦颖）

【技术标准】 中国南水北调集团着力推动"行团企"三类标准齐头并进。2023 年 1 月，印发《中国南水北调集团有限公司技术标准体系表（2023—2025 年）》，覆盖各业务领域、工程全生命周期。积极参与国家水网建设相关行标制订，主编和参编的 4 项行标经水利部审查完成后向行业内外征求意见；提交了 10 项行标立项建议，拟纳入水利部《水利行业技术标准体系表》。在编团标 7 项，东线公司主编的 2 项团标已通过审查待发布；编制发布首批南水北调企标。组织开展现行企标优化提升，中线公司修订整合 49 项标准；推动 21 项科技成果转化为标准；东线公司制定发布 3 项标准，标准化工作有力有效。

（中国南水北调集团）

【创新平台】 2023 年 6 月，中国南水北调集团编制印发《基层技术创新中心建设实施方案（试行）》（办科技〔2023〕139 号），按照"自主申报、组织创建、命名授牌、指导跟踪、总结评价"的步骤开展基层技术创新中心的创建工作。2023 年 12 月，筹建首批南水北调中线公司总干渠输水挖潜技术创新中心、南水北调中线公司数字孪生技术创新中心、南水北调中线公司水质保护技术创新中心、南水北调东线公司泵站联合调度集成技术创新中心、南水北调江汉水网公司长距离输水隧洞关键技术创新中心、南水北调水网智科公司水网数字化协同技术创新中心等 6 个基层创新中心，坚定不移推进科技创新体系建设。

（中国南水北调集团）

水文化建设与工程宣传

【水利部】 2023 年，南水北调司坚持以习近平新时代中国特色社会主义思想为指导，以学习宣传贯彻党的二十大精神为主线，深入贯彻落实习近平总书记治水重要论述和关于南水北调工程重要讲话指示批示精神，落实全国水利工作会议部署要求，紧紧围绕南水北调"三个安全""四条生命线"和高质量发展中心工作，持续开展高密度宣传，积极传播南水北调声音，讲好南水北调故事，积极推进南水北调文化建设,为南水北调高质量发展营造了良好舆论氛围。

1. **围绕习近平总书记重要讲话批示指示精神宣传**　在习近平总书记"5·14"重要讲话2周年之际,南水北调司组织制作南水北调公益广告,在中央电视台全频道展播,并在水利部官方微信公众号"中国水利"发布。组织撰写"5·14"重要讲话两周年综述新闻,在《中国水利报》刊发,全面宣传南水北调工程效益和重大意义。

2. **围绕南水北调中心工作宣传**　围绕南水北调中心工作重大突破和重要进展,积极开展集中宣传,以东线北延工程应急供水任务超额完成、中线一期工程实施 $380m^3/s$ 加大流量供水保障北方抗旱需求、丹江口水库再次实现 170.00m 满蓄目标及东线一期工程启动新一年度调水等为重点,协调联系中央、地方媒体和行业媒体开展一系列高频次宣传,有力展现了南水北调工作最新进展和成效。

3. **抓好重要节点宣传**　加强重要节点宣传,在东线一期工程通水十周年、中线一期工程调水总量超过 600 亿 m^3、向雄安新区供水突破 1 亿 m^3、全面通水 9 周年等重要节点,协调组织中央、地方媒体开展集中宣传,持续营造良好氛围。

4. **开展矩阵式宣传**

（1）加强信息报送,向中央办公厅、国务院办公厅报送政务信息 13 期、值班信息 5 期。

（2）突出权威媒体宣传,《人民日报》、中央电视台等主流媒体多次聚焦宣传南水北调工作,其中央视网、央视新闻客户端宣传 450 余次,《新闻联播》报道 12 次。

（3）组织召开水利部丹江口库区及其上游流域水质安全保障工作进展和成效新闻发布会,为进一步推进相关工作营造良好氛围。

（4）组织完成南水北调工程展览专题策划,并在水利部"阳光走廊"宣传厅布展,全面展示宣传工程规划论证、建设管理、运行调度和后续工程高质量发展各个阶段的发展历程以及取得的显著成效。

（5）报、书、网、移动端立体发力,在《中国水利报》《中国水利》刊发稿件 20 篇;南水北调司网站策划专题宣传 3 次,全年发布信息 1030 条,总访问量 4260 万次;公开发行《南水北调 2023 年新闻精选集》及《中国南水北调年鉴 2023》,编印《中国南水北调工程效益报告 2023》。

5. **推动加强南水北调文化建设**　组织梳理南水北调工程及沿线文化资源,全面掌握南水北调文化建设基础条件,开展文化建设调研座谈活动,推进加强文化建设工作。

（汪博浩）

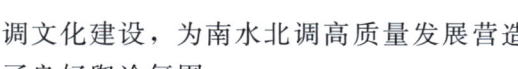　2023 年,北京市水务局与北京市文物局共同举办京杭对话学术论坛,宣传京杭大运河文化遗产保护与利用成果、大运河国家文化公园建设成就。发布第二批北京市水利遗产,包括什刹海、平津闸、澄清上闸（万宁桥）、金中都水关遗址、卢沟桥、莲花池 6 处。推进"三山五园"地区历史水系恢复研究,与海淀区水务局共同编制完成《三山五园地区水系规划》（征求意见稿）。会同东城、西城两区政府共同拟定核心区历史水系保护修复与景观提升方案。

（周英豪）

【天津市】　天津市水务局不断丰富水文化建设与宣传模式和手段,利用"世界水日"、"中国水周"、"全国科普日"、南水北调东、中线一期工程通水9周年等重要节日和时间节点，以天津节水科技馆南水北调工程展区为重要宣传教育基地开展南水北调文化建设与宣传工作，与高校、中小学、幼儿园、企事业单位以及社会团体联合开展主题教育活动，通过研学活动、科普共建等方式，重点宣传水资源分布和天津严峻的水情现状、南水北调中线工程概况及社会综合效益，在全社会树立人水和谐、人水共生理念，推进水工程与文化融合发展。2023年天津节水科技馆与天津市河西区上海道小学结为共建，在"全国科普日"期间，与上海道小学六年级师生开展活动，并将活动视频作为教学视频在学校播放。全年接待团体参观127批次5087人，接待个人参观1568人，共计6655人，游客满意度为100%。（张祺帆）

【湖北省】

（1）聚焦重大水事，主流媒体宣传效果显著。湖北省水利厅积极对接中央电视台、《人民日报》、新华社、人民网、新华网等机构的湖北站（社），建立了通畅的宣传联系渠道，湖北水利新闻在中央主流媒体得到高频次报道，重大水利工程开工均实现在《新闻联播》《人民日报》等主流媒体集中报道。2月，《新闻联播》《新闻直播间》《朝闻天下》等节目5次报道姚家平开工建设，《人民日报》《中国青年报》等媒体报道20余次；5月，荆州市太湖港灌区正式开工建设，《新闻联播》《朝闻天下》《新闻30分》《人民日报》等主流媒体集中报道近20次；6月，碾盘山水利枢纽工程首台机组正式投产发电，《新闻直播间》、《经济信息联播》、央广网"国际在线"等主流媒体集中报道近20次。据统计，2023年湖北水利事业在中央主流媒体报道已超200篇次，省部级媒体报道超400篇次，数量创历史新高。其中，《新闻联播》3次、《央视新闻》16次、《人民日报》11次、新华社（网）62次、人民网63次、中国新闻网24次、湖北电视台58次、《湖北日报》83次。众多主流媒体聚焦湖北，为湖北水利事业发展营造了良好氛围。

（2）紧扣重大主题，专题策划宣传有声有色。聚焦湖北水利行业改革发展成就，与多家主流媒体合作策划开展专题宣传。重点围绕现代水网主题，在人民网开办《"荆楚安澜"现代水网谱写兴水利民新篇章》专题，分6个版块进行热点聚焦；与湖北电视台新闻频道联合推出6条《现代水网"安"荆楚》系列专题报道；在《中国水利报》《湖北日报》推出深度报道，并围绕现代水网建设中守住供水安全底线、重大水利工程刷新进度条等内容进行专版宣传。联合《湖北日报》推出9个专版，全面展示湖北省水利厅工作成果；汛后在《湖北日报》推出《党政一把手共话防汛策》专题报道，并在"长江云"平台分7个系列推出《今年我省平安度汛 各地党政一把手这样说》栏目，反响良好，为水利系统赢得防汛抗旱话语权。与新华网合作开展水利专家和高技能人才"匠心筑梦水利人"专题宣传，制作4个典型人物宣传视频，播发12篇人物事迹通讯；在《湖北省河湖长制工作规定》新闻发布会前夕，推出《以制为本画蓝图》宣传片，提前造势；在岁末年初推出《谱治水长歌 护荆楚安澜——2023湖北水利年度纪事》宣传片，展现湖北水利人砥砺前行、锐意进取谱写出的崭新华章。联合湖北电视台垄上频道推出《厅直单位看风采》系列短视频，全面展示13个厅直单位水利工程风采。在《中国水利报》策划推出 3 个专版，全面展示湖北省水利厅阶段性重点工作成果。

此外，4 次协调组织召开湖北省政府新闻办新闻发布会，就湖北实施流域综合治理行动、《湖北省河湖长制工作规定》、第 7 号省河湖长令、《关于加强新时代湖北水土保持工作的实施意见》等进行集中宣传报道，高规格新闻发布的力度为近年来之最。同时，尝试运用有声海报、电子海报、AI 视频、App 开屏等新型宣传产品，舆论反响良好。

（3）牢守主阵地，正面宣传引导能力增强。压紧压实意识形态主体责任，夯实意识形态阵地管理，制订《湖北省水利厅信息发布工作方案》，进一步规范信息发布平台内容建设和监管。强化对政务新媒体的监管，加强正面引导和负面管控，坚决守好意识形态主阵地。策划开展湖北水利好新闻好作品评选、湖北水利新闻摄影作品征集、"水安荆楚"知识竞赛等线上活动，增强新媒体账号互动性。结合重点工作制作推出 8 个宣传专题，新增《水利科普》《水利人才》《重大水利工程》《基层看点》等栏目。改造"湖北水利"微信公众号前端，确保水利热点随时跟、水利数据随时查、水利服务随时办。2023 年，微信公众号发布稿件 796 篇，粉丝量突破 4.2 万人，微博发布 739 篇，稿件数量、阅读量和粉丝量均突破历史最高水平，"湖北水利"微信公众号成功获评省委网信办"百佳新媒体账号"。

（4）加强水文化宣传，行业知名度显著提升。湖北清江入选第 2 届全国"最美家乡河"，崇阳县白霓古堰入选世界灌溉工程遗产名录，众多媒体宣传报道，大大提升了湖北水利文化事业知名度。荆江分洪工程和鄂北地区水资源配置工程（一期）入选水利部"人民治水·百年功绩"治水工程名单。其中，荆江分洪工程被列入首批国家水利遗产现场核查名单，并与襄阳引丹渠一起成功获评第五批国家水情教育基地。截至 2023 年，全省已创建 5 家国家级水情教育基地，成为开展节水爱水护水宣传的重要阵地。《湖北省水文化建设规划》编制和全省水利遗产调查工作已经启动，湖北水利文化事业将翻开新的篇章。

（孟梦）

【山东省】 2023 年，山东南水北调宣传工作坚持以习近平新时代中国特色社会主义思想为指导，深入学习贯彻党的二十大精神，全面贯彻落实习近平宣传文化思想，紧紧围绕南水北调重点任务和南水北调东线一期工程通水 10 周年重要节点，强化正面宣传和舆论引导，积极传播南水北调声音，扩大南水北调影响，不断推进山东南水北调高质量发展取得新成效。

1. 水文化建设

（1）顶层设计逐步完善，找准"一泓清水"文化坐标。山东省水利厅高度重视水文化建设，一体推进南水北调文化建设，找准文化坐标，明晰文化定位，将其作为推进文化自信自强的重要举措、增强水利行业"软实力"的重要抓手、加快水利事业高质量发展的重要载体，注重加强顶层设计，逐步完善体制机制。

树立鲜明导向：山东省水利厅党组深刻认识水文化建设重要意义，牢牢把握水文化建设重大机遇，研究提出依法管水、科技兴水、系统治水、改革活水、数字强水、文化铸水的"六水共治"发展思路，将"文化铸水"列为重要一环，为南水北调文化建设工作树立鲜明导向、提供根本遵循。

完善体制机制：成立水文化工作领导小组，由湖北省水利厅主要负责人任组长、相关负责人任副组长，构建起规划科学、领导有力、多方统筹、专业支撑的水文化工作领导体制和运行机制。

强化规划引领：深入贯彻落实水利部水文化工作推进会部署要求，编制印发《山东省水文化建设规划纲要（2023—2025年）》，明确提出"十个一"总目标，为"十四五"时期水文化建设工作明确了"任务书""路线图"。

（2）工程文化初步融合，积淀"国之重器"深厚底蕴。结合山东省南水北调工程建设实际，在工程建设规划、设计、施工、管理等环节融入文化元素，不断提升工程设施文化内涵、文化品位。

凸显地域特色：组织创建台儿庄、万年闸、二级坝、长沟泵站，东湖、大屯水库等6处南水北调文化建设试点基地，其中在台儿庄泵站建设运河文化发展演变历史系列展板；在长沟泵站设置圣贤治水、水利发展史等水文化专题展板；在东湖水库创建济南"泉水文化"发展史、历史人物风貌等相关展览；在大屯水库建设"大禹治水"雕塑及以科学创新等为内涵的治水精神展室，把地域文化与水利工程有机融合，既有浓厚的"水利味"，又有当地的"文化气"。

凸显历史文韵：积极挖掘南水北调工程沿线水库、闸坝、石桥等工程设施历史文化底蕴，做好传承保护弘扬工作。百年老站台儿庄闸水文站，以其历史底蕴之深厚、文化传承之卓越、守护安澜之功绩、百年发展之成就，被水利部认定为第一批百年水文站。积极参与国家水利遗产推介申报工作，戴村坝作为大运河申遗的重要节点工程，被列入首批国家水利遗产名单。南水北调东线大运河南旺枢纽工程成功创建为国家水情教育基地，成为面向世界宣传南水北调文化的重要窗口。韩庄运河台儿庄段和韩庄节制闸至四支沟段等河段先后被山东省河长办评为"美丽幸福示范河湖"。

（3）文物保护深入推进，书写"江水入鲁"崭新篇章。以服务黄河、大运河国家文化公园建设为重点，分流域、分片区、分种类组织开展水利遗产资源调查，加强文物传承保护。

摸清水利遗产家底：先后联合宣传部、文化和旅游等4部门开展山东历史著名水工程、治水人物、治水传说、古井名井等征集活动，编辑出版《水越千年韵齐鲁》《山东古井名井档案》等书籍；配合有关部门完成《中国禹迹图（山东）》19处有关遗产遗迹认定核实工作；研究制订《山东省水利遗产认定标准和管理办法（暂行）》，认定首批省级水利遗产15处；编制完成《山东省水利遗产名录》，建立山东省水利遗产数据库，实现水利遗产数据化、信息化、便捷化管理。

聚焦沿线文物保护：南水北调东线一期工程山东段总长度为1191km，南北方向主要利用京杭大运河，东西则横贯鲁中和胶东，工程涉及大量古代文化遗存。山东省印发文物保护方案，成立专门工作组，加强规划研究编制，全面开展考古调查，在南水北调干渠及库区共发现文物点88处，完成勘探面积220余万m^2，发掘遗址39处，发掘面积近10万m^2，其中寿光双王城盐业遗址群等4项发掘获评全国十大考古新发现。在小清河防洪综合治理和复航工程中，围绕小清河开展田野考古项目共登记6县（市）、43处文物点，包含龙山文化、岳石文化以及商、周、汉、隋、唐等时期文化，为做好文物传承保护、赓续历史文脉奠定坚实基础。

2023年10月12日,在水利部开展的南水北调文化建设调研座谈会上,山东省水利厅作了现场交流发言。

2. 宣传工作

(1)坚持不懈用习近平新时代中国特色社会主义思想凝心铸魂。强化报刊、杂志、电视以及山东南水北调网络媒体的传播主渠道作用,坚持思想建设和宣传引导同向发力,通过扎实开展主题教育、联合开展主题党日等活动,着力在学懂弄通做实上下功夫,引导山东南水北调干部职工深刻领会"两个确立"决定性意义,推动党的创新理论更加深入人心。深入学习贯彻落实习近平总书记治水重要论述精神特别是关于南水北调工程重要讲话指示批示精神,广泛宣传南水北调作为国之大事、国之重器的战略地位和重要作用,结合工程年度任务完成、向京杭大运河全线贯通补水、"世界水日"、"中国水周"等重要节点,组织策划系列专题宣传报道和群众性专场宣教活动,深度宣传南水北调东线一期工程通水10年来在推动经济社会高质量发展中的重要作用。

(2)突出做好山东南水北调重点工作宣传。紧紧围绕山东治水实践,高标准落实好水利部、山东省水利厅重大主题宣传任务,贯彻落实全国水利、南水北调工作会议和全省水利工作会议精神,深入挖掘山东南水北调工程在加快推进国家省级水网先导区建设和现代化强省建设中的支撑保障地位,全方位宣传展示南水北调工程在构建国家水网和山东现代水网中取得的明显成效。做好南水北调工程管理宣传,围绕打造"精品样板工程",深入宣传山东南水北调工程在健全运行监管工作体系、强化日常监督和过程监管、推进标准化规范化建设、数字赋能南水北调工程智慧运行情况等方面的先进举措和典型经验。统筹做好年度调水和应急供水工作的实时宣传报道,结合南水北调山东段工程2022—2023年度调水计划及配合做好北延应急供水工作有关情况,及时宣传报道年度调水、应急供水完成实况和阶段性节点成果,为高质量完成调水主业提供舆论支持。

(3)积极开展"南水北调东线一期工程通水十周年"系列宣传活动。配合做好中宣部指导拍摄的全景反映南水北调工程的大型纪录片《你好,南水北调》和中央广播电视总台关于"山东济宁梁山港水之变带来的格局之变""青岛近十年发展外向型经济依赖于南水北调的不间断供水保障成效"等新闻采访报道。扎实做好水利部文化建设调研座谈活动保障工作及部署要求,2023年10—12月,配合山东省政府新闻办组织召开新闻发布会1次,中央驻鲁和山东省、济南市共25家媒体30余名记者参加发布会,在全社会掀起关注支持南水北调事业的热潮;在中央和省级主流媒体播放新闻简讯和刊登专版专栏文章10余篇、专题制作宣传片和微电影5部,配合中央和省级媒体完成采风系列活动10余次,集中宣传通水10年来工程沿线经济发展和人民生产生活带来的巨大变化,大力传播"四条生命线"综合效益和工程高质量发展进程。 (山东省水利厅)

【江苏省】

1. 新闻宣传 2023年是南水北调东线一期工程建成通水10周年。江苏省水利厅在建成通水10周年、启动省外调水和北延应急供水等重要节点,协调中央电视台、新华社和省内等主要媒体刊播江苏南水北调专题新闻,积极宣传南水北调工程重大社会效益,全年累计发布各类信息150余条。指导江苏水源公司建设南水北调江苏水情教育室，指导工程运管单位探索南水北调工程管理与文化建设有机融合，在水利部南水北调文化工作座谈会上作交流发言。

2. 南水北调水情教育 利用"世界水日""中国水周"等活动契机，江苏省水利厅面向广大基层群众和中小学生组织开展普法宣传、文化宣讲、国情水情教育等活动，带领联建共创单位党员群众实地参观江苏南水北调工程，走近大国重器。

（宋佳祺）

【中国南水北调集团】

1. 文化建设

（1）编制《中国南水北调集团有限公司企业文化建设专项规划》。根据中共中央办公厅、国务院办公厅印发《"十四五"文化发展规划》和水利部办公厅《关于印发〈"十四五"水文化建设规划〉的通知》精神，全面落实习近平总书记"节水优先、空间均衡、系统治理、两手发力"治水思路，聚焦中国南水北调集团"五个三"发展思路，2023年2月8日，印发《中国南水北调集团有限公司企业文化建设专项规划（2023—2025）》（南水北调党群〔2023〕26号），统筹考虑水资源、水安全、水生态、水文化的有机联系，纵深推进文化铸魂、文化融合、文化赋能三项工程。

（2）开展企业文化专题调研。中国南水北调集团党组坚持以习近平新时代中国特色社会主义思想为指引，全面深入学习贯彻党的二十大精神和习近平文化思想，深刻领悟"两个确立"的决定性意义，牢记习近平总书记"三个事关"谆谆嘱托，牢牢把握"调水供水行业龙头企业、国家水网建设领军企业、水安全保障骨干企业"的战略定位，紧密围绕国企改革深化提升、对标世界一流价值创造、品牌引领等专项行动，深入开展新时代企业文化建设调研，探索提升一流文化软实力的思路对策，形成《提升企业一流文化软实力研究——南水北调集团文化赋能现代新国企建设初探》调研报告，传承中华优秀传统文化，赓续南水北调精神文化，为加快推动南水北调和国家水网事业高质量发展、做强做优做大中国南水北调集团和国有资本、建设世界一流企业和现代新国企提供强大精神动力和先进文化支撑。

（3）开展企业文化宣讲。中国南水北调集团聚焦深入学习贯彻党的二十大精神，传承弘扬中华优秀水文化和南水北调精神文化，开展企业文化宣讲12场，覆盖中国南水北调集团下属二级公司31个基层党支部，不断凝心铸魂聚力，坚定企业文化自信自强。

2. 宣传工作

（1）持续推动主题教育宣传走深走实。深入宣传中国南水北调集团党组学习贯彻习近平新时代中国特色社会主义思想，紧紧围绕主题教育走实走深，宣传报道中国南水北调集团立足"三个企业"战略定位，推进国家水网和南水北调高质量发展的实践探索和生动案例。积极对接中央媒体和行业媒体，在中国共产党主题教育官网刊发报道3篇，先后在新华社、《人民日报》、人民网、国务院国资委网站等媒体刊发报道20多篇，宣传中国南水北调集团党组主题教育成果。通过中国南水北调集团官网、《中国南水北调报》等，报道中国南水北调集团开展主题教育最新进展和工作成效，共发布报道、推文200多篇。

（2）围绕重点工作精心策划专题宣传。策划实施东、中线一期工程累计调水量突破600亿 m^3，引江补汉工程进入主体隧洞施工和开工建设一周年，习近平总书记视察南水北调中线工程并主持召开推进南水北调后续工程高质量发展座谈会两周年、全国两会，东线工程完成年度调水助力京杭大运河再次全线通水，全力防御海河"23·7"流域性特大洪水，成功举办国家水网及南水北调高质量发展论坛，中国南水北调集团成立3周年，东线一期工程正式通水10周年并启动新一年度调水，中线一期工程累计调水量突破600亿 m³，东、中线一期工程全面通水9周年等重点专题宣传，得到中央主流媒体、行业和地方媒体广泛报道，全年保持较高的曝光率和热度，中国南水北调集团与南水北调工程正面形象愈加凸显。2023年全年，中国南水北调集团12次登上《新闻联播》，《人民日报》两次刊登中国南水北调集团董事长蒋旭光署名文章，《国资报告》、《学习时报》、人民网等主流媒体也在2023年内先后刊登了中国南水北调集团董事长蒋旭光署名文章或专访。

(3) 联合主流媒体打造多项传播精品。中国南水北调集团2023年初与央视合作拍摄制作的《大国基石·天河筑梦》纪录片全面展现了南水北调工程国之重器的重大战略地位和坚决保障工程安全、供水安全、水质安全的担当作为，在央视一套、二套等频道连续播出7次，受众触达1.79亿人次，微博话题阅读量超1.4亿次，18次上榜微博热搜。中国南水北调集团支撑央视新闻中心拍摄制作的《传感中国——来自远方的甘甜》专题节目，以全新视角挖掘南水北调工程科技创新亮点，先后在央视新闻频道和《新闻联播》播出。由中国南水北调集团提供拍摄和素材支持的《典籍里的中国——水经注》节目将南水北调大国重器形象与传统文化经典巧妙融合，在央视一套黄金档播出，受

到各界关注。中国南水北调集团与水利部联合制作的南水北调公益广告于5月18—22日在央视综合频道、经济频道等15个频道共播出106频次。协助河南电视台拍摄制作的《南水向北流》系列纪录片5月13日播出后引起强烈反响，累计浏览量超1.6亿次，11月26日获得第十届亚洲微电影艺术节乡村振兴单元最佳作品奖。

(4) 发挥融合优势建强自有宣传阵地。发挥中国南水北调集团自有宣传平台"报、网、微"一体传播优势，在重大专题宣传中营造全景式报道热潮。《中国南水北调报》出版发行34期，推出专刊8期，做足主题宣传活动，做亮系列宣传报道，做精企业文化宣传。中国南水北调集团官方网站发挥对外展示主阵地作用，除日常第一时间发布中国南水北调集团总部与子公司重要新闻外，围绕重大主题制作发布网站专题。中国南水北调集团微信公众号"信语南水北调"发挥新媒体易于传播的优势，通过海报、长图、动图、短视频等方式，增强新闻的可读性，提升中国南水北调集团品牌形象亲和力、吸引力。"信语南水北调"与知名科普类公众号"地球知识局"联合推出的引江补汉工程科普推文《南水北调，要搞一个大动作》在"地球知识局"微信公众号当日点击量突破10万次。

通过主题展览、宣传品等丰富对内对外传播形式。中国南水北调集团与水利部联合举办《天河纵横南北 筑牢国家水网》主题展览，宣传南水北调工程开工建设二十年来建设运行取得的成就及国家水网和南水北调事业高质量发展成效。在中国南水北调集团成立3周年之际，中国南水北调集团一层设计布展了"向着胜利奋勇前进——南水北调集团防御'23·7'特大

暴雨洪水"主题展览，集中展示中国南水北调集团党组带领全体干部职工万众一心、英勇奋战、抗击洪水的精神风貌，发挥了鼓舞士气、凝聚人心的良好作用。设计制作中国南水北调集团宣传册（中英文版）、宣传折页，制作《志建南水北调 构筑国家水网》《时代赋能高质量发展》《南水北调 水脉相承》等10余个短视频和宣传片，全面展示大国重器和国资央企"顶梁柱"形象。

用好各类基地平台，充分展示企业与工程形象。结合"世界水日""中国水周"发出"强化依法治水 共护千里水脉"活动倡议，进校园、进社区、进街道，组织有关单位开展了近百场科普、普法宣传志愿服务活动，活动惠及沿线群众近5万人，全方位打造"南水情长"志愿服务品牌。在"中国品牌日"前后，以"共筑水网工程、共享好水好生活"为主题，组织有关单位开展了形式多样、内容丰富的"南水北调开放日"活动。组织开展"科技赋能生命线 共护南水安澜"系列科普宣传活动，邀请沿线和涉水主业拓展项目所在地学生、群众"共上一堂南水北调科普课"，在为期5周的时间内累计开展活动60余场次，1万余人参加。

（5）展示开放形象稳步开展国际传播。2023年2月4日，第77届联合国大会主席克勒希一行考察南水北调中线穿黄工程，多家媒体发布宣传报道。2月19日，新华网（英文版）对引江补汉工程进入主体隧洞施工进行了现场采访报道。9月12日，国家水网及南水北调高质量发展论坛作为第18届世界水资源大会的专场会议之一在北京成功举办，通过制作的英文版宣传片、宣传册、现场展览等向国内外参会代表展示了中国南水北调集团与南水北调工程形象，近1000家媒体发布相关报道，其中《中国日报》（China Daily）发表英文版报道，新华社英文客户端和新华网（英文版）发布了全英文视频采访报道。

（6）年鉴编撰。编撰完成《中国南水北调集团年鉴2022·创刊卷》，创刊卷全面系统地记载了2020年度和2021年度中国南水北调集团工作的基本情况，收录政策法规文件、统计数据及相关信息。共设19个专栏：特载、专文、概述、重大事件、重要会议、运营管理、开发建设、市场拓展、安全生产与质量监督、环境保护与移民管理、科技创新与信息化、企业管理、党群工作和企业文化建设、监察监督、先进集体、所属企业、大事记、统计资料、附录。创刊卷本着忠实反映中国南水北调集团改革发展历程、客观记录中国南水北调集团大事要事的历史重任的原则，总结具有典型意义的重大事件，记载具有开创意义的重大变革，反映具有启迪意义的重要规律，不断为南水北调和国家水网建设高质量发展提供历史镜鉴、规律认识、实践智慧和精神动力。还组织国资委年鉴中国南水北调集团部分的组稿及编纂，全面反映中国南水北调集团改革发展成果，创建世界一流企业成效。

组织《中国南水北调年鉴》组稿，编纂文字21万，全面记载南水北调工程建设、运行管理、治污环保等工作进展，充分反映南水北调和国家水网建设高质量发展成果。

（中国南水北调集团）

【江苏水源公司】

1. 聚焦学思践悟，筑牢理论思想根基 完善制度保障，制订印发《江苏水源公司党委理论学习中心组学习计划》，组织开展集中学习研讨13次。严格落实"第一议题"制度，列入公司党委会"第一议题"20个。制订《江苏水源公司党委理论学习中心组巡学旁听实施办法》,完成公司党委理论学习中心组巡学旁听全覆盖。扎实开展主题教育,把牢"学思想、强党性、重实践、建新功"总要求,分2个阶段策划7个专题,22人次交流发言。编印《习近平总书记关于南水北调重要论述摘编》。聚焦南水北调工程管理样板、涉水经营提质增效、赋能高质量党建等,办好读书班大讨论。加入江苏省思想政治工作研究会,做实"水源大讲堂",邀请专家学者开展宣教活动3场次。

2. 聚焦强基固本,严管意识形态阵地 全面贯彻意识形态工作责任制,坚决落实党管意识形态要求,组织召开年度宣传思想工作会议,印发《江苏水源公司2023年度宣传思想工作要点》,制订基层党组织2023年意识形态工作责任清单,修订印发《宣传信息报送管理办法》。公司党委专题研究意识形态工作2次,明确任务清单,完善责任体系。制订公司党委换届宣传工作方案,营造风清气正的换届环境。贯彻落实《江苏水源公司舆情应对与应急处置实施办法(试行)》,健全信息发布"三级联审"机制,完善升级新闻信息报送系统,按季度通报新闻信息采用情况。全覆盖排查公司网站、微信公众号稿件;梳理公司各类工作群,清退整合工作群30余个,保留并正常使用268个,营造风清气正的网络环境。

3. 聚焦中心工作,做实舆论宣传引导 在主流媒体、上级单位刊稿243篇,校审编发微信公众号新闻509篇、网站新闻1581篇,访问量超15万人次。围绕公司主责主业,策划开展"奋进正当时""水源红·党建之窗""致敬奋斗者"等专题宣传20个。开设主题教育专栏,做好

江苏水源公司开展"节水中国 你我同行"水源红节水护水主题宣传活动(孙哲 供图)

"高质量发展调研行""主题教育正当时"专题报道,《新华日报》头版、江苏省主题教育官网报道公司主题教育做法,江苏卫视专题报道公司调研工作。完成中国农业电影电视中心《你好,南水北调》纪录片拍摄、中央电视台中国之声《中国山水工程》采访报道、《中国南水北调70年》长篇报告文学采访。在南水北调东线工程通水10周年之际,组织10余家中央媒体赴工程沿线采访,《新华日报》整版刊稿《在畅通国家水网大动脉中彰显水源风采》《科技引领 数字赋能 助力一江清水北上》,出版《奋楫笃行20年·南水北调江苏段工程纪事》。新媒体作品《一江清水北上的密码》获江苏省党员教育作品创作大赛二等奖。

4. 聚焦价值引领,绘好水源文化底色 做实"品牌提升年"工作,深挖"水源红"党建品牌内涵,制作《水源红遍生命线》党建宣传片2.0版。推动"源远流长"企业文化走深走实,印发《江苏水源公司企业文化管理办法(试行)》,开展企业文化进基层宣传贯彻10场次。积极开展水情教育,成功申报江苏省水情教育基地、江苏省科学家精神教育基地、建邺区科普教育示范基地,建成启用江苏省国资系统党员教育实境课堂。印发公司水情

江苏水源公司开展水情教育（江苏水源公司　供图）

教育基地管理办法，编印《水情教育基地研学手册》，整合基地资源串点、连线、成面。做实建好"水源红"宣讲团，规范队伍管理，开展赋能培训2次。2023年共开展水情、科普教育1200批次3万人次，让社会公众"走进南水北调"，感受"大国重器"的魅力。

（张谦颖）

【山东干线公司】

1. 建立系统完善的顶层设计　山东干线公司高度重视企业文化体系的顶层规划设计，建立起具有南水北调特色的企业视觉识别系统（VI）、理念识别系统（MI）和行为识别系统（BI），三者共同组成企业识别系统（CIS）的基本形态，标志着公司企业文化建设进入专业化、常态化、系统化轨道。编制了《企业文化体系建设规划（2021—2023）》《企业文化手册》，作为高度浓缩规章制度、企业文化及企业发展战略的纲领性文件，有力推动了企业文化体系的宣传贯彻落实；编制印发了《廉洁文化手册》，宣传普及廉洁文化知识，加强舆论引导和环境约束。系统组织企业文化专题培训和传播活动，全面构建起以"执行文化""安全文化""廉政文化""工程文化""管理文化""人才文化"为核心的六大子文化系统，建立并逐步完善具有山东干线公司特色的企业文化体系。

2. 打造特色鲜明的工程形象　山东干线公司以突出调水主业和工程特色为主线，结合工程标准化管理要求，积极探索、持续培育了一批文化建设特色单位，逐步为山东段干线工程打造出特色鲜明的外观形象。2023年底已建成长沟泵站、大屯水库等6处南水北调文化建设试点。其中在台儿庄泵站建设了结合运河文化发展演变历史的系列展板，在长沟泵站设置了圣贤治水、水利发展史等水文化专题展板，在东湖水库创建了结合济南"泉水文化"发展史、历史人物风貌等内容的展览，在大屯水库建设了"大禹治水"雕塑及以科学创新等为内涵的治水精神展室；在山东干线公司总部建设企业荣誉展示墙、企业文化长廊、水利精神标语、电视展播台、"我们身边的榜样"荣誉墙、廉政文化展板、圣贤治水语录等氛围营造设施。这些在工程重要节点、建筑物外观和显著位置展示的文化建设成果，内容丰富、形式多样，具有很强的工程特色和行业风格，对内凝聚人心形成文化共识，对外展示工程面貌打造南水北调形象，为山东南水北调工程高质量健康发展营造了良好的环境氛围。

3. 营造创先争优的文化氛围 山东干线公司持续发挥党对文化建设的引领作用，激发广大党员干部淬炼党性、创先争优的内生动力，营造出勤勉实干、创新创业的文化氛围。构建党群一体化组织模式，组织建设、文化建设、先锋岗建设同步推进，先后涌现出"防溺水党员先锋队""机组大修一线党员班组""秋汛排涝党员突击队"等先进集体和"水城匠心""党群同心""徽耀两湖"等特色党建品牌，切实把组织优势转化为助推高质量发展的强大动力。2023 年度，山东干线公司以培育和践行社会主义核心价值观为根本，以公民道德教育为主线，选树了一批"道德模范"劳模工匠"十佳标兵"，建成先进典型事迹展台，培育起一批"优秀双报到单位""工人先锋号""省级青年文明号""省创新型班组"等模范标杆。

4. 开展丰富多彩的文体活动 弘扬主旋律，传播正能量，开展丰富多彩的文体活动，激发全社会关注和支持南水北调工程的积极性，是山东干线公司文化建设的重要内容。2023 年度，山东干线公司组织红色经典诵读、南水北调东线通水 10 周年成就展等夫祝活动营造节庆气氛，组织"书香三八"读书节、"巾帼建功"评选、"青马工程"青年理论学习小组等形式多样的文体活动；开展"我们的节日"传统文化纪念活动，以及"南水北调一线行""我为群众办实事"等。山东省农林水牧气象系统新时代的职工之家、职工书屋、文体活动室、妈咪小屋等具有深厚人文关怀的设施备受赞誉。培育"节水护水""关爱山川河流""无偿献血"等志愿服务品牌，开展大病救助、金秋助学，增强企业凝聚力；"慈心一日捐"、捐建希望小屋、赠送"暖冬包裹"，彰显国企担当。志愿服务项目先后获全国专项赛事和山东省大赛重要奖项。在"世界水日""中国水周"期间制作系列节水护水宣传材料和文创用品对外传播发布，提高受水区群众节约用水和保护工程意识，同时大力宣传依法保护南水北调工程的典型案例和实践经验，推动南水北调条例法规的宣传普及。2023 年 11 月，长沟泵站获评"首批山东省水情教育基地"称号，与大屯水库、穿黄河工程共同作为全省中小学研学基地，集中开展了多次主题开放日活动，以及"南水北调大讲堂"等科普活动，有力提高了山东南水北调和山东干线公司的知名度、美誉度、影响力。

5. 筑牢多平台宣传舆论阵地 山东干线公司锚定打造"一流工程、一流企业、一流品牌"总目标，紧密围绕中心工作，强化利用多平台进行正面宣传和舆论引导，积极传播南水北调声音，讲好南水北调故事，塑造南水北调品牌形象。优化提升"山东南水北调"门户网站、《南水北调·山东》报纸、"江水润齐鲁"微信公众平台建设，通过及时正确、有效有力的发声把握好传播话语权。借助《中国水利报》、《中国南水北调报》、山东电视台、大众日报社等主流媒体平台的渠道和技术优势，策划推出多个专版图文和精品力作，真实地再现南水北调工程取得的显著成效。制作推出工程效益系列微电影、通水效益专题宣传片、《山东南水北调安全教育宣传本》以及"齐鲁水娃""安全员小豆丁"安全漫画等，引导群众知法遵法守法，为实现山东段工程"三个安全"保驾护航。（邓妍）

【中线水源公司】

1. 传播库区"好声音" 致力增强全民节水意识，积极响应并成功创建长江委节水机关，承办了"节水中国 你我同行""关爱山川河流 守护国之重器"等活动。成立节水志愿队，组织进社区、进企业、进库区等活动。以库区政企协同管理试点全覆盖为基础，联合地方政府在库周群众中广泛开展水法、水情教育。

2. 打造智慧"新形象" 打造"大坝全息影像"一张图，在强化工程管理能力建设的同时，企业科技智慧形象得到提升。中线水源公司"崇尚科技、注重创新"的氛围已然形成，科技成果总结提炼、转化应用正在积极开展。

3. 展示水利"新成就" 突出主题主线，推出《南水北调中线工程史料选编》《水脉丹心》《丹心寄北流》等一系列文化图书作品，整理挖掘水文化优秀元素。打造一系列与工程重大事件、重要节点相契合的精品视频，如"二十大"回眸系列《千里调水梦"水源"寄北流》等。

围绕维护"三个安全"、数字孪生建设等重点工作和供水 600 亿 m^3、通水 9 周年等重大时间点，在水利部、长江委等媒体刊发《同题共答 做好一泓清水永续北上的水源文章》等系列宣传作品，短视频《一滴水的北上之旅》获得中国"网络正能量音视频"精品荣誉，原创作品《北流长歌》MV 在央视频等媒体浏览播放量突破 150 万人次，充分展示出"水源人"的奉献与担当。

（张艳玲）

【湖北省引江济汉局】 2023 年，湖北省引江济汉局围绕调水中心任务，唱响主旋律，弘扬正能量，不断提高宣传工作水平，为塑造单位良好形象提供强大的舆论支持。

2023 年引江济汉工程累计引水量突破 300 亿 m^3，相当于从长江往汉江引水 250 个东湖，汉江下游 7 个人口密集的城区和 6 个灌区直接受益，惠及 645 万亩耕地和 889 万人，成为名副其实的供水"生命线"。湖北省引江济汉局提高宣传工作站位，精心策划，在《湖北日报》刊登专题报道《300 亿立方米！引江济汉工程 8 年引水 250 个东湖》，记录调水效益情况，镌刻单位责任担当。

做好专项工作组合宣传，为推动形成宣传工作"大合唱"应景造势。在"世界水日""中国水周"期间，分发宣传册、观看节水视频；组织关于全民国家安全（保密）教育日、《反有组织犯罪法》、《民法典》、国际档案日等主题的宣传以及普法节目收看等活动；积极践行水生态、水环境保护宣传，组织开展鱼类增殖放流活动并做好宣传报道。

做好重要项目宣传，2023 年引江济汉工程获评湖北省第一批标准化管理调水工程，为记录湖北省引江济汉局标准化建设历程，制作完成《锚定新标杆·追梦向未来》标准化管理宣传片，同时在湖北卫视、"学习强国"、"长江云"、极目新闻等媒体大力宣传引江济汉为湖北首次斩获水利领域国家优质工程奖。

做好日常业务宣传工作，2023 年向湖北省水利厅门户网站报送新闻 143 篇，积极宣传日常工作。（金秋）

【湖北省兴隆局】 汉江兴隆水利枢纽工程作为湖北省南水北调工程的重要项目，是集科技、文化、生态于一体的现代水利工程，在宣扬南水北调水利文化、传播水文明等方面发挥了积极作用。

1. 加强水文化宣传

（1）大力开展水利法规宣传。兴隆水利枢纽工程建成后，湖北省兴隆局高度重视南水北调工程的宣传和保护工作。近年来多次开展《中华人民共和国水法》《湖北省南水北调工程保护办法》《中华人民共和国长江保护法》等水利法规和水生态文明宣传，开展"中国水周""世界水日"宣教活动，传播水文化，普及节水护水知识。

湖北省兴隆局开展"世界水日"
"中国水周"宣教活动
（湖北省兴隆局 供图）

（2）做好对外宣传工作。在湖北省水利厅门户网站，人民网、中国新闻网、荆楚网等平台登载相关宣传稿件，组织拍摄《平原筑坝、浩荡兴隆》《碧水初心说兴隆》等工程宣传片，制作了宣传册、宣传栏，打造了兴隆文化广场，起到较好的对外宣传效果。

（3）制作兴隆水利枢纽工程主题曲《兴隆情》。《兴隆情》赞美兴隆水利枢纽工程的壮美，可品味人水和谐的情感之美。

（4）总结提炼兴隆精神。将"奋斗奉献、踔厉创新"的兴隆精神作为湖北省兴隆局干部职工的价值追求和行动指南。

（5）参编《中国南水北调年鉴》。撰写完成《中国南水北调年鉴 2023》中兴隆枢纽、闸站改造和航道整治相关内容。

2. 打造水利风景区

（1）进一步完善绿化规划，开展绿化美化工程。兴隆水利枢纽工程绿地保有乔灌木 80 余种 55 万余株，草坪约 5 万 m²，绿化面积达到 700 余亩，总绿化率达 80% 以上，兴隆水利枢纽工程已成为江河堤防绿色生态廊道亮丽风景线。

（2）连续 7 年开展汉江鱼类增殖放流活动。放流鱼苗数百万尾，改善了汉江生物种群结构，助力生态保护和长江经济带发展。

（3）兴隆水利枢纽工程所在区域共有野生动物 400 多种，百余种候鸟和留鸟栖居于此，其中还出现了中华秋沙鸭、东方白鹳、黑鹳等三种国家一级保护鸟类。

（4）兴隆水利枢纽工程所在区域空气质量常年优于国家一级标准，水质常年优于国家Ⅱ类标准，常年植被繁茂、水质优良、空气清新。

3. 拉动文化旅游 近年来，环中国国际公路自行车赛、环中国汽车拉力集结赛等赛事纷纷在兴隆水利枢纽工程区域取道，选手们沿水杉夹道的兴隆河生态绿道风驰电掣，一路欢歌，饱览汉江风光，让兴隆水利枢纽工程蜚声海内外。2023 年配合潜江市开展首届"农发杯"体旅融合

近年来，各地学校陆续组织人员赴兴隆水利枢纽开展研学实践活动（湖北省兴隆局　供图）

趣味接力赛和高石碑镇第二届桃花节，赛事期间配合维持兴隆赛段交通秩序，桃花节活动期间上坝观光车辆218车次，参观游客1200余人次，既助力地方经济社会发展，又进一步扩大兴隆水利风景区的社会影响。

4. 配合研学实践活动　湖北省兴隆局积极对接潜江市"三大亮点"片区发展规划和天门市创建国家生态文明建设示范市规划，加大力度推进湿地保护和生态修复，深入推进宜游宜业宜居的全国水利风景区建设，创建融湿地生态旅游、文化游览、学习和研究于一体的综合性湿地中心。武汉大学、长江委等高校和科研单位陆续组织人员赴兴隆水利枢纽开展科研交流活动，湖北水利水电职业技术学院、武汉科技学院等高校和周边的沙洋县、潜江市多次组织学生开展研学实践活动，兴隆水利枢纽已成为开展水情教育、培育水利人才成长的摇篮。

（郑艳霞）

六、东线一期工程

概　　况

【江苏省内工程】

1. 工程整体情况　南水北调东线一期工程是在江苏原有江水北调工程基础上扩大规模、向北延伸。南水北调东线一期江苏段工程于2002年12月开工建设，2013年11月建成通水，建设内容主要包括调水工程和治污工程两部分，调水工程总投资121.28亿元（不含4个截污导流工程），主要包括新建11座、改扩建3座、加固改造4座大型泵站，疏浚扩挖110余km河道；治污工程总投资130亿元，以江苏省投资为主。截至2023年底，调水工程均已通过完工验收、治污工程均已通过竣工验收。通过江水北调工程与南水北调新建工程统一调度、联合运行，抽引江水能力由400m³/s提升至500m³/s，向江苏、山东、安徽多年平均净增供水达到36.01亿m³。

（1）综合效益。自2013年南水北调东线一期江苏段工程建成通水以来，江苏按照"属地管理、边界交水"原则，连续10年按时按质按量完成国家下达的调水出省任务，截至2023年底累计调水出省超69亿m³（含北延应急供水），有效缓解华北地区水资源短缺。在保障国家调水战略目标实现的同时，有效保障江苏省内农业、工业、生活等各项用水需求，尤其为苏中、苏北地区4300万亩耕地粮食增产增收保驾护航，2023年江苏全年粮食总产达379.77亿kg，居全国第8位，并已连续10年总产量稳定在350亿kg以上。2023年江苏省内7座新建泵站先后参与省内抗旱排涝发电运行，其中宝应站参与抽排里下河地区涝水1.4亿m³，刘山站、解台站、淮安四站、皂河二站累计参与省内抗旱运行5810台时、累计水量6.67亿m³，洪泽站、泗阳站参与省内发电运行95天、累计发电量778亿kW·h。

（2）安全监管。在岁末年初、调水运行前后、雨雪冰冻等关键期，组织对南水北调新建工程和尾水导流工程开展调度运行、防汛应急等专项监督检查6次，下发问题整改通知3份。建立南水北调专项安全生产监管工作台账，针对消防安全、燃气安全、水利工程蓄放水安全等重点事项，开展安全生产专项整治、重大事故隐患专项排查整治等安全整治活动。南水北调新建工程全面融入地方防汛应急体系，构建了由江苏省防汛抗旱指挥部统一领导、项目法人与运管单位各司其职、省市地方协调联动、物资人员统一调配的南水北调防汛应急机制。

（3）调度运行。江苏坚持"统一调度、联合运行、属地管理、省界交水"的原则，属地实质性管理南水北调工程，服从水利部和流域机构水资源统一调配，落实并完善江苏省委、省政府统一领导，江苏省水利厅统筹调度，江苏省有关单位和地方政府分工协作的管理模式，由江苏省南水北调办、江苏省防汛抗旱指挥中心加强调水组织，优化运行方案，通过南水北调新建工程和原有江水北调工程统一调度、联合运行，实现了调水目标。

根据水利部下达的年度水量调水计划和江苏省政府批准的组织实施方案，2023年，江苏南水北调工程参与2022—2023年度和2023—2024年度向省外调水及2022—2023年度北延应急供水任务。

南水北调东线江苏段向山东调水：2022—2023年度向省外调水自2022年11月13日启动，于2023年5月29日完成，历时139天，累计向山东供水8.5亿m³，调水水质持续稳定达到国家考核标准。调水期伴随江苏省内多季节连续气象干旱、淮河上游来水锐减、长江持续枯水，工程调度复杂性凸显；在江苏南水北调调度运行管理系统支撑下，实行大规模全线路、多泵站群运行，采用运河线和运西线双线向北调水。

2023—2024年度向省外调水自2023年11月13日启动，预计于2024年5月底完成，计划由江苏向山东供水10.01亿 m^3。

北延应急供水任务：2022—2023年度北延应急供水自2022年12月23日启动，于2023年5月29日完成，累计调水出省3.25亿 m^3，调水时序上2021—2022年度向省外调水大部分重叠。（宋佳祺）

2. 工程效益、管理水平不断提升

（1）"生命线"效益充分发挥。按照"统一调度、联合运行"原则，不断精细方案、动态管控、精准调度，全面完成2022—2023年度调水出省和北延供水任务。各泵站累计运行137天，调水出省11.75亿 m^3，调水总量创历史新高，江苏南水北调新建14座泵站工程全面投入运行，不牢河线自通水以来首次投入向省外调水运行，工程效益显著。在做好年度调水工作的同时，主动服务江苏水脉民生，先后组织淮安四站、宝应站等5座泵站投入抗旱排涝运行，全年累计抽水8.08亿 m^3；组织刘山、解台节制闸投入徐州市区排涝，全年累计排涝2.98亿 m^3，充分发挥省内防汛抗旱主力军作用。

（2）标准化管理水平不断提高。标准化"水源品牌"影响力持续扩大。配合水利部编制出台《水利部调水工程标准化管理评价标准》；与调水局共同编写出版《调水工程标准化创建指导手册》；江苏水源标准化丛书《泵站工程标准化管理》《水闸工程标准化管理》《河道工程标准化管理》被列为"江苏省'十四五'时期重点图书、音像、电子出版物出版专项规划"项目。在深入推进标准化成果应用落地的基础上，2023年，江苏水源公司以水利部标准化管理达标创建为契机，全面开展创建申报工作，进一步提升泵站、水闸、河道标准化管理水平。经过一年的创建，截至2023年底，南水北调东线江苏段泵站、水闸、堤防3类单项工程和调水工程整体均顺利通过江苏省水利厅初评，并完成水利部标准化管理申报。

（3）"远程集控、少人值守"研究持续深入。江苏水源公司以标准化为基础，逐步推动工程管理"信息化、数字化、智能化"转型升级，2023年取得了阶段性成效。按照"远程集控、少人值守、智能管理"总体原则，公司编制印发《大型泵站远程集控少人值守管理技术规范》，填补了行业空白；在年度调水中全面启用远程集控基础上，5月，江苏水源公司在洪泽站首次成功试点"少人值守"管理模式，累计执行开停机操作16次，安全运行985台时，调水1.35亿 m^3，工程运行总体安全、平稳；全面加强集控中心能力建设，全公司范围抽调补强集控中心运行队伍，切实发挥集控中心作为全线泵站运行值班、故障分析、降本增效前沿阵地和控制中枢大脑的核心作用。

（4）水文水质管理逐步规范。成立水情分中心，并于2月正式获批纳入江苏省水文行业管理，制订出台《南水北调江苏水源公司水文管理办法》，构建公司水文管理架构，落实各级管理单位职责，泗洪抽水站、宝应抽水站、大汕子枢纽、金湖抽水站、洪泽抽水站、淮阴三站抽水站、邳州抽水站等7座专用水文站2023年内全部获得江苏省水利厅批复；进一步加强水文水质监测中心管理，构建水质管理质量管理体系，CMA资质认定（24+2）顺利通过江苏省市场监督管理局认定，实验室管理水平进一步提升。

（周晨露　王晓森）

【山东省内工程】 2023年是南水北调东线山东段工程发展历程中具有里程碑意义的一年。南水北调东线山东干线公司聚焦调水主业，秉承"发展、开放、创新、融合、和谐"发展思路，果断实施一系列超常规、突破性的工作举措。

1. 主责主业承压奋进，工程综合效益实现新跃升　2022—2023年度，南水北调山东段工程完成省界调水11.75亿 m^3，东平湖调水2.82亿 m^3；通过六五河节制闸北延应急调水2.62亿 m^3，开启了鲁北干线冰期输水的先河，其中生态补水1.45亿 m^3，助力京杭大运河2023年全线水流贯通，成为最大补水源。向山东省内12地市供水9.27亿 m^3，其中向滨州市台子水库应急调水，首次实现东湖水库反向出库入胶东干线向沿线地市供水的设计功能；向玉清湖水库输送卧虎山水库汛期泄水，发挥了南水北调工程的水网联通和多水源联合调度功能，实现了雨洪水的资源化利用。苏鲁省界、北延应急调水及山东省内供水三项数据均创历史新高，实现社会、生态、经济效益的显著提升。同时，提前完成2.2亿元水利建设投资，在一定程度上拉动了就业、促进了区域经济发展。

2. 工程管理成果丰硕，标准管理走在全省全行业前列　2023年，以争创水利部标准化调水工程契机为导向，山东干线公司编制了土建、金结机电维修养护指南，加快维修养护及专项项目实施，认真做好水泵机组年度大修，规范开展大屯水库震后变形观测和安全监测，完成138座中小型水闸一级水闸鉴定，推动工程提标升级；印发《调水工程标准化管理工作手册》，形成山东省南水北调工程ISO标准全覆盖。南水北调山东段整体工程获评山东省标准化管理调水工程；穿黄工程获2022—2023年度国家优质工程奖，邓楼泵站、济南—引黄济青段济南市区段输水工程获2021—2022年度中国水利工程优质（大禹）奖，居省内首位。

3. 数字赋能更加有力，智慧水利建设取得较大进展　山东干线公司严格落实水利部数字孪生工程建设先行先试部署要求，建成数字孪生邓楼泵站，实现在线监测、方案预演、智能巡检、问题发现、优化调度及安全保障等功能，与水利部数字孪生共享平台、山东省水利厅山东省水利"一张图"、"山东省现代水网调度指挥系统"、"山东省骨干水网综合调度管理平台"进行共享，初步建立工程"四预"体系，经验举措被山东省政府新闻办召开的"南水北调山东段工程通水十周年新闻发布会"重点推介，并作为典型案例在全国加快省级水网建设现场推进会上进行成果演示。完成东湖水库自动化升级改造，实现全空间、全过程、多尺度、可视化的实时管控，为安全调水和防汛调度提供有力支撑，南水北调司司长李勇现场调研并对工作成效予以肯定。启用南水北调山东段调度中心综合信息大屏管理平台，搭建完成"数据整合、服务平台、业务应用"的架构体系，调水调度数据融入山东"数字水网"，有效推动山东省水利行业治理数字化、水利决策智能化进程。

4. 统筹发展与安全，和谐稳定工作开创新局面　山东干线公司扎实推进水利安全生产风险管控"六项机制"建设,获省级试点优秀等次,为山东省水利系统做了示范引领。进一步完善安全生产责任制"网格化"管理,健全安全生产危险源、水质风险源辨识和风险评价机制,形成点、线、条、块、片相结合的安全生产管理体系。大力开展工程安全生产风险隐患排查整治、穿跨邻接项目隐患排查整治、重大事故隐患整治等专项活动,突出抓好防汛防台防溺水和震毁检测修复工作,确保了工程平稳运行和沿线群众生命财产安全。常态化进行员工安全教育及专项演练,山东干线公司在水利部安全生产知识竞赛中取得全国第八、蝉联山东省第一的优异成绩。 (邓妍)

工程管理与运行

【扬州段】

1. 工程概况

(1) 三阳河、潼河河道工程。工程位于扬州市高邮、宝应地区,工程占地 14984.53 亩,全长 44.255km(高邮市三阳河长 28.2km,宝应县潼河长 16.055km),设计流量为 $100m^3/s$。主要任务是通过三阳河、潼河将长江水输送至宝应站下,由宝应站抽水 $100m^3/s$ 进入里运河,与江都站抽水 $400m^3/s$ 共同实现东线第一期工程抽江水 $500m^3/s$ 的规模。三阳河、潼河河道工程不仅是南水北调宝应站工程的输水河道,同时具有排涝、引水灌溉、航运、改善沿线生态环境等综合功能。工程于2002年12月开工,2013年1月通过设计单元工程完工验收。

(2) 宝应站工程。宝应站工程位于江苏省扬州市,是南水北调工程第一个开工、第一个完工、第一个发挥工程效益的项目。工程作为南水北调东线新增的水源工程,宝应站与江都水利枢纽共同组成东线第一梯级抽江泵站,实现第一期工程抽江水 $500m^3/s$ 规模的输水目标。工程于2002年12月开工建设,2006年3月通过设计单元工程完工验收。工程建设中,积极引进国外先进的水力模型、水泵核心部件和关键技术并消化、吸收,优化水泵进出水流道设计,开展进出水流道施工工艺攻关,有效提升了泵站效率,使得宝应站工程在国内同类型泵站中处于领先地位。其中,大型虹吸式出水流道优化设计课题获江苏省水利科技进步奖一等奖、江苏省科技进步奖三等奖。

(3) 金宝航道大汕子枢纽工程。工程是南水北调东线江苏省内运西线起始的一条输水河道,工程东起里运河西堤,西至金湖站下,全长 28.2km。工程为金宝航道工程的组成部分,位于扬州市宝应县、大汕子河与金宝航道交汇处,是保证金宝航道输水安全的配套封闭建筑物,具有挡水、灌溉、排涝和航运的功能。工程于2011年1月6日开工建设,2018年12月通过设计单元工程完工验收。大汕子枢纽的功能发挥,使得金宝航道输水水位较稳定,水域面积扩大,水位升高,补充了大量的生态用水,改善了沿线生态环境,改善了宝应湖地区动植物生存条件。

(4) 金湖站工程。工程是南水北调东线一期的第二级抽水泵站,位于江苏省金湖县银涂镇,三河拦河坝下的金宝航道输水线上。其主要任务是通过与下级洪泽站联合运行,由金宝航道、入江水道三河段向洪泽湖及其以北地区调水,调水设计流量为 $150m^3/s$;并结合宝应湖地区排涝,排涝设计流量为 $130m^3/s$。工程于2010

宝应站工程全貌（江苏水源公司　供图）

年7月正式开工建设，2016年6月通过设计单元工程完工验收。工程建设中，开展了"大型灯泡贯流泵管理技术研究"，获大禹水利科学技术奖一等奖；项目设计获江苏省优秀工程设计一等奖；"淤泥质地基堤防填筑施工控制技术"获江苏省水利科技进步奖二等奖；"灯泡贯流泵通风装置及液压闸门开度仪清洁装置"等多项技术获国家专利。

（王晨　范雪梅）

2. 工程管理

（1）三阳河工程。自2023年起，工程由江苏水源公司委托高邮市水利局下属水利综合服务中心管理，并成立三阳河管理所负责工程现场。

防汛抗旱：全面贯彻防汛工作各项要求。汛前，对沿线河道、圩堤等水利工程拉网式检查，对险工隐患段及时加固处理；结合水雨情、工情变化，修订完善防汛预案；及时采购防汛物资，联系高邮市防汛抗旱指挥部办公室落实防汛物资代储，确保防汛物资配备充足；积极参加堤防抢险知识培训、演练计10人次，切实提升应急抢险能力。汛中，严格执行防汛工作制度，台风"杜苏芮"影响期间，严格执行防台Ⅳ级应急响应措施，加强薄弱

金湖站工程全貌（缪宜江　供图）

堤段巡查，确保工程度汛安全。

工作人员在台风期间加大三阳河
巡查频次（薛振东　供图）

维修养护：实施三阳河东堤工程标准化管理提升项目，从堤顶道路完善、信息化建设、堤身完善、桩界牌完善4个方面，完善工程现场硬件设施，施工进度、质量、安全均达预期，为水利部堤防工程标准化管理达标提供了基础条件。实施三阳河龚张一组河支河口混凝土护坡新建、管理用房围栏更换、防汛道路整修等3项岁修项目，项目实施期间，强化现场监管，确保项目进度、质量、安全满足要求。有序推进水面保洁、办公楼维修、西堤加固、拦污浮筒等养护项目。

河道管护：加强日常监管，全面做好水面岸坡保洁、标识标牌维护、扒翻种植清理等。主汛期，面对三阳河内水草剧增形势，组织人员加大力度打捞，2023年累计出动车船1320次，投入人工5280人次，打捞水生植物近3000t，确保水清河畅。配合扬州分公司、高邮市河长办定期巡河，每季度开展一次联合巡河，持续加大投入，切实解决管理痛点、难点。

安全生产：认真开展安全生产活动，全面排查安全隐患，树立安全理念，提升安全意识，全年无等级以上事故发生。加强组织领导，压实工作责任，全员签订安全生产责任书及承诺书，严格履行安全职责；每月开展安全检查，如实填报水利安全生产信息系统、安全生产月报，认真开展"安全生产月"活动，全面排查河道堤防、配套设施和管理用房安全隐患，及时更换光明桥段损坏护栏，消除隐患；做好冬季防火与应急处置，组织清除护堤林中的杂草杂物，清理沿线枯死树木，进行冬季堤防消防演练；做好安全培训与宣传教育，组织集中学习安全生产法律法规，集体观看警示教育片，开展消防演练，提升应急处置能力。

教育培训：积极组织开展业务知识学习培训，不断提升员工业务能力。围绕防汛防旱、安全生产工作重点，有针对性地开展巡堤查险、堤防抢险、消防知识培训，组织演练。组织堤防工程巡检系统专项学习，邀请厂家授课讲解，全员熟练操作系统登录、巡检管理、整改管理、视频监控模块及常见故障处理，推动南水北调东线堤防工程标准化建设再上新台阶。

档案管理：按照江苏水源公司扬州分公司档案管理工作要求，管理处以日常管

工作人员开展"三阳河工程堤防标准化
提升项目"现场计量
（王怡波　供图）

扬州分公司组织开展堤防巡检
系统使用培训（王怡波　供图）

理台账的分类收集为重点，及时完成各类检查记录填写、报表总结上报，认真完成单位档案资料的收集、整理、归档等工作。2023年度，以水利部标准化创建为契机，完成2020年以来近4年的档案资料整编。

（王晨　徐平原）

扬州分公司指导三阳河工程
工作人员整理近4年
工程档案（刘佳佳　供图）

（2）潼河工程。自2008年1月起，南水北调潼河工程由江苏水源公司委托宝应县水务局下属京杭运河管理处管理，管理处成立宝应县南水北调潼河管理所负责工程现场管理。

巡查管理：日常工程管理以巡查为主，对河道全线进行责任划分，明确责任人，对河道工程进行每日巡查，在工程运行关键节点增加巡查频次，巡查人员实时掌握工程运行状态和重点防范点；每日观测水位、水情并记录。

防汛抗旱：严格执行防汛工作制度，加强工程薄弱点检查，发现隐患及时整改。积极参与扬州片区防汛联合演练，开展风险模拟应急处置，提高应急抢险能力，为有效应对防汛突发事件积累实战经验。台风"杜苏芮"来临之际，7月28日启动防台Ⅳ级应急响应，落实响应措施，应急响应结束后，开展特别检查，及时查找并处置各类影响工程安全的问题。

扬州分公司在潼河工程组织
防汛应急抢险演练（刘佳佳　供图）

维修养护：2023年，实施潼河北堤工程标准化管理提升项目，完善工程现场硬件设施，为水利部堤防工程标准化管理达标提供了基础条件。此外，还实施蒋庄生产桥南侧部分堤防塌陷防护岁修项目。

安全生产：针对汛前汛后、调水前后等关键时期，按照"行动快、措施实、过程细、结果好"的要求，组织开展安全生产检查。全面覆盖河道、堤防及附属设施，确保检查无死角。结合冬季安全风险防范要求，组织员工学习消防安全知识、灭火器使用操作实践，提升全体员工安全意识和处理突发消防事件的应变能力，2023年实现安全生产零事故目标。

档案管理：按照江苏水源公司河道"10S"标准化档案管理工作要求，每月上报工程管理月报、安全月报、检查记录单、整改记录单、日常巡查表等技术资料。2023年度，以水利部标准化创建为契机，完成了2020年以来近4年的档案资料整编。（王晨　刘久平）

（3）宝应站工程。宝应站由江苏水源公司扬州分公司直接管理，现场管理单位为宝应站管理所。宝应站工程管理各项工作始终处于前列，2009年被评为江苏省水利风景区，2014年获2013—2014年度中国水利工程优质（大禹）奖，2015年被评为江苏省一级水利工程管理单位，2023年通过江苏省水利厅第一批省精细化管理工程评价验收。

2023年，宝应站全力推进"远程集控、少人值守"管理模式落地，提升改造了电气设备、主辅机系统、自动化系统等方面，经分公司复查评价、公司复核批准，同意宝应站按"远程集控、少人值守"模式试点运行。同时，加强水文规范管理，对照专用水文要求规范水文测站水准点管理使用，获得江苏省水利厅专用水文站行政许可。

防汛抗旱：宝应站扎实做好防汛防旱各项准备。及时调整组织网络，责任落实到人；及时修订宝应站防汛应急预案，开展"启动Ⅲ级应急响应"等情景下的预案培训及演练；按照定额增补防汛物资，续签代储协议、运输协议，纳入宝应县防汛抗旱指挥部成员单位；扎实开展汛前检查及设备等级评定，完成主水泵水下检查、年度防雷检测、仪器仪表校验等。汛期严格执行防汛带班、值班、巡查制度，及时处置突发情况。7月7—16日、7月18—23日宝应站两次投入排涝运行，80分钟内完成绝缘处理、主变投运、辅机调试等全部准备工作，确保4台机组准时、顺利投运，累计运行16天，抽排涝水1.4亿 m^3，有力保障防汛安全。台风"杜苏芮"过境之际，及时启动防台风Ⅳ级应急响应，值班人员加大巡查频次、强化重点部位排查，确保工程度汛安全。

设备设施管理：做好规程规范规定的设备设施检查保养，严格落实设备责任制，定期开展班组互查，形成检查问题动态台账，逐条逐项跟进整改；结合扬州分公司"1271"专项提升（1个中心：扬州分公司高质量发展；2个方面下功夫：工程管理规范化、现场管理标准化；7个专项提升；一线式、走动式管理），聚焦接地、标识标牌、机电设备等7个方面，逐月进行专项消缺，全面做细做实设备设施管理，确保工程设备设施完好；开展年度电气预防性试验、特种设备检验、消防系统年度检测、建筑物防雷检测等；定期开展安全监测，确保水工建筑物处于安全稳定状态。

工作人员对宝应站9号清污机维修（吴星星　供图）

维修养护：2023年，宝应站实施完成维修项目19项，规范开展运管维项目管理，严格按照运管维项目管理办法和采购、合同管理相关要求，严格履行采购、合同等流程，多措并举确保项目实施规范；根据养护节约资金要求，坚持能自主实施的项目坚决自主实施，解决了10余项难点问题，提升技能水平的同时，也节约了养护资金。同时，宝应站积极落实降本增效措施，合理调整叶片角度确保机组在高效区运行，开展供水系统降低能耗研究，取得在主要扬程（6.50～7.00m）内能源单耗同比降低1.13%的良好效果。

安全生产：2023年宝应站全年安全生产无事故。认真编制计划，每月召开安全生产领导小组会议，开展新《安全生产法》、双重预防机制等培训，组织部分员工参加高低压电工证、消防设施操作员证等考试，开展消防、触电、反恐等各类现场处置方案演练，提高全员当好安全生产第一责任人的意识；内部常态化开展安全自查、节前检查等，开展燃气、消防、网络安全等专项自查，增设燃气自动闭阀装置、报警器等，2023年检查发现问题共计67条，年内整改66条，整改完成率为98%，且未重复出现同类问题；积极开展双重预防机制试点工作，定期进行危险源辨识与风险评价，明确管控人与检查频次，制订风险管控措施、隐患排查清单。

标准化创建：多措并举，高质量落地标准化管理。积极推进标准化创建工作，组织技术骨干，成立专项小组，高质高效完成标准化申报工作，顺利通过第一批江苏省精细化管理工程评价验收；深化"10S"标准化管理，对标对表逐条梳理工程现场、软件资料存在问题并及时解决，并将标准化管理成效纳入月度绩效考核范

排涝期间，宝应站工作人员连夜抢修4台清污机，解决水草卡阻拦污栅等问题（周俊杰　供图）

台风"杜苏芮"过境期间，宝应站工作人员开展重点部位排查（周凡　供图）

围；持续推进安全生产标准化，继续优化完善各类安全生产措施，将创建成果应用到工程现场，深化安全信息化系统应用；顺利完成省级科技档案项目试点。以"抓规范管理，促档案提升"为目标，完成科技档案整理归档，助力公司顺利完成江苏省科技档案项目试点。

综合管理：宝应站党支部对标党建标准化建设要求，定期开展"三会一课"，加强团队凝聚力；扎实推进精神文明建设与业务工作深度融合，获"扬州市文明单位"称号。积极开展主题教育活动，通过

江苏省科技档案项目试点
工作现场（周凡　供图）

"宝应大讲堂"专题培训——机组
检修培训现场（吴星星　供图）

组织专题学习、开展"五四"主题党日、发放相关书籍，丰富教育形式，推动主题教育走深走实。切实开展"我为群众办实事"活动，进一步提升员工安全感、获得感。同时，聚焦员工技能培训，开展泵站电气、机组大修技能实操等"宝应大讲堂"专题培训，在江苏省国资委举办的泵站运行与维修工职业技能竞赛中获第一名，获得"省部属企业五一创新能手"荣誉称号。
（刘钊　王春宏）

（4）金宝航道大汕子枢纽工程。2018年二季度至2023年6月，工程由江苏水源公司宝应站管理所直接管理，2023年7月起，由南水北调江苏生态环境有限公司托管。

运行管理：严格执行值班制度，认真开展设备设施巡视检查，做好值班记录，确保工程完好。调水运行期间，大汕子枢纽按指令要求全关节制闸、补水通航闸及套闸闸门，实现挡水功能，保证金宝航道输水安全。严格执行值班值守和巡视检查、交接班、操作票等制度，每日准时报送工情、水情以及开展水文报讯。

设备设施管理：为提高工程运行管理水平，消除设备设施缺陷，实施完成工程监控系统维修等4项岁修项目，逐步补齐工程短板，保证工程安全可靠。同时，规范开展中控室电缆整改、闸门开度仪调试安装、变压器出新、标识标牌整改、节制闸平台防水及渗漏处理、伸缩缝维修等日常养护，强化项目实施过程管理，注重档案资料全流程管理。

金宝航道大汕子节制枢纽闸
闸门养护（佘骏阳　供图）

标准化创建：积极开展水利部工程标准化管理创建工作，全年从提升标识标牌、软件资料等7个专项着手自查问题、整改销号。持续跟进水文监测站资料问题清单、及时整改到位，成功获批大汕子枢纽专用水文站的行政许可。

安全生产：为确保工程设备设施安全可靠，定期开展日常巡查、定期检查、经常性检查、设备调试等，认真开展安全监测、建筑物防雷检测、电气预防性试验、设备及水工建筑物等级评定等。对检查中发现的问题，立即整改；对于不能立即整改的，及时研究整改措施，确保工程设备、设施运行不留隐患。2023年下半年，重点开展了消防设施专项检查，并逐一落实问题整改。　　　　　　　（王凯）

金宝航道大汕子枢纽配电
设备保养（陈华清　供图）

（5）金湖站工程。金湖站工程由江苏省洪泽湖水利工程管理处托管。管理处成立了江苏省南水北调金湖站工程管理项目部，负责日常管理。自项目部组建以来，整体工作扎实稳步推进。2023年，金湖站顺利通过江苏省精细化管理工程评价验收。

防汛抗旱：汛前，项目部及时修订防汛预案，并组织开展防汛培训、演练，增强员工防汛意识，提高应急处置能力；认真组织防汛物资盘点、增补与代储，保证防汛物资完备。汛期，项目部立足实际，明确岗位职责，层层分解任务，严格落实防汛值班制度，带班领导24h在岗，保证防汛措施落到实处。2023年7月28—30日，台风"杜苏芮"过境，项目部对照防汛预案，认真做好工程巡查、防汛物资盘点等应急措施，并开展工程特别检查。2023年度，金湖站度汛准备工作扎实，汛期防汛措施落实得当，工程安全度汛。

工作人员维修工程厂房顶部
因大风吹落的公司logo
（聂朋　供图）

维修养护：2023年，完成叶调机构消缺、标志标牌完善提升、观测设施标准化建设、管理设施局部维修、地埋式生活污水处理设施运维、5号机组导叶体支墩维修、水文站水文设施提升、安全风险空间分布图制作安装、110kV进线电缆检测等9项维修项目。项目实施过程中，金湖站高度负责、积极协调，及时发现质量缺陷和安全隐患，要求施工单位限期整改，确保岁修项目安全、顺利、高质量完成，为工程设施设备完好提供保障。

设备设施管理：认真开展工程巡视检查、设备设施保养，做好非汛期、汛期、运行期值班值守、巡视检查工作，组织开展台风过境后特别检查；以汛前、汛后检查为抓手，做好工程的检查保养工作；认真组织开展机电设备等级评定、电气预防性试验、建筑物防雷（静电）监测、机组水下检查、消防设施监测、维保等专项检查监测工作，保证设备设施完好。建立问题动态台账，制订整改措施，落实整改责任人，限期整改复查；2023年检查共发现问题72条，全部完成整改。聚焦专项问题，组织人员深入排查，逐一明确处理措施并落实到位；并组织专项整改回头看，加强专项问题再排查、再整改，不断巩固专项整改成效，有力促进工程管理提质增效。

识与风险评估报告。对每个重大危险源编制专项的处置方案。做到一源一案。

工程安全监测及水文测报：严格按照观测任务书、观测规程的要求开展工程观测工作，完成了泵站测压管、伸缩缝、垂直位移、水平位移、过水断面等观测、整编工作。经分析，工程安全状况良好。同时，积极做好专项水文站建设，着力提升水文监测软硬件环境，不断提高金湖站专用水文站管理水平，获得江苏省专用水文站行政许可。

工作人员检查维修金湖站4号主机
高压开关柜开关状态综合
指示仪（聂朋　供图）

工作人员对金湖站开展河床
断面监测（聂朋　供图）

安全管理：2023年安全生产工作平稳有序。安全管理标准化持续完善，持续巩固安全标准化建设成果，安排专人，细化工作措施，将日常安全管理、安全专项整治与安全生产标准化落实有机结合，让管理标准、安全标准与实际工作深度融合；隐患排查治理扎实开展，每月组织开展隐患排查治理，对发现的问题做好统计与整改落实工作；危险源辨识与风险评价常抓不懈，坚持贯彻"把安全风险管控挺在隐患前面，把隐患排查治理挺在事故前面"的要求，开展危险源辨识和安全风险评价，绘制安全风险四色图，落实管理措施，每季度上报双重预防机制、危险源辨

标准化建设：高效开展水利部标准化管理泵站创建，2023年2月17日通过江苏省水利厅初评，及时组织问题整改；对照水利部《大中型灌排泵站标准化管理评价标准》，做好工程现场巡查和缺陷消缺，扎实提升泵站整体环境；梳理软件资料，查漏补缺，按要求完成资料整编。持续推进"10S"标准化，积极推动泵站管理标准化、办公无纸化，对照"10S"标准化中管理行为、管理表单等要求，逐步规范内业资料、作业行为，提升员工专业素质。持续完善安全标准化，强化安全生产信息化系统应用，让安全标准化内化于行。

安全生产：组织开展防汛培训、抢险应急演练，增强广大干部职工的防汛意识，提高对突发险情的应急处置能力；及时宣传贯彻安全生产相关文件，组织全体职工学安全、讲安全，组织开展安全操作规程、反事故预案学习和事故警示教育，针对重点岗位员工及新进人员开展安全教育培训，增强职工安全意识，提高安全生产素质；积极营造学习氛围，利用"师带徒""技能培训""以干代练"等方式，提高实操能力。

金湖站员工清除站区道路积雪
（聂朋　供图）

档案管理：设置兼职档案管理人员，做好各类资料的收集整理工作。对照大型泵站运行管理"10S"要求，逐一检查软硬件符合情况，及时整改，并及时完成日常管理资料收集归档。安排专人实施调度运行管理系统的运用维护，为系统消缺提供技术支持，做好消缺现场安全监督，有力保证系统运行稳定、可靠。

（傅金　聂朋）

（6）淮安四站输水河道工程。淮安四站输水河道工程采用委托管理模式，宝应段委托宝应京杭运河管理处管理，淮安段委托淮安市淮安区运西水利管理所负责管理。

日常巡查：健全规章制度，明确岗位责任。采取分段定责管理，每段均聘有专职护堤员，定期督查、巡查，设立管理台账；对险工隐患段及林木火灾隐患处加大巡查频次，认真细致排查安全隐患，平均每周巡查不低于2次。重点对周边老百姓进行水利法律法规的宣传，通过增设安全警示标识标牌、向沿线群众散发宣传通告等手段，预防一切违章事件的发生。对保护范围、涵闸处等易发生水污染部位加强巡查，制止一切水污染事件的发生。

维修养护：2023年，宝应段实施了淮安四站输水河道工程标准化管理提升完善、桩界牌完善等项目，完善了工程现场硬件设施，为达标创建提供了基础条件。同时，认真完成各类日常养护任务。

安全生产：全面落实"安全第一、预防为主、综合治理"的方针，强化安全措施，消除安全隐患。建立安全生产组织机构，落实安全生产责任，签订安全生产工作责任书，做到任务明确，责任到人；加强员工的安全培训及演练；组织观看安全警示宣传片，提高职工安全知识，牢固安全生产意识；定期开展工程安全大检查，排查河道、堤防及管理设施安全隐患，2023年排除安全隐患12处，并全部整改完成。淮安四站输水河道宝应段全年未发生安全事故，工程运行安全有序。

（王晨　蒯广兵）

3. 运行调度

（1）三阳河、潼河工程。2022—2023年度向山东调水运行和汛期排涝运行期间，三阳河、潼河加强每日巡查，做好调水运行24h值班工作，调水值班95天，汛期排涝值班21天，重点排查沿线水产养殖、平交河口以及船民集聚区等，确保调水期间堤防及水质安全。为减轻宝应站捞草压力，三阳河管理所积极协调属地政府，在临川河设置拦污浮筒防止调水时下游水草倒灌回流，防止上游水草流入，确保了水源清洁。为做好2023—2024年度向山东调水运行工作，三阳河、潼河管理单位认真编制调水准备工作方案及运行值班表，对影响调水运行安全的重要部位，加大巡查和检查力度，确保年度调水运行安全。

（2）宝应站工程。2023年，宝应站圆满完成年度调水、省内排涝运行任务，全年运行111天，抽水8.73亿 m^3，其中调水95天，共7.33亿 m^3，充分发挥工程效益、社会效益。2023年7月，两次投入里下河紧急排涝，均在80分钟内实现全部4台机组投入运行，排涝运行16天，抽排涝水1.4亿 m^3，有力保障地方防汛安全。

宝应站工作人员在排涝运行期间
开展测流（刘钊　供图）

宝应站严格执行"两票三制"，每班提前30分钟交接班，每2h巡视检查一次，准确填写运行值班记录表及设备缺陷维修登记表，确保运行值班安全。每日做好调度日报表、工情表、能源单耗表等报送及水文报汛。宝应站下游引河位于里下河腹地，水草集聚，管理所组织专人负责捞草管理，采用清污机捞草、小船、挖掘机辅助捞草等措施，确保捞草安全，年度调水运行期间共打捞水草约75892t。对部分清污机设备进行了提升改造，进一步优化了相关部位的材质、结构、型式。针对清污机操作控制较为传统，且本体无智能化监测设备，荷载等数据无法量化，监测、控制、报警等缺陷问题，积极探索清污机智能化管理，试点增设监测传感器，完善控制功能，完善PLC（可编程逻辑控制器）程序，修改上位机界面，实现清污机智能监测、控制、报警，进一步提升安全可靠性、降低了维修频次，实现智能控制与人工控制结合，为其他清污机改造探索经验。在此经验基础上，深入推进大型泵站关键技术——清污机专项课题研究，形成3个专题研究报告，为南水北调后续工程建设提供积极意见。

（3）金宝航道大汕子枢纽工程。2023年，大汕子枢纽参与北延应急供水、省内抗旱、年度调水合计95天，指令执行准确率达100%。

（4）金湖站工程。2023年，金湖站严格按照调度指令，准确率达100%，累计调水运行95天，抽水9.18亿 m^3，圆满完成了2022—2023年度向省外调水任务。运行期间，严格执行"两票三制"。加强领导带班，规范职工值班行为，值班人员严格遵守操作规程和安全制度，严格执行8h值班和2h巡查抄表制度，监控连续不间断，报表及时上报，及时关注上下游水位变化。处理了碳刷温度高、避雷器引下线更换、工作门钢丝缆连接杆锈蚀断裂等问题，确保工程运行安全无事故。做好电力调度和负荷保证。调水运行前，与供电公司提前沟通协调，确保线路安全无隐患，保障了宝应站、金湖站、洪泽站前3梯级泵站顺利投入运行。开机运行前，金湖站提前协调鸿基公司清理金湖站前、金宝航道河道内水草、漂浮物等，确保输水通道畅通；运行期间，金湖站捞草总计约5548t，采用人机结合形式，以清污机打捞为主，人工打捞为辅，有力保证机组高效运行。

（张卫东　刘佳佳）

4. 工程效益

（1）三阳河、潼河工程。2023年，三阳河、潼河工程参与年度调水、省内排涝运行合计111天，全年安全运行无事故。

（2）宝应站工程。2023年，宝应站圆满完成年度调水、省内排涝运行任务，全年运行111天，抽水8.73亿m^3，工程效益发挥显著。其中年度调水95天，共7.33亿m^3；7月，两次投入里下河紧急排涝，均在80分钟内实现全部4台机组投入运行，排涝运行16天，累计运行1236.3台时，共计抽排涝水1.4亿m^3，有力保障地方防汛安全。

（3）金宝航道大汕子枢纽工程。2023年，大汕子枢纽参与年度调水运行合计95天，保证金宝航道输水安全，同时对周边宝应湖地区灌溉和航运发挥了巨大效益，为保障北方生产生活用水安全作出贡献，充分发挥了南水北调工程效益和社会效益。

（4）金湖站工程。2023年，金湖站严格按照调度指令，全年累计调水运行95天，累计运行7315.71台时，抽水9.18亿m^3。机组安全稳定运行，圆满完成了2022—2023年度省外调水任务。充分发挥了工程效益、生态效益和社会效益。

（张卫东　陈锋）

5. 环境保护与水土保持

（1）三阳河工程。2023年，三阳河管理所持续做好河湖"清四乱"常态化工作。加强对沿线垃圾偷倒现象的巡查，全年组织人员、机械及时清除垃圾近50t，确保了河道的清洁和环境的整洁。针对沿线堤防垃圾倾倒、扒翻种植多发情况，设置宣传警示牌6块，做到疏堵结合。高邮市深入打好污染防治攻坚战指挥部交办的南水北调输水廊道23个环境风险点，积极对接属地乡镇，落实整改措施。全年共完成沿线非法装卸点相关问题现场复核工作50次，发现并处理了非法占地经营养殖场地2处、水利工程管理范围内存在违章种植100m^2、破坏水利设施行为1起。借助堤防工程标准化提升项目，实施了三阳河堤身及护岸防护、堤顶道路完善、生物防护、工程排水系统清理修缮等，为打造"水清、河畅、岸绿、景美"的生态河道、景观河道提供了基础，有效改善了沿线环境。2023年，江苏生态环境有限公司积极组织三阳河沿线苗木维护治理、部分苗木优化提升等，提升了生态建设力度。

（2）潼河工程。积极开展绿化维护管理工作，切实做到亮化、绿化的整体升级。春季，积极组织开展植绿、护绿工作，为打造南水北调清水廊道、营造水清岸绿的美好环境贡献基层力量。夏秋季节持续开展河道两岸堤防范围内外来物种的药物清理工作，工程管理范围内宜绿化面积中绿化覆盖率达95%以上，林木种植合理，无高秆杂草，宜植防护林的地段形成了生物防护体系，工程水土保持效果良好。

（3）宝应站工程。宝应站站区内共有乔木4904株、灌木花卉及草坪75000m^2、竹类789株、水生植物3799株、景观工程7处。植物生长状态保持良好，基本无病虫害，乔灌木损失率小于4%、地被植物损失率小于4%。

宝应泵站全貌（陈娅　供图）

（4）金宝航道大汕子枢纽工程。大汕子枢纽的功能发挥，使得金宝航道输水水位比较稳定，部分河道扩挖和疏浚后，水域面积扩大，水位升高，补充了大量的生态用水，改善了沿线生态环境，提高了宝应湖地区动植物生存条件。为完善站区水土保持效果，大汕子枢纽在管理区人工湖岸周边增植马尼拉草坪182m²，节制闸东侧护坡种植红叶石楠115株。

（5）金湖站工程。金湖站设置了生活污水处理装置，日处理能力24t。能够有效处理办公和生活污水，经生化处理达标后排入外河，同时开展了垃圾分类工作。2023年，金湖站站内水土保持及绿化委托江苏生态环境有限公司进行管理养护。

（张卫东　王怡波）

6. 科技创新　扬州分公司根据公司科技创新管理相关办法、规划、计划等要求，结合实际，明确专职人员负责科学规范管理本单位及所辖范围的科技创新活动，强化组织和协调服务。2023年按计划组织两项公司内部科技项目实施，同时组织宝应站、金湖站开展"五小"（小发明、小革新、小改造、小设计、小建议）创新活动，取得较好成绩。

（1）2023年，宝应站围绕工程隐患、管理痛点难点，积极开展供水系统降低能耗研究与智能调节模块开发应用、人脸识别登录自动化系统装置、宝应站AI语音助手开发与应用、宝应站清污机智能化改造研究等"五小"创新活动。通过"供水系统降低能耗研究与智能调节模块开发应用"等项目，率先探索少人值守模式下运行值守、降本增效新思路，取得良好实效，并取得公司"五小"创新活动一等奖佳绩。鼓励员工仔细思考工程管理中存在的问题并及时解决问题，将好的经验做法提炼并发表论文、申请专利，2023年员工发表论文22篇。人均发表论文超过1篇，1篇论文获扬州分公司泵站公司论文评比一等奖；"一种罩壳智能开合装置"获实用新型专利授权。

宝应站开展供水系统降低
能耗研究与智能调节
（赵卫东　供图）

（2）自投运以来，金湖站在江苏水源公司和江苏省洪泽湖管理处的正确领导下，不断提高工程管理水平，提升工程形象，2023年，金湖站通过江苏省水利厅第一批省精细化管理工程评价验收。在做好日常工程管理工作的同时，积极营造学习氛围，利用"导师带徒""技能培训"

"以干代练"等方式，激发学习热情，提高实操能力，培养创新意识。2023年，充分挖掘员工创新潜力、提升员工创新能力，积极开展技术改造、小发明、小设计等科技创新活动。为进一步加强专用水文站建设，提升水文精密测控能力，开展了"五小"项目"专用水文站水位自动调节装置"的实施，增设水位自动调节装置，通过电气控制实现了专用水文站水位自动、准确地调节校正，操作简便、安全，有效提高了专用水文站自动化水平，后续将相关信号接入计算机监控系统，实现水位远程监测控制。最终，项目获江苏水源公司"五小"评比三等奖。

（3）扬州片河道工程线长、面广，沿线居民多且消防意识淡薄；冬春季节林木安全隐患较多，曾多次发现零星起火，救援多采用传统手持灭火器，存在救援不及时、无法应对较大火势等问题。为此，三阳河管理所利用堤防工程巡查车，设计制作多功能车载消防装置，包括水箱、消防泵、水枪、移动电源及宣传设备等，消防装置采用消防泵迅速供水，以便在沿线堤防范围内发生火灾时能及时灭火，降低风险与损失。同时该消防装置可在日常巡查中宣传河道工程管理、安全生产、消防等法律法规。这也是河道工程管理单位首次在江苏水源公司"五小"创新活动中在解决现实困难方面做出的大胆尝试。

（张卫东　严再丽）

【淮安段】

1. 工程概况

（1）淮安四站。淮安四站位于淮安市淮安区，与已建成的淮安一站、二站、三站共同组成东线第二梯级抽水泵站，实现抽水 $300m^3/s$ 目标。泵站总装机4台（套）立式全调节轴流泵（1台备机），配4台（套）立式同步电机，设计调水流量为 $100m^3/s$。工程是江苏省南水北调工程首个通过完工验收的设计单元，也是南水北调系统内首个通过验收的泵站工程。工程建设中，淮安四站通过科技创新，采用地连墙预应力锚固技术等先进手段提高了工程质量，同时，开展的"高温季节泵送混凝土温控防裂方法与应用"研究获得2007年度江苏水利科技优秀成果一等奖和水利部大禹水利科学技术奖三等奖。

（王晨　卢飞）

（2）洪泽站工程。洪泽站是南水北调东线第一期工程的第三级抽水泵站，工程的主要任务是抽水入洪泽湖，与淮阴泵站梯级联合运行，使入洪泽湖流量规模达到 $450m^3/s$，以向洪泽湖周边及其以北地区供水。洪泽站设计流量为 $150m^3/s$，装机5台（套），其中备用1台，总装机容量为17500kW。

（王晨　范明业）

（3）淮安四站输水河道工程（淮安段）。淮安四站输水河道工程位于洪泽湖下游白马湖地区，涉及淮安市淮安区、扬州市宝应县及省白马湖农场，是南水北调东线工程的重要组成部分，设计输水流量为 $100m^3/s$，站下输水河道连接里运河和白马湖，全长

三阳河管理所创新研制车载
堤防灭火装置（徐平原　供图）

29.8km，由运河西、穿湖段及新河三段组成，是淮安四站的输水河道。

（蒋友生　蒯广兵）

（4）淮阴三站工程。淮阴三站工程位于淮安市清江浦区，与现有淮阴一站并列布置，和淮阴一站、二站和洪泽站共同组成南水北调东线第三梯级抽水泵站。泵站采用4台直径3.3m的贯流泵，设计调水流量为100m³/s。

（王晨　杨俊）

（5）金宝航道工程（金湖段）。工程位于淮河下游高邮湖、宝应湖地区，东自南运西闸，西至洪泽蒋坝，全长64.4km，以淮河入江水道三河拦河坝为界分金宝航道段（长28.4km）和新三河段（长36km）。金宝航道工程（金湖段）为23.9km（仅指取直段，若包括唐港弯道段，增加7.6km），设计输水流量为150m³/s。该河道沟通里运河与洪泽湖，串联金湖站和洪泽站，承转江都站、宝应站抽引的江水，是运西线输水的起始河段，具有输水、航运、排涝、行洪的综合功能。

（缪同权　邹燕）

2. 工程管理

（1）淮安四站工程。工程采用委托管理模式，由淮安四站工程管理项目部具体负责淮安四站工程的管理工作。2023年2月，淮安四站工程被江苏省水利厅认定为2023年首批精细化管理工程。

维修养护管理：淮安四站注重日常巡视检查，根据工程需要和设备情况，对损坏工程设施及时进行维修，2023年度，完成淮安四站网络柜电源改造、新河东闸建筑物维修、新河东闸绿化完善、新河东闸自动化改造、新河东闸电缆整改及电气柜更换、淮安四站清污机皮带更换、新河东闸建筑物外观提升、淮安四站站变应急采购、振摆系统改造、新河东闸中控室静电地板安装、备品件采购等运管维项目，同时做好泵站上游闸门保养及限位杆支架重做，泵站上下游格埂、雨淋沟局部维修，油压装置维护，液压启闭机及管道油漆保养，启闭机地面及室外钢盖板油漆出新，上墙资料修订，设备、环境保洁，工具及备品件购置等养护项目。

设施设备管理：认真开展常规检查和试运行工作，按时完成并做好记录。每周完成一次辅机系统常规检查；每月完成一次专项检查，测量主电机定转子绝缘电阻、设备检查性试运行；每月完成两次水政巡查，检查辅机系统在远控和手动操作下运行状况，同时还进行模拟开机，严格按流程进行开机演练将辅机投入远控状态，由上位机执行开机程序，检查主机组断路器、闸门和励磁系统的联动状态，确保机组随时可以投入运行。

安全生产：建立以项目经理为组长的安全生产责任网络，配备了兼职安全员，始终坚持"安全第一，预防为主，综合治理"的指导思想，始终坚持将安全生产工作放在第一位，始终坚持严格实行"两票三制"，及时修订完善相关预案，扎实开展"安全生产月"活动，与每位职工签订《安全生产责任状》，持续推进安全标准化常态化工作，进一步落实安全生产责任、强化职工安全意识，确保工程安全运行无事故。

（王晨　卢飞）

（2）洪泽站工程。洪泽站工程采用直接管理模式，由淮安分公司直接管理。2023年5月，洪泽站工程获得"2021—2022年度中国水利工程优质（大禹）奖"荣誉称号；2023年12月，洪泽站工程通过水利部标准化管理泵站评价。

综合管理：洪泽站管理所强化主体责任，优化责任网络，明确每人相应责任区

洪泽站党员突击队开展堤防巡查工作

（董立全 供图）

域及工作职责，同时做好用工管理，工作前进行安全教育并签订安全风险告知书，将责任压实到人，不断完善各项规章制度，编制洪泽站工作流程手册，把隐性流程显性化，做到管理有据可依。重视员工教育培训工作，开展各类培训29次（安全专项培训12次）、月度与年终考试共计12次，利用调水工程标准化创建契机进行专题培训使员工全面熟悉工程状况，掌握相应操作技能。积极开展宣传报道，2023年度共报送信息88条，迎接各类调研检查150余次，总接待人数达3000人次。强化规范管理，洪泽站做到档案管理有序，经费管理有效，系统管理有力，环境管理有为，日常管理有条。以"人"为本，在江苏省国资委"职工好食堂"基础上再迭代升级，完成食堂改造项目和瓶装燃气改油工作，更新更换职工宿舍老旧热水器、空调，修建停车场，解决"停车难"问题；强化凝心聚力，开展职工趣味运动会、无偿献血活动、户外拓展训练等各类活动21次，营造热爱运动、健康生活的氛围，丰富员工的业余生活。

设备管理：细分责任区域，完善设备标识标牌，对站区所有设备建档立卡，按时开展检查保养。定期安排专人盘点仓库物资及出入库情况，及时采购补充易耗品和备品件，满足工程应急维修需要。扎实开展工程定期检查、经常性检查、运行巡查、特别检查，组织设备等级评定并报分公司批复。委托有资质单位开展防雷接地检测和特种设备检测，抢抓停机间隙委托泵站公司完成电气预防性试验。积极响应公司"自修自养"号召，组织员工在泵站主辅机、电气、水闸设备以及仓库管理等方面，以"我"为主，完成机组碳刷清洗与滑环保养、低压系统抽屉改造、钢丝绳清洗保养以及仓库专项提升等工作，共计节约费用4.5万余元，圆满完成检修任务。同时，以创新引领发展，结合4号机组大修对内置式叶调装置改造进一步革新，创新提出设备智能终端的思路，开展水泵智能运行装置研究与应用。总结国产化系统多年运用情况与经验，以问题为导向，有针对性地对系统开展升级、检测和调试。从功能需求分析、现场硬件改造、软件程序完善到现场设备调试，洪泽站员工立足自身，全程动手参与，提高了现场设备可靠性和稳定性，使一线员工增强了创新意识，全面提升了综合素质，确保工程设备设施正常运行。

建筑物管理：汛前、汛后及时对建筑物开展定期检查，每月一次经常检查，开展建筑物水下检查和等级评定。扎实做好防台工作，针对室外设备、户外标识牌及门窗加固等重点环节开展专项检查。高效率完成洪泽站进水池土质护坡及河床硬化项目，抢出30天工期提前投入发电运行；集中清理和冲洗翼墙杂物、工作桥油污，全年保障挡洪闸洪泽湖侧古石工墙干净整洁，确保对外形象面貌良好。严格落实公司专用水文站管理和工程观测要求，重点提升水文及工程观测现场设施标准化建设，做好观测设备清洁保养工作，增设户外水文观测设施安全警示标语，于2023年11月通过江苏省水利厅洪泽抽水站专用水文站批复。 （范明业　刘雨琦）

（3）淮安四站输水河道工程（淮安段）。淮安四站输水河道工程采用委托管理模式，淮安段委托淮安市淮安区运西水利管理所负责管理。

日常巡查管理：管理所健全规章制度，明确岗位责任。管理所将河段分为8段，每段堤防聘有专职护堤员，每天巡查，管理所同时安排工作人员对点结合，定期督查、巡查，发现问题及时整改汇报，并设立管理台账；管理所每周组织不少于2次的集中巡查，全年共组织巡查180余次。组织多次针对"一枝黄花"等堆堤杂草的清除，全年清除杂草320余亩。积极开展宣传工作，全年向沿线群众散发宣传通告，张贴宣传告示300余张；管理所积极开展宣传工作，全年在纸质媒体上发表7篇宣传稿。全年共组织水政执法人员和南水北调治安办民警联合执法2次，出动车辆2辆次，人员10人次，拆除鱼簖2个；清除违章种植$50m^2$，有力打击了违章侵占河道管理范围行为。

工程维修养护：重视河道养护工作，尤其是堆堤绿化树木养护和水土保持绿化工作。2023年4—9月多次组织人员对2022年栽插的苗木地杂草进行清理，确保苗木能够正常生长，还组织人工对绿化林木下的杂草进行药物喷除，保证林木正常生长以及组织人员对林木进行检查，一旦发现病虫害，立即进行药物治疗。

组织实施了40.3m隔堤处围墙建设，新修了运西河北堤620m长的混凝土防汛道路，对新河西堤660m背水坡进行木桩加固，对管理所围墙进行粉刷出新。淮安分公司还组织实施了标准化达标创建提升工程，对管理所办公楼进行粉刷出新，铺设了$1000m^2$草坪，新修了5000m泥结石防汛道路，埋设了新的里程桩、百米桩、断面桩、界桩，新立了50块警示标牌、2块工程宣传牌、2块水法宣传牌、6块工程管理范围公示牌。对部分堆堤杂草进行了清除，清除了4km截水沟。

安全生产：积极开展安全生产预防管理工作，召开安全生产会议13次，安全教育培训13次，日常安全检查13次，节前安全检查6次，对所管河道堤防、涵闸进行认真细致检查。4月组织人员对新河闸启闭设备进行了维修保养，确保工程工况良好、安全运行。组织人员对河道堆堤林木地里杂草进行清理，及时清除可燃物，确保堆堤林木安全；开展森林防火宣传，在河道沿线设置宣传标语牌、张贴宣传语横幅，起到良好宣传效果。组织汛前检查，成立防汛组织，编制防汛预案，组织职工进行预案学习、演练，同时做好防汛物资储备；进入汛期后，每天组织人员进行河道巡查，实行24h防汛值班，及时上报水情，确保工程安全度汛。

（王晨　蒋友生）

（4）淮阴三站工程。淮阴三站采取委托管理模式，受托单位江苏省灌溉总渠管理处成立淮阴三站工程管理项目部，具体负责淮阴三站的日常管理、维护、运行等工作。2023年2月，淮阴三站工程被江苏省水利厅认定为2023年首批精细化管理工程。

设备维修养护：实行动态、全过程维护管理模式，按照合同、行业规范，每年及时开展汛前、汛后检查、开机运行检查；做好主辅机、电气设备的检查维护工作，对所有设备建档挂卡，并明示责任人；对主机及辅机设备定期开展试运行工作，做好巡视检查及检查性试运行的记录，发现缺陷及时处理；按时对电气设备进行试验，对损坏的仪表、继电器等配件及时更换；针对存在问题及时编报岁修、抢修、应急方案等，在上报淮安分公司批准后及时组织实施。2023年，项目部根据淮安分公司下达的岁修项目，完成了中控室大屏改造更换项目、增设污水处理装置项目、风机改造项目、备品备件购置项目、抽水站水文设施提升项目，及时消除工程安全隐患。

安全生产：建立以项目经理为组长的安全生产责任网络，设立安全员；修订完善了运行管理规章制度、防汛预案、反事故预案等一系列规章制度和规程规范，认真做好安全用具检定试验等工作。每月开展安全专项检查，根据观测任务书要求，开展扬压力、伸缩缝等观测，按时上报安全生产信息月报和工程管理月报。认真组织开展"安全生产月"活动，组织做好节假日前专项安全检查、机组运行安全生产检查、安全度汛等工作。项目部按照要求认真做好淮阴三站安全台账收集整档工作，积极开展对职工的安全教育培训，增强干部职工安全生产意识，防患于未然。

（王晨　杨俊）

（5）金宝航道工程（金湖段）。金宝航道采取委托管理模式，金湖县河湖管理所受托管理南水北调金宝航道（金湖段）河道工程23.9km（取直段），部分弯道段1.8km；沿线配套及影响（闸、涵）工程6座。

工程管理：用制度规范工程管理，制订完善工程运行管理制度，进一步完善金宝航道工程管理养护方案，加强现场管理人员的考勤、日常管理、养护工作考核。

对职工进行教育管理和业务技能培训，做到每周一召开一次工作例会，明确每周工作任务，总结通报上周工作；每月开展一次业务技能培训，针对管理、操作、矛盾协调与沟通、工作请示与报告、制度学习与执行、安全保护与防范等方面进行系统学习培训，任务安排明确，检查到点到位，使每位员工在非常清晰的状态下完成既定工作任务。

综合管理：建立金宝航道管理现场工作群，在日常工作中，档案管理人员按规定及时收集、整理、归档工程运行管理现场的档案资料，保证档案的真实与完整；同时，根据2023年工作要求，对金宝航道工作进行认真规划，制订上报工程管理月报表，并及时落实实施。

（缪同权　邹燕）

3. 运行调度

（1）淮安四站工程。2023年，淮安四站多次投入调水、抗旱运行，全年安全运行84天，开机4839.75台时，抽水5.748亿m^3。严格执行调度指令，合理配置运行班组，狠抓值班纪律和值班质量，运行期间加强值班人员巡视检查，按规定每2h对主辅机设备进行巡视检查，并记

淮安四站开启4台机组投入
抗旱运行（叶婷　供图）

录电气设备运行数据,每班对上下游引河进行至少 1 次巡视,发现管理范围内捕捞作业的人员及时劝离,有效地保证了机组的安全运行以及状态可靠,圆满完成了运行任务,充分发挥了工程效益。

(王晨 卢飞)

(2)洪泽站工程。2023 年度,洪泽站共执行调度指令 36 条,工程累计运行 188 天,抽水 9.27 亿 m^3,发电量近 760 万 $kW \cdot h$,充分发挥了洪泽站的工程效益。

2023 年 5 月,根据江苏水源公司批复,洪泽站首个启动"远程集控、少人值守"第一阶段试点工作,按照方案要求有序规范开展各项工作,圆满完成试点任务,在此过程中,洪泽站主要负责运行准备、工程巡查和应急处置。工程运行中,管理所严格执行"两票三制",加强值班管理和巡视检查,全力做好工程主辅机、电气自动化、金属结构等设备的保养,扎实开展运行准备、巡视检查以及相关演练工作,不断健全制度体系、完善各类预案,全力保障工程安全高效运行,与上级调度部门紧密沟通,尽可能使机组高效运行,及时清理水草,运行中上网功率因数持续保持在 0.97 以上,远高于电网考核的 0.80。

(范明业 刘雨琦)

(3)淮安四站输水河道工程。2023 年,淮安四站输水河道多次投入抗旱调水运行,调水期间严格执行防汛方案,组织人员每天进行河道堆堤巡查,安排专人 24h 值班,做好水情观测,确保调水安全。

(蒋友生 蒯广兵)

(4)淮阴三站工程。2023 年淮阴三站积极响应集控中心调度指令,累计运行 22 天,累计运行 481.2 台时,累计抽水量 0.59 亿 m^3,在南水北调调水、所在地工农业生产及淮北地区的防洪排涝、抗旱灌溉等方面发挥了一定的经济效益和社会效益。

(王晨 潘则宇)

(5)金宝航道工程(金湖段)。成立运行工作领导小组,组织人员进行河道堆堤巡查,严密监视水位,确保调水安全,每天安排专人 24h 值班,做好水情记录及上报工作。

(缪同权 邹燕)

4. 工程效益

(1)淮安四站工程。2023 年,接受调度指令开机运行,截至 2023 年 4 月 26 日全站停机,累计安全运行 84 天,开机 4839.75 台时,抽水 5.748 亿 m^3。

(2)洪泽站工程。2023 年,累计运行 188 天,抽水 9.27 亿 m^3,发电量近 760 万 $kW \cdot h$,充分发挥了工程效益。

(3)淮安四站输水河道工程。在 2023 年度 1—4 月进行 4 次长时间抗旱调水运行,调运水量 5.75 亿 m^3,完成了工程调水功能,发挥了工程效益。

(4)淮阴三站工程。2023 年,淮阴三站积极响应集控中心调度指令,累计运行 22 天,累计运行 481.2 台时,累计抽水量 0.59 亿 m^3,在南水北调调水、所在地工农业生产及淮北地区的防洪排涝、抗旱灌溉等方面发挥了一定的经济效益和社会效益。

(5)金宝航道工程(金湖段)。在运行管理期间,严格按照南水北调工程相关规程规范要求,安全运行,顺利完成向山东调水以及度汛任务,发挥了工程效益。

(王晨 周杨)

5. 环境保护与水土保持

(1)淮安四站工程。站区范围内的绿化及水土保持由南水北调江苏生态环境有限公司负责管理,站区西侧由南水北调江苏生态环境有限公司负责种植苗圃。

（2）洪泽站工程。管理范围内绿化由南水北调江苏生态环境有限公司具体负责，定期对管理范围内的花草树木进行修剪、施肥。同时，管理所不定期对上下游护坡进行清理、维护，避免护坡水土流失。

洪泽站护坡绿化养护（刘雨琦　供图）

（3）淮安四站输水河道工程（淮安段）。2023年，在河道沿线补栽雄株意杨530余棵、北美海棠210棵、红叶石楠210棵，组织人员对堆堤杂草进行清除。通过一系列工作，做好河道环境保护及水土保持。

（4）淮阴三站工程。重视环境保护，管理范围内设置垃圾箱，定期开展卫生保洁，机组运行期间及时组织打捞杂草杂物。管理范围内绿化由南水北调江苏生态环境有限公司具体负责，定期对管理范围内的花草树木进行修剪、施肥。同时，项目部不定期对上下游护坡进行清理、维护，避免护坡水土流失。

（5）金宝航道工程（金湖段）。管理范围内的绿化及水土保持由南水北调江苏生态环境有限公司负责管理，同时管理所组织人员对雨淋沟进行修复，对堆堤杂草进行清除。　　　　　（王晨　周杨）

6. 科技创新　近年来，淮安分公司围绕公司科技创新及信息化建设工作要求，扎实开展洪泽站"远程集控、少人值守"试点，坚持以"我"为主，开展大型泵站关键技术课题研究和"五小"创新活动，推动河道工程信息化建设，取得较好成绩。

（1）推进"远程集控、少人值守"试点。根据公司部署，编制洪泽站"远程集控、少人值守"试点方案，获公司批复。结合年度调水运行，开展并完成第一阶段试点运行，减少现场值守人员，降低巡查频次，管理效能有效提升。加强试点成果总结，编制《大型泵站远程集控少人值守管理技术规范》，公司印发了企业标准，为推广应用奠定坚实基础。

洪泽站开展"少人值守"试点期间，
值守人员正利用移动巡检App
开展工程巡视检查（刘雨琦　供图）

（2）扎实开展大型泵站关键技术课题研究。围绕大型泵站关键技术研究主电机、主变压器课题，多次赴有关厂家调研，总结一期设计、建设及运行存在问题，形成成果报告及意见建议上报淮安分公司。

（3）"五小"创新卓有成效。2023年，组织现场管理单位围绕工程隐患、管理痛点难点，实施"五小"项目10项。淮安分公司组织淮安四站完成清污机皮带传输防跳动装置、互感器柜手车加装过电压保护装置；淮阴三站完成计米轮式闸门开度装置改造、主电机风冷系统改造；组织洪泽站开展水泵智能运行装置研究与应用、薄性混凝土修补材料配制与应用、河道捕鱼阻拦装置设计与应用，经公司评比，共获得一等奖 1 项、二等奖 1 项、三等奖 2 项。

（4）推进河道工程信息化建设。淮安分公司组织开发河道堤防工程巡检信息系统，成功接入调度运行管理系统并上线运行，进一步提升河道工程管理信息化水平。堤防巡检系统由移动端和电脑客户端组成，功能涵盖了移动巡检、电子台账、数据统计、智能监控等实用模块，实现了堤防工程全周期、智能化、数字化管理。

（纪恒　裴旭豪）

【宿迁段】

1. 工程概况

（1）泗洪站枢纽工程。工程位于江苏省泗洪县朱湖乡东南的徐洪河上，是南水北调东线一期工程第四梯级泵站之一，主要功能是与睢宁、邳州泵站一起，通过徐洪河向骆马湖输水。泵站设计流量 120m³/s，安装贯流泵机组 5 台（套），单机设计流量 30m³/s，总装机容量为 10000kW。2023 年 5 月，工程获中国水利工程优质（大禹）奖。

（2）泗阳站工程。工程位于泗阳县城东南约 3km 处的中运河输水线上，是南水北调东线第四梯级抽水泵站，距原泗阳一站下游约 340m。泗阳泵站设计调水流量 198m³/s，设计扬程 6.3m，安装 6 台（套）3100 ZLQ 33 - 6.3 型立式全调节轴流泵（含备机 1 台），配 10kV TL 3000 - 48 型立式同步电动机。

泗洪站 3 号机组圆满完成大修预试运行（徐胜杰　供图）

（3）刘老涧二站工程。刘老涧二站建于江苏省宿迁市东南约 18km 处的中运河上，是南水北调东线第一期工程第五梯级泵站，该站主要功能是与刘老涧一站以及睢宁一站、二站等工程共同组成南水北调东线一期工程的第五梯级泵站，通过中运河经皂河站向骆马湖输水 175m³/s，并向沿线供水、灌溉，改善航运条件。泵站设计流量 80m³/s，装机 4 台（套）（含备用机组 1 台），总装机容量 8000kW。

（4）皂河二站工程。工程位于江苏省宿迁市皂河镇北 6km 处，是南水北调东线一期工程的第六梯级泵站。皂河二站设计抽水流量 75m³/s，设计扬程 4.7m，安装 2700 ZLQ 25 - 4.7 型立式轴流泵配 TL 2000 - 40 同步电机 3 台（套），水泵叶轮直径 2.7m，单台设计流量 25m³/s，单机功率为 2000kW，总装机容量 6000kW，叶轮中心高程 15.00m。（王晨　徐胜杰）

2. 工程管理

（1）泗洪站枢纽工程。工程是江苏水源公司直管工程，由江苏水源公司宿迁分公司直接管理。

数字孪生南水北调工程建设协调会
在宿迁召开（徐胜杰 供图）

综合管理：全面落实"三项制度"改革，深化"10S"标准化应用，修订完善《规章制度汇编》《防汛抗旱应急预案》，编制2023年值班工作要求，泗洪泵站、徐洪河节制闸、排涝调节闸先后被评为"江苏省精细化管理一级工程"；在2023年的江苏省泵站运行与维修工职业技能竞赛中，泗洪站管理所选派的参赛选手获得第二名成绩，并被江苏省部属企事业工会授予"省部属企业五一创新能手"荣誉称号，7名员工完成技能鉴定考试。泗洪站管理所全员参与系统的日常使用，及时开展信息录入，录入率超95%，全面使用移动巡检App，全年累计使用App巡查2095次。

设备管理：全站设备建档立卡，明示设备责任人，建立设备动态台账，记录设备问题消缺状态。按时开展特种设备检测、防雷接地检测及电气预防性试验，定期开展主辅机试运行。对照标准化定期检查表，开展全面检查，进一步掌握主机组、建筑物水下情况。做好备品备件的出入库管理及季度盘点工作，及时按需上报备品备件采购计划，确保满足工程应急维修需要。定期对工程设备进行评级，编写并上报等级评定报告，通过设备评级，设备等级均为一类，设备完好率达100%。

建筑物管理：2023年，宿迁地区暴雨、大风天气较往年增多，泗洪站管理所及时应对4次Ⅳ级特殊天气预警，开展特别检查，着重解决建筑物地面沉降、幕墙玻璃损坏、路面破损、食堂吊顶破损、内墙面起皮脱落等问题。结合汛后检查开展水工建筑物等级评定，所有建筑物评级均为一类。全面开展工程观测设施标准化建设，完成对垂直位移标点、测压管、工作基点等统一设计。以泗洪站为试点，研究解决测压管失效问题，通过泗洪站枢纽整体渗流场、基底扬压力与结构安全相关研究，探索测压管的处理措施，开展装配式测压管安装，解决困扰东线工程多年的难题。按时完成垂直位移观测、河床断面观测、测压管及伸缩缝观测工作，并及时整编观测资料，加强观测成果分析。

运行管理：严格执行调度指令，按时完成设备操作，及时应对突发情况，有效开展应急处置；及时准确上报水情、工情等日报表；编制《泗洪站水文管理标准化手册》，编写《水文管理经验总结》，开展水文缆车操作平台提升、观测踏步及不锈钢踏步增设等工作。2023年开展特种作业人员申报和复训25人次，保障运行人员持证上岗。推进"五小"创新活动，自主完成高压变频器控制单元运行条件改善、主机组轴承智能补油系统、填料函漏水精密监测等5项"五小"项目，取得"水尺自动清洁装置"和"鼓绳式闸门防下滑和自动缓冲装置"2项实用型发明专利。

安全管理：根据公司统一部署，开展危险源辨识、设施设备及作业活动风险划分、评价和管控工作，完成安全风险空间分布图绘制和上墙布置工作。抓实抓细检

六、东线一期工程

查、会议及培训工作。召开安全会议12次，开展安全检查30余次，组织安全培训12次。纳入泗洪县防汛组织体系，定期参加防汛会议，开展应急演练和桌面演练4次，切实提升应急处置能力。每周组织堤防巡视检查，对违规现象和行为及时制止、清理、驱离。

江苏省防汛抗旱指挥部启动江苏省防台风Ⅳ级应急响应，泗洪站管理所积极应对，清理排水设施，确保落水管通畅、排水沟无淤堵

（徐胜杰　供图）

（2）泗阳站工程。工程采取委托管理模式，由江苏省骆运水利工程管理处代为管理，现场成立了江苏省南水北调泗阳站工程管理项目部进行现场管理。

设备管理：加强机电设备技术基础管理，保证设备的完好率。按照《南水北调泵站工程管理规程》对设备进行规范标识，按照江苏省《泵站运行规程》对设备进行规范涂色，按照设备类别、等级建档挂卡；在站内醒目位置悬挂泵站平、立、剖面图，高低压电气主接线图，油、气、水系统图，主要技术指标表，主要设备规格、检修情况表等图表。

建筑物管理：定期组织对管理范围内建筑物各部位、设施和管理范围内的河道、堤防等进行周期检查，在遭受暴雨、台风、地震和洪水时及时加强对建筑物的检查和观测，记录观测损失情况，发现缺陷及时组织修复。开展好工程观测，组织做好垂直位移、水平位移、测压管水位、引河河床变形、混凝土建筑物伸缩缝等观测工作，并对观测资料进行及时整理和分析。

运行管理：完善制度及预案，加强实操演练，做好职工防汛知识及技能教育培训，完善防汛预案、反事故预案、综合应急预案等预案及各项规章制度，并组织防汛演练，提高职工防汛责任意识和危机意识，进一步提高职工预案执行力。

安全管理：始终把安全生产工作作为一切工作的重中之重，严格执行"安全第一、预防为主、综合治理"安全生产方针。2023年累计开展12次教育培训，7次预案演练，同时按期开展每月一试。共开展综合演练2次，专项应急预案演练2次，现场处置方案2次，建立台账，完成演练总结和评估工作，结合演练效果对预案开展评价及修订工作。结合泗阳站工程实际，组织技术人员利用"作业条件危险性评价法（LEC法）"与"风险矩阵法（LS法）"，对所有设备设施、工作场所进行危险源辨识及风险级别划分，形成危险源管控清单及风险区域划分四色图，组织开展危险源辨识与风险评价工作，并汇总形成报告、清单及四色空间分布图。

（3）刘老涧二站工程。工程采取委托管理模式，委托江苏省骆运水利工程管理处进行管理，现场成立了江苏省南水北调刘老涧二站工程管理项目部进行现场管理。

制度建设：项目部组织体系健全，各项工作开展有条不紊，档案管理制度健全，有专人管理，档案设施齐全、完好；资料规范齐全、分类清楚、存放有序，能够按时归档。修订了《防汛抗旱应急预案》《现场处置方案》和《综合应急预案》，确保规章制度更加完善，在管理中做到有章可循。

运行管理：严肃值班纪律和交接班制度，加强值班巡查力度，在阴雨天等恶劣天气时更要增加巡查次数，严格监视上下游水位，要求值班人员必须24h保持通信畅通，保证能够随时接到上级的调度指令，发现问题及时上报。

信息报送：按照工程管理的要求定期组织对工程设施、设备的检查工作。按时上报防汛、安全检查报告；及时编报工程月报、安全月报；按时报送安全生产基础信息；开机运行期间积极配合分公司人员上报水情表、工情表、能耗表。

（4）皂河二站工程。工程采取委托管理模式，委托江苏省骆运水利工程管理处进行管理，现场成立了江苏省南水北调皂河二站工程管理项目部负责具体管理。

设备管理：以"规范管理、标准管理"为思路，严格做好"跑冒滴漏"管控，认真执行设备保养要求，保证设备的完好率。严格按照规程规范要求，深入开展工程标准化、规范化和信息化建设。以"图、表、码、人、证、照"齐全为准绳，对设备进行养护，按照设备类别、等级建档挂卡。

建筑物管理：对建筑物设施、河道和堤防定期开展检查，形成详细隐患记录；面对台风及连续降雨等情况，及时开展特别检查；做好工程观测工作，组织开展垂直位移、水平位移、伸缩缝观测、扬压力测量等工程观测任务。

运行管理：按照规程、规范开展运行期巡视、检查、操作等工作，按规定做好运行值班及交接班，严格执行操作票制度和安全操作规程等规范。严格执行调度指令，运行中及时发现故障缺陷，发现异常紧急情况能及时做好处理并向调度人员报告，危及安全运行的立即处理并组织抢修。

安全管理：持续做好对工程防汛、安全生产、安全标准化等多项工作的细化落实，建立健全安全组织网络，签订安全生产责任制，做到责任到人，落实到人；积极组织开展各项教育培训和演练；定期排查安全生产隐患，消除缺陷，保障运行安全、工程安全。　　　　（王晨　徐胜杰）

3. 运行调度

（1）泗洪站枢纽工程。工程的控制运用由江苏水源公司直接调度。工程运行过程中认真执行公司调度指令，严格遵守各项规章制度和安全操作规程，做好各项运行记录，及时、准确排除设备故障，保证调水运行工作安全高效进行。

（2）泗阳站工程。工程的控制运用由江苏水源公司直接调度。工程运行过程中认真执行公司调度指令，严格遵守各项规章制度和安全操作规程，做好各项运行记录，及时、准确排除设备故障，保证调水运行工作安全高效进行。

（3）刘老涧二站工程。工程的控制运用由江苏水源公司直接调度。工程运行过程中认真执行公司调度指令，严格遵守各项规章制度和安全操作规程，做好各项运行记录，及时、准确排除设备故障，保证调水运行工作安全高效进行。

（4）皂河二站工程。工程的控制运用由江苏水源公司直接调度。工程运行过程中认真执行公司调度指令，严格遵守各项规章制度和安全操作规程，做好各项运行记录,及时、准确排除设备故障,保证调水运行工作安全高效进行。

(王晨 徐胜杰)

4. 工程效益

(1)泗洪站枢纽工程。2023年,泗洪泵站运行135天,共运行9033.56台时,调水8.42亿 m^3,其中2022—2023年度向省外调水94天,共运行6175.04台时,调水5.6亿 m^3;2023—2024年度向省外调水41天,共运行2858.52台时,调水2.82亿 m^3。

船闸过闸船队60拖,单船1865只,过闸155.88万t,收费103.12万元。

徐洪河节制闸严格执行调度指令,2023年执行调令14次,发挥了泄洪排涝的工程效益。

(2)泗阳站工程。2023年度,工程执行南水北调任务抽水运行40天,运行2170台时,抽水2.4956亿 m^3;发电运行17天,累计1412台时,发电上网约18万kW·h。

(3)刘老涧二站工程。2023年度,刘老涧二站于3月2—17日、3月22—29日、4月11—26日、5月4—14日、12月23—31日开机抽水运行,共运行4044台时,抽水3.6906亿 m^3。

(4)皂河二站工程。2023年度,工程分别于2月21—28日、3月2—17日、3月22—29日、4月11—26日、5月4—14日、12月23—31日开机抽水运行,共运行4546台时,抽水4.0938亿 m^3。邳洪河北闸开闸运行365天,全年安全生产无事故。

(王晨 徐胜杰)

5. 环境保护与水土保持

(1)泗洪站枢纽工程。2023年度,泗洪站绿化养护工作委托江苏水源生态环境有限公司负责,按照年度养护工作计划,及时开展浇水、治虫、修剪、除草等工作,并对未成活的树苗进行增补,使其水土保持功能不断增强,发挥长期、稳定、有效保持水土、改善生态环境的功能。

(2)泗阳站工程。2023年,积极推进泗阳站总体环境规划建设,保证工程环境干净整洁。完善水资源水环境建设,加大管理区的环境整治力度,增加植被面积,保持水体水质健康。响应国家"五位一体"的总体布局,将治水与治理环境有机结合,统筹上下游、左右岸、地表地下、工程区域内外、工程措施与非工程措施等方面,加强稳定、健康、魅力的水利生态环境建设。

(3)刘老涧二站工程。工程充分利用管理范围内的土地资源和工程优势,因地制宜大力开展树木花草种植,美化环境。项目部加强对管理范围内环境卫生工作的管理,安排专人负责管理范围内环境卫生工作,保持主要道路的整洁,并做好管理范围内绿化。2023年度刘老涧二站的绿化工作由绿化公司直接负责进行,项目部及时督促现场绿化人员进行浇水、治虫、修剪、除草等工作,并对未成活的树苗进行补栽补种。

(4)皂河二站工程。在抓好技术管理的同时,皂河二站还加强了站区环境卫生工作,严格执行卫生保洁制度,聘用了专业保洁单位对主厂房等环境进行保洁。每台设备责任到人,要求主机每天外观检查一次,发现不清洁的立即处理,其他设备每周至少全面保洁三次,主厂房地面每天保洁一次,控制楼、楼道、卫生间每天保洁一次,确保机组设备、内外环境的整洁卫生,保洁员每天打扫。站区环境整洁美观,无杂草丛生、垃圾乱堆乱放等现象。

项目部还加强了水行政执法管理，站区内未出现捕鱼、乱捕乱种现象，且已经实现了封闭管理。

（王晨　徐胜杰）

【徐州段】

1. 工程概况

（1）睢宁二站工程。工程位于徐州市睢宁县沙集镇内的徐洪河输水线上，与睢宁一站及运河线上的刘老涧泵站枢纽共同组成南水北调东线工程的第五个梯级。工程主要任务其一是与睢宁一站共同实现向骆马湖调水 $100m^3/s$ 的目标，其二是与中运河共同满足向骆马湖调水 $275m^3/s$ 的目标。泵站安装 4 台（套）立式混流泵，泵站设计流量 $60m^3/s$，装机 4 台（套）（含备用机 1 台）。

（2）邳州站工程。工程是南水北调东线第一期工程第六梯级泵站，位于江苏省邳州市八路镇刘集村徐洪河与房亭河交汇处东南角，其作用是与泗洪站、睢宁泵站一起，通过徐洪河线向骆马湖输入 $100m^3/s$，与中运河共同满足向骆马湖调水 $275m^3/s$ 的目标。同时通过刘集地涵调度，利用邳州站抽排房北地区涝水。

（3）刘山站工程。工程位于京杭运河不牢河段，在邳州市宿羊山镇，是南水北调东线工程的第七级泵站，该站主要功能是实现不牢河段从骆马湖向南四湖调水 $75m^3/s$ 的目标，在向山东省提供城市生活、工业用水的同时，改善徐州市的用水和不牢河段的航运条件，工程设计流量 $125m^3/s$，装机 5 台（套）（含备用机组 1 台）。

（4）解台站工程。工程是南水北调东线一期工程第八梯级泵站，位于江苏省徐州市经济技术开发区内的不牢河输水线上。解台站与刘山站、蔺家坝站联合运行，共同实现出骆马湖 $125m^3/s$、入下级湖 $75m^3/s$ 的调水目标，同时排泄徐州地区和微山湖湖西片区 $756km^2$ 涝水的排涝效益。

（5）蔺家坝站工程。工程位于徐州市铜山区，是南水北调东线工程的第九梯级泵站，也是送水出省的最后一级泵站。其主要任务是抽调前一级解台泵站来水向南四湖下级湖送水，满足南水北调工程调水要求，同时可以结合郑集河以北、下级湖沿湖西大堤以外的洼地排涝。泵站设计流量 $75m^3/s$，装机 4 台（套）（含备用机组 1 台）。

（王晨　齐涵）

2. 工程管理

（1）睢宁二站工程。工程管理机构：睢宁二站其产权属江苏水源公司，由睢宁二站项目部代管。

工程管理总体情况：睢宁二站从综合组织管理、人员管理、安全管理、技术管理等多方面为抓手，按照《南水北调泵站工程管理规程》及公司"10S"企业标准要求，合理设置岗位和配置人员。同时，建立健全泵站管理制度，明确岗位责任主体和人员工作职责。优化泵站人员结构，创新人才激励机制，建立健全安全生产管理体系。建立工程日常管理、工程巡查及维修养护制度。确保工程设施与设备状态完好，工程效益持续发挥。结合工程设备的日常巡查、试验、调试，严把每项工作的准备关、进程关、收尾关，不放过每个环节，安排经验丰富的技术人员在现场细致摸排检查，使工程设备始终处于完好状态，保证了泵站整体安全运行的可靠性，工程效益得到充分发挥。

设备管理和维修养护：睢宁二站通过实施"10S"标准化建设，不断提升管理水平和设备维护质量。结合软硬件的改进，来实现全面的标准化管理。对工程设备进行细致的分类和责任分配，确保每个设备都有明确的责任人进行管理和养护。严格执行标准化要求，按照规定的频次进行设备的日常检查和养护，保持设备的良好工作状态。定期进行设备的联调联试，及时发现并解决问题，确保设备运行的稳定性。睢宁二站根据工程实际情况合理制订维修养护计划，2023年实施岁修、急办项目共16项，已全部完成。

安全管理：睢宁二站始终坚持"安全第一、预防为主，综合治理"的方针。健全安全生产监督管理制度与责任体系，全力推进安全生产长效管理，强化对泵站安全运行的监管力度，确保责任到人，监管到位。对安全管理工作进行全面规划，制订统一的安全标准，并根据泵站的具体情况进行分级管理，实行定期的安全评价制度，对泵站的安全状况进行动态管理，及时发现并解决安全隐患。建立隐患排查和登记建档制度，制订应急预案，做好应急物资和人员配备，提高应对突发事件的能力。加强泵站管理人员的培训，提升其专业技能和安全意识。消防器具、自动报警装置完好，防汛预案切实可行，抢险设备设施足量配置。根据公司要求开展各类工程观测及设备设施检查，2023年开展业务技术培训、预案演练等共7次，有效地提升了安全总体水平。

建筑物管理：睢宁二站严格按照规范要求做好建筑物管理工作，定期开展工程巡查、按时开展安全监测、及时组织维修养护，确保建筑物整体安全。做好工程观测工作，项目部严格按照观测任务书要求，开展工程观测工作，2023年共计进行垂直位移观测4次、河道断面观测2次、断面桩顶高程考证1次、水平位移4次、扬压力观测52次，通过观测成果并分析，建筑物状况良好；做好建筑物、堤防及河道巡查工作，除了定期和经常性检查以外，每周开展工程建筑物、堤防、河道巡查，发现问题及时处理；扎实做好汛前汛后检查工作，按照"严、高、细、实、全"的要求认真开展汛前汛后检查，邀请有资质的单位对睢宁二站水下建筑物进行了细致摸查，确保建筑物完好，保障安全度汛。

（王晨　齐涵）

睢宁二站进行水平位移测量
（南水北调睢宁二站　供图）

（2）邳州站工程。工程管理机构：邳州站采用委托管理模式管理，2013年工程建成后，由江苏水源公司委托江苏省江都水利工程管理处进行管理，现场成立了江苏省南水北调邳州站运行管理项目部

睢宁二站开展防汛演练
（南水北调睢宁二站　供图）

（以下简称"项目部"），负责邳州站的运行管理工作。

工程管理情况：邳州站从综合管理、设备管理、建筑物管理、运行管理、安全管理、环境管理等多方面入手，按照《南水北调泵站工程管理规程》及公司"10S"企业标准要求，结合工程设备的日常巡查、试验、调试，严把每项工作的准备关、进程关、收尾关，不放过每个环节，安排经验丰富的技术人员在现场细致摸排检查，使工程设备始终处于完好状态，保证泵站整体安全运行的可靠性，工程效益得到充分发挥。2023年，邳州站顺利通过水利部组织的南水北调东线一期工程江苏段（新建泵站、水闸、堤防等工程）标准化管理评价。

设备管理和维修养护：严格按照《南水北调泵站工程管理规程》要求，结合工程现场实际，建立了一套较为全面的规章制度和操作指导手册，包括《邳州站技术管理细则》《邳州站工程观测细则》《邳州站操作规程》《邳州站规章制度》《邳州站作业指导手册》《邳州站巡视指导书》等，所有规章制度均上墙明示，细则手册放到值班室，方便运行人员查阅。对工程设施各部位，按照"谁检查、谁负责"的原则，组织技术骨干做好例行检查，开展日常机电设备维护保养和试运转工作，确保工程完好率。2023年度邳州站岁修、急办项目共12个，已全部实施完成。经过维修养护项目实施，邳州站面貌有了一定改善，设备性能得到了提高。

安全管理：建立健全安全生产组织机构，制订完善安全生产各项规章制度，分析研判安全生产形势，组织开展安全生产各项工作；编写反事故预案、防汛抗旱应急预案，并组织开展学习和演练，强化提

邳州站项目部组织员工开展2号机组水下检查（南水北调邳州站　供图）

升应对突发性事故的应急处理能力；按月部署安全生产工作，开展安全生产学习、消防演练及隐患排查治理工作。做好员工三级教育，加强特种作业岗位持证上岗管理。

建筑物管理：为确保建筑物安全完好，项目部定期、不定期开展巡视检查，发现问题及时解决，保障工程完好和度汛安全。

邳州站的工程观测项目有垂直位移观测、上下游河床断面观测、建筑物水平位移观测、测压管水位观测。自工程建设以来，为保持观测数据延续性，专职观测人员按照《南水北调东、中线一期工程运行安全监测技术要求（试行）》相关规定，编制观测细则。测次、测项齐全，数据采集规范完整真实，观测数据按规定进行科学分析，做到成果真实客观。2023年观测结果显示，建筑物垂直位移整体变化幅度较小，趋于稳定状态；河床呈轻微淤积状态，无冲刷现象，由于淤积量不大，无需进行清淤处理；测压管水位随上下游水位变化灵敏，整体规律与上游水位成正比，符合变化规律，无堵塞淤积的情况；水平位移整体变化缓慢，水平位移趋于稳

定状态，符合整体变化规律。2023年，邳州站工程各项观测成果实测值均在正常范围内，未见异常情况。

标准化创建：项目部按照江苏水源公司统一部署，对照水利部《大中型灌排泵站标准化管理评价标准》，高质高效完成工程申报书和自评报告编制及支撑材料收集整理。2023年2月，邳州站顺利通过江苏省水利厅初评；2023年8月，刘集南闸高分顺利通过水闸标准化省级初评。

（3）刘山站工程。工程管理机构：刘山站采用委托管理模式，2023年2月，徐州市润捷水利管理服务公司和徐州分公司签订了委托管理合同。徐州市润捷水利工程管理服务公司在现场组建了江苏省徐州市南水北调刘山站工程管理项目部。刘山站除接受江苏水源公司、徐州分公司的检查、指导、考核和调度外，徐州市水务局也将刘山站纳入正常的管理范围，开展汛前、汛后检查，加强业务指导，开展职工教育培训，组织年度目标管理考核。

设备管理和维修养护：2023年，完成电气预防性试验、安全监测、自动化维护等岁修和急办项目；完成钢丝绳保养、行车保养、快速门支墩及污泥斗底座出新等养护项目。定期开展经常性检查、测压管观测、伸缩缝观测、蓄电池检查等例行工作。定期对所有机电设备进行除尘、端子紧固、补贴示温纸等保养，及时消除设备质量缺陷及安全隐患，不断提高管理水平。此外，按照江苏水源公司要求，刘山站开展数字化管理系统推广应用，完成日常管理资料的录入，及时反馈系统使用情况。

安全管理：高度重视安全生产管理，建立健全安全生产组织机构、责任网络、规章制度；每天进行安全巡视，每周进行安全检查，汛前、汛后开展定期检查，节假日和重要活动前开展安全大检查；按月开展安全生产活动，定期对职工进行安全教育。2023年安全生产形势良好。

建筑物管理：对水工建筑物定期开展检查养护，保持建筑物完好整洁；按照观测任务书及时对建筑物伸缩缝进行观测，对测压管进行观测；对建筑物进行垂直位移观测和河床断面观测，并对观测资料进行整理和分析，做好资料的整编工作。2023年，对部分建筑物缺损进行了修补换新，泵站工程和节制闸工程水工建筑物完好。

刘山站开展垂直位移观测
（南水北调刘山站　供图）

标准化创建：严格对照考核标准，做好佐证资料整编与工程问题消缺，开展标准化创建工作，2023年2月14日，刘山泵站、刘山节制闸高分获评江苏省水利厅精细化管理一级工程。

（4）解台站工程。工程管理机构及管理情况：解台站工程由江苏水源公司徐州公司直接管理，解台站管理所作为现场管理机构负责具体管理工作。2023年，解台站通过江苏省水利厅精细化管理工程的评审，并获得江苏省国资委党委"省属企业先进基层党组织"荣誉称号。

解台站从综合管理、设备管理、建筑物管理、运行管理、安全管理、环境管理等多方面入手，按照《南水北调泵站工程管理规程》及公司"10S"企业标准要求，结合工程设备的日常巡查、试验、维养、调试，严格管理每道工作环节，安排经验丰富的技术人员在现场细致摸排检查，使工程设备始终处于完好状态，保证了泵站整体安全运行的可靠性，工程效益得到充分发挥。2023年，解台站顺利通过水利部标准化管理工程初评。

设备管理和维修养护：解台站高度重视"10S"标准化建设，对工程设备进行细致划分，明确设备管理养护责任，确保"人人都有事情做，台台设备有人管"。严格执行标准化要求，按规定频次开展设备日常检查和养护，定期开展联调联试，确保设备时刻处于良好的工作状态，管理水平较以往有大幅提升。

根据工程需要和设备运行情况，对影响工程运行的设备设施及时纳入岁修、急办项目，2023年度，江苏水源公司批复解台站岁修、工程养护、备品备件等项目共17项，均按计划完成，通过项目实施解台站面貌有了一定改善，设备性能得到稳步提高。

安全管理：2023年，持续加强安全生产工作，严格执行安全生产一票否决制，全方位抓好全年安全生产工作。积极参与安全标准化达标创建工作，认真落实"安全第一、预防为主，综合治理"的方针，坚持生产管理要服从安全需要的原则，切实做好管理所安全生产工作。调整安全生产领导小组，根据人员变动情况完成管理所安全领导小组的工作调整，明确责任分工；强化安全责任落实，根据公司安全标准化建设要求，全员签订《安全生产责任状》，细化明确安全责任，形成了安全生产人人有责的良好局面；做好安全巡查工作，管理所定期、不定期进行安全检查，对发现的问题、隐患，及时制订整改方案，明确整改标准，限时消缺；做好职工教育和演练工作，2023年度共计开展18次演练、15次安全教育培训以及41人次证书考核培训，通过演练和培训大大提高员工的安全意识，增强应对突发事件的能力；落实双重预防机制，根据双重预防机制导则，完成《危险源辨识与风险评价报告》编制、绘制四色空间安全风险分布图并上墙，组织修订完善安全生产专项应急预案、安全操作规程、现场应急处置方案等；提高安全意识，充分利用早班会、每月安全生产例会加强员工安全思想教育，提高员工安全生产意识，同时利用LED屏、安全标语、安全警示片、安全演练、"安全生产月"活动等营造安全生产氛围。

建筑物管理：严格按照规范要求，定期、不定期开展工程巡查，按时开展安全监测，及时组织维修养护，确保建筑物整体安全。做好工程观测工作，严格按照水利工程、南水北调工程观测规程要求，开展工程观测工作，2023年进行垂直位移观测4次、河道断面观测2次、断面桩顶高程考证1次、伸缩缝观测24次、扬压力观测52次，观测成果分析，建筑物状况良好；做好建筑物、堤防及河道巡查工作，除了定期和经常性检查以外，解台站每周开展工程建筑物、堤防、河道巡查，发现问题及时处理；扎实做好汛前汛后检查工作，按照"严、高、细、实、全"的要求认真开展汛前汛后检查，邀请有资质的单位对水下建筑物进行了细致摸查，确保建筑物完好，保障安全度汛。

2023年2月13日，解台泵站、解台节制闸高分获评江苏省水利厅精细化管理一级工程。

（5）蔺家坝站工程。工程管理机构：2022—2023年，工程由江苏水源公司徐州分公司与南水北调江苏泵站技术有限公司联合管理。

工程管理总体情况：蔺家坝泵站工程管理项目部从综合管理、设备管理、建筑物管理、运行管理、安全管理、环境管理等多方面入手，依托《南水北调泵站工程管理规范》，以高标准、严要求，规范化、标准化、精细化的方法管理蔺家坝泵站。注重对工程的巡视检查，注重工程缺陷的记录积累，及时建立缺陷记录档案，每年按时编报工程维修养护项目，在公司批复后及时组织实施，实施过程中安排专人对项目的进度、工艺、材料以及质量、安全等进行监督检查，确保工程维护检修做到实处，工程质量合格。

设备管理和维修养护：按照工程管理的要求定期组织对工程设施、设备的检查。注重对各种设备经常性检查、养护，及时更换常规易损件，确保设备处于完好状态。

2023年度蔺家坝泵站岁修、急办项目已全部实施完成，并通过分公司验收。项目实施过程中，严格加强项目质量管理、安全管理、进度管理，确保项目能按计划有序实施。经过维修养护项目的实施，蔺家坝泵站面貌有了一定改善，设备性能得到了提高。

安全管理：工程高度重视安全生产工作，始终坚持"安全第一，预防为主"的指导方针，将安全生产作为工程管理工作的头等大事来抓。建立安全组织网络，层层落实安全责任制，成立安全生产领导小组，配备安全员，明确安全生产"无死亡、无重伤、无火灾、无重大事故"的管理目标；制订蔺家坝泵站安全管理制度、安全用具管理制度、危险品管理制度等一系列安全管理制度，形成了"横向到边、纵向到底"的全方位安全管理网络；加强安全生产教育和培训，对职工进行安全生产管理教育，强化职工的安全意识和防范事故能力，加强值班保卫，促进管理安全，积极与地方派出所沟通协调，除设置蔺家坝泵站警务室，实行24h值班保卫外，厂房内还每天安排值班人员，定时进行巡视；在各消防关键部位配备消防器材并定期检查，对防雷、接地设施进行定期检测，确保完好；进一步落实安全生产规章制度，加强工程的规范化管理，项目部狠抓"两票三制"执行，规范了工作票、操作票的使用，坚决禁止和杜绝随意口头命令的发生。

建筑物管理：针对泵站外围工程明确的日常巡视检查项目，每天进行巡视检查，发现问题及时解决，确保工程完好。对所管辖的工程设施每月巡查，并编制日常巡查报表，对检查出的问题及时进行处理。汛期安排每日巡查，恶劣天气特别是暴雨期间加大巡查力度，按要求上报汛期工程设施巡查报表。认真开展工程观测，编制了观测细则和观测任务书。每月、每季度按照观测任务书的要求开展工程观测工作。观测过程做到测次、测项齐全，数据采集规范完整真实，观测数据按规定进行科学分析，做到成果真实客观。

（王晨　齐涵）

3. 运行调度

（1）睢宁二站工程。2023年共执行3次调水运行任务。2023年1月1—13日，执行2022—2023年度第一阶段调水运行任务；2023年2月10日至5月26日，执行2022—2023年度第二阶段调水运行任务；2023年11月13日至12月31日，执行2023—2024年度第一阶段调水运行任务。2023年，睢宁二站总体运行情况良好，累计运行9803台时，累计抽水7.7943亿 m³。

（2）邳州站工程。2023年，邳州站共执行3次调水运行任务，2023年1月1—13日，执行2022—2023年度第一阶段调水运行任务；2023年2月10日至5月26日，执行2022—2023年度第二阶段调水运行任务；2023年11月13日至12月31日，执行2023—2024年度第一阶段调水运行任务。2023年累计运行8532台时，累计抽水9.21亿 m³，邳州站总体运行情况良好。

邳州站启动2023—2024跨年度
调水任务
（南水北调邳州站　供图）

（3）刘山站工程。2023年，刘山站共执行两次调水运行任务，一是完成2022—2023年度调水任务，于2023年1月5日停机；二是参与省内抗旱运行，于6月14日开机，6月26日停机，共运行621.7台时，抽水0.67883亿 m³。

（4）解台站工程。2023年，解台泵站收到开机调令1次，接收节制闸调令32次，启闭闸门63闸次，泄洪0.59亿 m³。为做好运行管理，解台站主要做了以下几方面的工作。一是严抓设备管理。按时开展设备养护，让设备始终处于良好的状态，保证能随时投入运行；二是严格执行调度指令。在接到预开机指令后，及时开展线路巡查，落实用电负荷，指令执行后及时反馈信息，解台节制闸运行严格执行徐州市水旱灾害防御中心调度指令，在接到开闸指令后迅速执行并及时反馈徐州分公司；三是严格执行运行纪律。严格按照《南水北调泵站管理规程》要求开展巡视，特殊情况加大巡视频次，发现问题及时查明原因并进行处理，同时做好记录和汇报。

解台站执行徐州片区抗旱
调水任务
（南水北调解台站　供图）

（5）蔺家坝站工程。根据调度指令，不牢河段供水从2022年12月23日10时30分开始，截至2023年1月5日，累计运行503台时，累计抽水总量0.50277亿 m³。总体机组保养良好，自动化监控系统、蔺家坝站视频监控系统运行正常，各类数据报表显示正常，能够正确地反映机组及辅机设备的运行参数，为安全运行提供了可靠的保证。保护装置定值设置正确，各跳

闸参数和回路正常,能够有效地保证机组运行安全。（王晨　齐涵）

4. 工程效益

（1）睢宁二站工程。截至2023年12月31日,睢宁二站共执行11个年度调水计划任务。累计安全运行882天,累计运行61375.21台时,累计抽水45.28亿 m³,充分发挥了工程效益和社会效益。

（2）邳州站工程。截至2023年,邳州站共执行过15次运行任务。历次调水累计开机828天,累计运行52023台时,累计抽水56.1亿 m³,充分发挥了工程效益和社会效益。

（3）刘山站工程。刘山站先后进行江苏省内抗旱运行、南四湖生态补水、徐州地区抗旱运行,截至2023年底,已累计运行16991.8台时,累计抽水19.03亿 m³。2023年汛期,刘山站强化机电设备维护保养,执行24h全员值班制度,圆满完成了防汛排涝任务。

（4）解台站工程。泵站工程：2023年省内抗旱调水运行13天,561台时,抽水量0.61亿 m³；调水出省运行5天,213台时,抽水量0.23亿 m³。历年累计运行329天,共计调水13.167亿 m³。

节制闸工程：2023年,解台节制闸累计启闭闸门63次,累计下泄洪水0.59亿 m³,历年累计下泄洪水22.14亿 m³。充分发挥调水、排涝、灌溉、改善水环境、提高航运保证率等设计功能,经济和社会效益显著。

（5）蔺家坝站工程。截至2023年1月5日,蔺家坝泵站机组累计运行3402台时,累计调水3.07亿 m³。（王晨　齐涵）

5. 环境保护与水土保持

（1）睢宁二站工程。睢宁二站栽种乔木2044株、灌木4079.13m²、球类160株、草坪55343.8m²。为保证绿化成果,睢宁二站紧抓现场管理,督促绿化管护单位制订季度养护计划,按照绿化管理养护合同条款开展绿化养护工作,明确标准,定期检查,保洁员每天8h不间断打扫,睢宁二站内外环境整洁卫生,无杂草丛生、垃圾乱堆乱放等现象。

（2）邳州站工程。工程划分了包干区,对整个管理区环境进行责任管理,保证站内环境整洁。定期与绿化管护单位进行有效沟通,保证花草苗木能得到及时管护。整个管理区环境整洁优美,无严重水土流失现象。

（3）刘山站工程。项目部在2023年泄洪期间加强了水质监测；对上下游护坡进行了清理、修补；对上下游的杂草杂树进行了砍伐、清理；对站区内部分绿化树木进行了调整,加强管理区闲置用地的管理,铺设了部分草皮。

（4）解台站工程。解台站栽种乔木1901株、灌木1640m²、球类454株、竹类1500丛、草坪50325m²。解台站紧抓现场管理,督促绿化管护单位制订季度养护计划,按照绿化管理养护合同条款开展绿化养护工作,环境整体上有了显著提高。

（5）蔺家坝站工程。蔺家坝站充分利用管理范围内的土地资源和工程优势,因地制宜大力开展树木花草种植,美化环境。做好管理范围内环境卫生,安排专人负责管理范围内环境卫生工作,保持主要道路的整洁,车辆停放有序。做好管理范围内绿化,现场的绿化由专业队伍进行维护,为了保证绿化成果,督促绿化管理人员,按照绿化管养要求,进行浇水、施肥、除草、治虫和修剪等工作,站区的环境整体上有了显著提高。　　（王晨　齐涵）

【枣庄段】

1. 工程概况 枣庄段工程位于山东省南部，是连接骆马湖与南四湖省际输水的关键工程，是南水北调东线第一期工程的重要组成部分，主要包括台儿庄泵站、万年闸泵站和韩庄泵站3座泵站以及峄城大沙河大泛口节制闸、三支沟橡胶坝、潘庄引河闸等水资源控制工程。泵站均为5台（套）机组（4用1备），设计流量125 m^3/s，3座泵站总装机容量为35000kW，总扬程14.17m，工程总投资7.6亿元。

台儿庄泵站是南水北调东线一期工程的第七级抽水梯级泵站，也是进入山东省内的第一级泵站，位于山东省枣庄市台儿庄区，其主要任务是抽引骆马湖来水通过韩庄运河输送，以满足南水北调东线工程向北调水的任务，实现梯级调水目标，同时兼有台儿庄城区排涝和改善韩庄运河航运条件的作用。工程管理范围包括站区和管理区两部分。站区主要包括泵站主厂房、进出水池、进出水渠、110kV变电站等主要建筑物。管理区设在泵站东面、韩庄运河北侧的弃渣场处，距离泵站约2.5km，与泵站之间通过韩庄运河北堤连接，主要包括办公生活用房等建筑物。

万年闸泵站是南水北调东线工程的第八级抽水梯级泵站，也是山东省内的第二级泵站，位于山东省枣庄市峄城区（韩庄运河中段），东距台儿庄泵站枢纽14km，西距韩庄泵站枢纽16km。其主要任务是通过进水渠道从万年闸下游的韩庄运河引水，再经由泵站和出水渠输水至万年闸上游的韩庄运河，实现南水北调东线工程的梯级调水目标，同时兼顾地方排涝并改善韩庄运河航运条件。主要包括泵站主厂房、进出水池、进出水渠、办公生活用房、110kV变电站等主要建筑物。

韩庄泵站是南水北调东线一期工程第九级抽水梯级泵站，也是山东省内的第三级泵站，位于山东省枣庄市峄城区古邵镇八里沟村西。其主要任务是抽引韩庄运河万年闸泵站站上来水至韩庄老运河入南四湖下级湖，实现梯级泵站调水目标，兼顾地方排涝并改善水上航运条件。主要建筑物包括主副厂房、进出水池、进出水渠、交通桥等主要建筑物。

峄城大沙河大泛口节制闸工程位于枣庄市峄城大沙河下游韩庄运河北堤龙口公路桥以北150m处，由台儿庄泵站管理处负责管理及维护。主要包括节制闸和管理设施两部分。

三支沟橡胶坝工程位于万年闸上游运河左岸支流三支沟上，由万年闸泵站管理处负责管理及维护。主要由橡胶坝段、上下游连接段、取水管道、充排水泵站及管理房等建筑物。

潘庄引河闸工程位于南四湖湖东大堤与潘庄引河的交汇处附近，由韩庄泵站管理处负责管理及维护。主要包括节制闸和管理设施两部分。

2. 工程管理 南水北调东线山东干线有限责任公司枣庄管理局（以下简称"枣庄局"），负责枣庄段工程的运行管理工作。内设台儿庄泵站管理处、万年闸泵站管理处和韩庄泵站管理处，分别具体负责台儿庄泵站工程、万年闸泵站工程和韩庄泵站工程的运行管理工作。

（1）抓实工程管理的流程管控。枣庄局机关通过组织局机关各业务科室每月和管理处共同解决工作难题、研讨工作制度，服务具体工作。对在建项目实施"全流程"管控。项目实施前做好开工审批、安全技术交底，施工期间安排专人负责质量、安全及进度等管理，要求施工单位严格按照合同要求及相关规范标准实施。定期召开工作例会并不定期开展现场检查，及时沟通处理合同履行过程中遇到的问题。同时按照规定及时组织做好项目验收、支付及完工结算审核等工作。

（2）工程维修养护。2023年度，枣庄局紧抓工程项目施工质量和进度。2023年土建日常维修养护、设施维修和水土保持等项目合同金额648.67万元，已累计完成477.42万元，完成率为73.6%；2023年金结机电维修养护、电力线路维保、电气预防实验、备品备件等项目合同金额378.28万元，已累计完成284.46万元，完成率为75.2%。

韩庄泵站管理处2023年度土建日常养护累计完成投资126.77万元，水土保持累计完成金额投资38.76万元，土建专业维修累计完成投资64.62万元。2023年度金结机电日常维修养护累计完成投资66.74万元，电力线路维保与电气预防性试验累计完成投资28.35万元，备品备件及工器具采购累计完成投资7.72万元。专项项目包括韩庄泵站管理区界域节点形象提升、韩庄泵站门机维修2个专项项目，合同总金额257.57万元，累计完成投资255.41万元。

万年闸泵站管理处2023年土建日常养护累计完成投资120.15万元，土建专业维修累计完成金额75.32万元，水土保持累计完成金额35.92万元。金结机电设备维修养护完成投资127.35万元。专项项目万年闸泵站部分施工合同总金额为150.40万元，累计完成投资139.70万元。金结机电专项项目完成投资45.64万元。

台儿庄泵站管理处2023年土建日常维修养护项目合同累计完成投资62.82万元，2023年房屋及附属设施维修项目完成投资33.48万元，2023年水土保持日常养护完成投资额32.25万元，金结机电设备维修养护完成投资128.96万元。专项项目为台儿庄泵站4号机组应急大修、台儿庄泵站4号叶调机构改造、大泛口节制闸应急通信工程、大泛口节制闸增设信息化平台等4个专项项目，合同总金额为86.59万元，累计完成投资86.59万元。

（3）安全生产。枣庄局坚定"人民至上、生命至上"的安全生产理念，不断完善和落实全员安全生产责任制，健全风险分级管控和隐患排查治理双重预防机制，建立安全风险管控"六项机制"，深入安全生产宣传教育，扎实做好防汛度汛工作，圆满完成了安全生产各项工作任务。

落实安全目标责任制：做实"开工第一课"和驻点监督、安全监测、隐患排查治理、双重预防体系建设、"六项机制"、安全例会、年度度汛方案的编制等安全生产工作，完成全员安全生产责任清单的更新修订工作，根据公司最新要求完善了"六项机制"及双重预防体系文件资料。

加强教育培训和应急演练：完成各类安全教育培训39次，累计轮训约704人次。完成了防汛、溺水救援、消防、中暑事故等应急演练，切实提高了全体职工的应急处置能力。

加强隐患排查治理：排查出一般安全隐患104处，整改完成104处，整改完成率达100%。组织完成了所辖管理处安全监测工作，根据观测结果分析，工程各项数据稳定，无异常变化，工程处于安全稳定状态。

安全生产标准化：根据《水利安全生产标准化达标动态管理的实施意见》，对照山东安全生产标准化动态管理直接评判表和安全生产标准化动态管理检查表，枣庄局及管理处对照8个一级项目、28个二级项目和126个三级项目进行安全生产标准化自评，形成自评报告，自评结果满足水利安全生产标准化一级达标单位要求。

3. 运行调度

（1）加强组织保障和对外协调工作。明确组织机构及职责：运行期间实行统一调度、分级负责。枣庄调度分中心服从山东省调度中心的统一调度指令，并负责对各泵站管理处的调度运行统一管理。枣庄调度分中心实行局长负责制，设分调度长、值班员，按各自职责开展工作。各泵站管理处为调度运行基本单元，分别负责本辖区工程调度运行工作的具体实施，根据自身情况合理安排人员并制订各岗位职责，按照各自职责开展工作。

根据调度计划及时做好地方协调工作：与地方相关单位建立联系机制，在调水前、后分别向枣庄市城乡水务局、枣庄市港航局、枣庄市供电公司等单位及时报备开停机情况，避免电网过负荷运行或影响航运通行的情况发生。

（2）工程运行状况。泵站：2022—2023年度调水运行期间，台儿庄、万年闸、韩庄泵站主机组运行稳定，泵站5台机组均投入运行，开机、停机流程顺畅。电动机未出现超负荷运行及三相电流不平衡等问题。辅机设备的电流、电压、功率等相应数值在允许范围内。

闸站：运行期间，严格遵守调度指令，时刻保证通水期间水资源控制工程处于关闭状态，减少调水量损失；同时，定期巡查峄城大沙河大泛口节制闸、三支沟橡胶坝、潘庄引河闸工程及机电设备，及时做好维护保养工作，工程及机电设备始终处于完好状态。

输、配电：枣庄局各泵站110kV高压输配电设施运行正常，各泵站每2h巡视并记录主变压器及高压配电设备的电流、电压、功率、频率等数据，相应数值在允许范围内，无异常现象发生。通水运行期间，枣庄局要求维保单位加强110kV高压线路、输配电设施的巡查，特别是春季，处于植树季节，加密巡查频次，及时消除隐患，保证电力设施的安全运行。

自动化调度系统：2022—2023年度调水期间，充分利用自动化调度系统将泵站运行数据信息实时传输到枣庄调度分中心、山东南水北调调度中心，且每日填报的水情信息全部通过信息监测系统完成上报工作。

（3）2022—2023年度调水工作。按照调度方案及干线公司调度运行中心的具体要求，调整计划调入山东水量为112500万m^3。2023年5月29日台儿庄泵站停机，万年闸泵站、韩庄泵站也依次根据运河水位情况开、停机组，前后运行时间为155天，分三个阶段进行，具体日期为2022年11月13日至12月24日、2023年1月4—11日、2023年2月14日至5月29日。台儿庄泵站累计运行10444台时，累计过水量为112505.37万m^3；万年闸泵站累计运行10448台时，累计过水量为114014.20万m^3；韩庄泵站累计运行10396台时，累计过水量106618.20万m^3，安全平稳完成年度调水任务。

（4）主要做法及措施。做好工程设备维修养护工作：调水过程中，积极做好工程设备维修养护管理工作，建立起由代维人员巡查和值班人员巡查的双重巡查机制，定期对工程设备开展深入细致检查，建立问题台账,及时消缺,确保运行期间工程安全稳定运行。

加强冬季输水管理:冬季调水运行期间,最低气温在-10℃左右,各泵站进出水渠道有少许浮冰、岸冰出现,寒冷天气给泵站清污机运行以及垃圾清运工作造成了较大影响。针对特殊天气,各泵站加强工程巡查,做好室外设备操作现场监护,制订工作方案及应急预案,保证在冰情发生时,能及时有效地处置。

加强水质管理巡查,确保供水安全:认真梳理管理范围内的跨渠桥梁、入干渠河流情况,实地查看有关污染防护、排污处理及主要污染物等有关情况,及时更新信息。加强对泵站引水出水渠道、跨渠桥梁、入干渠河流及渠道边坡等巡查,巡查过程中及时排查是否有钓鱼、捕鱼、倾倒垃圾、偷排污水等行为,确保水质安全监测工作的正常进行。整个通水期间,泵站工程范围内及其周边未发现倾倒垃圾及偷排污水等影响水质的现象。

配合做好供水计量与会签,确保计量准确:为保证调水量计量的及时性与正确性,配合淮委、海委、中国南水北调集团东线公司、江苏水源公司以及山东干线公司及时于开机前、停机后,对台儿庄、韩庄泵站流量计底数进行拍照,并进行确认签字。同时定期通过走航式ADCP对各站流量进行校核,误差均在允许范围内。

4. 环境保护及水土保持 枣庄局结合工程实际,完成了所辖枣庄局机关、台儿庄、万年闸、韩庄3座泵站工程管理范围内各类草皮320874.08m²、绿篱21674m²、乔木32395株、灌木4779株、花卉1121.02m²、竹类875.40m²的日常养护,完成养护投资131.16万元;完成了枣庄局2023年度苗木栽植补植工作,完成草皮补植种植9741.99m²、种植桂花60株、牡丹30株、红叶石楠700株以及相应的土地整理,完成投资30.24万元。

2023年度,枣庄局严格贯彻落实水质巡查制度,切实加强水质保护工作,严格检查是否存在对水质造成污染的污水排放、垃圾堆放等现象,保障了水质安全。同时,南四湖的湖泊生态功能得到全面恢复,曾经绝迹多年的小银鱼、鳜鱼、毛刀鱼、麻坡鱼等对水质要求比较高的鱼类再度现身,连罕见的震旦鸦雀、赤麻鸭、号称"水中凤凰"的水雉也现身南四湖。截至2023年底湖区鱼类恢复至近100种,鸟类205种、水生植物78种。

5. 创新工作 枣庄局创新工作室自创建以来,始终注重青年人才培养,定期组织业务培训、技术交流等活动,紧紧围绕工程运行及安全管理,坚持"以问题为导向",积极开展技术改进、技术革新及管理创新等,努力实现制度完善、流程合理、工程安全稳定、设备运行高效的目标。2023年创新工作室共组织申报齐鲁科学技术奖、水利工程优秀质量管理小组(以下简称"QC小组")活动竞赛、山东省运行管理技术创新竞赛等成果8类共26项,其中获奖项目有5类共9项,申报类别获奖率为62.5%、申报项目获奖率为35%;组织完成集中申报专利4次,共申报专利32项,其中实用新型专利28项、发明专利4项。

(1)全国青年文明号。2023年8月21日,枣庄局"创新工作室"被全国创建青年文明号活动组委会授予"一星级全国青年文明号"荣誉称号。

(2)QC小组活动。2023年9月24日,枣庄局"逐梦韩庄"QC小组成员张文俊、陈伯渠、徐登海、韩业庆、张雨、王佳豪、刘钦冬、王海涛、逯亚男、陆源源完成的 QC 活动成果被中国水利企业协会授予 2023 年质量管理活动一等成果；2023 年 9 月 24 日，枣庄局"古运心调"QC 小组成员苏阳、任庆旺、李建辉、张波、张开亚、刘威、宋聚锁、陈春青、隋梦琪完成的 QC 活动成果被中国水利企业协会授予 2023 年质量管理活动二等成果。

（3）齐鲁水利科学技术奖。2023 年 9 月 28 日，枣庄局苏阳、任庆旺、李建辉、陈伯渠被山东水利学会授予 2022 年度齐鲁水利科学技术奖软科学奖二等奖；2023 年 9 月 28 日，枣庄局韩业庆、张兆军、黄九常被山东水利学会授予 2022 年度齐鲁水利科学技术奖软科学奖三等奖；2023 年 9 月 28 日，枣庄局韩业庆、任庆旺、刘宗柏被山东水利学会授予 2022 年度齐鲁水利科学技术奖软科学奖三等奖；2023 年 9 月 28 日，枣庄局刘宗柏被山东水利学会授予 2022 年度齐鲁水利科学技术奖优秀论文奖三等奖；2023 年 9 月 28 日，枣庄局苏阳、张波、康晴被山东水利学会授予 2022 年度齐鲁水利科学技术奖优秀论文奖三等奖。

（4）山东省农林水牧气象系统"乡村振兴杯"和"建设绿色安澜黄河"工作技术创新竞赛。2023 年 12 月 15 日，枣庄局苏阳、任庆旺、张波、张开亚、李建辉、康晴、刘威、陆发兵被山东省总工会、山东省水利厅等授予 2023 年度技术创新奖一等奖；2023 年 12 月 15 日，枣庄局徐登海、韩业庆、陈伯渠、张雨、逯亚男、王佳豪、阮同华被山东省总工会、山东省水利厅等授予 2023 年度技术创新奖三等奖。

（邵铭阳　韩业庆　徐力）

【济宁段】

1. 工程概况　南水北调东线山东干线有限责任公司济宁管理局（以下简称"济宁局"）负责管辖济宁段 5 个设计单元工程，分别为：二级坝泵站工程、长沟泵站工程、邓楼泵站工程、梁济运河段工程、柳长河段工程。济宁局下设四个管理处，分别是：济宁市微山县二级坝泵站管理处、济宁市任城区长沟泵站管理处、济宁市梁山县邓楼泵站管理处和济宁渠道管理处。2023 年济宁段工程运行安全平稳，通水期间无较大事故发生，按时完成上级下达的年度调水任务。

（1）二级坝泵站工程。二级坝泵站工程是南水北调东线一期工程的第十级抽水梯级泵站，山东省内的第四级泵站。位于南四湖中部，山东省济宁市微山县欢城镇。泵站设计输水流量为 $125 m^3/s$，装机 5 台（套）后置式灯泡贯流泵（一台备用），单机流量 $31.5 m^3/s$，单机功率 1650kW，总装机容量 8250kW。二级坝泵站一期工程规模为大（1）型工程，泵站等别为Ⅰ等，主要建筑物为 1 级，次要建筑物为 3 级。工程主要建筑物有引水渠、进水闸、前池、进水池、泵站主厂房、副厂房、出水池、出水渠、出水导流渠等工程，并由南向北依次布置。实际完成总投资 32033.43 万元。

（2）长沟泵站工程。长沟泵站是南水北调东线第十一级抽水梯级泵站，位于山东省济宁市任城区长沟镇新陈庄村北，梁济运河东岸。主要建筑物包括主厂房、副厂房、引水渠、出水渠、引水闸、出水闸、节制闸、110kV 变电站、办公及生活福利设施等，完成总投资 2.82 亿元。泵站设计输水规模为 $100 m^3/s$，设计扬程为 0.56～3.86m，安装 3150 ZLQ 型液压全调节立式轴流泵4台（3用1备），单机设计流量为33.5m³/s，单机额定功率为2240kW，总装机容量8960kW。工程规模为大（1）型，工程等别为Ⅰ等，主要建筑物级别为1级。泵站设计防洪标准为100年一遇，校核防洪标准为300年一遇。

（3）邓楼泵站工程。邓楼泵站工程位于山东省济宁市梁山县韩岗镇，是南水北调东线一期第十二级抽水梯级泵站，山东省内第六级抽水泵站，设计流量100m³/s，安装4台3150ZLQ33.5-3.57型立式机械全调节轴流泵，配套四台TL2240-48型同步电动机，3用1备，泵站总装机容量8960kW。设计年运行时间3770h，设计年调水量13.63亿m³。水泵装置采用TJ04-ZL-06水泵模型，肘形流道进水，虹吸式流道出水，真空破坏阀断流。主要建筑物包括主副厂房、引水闸、出水涵闸、引水渠、出水渠、变电站、办公及附属建筑物等。

（4）梁济运河段工程。梁济运河段工程从南四湖湖口至邓楼泵站站下，长58.252km，采用平底设计，设计流量100m³/s，其中湖口—长沟泵站段，长25.719km，设计最小水深3.3m，设计河底高程28.70m，底宽66m，边坡1∶3～1∶4；长沟泵站—邓楼泵站段，长32.533km，设计最小水深3.4m，设计河底高程30.80m，底宽45m，边坡1∶2.5～1∶4。边坡衬砌形式0+000～18+750段采用水下膜袋混凝土形式，其余部分为机械化衬砌护坡。司垓闸下0.8km险工段采用浆砌石护底。沿线共新建、重建主要交叉建筑物23座（处），包括新建支流口连接段7处、拆除重建生产桥13座、新建管理道路交通桥1座、加固公路桥2座。

（5）柳长河段工程。柳长河段工程从邓楼泵站站上至八里湾泵站站下，输水航道长20.984km，其中新开挖河段6.587km，利用柳长河老河道疏浚拓挖14.397km。设计最小水深3.2m，采用平底设计，设计河底高程33.20m，边坡1∶3，采用现浇混凝土板衬砌方案，设计河底宽45m，护坡不护底，渠底换填水泥土。共有新建、重建交叉建筑物26处，包括桥梁工程10座、涵闸11处、倒虹吸2座、渡槽1座、节制闸1座、连接段1处。

2. 工程管理

（1）二级坝泵站工程。二级坝泵站枢纽工程的运行管理工作归属济宁局二级坝泵站管理处（以下简称"二级坝泵站管理处"）负责。二级坝泵站管理处聚焦学习贯彻习近平新时代中国特色社会主义思想主题，深入开展主题教育学习，不断加强党建管理，认真完成2023年度各项党务群团工作、职工大讲堂及青年理论学习活动，获山东省水利厅"2023年度青年理论学习标兵集体"称号。2023年度，二级坝泵站管理处专项项目共计11个，分别为3号机组变频器维修及备件采购项目、电梯维修保养项目、采煤沉陷影响永久变形监测项目、闸门开度传感器采购项目、建筑消防设施维修保养项目、1号机组大修备品备件采购项目、主机组流量计换能器购置安装项目、桥梁定期检查及永久性观测点复测项目、桥梁工程专业化日常维养及支座更换项目、建筑物及机组水下检查项目、房屋及附属设施维修项目。土建及金结机电日常维修养护项目，按照年度预算批复及时间节点完成合同内的全部内容，并按期进行进度款支付，按月完成工程管理月报上报，加强在建项目费用和进度的实时监督，确保工程顺利实施。二级坝泵站管理处安全监测小组根据现场实际对站区进行第一季度安全监测，并顺利完成全部观测任务。自 2023 年 6 月开始委托山东省地质测绘院进行月度监测，出具月度分析报告，同时完成了设备及建筑物评定级工作。完善安全管理机构，强化职责目标管理，根据安全生产管理工作需要，二级坝泵站管理处结合工程现状及时调整安全生产工作领导小组，并细化了相关职责。二级坝泵站管理处人员逐级签订安全生产责任书，每月按时召开安全生产工作会议，开展了一系列的安全文化建设活动。二级坝泵站管理处完成了 2023 年度防汛度汛方案的编制修订、报批工作。根据山东干线公司《防汛物资储备管理制度》规定，对照梳理防汛物资要求，对所缺物资进行采购，对储备物资与当地供应商签订防汛物资代储备协议，保障了防汛物资应急需要。并根据 2023 年度计划，开展了相应安全教育培训和各项演练工作。加强重点工作管理，2 月完成建设期档案移交工作，共计 1293 卷；5 月完成 2021 年度运行期档案移交工作，共计 133 卷，并配合完成了二级坝泵站工程设计单元项目财务档案、资金移交工作；10 月完成 2022 年度运行期档案移交工作，共计 116 卷；完成固定资产的采购工作，完成制度修订 100 余项，逐步实现制度精细化管理。认真贯彻落实山东省水利厅、山东干线公司标准化管理文件精神，圆满完成泵站设计单元、引水闸省级水利工程标准化管理评价及"六项机制"建设工作。认真完成 2023 年度公司批复创新项目 1 项。截至 2023 年底，二级坝泵站管理处已完成岗位创新项近 50 余项，专利论文 20 余项，1 名人员获得"山东省五一劳动奖章"，1 名人员获得"山东省青年岗位技术能手"称号。

（2）长沟泵站工程。长沟泵站枢纽工程的运行管理工作归属济宁局长沟泵站管理处（以下简称"长沟泵站管理处"）负责。

日常维修养护：2023 年土建日常维修养护及水土保持类合同主要包括土建养护类、土建维修类、水土保持类 3 类，均按照年度预算批复及时间节点完成合同内的全部内容，并按期进行进度款支付，按月完成工程管理月报上报，加强在建项目费用和进度的实时监督，确保工程顺利实施。

专项项目：长沟泵站引水渠、出水渠防汛抢险道路专项项目于 2023 年 7 月 22 日开工，2023 年 9 月 24 日完工，2023 年 11 月 30 日通过合同项目完成验收；长沟泵站主机组顶转子装置升级改造项目于 2023 年 8 月 19 日开工，2023 年 9 月 28 日完工，2023 年 11 月 9 日通过合同项目完成验收；长沟泵站 1 号机组大修项目于 2023 年 7 月 24 日开工，2023 年 9 月 2 日完工，2023 年 9 月 27 日通过试运行验收暨合同项目完成验收；长沟泵站箱式变压器增容专项项目于 2023 年 9 月 2 日开工，2023 年 12 月 9 日完工，2023 年 12 月 14 日通过合同项目完成验收。

安全监测：按照相关规程规范要求，长沟泵站管理处组织开展日常和运行期间工程安全监测工作，经对 2023 年日常观测成果进行分析，历次观测数据均正常，其中沉陷位移、水平位移、泵房底板应变、渗压值和扬压力值年度测次变化值均在限值以内且趋于稳定，符合设计及规范要求，工程处于稳定可靠状态。

安全管理：长沟泵站管理处高度重视

安全生产工作，2023年初制订年度安全生产工作目标并对目标进行分解，根据目标内容层层签订安全生产责任书。明确岗位职责及责任区划分，制作岗位职责公示牌与安全生产责任摆台，确保安全责任落地落实。根据2023年度培训计划组织开展培训活动，利用宣传栏、云平台培训、远程视频培训等形式，开展全员全岗位安全生产教育培训共计45学时。建立健全了应急管理体系，修订完善了专项应急预案及现场处置方案，组建了兼职应急救援队伍，采用桌面演练与实战演练相结合的方式对6个专项应急预案及10个现场处置方案分别开展了应急救援演练。长沟泵站管理处根据山东省水利安全生产风险管控"六项机制"建设要求，融合双重预防体系建设、安全生产标准化动态管理及工程标准化管理等多项工作，重新进行了危险源辨识，确立了风险等级，逐项逐条开展了"六项机制"建设工作。2023年11月2日顺利通过安全生产风险管控"六项机制"省级试点单位验收，并获山东省水利安全生产风险管控"六项机制"省级试点验收优秀等次。2023年7月4日，长沟泵站管理处组织开展了闸门运行事故应急演练，与济宁市实验中学长沟校区联合组织开展了南水北调梁济运河段突发溺水事件联合应急演练活动，演练成果获评水利部水利安全生产应急演练成果评选二等奖。

（3）邓楼泵站工程。邓楼泵站枢纽工程的运行管理工作归属济宁局邓楼泵站管理处（以下简称"邓楼泵站管理处"）负责。

做好工程维修养护工作：邓楼泵站管理处按照工程检查制度、设备维护与检修规程、泵站运行管理细则等规定，认真组织工程检查和巡查，积极开展工程维修和养护工作。2023年日常维护主要完成管理区砖砌体围墙及抹面、防护网维修、更换，厂区路沿石维修，喷灌水泵更换，不锈钢水尺更换，园区绿化水土保持养护，电气预防性试验，1号、3号、4号机组转速、摆度支架安装，建筑物及机组水下检查，泵站110kV变电所调度电话维修，泵站前池电动葫芦导绳器更换等工程维护项目。同时，严格按照合同开展专项维修养护项目实施工作，完成邓楼泵站主机组顶转子装置升级改造项目、邓楼泵站管理处吊装孔盖板改造项目、110kV GIS线路侧快速地刀间隔增加带电显示闭锁装置项目、邓楼泵站中国水利工程优质（大禹）奖现场复核发现问题整改项目。

认真开展工程安全监测：按照相关规程规范要求，组织开展日常和运行期间工程安全监测工作，经对2023年日常观测成果进行分析，历次观测数据均正常，其中沉陷位移、水平位移、泵房底板应变、渗压值和扬压力值年度测次变化值均在限值以内且趋于稳定，符合设计及规范要求，工程处于稳定可靠状态。

抓实安全生产管理工作：邓楼泵站管理处始终坚持"安全第一、预防为主、综合治理"的方针，及时开展安全隐患排查和整治，严格执行各项安全生产规章制度，定期组织开展安全生产教育培训，通过"开工第一课"、"一把手"谈安全等形式组织干部职工学安全、讲安全，坚持"晨会"制度，采取"八抓二十项"创新举措，推动安全生产责任制落实落地。结合"世界水日"、"中国水周"、"安全生产月"、"6·16"安全生产咨询日等节点开展"五进"活动（进企业、进农村、进社区、进学校、进家庭），向沿线企业、乡镇进行安全宣传，发放安全生产宣传册2000册，积极组织职工并发动身边人员参加"水安将军"等答题活动，2023年全年未发生安全事故，安全生产保持良好态势。

扎实开展工程标准化管理创建工作：自山东干线公司正式开展标准化管理评价工作以来，邓楼泵站管理处高度重视，建立了标准化创建工作小组。2023年，在邓楼泵站管理处负责人带头紧抓、分管负责人具体协调推进、全体职工通力协作下，历经现场自查、山东干线公司自评、山东省水利厅初评等环节，泵站及两座水闸工程全部通过省级评价，圆满完成了山东干线公司年度重点任务，为下一步申报水利部标准化管理调水工程创造了良好的条件。

数字孪生建设初步完成：数字孪生南水北调（邓楼泵站）先行先试项目是水利部数字孪生流域和数字孪生工程先行先试项目之一。该项目于2023年3月开工建设，10月系统已上线运行，2023年11月18日通过项目初步验收，并根据实际运行情况不断进行优化改进及迭代升级。

全力配合、顺利完成审计署审计工作：邓楼泵站管理处高度重视，认真配合做好国家审计署审计工作，安排专人负责，积极沟通施工、监理等单位，详细、准确、及时提供各类资料，顺利完成关于邓楼泵站工程项目审计署审计工作。

工程质量奖项申报工作：2023年1月8日，中国水利工程优质（大禹）奖专家组对邓楼泵站工程现场进行了现场复核，经过中国水利工程协会最终评审，邓楼泵站工程获"2021—2022年度中国水利工程优质（大禹）奖"。

（4）梁济运河段工程。梁济运河段工程的运行管理工作归属济宁局济宁渠道管理处（以下简称"济宁渠道管理处"）负责。2023年主要进行日常维修养护，包括环境卫生清洁，苗木日常养护，衬砌边坡、信息机房等工程维修养护，水情水质巡查巡视，调水安全保卫等，为通水运行创造良好的运行管理环境。济宁渠道管理处的防汛工作受济宁局、地方和流域防汛机构的领导，负责本辖区内防汛应急工作的组织、协调、监督和指挥。2023年进一步细化安全度汛方案的具体实施步骤；规范防汛抗洪调度程序；提高度汛方案的可操作性；针对不同级别的险情分别制订应急处置措施。济宁渠道管理处建立健全安全生产责任制度，成立安全生产工作组，落实安全生产网格化体系，逐级签订安全责任书，实行24h值班制度，此外还建立健全应急救援队伍和物资设备外协机制。济宁渠道管理处已与梁山县水利工程处、梁山县库区工程开发服务处等两家单位达成防汛抢险合作意向，并签订正式协议，还与梁山安山混凝土有限公司、梁山县宏达工程机械租赁有限公司等单位签订防汛物资、设备代储协议，确保防汛救援物资、设备的及时供应，并与地方防汛部门建立了信息联络渠道。

（5）柳长河段工程。柳长河段工程的运行管理工作归属济宁局济宁渠道管理处负责。2023年主要进行日常维修养护，包括堤顶道路环境卫生清洁；苗木日常养护；王庄节制闸闸门、启闭机养护工作；王庄节制闸的金属结构和电气设备的维修保养工作；衬砌边坡、信息机房等工程维修养护；水情水质巡查巡视；调水安全保卫等，为通水运行创造了良好的运行管理环境。济宁渠道管理处的防汛工作受济宁局、地方和流域防汛机构的领导，负责本辖区内防汛应急工作的组织、协调、监督和指挥。2023年度进一步细化了安全度汛方案的具体实施步骤；规范防汛抗洪调度程序；提高度汛方案的可操作性；针对不同级别的险情分别制订应急处置措施。建立健全安全生产责任制度，成立安全生产工作组，落实安全生产网格化体系，逐级签订安全责任书，实行24h值班制度。建立健全应急救援队伍和物资设备外协机制。济宁渠道管理处已与梁山县水利工程处、梁山县库区工程开发服务处两家单位签订防汛抢险协议，还与梁山安山混凝土有限公司、梁山县宏达工程机械租赁有限公司等单位签订防汛物资、设备代储协议，确保防汛救援物资、设备的及时供应，并与地方防汛部门建立了信息联络渠道。

3. 运行调度

（1）二级坝泵站工程。二级坝泵站管理处实行24h领导带班制度，严格执行上级调度指令，遵守各项规章制度和规程，组织落实运行值班工作，严格执行值班和交接班制度，加强工程巡查维护工作，认真完成2023年度机电设备日常维修养护内容，加强技能培训学习，配合做好盘线缆柜整理、自动化升级改造等相关工作。定期开展机组开机维护工作，确保设备完好，运行安全稳定，圆满完成2022—2023年度调水任务。

二级坝泵站2023年度调水量为10.6亿 m^3。2023年11月14日，按照水利部水量调度计划及上级调度指令要求，二级坝泵站开启2号机组向南四湖上级湖补水，启动2023—2024年度调水工作。截至2023年12月31日，二级坝泵站机组累计抽调江水量62.87亿 m^3，发挥了良好的社会效益、经济效益和生态效益。

（2）长沟泵站工程。长沟泵站于2023年3月3日10时开机调水，2023年5月31日12时机组停机，2023年度运行5930.16台时，调水66839.94万 m^3。截至2023年6月长沟泵站已安全运行24495.95台时，累计调水量28.20亿 m^3。

长沟泵站工程对沿线经济、社会发展提供了可靠保障，改善了山东、河北和天津地区水生态环境。同时，通过长沟泵站抬高梁济运河蓄水位，实现梁济运河全线通航，新增通航里程39.66km，单向年货物通航能力2200万t，船舶可从东平湖直达南四湖，经济社会效益显著。

（3）邓楼泵站工程。严格执行调水指令，圆满完成调水任务。调水运行期设置4个运行班组，每班组配值班长1人、值班员2人，严格按照调水值班制度进行调水值班及巡查维护工作。根据历年来调度指令，邓楼泵站共执行10个年度调水计划。2022—2023年度调水自2022年11月29日8时开始，至2023年5月31日17时结束，调水历时147天，共计运行7956.89台时，抽水89411.7510万 m^3。截至2022—2023年度调水完成，邓楼泵站机组已安全无故障运行48228.52台时，累计抽调水量544261.7710万 m^3。按照调令，2023年10月20日10时开启3号机组运行，拉开了2023—2024年度调水序幕。邓楼泵站工程对沿线地市城镇生活、工业生产、经济发展、社会稳定提供了保障。通过邓楼泵站抬高柳长河蓄水位，新增通航里程20.98km，打通了东平湖到南四湖的航运通道，千吨级船舶可从东平湖港区直达长江，经济社会效益显著。

（4）梁济运河段工程。为了确保通水运行期间工程安全，济宁渠道管理处制订了巡查方案并成立巡查宣传队。由济宁渠道管理处主任总负责，设队长 2 名，队员 6 名，并于调水期间增加 6 名队员，在输水沿线的村庄、社区等地区通过多方位、多角度的方式开展宣传巡查活动，有效保障了工程安全、水质安全、沿线群众的生命财产安全，顺利实现调水目标，保证了南四湖上级湖水顺利调入柳长河河道内。梁济运河段输水航道工程在运行期间，各项运行指标均满足设计要求，2022 年 11 月 14 日开始 2022—2023 年度调水，于 2023 年 5 月 29 日完成年度调水 10.6 亿 m^3，发挥了南水北调工程作为国家基础战略性工程的重大作用。

（5）柳长河段工程。为了确保通水运行期间工程安全，济宁渠道管理处制订了巡查方案并成立巡查宣传队。由济宁渠道管理处主任总负责，设队长 2 名，队员 5 名，并于调水期间增加 5 名队员，在柳长河输水沿线的村庄、社区等地区通过多方位、多角度的方式开展宣传巡查活动，有效保障了工程安全、水质安全、沿线群众的生命财产安全，顺利实现调水目标，保证了柳长河的水顺利调入东平湖内。柳长河段输水航道工程在运行期间，各项运行指标均满足设计要求，2022 年 11 月 29 日开始 2022—2023 年度调水，于 2023 年 5 月 31 日完成年度调水 8.9 亿 m^3，发挥了南水北调工程作为国家基础战略性工程的重大作用。

4. 环境保护与水土保持

（1）二级坝泵站工程。二级坝泵站管理处认真落实山东省济宁市"市级园林单位"管理制度，加强对办公、生活区环境管理，建立环境卫生管理制度，责任落实到人，做到卫生保洁常态化。委托维修养护单位对工程现场环境进行打扫、清洁，对管理区域栽种的苗木及植被进行浇水、施肥、修剪及病虫害防治等养护工作。加强督导落实合同中约定的环境保护责任，将工程措施、植物措施和临时措施相结合，保证了水土保持效果。

（2）长沟泵站工程。长沟泵站管理处根据"三标一体"相关要求，加强环境保护工作，签订垃圾清理及外运协议，定期对建筑物进行检查整治。站区按照乔灌结合、花草结合等原则，植物配置呈现层次感、色彩感、时序感，实现了"四季常青，三季有花，两季有果，一季彩叶"的绿化景观效果，被济宁市评为"市级花园式单位"。

（3）邓楼泵站工程。邓楼泵站管理处加强办公、生活区环境管理，按计划推进环境保护与水土保持相关项目维护，站区渠水清澈、岸绿林荫，生态环境景观怡人，被济宁市评选为"市级园林式单位"。在工程巡查和调水过程中，管理处加强对水质保障管理工作，配有专人负责配合水质监测工作，水质稳定达到地表Ⅲ类水质标准，保证了工程运行安全、水质安全。

（4）梁济运河段工程。济宁渠道管理处建立环境保护管理体系，编制《环境保护制度》，加强环境保护工作，对工程现场进行清洁、打扫，确保闸站设备、管理区环境的整洁卫生，杜绝管理区内的排污、粉尘、废气、固体废弃物乱堆乱放等现象。组织专人加强河道巡视检查，严禁外来人员进入渠道范围内进行放牧、捕鱼、游泳等不安全行为。梁济运河工程水土保持工作主要由专业工程养护公司对管理区、弃土区、输水沿线管护区域栽种的苗木及植被进行浇水、施肥、修剪及病虫害防治等养护工作。将工程措施、植物措施和临时措施相结合，保证了水土保持效果。

(5) 柳长河段工程。济宁渠道管理处建立环境保护管理体系，编制《环境保护制度》，加强环境保护工作，对工程现场日常环境进行清洁、打扫，确保闸站设备、管理区环境的整洁卫生，杜绝管理区内的排污、粉尘、废气、固体废弃物乱堆乱放等现象。组织专人加强河道巡视检查，严禁外来人员进入渠道范围内进行放牧、捕鱼、游泳等不安全行为。柳长河工程水土保持工作主要由专业工程养护公司对管理区、弃土区、输水沿线管护区域栽种的苗木及植被进行浇水、施肥、修剪及病虫害防治等养护工作，将工程措施、植物措施和临时措施相结合，保证了水土保持效果。

（刘海关　何勇　许舟）

【泰安段】

1. 工程概况　泰安段工程包括八里湾泵站枢纽工程和穿黄河工程。

(1) 八里湾泵站枢纽工程。该工程位于山东省东平县内的东平湖新湖滞洪区，是南水北调东线一期工程的第十三级抽水泵站，也是黄河以南输水干线最后一级泵站，主要任务是抽引前一级邓楼泵站的来水入东平湖，并结合东平湖新湖区排涝。泵站采用堤身式、正向进、出水布置，主要建筑物由泵房、清污机桥、进出水池、进出水渠、公路桥、堤防与站区平台等组成。装机流量 $133.6 m^3/s$，设计调水流量 $100 m^3/s$，安装了立式轴流泵 4 台，配额定功率为 2800kW 的同步电机 4 台（三用一备），总装机容量为 11200kW。设计调水位站上 40.90m，站下 36.12m；设计净扬程 4.78m，平均净扬程 4.15m；站上防洪水位 44.80m，站下防洪水位 43.80m。工程批复静态投资 2.66 亿元。截至 2023 年底，累计安全调水 55.78 亿 m^3。

(2) 穿黄河工程。该工程是南水北调东线的关键控制性工程。工程建设的主要目标是打通穿黄河隧洞，连通东平湖和鲁北输水干线，实现调引长江水至鲁北地区，同时具备向河北省东部、天津市应急供水的条件。工程建设规模按照一期、二期结合实施，过黄河设计流量为 $100 m^3/s$。工程主要由闸前疏挖段、出湖闸、南干渠、埋管进口检修闸、滩地埋管、穿黄隧洞、隧洞出口闸、穿引黄渠埋涵以及埋涵出口闸等建筑物组成，工程全长 8.91km。工程批复总投资 7.25 亿元。2023 年获 2022—2023 年度国家优质工程奖。

2. 工程管理

(1) 八里湾泵站枢纽工程。组织机构：八里湾泵站枢纽工程的运行管理工作归属南水北调东线山东干线有限责任公司泰安管理局八里湾泵站管理处（以下简称"管理处"）负责。管理处内设综合岗、工程管理岗及调度运行岗开展工程运行管理各项工作。

党建及宣传工作：按照山东干线公司党委及泰安局党支部工作要求，八里湾泵站党小组认真履行管党治党主体责任，组织研究开展管理处党建各项工作，踏实推进开展业务工作。与泰安局党支部签订党风廉政建设责任书，组织内部层层签订党风廉政建设责任书。积极开展"三会一课"及主题党日活动。认真落实专项述职、日常廉政谈话、述职述廉等工作制度。

业务培训工作：管理处高度重视职工业务能力拓展，认真落实上级部门下达、管理处自拟的各类培训任务。2023 年度培训涉及合同管理、档案管理、运行设备实操及理论学习、工程监测、安全生产等方面。

工程维护工作：管理处以土建类、金结机电类日常维修养护工作为抓手，统筹做实做细年度维修养护计划，每月定期上报维修养护工程月报；狠抓工程质量，严格资金使用计划及支付流程办理；做好2022年度维修养护合同的收尾、总结、验收、支付等工作，积极配合公司做好2023年度维修养护合同的签订及项目开工实施工作。2023年度土建日常维修养护工作任务主要完成了伸缩缝修复、沟渠清淤、透水砖修复、外墙真石漆修复、地面砖更换、灯具维修等，输水渠道、管理道路、堤防工程、桥梁、水闸、渡槽及泵站日常养护等项目。

工程专项工作主要包含4项：2023年7月26日，南水北调泰安局八里湾泵站1号、3号出水流道渗水处理项目开工，9月28日完成施工，12月18日完成合同验收；2023年8月1日由南水北调（山东）土建工程有限责任公司承建的"南水北调泰安局八里湾泵站主厂房液压站、GIS室房顶渗水处理项目"正式开工，10月9日完成施工，11月16日通过完工验收；2023年9月1日，八里湾泵站2023年安全防护网更换项目开始施工，11月5日完成施工；2023年10月1日，八里湾泵站办公楼、副厂房卫生间改造项目开工，11月23日完成施工。

岗位创新工作：八里湾泵站创新工作室在工作中注重创新，鼓励员工大胆创新。2023年主要完成的创新项目有："一种自主研发新型启闭机在闸站的应用"、"南水北调东线一期山东段工程2023年度泰安管理局穿黄河工程混凝土冻融修复处理创新"项目、"南水北调涵闸环保高分子防锈止水创新改造"项目、"南水北调山东段渠道护坡隐患探测技术"、"南水北调山东段衬砌护坡空洞隐患修复创新试验"项目。

工程安全监测工作：2023年管理处安全监测工作顺利实施并按时完成，所观测项目均符合相关观测精度要求，数据准确可靠。管理处工程安全监测项目主要包括内观和外观两部分，其中内观为测压管自动化监测，外观为垂直和水平位移监测。通过年度报告观测数据初步分析，变形观测数据变化量较小，变幅平稳，趋势较稳定，渗流渗压变化符合上下游水位变化规律，渗压情况正常，未发生异常现象，工程运行正常。

安全生产工作：2023年管理处积极开展了风险隐患排查整治工作、极寒天气灾害防范及应急处置工作、防汛专项检查、震后专项检查、安全生产风险专项整治行动、重大事故隐患专项排查整治行动、有限空间作业安全专项整治行动、预防高处坠落专项整治行动、安全生产标准化自评、工程标准化达标工作；完成风险管控"六项机制"建设、风险分级管控与隐患排查治理体系建设；组织开展"安全生产月"活动、"消防宣传月"活动、"质量安全月"活动；参加"水安将军安全知识竞赛""节约用水知识竞赛""水土保持知识竞赛""国家安全知识竞赛""深入学习贯彻习近平关于治水的重要论述网络答题""关于开展'鲁法护苗'《山东省未成年人保护条例》普法知识竞赛"等竞赛活动；完成"安全生产法律法规宣贯学习""全员安全生产责任清单培训""水利安全生产应急管理公益培训""全体职工健康讲座及急救培训""学习习近平关于安全生产重要论述"等培训，并开展消防、反恐、安全防汛度汛、防溺水等应急演练活动。2023年全年未发生安全生产责任事故，圆满完成了年初制定的安全生产目标。

（2）穿黄河工程。机构设置：南水北调东线山东干线有限责任公司泰安管理局穿黄河工程管理处（以下简称"穿黄管理处"）为穿黄河工程现场管理机构，下设综合岗、工程管理岗和调度运行岗，具体负责穿黄河工程的运行管理。

党建工作：根据基层党组织管理办法和泰安局党支部工作安排，穿黄管理处于2021年2月成立"穿黄管理处党小组"。2023年，穿黄管理处有正式党员3名，发展对象1名，入党积极分子3名，填写入党申请书人员3名；穿黄管理处党小组自成立以来，认真落实山东干线公司党委和泰安局党支部党建工作部署要求，积极开展集中理论学习，做好党员发展管理和教育工作；定期开展廉政警示教育活动，做好基层党风廉政建设工作。

安全生产工作：根据山东干线公司及泰安局年度安全生产目标，穿黄管理处制定2023年度安全生产目标，逐级签订安全生产责任书，成立安全生产领导小组、防洪度汛领导小组。制订年度安全生产费用使用计划，规范安全生产经费的使用。定期组织安全生产专项整治、安全隐患大排查、消防安全专项检查等活动，建立隐患整改台账。组织开展了防汛、防溺水、消防、治安突发事件等应急演练。规范工程设施和渠道沿线标识标牌，增设警示标语，定期对安防监控进行巡查。开展"安全生产月"活动，组织职工参加安全生产和水利网络知识竞赛。开展安全生产宣传教育进校园活动。组织开展工程标准化管理创建工作，组织水利工程管理单位安全生产标准化自评工作。

防汛度汛工作：根据防汛工作安排，穿黄管理处编制了《2023年防汛度汛预案》，根据"安全第一，常备不懈，以防为主，全力抢险"的防洪方针，确定了"力查隐患、及时抢险、减少损失、不发生事故"的工作目标；以"查设备、查渠道、查建筑物、查电力线路"为重点，组织开展汛前、汛中、汛后专项检查工作，组织完成穿黄河工程防汛应急演练，并于汛后编写《2023年防汛度汛工作总结》。

维修养护工作：穿黄管理处按照批复的维修养护计划及维修养护标准，加强对维护单位的监督考核管理，强化施工质量控制和安全生产管控，认真组织做好现场工程计量、验收和资金支付工作，每月完成维修养护情况月报，落实穿黄河工程维修养护工作。完成穿黄河工程滩地埋管检修井改造项目。实施完成日常维修养护工作，主要包括输水渠道养护、管理道路工程养护、排水沟工程养护、桥梁日常养护、水闸日常养护、窗体更换、浆砌块石护坡破损修复、混凝土预制块护坡破损修复等。

工程安全监测工作：穿黄河工程主要为地下隐蔽工程。为加强安全监测工作，穿黄管理处成立了穿黄河工程安全监测小组，编制了《南水北调东线一期穿黄河工程安全监测工作实施细则》，按照细则要求完成安全监测工作，及时对监测数据进行整理、分析并反馈，保障工程运行安全。

岗位创新工作：为做好岗位创新工作，穿黄管理处统筹安排，鼓励员工结合工作实际，大胆创新。2023年，穿黄河工程混凝土冻融修复处理创新项目顺利通过验收，2023年9月，穿黄河工程管理处积极准备2023年度QC小组竞赛活动，穿黄工程QC小组凭借成果《新型滑块在平面钢闸门的应用》获竞赛二等奖。

宣传工作：穿黄管理处积极利用"世界水日""中国水周""安全生产月"等有关节水、安全方面的宣传活动，利用穿黄河工程水情教育基地组织开展水情教育工作，通过悬挂南水北调宣传条幅、设立警示标牌、张贴安全警示标语、发放安全宣传手册、学习《山东省南水北调条例》等方式，认真组织开展穿黄河工程宣传工作。

3. 运行调度

（1）八里湾泵站枢纽工程。做好调度运行管理工作：严格执行调水指令，保证调水工作安全运行。调水运行期严格按照山东干线公司值班制度进行调水值班、巡查、水情上报、及时准确执行上级调度指令等工作。运行期、汛期及非运行期，严格按照山东干线公司的各项规章及值班制度，做好巡查及运行记录，确保设备完好和工况稳定，保证运行安全。调水期间主机泵运行平稳工况良好，八里湾泵站2022—2023年度调水第一阶段自2022年11月29日8时开机，2023年1月10日15时12分停机；第二阶段调水开始时间为2023年2月19日12时，调水完成时间为2023年5月31日20时。调水期间，泵站1号、2号、3号、4号机组均投入了运行，泵站累计调水7965.7台时，累计调水约9.20亿 m^3。高、低压配电系统运行正常、自动化系统运行畅通、控制保护系统工作正常准确。

开展水质保障工作：八里湾泵站作为南水北调水质监测重点部位，建设了水质监测点和水质检测站，管理处派专人负责水质监测工作，认真开展巡查巡视，督促督导代维单位加强对水质的监测工作。

（2）穿黄河工程。顺利完成2022—2023年调水工作任务，2022—2023年度穿黄河工程累计向鲁北、河北和天津调水5.02亿 m^3。对鲁北、河北和天津城镇生活、工业生产、经济发展、社会稳定提供了可靠保障，在推进华北地区地下水超采综合治理、大运河全线贯通、复苏河湖生态环境等方面发挥了重要保障作用，充分发挥了南水北调"四条生命线"作用。

严格执行调水工作制度，确保调水平稳运行。严格按照山东干线公司值班制度进行调水值班，做好值班和交接班、日常巡视巡查等工作。严格执行泰安分调中心下发的调度指令确保工程正常运行。

积极做好调水协调工作，全力保障调水工作。加强与地方政府、流域机构和相关部门的沟通协调工作，做好向地方用水单元输水的水量确认工作。

强化水质保障工作，安排专人负责水质巡查和水质检测站的巡查看护工作。根据工程实际制订水污染应急预案，保障调水水质安全。

顺利完成"进口检修闸水位计接入自动化调度系统及隧洞出口闸新增水位计"项目，在及时掌握水位信息的同时，又符合《山东省大中型水闸工程标准化管理评价标准》的要求。

顺利完成"穿黄河工程管理处及备调中心信息自动化类设备设施接地问题整改"项目，保障穿黄河工程管理处及备调中心设备安全运行。

4. 环境保护与水土保持

（1）八里湾泵站枢纽工程。八里湾泵站管理处2023年度对施工现场扬尘管控、院区苗木绿化两项工作加强了管理，纳入日常重点工作考核机制，定期调度施工单位及维修养护合作单位，向其宣传贯彻环境保护与水土保持工作的必要性。利用出水渠东平湖护坡修复专项项目，有效遏制了渠道两岸因风浪侵蚀造成的水土流失现象。

（2）穿黄河工程。2023年，穿黄河工程管理处组织实施山东段部分渠道2021年水毁工程应急修复项目工程项目，对闸前疏挖段沿线苗木进行了补植。组织做好工程沿线水土保持区、闸站管理区绿化苗木和草皮的管理和养护，为工程沿线营造了渠水清澈、绿树成荫的生态景观长廊，既美化了环境又改善了生态，发挥了很好的环境效益、生态效益和社会效益。

5. 调研来访活动

2023年1月17日，中国南水北调集团东线公司检查组一行对穿黄河工程开展节前安全检查。

2023年2月4日，中国南水北调集团东线公司检查组一行检查穿黄河工程调水工作。

2023年3月21日，泰安市组织领导到泰安局八里湾泵站调研工作。

2023年3月22日，泰安局组织干部职工分别在穿黄河工程沿线和八里湾泵站工程沿线开展"世界水日""中国水周"宣传活动。

2023年3月27日，水文司一行到穿黄河工程调研，山东省水利厅有关负责人陪同调研。

2023年4月10日，"弘扬水文化 沿黄河水利行"媒体采风活动走进南水北调穿黄河工程，山东省水利厅有关负责人参加活动。

2023年4月24日，山东省组织到穿黄河工程管理处调研。

2023年4月25日，山东省组织到八里湾泵站管理处调研黄河、大运河、东平湖、南四湖防汛备汛和水利建设情况，以及沿黄河、沿大运河文化体验廊道建设工作。

2023年5月27日，水利部总工程师仲志余带队到穿黄河工程调研，规计司、山东省水利厅有关负责人陪同调研。

2023年5月31日，八里湾泵站圆满完成2022—2023年度调水任务。

2023年6月20日，八里湾泵站配合山东省水利厅完成安全生产及防汛专项检查。

2023年6月23日，泰安局穿黄河工程管理处和八里湾泵站管理处贯彻落实2023年度"安全生产月"活动方案的有关要求，走进小学开展南水北调工程宣传讲解和防溺水安全教育。

2023年7月13日，泰安市教育局组织全市中小学校长到八里湾泵站管理处参观学习，东平县政府有关部门陪同。

2023年7月20日，河海大学水利水电学院南水北调东平湖实践团一行到八里湾泵站开展实践调研活动。

2023年7月22日，山东干线公司到穿黄河工程管理处开展工程标准化管理省级评价自评工作。

2023年7月30日，中国南水北调集团中线公司、中国南水北调集团东线公司检查组亲临一线视察穿黄河工程管理处防汛工作。

2023年8月8日，山东省调水工程运行维护中心一行到泰安局八里湾泵站管理处进行调研。

2023年9月21日，山东省水利厅组织专家组对穿黄河工程4座中型水闸开展水利工程标准化管理评价工作。

2023年9月23日，山东省水利厅组织专家到八里湾泵站开展工程标准化管理现场评价工作。

2023年9月24日，调水局一行7人到穿黄河工程开展南水北调东线工程运行管理及水价机制有关情况的调研。

2023年9月25日，水规总院到八里湾泵站管理处开展运行管控数字孪生关键技术及应用调研工作。

2023年10月20日10时，八里湾泵站准时、顺利开启1号水泵机组，正式拉开2023—2024年度调水工作序幕。

2023年10月27日，"十四五"国家重点计划项目"变化环境下长江黄河丰枯遭遇及极端枯水年水资源调配研究"的项目研究小组一行到穿黄河工程开展调研活动。

2023年11月2日，山东省组织专家到八里湾泵站就立体交通网和现代水网建设进行民主监督调研。

2023年11月8日，山东省水利厅到八里湾泵站调研。

2023年11月15—16日，水利部在山东召开省级水网建设现场推进会，穿黄河工程作为考察点，穿黄河工程管理处以高标准顺利承办考察接待工作。

2023年12月12日，根据2023年初制订的应急演练计划，穿黄河工程管理处组织开展冬季冰期输水应急演练。

2023年12月22日，中国南水北调集团东线公司稽查处到八里湾泵站进行冰期输水安全检查。（刘英　赵申晟　翟一鸣）

【胶东段】

1. 工程概况　南水北调东线山东干线有限责任公司胶东管理局（以下简称"胶东局"）所辖工程途经淄博市高青县、桓台县，滨州市邹平市、博兴县，东营市广饶县，潍坊市寿光市，由济东明渠段工程（胶东段）、陈庄输水线路工程、双王城水库工程3个设计单元工程组成，还包括输水渠道工程、双王城水库工程及沿线各类交叉建筑物。

胶东局下设淄博渠道管理处、滨州渠道管理处、双王城水库管理处3个管理处。渠道工程管理范围自明渠段工程大沙溜倒虹下游章邹边界至引黄济青上节制闸，主渠道全长85.522km，另外利用小清河分洪道子槽进行加固的渠道长12.7km；水库工程管理范围包括引水渠、管理区和水库围坝征边界内工程。输电线路长92.27km（其中35kV线路30.16km，10kV线路62.11km），包括各类建筑物341座，其中水库泵站1座、水库1座、水闸27座、渡槽21座、桥梁127座、倒虹吸142座、涵洞6座、水质监测站1座、管理用房15处。

2. 工程管理

（1）明渠段工程。工程管理机构：胶东局作为二级机构负责明渠段工程（明渠段桩号38+868～76+590，明渠段桩号87+895～122+470）现场管理工作，下设三级管理机构淄博渠道管理处、滨州渠道管理处，负责工程的日常管理、维修养护、调度运行等事宜。淄博渠道管理处管辖明渠段桩号38+868～76+590段长37.722km的渠道，滨州渠道管理处管辖明渠段桩号87+895～122+470段长34.575km的渠道。

工程维修养护：2023年度，完成日常维修养护金额217万元，土建养护完成103.39万元，维修养护项目完成投资97.21万元（新增项目投资16.40万元），巡查看护项目完成投资165.16万元。完成了2022年度日常维修养护合同验收工作；完成了胶东局管理范围内的日常巡查看护与建筑物、渠道、设备、闸门、树木绿化以及安全防护设施、重要设备等日常维护保养。完成了胶东局渠道沿线地下水位观测井项目；淄博渠道管理处水闸排架柱维修项目；淄博渠道管理处10kV水利Ⅱ线备用线路T接工程；淄博渠道管理处电动葫芦改造工程；以及双王城水库管理处泄水洞、供水洞变压器扩容改造、园区路灯电缆沟项目等专项项目。为提升工程现场管理设施面貌及工程安全标准，实施了淄博渠道管理处、双王城水库管理处房屋及附属设施维修项目；淄博渠道管理处右岸安全防护网更换项目；滨州渠道管理处路面维修及防护网更换项目。

安全生产：落实安全生产会议制度。胶东局每季度召开安全生产专题会议，总结安全生产工作开展情况，分析应急管理形势，部署应急管理工作计划；各管理处每月召开安全生产例会，分析工程现场安全风险，落实隐患排查整改。落实安全生产责任制，完善安全管理组织结构。胶东局进一步强化组织领导，建立了"党政同责、一岗双责、失职追责"安全生产责任制，根据山东干线公司2023年初人员岗位调整，及时调整安全生产领导小组、应急管理领导小组等组织机构，划分了安全生产网格、落实职责分工，确定了安全生产目标并层层签署了安全生产责任书。深入开展2023年度"安全生产月"系列活动，沿线发放宣传材料，并开展安全警示教育。加强安全隐患排查、安全大检查，落实隐患整改。同时按照上级要求开展危化品专项整治行动，开展危化品排查行动，所辖工程没有危化品。还组织对辖区范围内建筑物、电气设备、电力线路等防雷设施、接地系统等进行了专项安全检查。各项措施的实施均收到良好效果，截至2023年底未发生任何安全生产责任事故。

防汛度汛：修订完善了《胶东局2023年防汛度汛预案》《胶东局2023年现场处置方案汇编》。汛前完成了2023年防汛预案及度汛方案的编制工作，并结合开展防汛演练活动进一步修订完善，重新梳理、分析了防汛重点项目，进一步明确防汛风险点和防汛重点部位，并细化、落实风险项目分管及具体责任人，使应急措施更具针对性和可操作性。应急演练方面，根据2023年度演练计划安排，组织各管理处开展了防汛度汛应急演练，并已完成总结、评估及资料归档工作，通过演练锻炼了队伍，检验了应急预案的可操作性。2023年5月24日，山东干线公司在胶东局双王城水库管理处举行了南水北调东线山东干线工程2023年度防汛应急演练，此次演练联合寿光防汛抗旱指挥部进行，中国南水北调集团东线公司、山东省南水北调工程建设管理局、山东干线公司有关单位、地方政府有关部门观摩指导。此次演练共设置6个科目，通过防汛演练工作的配合，提高了应急处置能力，检验了应急预案的合理性、可操作性。

（2）陈庄输水线路工程。工程管理机构：胶东局作为二级机构对陈庄输水线路工程（陈庄输水段0+000～13+225）进行工程现场管理，淄博渠道管理处作为三级机构，负责陈庄输水线路工程的日常管理、维修养护、调度运行等事宜。

工程维修养护：陈庄输水线路工程完成日常维修养护金额73.93万元，土建养护完成24.76万元。维修养护项目完成投资8.32万元（新增项目投资7.12万元），巡查看护项目完成投资33.73万元。2023年完成了日常维修养护实施方案、技术条款的编写制订及协议的签订工作，并严格按照合同管理办法和程序，做好日常维修养护任务单下发和维修养护月报上报及日常考核工作，做好成本核算及维修养护管理月报编制工作，做好进度、质量、投资控制、严把计量支付审批和结算审计关，积极推进预算执行。同时做好维修养护档案材料的收集、整理、归档工作。

安全生产：胶东局始终坚持"安全第一、预防为主、综合治理"的安全方针，加强日常巡查检查力度，关注工程重点部位和薄弱环节，积极消除各类安全隐患，确保工程的安全运行。按照安全教育培训计划组织全体人员有序学习安全法律法规及安全生产标准化相关制度、应急预案、处置方案、操作规程等，通过学习这些制度、规范、规程，提高了全员安全意识和应急处置能力。积极组织员工参与全国水利安全生产知识网络竞赛、"全国安全生产月"官网举办的危险化学品安全知识网络有奖答题，参加以争做"水利安全将军"为主题的安全生产知识趣味答题活动，通过系列竞赛答题活动，学习安全生产有关知识。组织管理处职工观看安全警示教育片，并举行消防应急演练、防汛应急演练、反恐演练、电力事故应急处置演练等各项演练，通过演练增强了职工安全生产意识和现场处置能力。

安全监测：按照《南水北调东、中线一期工程运行安全监测技术要求（试行）》（NSBD 21—2015）及相关规程规范要求，胶东局定期开展工程安全监测工作，配合上级部门对相关数据及时分析评估，为工程安全、平稳运行提供了技术支撑。认真组织做好工程安全监测工作，收集整理安全监测设施设备运行及维护保养情况，建立安全监测设施设备台账。2023年度开展安全监测12次，及时上报安全监测月报12份、年报1份。

（3）双王城水库工程。工程管理机构：胶东局作为二级机构对双王城水库工程进行工程现场管理，双王城水库管理处作为胶东局的下设管理机构负责双王城水库工程的现场管理工作，包括工程的日常管理、维修养护、调度运行等事宜。

工程维修养护：2023年度完成日常维修养护金额156.66万元，调度运行类完成日常维修养护金额84.14万元。双王城水库管理处按照2023年工程维修养护合同组织开展工作，根据维修养护计划按月有序开展维修养护管理工作，主要完成的工作有闸室看护，渠道巡查，土建、渠道、泵站以及水土保持类日常维修养护工作。

专项维修养护项目：2023年度双王城水库管理处专项维修养护项目主要包括双王城水库消防维修、2023年房屋及附属设施维修、工程标准化问题整改专项等项目。

安全生产：隐患排查及整改方面，为强化隐患排查整治工作，做到"隐患排查、督促检查、整改落实"常态化，按照胶东局要求，双王城水库管理处每月定期开展安全隐患排查工作，对所辖工程进行全方位隐患排查，对于排查出的隐患进行限期整改。安全生产管理方面，双王城水库管理处每月召开安全生产会议，学习安全生产文件，并对相关事故通报进行研读反思，举一反三排查现场类似事故隐患；组织管理处职工观看安全警示教育片，并举行消防应急演练、防汛应急演练、防溺水应急演练、反恐演练等，增强了职工安全生产意识和现场处置能力；编制完成《双王城水库全员安全生产责任清单》，结

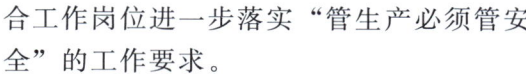

合工作岗位进一步落实"管生产必须管安全"的工作要求。

安全监测：双王城水库管理处成立安全监测领导小组，每季度开展垂直、水平位移测量；测压管非通水期每周一次测量，通水期间每周两次测量；每日开展蒸发、渗漏监测。2023 年 1 月 1 日至 12 月 31 日降雨量为 339.37 万 m^3，蒸发量为 699.35 万 m^3，入库量为 3552.93 万 m^3，出库量为 3413.47 万 m^3。

3. 运行调度

（1）供水情况。胶东调度分中心于 2022 年 11 月 1 日开始调水，至 2022 年 12 月 29 日完成 2022—2023 年度第一阶段向胶东地区供水任务，累计调水 13691.9 万 m^3；2023 年 2 月 3 日开始第二阶段调水工作，至 2023 年 6 月 30 日完成 2022—2023 年度第二阶段向胶东地区供水任务，累计调水 31532.3 万 m^3，两次累计调水量 45224.2 万 m^3。胡楼分水闸 2022 年 11 月 7 日开启向邹平市分水，至 2023 年 6 月 29 日，按照月度水量调度计划每月进行一次分水，累计分水 4503.42 万 m^3。

东营分水闸 2022 年 11 月 8 日开启向东营地区分水，至 2023 年 6 月 29 日，按照月度水量调度计划每月进行一次分水，累计分水 1376.82 万 m^3。引黄济淄分水闸 2022 年 11 月 6 日开启向淄博地区分水，至 2023 年 6 月 22 日，按照月度水量调度计划每月进行一次分水，累计分水 4158.51 万 m^3。博兴分水闸 2022 年 11 月 21 日开始向博兴县分水，至 2023 年 6 月 15 日，按照月度水量调度计划每月进行一次分水，累计分水 2660.11 万 m^3。辛集洼分水闸 2022 年 11 月 14 日开启向邹平市分水，至 2023 年 6 月 19 日，按照月度水量调度计划每月进行一次分水，累计分水 2512.04 万 m^3。双王城水库通过寿光供水洞供水，2022 年 10 月 1 日至 2023 年 6 月 1 日向寿光供水 1858.73 万 m^3。

（2）调度指令执行。2022—2023 年度胶东局接受并执行山东省调度中心调度指令共计 79 个，调度指令执行正确率达 100%。根据南水北调山东段调度中心调度指令，胶东局分调中心编制闸门远程操作指令共计 2635 余条，完成沿线闸门启闭动作千余次，且闸门操作正确率达 100%。针对渠道工程构造对水环境的特殊影响，分调中心调度人员认真研究计算，尽量在渠道设计标准内降低渠道水位，加大流速，在兼顾现场特殊工作环境情况下有力保障了调水工作安全有序地进行。

（3）技术管理。实行工程运行统一调度，以及工程设备设施精准调控、准确控制。组织调度人员结合现场情况针对水量调度系统开展研究讨论，科学调度闸门开度，实行工程高水位、低流速运行，防止扬压力破坏，并降低流速减少冲刷。在调度过程中通过科学调整闸门开启来控制水位与流量，同时尽量减少闸门开启调整频次。

严格执行值班运行制度、交接班制度，明确分工，落实责任。调水期间现场值班长是本班运行负责人，接受调度命令，签发操作票，检查安全运行规程落实情况，在保证安全的条件下，组织值班员排除值班时间内发生的一般性故障。值班员负责职责范围内的安全运行工作，做好各种记录，服从值班长的领导，进行抢修或检修工作。

严格执行操作票制度、操作监护制度等规章制度。操作过程中严格按照操作票进行操作，严格执行操作监护制度，由两人共同进行操作,一人操作、一人监护,操作前认真核对设备名称、编号和位置,操作中认真执行监护复诵制,严格按操作顺序操作,全部操作完毕后由监护人进行复查。

调水运行期间,ADCP测量小组在引黄济淄分水闸前后及博兴城南节制闸上下游进行流量测量,并在中间随时对重要断面进行监控,追踪水流规律,为科学调度提供参考,同时对固定式流量计进行校核,对设备准确性进行校核确认。

坚持工程精细化管理,坚决杜绝水量流失现象。针对运行期间胡楼分水闸流量计发生不读数故障,调水期前专门组织运维人员及用水单位进行协调处理,并于2023年1月12日利用ADCP移动式流量计进行渠道测流及流量比对核查,保证分水闸分水水量不缺失。

开展工程技术创新研究。胶东局利用创新工作室电气试验台,熟悉机电设备控制原理,开展电气设备控制接线试验工作,提高了调度运行人员的设备故障判断和处置能力,提升了工程管理人员的创新创造能力。组织完成现场设备创新创造项目,完成闸站温湿度控制范围标示牌制作,组织开展渠道闸门专用检修门创新研究工作等,优化了设备设施运行工况,提高了工程运行效率。

对各闸站电力、自动化、金结设备等进行周期性隐患排查,对发现的问题进行及时整改。确保各项排查工作完成无问题后,进行了各闸站启闭机、电动葫芦试机和调度电话、视频调试。对渠道沿线自动水位计进行检查,对所有水位计水位数据进行校测,确保自动化水位等数据上传准确。保障了在各种恶劣天气、突发状况中,顺利精准无误地执行各项调度指令。

4. 环境保护及水土保持

(1) 明渠段工程。2023年度,明渠段工程沿线庭院总面积8.09km^2,其中现存绿化面积5.01km^2,庭院绿化覆盖率为57.15%。河渠湖库周边绿化现存面积269.72km^2。水土保持项目投资共241.3万元。截至2023年底,明渠段工程植绿篱草皮共计1927.8m^2,形成宽近70m、长72km的景观绿化带,逐步打造成一条绿色长廊和生态长廊,为改善地方生态环境发挥了一定的积极作用。2023年度,完成了渠道沿线及管理区树木修剪、涂白、草皮修剪、对不合格的树木进行补植替换等管理工作,对闸室铺设花砖美化闸区环境,对建筑物进行修缮等工作,进一步提升了南水北调工程形象。

(2) 陈庄输水线路工程。2023年度,陈庄输水线路工程完成了渠道沿线及管理区树木修剪、涂白、草皮修剪、对不合格的树木进行补植替换等管理工作。项目实施过程中严格考察筛选树种,监督现场种植规格要求,确保树木成活率,提升输水线路的整体形象。

(3) 双王城水库工程。双王城水库环境保护及水土保持项目主要包括围坝工程防治区、引水渠及泄水渠防治区和入库泵站管理区防治区。管理范围主要包括乔木、灌木、花卉、草皮等植被。在总体布局上,输水渠区、管理区、建筑物区以绿化美化为主,采取乔灌草相结合的方式进行绿化,并实施了土地整治和铺设植草砖等工程措施。在水土保持养护管理方面,双王城水库园林绿化工作由专业公司负责维护管理,双王城水库管理处进行动态监管,按照水土保持维修养护标准实施并进行考核。

5. 荣誉奖项 2023年，胶东局以习近平新时代中国特色社会主义思想为指导，全面贯彻落实山东干线公司各项决策部署，紧紧围绕年度重点工作及调水分水这一中心任务，扎实推进各项工作稳步落实。2023年，胶东局团支部继续被认定为省直机关"青年文明号"。双王城水库管理处获评"全省农林水牧气象系统艰苦边远地区、基层站所先进集体"，被评为寿光市第六届"技能兴寿"职业技能大赛优秀组织单位。胶东局于涛获"齐鲁首席技师"称号。胶东局王榕获山东省水利系统微党课大赛三等奖。

（贾永圣　宋丽蕊　戴昂）

【济南段】

1. 工程概况　南水北调东线山东干线有限责任公司济南管理局（以下简称"济南管理局"）所辖工程范围自济平干渠渠首引水闸至大沙溜节制闸枢纽下游济南市与滨州市交界处，是南水北调东线山东干线胶东输水干线工程的重要组成部分，全长156.979km，途径泰安市东平县，济南市平阴县、长清区、槐荫区、天桥区、历城区和章丘区。由济平干渠工程、济南市区段工程、东湖水库工程3个设计单元及济东明渠输水工程设计单元济南段组成。

（1）济平干渠工程。该工程是南水北调东线一期工程的重要组成部分，也是向胶东输水的首段工程。其输水线路自东平湖渠首引水闸引水后，途经泰安市东平县，济南市平阴县、长清区和槐荫区至济南市西郊的小清河睦里庄跌水，输水线路全长90.055km。工程等别为Ⅰ等，其主要建筑物为一级，设计输水流量$50m^3/s$，加大流量$60m^3/s$。主要建设内容为输水渠道工程、输水渠堤防工程、输水渠两岸排水工程、河道复垦工程、输水渠上建筑物工程、水土保持工程等，渠道采用全断面衬砌防渗，渠道设计底宽7.0～14.0m，纵比降1/7000～1/20000，边坡1∶1.5～1∶2.25。输水衬砌形式主要采用全断面机械现浇高性能混凝土大块薄板、人工现浇高性能混凝土大块薄板及人工预制混凝土块薄板等形式。渠道衬砌过程中，引进美国、意大利进口设备及自主研发的大型衬砌机械设备，大大提升了工程建设科技含量，提高了工程施工进度。济平干渠工程总投资150241万元是国家确定的南水北调首批开工项目之一，是全国南水北调第一个建成并发挥效益、第一个通过国家验收的南水北调设计单元工程，也是实现山东省水资源优化配置的关键工程之一，该工程的实施对于缓解济南市区及沿线各县水资源供需矛盾，改善济南市区生态环境，减轻东平湖防洪压力都具有十分重要的意义。

（2）济南市区段工程。该工程西起济平干渠工程末端睦里庄节制闸，东至济南市东郊小清河洪家园桥下，横穿济南市区，全长27.914km，包括睦里庄节制闸、京福高速节制闸、出小清河涵闸等控制性建筑物。其中自睦里庄跌水至京福高速公路段利用小清河河道输水，长4.324km，自出小清河涵闸至小清河洪家园桥下，在小清河左岸新辟输水暗涵，长23.59km，全线自流输水。工程设计流量为$50m^3/s$，加大流量为$60m^3/s$。该工程获山东省水利工程勘测设计一等奖、山东省科技进步奖一等奖、山东省工程建设泰山杯奖一等奖、华东地区优质工程奖、中国水利工程优质（大禹）奖等，还获国家实用新型专利14项。济东明渠段工程西接济南市区段工程洪家园桥暗涵出口，东至济东明渠段济南与滨州交界处，输水线路长38.963km，包括赵王河闸、遥墙闸、南寺闸、傅家闸和大沙溜枢纽等控制性建筑物。工程设计流量为50m³/s，加大流量为60m³/s。

（3）东湖水库工程。该工程是南水北调东线一期胶东输水干线工程的重要调蓄水库，位于济南市历城区东北部与章丘区交界处，距济南市区约30km，为围坝型平原水库，水库围坝轴线全长8125m，最大坝高13.7m，水库设计最高蓄水位30.10m，相应最大库容5583万m³，死水位18.5m，死库容678万m³，调蓄库容4905万m³，水库占地8073.56亩。主要建筑物包括水库围坝、分水闸、穿小清河倒虹、入库泵站、入（出）库水闸、放水洞、湖心岛、排渗泵站及截渗沟等。入库泵站安装立式混流泵4台，泵站总装机容量为2700kW，主厂房内安装1400 HLB-9.5型立式混流泵2台，扬程范围12.7～8.78m，流量范围5.2～6.8m³/s，配套电机型号为TL 900-16/900kW，900 HLB-9.5型立式混流泵2台，扬程范围13.1～9.25m，流量范围2.35～3.07m³/s，配套电机型号YL 560-10/450kW。设计入库泵站最大设计流量为11.6m³/s，最大出库流量为22.0m³/s，济南、章丘方向出库流量分别为3.47m³/s、0.54m³/s。主要任务是调蓄南水北调东线分配给济南、滨州和淄博等城市的用水量。东湖水库设计年入库水量15685万m³，其中长江水8785万m³、黄河水6900万m³；年总供水量14997万m³，其中向济南市年供水12650万m³（济南市区方向10950万m³、章丘区方向1700万m³），向滨州和淄博方向等城市供水量2347万m³。

2. 工程管理　济南局作为山东干线公司二级管理机构，负责所辖工程的综合管理、工程管理和调度运行管理。济南局下设平阴渠道管理处、长清渠道管理处、济东渠道管理处、东湖水库管理处作为三级管理机构，具体负责工程现场管理。

（1）工程管理机构。平阴渠道管理处负责济平干渠东平、平阴段管理，长清渠道管理处负责济平干渠长清段管理，济东渠道管理处负责济南市区段工程和济东明渠段工程（济南段）管理，东湖水库管理处负责东湖水库工程管理。各管理处管理工作包括工程的日常管理、维修养护、调度运行等事宜。各管理处均下设综合科、工程科、调度科，具体承担管理处的日常管理工作。

（2）工程维修养护。2023年度日常维修养护项目：济南管理局及所辖各管理处按照工程维修养护合同组织开展工作，按照维修养护计划有序开展维修养护管理工作，主要完成的工作有闸室看护、渠道巡查、土建日常养护、土建维修、水土保持、金结机电及电力线路类日常维修养护工作等。2023年济南局共完成土建及水土保持日常维修养护金额1441.14万元，其中土建日常维修养护项目完成投资1081.77万元，水土保持养护项目完成投资359.37万元。2023年平阴渠道管理处完成土建及水土保持日常维修养护金额386.50万元，其中土建日常维修养护项目完成投资302.49万元，水土保持养护项目完成投资84.01万元。2023年长清渠道管理处完成土建及水保日常维修养护金额494.19万元，其中土建日常维修养护项目完成投资392.90万元，水土保持养护项目完成投资101.29万元。2023年济东渠道管理处完成土建及水保日常维修养护金额372.70万元，其中土建日常维修养护项目完成投资272.30万元，水土保持养护项目完成投资100.40万元。2023年东湖水库管理处完成土建及水保日常维修养护金额187.73万元，其中土建日常维修养护项目完成投资114.07万元，水土保持养护项目完成投资73.66万元。金结机电设备维修养护金额38.88万元；电力线路维保及预防性试验金额29.46万元。各管理处按照工程维修养护合同组织开展工作，按照维修养护计划有序开展维修养护管理工作，主要完成的工作有闸室看护、渠道巡查、土建日常养护、土建维修以及水土保持类日常维修养护工作等。

2023年度专项维修养护项目：平阴渠道管理处专项维修养护项目主要包括南水北调东线一期工程济平干渠工程平阴段部分桥梁维修及护栏改造项目，批复投资609.66万元；南水北调东线一期济平干渠工程渠道封顶板、防护板及伸缩缝维修项目，批复投资45.22万元；南水北调东线一期济平干渠工程渠首闸改造项目，批复投资51.41万元。

长清渠道管理处专项维修养护项目主要包括：南水北调东线一期工程济平干渠工程长清段部分桥梁维修及护栏改造项目，批复投资957.63万元；南水北调新五村交通桥至玉清湖分水闸左岸新建道路项目，批复投资19.93万元，完成投资16.44万元。

济东渠道管理处专项维修项目包括南水北调东线山东干线2023年安全防护网更换项目（济南段右岸及暗涵出口至荷花路3桥左岸），批复投资2468.78万元；南水北调济东明渠赵王河倒虹闸、泄水闸安全隐患问题治理项目，批复投资13.94万元；济东渠道管理处南水北调济东明渠赵王河倒虹闸区标准化建设项目和济南管理局所辖工程建筑物屋面防水维修项目，批复投资177.47万元；南水北调东线济东段工程标准化问题整改项目，批复投资223.11万元；济南市区段工程2023年度变形观测项目，批复投资13.57万元。

东湖水库管理处专项维修项目包括南水北调东湖水库工程济南放水洞、章丘放水洞机房拆除扩建项目，批复投资89.92万元；东湖水库管理处派出所管理设施维修项目，批复投资18.13万元；东湖水库大坝安全监测自动化功能完善项目，批复投资8.68万元；东湖水库管理处园区及坝顶路面等维修项目，批复投资55.53万元；南水北调东湖水库管理处章丘放水洞流量计维修项目，完成总投资16.79万元；东湖水库2023年度35kV变电站应急抢修项目，完成总投资11.50万元；2023年东湖水库管理处主厂房桥式起重机吊物孔盖板及净水房设施改造，完成总投资22.41万元；东湖水库压力箱出库闸室外启闭机罩项目，完成总投资4.32万元；东湖水库消防维修项目，批复投资151.47万元；东湖水库自动化系统升级改造项目，完成总投资436.14万元；南水北调东线一期山东段东湖水库盘柜及线缆整理项目，完成总投资705.15万元。

（3）安全生产。安全生产目标职责：济南管理局与各管理处签订安全生产责任书，管理处与辖区内的管理站、各代维单位签订安全生产责任书，落实安全生产责任；各管理处每年制定安全生产网格，完善安全生产体系。安全生产管理以"八大体系四大清单"为框架，做好安全生产标准化工作。根据水利部颁布的《安全生产标准化评审标准》，细化工作分工，责任落实到人。不断健全规章制度，夯实安全生产管理基础，认真开展安全生产标准化建设工作。全员签订 2023 年安全责任书，每月召开安全生产例会，组织开展《安全生产条例》《安全生产法》以及相关的法律法规和制度的培训学习活动，开展安全隐患大检查及落实整改。先后组织 2023 年防汛应急演练和消防演练活动，通过实战提高危机意识和应急处理能力。严格保证安全生产费用支出规范，确保资金用在安全生产工作上。

隐患排查及整改：为强化隐患排查整治工作，做到"隐患排查、督促检查、整改落实"常态化，按照济南管理局要求，平阴渠道管理处、长清渠道管理处每月定期开展"大、快、严"活动，对所辖工程进行全方位隐患排查，着重检查水闸、倒虹吸等重点工程，供电线路、水闸启闭机、工程安全监测、消防等重要设备设施，工程现场办公区、生活区、机房、仓库、档案室、食堂及会议室等重要场所。

安全生产标准化：按照《水利工程管理单位安全生产标准化评审标准》（试行）要求，各管理处成立安全生产标准化自评工作组。按照计划安排，对安全标准化建设和实施情况对照标准的 13 个一级项目、44 个二级项目、122 个三级项目逐项进行全面检查，查评涵盖了安全生产标准化评审的全部范围，评审过程通过现场查看、查阅资料、询问相关人员等形式开展，针对存在的问题，制订了整改计划，明确责任，限期整改，并将整改计划纳入年度考核指标，整改完成后的效果总体评价良好，能够符合安全生产标准化管理的基本要求。根据水利部颁布的《安全生产标准化评审标准》，细化工作分工，责任落实到人，不断健全规章制度，夯实安全生产管理基础，认真开展安全生产标准化建设工作。制订全员安全生产责任清单；2023 年按照年初教育培训计划按时完成安全教育培训活动；开展安全风险管控与隐患排查治理双体系建设工作，根据工程实际，划分风险点，识别危险源，确定风险等级，制订管控措施，建立隐患排查清单，根据隐患排查清单定期组织安全生产检查，积极整改安全隐患；先后组织 2023 年防汛应急演练和消防演练活动，通过演练提高危机意识和应急处理实战能力；实施了运行管理标准化标识标牌建设项目，根据标准化要求及现场实际情况，增加、更换警示标牌、制度标牌；以"落实安全责任，推动安全发展"为主题，开展了 2023 年防汛预案、度汛方案及"安全生产月"活动方案的学习活动、大排查大整治活动、安全宣传"进学校"等活动，各管理站制作的横幅，悬挂于重要节点或者交通桥；山东干线公司和各管理处印发的相关安全公告和《山东省南水北调条例》也沿渠道周边从村庄张贴；巡逻车不定期在渠道播放《山东省南水北调条例》的配音；密切与渠道沿线各中小学校联系，在暑期到来之前做好防溺水宣传。日常巡查工作的加强和宣传工作的广范围普及为 2023 年度通水工作营造了良好的运行环境。严格保证安全生产费用支出规范，确保资金用在安全生产工作上。

消防管理：东湖水库管理处按照工作要求，严格开展消防安全隐患自查自纠工作，加强日常防火巡查，消除火灾隐患。东湖水库管理处已在 2023 年 6 月完成消防维修项目施工，东湖水库消防系统符合国家消防技术规范。积极开展消防培训和消防演练，2023 年 11 月 29 日开展了消防知识培训和消防演练，演练了火情报警及应急疏散、消火栓灭火扑救、灭火器灭火扑救、灭火毯灭火扑救 4 个项目，取得了良好的成效。

相关方管理：山东干线公司与进入管理范围内从事检修、施工作业的单位签订安全生产协议，明确双方安全生产责任和义务，由各管理处对其进行安全告知及安全教育培训。东湖水库管理处根据《水利部关于进一步加强水利建设项目安全设施"三同时"的通知》及山东干线公司《建设项目安全设施、职业卫生"三同时"管理制度》要求，加强对建设项目落实安全设施"三同时"制度的监管，确保各项措施落实到位。建立特种作业人员培训台账及档案，特种设备作业人员持证上岗。对东湖水库专项项目实施驻点监管，每个项目专人负责，加强现场施工作业安全管理，检查施工单位、监理单位安全生产例会、交底记录及外包外租情况。

隐患排查及整改：东湖水库管理处严格执行山东干线公司的隐患排查治理制度，并制订东湖水库隐患排查方案及隐患治理方案，方案中包含有排查内容、排查人员、排查形式、排查频次等内容。每日开展日常巡查，每月开展安全生产大检查，并开展了冬季安全、消防、防溺水、有限空间、燃气安全等专项检查。东湖水库管理处建立了隐患排查及整治台账，实行动态管理，每月安全生产例会上向全体人员通报隐患排查及整治情况。对于排查发现的事故隐患，能够立即整改的立即整改，不能立即整改的列入隐患排查问题台账，制订整治措施和计划，落实相关责任人和整改时限，加强整改落实，确保及时消除隐患。按照要求每月将本月安全生产隐患排查整改情况上报水利安全生产监管信息系统。2023 年东湖水库自查发现一般事故隐患 56 项，已全部整改，整改率为 100％；2023 年 3 月山东干线公司对东湖水库开展了汛前安全检查，发现一般事故隐患 3 项，已全部整改完成；9 月山东干线公司对东湖水车开展了有限空间作业检查，发现一般事故隐患 1 项并整改完成。2023 年东湖水库上级安全检查发现一般事故隐患共 14 项，其中南水北调司检查发现问题 2 项，已全部整改完成；淮委检查发现问题 3 项，已全部整改完成；山东省水利厅检查发现问题 4 项，已全部整改完成；中国南水北调集团东线公司检查发现问题 5 项，已整改完成 4 项，剩余 1 项问题已列入水库智慧安防专项项目进行整改。

安全风险管控"六项机制"建设：东湖水库管理处作为"六项机制"建设的公司级试点单位，全体成员全力以赴推进试点单位建设工作，通过现场整改建设，全员培训，资料收集分析、整编完善，截至 2023 年度已形成初步成果。东湖水库管理处成立了六项机制工作组，建立健全安全管理制度，在原"双重预防机制"成果基础上重新对危险源进行了全面辨识，制订管控措施，动态管理危险源信息，建立《南水北调东线一期山东干线工程风险清单汇总表》，编写危险源辨识与评价报告；补充完善现场标识标牌，现场增加岗位风险告知卡、应急处置卡、风险告知栏、安全风险四色分布图、设备责任卡、上墙制度规程、巡视路线等，实现了标识标牌的标准化，形成了布局合理、视觉美观、风格统一、标准规范的标识系统；完善应急预案，加强应急处置能力，制订重大危险源"一源一案"清单；加强监测自动化建设，提升预警预报能力，东湖水库实施了自动化升级改造项目，建立了东湖水库信息化管理平台，全面提升了风险监测预警能力。

应急管理：东湖水库管理处高度重视应急管理工作，成立了应急管理工作小组，明确应急管理工作职责。2023年初制订应急演练计划，认真开展应急演练。2023年5月17日，东湖水库管理处组织开展了防汛应急演练；2023年5月29日，东湖水库管理处组织开展了雷击事故及触电事故现场处置方案桌面推演；2023年6月9日，东湖水库管理处组织开展了食物中毒应急处置演练；2023年8月23日，东湖水库管理处组织开展了防溺水应急救援演练、中暑事故现场处置演练及机械伤害处置桌面推演；2023年11月22日，东湖水库管理处组织开展了高处坠落事故、地质灾害事故及水质污染事故现场处置桌面推演；2023年11月29日，东湖水库管理处组织开展了消防演练及灼伤事故现场处置桌面推演。

安全生产标准化自评：2023年11月，按照山东干线公司要求，东湖水库管理处开展了安全生产标准化建设的自查工作，根据水利部颁布的《安全生产标准化评审标准》，东湖水库管理处梳理了8个一级项目、28个二级项目和126个三级项目，细化工作分工，责任落实到人，对自评发现的问题，已及时制订整改措施并整改落实，编制了安全生产标准化建设自评报告，自评得分率为99%，评定结果满足水利安全生产标准化一级要求。

安全监测：济南管理局各管理处按照南水北调工程安全监测技术要求，结合实际情况制订安全监测计划，规范做好渗流监测和表面变形监测工作，加强对水库大坝、水库放水洞、渠道节制闸及倒虹闸等重点部位的巡视检查，按月编制安全监测报告归档并上报。2023年各断面渗流监测资料初步分析结果表明，各工程整体运行安全稳定。

（4）防汛度汛。济南管理局各管理处组织开展现场安全隐患排查、汛前和汛期检查。组织编制2023年安全度汛方案，参加山东干线公司组织的预案审查会，根据审查会提出的意见和建议进行修改完善。召开视频会议，组织人员开展《2023年安全度汛方案》的宣传贯彻。按照济南管理局和山东干线公司要求，做好防汛物资盘查和补充工作。2023年5月15—16日，济南管理局组织开展泵站应急排水和水库应急泄水等项目专题培训和演练；5月25日，济南管理局组织开展了2023年安全度汛应急演练，通过一系列培训演练明确汛期应急抢险分工职责，确保风险发生时所有明确职责各司其职，迅速响应有条不紊开展应急抢险工作，安全度汛。2023年，济南管理局分别于6月中旬、7月下旬、8月上旬、9月中旬组织对各管理处进行汛中集中检查，对发现的问题全部整改完成，形成了汛中检查报告及问题整改报告。各管理处相继开展自查活动，对水库围坝、泵站、渠道、闸站、办公楼、食堂进行现场排查，对管理处内业资料进行逐条自查，梳理发现问题、安全隐患，及时整改。2023年5月26日，济南管理局相关人员参加山东省水利厅联合山东干线公司共同开展的"珍爱生命 预防溺水"主题党日宣传活动。通过活动有效提高了工程沿线社会群众、学校师生们防溺水的自觉性和警惕性，强化了识别险情、紧急避险、遇险逃生的能力，为保障工程沿线群众生命安全构筑了坚实防线。

3. 运行调度

（1）调整完善调水组织机制。济南管理局调整完善了2022—2023年度调水组织机构，明确各机构成员任务分工，各管理处相应成立调度运行工作小组，任务细化到岗。严格执行"二级调度，三级管理"调度机制，落实济南管理局分调中心调度和各管理处巡视巡查复核机制，做到工程调度、巡视巡查复核及安全监测工作相结合。完善修订现场巡视检查工作制度，明确输水渠道、控制性建筑物、水库安全巡视检查时间及频次，并建立巡查检查台账。完善了调水应急处置预案，建立渠道建筑物、金结机电设备运行巡视检查工作流程台账。

（2）工程运行状况。金结机电及自动化系统：2022—2023年度调水工作开始前皆完成了沿线闸站金结机电、自动化系统的专项检查消缺工作；完成了调水前启闭机、移动发电机、柴油发电机的全面养护；完成了闸门升降试验、设备设施防雷接地检测；完成了济东段渠道闸门止水更换；复核校检了工程沿线物理水尺、电子水尺、流量计、开度仪等数据精度；组织完成了全线闸站及通信室PLC柜、动力柜运行状态检查，通过检查消缺，设备运行正常。2023年9月济南管理局组织完成了北大沙3号螺杆启闭机更换伺服螺管启闭机。

电力保障：组织完成沿线电力线路全面检查及养护工作，完成平阴、长清、济东三个渠道管理处23台（套）变压器及附属设施电器预防性试验。完成了东湖水库35kV、10kV及0.4kV供配电设备电器预防性试验。沿线线杆无明显沉降，输电线路拉线平顺，线路金具、接地、防雷、防鸟装置齐全，变压器运行参数正常，电力保障稳定可靠。

通信传输保障：组织完成济南段调度运行电话线路排查，组织全线监控摄像头调控试验、闸控系统远程试验。确保2022—2023年度调水工作调度电话线路畅通，视频监控调节可控、视野清晰，交换机及路由器工作正常，水情报送系统、视频监控系统、闸控系统等运行流畅同步，信息通信正常。

（3）2022—2023年度调水工作。2022年10月15日10时开启渠首闸启动济南段2022—2023年度调水工作。10月19日开启玉清湖分水闸向济南分水，分水流量 $3m^3/s$。10月29日开启大沙溜倒虹闸向胶东方向正式供水，供水流量 $10m^3/s$，期间渠首闸最大过水流量达到 $47m^3/s$。截至2023年12月31日，自渠首引东平湖水2.0亿 m^3，向玉清湖供水1727.3万 m^3，经大沙溜倒虹涵闸向胶东供水1.77亿 m^3，向东湖水库充库3493.772万 m^3。2023年度，东湖水库向济南方向累计供水3941.3510万 m^3；向章丘方向累计供水872.0559万 m^3；渠道反方向供水1469.58万 m^3。

（4）主要做法及措施。济南管理局组成专职调水值班小组，具体负责分调中心运行工作。济南管理局及各管理处分别组织济南分调中心值班人员、闸站值班人员、沿线巡视巡查人员进行调度运行专业培训。胶印济南局制作《调度运行运行日志》《电话指令记录本》《运行管理巡查记录》《运行日志（闸站）》等有关表格，确保水情工况记录规范、统一。定期组织全线排查渠道、水库、泵站范围内的安全警示标语、标志情况，对字迹不清、损坏的部分及时更换或粉刷。组织巡逻车不定期在渠道播放《山东省南水北调条例》，全力做好调水安全运行宣传工作。加强工程巡查检查，按照调水应急处置预案及时处理问题，确保调度运行安全平稳。加强金结机电、电力线路、调度运行自动化的设备维养，确保设备运行工况稳定正常，数据显示准确，传输流畅。

4. 验收工作

2023年度济南管理局完成的工程维修养护及专项验收包括：2023年1月10日，完成南水北调东线2019年度专项设计项目库第一批项目（一）施工1标合同项目完工验收；2023年2月23日，完成2021年东湖水库工程前池临时倒虹施工占压树木移植项目合同项目完工验收；2023年2月23日，完成东湖水库工程2022年变形观测项目合同项目完工验收；2023年3月6日，完成新建郑州至济南铁路（山东段）长清黄河特大桥跨越南水北调济平干渠工程建设监管验收；2023年4月7日，完成济南市奥体西路桥梁工程跨南水北调输水暗涵工程建设监管验收及济南港华燃气有限公司冬季清洁取暖全覆盖工程穿越济南至引黄济青明渠段工程建设监管验收；2023年4月18日，完成东湖水库管理处派出所管理设施维修项目合同项目完工验收；2023年5月11日，完成济南绕城高速公路二环线西段工程黄河特大桥跨越济平干渠工程建设监管验收；2023年5月12日，完成济南城市轨道交通3号线二期向临区间盾构下穿南水北调济东明渠工程建设监管验收及济南市奥体中路跨南水北调济东明渠工程建设监管验收；2023年6月13日，完成南水北调济平干渠工程玉清湖交通桥至玉符河倒虹闸左岸新建道路项目合同项目完工验收；2023年6月28日，完成南水北调东线一期工程山东段东湖水库坝坡灌溉工程合同项目完工验收；2023年7月27日，完成南水北调东线一期工程山东段济南管理局2021年水毁工程修复项目工程合同项目完工验收；2023年7月31日，完成2022年济南局"张峰创新工作室"装修及改造项目合同项目完工验收；2023年8月7日，完成东湖水库大坝安全监测自动化功能完善项目合同项目完工验收；2023年8月23日，完成南水北调东线山东干线工程济南管理局2023年东湖水库管理处及长清渠道管理处无线网络覆盖项目合同项目完工验收；2023年9月1日，完成东湖水库工程南坝段截渗沟坍塌修复项目合同项目完工验收；2023年9月6日，完成南水北调东线山东干线2022年渠道安全防护网工程项目工程施工2标及南水北调东线山东干线2022年渠道安全防护网工程项目施工3标合同项目完工验收；2023年9月26日，完成济南市区段工程2023年度变形观测项目合同项目完工验收；2023年10月10日，完成南水北调东线山东干线2022年渠道安全防护网工程项目工程施工1标合同项目完工验收；2023年10月19日，完成南水北调济平干渠工程新五村交通桥至玉清湖分水闸左岸新建道路合同项目完工验收；2023年11月14日，完成南水北调东湖水库工程济南放水洞、章丘放水洞机房拆除扩建项目合同项目完工验收；2023年11月22日，完成济南热力集团有限公司2020年供热管网三期工程穿越南水北调济南市区段输水暗涵工程建设监管验收；2023年11月28日，完成南水北调东湖水库管理处章丘放水洞流量计维修项目合同项目完工验收；2023年11月29日，完成东湖水库压力箱出库闸室外启闭机罩项目合同项目完工验收；2023年12月5日，完成南水北调济东明渠赵王河倒虹闸、泄水闸安全隐患问题治理项目合同项目完工验收；2023年12月5日，完成南水北调济东睦里节制闸、小清河枢纽维修项目（2022年度）合同项目完工验收；2023年12月6日，完成2023年东湖水库管理处主厂房桥式起重机吊物孔盖板及净水房设施改造项目合同项目完工验收；2023年12月21日，完成南水北调东线一期山东段东湖水库盘柜及线缆整理项目合同项目完工验收。

5. 调研来访活动

2023年1月12日，山东干线公司一行到东湖水库参加公司党委民主生活会征求意见座谈会，慰问治安干警及职工，并为他们送上新春的祝福和慰问品。

2023年2月22日，中国南水北调集团东线公司一行到济平干渠刁山坡深挖方工程段调研指导工程运行工作。

2023年3月29日，调水局一行赴东湖水库调研调度运行管理情况。

2023年4月20日，山东干线公司在东湖水库管理处组织召开2023年度防汛度汛预案评审会议，对济南管理局2023年度防汛度汛预案进行专家评审。技术委员会、安全质量部、济南管理局负责人及专家参加会议。

2023年4月23日，山东干线公司一行赴东湖水库调研供水运行及安全生产工作。

2023年6月13日，青岛市水务局、青岛官路水库开发公司一行赴东湖水库考察调研。

2023年6月16日，山东干线公司在东湖水库管理处组织开展标准化管理评价自评工作。

2023年6月20日，山东干线公司组织专家赴东湖水库召开安全生产风险管控"六项机制"试点单位建设工作调研座谈会。

2023年6月28日，根据山东省南水北调调度中心调度运行2022—2023年度206号调度指令要求，东湖水库于12时关闭泵站机组，标志着东湖水库圆满完成2022—2023年度调水工作。

2023年6月30日，山东省水利厅南水北调处率领专家组到济东管理处现场检查穿跨越工作。

2023年6月30日，东营市水务局调研组赴东湖水库考察调研。

2023年7月13日，山东省水利厅组织专家对东湖水库工程进行省级管理水利工程标准化管理合格评价。

2023年7月21日，南水北调司一行赴东湖水库检查指导工程防汛工作。

2023年7月27日，山东省调水工程运行维护中心一行赴东湖水库调研。

2023年8月3日，山东干线公司一行到东湖水库为东湖派出所干警及东湖水库全体职工送上夏日的特别关怀。

2023年8月8日，南水北调司一行5人赴东湖水库检查指导震后处置工作。

2023年9月21日，中国南水北调集团东线公司一行到南水北调工程现场调研河湖输水及泵站运行等情况。

2023年9月22日，山东省水利厅初评工作组到济东渠道管理处开展标准化管理水利工程评价工作。

2023年9月25日，淮委建设与运行管理处运行管理科一行赴东湖水库检查指导工程安全运行工作。

2023年10月2日，山东干线公司一行到东湖水库督导检查节日期间调水及安全生产工作。

2023年10月20日，山东干线公司一行到东湖水库检查指导2023—2024年度调水工作。

2023年10月20日，由山东省水利厅

主办，山东干线公司承办的"关爱山川河流 润泽千村万户"鲁水先锋健步走活动，在南水北调东湖水库举行，60余名干部职工参加了本次活动。

2023年11月10日，山东干线公司联合山东省医疗保障局在东湖水库开展"水清岸绿 鱼翔浅底 生态文明"主题党日活动。

2023年11月15日，山东大学水利学院一行到济南局东湖水库开展实习教育基地挂牌仪式并开展"党建引领聚合力 校企联合共发展"主题党日支部联建活动。

2023年12月7日，山东省水利厅一行赴平阴渠道管理处现场调研南水北调工程运行情况及南水北调远期规划工作。

2023年12月27日，东湖水库管理处联合东湖水库派出所组织开展治安突发事件演练。

（孙秋婷 于丽）

【聊城段】

1. 工程概况　聊城段工程是南水北调东线一期工程的重要组成部分，途经聊城市的东阿县、阳谷县、江北水城旅游度假区、东昌府区、经济技术开发区、茌平区、临清市共7个县（市、区），由小运河工程、七一·六五河段六分干工程组成。主要工程内容为输水渠道及沿线各类交叉建筑物。工程范围上起穿黄隧洞出口，下至师堤西生产桥，接七一·六五河段工程。聊城段工程渠道全长110km，其中小运河段长98.3km，设计流量$50m^3/s$，利用现状老河道58.2km，新开挖河道40.1km；临清市内六分干段长11.7km，设计流量$25.5\sim21.3m^3/s$。新建交通管理道路111.1km。输电线路全长40.9km。工程沿线各类建筑物（含管理用房）479座（处），其中水闸232座（节制闸13座、分水闸8座、涵闸188座、穿堤涵闸23座），桥梁153座，倒虹吸44座，渡槽12座，穿路涵10座，暗涵4座，涵管2座，管理用房21处，水质监测站1处。

2. 工程管理　南水北调东线山东干线有限责任公司聊城管理局（以下简称"聊城局"）负责聊城段工程的运行管理工作。聊城局内设综合岗、工程管理岗、调度运行岗和下辖东昌府渠道管理处、临清渠道管理处。聊城段工程按管辖范围划分为上游段工程和下游段工程，上游段工程（起点桩号0＋000，终点桩号66＋243）由东昌府渠道管理处管辖，下游段工程（起点桩号66＋243，终点桩号110＋006）由临清渠道管理处管辖。2023年9月1日，山东干线公司制定印发了《南水北调东线山东干线有限责任公司考核管理办法（修订）》，对聊城局实施年度目标管理考核，聊城局东昌府渠道管理处、临清渠道管理处依据千分制考核指标体系开展工程管理工作。

（1）工程维护及专项项目管理。2023年专项项目10项，其中土建类5项，金结机电类5项，共完成投资1743.1万元。

土建类已完工3项，包括临清安全防护网更换项目完成投资780万元、土建专业维修（混凝土路面维修及石护栏加高）项目完成投资50.84万元、张庄铁路涵渗水处理项目完成投资6.91万元，截至2023年底均已完工尚未结算验收；截至2023年底2项还在施工，包括房屋及附属设施维修项目完成投资272.53万元、东昌府安全防护网更换项目完成投资560万元。

金结机电类5项均已完工，包括东昌府渠道管理处姚屯节制闸低压配电柜更换项目完成投资9.66万元、低压电缆维修及更换项目完成投资15.75万元，两项目于 2023 年 11 月 17 日完成验收；小刘庄西涵闸螺管式启闭机采购安装项目完成投资 6.60 万元，该项目于 2023 年 11 月 1 日完成验收；临清渠道管理处魏湾西节制闸老化电缆更换项目完成投资 36.50 万元；应急更换临清渠道管理处魏宏线（魏湾西 T 接 10kV 专用线路）高压计量设备完成投资 4.31 万元，该项目于 2023 年 11 月 15 日完成验收。

（2）工程标准化工作。2023 年聊城局组织开展了工程标准化自评工作，渠道标准化通过了山东干线公司自评，中型水闸通过了山东省标准化管理水利工程评价。组织编写了《聊城段工程运行管理年鉴 2023》。

（3）安全生产工作。落实全员安全生产责任制，开展"双重预防体系、六项机制"建设。开展安全生产隐患大排查大整治和节假日专项检查，2023 年共组织开展各类检查 60 余次，累计检查发现问题 79 个，整改销号 79 个。东昌府渠道管理处、临清渠道管理处分别成立"双重预防体系及六项机制"工作小组，明确专人负责，全员参与，对安全风险进行全面系统辨识评估，确定风险等级并实施分级管控，制订管控措施。在现场设置风险告知牌，明确等级、责任人、风险、管控措施及处置方案等内容。对于辨识出的重大危险源，形成重大危险源清单和管控排查清单，根据"一源一案"要求编制完善应急预案，并上报备案。2023 年 11 月 17 日，山东省水利厅通报关于水利安全生产风险管控"六项机制"省级试点验收情况，东昌府渠道管理处作为风险分级管控和隐患排查治理体系建设试点单位，取得了较好试点成果，顺利通过验收。开展安全教育培训及应急演练活动，组织开展各类安全教育培训共计 30 次，提升全员安全法治观念和安全生产意识。2023 年 11 月 8 日，临清渠道管理处组织开展渠道草皮失火疏散演练。2023 年 11 月 27 日，东昌府渠道管理处开展警示教育和消防应急演练。2023 年 11 月 29 日，聊城局机关组织开展档案室消防应急演练活动。落实安全生产驻点监管工作，每月按时报送驻点监管月报、周报，根据驻点监管项目填写监管日志，建立驻点监管清单、驻点监管安全隐患问题排查整治工作台账。

（4）防汛度汛工作。完善细化安全度汛方案，修订完善安全度汛方案，完善汛期信息报告流程、预警响应信息等相关内容。山东干线公司于 2023 年 5 月 5 日批复《聊城局 2023 年安全度汛方案》，聊城局于 2023 年 6 月 7 日开展防汛演练活动。组织做好汛前检查，开展两次汛前检查、三次汛中检查，对防汛重点部位、工程建筑物、金结机电设备、电力线路等运行情况进行重点检查。发现的安全隐患记入问题台账，已全部整改完成，实现问题闭环管理。加强队伍建设，落实防汛物资保障。东昌府渠道管理处、临清渠道管理处均成立汛期常备抢险队，安排专人负责防汛物资的日常管理和维护，定期组织对防汛物资进行盘点检查，根据需求补充更新编织袋、铁锹、碎石等防汛物资；与当地料场和设备租赁公司签订沙石储备和设备租赁协议。与聊城市防汛抗旱指挥部、北延建管部等部门机构建立联系协调机制。

（5）开展预防高处坠落、消防安全月专项整治行动。聊城局印发《关于加强在建工程高处作业吊篮安全管理的通知》，结合工作实际对吊篮的检测验收、安装使用、作业操作等管理工作作出规定。开展预防高处坠落专项整治行动，全面排查存在的风险隐患。积极开展消防安全检查，组织人员对防冻凝、防火防爆、防中毒窒息、防泄漏、防触电、防高空坠落、防机械伤害事故等措施进行安全检查，重点围绕值班值守、防高空坠落措施、消防及现场交通安全等方面开展检查，并成立以聊城局主要负责人为组长的专项检查工作组，东昌府渠道管理处、临清渠道管理处按照各自分工，负责职责范围内的安全检查工作。结合现场实际作业中的各项风险，组织岗位人员完成本岗位危险源辨识，并结合识别出的危险源，新修订《档案室消防安全应急处置预案》，完善八项安全生产应急预案。

3. 运行调度　截至2023年6月13日，聊城段完成2022—2023年度调水任务。聊城段2022—2023年度调水工作，自2022年10月11日启动（2022年12月9日启动北延应急供水），至2023年6月13日结束（北延应急供水2023年6月1日结束），共历时246天，累计引水49281.29万 m^3，向聊城市各县（市、区）分水10506.43万 m^3（含东阿县分水1439.68万 m^3，生态补水2489.86万 m^3），向德州段引水38684.82万 m^3（其中北延应急供水26185.42万 m^3）。2022—2023年度调水工作呈现三个亮点：调水量大，创历次调水量之最，北延应急供水期间，输水流量一度达到设计流量，渠道水位也接近历史最高值；调水时间长，工程不间断运行246天，创历次调水时间最长纪录；开启冰期输水的先河，克服长时间低温冰冻天气影响，保证了冰期输水安全。

2023年9—12月开展了2023—2024年度调水工作。2023年9月15日，启动聊城段2023—2024年度调水工作。截至2023年12月31日，累计引水12012.69万 m^3，向聊城市各县（市、区）分水4567.45万 m^3（含东阿县分水804.02万 m^3），向德州段引水6743.19万 m^3。

聊城调度分中心负责聊城段工程的调度运行工作。聊城调度分中心服从山东省调度中心的统一调度，督导东昌府渠道管理处、临清渠道管理处落实执行辖区内工程调度指令。聊城调度分中心实行局长负责制，按调度运行管理规程开展工作，设分调度长、值班员，分调度长从局机关选拔3人轮流担任，值班员由其他人员担任。

聊城局在调水运行前全面做好有关准备工作，对沿线两岸涵闸进行关闭，对部分闭合不严或正在改造的涵闸闸门进行封堵，对全线渠道内的杂物进行清理；对沿线水尺及安全监测设施进行检查，对损坏的设施进行维修更换；对启闭机开度仪、PLC进行检查，逐一对控制性节制闸、分水闸进行远程控制调试；组织自动化、电力等代维单位对设备、电力线路进行全面系统排查及整改；开展全员调水业务培训，宣传贯彻山东干线公司水量调度计划实施方案及聊城段工程年度调水工作实施方案，对调度流程、指令收发、水情上报、水量确认、闸门开度计算、沿线信息自动化采集、PLC设备常见故障及处置方式等有关业务进行系统培训；进一步开展通水前工程安全检查，对应急抢险物资和后勤保障准备工作进行再检查、再落实。

落实山东干线公司"两级调度、三级管理"调水管理工作模式。调水期间现场调度权限收归聊城调度分中心，聊城调度分中心严格按照山东省调度中心指令调度沿线闸门，东昌府渠道管理处、临清渠道管理处负责现场巡查、设备维护及应急保障工作。调水过程中全面应用各调度业务系统，推行"以自动化调度为主、人工调度为辅"的调度方式，通过信息监测与管理系统上报水情数据，通过闸（泵）站监控系统远程控制现场闸门，通过视频监控系统查看工程现场情况。为避免渠道扬压力破坏，确保工程安全，输水过程中严格控制水位变化每天（24h）不超过30cm，同时每小时不超过15cm。输水结束后，水位下降速度每天（24h）不超过30cm，同时每小时不超过15cm。

输水运行期间渠道内水质稳定达标。东昌府渠道管理处、临清渠道管理处在运行前关闭沿线所有口门，及时观察渠道内水质情况。通水期间加强水质巡查，主要巡查水面漂浮物、边坡杂物、水体、支流涵闸、支流水质等情况。对沿线水污染风险隐患、桥梁跨渠情况、入干线河流情况进行排查，对可能造成水质污染的情况进行重点检查，发现存在影响水质安全的事件及时制止并上报聊城调度分中心。配合水质监测单位开展水样采集，及时了解、监测调水水质。临清渠道管理处安排专人负责位于德州市与聊城市交界处的水质自动监测站的运行环境，保障电源及供水设备运行稳定，定期查看设备运行工况，发现问题及时上报。

加强调水安全宣传教育。东昌府渠道管理处、临清渠道管理处调水前向工程沿线村庄、街道等人员密集场所发放《致广大家长朋友的一封信》，普及防溺水及南水北调安全知识。在工程沿线节制闸、分水闸、涵闸、桥梁及村庄附近张贴《南水北调聊城段工程调水运行安全告知书》，告知工程调水运行安全有关事项。开展"世界水日""中国水周"现场宣传活动，通过散发宣传册、张贴标语条幅、发放文创品等形式，宣传有关水法律法规及安全知识，增强广大群众水法律法规意识，营造调水工作良好社会氛围。

4. **环境保护与水土保持** 聊城局明确了局分管领导、水质保障工作人员和所辖东昌府渠道管理处、临清渠道管理处的水质保障工作人员，以及市界节制闸水质监测站的具体负责人，保障聊城段工程水质监测工作及市界节制闸水质监测站的正常运转。结合安全生产标准化工作，制订印发了《水质污染事故专项应急预案》，对事故风险分析、应急指挥机构及职责、应急处置程序、应急处置措施等方面进行了明确。

东昌府渠道管理处、临清渠道管理处结合各自工程实际，分别制订了《水质污染事故现场处置方案》，对事故风险分析、应急机构职责、应急处置及注意事项等方面进行了具体明确。

聊城局在聊城段工程2022—2023年度调水工作实施方案中对水质监测及应急处置措施等方面进行了明确规定。东昌府渠道管理处、临清渠道管理处按照"调水期每天巡查两次、非调水期每周巡查一次"的频次要求对工程现场进行巡查。输水环境是工程巡查中的重点，巡查过程中及时发现工程现场取土、偷水、排污、钓鱼、放牧、倾倒垃圾等非法行为并加以制止和说服教育，按要求在渠道日常巡视检查记录中给予详细记录。

聊城段工程渠道全长110km，沿渠道两岸共植树6万余株、绿化草皮287km^2，东昌府渠道管理处、临清渠道管理处督导实施树木修剪、打药除害、草皮修剪、树木补植等绿化措施，并对各自管理处院落进行了绿化整体规划，有效防止了水土流失，保护和改善了沿线地方生态环境。

5. **灌区影响处理工程** 聊城段灌区

影响处理工程即临清市灌区影响处理工程，是鲁北段输水工程的重要组成部分，其主要任务是通过调整水源、扩挖（新挖）渠道、改建（新建）建筑物等措施，满足因南水北调东线一期鲁北段输水工程利用临清市内的七一·六五河段输水而受其影响的 39200km^2 灌区的灌溉供水需求。工程主要建设内容为：开挖河道 8 条共计长度 30.5km，新建公路桥 2 座、重建 7 座，新建生产桥 5 座、改建 2 座、重建 22 座，新建水闸 11 座，新建泵站 1 座。临清市排灌工程管理处承担临清市灌区影响处理工程的运行管理职责。临清市灌区影响处理工程已按设计内容建设完成，输水渠道担负着地方灌溉输水任务，水闸及桥梁等工程均已正常发挥作用。2023 年 12 月 15 日，山东干线公司将临清市灌区影响处理工程资产移交给临清市排灌工程管理处。

6. 荣誉奖项　2023 年聊城局完成创新项目 4 个，完成投资 19.98 万元，分别为能爬楼梯的运输车、双向硬止水闸门研发制安项目、太阳能宣传灯箱项目和小涵闸房顶修复处理项目。2023 年组织参加中国水利企业协会 2023 年度水利企业质量管理小组竞赛活动，聊城局"水城工匠 QC 小组"参赛的"研制涵闸自动启闭装置"和"水城匠心 QC 小组"参赛的"研制下穿桥涵道路积水自动预警及抽排装置"两个创新项目，均被中国水利企业协会授予"2023 年度水利企业质量管理小组竞赛活动"一等成果荣誉称号。

（孟繁义　张健）

【德州段】

1. 工程概况　南水北调东线山东干线有限责任公司德州管理局（以下简称"德州局"）所辖工程主要包括德州段渠道工程和大屯水库工程。

德州段渠道工程自聊城、德州市界节制闸下游师堤西生产桥至大屯水库附近的草屯交通桥（桩号 110+006～175+224），渠道全长 65.218km，沿河设 8 处管理所；共有各类建筑物 128 座，其中节制闸 8 座、穿干渠倒虹吸 3 座、涵闸 76 座、橡胶坝 1 座、桥梁 40 座（生产桥 33 座、人行桥 5 座、公路桥 2 座）。设计输水规模为 21.3～13.7m^3/s；工程防洪、排涝标准分别为"61 年雨型"防洪（对应防洪标准为 20 年一遇）、"64 年雨型"排涝（对应除涝标准为 5 年一遇），六分干及涵闸排涝标准为 5 年一遇。

大屯水库工程位于山东省德州市武城县恩县洼东侧，距德州市德城区 25km，距武城县城区 13km。水库围坝大致呈四边形，南临郑郝公路，东与六五河毗邻，北接德武公路，西侧为利民河东支。工程总占地面积 648.83km^2，水库围坝坝轴线总长 8913.99m。主要工程内容包括围坝、入库泵站、德州供水洞和武城供水洞、六五河节制闸、进水闸、六五河改道工程等。

2. 工程管理　德州局作为山东干线公司派驻现场的二级管理机构，负责德州段的干线工程运行管理工作，下设夏津渠道和大屯水库管理处，具体负责渠道和水库工程的运行管理工作。

（1）工程管理机构。德州局机关内设综合岗、工程管理岗、调度运行岗，现有正式员工 12 人（局长、副局长、一级主任工程师和二级主任工程师各 1 人，综合岗 3 人，工程管理岗 2 人，调度运行岗 3 人）。夏津渠道管理处现有正式员工 13 人（主任、副主任、专责工程师各 1 人，综合岗 2 人，工程管理岗 4 人，调度运行岗

4人），负责德州段渠道工程运行管理工作。大屯水库管理处现有正式员工20人（主任、副主任、二级主任工程师、专责工程师各1人，综合岗3人，工程管理岗3人，调度运行岗10人），负责大屯水库工程运行管理工作。

（2）工程管理基本情况。强化工程安全和质量，稳步推进日常和专项项目实施。2023年累计完成各类项目验收共21项。

督促落实工程防护及边界管理工作。渠道工程沿线补充完善及维护各类安全警示牌1655块、悬挂及维护警示标语207处，新增警示标牌72处；新增水库警示牌20块，维修警示牌13块，更换警示牌40块，建筑物附近增设喊话警报装置5处；强化边界管理，督导维养单位对越界种植部位强制清理、重新开挖界沟、恢复移动的界桩，确保管理边界清晰。

加强日常巡视和专项检查。做好稽查、自查整改落实工作。通过分段、分组、交叉互查等方式，不定期开展日常巡查或专项检查，建立更新问题整改台账，明确整改要求与时限，制订切实可行的整改措施并及时整改。

定期进行安全监测。对监测设施设备及时组织维护，确保设施设备齐全完好；定期组织开展渠道、水库各项安全监测，对监测资料整理分析并上报。

加强职工技能培养与创新。积极组织技能培训、参加水利系统技能比赛。开展"专业知识大讲堂""传帮带""师带徒"活动，通过不同层次、不同形式的技能培训，提高职工专业技术水平。德州局"李庆涛创新工作室"2023年获批项目2个全部完成，完成其他岗位创新项目13个，申请专利12个。德州局开展金结机电、信息自动化业务培训10余次，组织开展

了德州局第二届职工技能竞赛，取得良好效果；在2023年山东省闸门运行工职业技能竞赛中，德州局刘伟获得一等奖（第一名）、邵在栋获得二等奖，德州局取得了四年全省职业技能竞赛中三次获得第一名的佳绩；申报的2个QC成果取得了一等成果1项，二等成果1项的优异成绩；《南水北调东线一期工程大屯水库调度规程》（试行）获得山东水利学会齐鲁水利科学技术奖三等奖。

德州局深入落实水利高质量发展目标任务，对照《水利工程标准化管理评价办法》及其评价标准，制订水库工程标准化管理实施方案，从工程状况、安全管理、运行管护、管理保障和信息化建设五个方面，全方位开展工作自查，制订、完善各类管理制度、预案，进一步明确岗位职责，不断提高管理水平，于2023年9月24日通过大屯水库和六五河节制闸省级水利工程标准化评审。

（3）安全生产管理基本情况。全面构建安全管理体系建设，实现安全生产无事故。

坚持问题导向，严格问题整改落实：2023年德州局共发现问题62项，整改完成60项，整改率为96.77%。针对发现的问题，及时建立或更新问题清单台账，逐一落实整改措施，定期进行督促。

根据安全风险分级管控相关法律法规及标准，按照动态管理要求，德州局对所辖范围工程重危险源辨识进行动态更新，共确定60个重大风险，其中夏津渠道管理处所辖范围34个，大屯水库管理处所辖范围26个，通过及时调整单位、部门、班组、岗位四层级的危险源管控，形成危险源辨识与风险评价报告。

加强应急管理体系建设：结合德州局

组织管理体系、生产规模和处置特点，及时修订完善了1项综合应急预案、5项专项预案、36项现场处置方案，根据方案组织开展防汛、防火应急演练和技术技能培训，提升职工应急知识储备和应急反应能力。

落实全员安全生产责任制：开展以"人人讲安全、个个会应急"为主题的"安全生产月"活动，积极组织全体职工及"五进"人员参加水利安全生产知识网络赛"水安将军"趣味活动，在山东干线公司统计中，德州局平均分排名第3。通过本活动提高了职工及"五进"人员安全生产意识和安全管理水平。

落实年度安全教育培训计划：2023年共组织安全生产教育培训42次，所有培训均进行了效果评估，达到了学习及教育的目的。

（4）预算和资金使用计划执行。根据预算管理、招标和非招标项目采购管理办法规定，编报年度预算、采购计划、采购方案，建立预算执行信息台账，跟踪管理，有条不紊推进2023年度预算项目执行工作，预算和资金使用计划执行基本到位。

2023年度德州局预算调整后预算总额为2423.27万元，其中生产成本类预算2034.18万元、制造费用类预算362.40万元、资产采购类预算26.69万元，截至12月底执行完成1997.48万元，完成率为82.43%。

2023年德州局范围内签订工程专项合同共10项，已完成10项，专项项目合同总金额为204.83万元，已完成200.65万元。

严格执行维修养护协议，确保了工程维护质量。2023年度预算调整后维修养护部分预算总金额619.52万元，累计完成投资并支付532.81万元，支付比例为86.00%。其他安全、资产购置、代维、制造类项目得到了很好执行。

3. 运行调度

（1）水量调度。圆满完成年度调水任务。德州局2022—2023年度调水为2022年12月8日至2023年6月1日，历时176天，累计调水量3.73亿 m^3。其中，北延应急供水2.62亿 m^3，大屯水库调水入库5441.63万 m^3，调水时长、调水总量、北延应急供水水量、水库入库水量均创历史新高，助力京杭大运河百年来再次实现全线水流贯通；首次通过史塘倒虹和六五河节制闸向德州市分水5393.78万 m^3，工程综合效益得到进一步发挥。其中，通过六五河节制闸分水1509.84万 m^3，用长江水置换黄河水，实现了多水源联合调度，开启了水量置换的先河。2022—2023年度大屯水库累计供水5103万 m^3，年度计划供水3770万 m^3，完成率为135.35%，超额完成供水任务，供水量创历史新高。

（2）调度运行管理。调水前编报调水实施方案和调水应急预案、开展全员培训；对渠道沿线、水库工程及周边可能影响调水的各类因素进行全面排查、整改；同时积极与地方水利、公安、环保等相关部门协调沟通，建立联动机制。

做实调水安全宣传工作，沿线新增安全警示牌或标语150余处，联合大屯水库管理处派出所、夏津渠道管理处治安办公室向渠道沿线村镇发放《关于配合做好调水工作的函》3000余份、张贴南水北调条例200余份、排查渠道防护网并加密警示标牌近500处。

持续创新宣传方式，联系德州市夏津

县教体局，通过夏津县教体局实行微讯联动、家校协作，把《致广大市民、学生及学生家长的一封信》、相关的安全隐患数据的动态信息发给地方教体局，教体局通过微信、短信等快捷通信平台将信息迅速推送到学生家长手中，宣传效果明显增强。

调度分中心自动化调度系统进一步优化升级，确保了信息采集准确、闸门控制精确、数据展示全面，提高了调度运行工作效率、效能。

4. 环境保护与水土保持

（1）德州段渠道工程。根据《水质安全监测管理办法》《水质安全监测管理实施细则》《水质污染事故现场处置方案》，调水期间积极组织开展水质巡查工作，及时组织对渠道沿线及闸前后杂物进行了清运，配合水质监测部门完成了水样采集等工作。根据批复的维修养护计划，做好了渠道沿线及管理区苗木栽植与日常保养维护等工作。

（2）大屯水库工程。为了切实保障供水安全，大屯水库管理处主动采取措施，全力做好水环境保护各项工作。

广泛开展宣传工作：在水库周边地区重要河段，设置饮用水水源保护、禁渔、禁泳等警示牌；向周边群众分发宣传资料，张贴海报、悬挂横幅，营造浓烈的水环境保护氛围。

严厉打击非法捕捞活动：定期清理库区地笼及渔丝网；联合大屯水库派出所、郝王庄镇政府等多部门，对各类非法捕捞行为进行严厉打击，保持执法高压态势。

加强库面保洁工作：对水库库面进行无死角打捞清理，保持水库清洁，库区无生活垃圾，水库河道、渠道无漂浮物，做到巡查保洁常态化。定期配合德州市环检测中心、德州市水文局、武城县环保局、河北华清环境科技集团股份有限公司等水质检测单位做好水样采集工作，水库水质常年稳定在地表水Ⅲ类。

2023年，大屯水库管理处坚持"绿水青山就是金山银山"的发展理念，因地制宜种植各类植被，营造良好生态环境，水库管理范围内绿化率达到95%以上，达到了水利工程、水利管理单位宜绿全绿的目标。管理处因地制宜，分类建设绿化区域，针对水库不同的功能区域，充分挖掘地形特色，栽种不同种类植被。2023年以来，管理处种植了红梅、瓜子黄杨、月季、鸢尾、木槿等植物500余株，各种植物搭配合理、错落有致、层次分明，水库环境更加优美，综合效益发挥更加突出。管理处精心养护，守护绿色优美环境。为持续全面做好大屯水库环境日常管理工作，坚持"三分栽种、七分管理"的工作办法，管理处二级主任工程师亲自抓环境维护整治，督促养护单位定期对花草树木进行修剪、浇灌、除害等，确保各类绿化区域四季常绿、卫生清洁、环境优美，形成了环境维护整治长效机制，确保了水库周边环境持续绿化、美化、优化。

5. 验收工作 2023年1月12日，通过南水北调东线山东干线工程德州管理局2022年备品备件及工器具采购合同完工验收；2月21日，通过南水北调东线山东干线工程2021年土建及水土保持维修养护标段2（德州段）施工合同及补充协议预验收；2月24日，通过南水北调德州段大屯水库工程2+800断面新增测压管项目施工合同项目完工验收；2月24日，通过德州局大屯水库南截渗沟增设生产桥项目施工合同项目完工验收；6月2日，通过南水北调东线山东干线工程

2022年度电力线路维保项目德州段合同项目完工验收；6月13日，通过北延应急供水工程七一河左岸施工影响修复项目验收；6月29日，通过德州局大屯水库六五河节制闸上游渠道护砌项目合同项目完工验收；6月30日，通过南水北调东线山东干线工程2022年土建及水土保持日常养护项目标段2（德州段）日常养护合同预验收；7月6日，通过德州局大屯水库管理处2022年土建及水土保持等项目合同项目完工验收；7月27日，通过南水北调东线山东干线工程2022年金结机电工程（德州段）维修养护协议合同项目完工验收；8月18日，通过南水北调东线山东干线工程2022年土建维修项目单位暨合同完工验收；9月8日，通过德州局大屯水库六五河节制闸右岸跨引水渠人行桥工程合同项目完工验收；9月13日，通过德州局史塘倒虹上游超声波流量计安装项目合同项目完工验收；9月26日，通过德州局现地管理处（所）机房整改项目合同项目完工验收；10月16日，通过德州局夏津渠道管理处机动车车棚合同项目完成验收；11月2日，通过南水北调东线大屯水库调度楼三楼会议室LED显示屏采购项目合同项目完工验收；12月5日，通过德州局大屯水库管理处党建廉政文化长廊建设项目通过合同项目完工验收；12月5日，通过南水北调东线一期工程大屯水库泵站技术供水改造工程项目合同项目完工验收；12月13日，通过南水北调东线一期工程山东段渠道德州段2021年水毁工程应急修复项目单位工程验收；12月14日，通过南水北调德州段渠道工程2023年增设安全标识牌项目合同项目完成验收；12月29日，通过南水北调东线2021年度工程维修养护预算专项项目（一）德州局2021年度工程维修养护预算专项项目大屯水库绿化专项项目最终验收。

（鲁英梅　顾霄鹭　昝圣光）

【北延应急供水工程】

1. 工程概况　北延应急供水工程是《华北地区地下水超采综合治理行动方案》中明确抓紧实施的新增水源重点项目。工程实施后，每年可向津冀地区增加供水4.9亿 m³。该项目利用南水北调东线一期工程供水潜力，通过六五河—南运河向河北、天津等地下水压采地区供水，置换农业用地下水，缓解华北地下水超采；相机向南运河、北大港、衡水湖、南大港等河湖生态补水，在改善水生态的同时回补地下水，同时为天津、沧州城市生活应急供水创造条件。工程供水范围涉及河北省邢台市、衡水市、沧州市的21个县（市、区），以及天津的静海区。工程控制灌溉面积为526.5万亩，受益人口约2986.6万人。

北延应急供水工程为大（1）型工程，等别为Ⅰ等，工程主要包括：小运河渠道衬砌工程（12km）、六分干渠道衬砌工程（11.32km）、七一河渠道衬砌工程（18.95km）、油坊节制闸及箱涵工程（含邱屯枢纽隔坝及隔坝闸拆除）、周公河影响处理工程、七一河右岸增设围栏工程等。同时根据《水利水电工程等级划分及洪水标准》（SL 252—2017），确定油坊节制闸及箱涵工程的油坊节制闸、箱涵及进出口翼墙建筑物级别为1级，小运河渠道衬砌工程级别为1级，六分干渠道衬砌工程级别为2级，七一河渠道衬砌工程级别为2级，周公河影响处理工程建筑物级别为3级，工程其他次要建筑物按3级建筑物设计，临时工程按4～5级建筑物设计。

2. 工程管理

（1）推进北延尾工建设，有序开展验收工作。积极配合东线公司与山东省水利厅、聊城市水利局等政府部门沟通协调，为后续邱屯枢纽隔坝拆除和两闸（郭庄节制闸和邱屯节制闸）加高工程做好相关工作准备。2023年10月27日，监理单位组织运行管理单位、设计单位及施工单位完成七一河右岸增设围栏工程项目质量保修期满验收工作，施工质量满足工程设计和运行要求，同意保修期终止。11月10日，运行管理单位组织设计单位、监理单位及施工单位完成六五河节制闸下游局部渠段衬砌及移动测流系统施工（采购）项目合同工程完工验收，工程质量为优良。11月17日，运行管理单位组织设计单位、监理单位及施工单位完成其他单位工程（含七一河右岸增设围栏工程、油坊节制闸进场道路硬化工程、周公河影响处理工程、六五河节制闸下游局部渠段衬砌及移动测流系统项目、油坊节制闸场区西侧布置项目）单位工程质量外观验收，外观质量优良。

北延应急供水工程（含夏津水库影响处理工程、不含信息化建设项目）共划分为10711个单元（分项）工程、86个分部工程、11个单位工程。截至2023年12月31日，已完成10711个单元（分项）工程、86个分部工程、10个单位工程质量评定与验收工作。按照水利工程质量评定标准，单元工程质量优良率为88.6%，分部工程质量优良率为89.7%。

扎实推进档案整编工作，截至2023年12月31日，已整编归档2039卷，占总卷数的97%，为档案专项验收奠定坚实基础。

（2）工程维修养护到位，保障北延工程安全。规范工程维修养护管理，完成渠道工程水毁修复82处、七一河右岸围栏修复28处及油坊闸维修养护、东线一期工程调水前渠段清整及油坊节制闸闸墩新增钢格栅、真石漆修复处理、自流平修复处理等维修养护工作；开展机电金结设备维修养护12次、外观安全监测4次、油坊节制闸电气预防性试验和防雷接地试验1次，监测及试验数据显示工程一切正常、设备设施完好。汛后利用非调水期，完成2.08km渠道标准段试点建设。

（3）落实安全度汛措施，确保工程安全运行。完善防汛组织机构，明确防汛责任，签订防汛度汛目标责任书，修订印发相关防汛预案、度汛方案并备案；同临清市防汛抗旱指挥部建立防汛抗洪抢险联络机制，与山东干线公司临清渠道管理处、夏津渠道管理处、东昌府渠道管理处签订了防汛物资共享（代储）协议，确保抢险救援物资足量供应；在汛前联合临清市、夏津县防汛抗旱指挥部及有关成员单位，组织开展防汛联合应急演练，有效提升了防汛指挥能力及应急队伍的实战能力；汛期严格执行24h防汛值班值守和领导带班制度，及时关注并上报工程沿线雨情、水情、汛情、工情等信息，紧急情况第一时间请示报告并及时妥善处置。累计编报日报114期，周报12期，汛期累计召开防汛工作会议8次，开展安全检查9次、防汛演练2次及桌面推演3次，组织防汛专题培训2次。

防台风应急响应期间，全员到岗参与工程巡查值守，开展巡检78次，及时对发现的水毁隐患进行临时加固处理，加强预置措施，在工程沿线布置机械设备，通过科学调度有效防止了台风"杜苏芮"带来的强降雨对工程造成的不利影响。山东平原地震发生后，组织安全监测单位立即赶赴现场开展应急监测，对油坊节制闸及箱涵工程位移、沉降等观测点开展加密监测并分析，第一时间掌握工程情况。

（4）抓实抓细安全措施，确保安全生产"零事故"。持续完善安全生产管理体系，根据人员变动情况及时调整安全生产委员会成员并成立防汛和应急抢险领导小组，明确成员及职责，全年共组织召开安全生产委员会4次，及时传达上级单位有关文件精神，安排部署安全生产和应急管理重点工作；加强安全制度建设，组织修订9项安全管理制度，将安全生产责任网格化清单化，进一步落实全员安全责任并实行党员责任区，进一步明确安全职责、保障措施等，实现安全生产责任全覆盖；深入开展风险分级管控和隐患排查治理，全面识别危险源并落实分级管控措施，对检查发现的问题，采取督办和销号制管理，狠抓落实整改，全年共组织开展安全大检查14次，发现问题28项，均已完成整改；深入推动安全管理强化年专项工作开展，落实好各项安全生产工作，确保北延应急供水工程无安全生产事故发生；组织开展"安全生产月"活动，抓好安全生产教育培训工作，强化全员安全生产意识，全年共计组织安全培训8次、安全演练6次，切实提高全员应急处置和风险防范化解能力。截至2023年12月31日，实现安全生产零事故目标。

（刘晓杰　付家航）

3. 运行调度　按照《水利部关于印发南水北调东线一期工程北延应急供水工程2022—2023年度水量调度计划的通知》（水南调函〔2022〕132号），北延应急供水工程于2022年12月9日至2023年5月31日圆满完成2022—2023年度调水任务，其中穿黄工程出口累计调水2.77亿 m^3，完成率101.9%；南运河第三店（入冀）累计调水2.39亿 m^3，完成率110.3%；九宣闸（入津）累计收水0.4亿 m^3，完成率121.5%。

2022—2023年度是自2019年东线一期工程向天津、河北试通水以来，开展的第4次调水，穿黄工程出口累计调水5.88亿 m^3，其中2022—2023年度调水2.77亿 m^3。

2023年度调水工作较往年在四个方面取得了重大突破，即启动时间早、调度运行时间长、调水量大、调度运行管理难度高。

启动时间早：较往年调水时段集中在3—5月不同，早在2022年12月9日，北延应急供水工程就启动了2023年度调水工作，首次冬季启动调水，旨在保障津冀地区春灌储备水源，确保粮食安全，进一步巩固华北地区河湖生态环境复苏和地下水超采综合治理成效。

调度运行时间长：不间断调度运行174天，创造了北延工程调水时间最长纪录。

调水量大：2022—2023年度向河北、天津调水2.39亿 m^3（第三店断面），超额完成年度计划10%，是历次北延工程调水量的最大值。

调度运行管理难度高：在经历了首次冰期输水的考验后，与南水北调东线一期鲁北、潘庄引黄和岳城水库等共同实施多水源多工程联合调度，成功应对北延应急供水工程试通水以来调度运行管理最复杂的挑战，为推动实现"十四五"大运河主要河段基本有水、京杭大运河全线有水提供助力。

东线公司扎实做好油坊节制闸的调度

运行管理、调水河道的巡查管护、关键断面的水量监测等工作；派出6个巡查组，对450.6km调水沿线开展全覆盖巡查，累计开展巡查3590次，累计巡查河道长度107181.3km，巡查发现并修复沿线破损安全围网328处、巡查劝离入渠人员284人次、发现扑灭火灾次数16次，及时发现和应急处置水质隐患突发事件2起、人员落水事件1起；对负责主测以及协测的邱屯枢纽、九宣闸等断面累计开展水量测量1537次；根据规范要求，完成油坊节制闸机电、金结设备维修养护及安全监测等工作，油坊节制闸根据调度指令于2022年12月14日16时开闸，2023年5月31日12时关闸，调水期间，共接收调度指令12次，累计安全运行4024h，累计过水2.66亿 m^3，完成年度水量目标（2.54亿 m^3）的104.7%；联合地方水利部门开展调水宣传活动，在第三十一届"世界水日"、第三十六届"中国水周"之际，分别联合德州市夏津县水利局、沧州市吴桥县水利局、聊城市临清市有关单位及山东干线公司临清管理处等有关单位组织开展"强化依法治水 共护千里水脉"志愿者巡河护渠活动、"共筑水网工程、共享好水好生活"中国品牌日宣传活动、节水宣传进社区志愿者活动以及防溺水安全教育，通过走入学校、社区、公园等场所开展宣讲，为北延调水安全营造了良好的社会氛围，和地方水利部门加强了沟通协作；修订制度预案、做好冰期输水相关数据采集，成功应对冰期输水挑战，结合实际，修订完善了14项运行管理制度、1项综合应急预案、4项专项应急预案、13项现场处置方案，组织开展冰冻灾害应急演练和制度、预案的宣传贯彻培训，并结合调水实际开展现场突发冰冻灾害应急演

练；与地方相关单位及企业签订了应急物资共享共用协议，工程应急抢险协议，并在油坊节制闸现场配置了冲锋舟、油锯、铁质破冰器等应急物资，自2022年12月9日调水启动后，每日对油坊节制闸、六五河节制闸等水温进行监测和记录，对调水沿线地区气温进行监测和记录，同时每日对沿线节制闸、河道弯曲段、分水闸等重点部位进行巡查，记录冰情，做好调水沿线冰情观测和资料积累，研判冰情变化趋势。

（陈飞　王敏羲）

4. 环境保护与水土保持　2023年度东线公司组织对北延应急供水工程小运河、六分干、七一河共42.27km渠道衬砌工程边坡草体进行3次修剪，经现场测量，修剪草体面积共计429761.14m^2。其中，小运河渠道衬砌工程边坡草体修剪面积为70637.78m^2，六分干河渠道衬砌工程边坡草体修剪面积为141135.99m^2，七一河渠道衬砌工程边坡草体修剪面积为202959.37m^2（含右岸安全围网上杂草面积）。

（梁春光）

专项工程管理与运行

【江苏段】

1. 工程概况　南水北调东线江苏段专项工程有江苏省文物保护工程、血吸虫北移防护工程、调度运行管理系统工程、管理设施专项工程等4个专项工程，截至2022年均已完成全部建设验收任务。2023年参与运行管理的，主要有调度运行管理系统工程和管理设施专项工程。

（宋佳祺）

（1）调度运行管理系统工程。调度运行管理系统工程建设内容包括信息采集系

统、通信系统、计算机网络、工程监控与视频监视系统、数据中心、应用系统、实体运行环境和网络信息安全等8个部分，主要建设任务是开发建设覆盖南水北调东线工程江苏段的业务应用系统、应用支撑平台和基础设施，为保证工程安全、稳定运行和科学调度管理提供技术支撑，实现南水北调与江水北调工程的"统一调度、联合运行"，充分发挥工程的综合效益。工程批复总投资5.8221亿元，建成后由江苏水源公司负责运行管理。

（花培舒　黄伟）

（2）管理设施专项工程。管理设施专项工程建设内容包括一级机构江苏水源公司（南京），二级机构江淮、洪泽湖、洪骆、骆北4个直属分公司（扬州、淮安、宿迁、徐州）以及2个泵站应急维修养护中心（扬州、宿迁），三级机构泗洪站、洪泽站、金湖站3个泵站河道管理所和19个交水断面管理所，主要建设任务是为南水北调江苏省内工程各级管理单位提供办公、辅助生产、调度中心、工程档案及其他相关管理用房及设施设备，实现对输水沿线提水泵站、河道、水资源控制建筑物等工程的运行维护，以利于统一调度、统筹兼顾、协调发挥工程综合效益。工程批复总投资4.4505亿元，建成后由江苏水源公司负责运行管理。（花培舒）

2. 运行管理　2023年，南水北调东线江苏段4个专项工程中，涉及日常管理运行的主要有调度运行管理系统工程和管理设施专项工程。

（1）调度运行管理系统工程。该工程主要是开发建设覆盖南水北调东线工程江苏段的业务应用系统、应用支撑平台和基础设施，共涉及26座泵站，22处省、市、县际交水断面，5个水环境监测中心，2处自动水质监测站，8个水文站点，4个湖泊，15座控制建筑物，18条河道以及119个分水口门。该系统由江苏水源公司建设并运行，通过与江苏省水利系统实现交互和共享，南水北调工程具备"远程集控，少人值守"能力，并在2022—2023年度和2023—2024年度调水实践中得到检验。

（2）管理设施专项工程。该工程主要分布于南京市、扬州市、淮安市、宿迁市、徐州市等5市，主要是为江苏省内南水北调工程各级管理单位提供办公、辅助生产、调度中心、工程档案及其他相关管理用房及设备设施，实现对输水沿线提水泵站、河道、水资源控制建筑物等工程的运行维护。2023年，南京一级机构管理设施由江苏水源公司后勤服务中心管理，扬州、淮安、宿迁、徐州二级机构管理设施及交水断面管理用房分别由当地分公司管理。

（宋佳祺）

3. 运行调度　江苏水源公司在南京调度中心和江都备调中心均开发部署了泵站群远程监控系统，可实时监视江苏南水北调14座大型泵站及沿线河道工程的工情、雨情、水情，实现工程远程操作和控制。还成功打造"111"控制模式，即一分钟内一键开启一台主机组，"远程集控、智能管理"新运管模式正初步形成，在探索长距离、超大型梯级调水泵站群集控方面取得了阶段成效。北延应急供水和抗旱期间，调度运行管理系统首次投入实战运行，运西线6座泵站27台机组、运河线5座泵站21台机组全部通过远程开停机操作。调度运行系统在北延应急供水、江苏省内抗旱和2022—2023年度调水运行中投入实战运行，助力京杭大运河百年来全线贯通，有效缓解了山东、江苏北部旱情，发挥了重要经济效益、生态效益及社会效益。

（黄伟）

【山东段】

1. 工程概况 南水北调东线一期山东省内调度运行管理系统工程（以下简称"山东段调度运行管理系统"）以调水业务为核心，以自动化控制为重点，运用先进的信息采集技术、自动监控技术、通信和计算机网络技术、数据管理技术、信息应用与管理技术，建设一个以采集输水沿线调水信息为基础（包括水位、流量、水量等水文信息，水质信息，工程安全信息及工程运行信息等），以通信、计算机网络系统为平台，以闸（泵）站监控系统和调度运行管理应用系统为核心的山东段调度运行管理系统，可以实时掌握山东省内干线沿线各控制性建筑物（泵站、水库、分水口门、各节制闸、倒虹吸工作闸、渠首、穿黄枢纽等），省、市、县界交水断面，干线水文站的水量、水位、水质、工程安全状况、工程运行工况等调水信息，实现对调水沿线的泵站、水库、各节制闸、倒虹吸工作闸、渠首、穿黄枢纽、重要分水口门等的远程监控，为工程运行、维护、管理提供决策会商支撑环境，为各级管理部门提供各种信息服务，为企业管理提供电子化办公环境，保证南水北调东线山东干线工程安全、可靠、长期、稳定、经济地运行，实现安全调水、精细配水、准确量水。

2. 工程管理

（1）管理机构。调度运行管理系统建设期间，成立山东省南水北调管理信息系统建设项目领导小组，全面负责协调、指导山东省南水北调调度运行管理和机关电子政务等系统工程的信息化建设管理工作，下设山东省南水北调管理信息系统建设项目办公室（以下简称"信息办"）作为领导小组的办事机构，负责领导小组的日常工作，并印发《关于明确调度运行管理系统项目建设组织机构及岗位职责的通知》，成立项目建设领导小组和项目建设领导小组办公室，项目建设由领导小组统一领导协调，具体实施以项目建设领导小组办公室、各现场建管机构（运行管理机构）分工合作为主，各处室、干线公司各部门密切配合，各市南水北调办事机构协助协调施工环境。建设管理后期工作由调度运行与信息化部负责，济南应急抢险（信息自动化）中心配合。

（2）工程建设情况。山东段调度运行管理系统累计完成投资 79434（含安全防护体系）万元。已完成批复全部建设内容，建成了安全可靠的计算机网络系统、稳定运行的全线语音调度系统，实现了信息监测与管理系统、视频监控系统、三维调度仿真系统、闸（泵）站控制系统、水量调度系统等调度相关业务软件的上线使用；实现了泵站、水库、渠道运行信息的集中展示、远程监视、控制等各种业务的功能承载及应急会商支持；实现了全线水情报表系统自动上报、闸（泵）站信息自动采集上传和展示、工程关键部位可视化、闸站远程集中控制、办公电子化等功能。

（3）工程运行情况。随着各业务系统逐步投入运行，各管理局、管理处分别明确 2 名系统管理员，负责相关工作，通过与施工单位签订补充协议的方式在某一时段对系统设备进行维护，弥补山东干线公司运维力量的不足。

按照"自主维护和专业代维相结合"的维护原则，积极推进运行维护工作在业务上进行分类、管理上进行分级。职能归口管理部门为调度运行与信息化部，各部门、管理局、管理处负责所辖范围内自动化调度系统的日常运行维护；济南信息抢险中心负责山东省调度中心运行维护及备调中心技术支持；专业代维单位负责专业巡检、故障抢修。

2023年，自动化调度系统的运行维护管理工作进一步规范化，自动化调度系统运行稳定性逐渐提升，建成了"统一组织、分级管理""自主维护和专业代维相结合"的运行维护管理体系，逐步实现山东省调度中心核心业务自主运维。

3. 验收工作 山东段调度运行管理系统顺利完成所有合同验收，工程档案专项国家验收、设计单元技术性初步验收和完工验收，完工财务决算已获水利部核准。

4. 工程效益 山东段调度运行管理系统的建成，实时掌握了干线工程沿线各控制性建筑物及省、市、界交水断面的水量、水位、水质、工程安全状况、工程运行工况等调水信息，实现对调水沿线泵站、水库、各节制闸、倒虹吸闸、重要分水口门的远程监控，为工程运行、维护、管理提供决策会商支撑环境，为各级管理部门提供各种信息服务，实现安全调水、精细配水、准确量水，为合理调配区域内水资源，充分发挥南水北调东线山东段工程的经济和社会效益起到技术支撑作用。

山东段调度运行管理系统实现了现地流量、水位、开度等水情信息的远程采集、上传、存储和处理；实现了水量调度系统、信息监测与管理系统、工程管理系统、视频监控系统、闸（泵）站监控系统等应用系统在山东省调度中心、已建分中心、备调中心及各管理处的集中展示；实现了调度运行数据实时监测等功能，实现了语音调度、网络通信、30个站点视频会议。方便了省调中心、调度分中心、管理处调度人员实时掌握工程沿线闸站的水情、工情等信息，为调度决策提供了重要的辅助决策依据，为提升工程运行管理水平，优化水资源科学调配，发挥了重要作用。

（黄茹）

【苏鲁省际工程】

1. 苏鲁省际管理设施专项工程

（1）工程概况。2012年2月，原国务院南水北调办印发《关于南水北调东线一期苏鲁省际工程管理设施专项工程初步设计报告的批复》（国调办设计〔2012〕21号），批复管理设施专项工程投资2145万元，2013年5月，原国务院南水北调办以《关于南水北调东线一期苏鲁省际工程管理设施专项工程有关事宜的复函》（综投计函〔2013〕153号），对本工程投资进行调整，调整后总投资3793万元，建筑面积为4611m^2，建设用地7亩。管理设施工程位于徐州市云龙区昆仑大道与明正路交叉口东南侧，配套城市排水管网，总建筑面积为4553m^2，为框架七层结构，设有办公室、档案室、变配电室、调度中心、会商中心、电力机房、通信机房、数据中心、网管中心等功能房间。

（2）工程管理。在工程建设管理过程中，项目法人根据工程需要制订招投标制度、工程建设管理制度、工程验收制度、工程款结算制度、工程变更制度等。现场管理单位对工程质量、进度、档案、合同、安全生产与文明施工进行全面管理，工程建设期间主动与地方政府沟通，组织各参建单位处理技术问题，并做好外部环境协调等，保证了工程建设顺利实施，加强遗留问题整改，为竣工验收做好准备。定期开展工程危险源辨识与风险评价并形成相关报告，保障工程安全运行。2023

年继续组织做好管理设施专项工程供配电、消防维修养护等工作，规范开展巡查维保，及时维修更换故障部件，按规范要求开展试验检测；组织完成屋面防水、幕墙维修更换等修理修缮项目，确保管理设施专项工程运行平稳安全。

（3）工程效益。管理设施专项工程现为东线公司徐州分公司办公驻地，调度运行管理系统工程的调度大厅、功能机房等设于其内，工程的建成和运用为苏鲁省际段调度系统提供了安全稳定的运行实体环境，实现了信息化关键基础设施的安全运行和系统综合功能的正常运用，为南水北调东线省际工程调水、防汛、东线工程督查、水质检测等工作提供重要支撑。

（4）环境保护与水土保持。定期对绿化进行养护，清理办公区内的枯树枝、枯叶等，对办公区植物进行修剪整形、施肥等，清除绿化带内的垃圾、余土和杂草。做好防火工作，采取不同的防寒措施保护绿植。通过采取不同的措施保护绿植，创造良好、温馨的办公环境，提升单位形象。

（5）验收工作。工程于 2016 年 4 月开工建设，2018 年完成施工合同验收及徐州市地方组织的消防验收、环保验收和档案验收，2019 年 10 月通过档案项目法人自验和完工财务决算核准，2020 年 1 月通过设计单元工程档案专项验收，2021 年 6 月通过项目法人验收，2021 年 10 月通过设计单元工程完工验收，2023 年 1 月完成不动产权证办理。

2. 苏鲁省际调度运行管理系统工程

（1）工程概况。2012 年 2 月 2 日，原国务院南水北调办以《关于南水北调东线一期苏鲁省际工程调度运行管理系统工程初步设计报告的批复》（国调办设计〔2012〕20 号）批复建设调度运行管理系统工程，总投资 14461 万元。调度运行管理系统工程跨江苏、山东两省 13 处，涉及徐州市、枣庄市、济宁市。位于苏鲁省际管理设施（以下简称"管理设施"）、台儿庄泵站（数据灾备中心）、二级坝泵站、蔺家坝泵站、大沙河闸、姚楼河闸、杨官屯河闸、潘庄引河闸、骆马湖水资源控制工程、南四湖水资源监测中心、江苏省内南四湖水资源监测工程巡测基地、刘山站和解台站，其中管理设施、台儿庄泵站、二级坝泵站、蔺家坝泵站等 6 个站点使用 24 芯光缆构成主环网，全长 321.56km，实现单点故障冗余，其他站点以支线形式接入主环网，全长 88.53km。工程主要建设内容包括信息采集系统、数据存储与管理系统、计算机网络系统、通信系统、应用系统支撑平台和应用系统集成、应用系统、系统运行实体环境、补充项目、安全体系及技术标准体系等部分。根据采集的数据信息，运用计算机控制处理技术、数据库分析技术等现代先进技术，实现对苏鲁省际工程各类信息全方位、多层次、多任务、多功能的采集、分析、处理和存储，提升工程调度运行管理的信息化水平。

（2）工程管理。在工程建设管理过程中，项目法人根据工程需要制定了招投标制度、工程建设管理制度、工程验收制度、工程款结算制度、工程变更制度等，相关业务部门多次参与监理例会和软件推进会，多次与山东干线公司和江苏水源公司沟通协调；组织相关专家对专业性较强的水量调度系统等软件开发工作进行评审，积极推进工程建设。工程建设过程中，项目建管单位成立了安全生产领导小组，明确了安全生产管理职责，制订一系列安全生产管理制度，定期组织召开安全生产例会，开展安全生产检查，与各参建单位签订《安全生产责任书》，确保施工现场的安全防护工作落实到位。定期开展调度系统工程危险源辨识与风险评价并形成相关报告，规范调度运行管理系统工程运行管理，加强网络安全管理，定期巡查机房、设备，核验系统数据准确完整，加强数据备份容灾及应急演练，持续优化完善系统功能，加强系统迭代升级，保障系统安全平稳运行。

（3）运行调度。规范开展调度系统运行管理工作，经过多次沟通协调，完成了台儿庄泵站数据直采，实现省际调度系统与江苏段、山东段调度系统的互联互通。定期开展水情、工情数据校核，确保数据完整性、准确性。积极组织开展调度系统隐患排查治理，发现问题立查立改。常态化开展病毒查杀、漏洞扫描等网络安全工作，圆满完成亚运会、大运会等重大活动期间的护网任务，徐州分公司未发生网络安全事件。2020—2023年连续四年被评为"徐州市网络安全等级保护工作先进单位"。做实、做细调度系统运维工作，针对线路迁改等复杂问题，主动靠前协调，开展通信线路标识更新、附挂线缆清理、光衰整治、电缆孔洞创新试点防火封堵等。开展调度系统现地站机房安全管理研究，采购及安装了蓄电池在线监测系统，在调度大厅、网管中心及值班室均能实时监测现地站机房告警信号。完成了台儿庄泵站、二级坝泵站、大沙河闸、杨官屯河闸、姚楼河闸机房精密空调加湿功能改造。积极推进调度系统标准化建设工作，完成了调度系统运行管理手册、巡检表等表单修编及《中国南水北调集团东线有限公司徐州分公司网络安全事件应急预案》《南水北调东线一期苏鲁省际工程调度运行管理系统机房火灾专项应急预案》修编，标识标牌制作及张贴，工作流程及工作标准制订，进一步提升了调度系统运行管理标准化水平。

（4）工程效益。调度运行管理系统工程是加强南水北调东线苏鲁省际段水资源调度与保护的重要措施，自调度运行管理系统工程运行以来，各系统运行稳定，在省际调度中心可实时监测省际工程水情、工情和水质等情况，实现了省际工程泵站、水闸等远程控制及与山东段、江苏段调度系统的互联互通、数据共享，保障了年度调水任务的顺利完成，为南水北调东线工程统一调度奠定了基础。

（5）验收工作。工程于2013年4月10日正式开工，2020年6月完成施工合同项目完成验收，11月通过水利部组织的设计单元工程档案专项验收。2021年3月，水利部以《水利部办公厅关于核准南水北调东线一期苏鲁省际工程调度运行管理系统工程完工财务决算的通知》（办南调〔2021〕84号）同意核准调度运行管理系统工程完工财务决算。2021年6月，调度运行管理系统工程通过设计单元工程项目法人验收。2022年5月，调度运行管理系统工程通过设计单元工程完工验收技术性初步验收。2022年6月，调度运行管理系统工程通过设计单元工程完工验收。

（彭亚　张延宇）

治污与水质

【江苏省内工程】

1. 治污工程概况　南水北调东线一期江苏段治污工程建设分两阶段实施，第一阶段建设内容包括：建设江都、淮安、宿迁、徐州等市截污导流工程,新建26座城市污水处理厂,实施产业结构调整、工业污染源治理和流域综合整治等102个项目。为进一步确保干线水质稳定达标,江苏省政府实施第二阶段治污工程建设,建设内容包括:建设新沂市、丰县沛县、睢宁县及宿迁市二期等尾水资源化利用及导流工程,重点水质断面综合整治、污水处理厂管网配套和水质自动监测站等203个治污项目。总投资130亿元,以江苏省投资为主。截至2023年底,两批治污工程均已建成投运。 (宋佳祺)

2. 生态环境部门水质保障工作 为保障调水水质达标稳定,江苏省生态环境厅召开2023—2024年度南水北调工程水质保障工作部署会,要求徐州市、淮安市、宿迁市、扬州市、泰州市等5市加强调水沿线风险隐患排查整治,共同做好调水期间水质保障,与江苏省南水北调办公室联合印发《关于商请做好南水北调东线江苏段2023—2024年度调水期间水质保障工作的函》(苏环函〔2023〕252号),明确调水沿线各级政府在南水北调东线水污染防治与水环境保护中的主体责任。印发《江苏省南水北调东线骆马湖、洪泽湖水生态环境综合治理指导意见》(苏污防攻坚指办〔2023〕110号),制订问题清单和治本措施清单,稳步有序削减湖泊污染负荷、严防蓝藻水华发生。江苏省生态环境厅赴生态环境部请求进一步协调山东、安徽等省共同推进解决区域水污染造成的南水北调沿线水质波动问题。

(聂永平)

3. 水质监测数据 2023年调水期间,江苏省生态环境部门共布设手工加密监测断面18个,开展16次手工加密监测,期间出动人员601人次,出动车辆219车次,出具1766个水质监测数据。输水沿线共涉及14个水质自动站,在调水期间每天开展自动站日监控,共出具20776个水质监测数据。 (聂永平)

4. 治污工程建设 2023年,南水北调东线一期江苏段治污工程无具体建设任务。1月10日,南水北调宿迁市尾水导流工程已通过江苏省南水北调办公室、江苏省发展改革委组织的竣工验收,经质量监督部门核定,工程施工质量为优良等级,工程运行初期日均尾水导流量达14.8万t。4月27日,南水北调新沂市尾水导流工程已通过江苏省南水北调办公室、江苏省发展改革委组织的竣工验收,经质量监督部门核定工程施工质量为优良等级,工程运行初期日均导流尾水近10万t,减少对南水北调调蓄湖泊骆马湖水质影响,改善新沂市水环境质量。

南水北调宿迁市尾水导流工程主要任务是有机结合已建的南水北调宿迁市截污导流工程,将宿迁市中心城区内12座污水处理厂中的9座达标排放的部分尾水截流输送至新沂河北偏泓,东排入海,大幅减少污水处理厂尾水就近入河排放量,保障南水北调东线输水干线调水水质,并改善区域水环境。

南水北调新沂市尾水导流工程主要任务是将新沂市城区污水经污水处理厂处理后由尾水通道排入新沂河入海,避免尾水对王庄闸以上总沭河、新墨河水体的污染,消除对南水北调重要调蓄湖泊骆马湖水质影响。 (宋佳祺)

5. 调水水质状况 南水北调东线一期江苏段涉及15个国省考断面。2023年1—5月、11—12月为输水期,其余月份为非输水期。根据国务院六部门联合制定的《关于印发南水北调东线一期工程治污工作目标责任考核办法的通知》中第七条规定，南水北调水质采用高锰酸盐指数和氨氮双指标进行考核评价：调水期 15 个断面月均水质均达到或优于Ⅲ类。

（聂永平）

6. 交通运输部门水质保障工作
2023 年 7 月，江苏省交通运输厅在全省内河水域开展船舶垃圾污水收集送交执法检查集中日专项整治行动，保障内河水域环境安全。2023 年 11 月，江苏省交通运输厅和江苏省水利厅联合印发《关于印发京杭大运河苏北段船舶水污染物"船港城"一体化治理"一河一策"的通知》，通过全面落实"一河一策"，以健全船舶污染防治体系为重点，推动全面提升船舶水污染物的治理能力和水平；研究制订《京杭大运河苏北段船舶水污染物"船港城"一体化治理工作方案》，成立工作专班，推进京杭大运河苏北段船舶水污染防治走上快车道。

（聂永平）

【山东省内工程】

1. 生态环境与水质保护 2023 年，南四湖、东平湖流域 44 个国控断面、南水北调东线 13 个国控断面及南四湖流域省辖 39 条入湖河流优良水体比例均为 100%，创有监测记录以来最好水平。南四湖治理保护成效显著，在全国重点流域水生态环境保护规划工作推进会上作典型发言。东平湖成功创建全国美丽河湖。

（1）加强谋划部署。认真组织实施南四湖流域水污染综合整治三年行动方案和 2023 年度工作计划，对年度目标、任务进展、工程项目绩效等情况进行跟踪督办，各项任务目标均顺利完成。配合山东省人大对《山东省南四湖保护条例》开展全面执法检查，推动法律规章落地落实。对南四湖、东平湖治理保护开展专项执法行动，有效解决了一批突出生态环境问题。

（2）补齐环境基础设施短板。山东省生态环境厅会同山东省住房城乡建设部门强力实施"两个清零、一个提标"，流域 4 市改造完成城市建成区市政雨污合流管网 1226.4km，27 个县（市、区）完成整县制雨污合流管网清零，新增城镇污水处理能力 41.785 万 t/d，累计 49% 的城市污水处理厂完成提标改造，41 条城市黑臭水体全部完成工程整治，在山东省率先实现"两清零"。1.33 万个行政村完成生活污水治理任务，现有 629 处农村黑臭水体全部完成整治，所有入河排污口完成整治任务。建立船舶污染物动态智慧监管系统，内河运输船舶全部加装配备污水收集柜和智能监控设备，对船舶生活垃圾、固体废物、含油废水等应收尽收。

（3）推进农业面源综合治理。大力实施南四湖流域农业面源污染综合整治，对农业种植、畜禽养殖、水产养殖、菹草治理等领域创新推行一揽子综合整治措施，完成 63.09 万亩环湖稻（藕）田退水生态化改造，开展 13 个农药化肥减量、种养循环示范县区试点，流域内规模化养殖场畜禽粪污处理设施装备配套率达到 100%，畜禽粪污综合利用率稳定在 90% 以上，打造了农业面源污染治理的"南四湖样板"。

（4）健全长效保障机制。织密环境监测网络：南四湖 53 条入湖河流全部实施在线实时监控，日提醒、月通报国控、省控和入湖河流水质状况，先后 11 次组织专家团队对南四湖流域内出现水质异常的断面开展现场调查，帮助地方追根溯源、搞好整改。

健全横向补偿机制：对流域内 55 条跨界河流 90 个断面全部签订横向生态补

偿协议，2022年度兑付补偿资金1.3亿元，构建了生态保护者和受益者良性互动的格局。

强化流域联防联控：与交界省份全部签订《跨省流域上下游突发水污染事件联防联控机制框架协议》，山东省辖4市28县（市、区）全部签订上下游联防联控协议。山东省生态环境厅印发《关于商请做好2023—2024年南水北调东线一期工程调水水质保障工作的函》（鲁环便函〔2023〕1659号），加强调水期间水质保障工作。

实现流域排放标准统一：针对南四湖流域山东、江苏、河南、安徽4省污染物排放标准不统一、宽严程度不一致问题，经过积极努力，成功推动流域四省统一排放标准，为凝聚流域综合治理工作合力、保障南水北调东线工程水质安全提供了有力支撑。　　　　（山东省生态环境厅）

2. 枣庄市截污导流工程　截污导流工程是南水北调东线一期工程的重要组成部分，是贯彻"三先三后"原则的重要举措，是南水北调输水干线在输水期间防止沿线工业、城镇生活污废水（中水）排放而影响调水水质的控制性工程，是保证南水北调输水干线水质持续稳定达到地表水Ⅲ类要求的重要保障措施。枣庄市截污导流工程划分了5个控制单元，分别是枣庄市薛城小沙河、枣庄市峄城大沙河、滕州城郭河、滕州北沙河和台儿庄小季河控制单元。项目涉及枣庄市7条入湖、入运河流，分别是小季河、峄城大沙河、薛城小沙河、薛城大沙河、新薛河、城郭河、北沙河。

（1）薛城小沙河控制单元截污导流工程。该工程位于滕州市新薛河、薛城区小沙河和薛城区大沙河流域，工程概算总投资5675.63万元。工程主要包含在薛城小沙河流域新建朱桥橡胶坝1座，扩挖薛城小沙河回水段和小沙河故道回水段，开挖堤外截渗沟2000m；在薛城大沙河流域新建挪庄橡胶坝1座，建华众纸厂中水导流管；在新薛河流域小渭河新建渊子崖橡胶坝1座，小渭河河道回水段局部扩挖。

2023年拦蓄中水约380万m^3，保证了调水期间输水干线水质，同时为沿线农田灌溉创造条件，在抗旱中发挥了重要作用。

（2）峄城大沙河截污导流工程。该工程位于峄城大沙河上，概算总投资4465.88万元。工程主要包括新建大泛口节制闸、裴桥节制闸、良庄橡胶坝，维修贾庄节制闸；铺设3000m管道将台儿庄区中水排放改道入峄城大沙河。

根据枣庄市政府专题会议纪要（专纪字〔2020〕7号）要求，将裴桥节制闸工程和资产，以及维修后的贾庄节制闸移交峄城区；良庄橡胶坝、中水管道工程和资产移交台儿庄区，工程调度运行由峄城区、台儿庄城乡水务局所属事业中心统一管理、调度，管理运行费用由工程所在区财政列支。大泛口节制闸因兼备水资源控制功能，由山东干线公司枣庄局管理。2023年工程运行安全平稳。

2023年拦蓄中水约1000万m^3，保证了调水期间输水干线水质，同时为沿线农田灌溉创造条件，在抗旱中发挥了重要作用。

（3）滕州市城漷河截污导流工程。该工程位于滕州市城漷河上，主要建设内容包括新建6座橡胶坝，其中城河干流新建东滕城、杨岗橡胶坝2座，漷河干流新建吕坡、于仓、曹庄橡胶坝3座，城漷河交汇口下游新建北满庄橡胶坝1座；维修城河干流洪村、荆河、城南橡胶坝3座,漷河干流南池橡胶坝1座;在东滕城、杨岗、北满庄、吕坡、于仓、曹庄6座橡胶坝上游新建灌溉提水泵站各1座;在曹庄橡胶坝上游漷河左岸和杨岗橡胶坝上游城河左岸设人工湿地引水口门各1处;河道扩挖工程10.7km,工程概算总投资11325.81万元。

工程由滕州市城乡水务局所属事业中心统一管理、调度,管理运行费用由滕州市财政列支,2023年工程运行安全平稳。

2023年度拦蓄中水约420万m^3,总回用量1800万m^3,累计灌溉面积9万亩次,既保障了南水北调干线水质,又为农业增产提供了水资源支撑。

(4)滕州市北沙河截污导流工程。该工程位于滕州市北沙河上,概算总投资5425.49万元。主要建设内容包括新建邢庄、刘楼、赵坡、西王晁橡胶坝4座,提水泵站4座;对北沙河西王晁至休城桥段11.4km河道,进行增容开挖和筑堤加固。

工程由滕州市城乡水务局所属事业中心统一管理、调度,管理运行费用由滕州市财政列支,2023年工程运行安全平稳。

2023年度拦蓄中水约2500万m^3,总回用量约4500万m^3,累计灌溉面积9万亩次,既保障了南水北调干线水质,又为农业增产提供了水资源支撑。

(5)台儿庄小季河截污导流工程。该工程位于枣庄市台儿庄区、南水北调输水干线韩庄运河段北侧,概算总投资为4092.83万元。主要工程内容包括小季河、北环城河、台兰干渠河道疏浚、清淤、扩宽,新建季庄西拦河闸1座、生产桥6座,新建中水回用泵站4座、改建1座,维修赵村防洪闸1座,建设截污导流工程管理所1处。根据《台儿庄区十四五国民经济发展规划》和《台儿庄区现代水网建设规划》,计划建设小季河、兰祺河、小北门护城河水上旅游航线,其中小季河拟往东延伸水上旅游航线880m,故需将南水北调东线一期工程台儿庄区小季河截污导流工程的季庄西拦河闸(桩号4+106)往下游880m进行移址重建季庄节制闸(桩号3+226),新季庄节制闸设计5孔,单孔净宽4.5m,闸底板顶高程21.70m,闸门顶高程为25.30m,闸门高3.6m,闸带桥宽6m,桥面顶高程为26.63m;设计拦蓄水位25.10m,拦蓄死水位22.80m,有效拦蓄量为22.24万m^3,3+226~0+786的拦蓄水位为24.00m,移址重建费用由台儿庄负责。2023年11月,枣庄市城乡水务局向山东省水利厅提出申请,同月,山东省水利厅进行了现场调研,并组织专家对移址重建方案进行了审查;12月5日,对《山东省水利厅关于小季河截污导流项目季庄西节制闸工程移址重建的批复》(鲁水南水北调函字〔2023〕33号)进行了批复,同月,台儿庄区组织移址重建。

工程由台儿庄区水务事业发展中心统一管理、调度,运行管理费用由台儿庄区财政保障,移址重建期间为保障南水北调水质,按照设计方案,中水通过中水回用泵站和中水回城提水站,分别通过管道和输水渠进入北环河和月河。工程全年运行平稳安全。

2023年工程拦蓄中水约600万m^3。利用中水回用泵站提水灌溉水稻约1.1万亩次、冬小麦约1.6万亩次,既保障了南水北调干线水质,又为农业增产提供了水资源支撑。

(枣庄市城乡水务局)

3.济宁市截污导流工程 济宁市截污导流工程共计7项,列入"十一五"治污规划的 3 项，即微山、鱼台、梁山县。列入南水北调治污控制单元的 4 项，即济宁城区、金乡、曲阜、嘉祥县。工程有效解决中水排入到南水北调东线干线输水渠道问题，达到了"截、蓄、导、用"目的。设计工程已全部完成，设计功能基本达到。

在截污导流工程运行过程中，各县（市）根据自己的实际特点，因地制宜，合理开发和利用中水资源，既节约了地下水资源，营造了优美的自然环境，又创造了可观的经济和社会效益。中水开发利用主要有以下两个方面。

用于农业灌溉、补充地下水资源：工程建成以来，通过闸坝拦截，有效保证了南水北调输水水质，进一步提升了各县域蓄水能力，促进农业灌溉用水由地下水置换为地表水，为农业生产提供充足的水源，减少了对地下水的超采，有利于地下水回灌补源，具有显著的社会效益和环境效益。

用于景观用水，改善人文环境：济宁市截污导流工程将中水引入北湖湖畔的老运河人工湿地，营造成了一座近 3000 余亩的大型湿地公园，睡莲、香蒲、芦苇等植物生机盎然，有效改善了城市周边的水生态环境，逐渐成为附近居民休闲、娱乐、健身的首选地。洸府河人工湿地、蓄水区人工湿地生态效益正凸显成效，蓄水区内的稳定塘水质已稳定达到Ⅲ类水，可建设水上娱乐项目。曲阜市将中水引入廖河湖公园、大沂河湿地等景区，满足景观用水。梁山县通过把流畅河湿地、运河湿地与梁山泊旅游区山北水库结合，进一步深度处理蓄存的中水水质，是截污导流工程的延续和提升，也为生态景观旅游、改善局部小气候建设提供了物质基础。

（1）微山县截污导流工程（湖东片区）。新增库容 167.5 万 m^3，新增灌溉面积 $1866.67hm^2$。工程主要建设内容包括：老运河渡口桥至杨闸桥段 0＋239～10＋570 河槽扩挖工程；10＋570～16＋443 杨庄闸至三孔桥下游综合治理工程；新建坝长 22m 的渡口充水式橡胶坝、三河口枢纽工程、南门口桥；拆除重建三孔桥节制闸、东风桥、小闸口桥、纸厂桥；维修夏镇航道闸；维修加固杨闸桥、南外环桥、渡口桥。工程总投资 6489 万元。2023 年，工程运行正常。

运行机构为微山县水利工程运行维护中心，是微山县水务局所属的副科级单位，核定编制 26 人，经费实行财政全额预算管理，运行情况良好。

工程设计灌溉面积 $1866.67hm^2$，实际灌溉面积 $1866.67hm^2$，库容 167.5 万 m^3。污水处理厂尾水已全部截住，污水处理厂规模为 4 万 t/d，实际运行 2 万 t/d；调水期间中水回用水量 773 万 m^3；截污导流工程实际蓄存中水 576.6 万 m^3；可削减 $COD 346.5 t/a$、$NH_3-N 46.2 t/a$。

（2）鱼台县截污导流工程。鱼台县截污导流工程主要建设内容为新建唐马拦河闸 1 座（东鱼河干流桩号 11＋100）；维修郭楼站、林庄站穿堤涵洞 2 处；铺设玻璃钢输水管道 6.5km 等。核定工程总投资为 4214 万元，工程投入运行使用以来，运行正常。

运行机构为鱼台县水利事业发展中心，运行情况良好。

工程设计灌溉面积 $5066.67hm^2$，实际灌溉面积 $5186.59hm^2$，库容 760 万 m^3。污水处理厂尾水已全部截住，污水处理厂设计规模为 3 万 t/d，设计回用为 1 万 t/d，回用工程已完成并启用。2023 年，回用工程运行回用中水 76 万 m³；截污导流工程实际蓄存中水 1042 万 m³。

（3）梁山县截污导流工程。梁山县截污导流工程新增库容 330 万 m³，新增灌溉面积 3000hm²。主要建设内容包括对梁济运河邓楼闸至宋金河入口 28.472km 的河道进行开挖；自污水处理厂至梁济运河铺设输水管道 500m；新建龟山河提水站；维修加固龟山河闸；拆除重建任庄、郑那里、东张博等 3 座危桥。工程总投资 5536 万元。

运行机构为梁山县河湖事务服务中心，为梁山县水务局所属的副科级事业单位，核定编制 6 人，经费实行财政全额预算管理，运行情况良好。

工程设计灌溉面积 3000hm²，需拦蓄 730 万 m³，设计库容 330.6 万 m³；污水处理厂尾水已全部截住，设计规模为 5 万 t/d，运行正常，回用设施运行基本正常；工程无尾工，需对沿河排灌站及骨干灌溉工程进行维修及配套。

（4）济宁市截污导流工程。济宁市截污导流工程新增库容 834.6 万 m³，新增灌溉面积 1333.33hm²。工程建设内容包括利用兖矿集团 3 号井煤矿采煤塌陷区蓄存中水，蓄水区扩挖工程、新建排水泵站 1 座，出入蓄水区涵洞 1 座；在济宁市污水处理厂附近新建中水加压站 1 座，并铺设 5.95km 中水输出管道；为拦蓄济宁城区、高新区污水处理厂中水，在廖沟河、小新河、幸福河支沟、幸福河上新建节制闸各 1 座；新开挖小新河与幸福河支沟之间的明渠；新建穿铁路涵洞 1 座；新建明渠、幸福河支沟上交通桥 2 座、生产桥 4 座。工程总投资 18603 万元。

2023 年完成截污导流人工湿地水质净化工程防护项目，工程于 2021 年 10 月开工建设，2022 年 1 月完工，2023 年 9 月通过验收，总投资 275 万元。通过架设围栏、安装监控系统、警示牌，对济宁市截污导流工程蓄水区实行封闭式运行管理，杜绝了蓄水区乱占、乱用养殖混乱现象，以确保南水北调干线水质稳定。2023 年还完成截污导流工程泵站管理用房建设，工程 2023 年 8 月开工，2023 年 11 月完工，工程投资 225.76 万元。提升了加压泵站管理配套设施管理水平，改善了泵站管理环境，工程运行管理更加规范。

济宁市水利事业发展中心为现场管理监督单位，负责截污导流工程及蓄水区人工湿地管理运行。工程采用政府购买服务方式运行。运行管理单位为山东公用建筑工程施工有限责任公司。

工程设计灌溉面积 1333.33hm²，实际灌溉面积 1933.33hm²，调水期间拦蓄中水 1200 万 m³，库容 836.4 万 m³，实际库容达 1300 万 m³。

设计任务内污水处理厂尾水已全部截住，济宁污水处理厂设计规模为 20 万 t/d，设计回用 8 万 t，工程截蓄 12 万 t；高新区污水处理厂 9 万 t/d，设计回用 2 万 t/d，工程截蓄 7 万 t。截污导流工程截蓄济宁市污水处理厂和高新区污水处理厂共计 19 万 t/d。

（5）金乡县截污导流工程。金乡县截污导流工程主要建设内容包括新建王杰拦河闸、郭楼橡胶坝、孔楼交通桥、马集涵闸、五级河涵闸、连庄涵闸；改建周桥泵站、石岗泵站；维修加固高庄泵站。实施水系连通、河道拓宽、闸坝拦蓄等工程，将河道贯通，在河道下游新建橡胶坝 3 座，改建节制闸 1 座，增加中水拦蓄量 1000 余万 m³。刘堂节制闸、莱河橡胶坝、朗庄橡胶坝均已建成并投入使用，北李橡胶坝于2023年建成并投入使用。

金乡县水利工程运行服务中心负责工程管理，核定编制35人，经费财政全额拨款。各闸坝均配备了专业管理人员进行管理。

为确保南水北调东线工程供水水质，工程严格按照金乡县水质控制目标和总量控制目标，利用新建拦蓄工程，在南水北调东线工程输水期将城区工业企业和金乡县污水处理厂达标排放的中水及地表径流，拦蓄在金济河、大沙河、莱河、东沟河、老西沟河，用于城市回用、发展农业灌溉和补充地下水源。2023年金乡县日拦蓄中水量为6万m^3。

（6）曲阜市截污导流工程。工程位于曲阜市沂河河道内，总投资为2714.21万元，包括郭庄、杨庄2座新建橡胶坝，以及2座工程等级为3等的提水泵站。新增库容120万m^3，拦水高度3.7m。工程于2008年9月1日开工，2009年投入使用，2021年5月进行安全鉴定，运行正常。

曲阜市河湖事务服务中心承担工程运行管理任务，河湖中心下设沂河管理科，具体负责郭庄、杨庄两座橡胶坝日常管理及维护工作。运行管理制度健全，已安装监控设备，配有24h看护人员值守，24h不间断监控，定期对设备检查维护，为管理和运行提供了坚实的保障。

工程设计功能正常发挥，设计灌溉面积5133.33hm^2，实际灌溉面积5133.33hm^2，总调蓄库容253.1万m^3，新增拦蓄库容127.1万m^3。曲阜市水务局编制了《曲阜市杨庄橡胶坝控制运用计划》《曲阜市郭庄橡胶坝控制运用计划》，并已经批复。

郭庄橡胶坝底板高程为52.25m，坝顶高程为55.95m，坝高3.7m。汛中限制水位54.10m，汛初与汛末限制水位均取55.00m，非汛期为正常蓄水位55.95m。

杨庄橡胶坝底板高程为50.01m，坝顶高程为53.81m，坝高3.8m。汛中限制水位51.86m，汛初与汛末限制水位均取52.5m，非汛期为正常蓄水位53.81m。

（7）嘉祥县截污导流工程。嘉祥县截污导流工程新建河道型蓄水库，库容为202万m^3，改善灌溉面积1666.67hm^2。主要建设内容包括疏通治理前进河、洪山河两条河道21.1km；扩挖洪山河低洼区13.4hm^2；新建前进河拦河闸、改建曾店涵闸、洪山河涵闸。批准概算投资2629.53万元。

嘉祥县南水北调干线灌排影响处理工程的主要建设内容包括扩挖金庄引河4.3km、新建及改建建筑物8座、新建新杨节制闸（泵站）1处。项目批复投资3995.39万元，其中工程部分投资3403.74万元，移民环境补偿投资591.65万元。

运行机构为嘉祥县水利事业发展中心，为嘉祥县水务局所属的正科级单位，核定编制55人，经费实行财政全额预算管理，运行情况良好。

工程设计功能已达到"截、蓄、导、用"，设计灌溉面积1666.67hm^2，实际灌溉面积1766.67hm^2，库容202万m^3，实际拦蓄280万m^3；污水处理厂尾水已全部截住，污水处理厂设计规模为4万t/d，设计回用为1万t/d，剩余3万t应由截污导流工程拦蓄；嘉祥县南水北调干线灌排影响处理工程，涉及梁宝寺、黄垓、老僧堂、孟姑集、大张楼、马村等6个镇（街），赵王河以北区域35万亩农田满足浇灌要求，同时增加了赵王河以北区域的滞蓄能力。

（济宁市城乡水务局）

4．宁阳县洸河截污导流工程　宁阳

县洸河截污导流工程位于南四湖主要入湖河流洸府河上游,涉及宁阳县内洸河、宁阳沟两条河流。工程总体布局:在洸河的后许桥、泗店和宁阳沟的纸房、古城建设4座橡胶坝,拦蓄达标排放的中水及当地径流,通过扩挖洸河8.93km、宁阳沟6.16km,增加拦蓄量,4座橡胶坝可一次性拦蓄中水162万m^3;新建泗店、古城2座提水泵站,铺设泗店至东疏输水管道6.7km,古城至乡饮输水管道9.5km。工程总动用土方156万m^3,砌石2.34万m^3,混凝土及钢筋混凝土1.84万m^3,工程总投资5956万元。

(1) 工程管理情况。维护基础设施,确保工程良好运行。2023年,全面检查泵站和橡胶坝设施,更换古城橡胶坝电机、水泵设备及配件2套;维修泗店橡胶坝电机设备,对机房管道、栏杆、大门进行除锈刷漆,清理环境卫生,改善工程面貌,保证工程设施处于良好运行状态。

结合山东省水利厅南水北调工程安全运行监督检查,对泵站设施进行全面修整。维修古城泵房电机,对管道和连接件进行除锈刷漆,排除渗漏;在泵站厂房与橡胶坝泵室处、通道内增设安全警示标志,增加应急照明装置;更新消防器材,更换高压配电室安全防护用品,整改电线布设,制订操作流程;对建筑物局部沉降情况进行检测,粉刷建筑物墙面;检测泵站起重设备,修订危险源辨识和风险分级管控制度,排除安全风险。

(2) 工程调度运行情况。认真做好工程截污导流工作。按照工程设计方案和运行目标,科学合理调度水量,确保洸府河和宁阳河下泄水量水质达标,保证流入下游水质安全,为南水北调东线一期工程安全调水提供保障。

积极应对汛期状况,确保安全度汛。严格落实防汛制度和防汛预案,抓好安全生产工作。在2023年汛期到来前期,增加工程巡查频次,多次进行设备试车,仔细排查安全隐患,及时处置问题状况。

(3) 工程效益。在南水北调工程输水期间(10月至次年5月),拦蓄污水处理厂及沿线工业企业达标排放的中水,通过发挥工程的"截、蓄、导、用"功能,减少COD、NH_3-N入河量,保障南水北调输水干线水质;河道防洪能力由5年一遇提高到20年一遇,可改善生态环境、扩大灌溉面积,经济、社会效益显著。

(朱海龙)

5. 临沂市邳苍分洪道截污导流工程

工程总投资1.23亿元,主要包括吴坦、芦柞、刘桥、王庄、粮田、丁庄、永安、蒋史汪橡胶坝工程,廖家屯、多福庄拦河闸工程,吴粮导流沟渠首闸工程和武沂沟导流工程。

工程投资29.8万元,按照1年4次的频次要求,完成年度闸、坝变形监测任务,并提交完整的监测分析报告,为工程安全运行提供了依据和保障;投资118.55万元,定期完成对机电设备进行维修养护,对设施设备进行检查巡查,确保工程安全运行,每年开展2次坝袋和闸门清洁养护,常态化开展管理区域绿化美化和环境管护;投资61.73万元,对兰陵片区管理用房实施修缮,加强信息化建设,建成兰陵片区闸坝监控平台和手机App,实现实时查看、远程监管。

按照非汛期"截、蓄、导、用"、汛期落坝运行的原则,充分发挥水利工程效益,2023年共截蓄中水7459.4万m^3,其中用于农业灌溉的中水约1702.2万m^3,为武河湿地提供中水约4800m^3。为落实好南水北调东线"清水走廊"效果,积极配合环保部门,汛前对南水北调片区水体出境断面水质达标进行检测。7月完成投资39.3万元,对该片区9座闸坝坝前水体开展每月2次的定期监测,保障了"一泓清水"北上。防汛方面,认真落实防汛工作责任制,汛前修订闸坝汛期调度运用计划及安全度汛应急预案,围绕工程运行、物资调拨、突发工程险情等开展防汛演练3次,进一步提升防汛应急处置、协调配合和设备操作能力。

按照"常规巡查+不定期抽查+突击检查"的方式,自主开展安全生产风险隐患检查4轮,迎接山东省水利厅南水北调处安全专项检查1次,所有检查均形成检查问题清单,定期整改复查。全面落实"六项机制"有关要求,强化安全生产风险管控。做好防溺水宣传工作,印制发放"防溺水知识科普"宣传页3000余份。在闸坝管理所机房等地下密闭空间,配备了四合一气体检测仪、智能语音提示牌、换气风扇等8台(套),并严格落实"先通风、再检测、后作业"基本要求。完成丁庄橡胶坝、永安橡胶坝工程设备等级评定及备案批复工作,为工程维修养护和除险加固提供技术支撑。

2023年,临沂市水利工程保障中心邀请山东省水利技师学院教授"送教到一线",围绕基层一线水利工程管护内容进行了详细讲解。深入开展"五小"创新和技能比武,2023年内有4人在山东省水利行业职业技能竞赛中获奖,4项案例获评山东省农林水牧气象系统工作创新竞赛优秀成果。推进党建与业务融合,开展了以工程险情抢护、水利工程运行管理等为内容的"水润党旗红·担当争先锋"大讲堂8期,开展了"我为群众办实事"等11个专题的志愿服务活动和以弘扬中华优秀传统文化为内容的16次主题活动。结合南水北调一期截污导流工程竣工验收决算审计,开展资产审评和移交工作,部分存量问题进入销号阶段。 (临沂市水利局)

6. **德州市截污导流工程** 包括夏津县截污导流工程、武城县截污导流工程,为实现七一·六五河的水质控制目标,通过新建拦蓄和导流工程,干线输水期间拦截下泄中水,并通过中水灌溉回用,实现污染物零入河的目标。

南水北调东线第一期工程夏津县截污导流工程是将夏津县污水处理厂处理后的中水经三支渠输送到城北改碱沟及青年河,利用河道上的节制闸对中水实现层层拦蓄,形成竹节水库,在农田灌溉季节实现中水灌溉回用,主要工程建设内容包括清挖三支渠6.23km,重建桥梁16座、提水泵站2座、涵管12座、节制闸3座,维修节制闸1座,工程等级为Ⅳ等,抗震强度为6度。核定工程总投资2505.86万元。

南水北调东线第一期工程武城县截污导流工程,位于山东省德州市的武城县和平原县内。工程利用武城县六六河和利民河东支、赵庄沟等建闸拦蓄中水,并经河道沿岸灌溉回用工程引水灌溉,在南水北调调水期间保证中水不进入六五河,非调水期间将中水泄入减河。工程内容包括六六河及马减竖河清淤工程,新建重建拦河闸5座、节制闸6座、交通桥2座,维修9座涵闸、5座生产桥,新建倒虹吸1座、穿涵1座,总投资2905.96万元。

夏津县水利局、武城县水利局分别作为两县截污导流工程项目管理单位,负责工程各项运行管理工作,对工程管理范围内渠道及建筑物进行安全巡查及维护保养，确保工程正常运行。

2023年夏津县截污导流工程共调节水量1993万 m^3，其中回用中水量为1683万 m^3，用于农业灌溉1264万 m^3，生态回用419万 m^3；武城县截污导流工程共拦蓄水量1373.35万 m^3，其中回用中水量1161.37万 m^3，用于农业灌溉980.17万 m^3，生态回用181.20万 m^3。

德州市截污导流工程既能保证七一·六五河水质长期稳定达到Ⅲ类地表水水质标准，又能解决水资源短缺与水环境严重污染的尖锐矛盾，做到节水、治污、生态保护与调水相统一，形成"治、截、用"一体化的工程体系。

（德州市水务局）

7. 聊城市截污导流工程

（1）聊城市金堤河、徒骇河引调水工程（二期）。聊城市金堤河、徒骇河引调水工程东阿段二期工程涉及东阿县截污导流工程（郎营沟）总长度25km；主要建设内容包括清淤工程、河岸护砌工程、道路工程。

清淤工程：共计长8.45km，位于郎营沟的东阿县。

河道护砌工程：设计桩号15＋700（南路庄村东）～25＋050（焦庄村西）、25＋700（刘集村东）～26＋200（后张村西）、26＋520（G341国道）～30＋199（刘庄村西）。河道两岸采用C30预制混凝土连锁块护砌，长13.53km。位于郎营沟的东阿县。

道路工程：东阿县道路18＋991左岸490m采取土路硬化。东阿县建筑物工程包括油坊倒虹、穿位山东西连渠倒虹等2座倒虹，在倒虹前增加清污闸，设计尺寸为2孔，单孔净宽4m；改建南路村涵闸（单孔1×1.5m）；新建老郎营沟涵闸（两孔2×3m）；新建箱涵35座；改建桥梁2座。

2023年6月，启动金堤河、徒骇河引调水（二期）工程征迁工作，10月开工建设。2023年9月12日，东阿县水利局组织刘集镇人民政府等有关单位在刘集镇召开金堤河引调水工程（二期）建设征迁工作动员会。2023年11月4—11日，按照聊城市金堤河、徒骇河引调水工程征迁工作专班要求，在东阿县金堤河、徒骇河引调水工程征迁工作专班安排下，东阿县水利局组织刘集镇人民政府、工程沿线各村庄、山东新汇建设集团有限公司等单位组成联合调查组，对工程建设影响范围内的各类实物进行了复核确认。2023年11月19日至12月25日，完成刘集镇各乡镇地表附着物补偿款公示。2023年12月，东阿县人民政府、山东新汇建设集团有限公司根据复核确认的成果编制完成《聊城市金堤河徒骇河引调水工程（二期）东阿县征地移民实施方案》。

（2）阳谷县截污导流工程。该工程是南水北调东线一期工程的配套项目，目的是将金堤河、小运河的水通过阳谷小运河及新开挖段引入东阿县内的郎营沟，再经东昌府区的四新河入徒骇河，主要任务是防止河南省排入金堤河、小运河的水污染南水北调输水干线小运河，保障南水北调输水干线水质。阳谷县截污导流工程利用小运河老河段11km，新开挖3km。新建小运河马湾节制闸1座，导流沟分水闸1座。衬砌新开挖段渠首0.7km。工程涉及张秋镇11个行政村、阿城镇4个行政村。

2023年聊城市金彭陶水利管理服务中心组织实施了金堤河排涝项目。对截污导流工程阳谷新开段进行了治理。修建了堤顶道路，维修了马湾节制闸，新建支沟涵闸 7 座及其他小型建筑物，保障了截污导流工程的正常运行。

（3）临清市汇通河截污导流工程。新建红旗渠入卫穿堤涵闸 1 座。北大洼水库至大众路口铺设管线长度 417m；顶管管线长度 85.15m。大众路口至石河铺设管线长度 2159.25m（双排 φ2000mm 管）。完成红旗渠 4.03km 河道清淤疏浚及红旗渠纸厂东公路涵洞、红旗渠纸厂 1 号公路涵洞、红旗渠纸厂 2 号公路涵洞、红旗渠纸厂 3 号公路涵洞 4 座过路涵改建。

新增工程主要是在临清十八里干沟入口及临夏边界建设节制建筑物，包括十八里干沟入口闸工程；西支渠北朱庄闸工程；中支 1 渠小屯西闸工程；中支 2 渠小屯闸工程；东支渠柴庄闸工程；相关沟渠清淤 11.42km。

2023 年度闸门经保养和维修，启闭正常，渠道、管道、水库水流平稳，工程运行情况一切正常。

临清市汇通河截污导流工程的建成，使污水处理厂处理后的中水，通过红旗渠、北大洼水库、北环路埋管、大众路埋管、汇通河（小运河）、胡家湾水库连成一体，形成了城区大水系，既改善了城区水环境，富余水量又可灌溉周围农田，具备了截污导流工程的"截、蓄、导、用"功能，削减污染物，使其在调水期间不进入调水干线，确保了调水水质。

（聊城市水利局）

8. 菏泽市东鱼河截污导流工程　菏泽市东鱼河截污导流工程是南水北调东线一期工程的一部分，是保证南水北调输水干线输水期间水质的配套工程。工程分布于菏泽市鲁西新区、定陶县、成武县和曹县内的东鱼河北支及团结河。主要建设内容涵盖新建南湖水库 1 座，新建张衙门、侯楼、王双楼、鹿楼、后王楼拦河闸 5 座，新建提水站 13 座及拓挖东鱼河北支河道。

（1）工程管理情况。为充分发挥菏泽市东鱼河截污导流工程效益，根据菏泽市政府安排，由菏泽市河湖流域工程管理服务中心牵头，将菏泽市东鱼河截污导流工程委托给菏泽市水务集团有限公司运营管理。

自菏泽市水务集团有限公司接管工程以来，依据水利工程标准化管理的各项要求，在菏泽市河湖流域工程管理服务中心的正确引领下，加大工程设施维保资金投入，加快标准化管理建设步伐，5 座拦河闸皆已通过山东省水利厅标准化管理达标评价，2023 年 11 月，南湖水库也通过了水利工程标准化管理达标复评。

（2）调度运行情况。按照山东省水利厅《山东省水闸控制运用计划编制导则》（2022 版），于 2023 年 6 月，对菏泽市东鱼河截污导流工程 5 座拦河闸控制运行计划进行了修订，并上报至菏泽市水务局备案批复。

2023 年 7 月 29 日，因受台风"杜苏芮"影响，菏泽市普降大雨，依照《工程度汛方案》以及菏泽市河湖流域工程管理服务中心指令，通过对上游河道泄洪流量预判分析，提前对张衙门、侯楼、王双楼、鹿楼、后王楼 5 座拦河闸进行调度，开启闸门泄流。7 月 30 日上午 9 时 30 分，伴随着上游来水不断增多，各拦河闸闸前水位报警，按照防汛预案与主管部门指示，全部闸门开启放水，整个调度过程规范有序，切实保障了拦河闸以及东鱼河河道工程安全运行。

（3）工程效益。菏泽市东鱼河截污导流工程张衙门拦河闸与南湖水库联合拦蓄上游城镇与城区污水处理厂排放的达标中水（主要拦蓄菏泽市第一污水处理厂中水），向鲁西新区工业企业和华润电厂等供应中水，为企业新旧动能转换实现高质量发展提供了坚实水源支撑。

菏泽市东鱼河截污导流工程通过"截、蓄、导、用"，确保了南水北调东线输水干线输水期间水质达到规定要求，同时利用拦蓄的中水改善农田灌溉面积 62.4 万亩。为扩大中水使用率，鼓励企事业单位将截蓄中水作为工业生产、环卫绿化、公园生态补水等提供稳定的替代水源，增加可利用的水资源量，优化了水资源的时空分布。河流和地下水得到有效补充，维持了生态系统的稳定和平衡。

此外，菏泽市南水北调截污导流工程还改善着东鱼河流域生态环境，碧波粼粼的南湖水面吸引各类水禽成群驻足栖息，有助于保持河流的生态平衡、保护水生物的多样性，以及促进生态系统的稳定。

作为城市中水供水单位，依据"优水优用、劣水劣用"的原则，菏泽市水务集团有限公司极力做好中水利用的推广，从 2022 年上半年开始，在城区布置中水管道，增设中水集中取水点 20 余处，将菏泽市南水北调截污导流工程拦蓄中水用于道路清洒、城市绿化及赵王河公园生态补水景观补水。现阶段已实现年中水供水约 3000 万 m^3，大量减少了地下水和引黄水使用量，为菏泽市压采地下水、减少黄河水用量、打造节水型城市夯实了基础。2023 年，经主管部门严格遴选批示，将南湖水库建设成为菏泽市节水教育基地。

2023 年整个汛期，结合天气及上游河道来水情况，依据上级调度指令，对 5 座拦河闸进行联合调度开闸放水，开启闸门泄洪 10 余次，充分发挥了工程拦洪、削峰、错峰作用，降低洪水灾害的风险，保护沿岸居民的生命和财产安全。

2023 年干旱时期，在水资源短缺的情况下，菏泽市南水北调截污导流工程充分发挥拦蓄功能，储存水资源，为河道沿岸农田灌溉和居民生活用水提供可靠的保障。工程在提升水旱灾害防御能力方面发挥着不可替代的作用。

经除险加固后的南湖水库，岸美水绿。不仅吸引院校学生组团春游，还成为马拉松比赛、市民晨练的胜地，也是菏泽市公安局特警体能训练、菏泽市消防队实地拉练的开展之处，更是婚纱摄影的基地，切实成为了众人心目中的一方乐土。

（德州市水务局）

七、中线一期工程

概　　况

【干线工程】

1. **工程整体情况**　南水北调工程是缓解我国北方地区水资源严重短缺局面的重大战略性基础设施，中线工程是其重要组成部分，工程任务为向北京、天津、河北、河南4省（直辖市）提供生活、工业用水，缓解城市与农业、生态用水的矛盾。中线工程通水以来，有效缓解了受水区水资源短缺的状况，有力支撑了当地经济社会发展，显著改善了沿线人民用水品质以及生态环境问题。中线工程从位于丹江口库区的陶岔渠首枢纽引水，沿唐白河平原北部及黄淮海平原西部布置，经伏牛山南麓山前岗垅与平原相间的地带，沿太行山东麓山前平原及京广铁路西侧的条形地带北上，跨越长江、淮河、黄河、海河四大流域。陶岔渠首至北拒马河段主要采用明渠输水，北京段采用管涵加压输水与小流量自流相结合的方式输水，天津干渠采用明渠与箱涵相结合的无压接有压自流的方式输水。总干渠全长1432km，其中陶岔渠首至北京团城湖全长1277km，天津干线从西黑山分水闸至天津外环河全长155km。陶岔渠首设计流量为350 m^3/s，加大流量为420 m^3/s。总干渠渠首设计水位为147.38m，北京段末端的水位为48.57m，总水头98.81m。2022—2023年度中线工程调水741039.95万 m^3。

2. **构建工程安全风险防御体系**　中线公司深入贯彻总体国家安全观，统筹发展和安全，补短板、强弱项、固底板、扬优势，不断夯实高质量发展基础，有效确保了工程运行总体安全平稳。深入贯彻习近平总书记关于防汛抗旱和防汛救灾工作的重要指示批示精神，在水利部和中国南水北调集团党组的坚强领导下，积极应对海河"23·7"流域性特大洪水，有效保障了工程度汛安全。以冰期原型观测模型为基础，以预测预报为先导，科学研判、合理安排，有力确保了冰期输水安全。深入贯彻"勤俭办企、提质增效"管理思路，高标准高质量推进工程维修养护。提前完成防洪加固年度建设任务，稳步推进安全专项重点项目实施，有效提升工程防汛风险防范能力和京津冀地区安全防范能力。强化安全风险评估结果运用，紧抓内部安全隐患整治和外部安全风险防御，加快构建工程安全风险防御体系。积极推进中线一期工程竣工验收各项准备工作，夯实竣工验收基础。

（潘长城）

3. **引调江水**　按照水利部批复的年度水量调度计划，河北省统筹考虑华北地区地下水超采综合治理，认真研究制订和下达月度水量调度方案，严格水量调度管理程序，实行水量跟踪统计日报旬报月报制度，维护供水秩序，保障南水北调供水安全。2022—2023调度年，完成引调江水25.5亿 m^3，其中南水北调中线工程城乡生活和工业引调江水21.74亿 m^3，完成水利部批复河北省年度水量计划的103.5%；生态补水3.76亿 m^3。自2014年中线工程通水以来，河北省累计引调江水188.8亿 m^3，其中城乡生活和工业供水125.0亿 m^3，河湖生态补水63.8亿 m^3，受水区受益人口达5100万人，引江水已成为河北省南水北调受水区城乡生产生活主力水源。

4. **安全供水保障**

（1）保障中线工程度汛安全。组织沿

七、中线一期工程

南水北调中线工程郑州段渠道（中线公司　供图）

线市、县开展南水北调中线工程隐患排查整治，重点解决了磁县刘庄沟左排倒虹吸下游排水不畅、邢台信都区张东村排水渡槽下游垃圾阻水等4处防汛隐患问题。组织完成了24项南水北调中线防洪影响处理工程前期工作，可行性研究批复投资17.29亿元。主汛期间，配合南水北调总干渠应急调度指令，5次向地方水行政主管部门下达利用退水闸实施总干渠应急退水的通知，极大缓解了总干渠水位偏高的问题。健全覆盖省、市、县、乡、村五级防汛责任人工作机制，压实了各级防汛责任人在隐患排查、信息共享、应急避险、抢险互助等方面责任。

（2）保障中线工程安全。组织开展了穿跨邻接南水北调中线工程项目安全运行监督检查，会同中线工程运管单位抽查燃气管线项目23个、跨渠桥梁120座次，对发现问题已督导有关单位整改到位。配合完成了南水北调中线一期工程征地拆迁竣工决算审计工作。

（3）推进试点工作落地落实。为加强南水北调工程跨渠桥梁安全监管保护，向南水北调司申请了南水北调工程跨渠桥梁安全监管保护试点。为降低天津干线箱涵顶部积水安全隐患，向南水北调司申请了天津干线箱涵顶部积水处置试点。为落细落实"四预"措施，高标准推进水利部批复的南水北调工程取用水管理试点、区域引调水工程信息化建设试点、中线工程供水效益分析试点任务，为调水工程规范化、标准化管理奠定了基础。

（胡景波）

【水源工程】

1. 强化丹江口库区饮用水水源保护

组织开展丹江口水库2023年度饮用水水源地安全评估，评估等级为优。将汉江干支流水质达标情况和水源地安全评估结果纳入实行最严格水资源管理制度考核，并督促做好问题整改。推动开展丹江口水库水源地保护相关风险解译，强化丹江口水库水源地水量水质安全保障监管。

2. 加强汉江流域生态流量监管　推动将水利部及有关省份已批复的河湖生态流量保障目标纳入汉江流域年度水量调度计划，加强生态流量监管。开发完善河湖生态流量监管平台模块，推动实现汉江流域生态流量保障情况实时监测预警。组织完成丹江口水利枢纽等5座汉江流域内的已建水利水电工程生态流量核定，总结核定成果。

（王华）

3. 维护工程安全、供水安全、水质安全　2023年，中线水源公司统筹实施"一规划、三顶层设计"发展战略，着力提升工程运行管理和企业经营管理能力，切实维护中线水源工程安全、供水安全、水质安全。秋汛期间，丹江口水库成功拦蓄入库洪峰流量大于5000m³/s洪水6场，最大入库洪峰流量16400m³/s，累计拦蓄洪峰流量68.6亿m³/s。2023年10月12日19时，丹江口水库第二次达到170.00m正常蓄水位，各项监测数据表明，大坝运行性态正常，水质优良，库岸稳定，未发生因蓄水引起的人员伤亡和重大财产损失，中线水源工程再次实现了汉江秋汛防御与丹江口水库蓄水"双胜利"。

4. 高位推进数字孪生实现新突破　坚持高站位、高标准、高质量推进数字孪生丹江口工程建设，以问题为导向，广泛调研、博采众长，全面完成先行先试所有建设任务，建成了L3级数据底板、5个知识库、19个专业模型，创新研发8项具有自主知识产权的核心技术，成套技术成果得到院士专家的高度认可，达到国际领先水平。

5. 供水水质管理积聚新优势　中线水源公司严格执行上级批复的水量调度计划，持续做好供水调度和水质监测工作。2022—2023供水年度实际供水量74.10亿m³，为年度供水计划（67.99亿m³）的109%，截至2023年底，累计向北方供水超过610亿m³。经实测数据分析，丹江口库区水质总体良好，陶岔渠首断面水质符合地表水Ⅰ类标准343天、Ⅱ类标准22天；蓄水期水质受秋汛影响明显小于2021年同期，汉江入库总磷、总氮通量约为2021年同期的20%。

6. 库区管理迈上新台阶　组织修订完善丹江口水库岸线保护与利用规划，启动丹江口水库及上游流域保护立法研究工作。建成丹江口库区1050km²三维实景图，收集录入库周6县（市、区）、41个乡镇、380个行政村、600余名责任人信息，形成了库区"市、县、乡、村"四级网格化管理体系。

7. 工程管理呈现新面貌　扎实做好大坝加高工程运行管理维护，定期开展水工建筑物、金结机电设备、白蚁防治等巡检工作。全年排查整改一般隐患88个，辨识的147个危险源均已落实预防和应急处置措施，安全生产"零事故"达4560余天。编制工程度汛方案和应急预案，专项检查、汛前检查、汛期联合检查发现的38个隐患问题全部整改到位，汛前设备设施完好率达100%。

（张艳玲）

【汉江中下游治理工程】　丹江口水库多年平均入库径流量为388亿m³，南水北调中线工程首期调水95亿m³，丹江口水库每年将减少近四分之一的下泄流量，为缓解中线调水对汉江中下游的影响，国家决定兴建汉江中下游四项治理工程：兴隆水利枢纽筑坝，形成汉江回水76.4km，缓解调水对汉江中下游的影响；引江济汉工程从长江引水为汉江下游补水；改造汉江部分闸站，保障农田灌溉；整治汉江局部航道，通畅汉江区间航运。

汉江兴隆水利枢纽位于汉江干流天门与潜江分界河段，工程主要由泄水闸、船闸、电站、鱼道、两岸滩地过流段及其上部的连接交通桥等建筑物组成。上距丹江口水利枢纽378.3km，下距河口273.7km，正常蓄水位36.2m，相应库容2.73亿m^3，设计、校核洪水位41.75m，总库容4.85亿m^3，灌溉面积327.6万亩，电站装机容量40万kW。兴隆水利枢纽作为汉江干流规划的最下一个梯级，其主要任务是枯水期壅高库区水位，改善库区沿岸灌溉和河道航运条件。

引江济汉工程主要是为了满足汉江兴隆以下生态环境用水、河道外灌溉、供水及航运用水需求，还可补充东荆河水量。引江济汉工程进水口位于荆州市龙洲垸，出水口为潜江市高石碑，渠道全长67.23km，设计流量350m^3/s，最大引水流量500m^3/s。工程可基本解决调水95亿m^3对汉江下游"水华"的影响，解决东荆河的灌溉水源问题，从一定程度上恢复汉江下游河道水位和航运保证率。

部分闸站改造工程由丹江口下游汉江左右岸31座涵闸、泵站改造项目组成，工程范围分布于襄阳市（谷城县、樊城区、宜城市）、荆门市（钟祥市、沙洋县）、潜江市、天门市、仙桃市、孝感市（汉川市）市内，总占地面积117.16hm^2。部分闸站改造工程的主要任务是恢复并改善因中线调水而引起下降的各闸站的灌溉水源保证率，维持农业灌溉供水条件。实施改造项目185处，其中较大闸站31处，小型闸站154处。

局部航道整治工程建设规模为Ⅳ级航道，整治范围为丹江口至汉川574km航道，其中丹江口至兴隆河段按照500t级标准建设，兴隆至汉川段结合交通部门规划实施1000t级航道整治工程。局部航道整治工程主要建设任务是对局部河段采用整治、护岸、疏浚等工程措施，恢复和改善汉江航运条件，整治范围为汉江丹江口以下至汉川断面的干流河段，工程建设规模为Ⅳ（2）级航道，维持原通航500t级航道标准。

（袁静 谢录静）

工程管理与运行

【釜山隧洞工程—惠南庄泵站工程】

1. 工程概况 中线公司北京分公司（以下简称"北京分公司"）负责釜山隧洞工程—惠南庄泵站工程现场运行管理工作，自釜山隧洞进口开始，基本沿太行山东麓和京广铁路西侧北行，先后经过河北省保定市的徐水区、易县、涞水县、涿州市及北京市房山区5个县（市），最后进入惠南庄泵站，线路全长71.917km，其中渠道长60.367km，建筑物总长11.55km。工程沿线布设各类穿（跨）越总干渠建筑物156座，其中大型河渠交叉建筑物10座，渠渠交叉建筑物18座，大型渠路交叉倒虹吸1座，隧洞3座，左岸排水建筑物36座，应急入水口1个、跨渠桥梁75座；分水口3座、退水闸4座、节制闸4座，泵站1座。 （王浩天）

2. 工程管理

（1）土建及绿化维护。完成土建绿化日常项目及南拒马河35kV线路塔基加固处理等重要专项项目实施。严格落实土建和绿化工程维修养护项目管理实施细则，进一步强化外委单位安全监管，及时处置各类工程缺陷及安全隐患，确保工程质量满足要求，保证工程安全运行。

惠南庄泵站（中线公司　供图）

（2）防汛应急抢险。受海河"23·7"流域性特大洪水影响，2023年7月28日至8月1日，北拒马河中支出现5290m³/s的洪峰流量。中线公司党委认真学习贯彻习近平总书记对防汛救灾工作作出的重要指示精神，迅速落实水利部部长李国英8月2日现场检查提出的"三步走"工作部署，在中国南水北调集团党组高位协调和统筹指导下，全力做好应急抢险工作，保障了首都供水安全。

（3）防汛与应急。北京分公司结合辖区工程23个防汛风险项目、左岸上游水库及流域特点等修订完善预案方案，及时补充防汛物资，组织开展夜间雨中防汛演练2次、防汛专题培训2次、桌面推演1次；深入开展隐患排查整治，对重要基础设施进行多轮摸底排查，实行隐患整治动态清零；对辖区沿线25座水库进行全面走访调研，充分发挥河湖长制优势，配合河北省河长办编制"一河一策"实施方案，积极与地方沟通对接，为辖区工程安全度汛提供有力支撑。

（4）冰期输水。北京分公司认真总结分析近年辖区冰期工程运行数据和工作经验，修订突发事件综合预案中冰冻灾害部分，编制印发了冰期输水运行工作方案，辖区布设32条拦冰索、16套电热融冰系统、4套水下曝气式扰冰装置、7台可加热高压水枪，对27座左排建筑物采取保温挂帘，应急抢险保障队伍在现场24h驻守，备齐备足应急抢险设备、物资，强化冰期应急演练。2023年冰期输水期间，由于气温、水温偏高，仅有岸冰形成，没有流冰、冰盖和水内冰形成。

（5）安全监测。组织做好安全监测数据采集、成果分析总结、月报编制、监测设施设备维护、仪表检定、异常处置等日常工作，对工程运行状态进行实时监控。2023年累计完成外观数据人工采集6534点·次，内观数据自动化采集988737

点·次，内观数据人工采集29052点·次。完成辖区高地下水渠段加强监测项目，在地下水位较高渠段增设渗压计，提高了监控预警能力。

（朱炳　李冕）

3. 运行调度

（1）输水调度。调度值班管理：切实落实输水调度相关规定，严肃值班纪律，规范调度值班人员行为，严格执行调度流程，确保信息及时准确报送。每月对分调度中心和各管理处调度值班工作进行考核，2023年度共组织考核12次，通过考、查、促的方式提升业务能力。

调度指令执行：严格执行并密切跟踪调度指令，2022—2023调水年度累计执行调度指令2849门次，惠南庄泵站机组操作指令86次，指令成功率达100%。

调度数据监控及调度警情处置：熟练掌握辖区内水情、工情，紧盯辖区风险点，做好闸控系统预警的接警、消警工作。2022—2023调水年度累计审核水位、流量、闸门开度等水情、工情信息8784次。累计处理核实调度类警情128次、设备类警情88次。

值班模式优化：按照"试点先行、稳步实施"的原则，涞涿管理处通过"1+1"值守模式，优化输水调度数据复核频次，提高了人员工作效率，整体效果理想，为全线推广值班模式优化提供了借鉴。2023年12月1日起，易县管理处、涞涿管理处全面试行现地管理处中控室调度生产优化模式。

特殊时段输水调度：冰期密切监视辖区天气、气温、水温和流速变化，准确把握辖区内流冰、岸冰、冰盖形成和消融情况，科学实施水量调度，保持水位和流速稳定。汛期严格落实24h值班制度，落实应急（防汛）岗位职责，确保应急（防汛）信息及时准确报送，保证上情下达、下情上知，为工程现场迅速会商研判和开展险情处置提供决策依据。

（2）惠南庄泵站运行情况。接管惠南庄泵站运行工作：惠南庄泵站中控室采用全员值班模式，编制中控室规范化作业指导书，高密度开展实操培训，实现全面自主运行管理。

泵站冬季检修：2023年完成泵站主机组检修、变频器维护、电气预防性试验、变频器技术供水支管测压管路增设检修阀等21项检修任务。

泵站变频器参数调优：组织变频器厂家ABB公司对变频器故障停机条件进行逐项梳理，提出变频器工艺参数、保护参数调整建议与思路，完成变频器10项参数优化提升，为泵站安全运行奠定坚实基础。

数字孪生惠南庄泵站：北京分公司积极配合数字孪生南水北调中线惠南庄泵站先行先试工作，配合提供现场底板数据，深度参与建模讨论，提出风险因子监测、预警信息和预演场景，配合建设完成综合展示、预报管理、预警管理、工程安全预演、预案管理等功能的PC端应用和可视化应用，有效提升了惠南庄泵站数字化、网络化、智能化水平。

（刘芳）

4. 工程效益　釜山隧洞工程—惠南庄泵站工程2022—2023供水年度累计向首都北京供水9.6亿m^3，供水计划为9.41亿m^3，完成率达101.94%，超额完成供水0.19亿m^3。通过荆轲山分水口、下车亭分水口、三岔沟分水口累计向河北易县、高碑店、涿州、廊坊等县（市）供水1.91亿m^3，有力保障了沿线人民群众用水安全。同时，利用汛期洪水资源向辖区瀑河、北易水河、北拒马河等3座退水闸持续开展生态补水工作，累计向河北生态补水0.9亿 m^3，沿线河湖生态环境复苏效果明显，为满足沿线人民群众对优质水资源、健康水生态、宜居水环境的需求作出积极贡献，社会效益、经济效益、生态效益同步显现。

（王浩天）

5. 环境保护与水土保持

（1）北京水质实验室建设。为切实筑牢首都供水水质安全防线，增强中线水质预警和应急监测能力，2023年4月启动北京水质实验室建设，9月25日完成实验室建设及设备采购工作，同时完成傅里叶变换离子回旋共振质谱仪搬迁工作。10月31日，北京分公司完成了水质实验室质量手册、程序文件、作业指导书等文件编制，实验室管理体系基本建立完成。

（2）水质应急管理。2023年5月5日，北京分公司完成中线公司2023年度突发水污染事件应急演练工作，进一步检验完善水污染事件应急处置流程，提高突发水污染事件的应急处置能力。2023年汛期，在北拒马河暗渠中支应急抢险期间，北京分公司积极协调相关部门调配应急监测车和监测人员驻守现场开展水质应急监测，累计开展人工监测14批次，获取数据338个，保证了应急通水期间水质安全。

（3）多元生物预警设备应用。依托"十三五"水体污染控制与治理科技重大专项，中线公司与生态环境部长江局监测与科研中心联合开展了藻类、鱼类、溞类、发光菌4种指示生物联合预警示范工作。2023年，北京分公司组织水质监测人员加强设备运行学习，多次邀请技术人员进行现场培训，水质监测人员已基本掌握多元生物预警设备的运行工作，为中线公司科研实验提供了有效的设备保证。

（4）水质自动监测站管理。北京分公司所辖渠段共设置3个水质自动监测站，作为改造试点率先完成高锰酸盐指数仪改造工作。2023年汛期，水质自动站开展加密监测，7月28日至9月13日共监测数据1547组。截至2023年12月31日，辖区3座水质自动监测站共上传43787条数据，有效数据43608，上传率达100%，数据有效率达99.62%。

（5）不动产权证办理工作。2023年，北京分公司成立不动产权证办理工作专班，全面负责辖区不动产权证办理。截至2023年8月11日，北京分公司完成了保定段第一批次征地（易县、涞水县、涿州市）3个县（市）产权证办理875.25hm^2，按照时间节点完成办证任务。

（陈婷）

6. 验收工作

（1）北拒马河暗渠中支抢险修复项目验收。已于2023年11月1日通过了法人验收自查，11月10日通过了水利部组织的通水验收，12月28日通过了北拒马河中支抢险修复项目单位工程验收。

（2）北京分公司辖区隔离网加固项目质保期满验收。已于2022年10月24日通过了所有合同工程完工验收，2023年11月17日，北京分公司组织各参建单位完成了涉及三个标段的质量保修期满验收。

（3）设计单元验收遗留问题复核。2023年4月24—25日，配合调水局完成南水北调中线一期（北京段）工程管理专题设计单元工程、北拒马河暗渠工程、惠南庄泵站工程验收遗留问题复核工作。

（闫梦瑶）

7. 尾工建设　北京段工程管理设施

位于北京市丰台区羊坊村，占地面积 7713.118m²，总建筑面积 5952m²（其中地上建筑面积 5502m²，地下建筑面积 450m²）。建筑高度为 28m，层数为地上 6 层，地下 1 层。该项目为 2020 年第二批中央和国家机关在京重点建设项目，按照"一会三函"流程开展相关工作，于 2022 年 3 月完成施工合同验收，2022 年 7 月通过水利部组织的设计单元工程完工验收，并于 2022 年 10 月正式搬迁入驻。2023 年，北京分公司积极推进北京段工程管理设施后续建设程序，项目地块已取得《国家建设征收土地结案表》，满足土地划拨条件。

（陈婷）

【岗头隧洞出口—釜山隧洞进口段工程、天津干线工程】

1. 工程概况　中线公司天津分公司（以下简称"天津分公司"）负责总干渠岗头隧洞出口—釜山隧洞进口段工程和天津干线工程运行管理工作。岗头隧洞出口—釜山隧洞进口段工程长 14.1km。其中，深挖方渠段 3.7km，高填方渠段 3.3km。沿线各类建筑物共 39 座，包括 1 座管理用房、1 座节制闸、2 座检修闸、1 座分水闸、1 座排冰闸、1 座蓄冰池、1 座水质自动监测站、1 座防汛应急仓库、1 座轻钢储物棚、11 座左（右）岸排水建筑物、15 座跨渠桥梁、1 座交通涵洞、1 座渠渠交叉建筑物、1 座分水口。

天津干线工程采用无压接有压地下箱涵输水，西起河北省保定市徐水区西黑山村附近的南水北调中线一期工程总干渠西黑山进口闸，东至天津市西青区中北镇外环河出口闸。起点桩号 XW0+000，终点桩号 XW155+206.66，全长 155.207km。途经河北省保定市的徐水、高碑店白沟新城，雄安新区的容城、雄县，廊坊市的固安、霸州、永清、安次和天津市的武清、北辰、西青，共 11 个县（区）。

天津干线工程以现浇钢筋混凝土箱涵为主，主要建筑物共 268 座，其中通气孔 69 座、分水口门 9 处、控制建筑物 17 座、河渠交叉建筑物 49 座、灌渠交叉建筑物 13 座、铁路交叉建筑物 4 座、公路交叉建筑物 107 座。根据初步设计，天津干线工程设计流量为 50~18m³/s，加大流量为 60~28m³/s。工程建成后，多年平均向天津市供水 10.15 亿 m³（陶岔水量），向天津市供水 8.63 亿 m³（口门水量），向河北省供水 1.2 亿 m³（口门水量）。

（张亚旺　徐旸　张君荣）

2. 工程管理

（1）土建及绿化维护。土建绿化日常以重点场区为主，土建日常维护项目主要有建筑物内外墙面维护、钢爬梯除锈刷漆、场区透水砖更换、屋面防水修复、混凝土道路浇筑、闸站保洁等。绿化日常维护项目主要包括场区内冷地型草坪及地被、乔木、灌木、攀缘植物、绿篱等养护。2023 年度按期完成了天津市内工程段防汛应急物资仓库、文村北调节池至 2 号保水堰段及 4~6 号保水堰段箱涵左孔排空检查及缺陷修复等专项项目；完成 4 个现地处绿化日常维护项目、5 个现地管理处 2022 年土建工程维护项目等 19 个项目的项目验收及合同验收。

（2）科研管理。组织实施天津箱涵检修专用运输、排水和作业平台等辅助设备研制项目和天津干线沉降渠段沉降原因分析及处理措施研究项目。"天津干线工程基于北斗三号卫星定位技术的长距离线性工程沉降监测"项目获得 2023 年度卫星导航定位科学技术奖二等奖；天津市 2 段设计单元工程获 2021—2022 年度中国水利工程

天津干线工程外环河闸（中线公司　供图）

优质（大禹）奖。

（3）防汛应急。健全组织机构，落实防汛责任。开展汛前拉网式排查和风险项目专项检查，建立问题台账，明确整改措施和责任人，汛前完成涉汛土建维护项目14项。按照工程防汛风险项目分级标准规定，确定辖区防汛风险项目。组织编制防汛"三案"，并完成报备。与河北省、天津市防汛、应急等部门建立联动机制，将天津分公司纳入地方政府防汛应急体系，实现信息共享、协调联动、物资共享。

防汛物资设备配备齐全，确保工程度汛安全。分4次完成了20个种类200余台（套）物资设备集中保养维护，采购了彩条布、复合土工膜、小型无人机和高压水枪等应急物资和设备。与河北省防汛部门建立了防汛物资互调机制，对周边社会物资设备进行了调查，确立了优先购置原则。

抢险队伍统筹调用，加强保障能力。组建1支应急抢险队伍，常备人员20人，设备10台（套）。统筹调用自有人员、外委应急抢险、安保工巡、闸站值守、日常维护、专项项目单位共6支队伍全面开展日常防备、汛期驻守和应急抢险等工作。成立天津分公司防汛应急抢险突击队，积极参加防汛应急培训和演练。

立足实战，完成防汛演练及培训。天津分公司层面完成2次防汛专项抢险技术演练和1次仿真桌面推演活动，各现地管理处完成3次防汛演练和4次仿真桌面推演。组织开展防汛值班工作、应急抢险设备实操等培训活动，并成功举办第三届防汛抢险知识竞赛。

充分发挥河湖长制及地方协调联动效用。天津市已将市内工程纳入河湖长协作机制，天津分公司专门对沿线3座水库、12条较大交叉河流实地走访调研，与水库、河道管理部门建立了物资、队伍、雨水情等信息共享机制。海河"23·7"流域性特大洪水期间，各指挥部加强与地方沟通联系，信息共享，提前部署风险防范，消除安全隐患，合力保障了辖区内安全度汛。

发布预警信息，做好汛期布防。汛期共接收汛期预警及响应信息50余次，海河"23·7"流域性特大洪水期间接收40余次。接到预警及响应信息后，及时在内部进行通报，并启动相应预警及响应，4个现场指挥部统筹有序开展现场抢险指挥和处置等工作。

加强会商研判，科学备防及防御准备。组织及参加防汛重要会议37次，其中中国南水北调集团和中线公司14次，地方会议12次，天津分公司组织召开11次。针对上级会议精神，及时召开部署会或会商会，各指挥部严格按照会议精神落实各项措施，科学有序开展防御工作。

汛期巡查排险，及时处置险情。采用无人机和地面巡查结合的方式开展雨中、雨后及昼夜巡查，并根据现场雨水工情实际及时加密安全监测数据采集频次。海河"23·7"流域性特大洪水期间，辖区工程发生水毁8项，均采取先期处置，处置措施及时得当，未对通水运行造成影响。

（4）工程巡查。建立健全工程巡查体系。结合工程实际，组织各现地管理处编制了巡查手册，明确巡查内容、频次、要求等。加强监督检查及考核培训。定期对巡查工作开展情况进行线上和现场检查，并对工巡人员每月考核，同时加强对工巡人员业务能力、安全生产等方面培训，切实提高责任意识和安全生产意识。在重大节假日、冰期汛期等特殊时段，加密巡查频次，随时准备为各类突发事件提供人员支持。在海河"23·7"流域性特大洪水应对过程中，工巡人员按要求开展雨前、雨中、雨后巡查，协助开展汛情报告、定点值守、水毁排查工作，为工程安全度汛提供了坚强保障。进一步完善工程巡查制度，不断探索新思路，推出自有人员参与工程巡查制度，编制并印发了《自有人员参与工程巡查实施方案》，现地管理处自有人员全员参与，确保每位员工都对辖区工程情况了然于胸。

（5）穿跨邻接项目。合理合规做好前期工作。按照穿跨邻接相关规定，以穿跨邻接项目实施必要性为抓手，对确需实施的项目，按照"从严审核审查，严把技术关"的原则审批。通过签订监管协议和运管协议，明确双方职责义务，各司其职，各尽其责。2023年开展穿跨邻接项目审核审查20余次，现场监管9项。强化在建项目施工监管，充分发挥第三方安全监测单位、施工监管单位的职能作用，从监测数据、施工流程、安全生产等多方面进行监督管理，确保穿跨邻接项目严格按照批复方案实施。与运管单位建立联络机制，定期相互通报穿跨邻接段工程运行状况，适时与运管单位开展联合巡检。

（6）安全监测。完成年度内观数据采集80万余点次，外观数据采集7000点次，跟踪的3处异常数据问题未见数据突变，其他部位运行状态总体正常。各项日常维护任务按计划完成，每月编写安全监测工作简报。完成"天津干线工程基于北斗三号卫星定位技术的长距离线性工程沉降监测"项目成果评审与项目验收，完成南水北调中线天津分公司2023年卫星InSAR监测项目成果评审、验收。按期开展安全监测专业重大事故隐患专项排查整治工作。

（7）水质保护。水质监测中心每月围绕天津干线3个监测断面持续开展25项参数检测，截至2023年底共计出具15份25项全指标监测报告。2023年再次取得国家资质认定复评审证书，其检测能力涵盖水和水生生物共77项参数。协调开展辖区淤积物清理工作，创通水运行以来中线最大清淤量，有效降低底泥对水质的影响。主动了解上游藻情信息，组织研提11项防控兜底措施，压茬推进西黑山进口闸清污机、进口闸弧形闸门前拦藻格栅改造等重点项目实施。积极联系天津市水务局、天津水务集团，建立定期联系互访机制，开展藻类防控三方联合演练。海河"23·7"流域性特大洪水期间，对北拒马河、大清河、外环河等部位持续开展88项次的水质应急检测和水文监测任务，及时评估渠道水质水量变化，为工程抢险施工提供决策依据。

（张亚旺　屈亮　刘运才
　　　　王亚光　许兆雨）

（8）设备设施管理。完成了西黑山进口闸清污机改造、电动葫芦年检、35kV系统春检、驻勤项目信息化建设、水位站升级改造、消防救援试点建设、信息机电"改问题、提技能、保安全"专项行动，提高了设备运行稳定性，降低了安全风险，提升了安全管理水平。西黑山光伏电站试点运行平稳，发电正常，2023年度发电量7.8万kW·h，累计发电量51.4万kW·h。

（9）冰期输水。天津分公司圆满承办了中国南水北调集团冰冻灾害应急演练，得到了国务院国资委、中国南水北调集团、中线公司等各级领导的认可。不断完善冰期输水工作方案和应急预案，对融冰、扰冰、拦冰、排冰、捞冰等设备设施进行全面检修、保养及调试，做好冰期应急队伍的备防和拉练，及早排查处理各类隐患。冰期输水期间，密切关注天气预报，实时监控气温、水温和冰情。与上下游建立联动机制，实现信息共享，确保冰期输水数据客观准确。

（曹瑞森　张希鹏　杜威）

3. 运行调度　天津干线工程参与调度任务的建筑物主要有西黑山进口闸、分水口门、王庆坨连接井、子牙河北分流井等，全线采用首闸（西黑山进口闸）控制，以无压接有压自流方式进行调度供水。河北省内工程设有9个分水口门向河北省供水，分水口最小设计流量为$0.1m^3/s$，最大设计流量为$2.1m^3/s$，总分水规模为$7.5m^3/s$，同时分水流量不超过$5m^3/s$，多年平均口门供水量为1.2亿m^3；天津市内工程通过子牙河北分流井、外环河出口闸向天津市供水，设计流量为$45m^3/s$，加大流量为$55m^3/s$，多年平均口门供水量为8.63亿m^3。

天津干线工程按照"统一调度、集中控制、分级管理"开展运行调度工作。天津分公司设置分调度中心（二级调度机构），负责天津干线工程运行调度管理工作。沿线设置5个调度中控室（三级调度机构），负责各辖区内运行调度管理工作，分调度中心、中控室实行24h调度值班制度。

2022—2023年度通过西黑山进口闸累计向天津市供水10.4亿m^3，通过西黑山节制闸累计向北京市供水9.59亿m^3，圆满完成了年度供水任务。2022—2023年度共下达调度指令1192门·次，其中远程指令1178门·次，成功1173门·次，成功率为99.18%；现地指令14次，成功率达100%，集中开展业务能力考核12次，针对11个系统模块实操培训，圆满完成2023年输水调度"汛期百日安全"专项行动。通过月度自查自纠、不定期抽

西黑山分水口（中线公司　供图）

查、集中检查等方式，持之以恒加强调度队伍建设。

贯彻执行输水调度"汛期百日安全"专项行动，加强调度风险管控，结合以往调度实情，对已经发生过的安全风险案例进行梳理，强化风险管控；加强特殊时期输水调度安全管理工作；结合实际，做好大流量输水期间安全保障措施。加强调度应急管理工作，制作日常输水调度工作明白卡，细化输水调度工作流程；加强输水调度、应急（防汛）值班，结合实际梳理输水调度风险点，实时进行调度数据监控和视频监控，及时做好重要调度数据分析和突发事件信息上报工作；做好闸站监控系统接警、消警工作，强化调度值班人员安全意识，时刻保持高敏感，确保输水运行安全；配合做好流量计率定工作；针对日常调度系统过程中出现的问题提出建议，汇总形成清单并及时监督整改，确保报送各项水情信息及时准确；建立供水数据云文档，每日更新各分水口门日分水量、月分水量、年分水量，确保数据的及时性和准确性，随时掌握最新分水数据和输水调度数据。

（李成　张君荣　王旭辉　于静雅）

4. 工程效益　截至2023年底，工程累计向天津市供水92.90亿 m^3，其中2022—2023调水年度为10.40亿 m^3。供水范围覆盖中心城区、环城四区及滨海新区等14个行政区，直接受益人口超1200万人，发挥了巨大的社会效益和生态效益。另外，累计向河北省（含雄安新区）供水4.89亿 m^3。2023年7月1日新增杨柳青水厂分水口，进一步增强杨柳青水厂供水能力，彻底解决天津市西青区杨柳青镇、辛口镇及张家窝镇的用水低压问题。

（李成　王旭辉　张文龙）

5. 环境保护与水土保持　根据中线公司环境保护、水土保持相关规章制度，进一步加强环境保护、水土保持管理工作，对辖区内污染源、可能引发水土流失的薄弱部位进行了排查和处理。2023年2月，天津分公司完成了西黑山水质自动监测站高锰酸盐指数设备的更新调试；3—11月加密藻类指标监测；5月组织开展了藻类联合应急演练。海河"23·7"流域性特大洪水期间，西黑山自动站加密监测，完整记录了强降雨期间渠道水质变化情况。组织现地管理处开展水质巡查和水环境的日常监控，定期巡查、重点排查，确保水质安全。在绿化方面，及时维护、更换或补植，对绿化工程进行了提升和改造，工程形象进一步提升。

（许先水　屈亮　张九丹）

【磁县段工程—漕河渡槽段工程】

1. 工程概况　中线公司河北分公司（以下简称"河北分公司"）负责磁县段工程—漕河渡槽段工程现场运行管理工作，工程起自冀豫交界处的漳河北，沿京广铁路西侧的太行山东麓自南向北，途经邯郸、邢台、石家庄、保定地区至满城区的岗头隧洞出口，线路全长382.52km，其中建筑物长31.5km，渠道长351.02km。河北分公司所辖工程共有各类建筑物727座，其中河渠交叉建筑物43座，渠渠交叉建筑物32座，隧洞4座，铁路交叉建筑物9座，跨路渡槽1座，输水暗渠4座，左岸排水建筑物149座，控制建筑物81座，跨总干渠桥梁404座。（多安然）

2. 工程管理

（1）土建绿化工程维护。河北分公司土建绿化日常维护项目共分为8个标段，涉及13个管理处。严格按照中线公司计划与预算管理办法相关规定开展项目排查及年度计划、预算申报工作，工程量测算合理。在土建绿化日常项目执行过程中，河北分公司把控汛前项目、重点项目执行过程，严格执行质量评（认）定制度。项目实施完成后及时进行质量评（认）定，确保了日常维护项目的实施质量。在安全生产、文明施工方面，严格要求维护单位根据中线公司安全生产相关规定开展班前

滹沱河倒虹吸（中线公司　供图）

教育、严控施工行为，圆满完成了年度维护任务。

河北分公司通过日常巡查、定期巡查、专项检查和定期召开例会等方式对项目实施进展情况进行监督、检查，督促维护单位按合同约定完成关键节点进度目标，保证总体进度，日常维护项目实施进度总体可控。维护单位进场编制施工组织方案及进度计划安排，经河北分公司现地管理处批复后开始维护工作，每月报送下月度施工计划安排，确定下月维修养护内容和目标，经河北分公司现地管理处审核、批复后实施，现地管理处督促维护单位按月度施工进度计划开展维修养护工作。在月度考核时，结合维护单位月度计划完成情况进行考核赋分。

河北分公司先后组织《土建和绿化工程维修养护项目管理实施细则（试行）》宣传贯彻培训及部分项目现场实施管理视频学习培训，并在维护项目实施过程中加强项目实施过程管理，严格按照《土建和绿化工程维修养护项目管理实施细则（试行）》《中国南水北调集团中线有限公司关于印发中国南水北调集团中线有限公司土建和绿化工程维修养护项目质量评定标准（试行）》相关规定，督促维护单位落实自检制度，维护单位应对日常项目施工质量进行事前、事中、事后检查管理，日常项目实施质量满足合同及相关维护标准需要。

（2）防汛度汛。河北分公司建立健全"一把手"负总责、分管领导具体负责、其他领导分片包干、各管理处分段负责的防汛责任制，成立防汛指挥部，全面负责河北分公司所辖工程安全度汛工作。各现地管理处成立安全度汛工作小组。组织召开分公司2023年防汛工作专题会，细化分解防汛任务清单，压实各方责任，保证各项防汛措施落地实施。

对内，积极备防。通过招标选择河北裕隆新昌建设有限公司作为应急抢险保障队伍。汛前对通信、供电等设备进行排查和维护，在新乐、定州、保定管理处各布置1部卫星电话，保证抢险需要。各现地管理处对应急抢险物资设备定期进行检查保养和补充采购。汛前完成工程沿线桥梁引道涵管缺陷修复项目；对桥头挡墙及挡水坎进行修复；对左排建筑物、边坡排水系统等进行清理；对建筑物进口水尺进行修复。

对外，加强联动。推动河长制见效发力，强化联合巡查巡护，推动南水北调防汛问题整改。把所辖工程作为重点防汛目标纳入属地防汛责任体系。暴雨预警期间派专人到河北省防汛抗旱指挥部和沿线地级市防汛抗旱指挥部参与应急值班，及时掌握雨、水情及水库调度信息。建立了基于"四预"的工程沿线省、市、县、乡、村五级预警信息互通联动机制，保证信息高效传达和互通共享。

根据工程情况编制河北分公司"防汛一张表"，全面落实防汛责任制；将防汛工作分解为任务清单，保证各项防汛措施落地实施；组织全员排查防汛风险，复核明确34项防汛风险项目；修订河北分公司"三案"、管理处"两案"；联合地方开展洺河渡槽综合应急演练，检验应急预案的针对性、可操作性，提高应急处置能力；加强预报预警，及时会商研判20余次，及时发布河北分公司汛期预警通知2次，开展5次临时备防工作；及时启动河北分公司防汛Ⅳ级应急响应3次，全力做好应急处置各项工作，最大限度减少灾害损失。

海河"23·7"流域性特大洪水未对工程安全运行造成影响，工程通水运行正常，河北分公司获得"中国南水北调集团中线有限公司2023年防汛抗洪抢险先进集体"称号。

（3）科技创新。河北分公司牵头研发实施的"总干渠衬砌板水下修复与拼装关键技术"项目，获得中国南水北调集团有限公司科学技术进步奖二等奖。针对"环境DNA检测技术在中线河北段水生态监测中的应用研究"项目，已编制完成河北辖区干渠环境DNA检测生态监测报告、环境DNA检测技术在南水北调中线干渠中应用的方法验证报告，项目研究工作已全部完成。

（4）防洪加固设计变更项目。项目初步设计批复工期8个月，合同工期6个月，工期紧、任务重，河北分公司组建专项项目部，制订各项制度办法，落实项目管理责任，开展质量安全进度检查，按期保质保量完成工程建设任务，主体工程于2023年12月16日完工。　　　　　（多安然）

3. 运行调度

（1）水量调度。磁县段工程—漕河渡槽段工程共包含20座节制闸，8座控制闸，30座分水口，19座退水闸。根据丹江口水库上游来水情况及沿线用水需求，自2023年7月1—28日开展大流量输水工作，其余时段均为正常输水。截至2023年底，总干渠入漳河北断面输水总水量382.12亿 m^3，出岗头隧洞断面输水总水量213.68亿 m^3。河北分公司辖区20座节制闸均参与调度，汛期为蓄水平压，自8月开始，小马河、金河控制闸相继投运，全年共执行调度指令21880门·次，指令执行成功率达100%，远程指令执行成功率达99.3%，输水调度总体平稳、安全、有序。2023年水量确认工作圆满完成，分调度中心和河北省水利厅调水管理处共同确认，2023年度分水确认量水量与会商系统统计数据一致。

（2）调度配合。2023年度通过调度配合实施洺河、沘河、漕河渡槽检修等施工任务，联络协调相关部门、单位，圆满完成渡槽检修期间各项调度任务。有序推进分水口拦捞设备设施安装调度配合事宜，协商临城以南11座口门施工相关事宜，主动跟进水源切换情况，密切关注施工进度，规范开展口门启闭操作。配合高压胶管更换、闸门防腐等检修维护项目实施，保障总干渠水位、流量平稳，全年配合完成工程及设备设施检修维护共计60余项。

（3）业务能力提升。河北分公司持续加强对输水调度人员业务能力提升，值班值守人员熟练掌握输水调度及相关业务制度标准，熟练使用输水调度自动化系统，熟悉闸门调度及控制系统基本原理，具备熟练操作闸门及突发故障排查处置能力。创新方式方法、主动求变开展"微讲堂"，着力在动员部署、学习效果上下工夫，分调度中心人员自行选取内容，利用每周例会时间轮流进行业务知识讲解，通过在"学员""讲师"间进行身份互换，激发处室内部人员学习热情和竞争意识，确保业务知识入耳、入脑、入心。2023年内累计开展集中培训18次，参加人数达到500余人次。

（4）汛期、冰期输水调度。按要求开展输水调度"汛期百日安全"专项行动，科学应对台风"杜苏芮"期间发生的特大暴雨。汛期值班人员密切关注天气变化，实时监测、分析水情信息，积极开展应急调度演练。5月24—25日，配合总调度中心完成自动化失效应急演练，汛前组织邢台管理处开展汛期特大暴雨七里河退水闸紧急关闭应急调度演练,11月30日联合顺平管理处,开展冰期输水调度应急演练。按照 2023—2024 年度输水调度实施方案要求,完成冰期输水期间的水情、工情、冰情等数据审核及信息报送工作,做好预警、预测及应急调度准备,2023 年全段未形成冰盖。

(5) 调度值班模式优化调研。优化中控室运行管理模式,2023 年 6 月、11 月分两次对管理处中控室值班工作进行调研,提出优化建议 4 条,制订优化方案 3 个,为进一步优化人力资源配置、助力企业降本提质增效提供了新思路。8 月 31 日,开始按照"试点先行、稳步实施"的原则,选取邢台管理处和顺平管理处开展现地中控室调度生产优化模式试点工作,经过三个月的实践,于 12 月 1 日各管理处中控室全面试行"1+1"中控室调度生产优化模式。

4. 工程效益 南水北调中线已成为京津冀沿线地区的主力水源,是受水区生活用水的生命线。按照中线公司统一部署安排,根据《南水北调中线干线工程分水管理标准》(Q/NSBDZX201.08—2021),积极协助推动邯郸市丛台区实施农村水源置换,加快三陵分水口配套项目实施。三陵分水口于 2023 年 2 月 9 日 14 时 15 分开启,正式向西部水厂供水,有效缓解了当地水资源短缺现状,促进工程效益进一步发挥。2022—2023 供水年度(2022 年 11 月 1 日起)累计分水 21.56 亿 m^3,其中含利用汛期洪水资源生态补水量 2.81 亿 m^3,圆满完成供水任务。通过生态补水,河北省深层、浅层地下水平均水位均有所上升,生态补水为河湖增加了大量优质水源,大幅度改善了区域水生态环境。

(赵翠然)

5. 安全生产

(1) 构建网格化安全管理体系。2023 年,按照中线公司安全生产责任制相关工作要求,河北分公司积极推动构建网格化安全管理新格局,压实安全生产责任。进一步强化现地管理处安全生产属地主体责任和现场一线人员安全生产责任,系统夯实安全生产基础,全力防范各类安全生产风险,全面提升安全生产标准化效能。初步构建形成了以业务长及项目长为纵向经线、段(站)长为横向纬线,层级结合,横向到边,纵向到底,全面覆盖的网格化安全管理格局,形成涵盖全区域、全层级、全员的安全生产责任制。

(2) 加强外委单位监管。督促外委单位切实落实安全生产责任和现场施工班组安全建设,深入分析各类作业危险风险因素并针对性制订管控措施。充分利用"相关方作业管理系统"加强现场管理,实现了教育培训、审核发证、作业审批、监督管理、奖惩评价等监管工作的信息化。

(3) 开展教育培训。河北分公司开展安全生产普及宣传、警示教育等工作,持续推动安全生产责任意识和安全理念覆盖全员、辐射全线、融于各方,切实带动整体提升。2023 年,组织安全生产培训 104 人次,开展安全专项及相关技防设备设施实操技能培训、相关方管理系统使用培训、消防安全培训等业务培训或警示教育活动 6 次,近 200 人次参与。开展 2 期安全生产知识竞赛和 4 期问题查找技能比武活动。

(4) 构建双重预防机制。深入推进"重大事故隐患专项排查整治 2023"行动,充分发挥各级主要负责人"五带头"作用,落实"三管三必须"要求,每季度组织各现地管理处开展 1 次安全风险辨识，将风险评估基础资料纳入应急管理指挥系统，不断完善安全风险管控"一张图"。针对衬砌板修复设计变更项目、隔离网加固项目等专项项目组织施工、监理、现地管理处开展危险源辨识与风险评价，对可能导致的触电、淹溺等事故伤害制订针对性管控措施，加强现场管理，切实遏制各类风险。

（5）强化穿跨邻接项目运行监管。建立穿跨邻接项目工程信息台账，及时更新，实施动态管理。对于已建成运行的穿跨项目，尤其是油气管道项目，明确管理处穿跨邻接运行监管主管人员及其他管理人员的工作职责及管控措施，与项目运行管理单位签订运行管理协议或互保协议，建立联络机制实施监管。组织开展穿跨邻接项目工程实体风险隐患和项目监管问题排查，对辖区所有穿跨邻接项目实施项目基础信息ID码及对辖区通信光缆、桥梁、小型供水管线、低压线缆项目的基本信息设立现场二维码，实现穿跨邻接项目运行监管信息快捷、准确反馈。　　（朱明远）

6. 环境保护与水土保持　　按照《南水北调中线一期工程水质监测方案》《南水北调中线干线工程藻类监测方案（修订）》《南水北调中线地下水水质监测方案》等要求，开展常规月度监测工作，获得常规监测数据4368组，出具监测报告14份；开展藻类监测工作，获得藻类监测数据334组，出具监测报告25份；开展地下水监测工作，获得地下水监测数据952组，出具监测报告2组；汛期强降雨期间，检测了沿线高地下水位段的64处减压井、14处强排泵站的地下水，获得检测数据2886组。完成了漳河北自动监测站交接工作，以及辖区3个自动站的高锰酸盐指数测定仪替换、全站电控单元与控制系统升级改造等工作，2023年河北分公司辖区3处水质自动监测站共上传数据4408条，数据上传率及数据有效率均大于99%。按照水质监测结果，辖区水质稳定保持在地表水Ⅱ类及以上。

河北水质实验室于3月29—31日通过了国家计量认证水利评审组的现场评审，完成河北水质实验室2023年资质认定复查评审和扩项工作，检测能力从原有的42项扩展至85项。完成实验室质量控制、仪器设备检定校准及确认、内审和管理评审等工作，实验室管理体系运行有效。参与《生活饮用水中嗜肺军团菌的测定酶底物法》（T/HBFIA 0037—2023）、《生活饮用水中总大肠菌群、耐热大肠菌群和大肠埃希氏菌的测定荧光光度法》（T/HBFIA 039—2023）2项团体标准制定，提升了检验检测水平，提高了行业影响力。

开展污染源处置专项行动，印发污染源处置专项行动方案，组织完成河北分公司辖区一级、二级水源保护区污染源"拉网式"排查，全面调研污染源处置存在的问题，加紧联系地方共同加快推进污染源处置；借力竣工决算审计问题整改，联络河北省水利厅、河北省生态环境厅，高位推动污染源整治工作，根据污染源不同特点，编制完成"一源一策"整治方案。

磁县段工程—漕河渡槽段绿化工程日常养护完成草体维护1179万m^2，已有乔、灌木养护30万株，绿篱2.7万m^2，草坪地被13.2万m^2。通过绿化工程日常养护，防止了渠道两侧水土流失，涵养了水源，保障了输水水质安全。

河北分公司积极对接地方自然资源、水利、乡村等单位，协调推动不动产权证办理工作，2023年完成保定段一批次

981.550hm² 建设用地不动产权证办理，促进了南水北调土地开发再利用和国有资产保值增值。

（黄绵达）

【叶县段工程—穿漳河工程】

1. 工程概况　中线公司河南分公司（以下简称"河南分公司"）负责叶县段工程—穿漳河工程现场运行管理工作，沿线经平顶山、许昌、郑州、焦作、新乡、鹤壁和安阳7个地（市）、31个县（区），止于穿漳工程，起点桩号K185+545，终点桩号K731+366.24，全长546km，其中渠道长502km，建筑物长44km。起点设计流量330m³/s，终点设计流量235m³/s，总水头差43.857m。辖区共有各类建筑物1048座，其中河渠交叉建筑物80座，渠渠交叉建筑物65座，公路交叉建筑物560座，铁路交叉建筑物27座，左岸排水建筑物195座，节制闸26座，控制闸40座，退水闸23座，分水口32座。各类启闭设备591台（套），控制闸门668扇（套），35kV永久供电线路609km，157座降压站（6座中心开关站），自动化调度系统1212km光缆线路，116个现地通信站点，424个安全监测站，3个水质自动监测站，12个水质固定监测断面。

（李乐）

2. 工程管理

（1）土建绿化维护。现场管理机构为叶县、鲁山、宝丰、郏县、禹州、长葛、新郑、航空港区、郑州、荥阳、穿黄、温博、焦作、辉县、卫辉、鹤壁、汤阴、安阳共18个管理处，负责现场土建和绿化工程日常维修养护项目的管理。

2023年，河南分公司土建日常维护项目共划分为8个标段，涉及渠道、各类建筑物及土建附属设施的土建项目维修养护；渠道及渠道排水系统、输水建筑物、左岸排水建筑物等的清淤；水面垃圾清理；渠坡草体修剪（除草）、防护林带树木养护、闸站保洁及园区绿化养护等内容。

组织修订土建绿化维护标准：配合中线公司修订土建绿化工程维修养护日常项

鲁山沙河渡槽段（中线公司　供图）

目标准化工程量清单、预算定额、土建工程维修项目质量评定标准、渠道工程维修养护标准、土建工程维修通用技术标准，编制河南分公司土建绿化工程维修养护实施细则并组织宣传贯彻，完成中国南水北调集团《南水北调工程白蚁防治技术规范》编制。

加强维护项目管理：加强计划管理，组织编制年度和月度维护计划，组织实施必要性专项审核，严格项目超量审核把关，督促按计划开展维护工作。加强进度管理，建立土建项目周报制度，每周通报维护进展；充分利用春秋季施工黄金时期，分别发文督促维护单位调配专业技术力量，加快施工。加强质量安全管理，组织开展土建项目专项检查，开展绿化日常维护项目、合作造林项目合同执行情况两轮自查，针对检查发现问题，建立问题台账，督促整改销号。加强验收考核管理，进一步明确质量认定标准，严格验收程序，调整考核指标，力争全面客观公正反映土建绿化维护实际。

开展"一处一库"建设：储备土建绿化维护项目210个，匡算投资10.43亿元。

开展绿化运行维护大调研：2023年10月31日至11月21日，河南分公司以主题教育大调研为契机，针对绿化维护3种模式，调研新郑、郑州等4个管理处绿化维护情况，发现问题7类9项。针对发现的问题，逐项研判制订整改措施，明确整改期限。已组织开展园林绿化基础知识和病虫害防治专题培训，完成绿化养护方案和月度计划范本编制、绿化养护项目月度投入分摊比例确定等6项问题整改，将树种更新、立地改善等3项问题纳入长期整改计划。

开展白蚁危害防控：完成叶县至禹州段白蚁危害专项详查68km，实施白蚁危害重点渠段防治22km，挖除白蚁蚁巢40个，安装诱集诱杀装置8800个，完成白蚁诱杀坑维护1600个、自动监测设施维护800个。白蚁防控项目实施后，白蚁入站率小于1‰，白蚁活动迹象明显降低。

组织建筑物排空检查：先后对十八里河倒虹吸、沙河渡槽、双洎河支渡槽抽水排空，对工程实体、信息机电设备、淡水壳菜生长情况进行全面检查，对发现缺陷及时进行处理。开展标准化渠道建设，2023年完成达标创建38.15km。完成温博、焦作管理处合作造林项目移交接管。

(李乐　魏红义)

(2) 防洪度汛。落实防汛责任制：调整防汛指挥部成员，落实领导分片督导制度，各管理处调整安全度汛工作小组成员，压实防汛责任；积极融入地方防汛体系，河南省防汛抗旱指挥部成立南水北调中线工程防御专班，各管理处均加入属地县（市）防汛抗旱指挥部。台风"杜苏芮"防范期间，成立应对台风防汛指挥部，设置专业工作小组，进一步明确职责。

开展防汛问题隐患排查：汛前组织红线内问题排查整改159处，红线外问题排查56处，建立"问题、任务、责任"清单，协调地方有关部门解决；汛期组织河道内采砂坑、树木、建筑物等影响行洪的障碍物再排查、再复核，共排查问题33处，积极协调推动河道清障。

排查评估防汛风险项目：2023年排查评估防汛风险项目83个，包括2级风险项目2个，3级风险项目81个。其中，河渠交叉建筑物26个，左排建筑物21个，全填方2段，全挖方27段，其他类7处，针对风险情况，逐一制订应对措施。

修订完善防汛预案：修订完善河南分

公司工程度汛方案、防汛应急预案、超标洪水防御预案、退水闸应急退水方案、85个河渠交叉建筑物专项应急处置方案，编制190个左排建筑物专项应急处置方案，做好应急技术准备。

应急抢险队伍物资准备：配备3支应急抢险服务队伍，汛期工程沿线设置5个驻守点，驻守抢险人员64名和设备25台；补充采购抢险物资，对物资设备进行维护。

开展交叉河道过流原型观测：绘制交叉河道断面图和洪水过程线，组织对辖区275条交叉河道开展过流观测统计，采集影像资料，掌握第一手水情信息。

开展防汛演练与培训：2023年组织防汛实战演练8次。其中，5月23日，由水利部、河南省人民政府和中国南水北调集团主办，河南分公司承办的南水北调中线工程防汛应急抢险演练在鹤壁淇河倒虹吸成功举办，得到了河南省政府和中国南水北调集团的高度评价；立足不利工况组织夜间演练2次；组织各管理处开展桌面推演28次；组织交叉河道洪水预报培训3次；防汛抢险知识技能培训1期；赴淮委学习交流数字孪生淮河防洪"四预"系统及水利工程建设管理，为强化"四预"措施积累经验。

加强联动协作机制建设：河南分公司进一步与沿线南水北调工程河湖长、应急、水利等单位对接，强化联络机制，配合完成中国南水北调集团与河南省第一次河湖长协作机制联席会议的召开；汛期应急响应期间派员进驻河南省防汛抗旱指挥部及沿线地（市）防汛抗旱指挥部，全面、快速掌握全省防汛动态，及时传达雨、水、工情形势以及相关工作部署安排；海河"23·7"流域性特大洪水期间，分片负责领导参加河南省防汛抗旱指挥部成立的郑州、新乡、鹤壁、安阳地区防汛前方指挥部，共同防范应对暴雨洪水。

2023年组织强降雨防范应对7轮次，防汛会商研判24次，启动四级防汛应急响应2次，印发强降雨防范应对通知12次。其中，海河"23·7"流域性特大洪水期间，应急会商中心接入河南省防汛指挥平台、挂图作战，组织滚动会商研判14次，现场投入抢险人员1838人，抢险设备131台（套），加强防汛值班值守，加密工程巡查和安全监测，组织高地下水位渠段降排水，实现工程安全度汛。2023年汛期辖区无水毁、无险情发生。

（李建锋 朱昊哲）

（3）质量管理。提高全员质量意识：组织河南分公司全体干部职工学习习近平总书记关于质量管理重要论述和指示批示、质量强国建设纲要，组织质量管理专题培训和警示教育，提高政治站位，树牢质量第一意识。河南分公司印发《中国南水北调集团中线有限公司河南分公司关于印发2023年度工程建设质量提升工作方案的通知》（南水北调中线豫工〔2023〕66号），按照水利部、中国南水北调集团、中线公司关于水利工程建设质量提升要求，扎实开展专项行动，按期完成各项任务。

健全质量管理体系：成立河南分公司质量管理委员会，明确质量管理委员会人员和职责，明确河南分公司本部、现地管理处分管质量领导和质量管理（监督）专员。督促防洪加固项目、维护项目各参建单位按规定设立质量管理组织机构、明确质量管理人员，建立内部质量保证体系。

完善质量管理制度：针对防洪加固项目，修订质量管理办法，编制质量检测方案；针对土建日常项目，编制印发土建和绿化运行维护项目管理实施细则和土建日常项目质量检测方案，健全质量管理制度体系。强化设计成果审查，明确施工图会审要求，规范设计交底范围和人员，对使用新材料的，明确要求交底至物资采购部门。编制防洪加固项目历年发现问题"错题本"，汇总分析质量监督、建设管理、设计变更、质量管理等方面常发易发问题，指导后续工程项目质量管理工作。

落实质量责任制：明确质量目标，分解质量责任，层层签订2023年度质量管理责任书。工程运行以来，首次建立了涵盖河南分公司领导、本部业务处室、现地管理处、维护单位、工程建设项目勘察设计单位、监理单位、施工单位、安全监测单位、质量检测单位等相关方的质量责任网格，并落实到责任领导和责任人。

提升质量管理能力：河南分公司搜集质量管理相关法律法规、制度办法、技术标准，采购相关规范72本，分批次组织内部学习研讨；邀请河南省水利水电工程质量安全中心专家开展水利工程质量管理专题培训，组织宣传贯彻工程建设质量管理办法、土建和绿化工程维修养护项目质量评定标准等质量相关制度，组织全体干部职工参加2023年中央企业全面质量管理知识竞赛。通过个人自学、集中宣传贯彻、专题培训，帮助干部职工学习掌握质量管理知识和方法，夯实质量提升工作基础。

严抓质量管理监督：河南分公司领导分片督导、下沉一线，高频次检查防洪加固、导流墩施工、输水建筑物排空检查处理等重点项目，强调树立质量意识，严格全过程管控，高质量完成建设维护工作。分公司和现地管理处组织开展质量专项检查和日常巡查，纠正质量违规行为，消除质量问题隐患，保证工程质量。（徐永付）

（4）安全监测。完善安全监测制度：建立河南分公司领导分片负责安全监测工作制度，制订河南分公司安全监测管理细则，调整完善河南分公司安全监测考核标准，及时组织异常问题即时研判和季度会商；针对安全监测项目钻孔多、动土作业多的特点，制订钻孔（动土）作业七项规定，规范安全监测动土作业，保障地下光（电）缆等设施安全。

组织安全监测专业检查培训：编制排查工作方案，全面排查安全监测自有人员履职、内外观监测单位合同履约和安全监测项目管理方面存在的问题，有针对性地制订改进措施；针对检查发现的问题，认真分析原因，明确责任人，限期整改；组织安全监测专员参加月报编写培训、安全监测技术培训，开展为期一个月的"自学＋跟学＋集中学"的专项培训，举办现地管理处专题培训，开展两批次闭卷考试，有效提升安全监测人员技能和水平。

加强安全监测项目管理：加快已完工项目验收，加强实施项目管理，调配专人负责安全监测项目管理，逐个项目建立工作群，每日通报进展，适时开展现场检查，对进度滞后、问题多的单位约谈5家/次、发函1次，督促有关单位增加投入、提高质量；加紧安全监测项目招标采购，完成穿黄进口高精度视觉测量技术应用研究项目采购。

强化异常问题研判：持续做好异常问题和穿黄隧洞渗流的监测数据分析、研判，掌握工程实时运行状况；完成"高地下水位渠段渗流分析及渗控技术研究""安全监测基准网复测和改建""安全监测自动化系统维护"等项目实施。

（王敬鹏　雷金锋）

七、中线一期工程

（5）技术与科研。河南分公司2023年编制完成《河南分公司科技创新工作实施方案》，提出科技创新工作目标，明确"重点科研项目实施、科技成果管理、科技人才培养、科技创新平台建设、技术标准体系建设、科普工作"等6项重点工作。

积极申报科技攻关项目：积极申报河南省水利厅组织的水利科技攻关项目，河南分公司牵头实施的"跨南水北调桥梁绿色养护标准化研究与应用""超标准洪水对库渠紧邻型泄洪工程的影响及应急处置技术"被列为河南省水利厅2023年水利科技攻关项目，为后续项目顺利实施奠定基础。

强化科研项目管理：全面梳理总结科研项目实施情况，严格项目成果审查，加紧组织项目验收。2017年以来科研项目共27项，截至2023年完成验收22项，已实施完成待验收2项（水下修复项目、导流墩第二阶段第一批），抓紧实施3项（长葛沉降研究、焦作沉降研究、穿黄高精度测量项目）。

开展创新项目评审：工程专业2023年创新项目共计30项，其中"基于HEC-RAS水动力模型对交叉河道水文预报技术"和"一种截流沟旋转闸机防淤堵创新"项目获得优秀创新项目。

加强科技创新人才培养：探索成立河南分公司技术工作组，采取自愿报名、择优选择，鼓励优秀青年参与技术方案编制、科研项目实施。提供"河南省科技文献信息共享服务平台"知识服务，号召学习科学技术知识，提升科学素养。2023年获得"中原（青年）水利英才"称号1人次，获得2023年度水利行业个人突出贡献奖2人次。

积极申报科技创新奖项：积极组织申报中国水利工程优质（大禹）奖，获得2023年度南水北调科学技术进步奖7项、中国大坝工程学会科技进步奖1项，主动与河南省水利厅、河南省水利学会对接科技创新奖项申报工作，取得了系列科技创新奖项。其中，宝郏县段工程、潮河段工程分别获2021—2022年度中国水利工程优质（大禹）奖；"安全监测移动式测斜仪探头脱管打捞器"获第三届郑州市职工"五小"创新成果奖一等奖；"大型输水渡槽结构缝渗水处理技术"获河南省2022年度水利科学技术奖（科技进步奖）三等奖；"南水北调中线总干渠桥梁墩柱流态优化试验研究项目""基于卫星雷达遥感技术的渠道边坡变形监测研究项目""基于无人机的高精度渠坡变形巡测系统建设研究项目""禹州采空区柔性测斜仪自动化改造研究"共4个项目获2023年度河南省水利科技创新成果奖一等奖，"南水北调中线藻类图谱建立及智能识别项目"获2023年度河南省水利科技创新成果奖二等奖。《向水而学：写给孩子们的南水北调水文地理课》获2023年河南省优秀科普作品（图书）名单二等奖，《江河相会：最美课程在穿黄》获2023年河南省优秀科普作品（图书）名单三等奖，《江河相会：千古黄河大穿越》获2023年河南省优秀科普作品（微视频）名单一等奖。河南分公司申报并获"河南省2023年度水利科技创新先进企业"称号。

开展科普教育活动：按照河南省水利厅科技活动周主题安排，2023年5月底，河南分公司在河南省水利厅科研和新技术培训班上宣讲南水北调建设期、运行期取得的一系列科技创新成果，开展深入沟通交流，充分展现"国之重器"背后的科技力量。在中国南水北调集团成立3周年之际，河南分公司在南水北调中线双洎河渡槽举办"科技赋能生命线 共护南水北调安澜"南水北调中线工程开放日活动。开放日活动紧扣科技主题，设置"重塑江河""复兴有我""智慧中线"3个展区，让观摩人员近距离感受"国之重器"的科技魅力，"沉浸式"体验智慧科技在中线工程中的生动实践，共享南水北调科技盛宴。

积极组织参与学术论坛征文活动：组织员工积极参与首届国家水网及南水北调高质量发展论坛征文活动，共计投稿13篇。深入配合河南省水利学会，积极参与南水北调中线工程安全运行风险防控高层学术论坛征文活动，共计投稿99篇。

(6) 穿跨邻接项目管理。河南分公司严格审查穿跨邻接项目，强化穿跨邻接项目施工监管。2023年度审批和在建穿跨邻接项目60个，其中意向阶段15个，审批阶段34个（路径阶段5个、设计阶段25个、施工审查阶段4个），在建项目11个。河南分公司高度重视穿跨邻接项目监管，一手抓项目审查审批，一手抓项目监管，安排专人负责，严格审批，按月检查，确保总干渠和在建工程安全。

河南分公司严格审查审批程序，2023年完成路径审查18项、设计方案审查14项、施工方案审查14项，办理穿跨邻接项目开工手续10项。此外，严格在建项目监管，前置签订建设监管协议，由开工前签订前置到设计方案审查环节，2023年新签订建设监管协议12份，进一步规避风险。河南分公司协同现地管理处和建设监管单位加强监督检查，按照要求对现场施工情况、安全措施执行情况、内业资料完备情况、问题整改情况开展月度检查项目12次，配合上级单位检查2次，发现问题均已组织完成整改。（王金辉）

(7) 工程档案管理。开展建设期工程档案移交清查及接收：河南分公司建设期工程档案移交清查共计29个设计单元，涉及参建单位200余个、档案约15万卷。河南分公司高度重视，全力推进，加强组织领导，成立领导小组，并从18个管理处抽调业务骨干，设立工程档案清查工作专班，在河南分公司集中办公开展清查工作。河南分公司全力推进清查进度，倒排工期，制订节点目标；加压工作，采取"5+1"的工作模式，每周工作不少于6天；建立周报制度，每周通报进展，确保进度可控。河南分公司聘请专家指导，针对案卷数量较大或工程较复杂的设计单元，聘请档案专家过程指导，保障档案归档质量。对清查发现的问题，及时组织参建单位逐项整改完善，尤其是竣工图修改编制工作，由清查人员对问题整改情况逐项进行复核，确保移交档案能够有效利用。此次档案清查历时7个月，协调参建单位100余个，清查案卷146856卷、共计55272盒，发现整改问题18443个，提前完成督办任务。

组织防洪加固项目档案验收：以查代促，加强现场检查指导。开展档案预验收复查、合同项目完工验收档案"回头看"，对18个现地管理处、15个施工标、4个监理标现场检查指导30余次，督促加快整编进度，提高整编质量。主动出击，加快档案归档进度，针对档案整编归档工作进展滞后单位，采取下沉协调督促、现场集中办公等方式积极推进，确保按期完成档案整编归档。

组织运行期文件材料整编归档：加强组织领导，印发工作方案，明确工作目标和工作安排，成立领导小组和工作专班，设置现场工作组会同中线公司指导组全程驻点指导,将新郑管理处作为试点,选优配强档案整编队伍,组建成立了工作专班(3个专职人员＋3名兼职人员),按照"专业负责、分类整编、统一审核、规范入库"的原则,明确各科和专班成员责任分工;全力推进试点工作,每周组织召开调度会,及时研判解决存在的问题,提出解决方案,试点以来,完成2022年及以前年度运行期文件材料收集及分类整理工作,确定文件材料归档原则,明确归档范围和保管期限及档案形态,编制完成现地管理处管理类和项目类文件材料归档范围及档案保管期限表;积极推广试点成果,及时对试点经验进行总结,组织河南分公司本部和现地管理处观摩学习,以点带面,推动河南分公司运行期文件材料整体归档进度。

(段瑞瑞)

(8)重点项目。高质量完成流态优化项目,河南分公司高度重视,提前准备、系统谋划,编制实施方案,优化施工工艺,科学组织现场施工,克服冰期严寒、夏季酷暑、防汛关键期、渠道大流量输水等不利因素,按期高质量完成流态优化项目。2023年3月完成第一阶段索河渡槽、枯河倒虹吸导流墩安装,开展过流验证,输水流态得到明显改善,达到预期目标。2023年10月完成第二阶段须水河、金水河、十八里河、魏河等4座输水倒虹吸出口导流墩安装和过流验证,水头损失、渠段整体水位壅高等明显降低,输水流态得到明显改善。

2023年3月启动郑州中原区不动产权证办理试点项目。在中国南水北调集团统一调度下,河南分公司对接协调河南省自然资源厅,将不涉及压覆矿的郑州市中原区249.2hm² 建设用地、鹤壁市423.3hm² 建设用地指标批转至当地人民政府,为办理划拨决定书和不动产权证奠定基础。2023年河南分公司还完成压覆矿核查评估技术服务标采购工作,并完成所有地(市)压覆矿核查评估报告评审,积极推进压覆矿备案审批。

(王金辉 刘阳)

3. 运行调度

(1)优化调度工作机制。2023年8月,为整合资源、提质增效,按照"试点先行、稳步实施"的原则,河南分公司开展优化中控室调度生产模式工作,选择鲁山和鹤壁2个现地管理处中控室开展夜班"1＋1"模式试点。2023年12月1日起,全面试行现地管理处中控室调度生产优化模式。

(2)完成年度供水任务。河南分公司紧抓供水关键窗口期,努力优化供水结构,持续利用汛期洪水资源开展生态补水及大流量输水工作,确保年度供水目标圆满完成。2023年,叶县段工程—穿漳河工程累计接收总调度中心指令操作闸门31090门·次,工程全年运行平稳、安全。

(3)做好水量计量工作。河南分公司组织分调度中心和各现地管理处及时做好辖区各分水口门月度水量计量及确认工作,落实水量计量定期协商机制,定期与河南省南水北调运行保障中心进行座谈,协调解决辖区水量计量差异并及时完成水量修正,顺利完成 2022—2023 供水年度水量确认工作。

(4)组织开展"业务提升季"活动。5月31日,河南分公司组织"学习党的二十大精神、争做新时代调水先锋"输水调度知识竞赛,进一步激发大家学习热情,通过以赛促学的方式,提升业务水平及突发事件应急处置能力。组织做好岗前、汛前业务培训，认真履行新入职值班员岗前业务培训、安全交底等工作，组织开展防汛值班和调度应急预案培训，认真落实全员、全覆盖的相关要求。

（5）持续规范调度值班行为。河南分公司组织开展输水调度"行为规范年"专项活动，规范值班行为，严格调度流程、强化场所管理、提升调度形象。2023年6月23日至9月30日，在辖区组织开展输水调度"汛期百日安全"专项活动，进一步规范输水调度生产和管理工作。开展中控室创优争先工作，推动中控室标准化建设。在分调度大厅集成闸站监控系统、闸站视频监控系统、安防综合监视系统、应急指挥管理系统、安全监测系统、水质监测管理平台等六大系统，有效支撑输水调度、防汛应急和综合会商工作。

（6）强力推动备调度中心建设。2023年4月11—21日，河南分公司组织开展2023年度备调度中心启用应急演练，此次演练为备调度中心完全启用工况，具有应急工况杂、演练科目多、参演人员广的特点。参演人员分工明确、协作顺畅、处置迅速，累计下达远程指令3132门·次，闸站监控、视频监控、安防、输水调度综合管理平台等自动化系统整体运行平稳，整个演练严谨有序、成效显著。

（7）关键技术问题研究。河南分公司组织做好郑州段输水建筑物流态优化试验研究项目水情监测系统研究及流态优化实施效果分析验证，为郑州段输水建筑物流态优化试验研究提供技术和数据支撑。组织自主研发梯形渠道水位自动监测装置，满足现场水位临时采集需求，并在双洎河支渡槽和汤河涵洞式渡槽停水检修中推广应用。组织开展十八里河全断面拦藻装置阻水情况研究，探索影响过流因素。组织

完成双洎河退水闸在线监测流量计研制安装，为下一步退水水量精准计量提供技术支持。

（王志刚　曹艳峰）

4. 工程效益

（1）供水情况。截至2023年12月31日，辖区工程累计过流513.87亿 m^3，其中2023年度过流64.19亿 m^3。2023年1—12月辖区工程累计向平顶山、漯河、周口、驻马店、许昌、郑州、焦作、新乡、鹤壁、濮阳、安阳等11地（市）分水19.10亿 m^3，其中正常分水17.83亿 m^3。2023年度内先后利用汛期洪水资源通过澧河、颍河、双洎河、十八里河、贾峪河、索河、黄水河支、香泉河等河流向地方生态补水1.27亿 m^3。2023年度内新增向驻马店市西平县南水北调供水厂、上蔡县南水北调供水厂、汝南县南水北调供水厂、许昌市建安区东部水厂、郑州市侯寨水厂、新乡市平原示范区丽华水厂、原阳县丹江源水厂、安阳市林州市三水厂、滑县四水厂等9座水厂供水，受水区域进一步增加。

（2）工程效益。提高用水保障率：自通水运行以来，叶县段工程—穿漳河工程已惠及沿线11座大中城市40余县（区）近3000万人，受水区域不断扩大，受益人口不断增多，供水水质稳定达标，供水效益不断提升，极大缓解了受水区供水用水矛盾，改善了工程沿线的供水条件，改变了沿线受水区城乡供水格局，提升了沿线居民用水品质，郑州市中心城区自来水九成以上为南水。南水北调工程通水后，输水水质始终稳定达到或优于地表水Ⅱ类标准，明显提高了辖区工程受水区居民用水水质，彻底改变了一些地区长期饮用高氟水、苦咸水的状况，大幅提高了受水区居民的用水安全。

改善生态环境：中线工程主要向城市

供水，有效解决了城市生产生活用水挤占农业用水、超采地下水的局面，扭转了辖区地下水水位逐年下降的趋势，地下水水位实现总体回升，曾经多年断流的河段重现碧波，沿线河湖、湿地水面面积明显扩大，河流径流量加大，水质明显提升，区域水生态环境持续好转，打造了水清、岸绿、景美的宜居环境。截至 2023 年，通过退水闸利用汛期洪水资源向辖区潩河、沙河等 20 条河流生态补水 14.94 亿 m^3，有效改善了工程沿线生态环境，取得了良好的社会反响。郑州市、许昌市已通过国家水生态文明城市建设试点验收，焦作、新乡等受水区正在加快生态水系建设。南水北调受水区 2023 年深层承压水水位较 2022 年同比升高了 1.44m。南水北调中线已成为中原大地的一条绿色走廊、生态走廊和清水走廊，沿线人民群众获得感、幸福感、安全感持续提升。

促进经济发展：工程通水以来，充足且优质的水源在保障了沿线城市基本用水要求的同时，为企业的生产、城镇的规划、经济的转型等方面打下了坚实的基础，为河南省深入实施粮食生产核心区、中原经济区、郑州航空港经济综合实验区、郑洛新国家自主创新示范区、中国（河南）自贸区等国家战略规划提供了有力保障，也为受水区经济社会持续健康发展注入了新的动能和活力。

（王志刚　曹艳峰）

5. 环境保护与水土保持　沿线工程运行管理单位积极协调当地环境保护部门开展污染源排查和治理，有效遏制工程保护范围内的外污染源，工程沿线未发生污染总干渠水质事件。持续深化与工程沿线省、市、县各级环境保护主管部门协作，建立健全了污染事件应急处置机制，总干渠未发生环境污染和生态破坏事件。

运行管理单位加强总干渠沿线防护林带、闸站园区及办公区域的绿化日常养护，开展春季植树、渠道边坡草体补植，提高了工程管理范围的绿化覆盖率。防护林带树木郁闭度基本达到 0.5 以上，总干渠渠堤两岸林带对保持水土、护堤、保护渠水免受沙尘污染起到了防护作用；渠道边坡草体覆盖率在 90% 以上，有效防止雨水冲刷边坡，减少了水土流失的发生，实现了保水固土、稳定边坡的重要作用。防护林及绿化工程有效改善沿线区域生态环境，充分发挥保水保土、防风固沙、保护水质和绿化美化等作用，助力"碳达峰、碳中和"目标的实现，推动区域绿色发展迈上新台阶。

（魏红义）

6. 验收工作　防洪加固项目合同验收：2023 年 10 月 20 日，叶县段、荥阳段防洪加固完善项目通过建管单位组织的合同完工验收。2023 年 10 月 23 日，河南分公司 2022—2023 年高地下水渠段处理及衬砌板修复项目施工 1 标通过建管单位组织的合同完工验收。2023 年 10 月 25 日，河南分公司 2022—2023 年高地下水渠段处理及衬砌板修复项目施工 2 标通过建管单位组织的合同完工验收。2023 年 10 月 27 日，河南分公司 2022—2023 年高地下水渠段处理及衬砌板修复项目施工 3 标通过建管单位组织的合同完工验收。

跨渠桥梁竣工验收和移交：完成连霍高速跨渠桥、郑州 4 座国省干线跨渠桥竣工验收，完成郑州市 12 座城市道路跨渠桥梁管养移交，至此辖区所有跨渠桥梁全部验收移交完毕。

（郭龙龙　刘阳）

【淅川县段工程—方城段工程】

1. 工程概况　中线公司渠首分公司（以下简称"渠首分公司"）负责陶岔渠首

方城风车渠道（中线公司　供图）

枢纽工程—方城段工程运行管理工作，全长185.545km，沿线经过河南省南阳市的淅川县、邓州市、镇平县、方城县4县（市）及卧龙区、宛城区、高新区、城乡一体化示范区4个城郊区，工程地质条件复杂，其中深挖方渠段23.697km，最大挖深达47m，开口最宽处382m，高填方渠段长33.689km，最大填高17.2m，膨胀土渠段全长149.47km。沿线布置各类渠系建筑物119座，跨渠桥梁185座，起点段设计流量350m³/s，加大流量420m³/s；终点段设计输水流量330m³/s，加大流量400m³/s。

（刘春青）

2. 工程管理

（1）工程维护管理。2023年，渠首分公司扎实做好工程维护各项工作，确保工程安全运行，展示工程良好形象。统筹部署，压茬推进河道防洪加固项目实施；扎实开展安全监测工作，重点关注高填方、深挖方等重点渠段和大坝、渡槽等建筑物安全监测数据；申报专利授权6项（其中发明专利1项），南水北调中线一期陶岔渠首枢纽工程获2021—2022年度中国水利工程优质（大禹）奖。

（2）防汛应急管理。2023年渠首分公司完成度汛方案、防汛应急预案及超标准洪水防御预案等各类方案编制修订工作，并向地方部门备案；确定15个防汛风险项目，排查13类274个隐患问题，汛前已全部整改完成，提升防汛保障能力；组建应急抢险队伍，备足防汛应急物资，开展2次防汛应急演练、1次应急队伍演练拉练、20余次桌面推演，提升防汛应急处置能力。启动防汛Ⅳ级应急响应1次，制订防范应对措施30余次，确保工程安全度汛。

（3）基建项目实施。调度生产用房如期入驻，实行"一个项目、一组人员、一个方案、一抓到底"的推进机制，明确项目关键性节点，统筹协调配合，动态优化方案与施工进度，多措并举全力推进项目建设，提前完成调度生产用房搬迁入驻的

任务目标，职工的幸福感、获得感进一步增强，企业形象进一步提升。（刘春青）

3. 运行调度　2023年超额完成年度调水任务，年度调水计划67.99亿 m^3，实际调水74.10亿 m^3，完成率为109％。累计执行调度指令3259条，其中远程调度指令3105条，成功率为99.80％。做好大流量输水工作，7月1—28日开展大流量输水工作，入渠流量最大为380m^3/s。强化调度人员队伍建设，组织开展7次常态化培训、2次线下实操及业务培训、1次警示教育、1次技能比武和6次应急调度桌面推演，提升了调度人员应急处置能力和履职能力。（刘春青）

4. 工程效益　2023年，陶岔渠首枢纽工程累计入渠水量74.10亿 m^3，其中正常调水量68.84亿 m^3，占年度计划67.99亿 m^3 的101.25％；生态调水量5.26亿 m^3。辖区启用8个分水口和3座退水闸向南阳市供水，累计分水9.31亿 m^3。其中，正常供水8.74亿 m^3，占年度计划7.83亿 m^3 111.62％。通水以来累计分水77.58亿 m^3。6—7月、10月辖区利用汛期洪水资源开展2次生态补水，利用白河、清河退水闸向下游河道累计生态补水0.57亿 m^3。辖区受益人口为352万人。

（柴豪）

5. 安全生产　2023年，渠首分公司坚持"全心、全员、全力、全面"抓安全，落实落细各项工作，全年未发生生产安全事故。组织完成安全管理强化年75项工作要点，签订安全生产责任书307份，编制"安全保卫和应急处置岗明白卡"26份，组织参加安全培训14期415人次，强化全员安全意识。严格按照安全生产标准化开展创建工作，并按时完成自评，自评结果全部达标。其中，南阳管理处获中线公司"示范管理处"称号。强化风险分级管控、隐患排查治理和质量监督，结合重大事故隐患专项排查整治行动。加强穿跨邻接工程管理，严把审查关口，完成西气东输三线等5个穿跨越项目成果审查及上报，做好方唐高速跨越方城段工程现场监管。强化应急管理，按期开展防汛抢险、消防逃生、突发传染性疾病等19项应急演练。全力深化内外联动，与南阳市公安局建立警务联勤协作工作机制、与南阳市水行政执法支队建立案件联合处置工作机制。

（刘春青）

6. 科研创新　2023年，完成基于激光和摄影测量的陶岔大坝廊道沉降监测研究及应用项目摄影测量仪研发、安装调试、实验数据采集等工作。完成"南水北调中线典型膨胀土渠道白蚁危害研究"项目立项。配合完成中线输水能力提升研究、高地下水位渠段渗流分析及渗控技术研究项目现场物探、渗压计安装观测、运行管理资料提供等工作。（刘春青）

7. 环境保护与水土保持　2023年，渠首分公司扎实做好辖区范围内防护林、闸站、建筑物进出口、桥梁三角区、办公园区等部位苗木养护及相关设施的维修养护、补植等。自4月1日起，渠首分公司辖区绿化日常维护统一委托工程服务公司承担，完成闸站园区及桥头三角区乔木、灌木、绿篱色块、花卉、草坪及地被维护、施肥、病虫害防治等工作内容。

在水质监测方面，完成地表水、藻类、辖区113条交叉河流、枯水期地下水监测任务，监测水质日常指标50余项、藻类指标9项、交叉河流指标17项。完成中线公司与水源公司数据共享平台建设，实现丹江口库区水质信息实时共享。做好污染源、风险源专项排查和水质安全风险隐患排查。高质量推进水质实验室建设，组织开展水质实验室设备设施及标识标牌建设、设备安装调试验收等工作，4月底完成水质实验室搬迁任务。编制水质实验室资质认定评审工作方案，推进管理体系建设，开展检测设备维护及校准、安全隐患排查整改等工作，做好水质实验室资质认定准备工作。2023年，渠首段水质长期稳定在Ⅱ类及以上。 （刘春青）

【陶岔渠首枢纽工程】

1. 工程概况　陶岔渠首枢纽工程位于河南省南阳市淅川县九重镇陶岔村，是南水北调中线总干渠的引水渠首。初期工程于1974年建成，承担着引丹灌溉任务。2010年3月南水北调中线一期工程陶岔渠首枢纽工程于下游70m处重建，坝顶高程由162.00m提高到176.60m，正常蓄水位由原来的157.00m提高到170.00m。陶岔渠首枢纽工程由引水闸和电站两部分组成，工程主要任务是引水、灌溉兼顾发电，担负着向河南、河北、天津、北京等省（直辖市）输水的任务。

工程设计引水流量为350m³/s，加大流量为420m³/s，年设计供水量95亿m³。枢纽工程设计标准为千年一遇设计、万年一遇加20%校核。工程主要包括上游引水渠、挡水建筑物（混凝土重力坝、引水闸及电站）、下游水闸消力池及尾水渠、护坡工程等内容。混凝土重力坝总长265m，引水闸坝段布置在渠道中部右侧，采用3孔闸，孔口尺寸7m×6.5m（宽×高），底板高程140.00m。

陶岔电厂为河床灯泡贯流式发电机组，装机容量为2×25MW水轮机，设计水头为13.5m，正常运行水头范围为6.0～24.86m，水轮机直径5.10m，电站设计最大过水能力420m³/s。陶岔电厂接入国家电网（南阳），出线电压等级为110kV，陶岔电厂设计年平均发电量2.4亿kW·h。

2. 工程管理　中线公司渠首分公司陶岔管理处（以下简称"陶岔管理处"）和陶岔电厂负责陶岔渠首枢纽工程的运行管理工作。

陶岔渠首枢纽工程（中线公司　供图）

（1）安全生产。陶岔电厂和陶岔管理处持续完善安全生产管理制度体系，对各项安全生产管理制度进行分类梳理，细化执行要求，明确管理目的。2023年初步完成现场安全责任网格建设，建立网格运行机制，将各外委单位纳入陶岔电厂和陶岔管理处安全管理范围统一管理，明确相关方人员安全生产责任，切实保证现场作业安全，解决安全生产责任落实"最后一公里"问题。对安全工作的各环节加强管控。陶岔电厂和陶岔管理处严把合同相关方进场关，在完成安全生产协议签订、安全交底、人员和设备检查等工作的同时，严格检查"班前五分钟"和岗前安全教育执行情况。在陶岔渠首枢纽工程周边组织实施了"陶岔固定式反无人机主动防御系统"项目，极大提升了陶岔电厂和陶岔管理处反恐防范能力。联合淅川县政法委、公安局、防暴大队、反恐大队等单位开展反恐应急演练，通过演练强化事前预防与事后处置，形成全链条工作合力。

（2）安全监测。根据2023年安全监测成果分析，辖区工程运行状态良好。大流量输水期间和高水位运行期间，根据安全加固要求加密检测频次，利用监测数据密切关注大坝及深挖方渠段变形趋势，严格落实工程安全监测相关工作。2023年完成渠首分公司基于激光和摄影测量的陶岔大坝廊道沉降监测研究及应用项目的施工及调试工作；完成陶岔大坝安全监测系统改造优化项目安装及调试工作；完成渠首分公司2023年增设安全监测设施项目施工工作；完成总干渠高地下水位渠段渗流分析及渗控技术研究项目现场勘探和地下水位监测项目现场施工工作，安全监测能力进一步提升。

（3）防汛应急。陶岔电厂和陶岔管理处按照中线公司防汛工作要求在汛前成立防汛风险项目排查评估小组，完成辖区防汛风险排查和评估。汛前开展多次风险排查，对排查发现的问题建立台账，及时推进问题处理整改，完成防洪堤加高、坡面排水系统清淤等防汛影响项目。落实防汛责任、保证防汛抢险高效有序开展。成立陶岔电厂和陶岔管理处安全度汛领导小组，建立"横向到边、纵向到底"的防汛责任体系。编制修订防汛"两案"，并向淅川县防汛抗旱指挥部办公室报备。按照中线公司防汛物资设备维护要求，配合应急保障队伍，对防汛物资设备进行定期保养和维护。防汛期间接到2次中线公司预警通知，全体职工严格落实各项工作部署，坚守岗位，有效应对强降雨挑战，有力保障了工程安全平稳运行。汛后及时总结，对存在的问题进行完善整改，不断提高防汛能力。

3. 运行调度　为保证大流量输水期输水调度工作的顺利开展，详尽掌握总干渠的水位、流量等水情数据，陶岔电厂和陶岔管理处对辖区内视频安防及电力系统施工项目实施升级，新增摄像机69台，极大地提升了维护工程安全的能力水平。陶岔电厂和陶岔管理处严格按照"五班二倒"工作方式开展日常输水调度工作，开展"汛期百日安全专项行动"，调度指令执行成功率达100％。2023年，陶岔电厂积极组织开展设备专业巡检、维护、消缺，完成陶岔电厂2022年专项检修、陶岔电厂涉网试验项目、陶岔电厂专项排查问题处理项目实施工作，极大地提升了电厂安全平稳运行的能力水平。

4. 工程效益　截至2023年12月31日24时，自中线工程通水以来，累计入渠水量610.15亿 m^3。2023年，陶岔电厂供电量19034.51万kW·h。2023年1—12月发电量1.96亿kW·h，结算电量1.89亿kW·h。

5. 环境保护与水土保持　完成辖区苗木树穴修复，陶岔渠首枢纽工程场区和所辖总干渠深挖方渠道沿线渠坡草体集中修剪，持续开展日常性草体修剪、高秆草拔除、绿篱造型维护、乔木刷白、苗木补植等工作。

（岳萌晨）

【水源工程】

1. 工程概况　丹江口大坝加高工程是在丹江口水利枢纽初期工程基础上进行的改扩建工程。工程位于湖北省丹江口市，汉江干流与其支流丹江汇合口下游约800m处。丹江口大坝加高后，工程的任务以防洪、供水为主，结合发电、航运等综合利用。

加高工程完成后，坝顶高程由162.00m抬高至176.60m，正常蓄水位由157.00m抬高至170.00m，校核洪水位174.35m，相应库容由174.5亿m^3增加至290.5亿m^3，总库容339.1亿m^3。电站装机容量为900MW，过坝建筑物可通过300t级驳船。

丹江口水库大坝加高后，可从根本上改善汉江中下游防洪条件，有效提高防洪能力；不仅能满足汉江中下游供水需求，还承担向京津华北地区供水任务，作为南水北调中线一期工程水源地，多年平均调水量为95亿m^3。

2. 工程管理　中线水源公司扎实做好大坝加高工程运行管理维护，定期开展水工建筑物、金结机电设备、白蚁防治等巡检工作，加强安全监测和数据分析，及时掌握大坝运行工况。

编制工程度汛方案和应急预案，专项检查、汛前检查、汛期联合检查发现的隐患问题全部整改到位，汛前设备设施完好率达100%。全面排查工程运行管理潜在风险，组织编制中线水源工程安全风险评估实施方案和深孔坝段纵向裂缝、18坝段裂缝检查方案。武警丹江口船艇大队营房、码头及趸船项目全部施工完成。2023年排查整改一般隐患88个，辨识的147个危险源均已落实预防和应急处置措施，安全生产"零事故"达4560余天。丹江口水利枢纽工程以956.4分通过长江委运行管理考核和标准化管理委级评价，中线水源公司顺利通过水利部安全生产标准化一级达标单位评审。依托丹江口库区水质监测站网，对库区和主要入库河流河口开展人工监测和自动监测。

（1）人工监测。丹江口库区水质监测站网的32个人工监测断面，其中16个为库内断面，16个为入库支流断面；每日开展2次常规9项（陶岔断面）监测，每月开展1次基本24项（32个断面）和补充5项（库区16个断面）监测，每季度开展1次水生生物（18个断面）监测，每年开展1次生物残毒（5个断面）、底质（7个断面）和2次109项全指标（4个断面）等监测工作。

（2）自动监测。3个固定式水质自动监测站分别位于河南省南阳市淅川县九重镇陶岔村（陶岔站）、河南省南阳市淅川县马蹬镇白渡村（马蹬站）、湖北省十堰市郧阳区青山镇蓼池村（青山站），监测15个水质监测指标和5个气象监测指标。4个浮动式水质自动监测站分别位于陶岔水源保护区区界（陶岔浮动站）、仓房水源保护区区界（仓房香花浮动站）、汉江段坝前（坝前浮动站）和汉江段龙口浪河口（龙口浪河浮动站），监测10个水质监测指标。自动监测站每4h进行1次自动采样和监测分析，检测结果通过无线网络自动发送至信息化平台。

3. 运行调度

（1）工程。丹江口水库2023年初水位158.15m，1—3月严格按照长江委月度供水计划批复及实时调度指令实施水库调度，库水位最低消落至153.92m（4月2日）止跌回升。夏汛期水库来水显著增加，库水位稳步抬升，6月16日库水位上涨至160.00m，水库开展优化调度，实施汛期运行上浮运用。7月4日库水位上涨至162.00m（达到夏汛期优化浮动上限），8月21日以历史同期最高运行水位162.12m进入夏秋汛过渡期，8月29日库水位涨至163.50m，顺利实现夏秋汛期过渡。9月上中旬水库按长江委批复的月（旬）供水计划实施调度，结合水雨情继续实施汛期运行水位浮动运用。9月22日，库水位超过165.00m，按照长江委批复的《丹江口水库2023年汛末提前蓄水计划》实施汛末提前蓄水，计划9月底蓄水至167.5m左右，10月1日之后逐步抬升至正常蓄水位170.00m。9月下旬开始，受华西秋雨影响，丹江口水库连续发生两场洪峰大于10000m³/s洪水过程，为确保枢纽及汉江中下游防洪安全，水库由蓄水调度转为防洪调度，并于27日开闸泄洪，10月1日库水位上涨至167.95m。10月上旬，水库统筹兼顾防洪与蓄水，涨水段拦洪削峰，实施错峰调度；洪水逐步消退时拦蓄尾洪，于12日19时蓄至正常高水位170.00m。各项监测数据表明，大坝运行性态正常，水质稳定达标，库岸安全可控，未发生因蓄水引起的人员伤亡和重大财产损失，中线水源工程再次实现了汉江秋汛防御与丹江口水库蓄水"双胜利"。

（2）供水。根据《水利部办公厅关于同意调整南水北调中线一期工程2022—2023年度北京市、河北省用水计划的通知》（办南调〔2023〕227号），陶岔渠首正常供水计划由年度计划的71.38亿m³调整为67.99亿m³。

2022—2023年度陶岔渠首供水74.1亿m³，为调整后年度计划的109%，分月计划完成比例94%～100%。其中，6—7月和9—10月丹江口水库遇洪水过程，结合中线工程受水区生态补水需求，陶岔渠首向北方实施生态补水，累计向受水区生态补水5.5亿m³。详见表1。

表1　　　　陶岔渠首2022—2023年度各月供水情况

时间	实际供水情况		长江委批复的月（旬）计划			水利部年度计划（调整后）		
	水量/亿m³	流量/(m³/s)	水量/亿m³	流量/(m³/s)	计划完成比例/%	水量/亿m³	流量/(m³/s)	计划完成比例/%
2022年11月	6.718	259	6.739	260	100	6.56	253	102
2022年12月	5.210	195	5.223	195	100	4.78	178	109
2023年1月	4.676	175	4.687	175	100	4.62	172	101
2023年2月	4.377	181	4.379	181	100	4.26	176	103
2023年3月	6.100	228	6.107	228	100	6.02	225	101
2023年4月	5.954	230	6.013	232	99	5.92	228	101
2023年5月	6.156	230	6.375	238	97	6.27	234	98

续表

时间	实际供水情况		长江委批复的月（旬）计划			水利部年度计划（调整后）		
	水量/亿 m³	流量/(m³/s)	水量/亿 m³	流量/(m³/s)	计划完成比例/%	水量/亿 m³	流量/(m³/s)	计划完成比例/%
2023年6月	7.066	273	7.543	291	94	6.28	242	113
2023年7月	9.585	358	9.919	369	97	6.93	259	138
2023年8月	5.836	218	6.294	243	90	5.67	212	103
2023年9月	5.879	227	5.910	228	100	5.44	210	108
2023年10月	6.548	244	6.800	254	96	5.24	196	125
年度合计	74.105	235	75.989	241	98	67.99	216	109

2022—2023年度，陶岔渠首断面水质优良，符合Ⅰ类水质标准的有342天，占94%；符合Ⅱ类水质标准的有23天，占6%。库内16个监测断面水质良好，均符合Ⅰ～Ⅲ类水质标准，符合Ⅰ类水质标准的断面占37.50%，达到Ⅱ类水质标准的断面占37.50%，符合Ⅲ类水质标准的断面占25.00%。16个主要入库河流河口大部分水质良好，均符合Ⅱ～Ⅳ类水质标准，符合Ⅱ类水质标准的断面占87.5%，符合Ⅲ类水质标准的断面占6.25%，Ⅳ类水质标准的断面占6.25%。

4. 工程效益

（1）防洪效益。2023年，丹江口水库共发生入库洪峰大于5000m³/s的洪水6场，其中洪峰超过10000m³/s的洪水2场。前4场洪水均全部拦蓄，秋汛期2场洪水削峰率在29%～38%。秋汛期汉江干流共发生2次编号洪水，第1次编号洪水在汉江上游形成，第2次编号洪水在汉江中游形成，经初步还原分析两次编号洪水的重现期为5年一遇～10年一遇，其中丹江口最大入库流量为16400m³/s，皇庄站洪峰流量为13900m³/s。经还原后重现期均超秋季5年一遇，丹江口至皇庄区间最大7天洪量超过10年一遇。水库通过拦洪、错峰、削峰等系列调度措施，发挥了显著的防洪作用。秋汛期水库累计拦洪约68.6亿m³，有效降低了汉江中下游主要控制站的最高水位，最大降幅0.8～1.5m，避免了仙桃至汉川河段超保证水位（水库不调度超保时间5天左右）及杜家台蓄滞洪区分洪道的运用，缩短了主要控制站水位超警戒水位时间5～10天，大大减轻了汉江中下游防洪压力，避免了分洪道运用的经济损失，保障了汉江流域防洪安全。

（米斯）

（2）供水效益。截至2022—2023供水年度结束（2023年11月1日上午8时），工程正式通水以来已累计向北方供水597.43亿m³，供水水质稳定在地表水Ⅱ类及以上，惠及沿线26座大中城市，直接受益人口超过1.08亿人，为国家重大战略实施和北京、天津、河北、河南等地区高质量发展提供了充足的水资源保障。

正式通水以来，陶岔渠首累计生态补水量95.12亿m³，有效助力华北地区地下水超采综合治理和河湖生态环境复苏。

5. 验收工作　2023年9月6日，中线水源公司派员赴北京参加《南水北调东、中线一期工程竣工资料准备技术要求》（初稿）咨询会议，并提出了有关建议。

（倪雪峰　米斯）

【汉江中下游治理工程】

1. 工程概况　汉江中下游四项治理工程：兴隆水利枢纽工程、引江济汉工程、部分闸站改造工程、局部航道整治工程。

（1）引江济汉工程。是我国现代最大的人工运河。工程连通长江和汉江，穿越长湖，并成为湖中之渠，渠道全线衬砌，全线立交。该工程建成后，可向汉江兴隆以下河段（含东荆河）补充因南水北调中线调水而减少的水量，同时改善该河段的生态、灌溉、供水条件，还可缩短长江荆州段至汉江潜江段航程 600 多 km，对促进湖北省经济社会可持续发展、汉江中下游地区的生态环境修复和改善具有重要意义。

引江济汉工程进水口位于荆州市荆州区李埠镇，出水口位于潜江市高石碑镇，全长 67.23km。设计渠底宽 60m，水深 5.62～5.85m，内坡 1∶2～1∶3.5，设计引水流量 350m³/s，最大引水流量 500m³/s，补东荆河设计流量 100m³/s，加大流量 110m³/s。多年平均需补汉江水量 25 亿 m³，补东荆河水量 6 亿 m³。沿线各类建筑物共计 107 座，渠首泵站装机 6×2800kW，设计提水流量 200m³/s。

（2）兴隆水利枢纽工程。兴隆水利枢纽位于汉江下游湖北省潜江、天门市内，上距丹江口水利枢纽 378.3km，下距河口 273.7km。其是南水北调中线工程的重要组成部分，开发任务以灌溉和航运为主，兼顾发电。

该工程主要由泄水闸、船闸、电站、鱼道、两岸滩地过流段及交通桥等组成。水库库容约 4.85 亿 m³，最大下泄流量 19400m³/s，灌溉面积 327.6 万亩，规划航道等级为Ⅲ级，电站装机容量为 40MW。

（3）部分闸站改造工程。汉江中下游部分闸站改造工程由谷城至汉川汉江两岸 31 个涵闸、泵站改造项目组成，共计 185 处。分布于汉江中下游两岸，建筑物类别主要有进水闸（穿堤涵闸）、节制闸（分水闸）、泵站、倒虹吸、部分渠系等。其中，单项设计的闸站有 31 处，典型设计的小型闸站共 154 处。工程范围分布于襄阳市（谷城县、樊城区、宜城市）、荆门市（钟祥市、沙洋县）、潜江市、天门市、仙桃市、孝感市（汉川市）内，总占地面积 117.16hm²。

（4）局部航道整治工程。局部航道整治工程全长 574km。其中，丹江口至兴隆河段 384km 按Ⅳ航道标准建设，兴隆至汉川长 190km 河段结合湖北省兴隆至汉川 1000t 级航道整治工程按Ⅲ航道标准建设。根据各河段特点，其主要工程内容是采用加长原有丁坝和加建丁坝及护岸工程、疏浚、清障和平堆等工程措施，以维持 500t 级航道的设计尺度，达到整治的目的。

2. 工程管理

（1）运管标准化。2023 年，湖北省引江济汉工程管理局采取考察学习、组建专班、制订方案、聘请"外援"、定期督导等措施，全面推进水利部标准化管理调水工程创建，取得丰硕成果。先后完成了电缆标准化改造、标准化涂色、标识标牌完善、泵站安全检测、标准化设施设备完善等项目，工程面貌焕然一新。5 月，六座水闸被湖北省水利厅认定为第一批标准化管理水闸工程。9 月 27 日，引江济汉工程顺利通过调水工程标准化管理省级评价。

为缓解极端水文条件对船闸通航带来的不利影响,2023年4月湖北省兴隆局开始实施通航保障及安全运行应急处置工程,对船闸下游引航道底部进行疏浚以改善船闸下游引航道的通航条件,在下游围堰防渗墙部位进行封堵和修复以壅高电站和泄水闸下游水位。船闸自5月27日恢复通航以来,调度运行安全顺畅。

按照湖北省水利厅关于水闸工程标准化管理工作的要求与目标,湖北省兴隆局提早谋划、率先发力,争创省级标准化,2023年5月兴隆水利枢纽成为湖北省内首批标准化管理水闸工程。

(2)安全生产管理。2023年,湖北省引江济汉工程管理局纵深推进安全生产标准化管理,没有发生一起安全生产责任事故,取得工程安全、供水安全、水质安全、人员安全的好成绩。狠抓安全生产责任落实,层层签订安全生产目标责任书,实行年度考核。坚持每月开展安全生产检查和问题整改督办,每季度开展危险源辨识更新,重要节点开展重大事故隐患专项排查整治,同时加快安全生产信息化平台建设,积极推进水利安全生产风险管控"六项机制"试点工作。加强涉渠项目管理,审核处理涉渠项目11个。开展进口段反恐防暴专项应急演练,切实提高应对突发事件能力。加强工程安全监测及成果应用,高质量开展年度工程日常维修养护,及时修复水毁工程,确保工程始终处于健康运行状态。加强全员安全教育培训,开展生产安全事故应急演练、"一把手"谈安全讲座等"安全生产月"主题活动,从思想上行动上筑牢安全生产防线。

2023年,湖北省兴隆局开展全省水利重大事故隐患专项排查整治2023行动,构建了集基础数据、自查自报、危险源辨识和风险分级于一体的安全生产管理系统,做好隐患排查治理信息化工作,由被动安全向主动安全转变。2023年湖北省兴隆局在水利部举办的水利安全生产应急演练成果评选展示活动中获三等奖。

2023年5月,南水北调中线工程汉江兴隆水利枢纽工程获评2021—2022年度中国水利工程优质(大禹)奖。

(3)防汛备汛。2023年9月底,受丹江口水库下泄流量持续加大,以及汉江上游来水叠加区间降雨影响,汉江中下游水位迅速上涨。高石碑出水闸下游于10月2日达到设防水位37.50m,10月5日达到最高水位39.51m(超警戒0.71m),10月7日退出设防水位,工程设施设备和渠堤安全度汛。汛前,湖北省引江济汉工程管理局及时修订防汛抗旱应急预案,落实防汛抢险物资和应急队伍,组织预案培训演练。全线开展隐患排查整改,确保工程安全运行。汛期,湖北省引江济汉工程管理局闻令而动,周密部署,及时启动4级应急响应,实行24h防汛值班制,加密水情监测和工情巡查频次,全力投入防御汉江洪水工作,确保了引江济汉工程安全度汛。

(4)抗旱调水。2023年,按照长江委批复的年度调水计划,湖北省引江济汉工程管理局严格实行用水总量控制,累计完成调水量30.33亿m^3,其中向汉江补水22.57亿m^3,向长湖、东荆河补水6.62亿m^3。在应急调水方面,2—4月,湖北省引江济汉工程管理局根据湖北省水利厅调度指令,3次启动进口泵站向汉江、长湖和东荆河实施应急抗旱调水,历时33天,机组运行803台时,累计调水量1.13亿m^3。5—8月,充分利用长江中高水位契机加大工程引水流量，累计调水量21.43亿 m^3。其中，超设计引水流量（$350m^3/s$）安全运行16天，8月24日引水流量达到$464m^3/s$，为工程建成以来日常运行引水流量最大值。调水期间，渠道及沿线建筑物运行安全，有效保障了汉江中下游、长湖及东荆河流域的农业灌溉，缓解了用水需求，工程效益惠及更多的人民群众。

3. 运行调度

（1）配合2023年汉江干流梯级联合生态调度。为落实好湖北省水利厅关于生态调度的工作部署，湖北省兴隆局高度重视、多次会商协调，制订调度方案。自7月9日兴隆水利枢纽开始降低上游水位运行，兴隆电站、船闸相继停止运行。7月10—13日兴隆枢纽逐步加大出库流量，控制上游水位日降幅在0.9m左右。7月14日8时56孔闸门全部提出水面，上下游水位基本持平，实现了敞泄调度目标。整个控泄过程兴隆上游水位累计下降4.45m，放空库容约2亿 m^3，恢复了汉江兴隆河段自然流态。敞泄3天后，7月17日接上级调度指令要求，兴隆水利枢纽开始下闸蓄水，18日电站恢复发电，20日泄水闸回蓄目标完成，船闸恢复通航，枢纽转入正常运行。

（2）平稳度过运行以来最大秋汛。2023年10月，受丹江口泄洪及区间降雨的影响，汉江中下游流域出现明显的涨水过程，兴隆水利枢纽迎来了2023年汉江秋汛。湖北省兴隆局认真分析汛情形势，做好闸门调度、水情测报和预警、安全监测工作，加强建筑物及防汛设施设备的巡查，严格按照汛期运用计划开展科学调度，通过精确预判、提前动员、精心组织，10月5日2时左右洪峰安全过境兴隆，洪峰流量$13600m^3/s$，最高水位39.70m，突破兴隆枢纽运行以来的最高水位记录。兴隆水利枢纽主要建筑物、重要设备设施保持完好，管理区域内未发生人员伤亡和财产损失，取得了本次秋汛防御的阶段性胜利。

（3）开展调水工程标准化管理省级评价。2023年9月26—27日，湖北省水利厅组织专家赴引江济汉工程沿线开展调水工程标准化管理省级评价工作。调水局、长江委水资源局参加指导。

2023年湖北省引江济汉局正式启动调水工程标准化创建工作，并邀请调水局赴现场具体指导，完成标准化管理自评工作。本次引江济汉工程标准化管理省级评价由湖北省水利厅组织实施，评价工作组由湖北省水利厅有关处室及特邀专家组成。9月26日，工作组现场察看进口泵站、进水节制闸、荆江大堤防洪闸、拾桥河上游泄洪闸、拾桥河左岸节制闸、拾桥河下游泄洪闸、高石碑出水闸及沿线渠道等工程设施。27日，工作组在武汉召开省级评价会议，听取引江济汉局关于调水工程标准化管理自评工作情况汇报。与会专家对照自评报告查阅资料，质询相关事项，指出存在的问题，提出具体整改建议，并进行评价赋分。最后，与会专家经过充分讨论，形成初评报告，得到湖北省水利厅评价工作组的认定。报告认为，引江济汉工程是国家投资建设的南水北调重要工程，不仅建设标准高，各类建筑物及附属设施布局合理、设施完整、系统完备，而且运行管理体系健全完善、规范有序、安全可靠，特别是工程效益发挥非常显著。工程自建成通水以来，已累计引水321.36亿 m^3，发挥巨大的经济、社会、生态、效益。评价工作组一致同意引江济汉工程通过调水工程标准化管理省级评价，推荐申报水利部标准化管理调水工程。

10月，湖北省水利厅公布湖北省标准化管理调水工程名单（第一批），南水北调中线一期引江济汉工程顺利通过省级评价，被湖北省水利厅认定为第一批省级标准化管理调水工程。（柯启龙　金秋）

（4）谋划部署创建水利部标准化管理工程。兴隆枢纽自运行以来，湖北省兴隆局党委始终把推行标准化工作作为践行初心使命的责任担当，通过党建驱动、教育培训、监督执纪、创新发展、补齐短板等多项重要举措助推标准化工作取得有目共睹的成效。在湖北省水利厅的大力指导下，湖北省兴隆局已完成水利厅标准化管理工程的自评工作。

为认真贯彻落实2023年全省水利工作会议精神，全力保障枢纽安全运行，充分发挥工程效益，湖北省兴隆局党委乘势而上，主动谋划，将创建水利部标准化管理工程作为年度重点工作，研究制订《湖北省汉江兴隆水利枢纽管理局创建水利部标准化管理工程实施方案》，明确创建工作的总体目标，部署创建工作的主要任务，细化创建工作的责任清单。

2023年3月2日，湖北省兴隆局组织召开创建水利部标准化管理工程动员大会，动员全局上下统一思想再出发，聚焦目标再发力，强化责任再加压。

湖北省兴隆局负责人作创建工作动员讲话，指出创建水利部标准化管理工程是对湖北省兴隆局多年标准化工作成果的最好检验，是落实上级要求、对标先进标杆、回应群众期盼、建设成一流水利工程的最强回音。全体干部职工一是要提高认识，领会要求，在思想认识上再深化、再提高，主动作为，把握标准化工作新要求，看清水利发展新形势，充分发扬"奋斗奉献、踔厉创新"的兴隆精神，切实增强创建工作的使命感、责任感；二是要依托优势，坚定信心，借助湖北省兴隆局标准化工作起步早的优势，牢牢把握住当前标准化工作势头好、亮点多、变化大，团结一致的有利局面，认真总结多年来标准化工作的经验成果，打造更多的兴隆标准化亮点，坚定必胜的信心；三是要抓实抓细，力促达标，认真对照创建工作清单，围绕"自评""初评"以及"最终评价"三大关键节点，压实责任，对标对表，查摆问题，制订计划，及时整改，确保实现创建工作目标。

会议强调，创建水利部标准化管理工程是助力湖北省实现"以水利现代化推进水利强省建设实现新的跨越"奋斗目标的重要举措，是完善湖北省兴隆局标准化管理体系、提升湖北省兴隆局管理水平的重要抓手，各部门负责人作为创建工作的"第一责任人"，务必要做到以下三点：一是当好"领头羊"。要坚持思想引领，当好"排头兵"，强化责任担当，带头履行好自身职责，统筹谋划，认真部署，带动职工迅速营造全员齐上阵，人人共创建的积极氛围。二是抓好"牛鼻子"。要坚持目标导向，精准把握创建工作重难点，围绕标准化创建工作三大节点，挂好"作战图"，以上率下，加强督导，提高创建工作效率，保障创建工作质量。三是戴好"紧箍咒"。要坚持问题导向，加大奖惩力度，及时整改当前存在的问题，以严的基调、严的措施、严的氛围，持续提升管理标准，让创建要求与日常管理实现统一，力促湖北省兴隆局标准化管理水平迈向新的台阶。

（朱乔航）

（5）数字孪生汉江兴隆水利枢纽工程

取得新进展。数字孪生汉江兴隆水利枢纽工程是湖北省水利厅开展的唯一的水利部数字孪生先行先试项目。为进一步理清建设思路、明确目标任务，确保项目实施顺利，2023年3月31日，湖北省兴隆局在武汉组织召开《数字孪生汉江兴隆水利枢纽工程建设先行先试项目详细设计说明书》（以下简称"《设计说明书》"）审查会。

会议成立专家组，听取项目EPC承接单位的分项汇报，并分别进行质询和讨论。专家组认为《设计说明书》编写规范，引用的规程规范满足项目建设要求，建设内容具体，技术路线、体系框架、功能性能符合《数字孪生汉江兴隆水利枢纽工程建设先行先试项目实施方案》的要求；《设计说明书》提出的现状及需求分析贴近现实，孪生平台建设满足业务应用的需要，业务应用开发所提出的功能满足兴隆水利工程管理工作需要，信息化基础设施建设可支撑平台及应用的需要，系统集成所提出的方案可行，同意《设计说明书》通过审查。

会议强调，要以工程安全为核心，从水利工程运行管理的实际需求出发，重点解决多源异构多模态数据整编融合、构建多目标调度及快速智能优化算法模型、打造可视可管可控标准化管理孪生体系等迫切需要解决的运行管理问题，实现为工程运行管理的精准化决策提供技术支撑的目的。

数字孪生汉江兴隆水利枢纽工程项目自推进以来，受到水利厅科技处、网信专班等相关部门的大力指导。项目部召集各参建单位技术骨干倒排工期、挂图作战、集中办公，紧张有序推进项目实施。集中办公一个多月，项目取得丰硕成果，完成BIM主体模型的建设和GIS数据的搭建，初步完成各业务应用的原型设计，编制施工组织设计，并在其基础上补充、深化，形成《设计说明书》。

下一步，各有关承接单位将迅速按照专家意见修改完善，尽快组织实施，确保高标准高质量高效率推进数字孪生汉江兴隆水利枢纽工程建设。

相关专家、厅科技处、湖北省兴隆局、监理单位、EPC总承包联合体及有关分项具体承建单位共40余人参加会议。

（吕运锋）

（6）数字孪生取得新进展。数字孪生汉江兴隆水利枢纽工程建设先行先试项目取得新进展，2023年项目已进入系统集成部署阶段。

数字孪生汉江兴隆水利枢纽工程是湖北省首个水利部数字孪生水利工程建设先行先试项目，工程充分运用物联网、大数据、云计算、人工智能、数字孪生等新一代信息技术，以工程防洪调度和水资源综合利用为业务主线，搭建数字孪生平台，建设L3级工程数据底板，夯实信息基础设施，构建专业模型，实现防洪兴利调度、工程安全智能分析预警、生产运行智慧管理等功能。工程采用1套系统、3个门户、5大应用的架构，建设内容包括数字孪生平台建设、信息化基础设施建设、相关应用业务开发、网络安全建设、系统集成部署等。

项目已完成数据中台的部署和测试，具备数据汇聚、治理和共享功能；完成工程L3级实景三维模型构建和BIM＋GIS可视化主场景发布；基本完成洪水预报及演进等水利专业模型开发和参数率定；完成业务应用UI统一规范、开发架构的发布和代码仓库搭建，基本完成水利感知网和通信传输网络升级改造。各业务应用的后端、前端开发接近尾声，部分业务应用开始进行系统部署。

湖北省兴隆局有序推进数字孪生汉江兴隆水利枢纽工程建设，组织参建单位现场集中攻坚，抓紧完成系统部署，确保主要业务应用投入试用，赋能汉江主汛期防汛工作。

（吕运锋）

（7）完成2023年汉江中下游联合生态调度。2023年，汉江中下游梯级联合生态调度顺利完成。本次生态调度是由湖北省水利厅统一指挥，其主要内容是调度兴隆枢纽实施敞泄，恢复河段自然流态，上游枢纽加大下泄"造峰"，形成适宜鱼类产卵的水文、水动力条件，促进产漂流性卵鱼类洄游繁殖。

为落实好湖北省水利厅关于生态调度的工作部署，湖北省兴隆局高度重视、多次会商协调，制订调度方案。自2023年7月9日兴隆水利枢纽开始降低上游水位运行，兴隆电站、船闸相继停止运行。7月10—13日兴隆水利枢纽逐步加大出库流量，控制上游水位日降幅在0.9m左右。7月14日8时56孔闸门全部提出水面，上下游水位基本持平，实现敞泄调度目标。整个控泄过程上游水位累计下降4.45m，放空库容约2亿m³，恢复汉江兴隆河段自然流态。敞泄3天后，7月17日接上级调度指令要求，兴隆水利枢纽开始下闸蓄水，18日电站恢复发电，20日泄水闸回蓄目标完成，船闸恢复通航，枢纽转入正常运行。

生态调度期间，湖北省兴隆局专门组织人员加密枢纽建筑物安全监测，实时监控枢纽工程运行状态，同时利用工程敞泄的有利时机，陆续开展电站尾水水下地形测量、无人机巡测、上游水位站抢修、启闭机故障抢修、预防性试验等工程养护工作；还联系公安、渔政等部门开展联合行动，打击非法捕鱼，维护汉江生态平衡。

汉江流域进入主汛期后，湖北省兴隆局继续科学调度枢纽工程，全力改善库区水生态环境，充分发挥兴隆枢纽灌溉、航运、发电、生态等综合效益，共同守护好一江清水，共建汉江流域美好家园。

（吴铮　周浩）

（8）汉江首条可视化鱼道通水"满月"。2023年9月16日，汉江首条可视化鱼道通水满一个月。据初步统计，一个月来，近4万条鱼儿通过这条新改造的鱼道畅快洄游。

透过$6m^2$的观察窗，可以清晰地通过汉江兴隆水利枢纽工程新改造的可视化鱼道观察鱼儿洄游的身影。鱼道全长近400m，内安装有水下摄像机、图像声呐、射频接收等监测设备，可将鱼道pH值、水深、过鱼数量、种类等各类数据实时传输到综合监测平台。

四大家鱼是汉江最主要的鱼类资源，也是评价汉江水生态重要的指标。为保证鱼儿顺利洄游，2013年兴隆枢纽建设初期，就保留生态鱼道。然而，近年来，受下游水位下降等因素影响，部分鱼类洄游困难。为了鱼道畅通，2022年10月，兴隆水利枢纽投资2647万元，启动鱼道改造工程。新鱼道入口高度较老鱼道降低2.5m，还新增174.3m的M形巡回弯道，用45个结构板块，为鱼儿洄游搭建"楼梯"。

兴隆水利枢纽鱼道设计负责人、长江设计集团正高级工程师朱世红表示："鱼道的宽度和高度就像人住房子一样，住层高2.2m的房子会很压抑，再高气场又压不住。我们算出来兴隆水利枢纽大概是6公分高度差一个隔板，鱼正好能够克服流速，又能游得比较舒服。"

兴隆水利枢纽是汉江最下游的一级水利枢纽，也是我国首批数字孪生水利工程之一。后期，可视化鱼道监测系统将接入数字孪生水利工程平台，通过对洄游鱼类的监测，为汉江流域生态研究提供数据支撑。

中国大坝学会过鱼设施专委会副主任、三峡大学水利与环境学院副院长石小涛表示："通过数字化的数据感知，便于我们掌握鱼类的洄游规律，针对性调节鱼道的水文过程，让鱼上得更多上得更好。"

水利部中国科学院水工程生态研究所研究员乔晔表示："之前放流是以一种抽样的方式进行估算，有了这样一个水下观测平台，不同年份具体断面的特定种类数量的变动，更贴近实际情况，对鱼类生态习性的掌握非常重要，对生态学第一手观测资料的获得也是非常有好处的。"

（来源：长江云新闻，略有删改）

4. 工程效益　截至2023年12月31日，兴隆水利枢纽电站年累计发电2.389亿kW·h，完成年度发电目标2.25亿kW·h的106％，累计总发电23.098亿kW·h，为区域经济高质量发展提供了稳定的清洁能源和支撑。截至2023年12月31日，兴隆水利枢纽船闸总累计过船85663艘，总累计载货量42662329t，为湖北"水运强省"注入了新动力。

兴隆水利枢纽库区有天门罗汉寺灌区、兴隆灌区、沙洋引江灌区等大型灌区，现有灌溉面积近300万亩。近年来，上游水位常年保持在36.2m左右，兴隆灌区水位保障率达到100％，控制范围内灌溉水源保证率达到设计要求。截至2023年底，兴隆枢纽为潜江、天门灌区供水保障率达100％；2023年天门市全年

兴隆水利枢纽电站设备日常巡查
（湖北省兴隆局　供图）

粮食种植面积241.61万亩、总产量82.25万t。2023年9月天门市获水利部"第一批县级水网先导区"称号。2023年潜江市粮食播种面积稳定在150万亩以上，粮食总产量超60万t。潜江市是"虾稻共作"高效种养模式的发源地，虾稻产业综合产值达750亿元。2023年7月，潜江市入选2023赛迪百强县。

引江济汉工程2023年全年调水30.33亿m³，其中向汉江补水22.58亿m³，汉江兴隆以下河段生态、航运、灌溉、供水条件得以改善；向长湖、东荆河补水6.62亿m³，及时满足了荆州市江陵县、监利县等160万亩农田灌溉和渔业用水需求；向荆州古城护城河补水0.70亿m³，极大改善了城区水环境。综合效益显著发挥，取得了良好社会反响。

汉江中下游部分闸站工程共实施改造项目185处，其中较大闸站31处，小型泵站154处。工程完工后，稳定发挥排灌效益，为两岸农业发展和粮食稳产高产提供了有力支撑。东荆河倒虹吸工程将谢湾灌区30万亩农田灌溉调整为自流灌溉，使潜江市自流灌溉达90％以上。徐鸳口泵站承担着仙桃、潜江两市共180万亩农田灌溉任务，多次在抗旱排涝的关键时刻

发挥重要作用。

5. 环境保护与水土保持

（1）生态调度促进产漂流性卵鱼类洄游繁殖。2023年7月，兴隆水利枢纽配合2023年汉江中下游梯级联合生态调度，调度兴隆枢纽实施敞泄，恢复河段自然流态，上游枢纽加大下泄"造峰"，形成适宜鱼类产卵的水文、水动力条件，促进产漂流性卵鱼类洄游繁殖。

（2）2023年3月9日，湖北省兴隆局在汉江兴隆水利枢纽工程隔流堤组织开展"爱我兴隆 绿满荆楚"主题春季义务植树活动。职工们陆续种下中山杉、东方红橘等乔灌木11种1500余株，为兴隆水利枢纽播撒新绿。

（3）实施2023年冬季鱼类增殖放流。此次增殖放流活动共投放规格每尾4cm以上的胭脂鱼、蒙古鲌、翘嘴鲌、团头鲂、黄颡鱼、鳜鱼、青鱼、草鱼、鲢鱼、鳙鱼等珍稀特有鱼类及经济类鱼苗41万尾。汉江增殖放流活动为扩大鱼类种群规模，恢复渔业资源，保护水生生物多样性，维护水生态平衡具有重要意义。

6. 数字孪生建设　编制完成引江济汉数字孪生工程规划，建成工程全域三维实景模型、数字办公OA系统、BIM＋GIS数据融合集成试点系统（高石碑）等。建设4处超声波流量自动监测站和11处水位自动监测站，完善了水位流量实时监测系统、安全监测自动化系统、全线视频监控系统。加强网络安全管理防护，完成等级备案、接入楚天云平台、网络安全设施设备升级，引江济汉工程管理局信息化管理水平进一步提档升级。

7. 验收工作　2023年3月27日，由湖北瑞洪监理有限公司主持，兴隆局建设管理办公室以及设计单位、施工单位等参建单位组成的验收组在汉江兴隆水利枢纽现场对工程的围堰工程、基础处理工程等两个分部工程进行了验收。项目站对验收过程进行了监督。

2023年8月4日，验收组对兴隆水利枢纽工程的原鱼道改造工程、闸室段及工作桥（土建）等两个分部工程进行了验收。项目站对验收过程进行了监督。

2023年8月15日，验收组对兴隆水利枢纽工程的新增鱼道工程分部工程、闸房分部工程、其他工程分部工程等三个分部工程进行了验收。项目站对验收过程进行了监督。

2023年9月8日，依据《南水北调工程外观质量评定标准（试行）》（NSBD 11—2008）的有关规定，由工程外观质量评定组对工程的外观质量进行现场检查及评定。工程外观质量评定得分率为88.4%，外观质量等级评定为优良。项目站对本次外观质量评定工作进行了监督，并对评定结果进行了核备。

2023年9月12日，验收组对兴隆水利枢纽工程的监测设备安装分部工程、软件安装及调试分部工程等两个分部工程进行了验收。项目站对验收过程进行了监督。

2023年10月30日，湖北省兴隆局组织对兴隆水利枢纽鱼道改造工程单位工程进行验收。验收组认为本单位工程已按设计要求和合同约定完成施工任务，10个分部工程均已通过分部工程验收，具备单位工程验收条件。本单位工程质量达到优良等级，同意通过验收。

8. 尾工建设　为加强汉江流域生态修复及鱼类保护，2022年10月开始对兴隆枢纽鱼道进行优化升级，新增鱼道延长段174.3m，增设观察室和在线监测系统，全面打造可视化、数字化、智能化鱼道。

2023年8月16日，鱼道改造工程正式通水，恢复生态过鱼功能。

（郑艳霞　金秋　付泾泽　李悦聪）

生态环境

【北京市】　1. 环境保护　北京市南水北调环线管理处对亦庄调节池水环境维护情况和基层管理所绿化养护情况进行月度抽查和专项检查。2023年共完成现场抽查检查15次，主要包括垃圾清理、水面保洁、日常绿化养护、绿化美化提升、防寒防冻保护等，发现问题及时整改。

北京市南水北调大宁管理处完成永定河中堤西侧隔离设施布置以及宣传、警示标识设置，增设提示牌9块、宣传展板7块，安装触应式广播6处；完成中堤区域8000m²绿化美化提升，播种花草15000m²，为中堤开放营造良好环境。

2. 生态建设　北京市南水北调环线管理处开展河湖绿化美化提升改造，在亦庄调节池二期种植荷花、睡莲、黄菖蒲等水生植物；在2号取水口西侧、西门外侧等处播种野花组合、栽植金光菊、繁星花等，丰富绿化视觉效果，提升场区景观环境；在亦庄调节池一期、二期连接处设置智能观鸟站，配有超高清摄像头、鸟鸣声四向拾音器等硬件系统，2023年内共识别记录鸟类7种142次。

北京市南水北调大宁管理处完成大宁水库周边污染源调查，持续开展植树造林、水环境保洁、增殖放流、水质监测等工作，首次开展林区土壤监测，开展美国白蛾防控治理；新增鸟类AI智能识别设备，初步建设形成20亩"保育小区"，吸引多种动植物安家，截至2023年底，累计观测到鸟类10目15科31属39种。

（周英豪）

【天津市】　（1）加强水源地水质监测和信息公开。按月开展饮用水水源地水质常规监测，每年开展一次109项全指标分析监测，汛期开展水质加密监测，2023年南水北调中线曹庄泵站、王庆坨水库水质达标率达100%。按月公开水源地水质信息，提高公众对水源保护工作的监督。

（2）加强王庆坨水库水华防控。开展汛期水华防控，强化水质、藻密度监测预警，紧盯应急防控，推进综合防治等三个方面，对南水北调中线工程在线调蓄水库王庆坨水库加强监管，切实防控重点湖库水华。

（3）开展水源地环境状况调查评估和专项执法检查。持续加强南水北调中线天津段水源地规范化建设，开展水源环境保护状况调查评估，对水源地水源达标、污染源调查、保护区整治等情况进行评估，提升水源地环境管理和饮用水安全保障水平。2023年，王庆坨水库饮用水源地环境保护状况评估结果为优秀。加强饮用水水源保护，开展南水北调中线天津段沿线武清区、北辰区、西青区环境保护专项执法检查，保障饮用水安全。

（4）加强日常巡查检查。强化饮用水水源地日常监管，持续开展南水北调中线天津段环境安全隐患排查整治，消除污染风险隐患，保障饮用水水源地环境安全。

（5）建立协同联动机制。与中线公司天津分公司天津管理处建立协同联动和信息共享机制，加强部门联动，加大巡查检查监管力度，形成工作合力，推动南水北调中线天津段环境保护。

（天津市生态环境局）

【湖北省】

1. 落实编制规划工作　按照水利部相关工作要求，2023年7月，湖北省水利厅配合长江委编制了《丹江口水库及其上游流域水质安全保障工作方案》（征求意见稿），并组织省直相关部门和十堰市政府研究反馈了意见。按照《湖北省丹江口水库水质安全保障工作措施清单》（鄂环委办〔2023〕9号），对涉及水利工作进一步细化措施，压实责任部门，推进落实。配合湖北省发展改革委编制《湖北汉江流域综合治理规划纲要》，明确丹江口库区水环境治理目标和任务。配合长江委编制完成《丹江口水库岸线保护与利用规划》，细化了库区涉河建设项目行政许可审查范围，为岸线管理保护提供技术支撑。向水利部报送了《关于在南水北调总体规划修编中充分考虑汉江中下游新情况新问题的请示》，恳请建立汉江中下游生态补偿机制，加大汉江流域综合治理，进一步支持湖北省丹江口库区及汉江中下游水生态保护修复。

2. 推进水生态修复工程建设　实施水系连通、水生态保护修复工程，加快引江补汉等重大水利工程建设，重点推进丹江口库区库滨带综合治理，不断维护南水北调工程安全。截至2023年底，引江补汉工程累计完成投资26.11亿元；十堰中心城区水资源配置工程累计完成投资13.2亿元；竹溪鄂坪调水工程累计完成投资0.7亿元。引江补汉输水沿线补水工程可行性研究报告已经国家发展改革委评估；丹江口库区库滨带综合治理工程可行性研究报告已编制完成，并通过湖北省发展改革委组织的技术审查，工程试点段郧阳段于2022年5月15日开工，已累计完成投资2.2亿元，累计治理护岸14.37km，项目总体形象进度达到83%。

3. 严格开展水资源管理　落实最严格水资源管理制度。按照部门职责，湖北省水利厅负责全省年度水资源管理和节约用水监督检查，湖北省生态环境厅负责水质监测和考核工作，将相关检查结果纳入湖北省对各市（州）河湖长制考核评分体系。湖北省水利厅细化节水考核细则，将用水效率等节水指标纳入对市（州）考核内容，强化用水效率指标责任体系，推进丹江口库区落实用水总量强度双控行动要求。加强丹江口库区计划用水管理，修订公布了2023年重点监控用水单位名录，指导丹江口库区严格落实节水评价，对不符合节水要求的项目、规划坚决叫停。加大《湖北省节约用水条例》等法治宣传贯彻力度，推进丹江口库区县域节水型社会达标建设。十堰市郧阳区、竹溪县房县和神农架林区已创建成功县域节水型社会达标县（区），十堰市丹江口市已纳入湖北省2023年创建计划。

4. 推进河库综合治理　湖北省水利厅实施水土流失治理，截至2023年底，"十四五"已完成全口径水土流失治理面积732.63km^2，其中2023年完成187.63km^2（水利部门实施完成水土流失治理面积62.47km^2、完成投资1978万元，分别占年度计划的97.4%和96.7%）。推进小流域综合治理，按照《湖北省生态清洁小流域建设规划（2022—2030年）》，将丹江口库区生态清洁小流域建设纳入规划重点内容，建设完成12条生态清洁小流域。聚焦5个小流域综合治理试点工作，结合当前中央和省级项目、资金，梳理2大项11类可支持水利政策，并指导地方加快项目建设。十堰茅塔河小流域已初步落实支持资金1150万元，茅塔河清洁小流域项目已完成实施方案审查。统筹推进库周管控，协调长江委和南水北调中线水源公司强化水源地保护相关工作，推进政企协同治理，中线水源公司已与库区丹江口市、郧阳区、郧西县、张湾区、武当山特区5个县（市、区）政府签订协议；中线水源公司加快管理范围和保护范围的界桩、标识标牌设置；十堰市组织推进丹江口库区5个县（市、区）实施沿岸物理隔离试点工程。

5. 加大执法管控力度 湖北省水利厅深化跨省河库联防联控，湖北省发布第7号省河湖长令，部署开展"幸福河湖共同缔造"行动；持续深化跨界河湖联席联巡联防联控机制，指导相关县（市、区）开展联合巡查及联合执法行动，加大库区侵占等违法行为打击力度。结合湖北省河湖安全保护专项执法行动，十堰市、县两级累计排查发现问题线索29条，立案查处5件。不断提升库区监测执法能力，配合长江委编制《丹江口水库及其上游流域水文水质监测系统建设实施方案》，将湖北省3处国家基本水文站和9处中小河流水文站改造项目纳入其中。加强与长江委水文局和湖北省生态环境厅沟通协调，已就水文、水质监测数据共享达成一致意见。配合推进水源地立法保护工作，配合水利部组织开展《南水北调工程供用水管理条例》修订工作，配合湖北省人大常委会和省生态环境厅积极开展《湖北省南水北调中线工程水源地保护条例》立法工作。湖北省水利厅积极推进《湖北省水利工程管理条例》立法工作，该条例已由湖北省第十四届人民代表大会常务委员会第六次会议于2023年12月1日通过。

（袁静 李杰）

【**陕西省**】 陕西省地处我国内陆腹地，跨越黄河与长江两大流域，处于承东启西、连接南北的战略地位。全省总土地面积20.56万 km^2，秦岭以南属长江流域，总面积 7.21 万 km^2，占全省面积的35.1%，其中汉江、丹江流域在陕西省流域面积6.27万 km^2，是南水北调中线工程重要水源涵养区，涉及汉中、安康、商洛等3市30个县（区）。丹江口水库总入库水量中有70%源自陕西省内，陕西省对保护好南水北调水源负有义不容辞的责任。

1. 南水北调水源区水土保持工作 2023年，陕西省深入贯彻落实习近平总书记关于南水北调中线工程水源地水质安全保障和历次来陕考察重要讲话重要指示精神，坚决扛起丹江口库区上游流域水质安全保障政治责任，全面落实省委、省政府工作要求，从守护"生命线"的高度，统筹推进水土流失治理、水污染防治、水生态修复、水环境综合治理等工作，汉中、安康和商洛3市完成新增水土流失综合治理面积1165.20km^2，丹江、汉江流域水土流失得到有效控制，生态环境明显改善。

（1）加强水土流失综合治理。2023年，陕西省以生态清洁小流域为抓手，大力推进生态保护和治理，2023年中央和省级水利发展资金用于陕南小流域综合治理项目59个，共下达资金2.94亿元，治理水土流失面积695.71km^2。争取新增国债丹江口库区水土流失治理项目41个，安排资金12.11亿元，涉及4市共30个县（区）。

（2）强化生产建设项目监督管理。落实生产建设项目水土保持"三同时"制度，严格水土保持方案审批，利用遥感监测，常态化开展生产建设项目监管，依法加大水源地水土保持监督检查，进行违法认定，开展整改销号。积极与陕西省发展改革委、交通、自然资源等部门联系，加强对重大建设项目的事中事后监管。加强水土流失动态监测，水土保持率由73.87%上升到79.35%。水土流失面积和侵蚀强度实现"双下降"，强化了南水北调水源区生态保护。

（3）严格水土保持空间管控。将水土保持生态功能重要区域和水土流失敏感区纳入生态保护红线，禁止在河流两岸、铁路、公路和重要旅游线路两侧直观可视范围内，进行露天开采石材石料等非金属矿产资源。以南水北调中线工程水源区、重要水源地为重点，采取封山育林、严禁开垦放牧、退耕还林还草、生态修复等措施，减少人为活动对自然生态系统的过度扰动。

2. 南水北调水源地水资源利用保护工作　近年来，陕西省全面落实习近平生态文明思想和治水重要论述精神及来陕考察重要讲话精神，认真践行"绿水青山就是金山银山"理念，积极构建以区内外水资源优化配置、水源涵养、水资源保护、防洪减灾、水生态修复与保护为主的水利发展格局，汉、丹江出境断面始终稳定保持在Ⅱ类标准，有效确保"一江清水永续北上"。

（1）高标准构建陕西水网。陕西省水利厅编制了《陕西省水网建设规划》，以建设水资源配置和供水保障、河湖生态系统保护治理等体系为主线，全方位谋划，保护治理兼顾、资源合理调配，加强河流保护，为水源地水源涵养和水质保障提供技术支撑。编制《陕西省丹江流域综合规划》《陕西省旬河流域综合规划》等流域发展规划，细化了水资源调配和水土流失治理、水生态保护等内容。积极做好引嘉入汉、勉县玉带河水库、安康恒河水库、城固焦岩水库等重点工程项目前期工作。

（2）坚持河湖长制。召开陕西省河湖长会议，发布总河湖长令，建立河湖长制考核体系。陕西省委主要领导调研检查汉江生态环境保护，省政府主要领导和省委常委分别担任汉江、丹江省级河长，定期巡河督导，带动流域内6756名各级河湖长巡河湖31.74万人次。安康"河湖长＋警长＋检察长＋法院院长"等做法在全国推广。依托陕西省秦岭生态环境保护委员会，每年召开秦岭生态环境保护大会，综合协调秦岭生态环境保护有关工作。实施汉、丹江综合整治，汉江汉中段建成了一江两岸示范段，安康段实施中小河流治理380km，丹江建设堤防71.4km。流域内佛坪椒溪河、留坝上南河等5条河流被命名为"陕西省幸福河湖"。

（3）强化风险防控。细化完善各市"三线一单"成果更新集成，形成了更为精细化的生态环境分区管控"一张图"，常态化推进河湖清"四乱"和突发事件应急响应机制，连续4年开展秦岭联合执法检查，确保水环境和水安全。深化水环境治理，陕南30座县级以上城镇污水处理厂全部达到一级A排放标准，南水北调水源区城市生活污泥无害化处置率达到90%以上。开展城市黑臭水体治理，城市建成区内持续保持黑臭水体零纪录。强化入河排污口监督管理，建成长江流域858个入河排污口管理台账。编制实施汉丹江流域35个国控断面"一断一策"达标方案，35个国控断面水质全部达到Ⅱ类以上。

（李苏航　吴凯）

征地移民

【河南省】　2023年，河南省水利厅下达水库移民后期扶持资金1.04亿元,支持丹江口库区所在地淅川县移民基础设施建设,大力发展"飞地经济""园区经济""物业经济"乡村旅游等新业态新模式,着力推动第一、第二、第三产业融合互促,开展移民劳动技能培训245人次,帮助丹江口库区移民群众就业和持续增收。

(刘硕)

【湖北省】 (1)竣工财务决算审计。湖北省全力配合国家审计署做好南水北调中线一期工程竣工财务决算审计工作,扎实做好涉及移民搬迁安置23个问题整改,21个立行立改问题全部如期完成整改,2个分阶段和持续整改问题按既定方案推进,累计追回违规资金1.49亿元。

(2)继续支持库区经济社会发展。2023年下达大中型水库移民后扶资金79008万元,用于支持丹江口库区基础设施建设和经济社会发展。继续深化美好环境与幸福生活共同缔造活动,组织开展移民美丽家园示范创建工作,十堰市14个移民村通过省级评估,给予奖补资金4200万元。

(3)推动解决库区移民突出问题。安排7500万元用于丹江口生态渔业发展等3个产业项目建设,解决丹江口市、武当山特区、张湾区移民收入增长乏力问题。积极协调推进解决丹江口水库蓄水对移民生产生活影响相关问题。

(张齐清)

对口协作

【北京市】 2023年,北京市水务局开展对口协作水务技术培训,为青海玉树、湖北十堰、西藏拉萨三地水利部门举办水利技术培训班4期,培训人员98人次。开展考察调研交流活动,接待受援地(市)来北京考察调研交流活动6批39人次;组织赴受援地(市)开展调研交流及看望慰问挂职干部活动6批45人次,推广先进水利工作经验,推动援受双方技术交流与合作。配合做好南水北调对口协作,积极对接北京市支援合作办、水源区水利部门,开展项目筹划等工作,指导和支持做好水质保障工作,加强与水源区的协作交流,助力当地产业发展,为水源区产业转型、夯实水质保障基础、促进乡村振兴提供帮助。

(周英豪)

【天津市】 (1)突出项目谋划,打造特色亮点。2023年天津市安排津陕对口协作资金3亿元,实施对口协作项目38个,其中生态环境建设类项目18个,产业转型类项目7个,公共服务类项目10个,经贸交流项目3个。为确保资金使用效益,坚持做到"四个强化"。

强化项目质量:始终把保水质、强民生的政府类项目作为支持重点,2023年政府类项目资金占资金总量70%以上。

强化民生改善:重点支持垃圾热解、污水处理等生态环保类项目18个,支持资金1.87亿元、占比62.3%;中小学、职业学校等公共服务类项目10个,支持资金7300万元、占比24.3%。

强化特色产业:支持一批产业园区改造提升、水源区环保产业及特色产业发展项目。如宝鸡市凤县岭南农旅融合产业示范园项目,通过积极打造当地生态文明示范区和生态旅游体验区,既保护了生态环境,又发展了当地乡村旅游,实现保护与发展的双赢。

强化宣传推动:借津陕开展对口协作10周年契机,与陕西省发展改革委、友成企业家乡村发展基金会等单位策划了以"水润津沽大地 倾情协作秦巴"为主题的 2023 津陕协作工作成效图片展活动,拍摄图片 3000 多张,在相关媒体刊发信息 15 篇,宣传典型经验做法,全面反映近年来津陕协作成果。

(2) 突出实地调研,推动项目落实。为确保年度对口协作任务高质量完成,2023 年 6 月 13—15 日,原天津市合作交流办组织天津市财政局、滨海新区、津南区、武清区、宁河区等 6 个单位的 13 名负责人,赴陕西省水源区实地考察调研,召开津陕协作工作座谈会,双方围绕坚持规划引领,深化产业协作,增进交流互动,营造良好的舆论氛围等方面进行深入交流,为高质量完成津陕对口协作工作奠定了基础。会后分 3 个工作组赴宝鸡、汉中、安康、商洛 4 市 11 个县,对 2023 年度 29 个津陕协作项目启动实施情况进行检查督导,了解项目进展,指出存在问题,提出整改意见,推动年度项目如期完成。

(3) 突出优势互补,实现合作共赢。天津市充分发挥互派挂职干部作用,以津陕 4 区与 4 市结对协作为抓手,依托水源区产业园区开展产业转移承接合作等方式,推动与水源区相关县(市)精准对接。滨海新区、武清区、津南区、宁河区分别与汉中市、商洛市、安康市、宝鸡市发展改革委部门相关负责人进行衔接,并就干部人才交流、职业教育、园区产业合作、打造水源区农产品知名商标品牌等方面进行多次深入交流,达成合作共识。2023 年 9 月,津南区政企代表团赴商洛市考察调研,双方就拓展协作广度和深度进行了深入交流,两地在矿产资源、农产品和文旅等方面进行全方位合作,推动津陕合作取得新成效。

(4) 突出载体平台,拓展合作领域。借助"津洽会"展会平台,组织水源区各市参加津陕两地经贸交流活动,推动两地经贸合作不断深化。"津洽会"上,天津市专门设立对口帮扶展区,邀请水源区 4 市组织知名企业参会参展,展示展销陕西水源区的特色农副产品,扩大水源区特色农副产品品牌效应。期间,还组织滨海新区、武清区、津南区、宁河区与 4 市对接,推动职业教育、园区共建、农副产品展销等项目合作。9 月,邀请陕西省发展改革委及知名企业参加在天津举办的"创建消费帮扶示范城市助力国际消费中心城市建设"交流座谈会暨消费帮扶重点企业天津行活动,进一步提升陕西省特色农副产品在津知名度,推动合作领域不断拓展。

(任江海)

【河南省】 2023 年,淅川、西峡等水源地 6 县(市)实施南水北调对口协作项目 27 个。河南省南水北调水源区 6 县(市)与北京市 6 区完成新一轮《南水北调对口协作框架协议》续签工作,促进县(区)交流互鉴。建成投用河南省南水北调水源区消费帮扶双创中心,入驻水源区企业 50 余家,展销特色农产品 300 余种。

(刘硕)

【湖北省】 2023 年,北京、十堰结对区、县(市、区)党政代表团互访频繁,推动全方位、多领域合作再上新台阶。

1. 深化保水护水宣传交流 北京市、十堰市联合组织生态环保团队、水利专家开展"南水北调水源地之行"调研交流;"贯彻党的二十大·牵手护水润京华"北京十堰对口协作生态文明摄影展在北京举办;"同饮一江水·两房一家亲"文化交流慰问演出活动在湖北省十堰市房县举办；"南水润北方·寻源丹江口"极目楚天钟情湖北"暑期第一课"研学旅行活动在丹江口市举行，累计接待北京学生研学活动5批350人次。2023年12月9日和12月12日，"京堰环保志愿联盟"和"北京十堰节水爱水护水志愿服务联盟"先后在十堰市成立。两个联盟组织旨在加强环保宣传教育，共同开展保水护水交流合作，引领社会组织和人员参与生态环保公益活动，增进两地人民因水结缘的情谊。

2. 深化人才培养和智力支持　　与北京市委人才工作局签订《人才共建协议》，互派挂职干部29人，其中十堰18人，北京11人。持续开展"北京院士专家十堰行""思源情"等活动，北京院士专家400余人次到十堰开展技术指导，18个院士专家工作站落地十堰，90名专家被聘为"十堰特聘专家"，为464家企业解决技术难题1000余个，培训高精尖人才、致富带头人1万多人次。中国工程院十堰产业技术研究院、中关村科技成果（十堰）孵化基地建成落地。十堰政务人才培训班、纪检监察人才培训班在北京举办，培训干部人才148人次。"文旅扶智共叙山海情·人才协作激发新动能"北京专家服务团到十堰考察对接文旅资源，武当山累计接待京津冀地区游客近30.7万人，超过2020—2022年三年总和。

3. 深化教育、民生保障领域合作　　湖北省十堰市有426所中小学幼儿园、高等院校与北京市开展"手拉手"，首都师范大学、北京市工商大学连续7年单列对口协作招生计划，面向十堰地区招生。开展深层次医疗卫生协作，北京宣武医院、安贞医院等与十堰46家医疗机构结对共建。

4. 助力产业优化升级　　共同构建汽车产业新生态，推动湖北省十堰市17家企业进入北京奔驰等企业供应体系，努力为北京企业创造良好发展空间，北京有54家企业来十堰投资兴业。一轻集团食品产业园项目、北京稼创动力锂电池项目、燕京啤酒产业园、京能集团郧阳光储园等项目正式落地。做强做大水经济，着力打造千亿级水产业。十堰水产品进入北京市32家预算单位和国有企业定向采购定制名单，"堰水进京"销售增长96%，助力十堰好水成为"经济活水"。　（吴辉）

八、后续工程

【后续工程总体情况】 水利部深入贯彻落实习近平总书记关于南水北调后续工程高质量发展重要讲话指示批示精神，认真落实党中央、国务院决策部署，加快推进南水北调总体规划修编工作。中线引江补汉工程开工建设。东线二期工程、西线工程前期工作加快推进。

（规计司）

【东线后续工程】 根据水利部部署安排，有关单位扎实推进东线二期工程工作，认真做好东线一期工程年度水量调度方案编制等工作，取得了积极进展和成效。

（姜歆）

【中线后续工程】 中线后续工程以引江补汉工程为代表。2023年，引江补汉工程实现了从全面推进施工准备工程建设向全面开工建设的重大转变。9月22日，水利部正式批复引江补汉工程初步设计报告。12月30日，随着新进场7个主体施工标开工令的下达，引江补汉工程进入全面施工阶段。

截至2023年底，引江补汉出口段工程和施工准备工程顺利完成年度投资目标和进度目标。全年完成投资29.86亿元，占投资目标的101.57%。出口段工程主体隧洞实现进洞1009m，边顶拱混凝土浇筑399m，超额完成年度计划。桐木沟检修交通洞提前3个月实现贯通，边顶拱混凝土浇筑479m。两郧断裂带防渗固结灌浆项目10月初全部完成，累计进尺14556m。施工准备工程实现13条施工支洞进洞施工，累计开挖进尺2800m，18条进场道路基本完成修筑。

（赵发）

1. 工程概况 引江补汉工程是南水北调中线工程的后续水源，从长江三峡库区引水入汉江，提高汉江流域的水资源调配能力，增加南水北调中线工程北调水量，提升中线工程供水保障能力，并为引汉济渭工程达到远期调水规模、向工程输水线路沿线地区城乡生活和工业补水创造条件。引江补汉工程进口建筑物位于三峡大坝左岸上游约7km处，出口建筑物位

引江补汉工程隧洞出口（江汉水网公司 供图）

于丹江口大坝右岸下游约 5km 处，输水线路长约 194.7km，自南向北依次经过湖北省宜昌市、襄阳市和丹江口市。

（1）工程规模。引江补汉工程多年平均引水量 39.0 亿 m^3，其中中线陶岔渠首多年平均补水 24.9 亿 m^3，向汉江中下游补水 6.1 亿 m^3，并具备利用工程空闲时段应急补水的潜力；补充引汉济渭工程按远期规模引水后丹江口水库入库径流减少量 5.0 亿 m^3；向输水工程沿线补水约 3.0 亿 m^3。输水总干线渠首（龙潭溪）设计引水流量 $170\sim212m^3/s$。

（2）建设内容。引江补汉工程由输水总干线工程和汉江影响河段综合整治工程两部分组成。输水总干线工程由进口建筑物、输水隧洞及其检修交通洞、石花控制闸、出口建筑物、检修排水泵站等组成；输水线路长约 194.7km，采用有压单洞自流输水方式，等效过水洞径 10.2m。汉江影响河段综合整治工程包括羊皮滩右汊出水渠、航道整治和河道整治工程。

（张国锋）

2. 工程投资　江汉水网公司组织编制引江补汉工程投资计划，将投资任务分解落实到各年度、各部门，压实投资完成责任。通过定期召开经营分析例会分析投资完成情况，高标准高质量报送水利部、国家发展改革委要求的各项统计分析任务，开展百日大干劳动竞赛等措施，不断提升投资管理水平，顺利完成各年度投资计划。截至 2023 年 12 月 31 日，引江补汉工程累计完成投资 465914 万元，其中 2023 年投资计划 29.4 亿元，2023 年累计完成投资 29.86 亿元，占年度投资比例为 101.57%。

（陈朝阳）

3. 招标采购　江汉水网公司作为引江补汉工程项目法人，围绕项目 2023 年工程全面开工建设目标，研究制订年度采购计划，压茬推进各项准备工作，引江补汉工程分标规划报告于 2023 年 5 月完成，2023 年度共计完成采购任务 75 项，签约合同额为 298.73 亿元。

（1）施工准备工程。按照水利工程基本建设程序，报请中国南水北调集团同意，江汉水网公司谋划施工准备工程开工，提高工程总工期保证率。2023 年 5 月 29 日完成引江补汉工程前期施工准备工程土建施工 1～3 标、引江补汉工程监理 1～3 标招标工作，2023 年 6 月 14 日完成合同签订工作；2023 年 7 月 4 日完成引江补汉工程施工供电系统电源引接线路及变电站建安工程项目 1～6 标招标工作，2023 年 7 月 28 日完成全部标段合同签订工作；2023 年 7 月 11 日完成引江补汉工程施工供电系统电气设备采购项目 1～3 标招标工作，2023 年 7 月 27 日完成全部标段合同签订工作。引江补汉监理项目、施工准备工程、电力线路工程、电气设备采购项目等标段的招标采购合同金额共计 14.31 亿元。招标采购工作的顺利完成，现场施工准备工作的全面展开，为引江补汉主体工程开工建设提供了基础保障。

（2）主体工程。针对引江补汉工程主体工程招标采购工作，江汉水网公司创新工作模式，编制"党建＋招标采购"工作方案，以党建引领招标采购攻坚克难，高质高效完成主体工程招标采购。在采购过程中创造性地使用招标代理机构联合工作机制，"一招两采"的采购模式提升采购质效。充分利用工程初步设计报告批复的空档期，深入展开类似工程调研及招标文件编制工作，吸收滇中引水工程、环北部湾广东水资源配置工程招标采购经验，同时融合江汉水网公司管理思路，提升招标文件编制科学性。引江补汉工程初步设计报告于 2023 年 9 月 22 日批复后，主体工程 1~6 标、8 标于 2023 年 9 月 27 日发布招标公告，2023 年 11 月 20 日完成招标工作，2023 年 11 月 28 日完成合同签订工作，合同金额 280.78 亿元，各标段施工单位 2023 年 12 月全部进场施工，圆满实现引江补汉主体工程 2023 年全面开工建设目标。

（陈朝阳）

4. 工程管理

（1）年度目标。出口段工程：输水隧洞洞身开挖、支护完成 700m；检修泵站开挖支护完成；安乐河上游侧河段河道整治完成 80m；桐木沟交通洞洞身开挖、支护、衬砌完成。

施工准备工程：施工道路 45.09km、TBM 组装场地 4 处、施工工区 10 处、砂石系统及混凝土生产系统 18 座、施工用电线路架设 18km。施工支洞洞身开挖支护 750m。完成施工工程量石方开挖 90 万 m^3、混凝土浇筑 1.6 万 m^3、喷混凝土 1.7 万 m^3、锚杆 9.5 万根、钢筋 1600t、工字钢 1870t。

（2）工程建设。2023 年重点开展了引江补汉工程初步设计编制和报审，施工准备工程、施工供电工程及主体工程招标采购，施工准备工程及出口段工程建设等工作。主要进行了主隧洞、施工支洞开挖支护及衬砌施工，进场道路路基、路面和边坡防护施工，拌合站及厂区临时设施建设，2023 年度工程建设正常开展，未发生安全事故，未发现质量隐患。2023 年度完成土石方 297.36 万 m^3、混凝土 39.2 万 m^3、钢筋制安 9555t，全年实际完成投资 296719 万元。

施工准备工程：18 条进场道路基本修筑完成（桥梁除外），共计 46.95km；10 座防汛备料场及弃渣场场内道路、排水箱涵（或涵管）及其他环水保内容施工完成，累计完成场内道路 7050m；2023 年度共有 14 条施工支洞开工建设，其中 1 号施工支洞正在进行洞口开挖，3 号、6 号、7 号等 13 条施工支洞完成了洞口边坡施工，正在进行洞身开挖支护施工，累计完成洞身开挖 2788m。

出口段工程：出口段主隧洞 2 月 18 日开始洞身施工，2023 年度累计完成洞身开挖支护 1009m；边顶拱混凝土 399m；桐木沟检修交通洞 2023 年 9 月贯通，2023 年度累计完成洞身开挖支护 842.11m，累计完成边顶拱混凝土 479m。

施工供电：2023 年度完成铁塔组立 622 基，35kV 架空线路建设 178km，电缆敷设 12.96km，施工变电站建设 13 座。

临时工程：2023 年度完成施工区建设 12 处，混凝土生产系统 7 座。

（张国锋）

5. 安全管理　2023 年，引江补汉工程以安全管理强化年行动为主线，统筹推进重大事故隐患专项排查整治 2023 行动等安全生产和应急管理重点工作，狠抓工程现场各项安全措施落实，确保工程安全建设。江汉水网公司印发《安全生产费用管理规定》《生产安全事故报告和调查处理管理规定》等制度 4 项，不断健全完善项目法人的安全制度管理体系；印发安全生产标准化建设方案，启动安全生产标准化建设活动；召开防汛专题会 4 次，细化 3 个方面 17 项重点任务，印发防汛责任人名单，编制完成引江补汉工程防汛"两案"并完成备案，开展防汛专项检查 3 次、防汛演练 4 次，加强防汛风险隐患排查整治，确保安全

度汛。　　　　　　　　　　（张国帅）

6. 质量管理　2023年，江汉水网公司切实履行引江补汉工程项目法人职责，健全质量管理体系，推行全面质量管理，全面落实质量终身责任制，不断强化工程质量管理。江汉水网公司始终把工程质量摆在工程建设的突出位置，全面落实工程质量责任制，全面履行项目法人质量安全管理首要责任，不断完善质量管理体系。江汉水网公司组织开展质量监督检查5次，积极配合上级单位各项监督检查，认真制订措施，督促落实整改；加强激励约束考核奖惩机制，完成月度、季度、年度考核，采取签发"绿牌""白牌""黄牌""红牌"举措以及约谈参建单位后方领导等方式，激励先进，鞭策后进；推行"首件工程认可制"，施工工艺和质量管理水平不断提高。

截至2023年12月底，引江补汉工程1441个参评单元工程中优良为1363个，优良率为94.6%。全年未发生任何质量事故，工程质量平稳受控。　　（张国帅）

7. 征地移民　引江补汉工程建设征地涉及宜昌市夷陵区、远安县，襄阳市保康县、谷城县，十堰市丹江口市等3个市、5个县（区）、17个乡镇、55个村、85个村民小组。

（1）协议签订。2023年3月22—23日，江汉水网公司与夷陵区、保康县、谷城县人民政府签订了建设征地与征迁协议；2023年10月30日，江汉水网公司与夷陵区人民政府签订了建设征地与征迁补充协议；2023年11月27日，江汉水网公司与保康县人民政府签订了建设征地与征迁补充协议；2023年12月23日，江汉水网公司与谷城县人民政府签订了建设征地与征迁补充协议。

（2）用地批复。2023年4月1日，引江补汉工程（K0+000~K189+226）先行用地取得自然资源部批复。2023年5月24日，引江补汉工程出口段建设用地取得国务院批复。
　　　　　　　　　　（景佩瑞）

8. 环境保护

（1）环保设计。在初步设计评审过程中，江汉水网公司就工程线路新增2处生态敏感区，取水口分层取水设计，汉江中下游小清河、滚河、蛮河等5条污染支流水环境综合治理等重点、难点问题，多次与生态环境部及地方政府部门沟通协调，为初步设计顺利获批提供有力保障。

（2）措施落实。引江补汉工程出口段和前期施工准备工程建设过程中全面落实环保设备措施与工程建设"三同时"要求，各标段大气环境保护、声环境保护、固废处置、陆生生态保护等措施与工程建设同步实施到位，生产生活废水处理达标后回用。出口段工程建成并稳定运行6个废水处理系统，前期施工准备工程建成并稳定运行8个临时废水处理系统。

（3）环境监测。2023年，引江补汉工程出口段共完成4个季度水环境、环境空气、声环境季度监测，以及水生生态和陆生生态补充监测任务。2023年12月，江汉水网公司与中国南水北调集团生态环保公司签订引江补汉工程水土保持与环境保护监测服务合同，并完成施工前全线陆生生态监测任务。　　　　　　（黄顺）

9. 水土保持

（1）水保设计。弃渣场选址调整涉及保康县和谷城县共8个弃渣场，均取得地方政府弃渣场选址确认文件。水土保持设计变更随着初步设计的批复已完成相关程序。

（2）措施落实。引江补汉工程出口

段和前期施工准备工程均按照水土保持方案设计，实施了多种工程措施、植物措施和临时措施，满足"三同时"要求。已启用水田坝防汛备料场、邓家畈防汛备料场等8个弃渣场，年度新增弃渣量137.24万 m^3；设计的7个料场均未启用。弃渣场均修筑拦渣墙、排水管涵或箱涵，从下往上分层分级堆渣，弃（取）渣、料基本规范。2023年度已剥离并集中堆存保护表土约27万 m^3，表土得到有效保护利用。

(3) 水保监测。2023年，引江补汉工程输水总干线出口段已完成4个季度水保监测任务。2023年12月，江汉水网公司与中国南水北调集团生态环保公司签订引江补汉工程水土保持与环境保护监测服务合同，并完成施工前全线的水土保持本底值监测以及第三、第四季度水保监测任务。

（黄顺）

10. 专题研究

(1) 综合概述。江汉水网公司组织设计单位加大资源投入，在较为丰富的地质勘察成果的基础上，坚持以问题为导向，就局部线路比选、TBM选型、施工通道布置等关键问题进行了深入研究，深度参与"南水北调中线一期工程总干渠输水能力复核""工程调度初步研究""输水工程局部线路比选及优化""输水隧洞施工方案及通道布置""输水隧洞TBM选型及配置""高水头超长有压隧洞水力控制""输水隧洞支护与衬砌设计""输水隧洞穿越工程活动断层洞段支护设计""工程安全监测""施工供电方案""隧洞不良地质洞段风险评价及处置""输水隧洞物探AMT法解译""输水工程线路区岩溶及水文地质""输水工程线路区地应力场特征""输水工程岩石（体）物理力学特性""隧洞主要工程地质问题""隧洞超前地质预报设计""输水隧洞穿越既有公路设计""输水隧洞穿越既有铁路设计"等19个初步设计专题研究工作。并组织开展多次专家咨询会，邀请水规总院提前介入，对专题设置的合理性和成果的科学性给予评价。

(2) 输水工程局部线路比选及优化。以可行性研究阶段推荐的工程总布局为基础，结合专题勘察成果，在综合考虑工程地质风险、施工风险、施工布置、施工总工期、环境保护以及工程投资等因素的条件下进行局部线路比选。

(3) 高水头超长有压隧洞水力控制。阀控方案采用6台DN2600活塞阀或4台DN2600锥阀作为水力控制设备，闸控方案采用弧形门替代调节阀作为水力控制设备，两者技术均可行。但与阀控方案相比，闸控方案运行可靠性高、检修维护方便、工程投资略少。本阶段推荐中部闸控方案。

（谢颖迪）

11. 科技创新

(1) 制度建设。2023年10月7日，江汉水网公司编制印发《中国南水北调集团江汉水网建设开发有限公司科研项目"揭榜挂帅"实施规定（试行）》。

(2) 平台建设。2023年8月24日，江汉水网公司申请设立中国南水北调集团有限公司基层技术创新中心（长距离输水隧洞关键技术创新中心），2023年12月，中国南水北调集团同意长距离输水隧洞关键技术创新中心（筹建）设立。

(3) 科学研究。2023年3月3日，江汉水网公司完成"复杂地质条件下超大直径TBM选型、优化及智能掘进系统"科研项目的技术开发合同签订。2023年底，完成子课题"引江补汉工程超大直径TBM地质适应性选型、适应性设计研究"。

(4)技术交流。2023年9月12日,江汉水网公司联合中线公司、东线公司共同组织首届国家水网及南水北调高质量发展论坛——"大型调水供水工程技术探索与发展"平行论坛。邀请中国工程院院士和知名专家学者围绕南水北调科技发展、南水北调东线后续工程规划设计、引江补汉工程优化设计的若干重点问题开展研讨。来自国内外水利行业设计、咨询、建设、运营的知名企业以及高等院校、科研院所的150余位专家学者参加论坛。

(谢颖迪)

12. 信息化建设

(1)数字孪生引江补汉。数字孪生建设旨在以"安全、降本、增效"为核心,打造大直径深埋长隧洞工程全生命期数字孪生样板。数字孪生引江补汉工程涵盖设计、建管、施工、移民和决策5大子系统,覆盖多种应用场景,支撑"2+N"水利业务。通过勘察设计系统、数字化建管系统、移民征拆系统、领导驾驶舱建设,基本实现了"能看、能管、能预测、能提醒、能追溯"以及"数据实时化、办公无纸化",满足工程建设管理远程监管现场、动态跟踪数据指标、开展决策会商和监测预警处置的要求。2023年2月10日,江汉水网公司与中国南水北调集团水网智慧科技有限公司签署引江补汉工程移民工作信息化建设项目技术服务合同,合同金额460万元。

(2)引调水数字化样板。2023年4月25日,江汉水网公司向中国南水北调集团正式上报数字孪生引江补汉工程建设方案及先行先试实施方案。4月26日,水利部办公厅印发《水利部办公厅关于印发数字孪生流域建设先行先试台账的通知》(办信息〔2022〕138号),确定数字孪生引江补汉工程为水利部首批先行先试项目中唯一一个全生命期试点项目。

(王文一)

【西线工程】 2023年是南水北调西线工程前期工作推进的关键一年,南水北调西线工程前期工作加快推进。多次组织专家进行调水区和受水区考察调研,为西线工程技术工作提供有效支撑。

(王玉峰)

九、数字孪生南水北调工程

东线一期工程

【数字孪生顶层设计】 按照"需求牵引、应用至上、数字赋能、提升能力"的智慧水利建设要求，以推动东线一期工程高质量发展和强化水资源精准调度配置管理为主题，遵循"大系统设计、分系统建设、模块化链接"原则，充分整合已建、统筹完善在建、规范引领新建，以数字化场景、智慧化模拟、精准化决策为路径，综合利用新一代信息技术，以地理区间为单元、数字空间地形为基石、河湖水库为骨干、水利工程为重要节点，对物理东线一期工程进行全要素数字化映射；定制研发服务于水资源配置调度、工程运行管理等核心业务的水利专业模型、智能识别分析模型、知识图谱、遥感AI解译等智能算法，构建具备分析研判和预测、预报、预警能力的专用模型，建立并逐步完善具有智能分析、预演和决策支持服务的数字孪生平台，在此基础上按照"1+N"模式分步推进重点项目建设，建成目标性强、精准性高的数字赋能"四预"应用，协同构成覆盖东线一期工程全线的实用、综合、智能的应用系统，支持智慧化模拟和精准化决策。

统一规划、分步实施。将"统一规划、统一标准、共同开发、共同应用"作为建设的指导原则，按"大系统设计、分系统建设、模块化链接"模式，构建层次清晰、结构稳定的总体框架，规范业务横向协同、纵向贯通，急用先行、分步实施，持续提升东线一期工程调度运行管理、综合决策等核心业务的数字化、智能化水平。

立足需求、强化应用。围绕"水资源配置与管理"之核心业务，用数字化、智慧化手段为东线一期工程各层级管理机构的履职赋能，牢固树立"应用至上"意识，确保业务功能实用、管用、好用、可信，为东线一期工程持续高质量发展提供科学、精准的应用和决策支持。

数字赋能、深化融合。充分运用新一代信息技术，激活数据要素潜能，强化数字孪生东线一期工程和"四预"功能应用，赋能水资源管理与调配、科学决策支持等重要过程，切实解决实际问题，全面提升东线一期工程的管理和公共服务能力。

整合利用、集约协同。充分利用已建的水利信息化、数字孪生流域、数字孪生工程等存量可共享资源，实现优势互补，资源共享，避免重复建设，利用模块化链接实现各系统之间协同融合。

整体防护、安全高效。将软、硬件系统自主可控和网络信息安全摆在重要位置。软、硬件系统应采用国产自主可控产品。信息与网络安全按有关政策法规、等级保护2.0等相关规定和要求，构建安全可靠的网络信息安全体系。

统筹兼顾、突出重点。统筹兼顾与沿线省级水网之间的交互关系，做到相互兼容，更要突出两级水网"结"点的数字孪生建设，为最终实现国家水网"一张网"打基础。

适度超前、近远结合。坚持东线工程整体的长远战略与实际发展相结合；在建设规模、应用技术、算据算法等方面适度超前，预留全线整体持续发展的余地；在建设时序安排上结合实际，科学规划。

（中国南水北调集团）

2023年，江苏水源公司在全面完成数字孪生南水北调（洪泽泵站）先行先试基础上，系统总结试点建设经验。坚持"需求牵引、应用至上、数字赋能、提升能力"，以数字化、网络化、智能化为主线，以数字化场景、智慧化模拟、精准化决策为路径，以"安全运行、生态调水"为中心，以"安全、高效、经济"为目标，组织编制了数字孪生南水北调江苏段工程初步设计报告，提出按照试点-梯级-双线的总体思路，分期开展数字孪生江苏段工程建设。

（花培舒　夏臣智）

【**数字孪生建设总体方案**】　东线公司围绕东线一期工程统一调度运行目标，调研已有工作基础和成功经验，对数字孪生南水北调东线一期工程建设进行总体建设规划，系统梳理江苏、山东、苏鲁省际数字孪生建设关系，加强与数字孪生南水北调先行先试建设统筹，充分利用已建水利信息化资源及建设成果，明确江苏、山东、苏鲁省际建设框架和任务，提出确保工程"三个安全"要求的建议计划、投资匡算，形成东线一期数字孪生建设总体建设规划，为数字孪生南水北调调水工程提供技术支撑和典型示范，助力国家水网主骨架中南水北调东线工程的网络化、数字化、智能化建设，为国家水网智慧调度事业提供东线方案。

以"十四五"智慧水利建设总体目标为要求，通过建设数字孪生东线一期工程、"1＋N"智能业务应用体系、信息与网络安全体系、运维保障体系、标准规范体系，推进东线一期工程的智能化改造，在全线或区间水资源配置与调度、工程运行管理、安全风险监控、应急调度等核心业务方面实现"四预"，提升运维、企务管理、工程健康度诊断等N项业务应用水平。

数字孪生平台：建设数字孪生平台，共享水利部L1级数据底板，共享淮河、黄河、海河等流域管理机构和沿线江苏、山东、天津等省、市级水行政主管部门建成的L2级数据底板，建设重点泵闸站、倒虹吸、穿黄、水库、渠道（暗渠）等工程的L3级数据底板，为数字孪生东线一期工程提供要素全面且精准的"算据"支持；建设水利专业模型平台；开发视频智能识别等AI模型；建成涵盖法律法规、行业规则、标准规范、专家经验、知识图谱、各类预案等方面的知识平台；建设模型驱动引擎、数据驱动引擎、知识引擎，并结合数字仿真技术，对物理工程及其影响区域的互动过程进行模拟仿真和推演，提供智能"算法"服务；完善输水沿线各层级各类工程的信息基础设施，提升自动监测水平，推动卫星遥感、物联网、雷达、无人机、北斗卫星、IPv6（互联网协议第6版）等技术得到广泛深入应用；建成东线一期工程混合云，实现网络、计算、存储、安全等资源按需分配、弹性伸缩，为智慧东线一期工程提供有力的"算力"支撑。

智能业务应用：建设包括以水资源管理与调配为核心，全面覆盖东线一期工程工作的"N"项业务应用，配合输水沿线水旱灾害防御的调度运行工作；进一步丰富东线一期工程的公共服务水平，促进各项服务的标准化、规范化、便利化水平提升。

信息与网络安全防护：按照安全自主可控原则建立横向到边、纵深到底、措施得当、防护有效、经济节约的信息与网络安全综合保护体系。

共建共享：与水利部、输水沿线涉及的各流域机构、省（直辖市）水行政主管部门等在感知层、通信及网络层、数据层、水利专业模型及AI识别模型、知识管理等方面按双方的实际需求进行共建共享，实现集约节约和提升质效。

自主可控：在保证安全运行的前提下结合国产软、硬件系统的生态成熟度进程，规划软、硬件系统的国产替代方案。

（中国南水北调集团）

2023年10月，江苏水源公司组织编制了《数字孪生南水北调东线江苏段工程初步设计报告》。

总体原则：按照水利部数字孪生水利工程建设要求，总体遵循"统筹集约、先进实用、安全可靠、高效兼容、迭代升级"的原则。

建设范围：数字孪生南水北调江苏段工程建设范围为南水北调江苏省内13座大型泵站（不含泗阳站，含已先行先试实施完成的洪泽站），以及三阳河、潼河、淮四河道、金宝航道、入江水道等主要输水河道工程数字孪生建设。

建设内容：覆盖南水北调东线一期江苏省内输水干线、洪泽湖、骆马湖、13座新建泵站（不含泗阳站）、沿线控制水闸以及重要分水口门的数字孪生工程，主要建设内容包括数据底板、模型平台、知识平台、业务应用、基础设施等。

建设任务：数字孪生南水北调江苏段工程主要建设任务为实现南水北调东线江苏段工程迭代优化，支撑调水与工程运行的"四预"功能实现和"2＋N"智能应用，提升调水决策与工程运行管理的智能化水平。

（花培舒　夏臣智）

2023年，山东干线公司基于南水北调东线一期工程山东省内工程运行管理工作职责，开展数字孪生南水北调东线山东段建设水量精细化调度模型、水工程联合调度模型等水利专业模型和人工智能模型及知识库建设，构建具有"四预"功能的智慧调度体系，建立调度系统和智能管理系统，优化调度运行效率，提升调水工程运行安全保障能力，实现闸（泵）站、水库、渠道等的调度管理和运行维护精细化管理，辅助山东干线公司调度精准决策。

山东干线公司全面构建智慧调水业务应用体系，提升南水北调决策与管理的科学化、精准化、高效化能力和水平，构建的数字孪生平台主要包括调度管理、工程安全管理和决策支持三方面系统功能需求，为南水北调水利高质量发展提供有力支撑和强力驱动。

（黄茹）

【**数字孪生工程技术框架体系**】　数字孪生东线一期工程是物理实体东线一期工程全要素在数字空间的一一映射，通过数字孪生平台和信息基础设施实现与物理实体东线一期工程同步仿真运行、虚实交互、迭代优化。其中，物理实体东线一期工程主要包括输水沿线河道、湖泊、水利工程、社会经济分布与活动、涵盖其他必需要素的自然地理背景、工程运行管理活动等水利对象及其周边一定范围内的影响区域。

东线一期工程调度运行管理过程中的各类业务应用按实际需求调用数字孪生平台提供虚拟实体环境支持。涵盖工程安全、供水安全、水质安全、信息与网络安全等方面的多维度安全体系，为数字孪生东线一期工程建设提供安全技术、安全管理、安全监督等方面的支撑。运维保障体系为数字孪生东线一期工程建设提供体制机制、标准规范、运维体系、人才队伍等方面的支撑。

数字孪生工程主要包括以下组成部分：

（1）物理实体层：包括河道、沿线水闸枢纽、沿线水库湿地等。

（2）信息化基础设施层：包括监测感

知、通信网络、运行实体环境、计算与存储和应用支撑平台。充分利用现有的水文监测、工程安全和视频安防等基础感知设备，工程监控网、管理调度网等骨干通信网络以及水源专有云等计算存储资源，补充建设新型传感器，为数字孪生平台提供有力的硬件与网络支撑。

（3）数字孪生平台层：作为数字孪生的核心支撑，需要从孪生引擎、模型库、知识库、数据底板等方面进行建设。其中，数据引擎提供多维多尺度数据汇聚、数据治理等服务能力；模拟仿真引擎提供数据底板数据加载、场景管理、仿真模拟、空间分析、三维渲染、模型轻量化等服务能力；数据底板利用数据引擎，构建包含北延应急供水工程基础数据、监测数据、业务管理数据、外部共享数据、地理空间数据等在内的多维多时空融合数据，并为模型库提供数据服务；模型库利用数据底板成果，以水利模型分析北延应急供水工程的要素变化、活动规律和相互关系，利用模拟仿真引擎模拟物理北延的运行状态和发展趋势，并将以上结果通过可视化模型动态呈现。

（4）数据底板：建设数字孪生南水北调数据底板，接入水利部L1级数据底板、江苏南水北调工程L2级数据底板。采集并构建包含数字高程、正射影像、倾斜摄影在内的南水北调沿线工程和河道的地理空间数据模型，建立13座泵站厂房、机电设备高精度BIM模型，汇聚泵闸站运行基础数据，进行数据治理，形成南水北调江苏段数字孪生平台的数据底板。

（5）模型与知识平台：针对南水北调江苏段工程管理需求，开发优化调度运行和工程安全模型并接入已建的来水预报等水利专业模型，构建数字孪生南水北调模型平台。充分利用江苏南水北调工程已有的调度方案、维护预案、历史场景、业务规则及专家经验等，通过知识引擎实现对已有知识的抽取、关联、推理、搜索和滚动更新，构建数字孪生南水北调东线江苏段知识平台。

（6）业务应用层：围绕水量调度、工程运行管理、工程安全管理，搭建专业业务应用场景，构建数字孪生专业业务应用体系，实现数字化场景构建、智慧化仿真推演、精准化决策支持，为北延应急供水工程会商决策工作提供准确而直观的可视化支撑。

应用服务层以专业应用为主体，完成对南水北调工程调水过程的监测、分析、预测、管理、决策、执行和反馈等，从而实现水资源高效调配、泵站优化运行、泵站安全运行、综合会商决策等智慧应用。

（7）网络安全体系：主要包括安全物理环境、区域边界安全、安全计算环境、网络通信安全、态势感知及安全管理等。

（8）保障体系：主要包括各项管理制度、运维保障及标准规范。

（中国南水北调集团　花培舒　夏臣智）

【数字孪生先行先试】

1. 东线公司数字孪生先行先试　东线公司承担了数字孪生南水北调北延应急供水工程先行先试建设任务。

建设范围：自穿黄工程出口，经东线一期工程小运河输水至邱屯枢纽，自邱屯枢纽沿一期引江线路即六分干、七一·六五河至六五河节制闸后继续沿六五河向下游输水，通过潘庄引黄穿漳卫新河倒虹吸，于四女寺闸下至南运河杨圈；沿南运河继续向下游输水至九宣闸。

建设目标：以数字化场景、智慧化模拟、精准化决策为路径，运用新一代信技术耦合历史数据、实时数据以及算法模型，开展工程精细建模和业务智能升级，支撑工程水量调配、工程安全管理、工程运行管理等，全面提升工程水资源调配"四预"能力，构建北延应急供水工程数字孪生水利工程，为国家水网主骨架中南水北调东线工程的智慧化建设奠定基础。

具体建设内容包括：

（1）数字孪生平台。建设数据底板：采集制作包括DEM、DOM、BIM、水下断面数据，建设覆盖基础数据、监测数据、业务数据、空间数据等的数据底板，实现水利全要素的数字化映射。

建设模型库：构建水利专业模型，用以支撑全线水量调度、重点工程智能调度；构建图像视频智能分析模型，扩展水利感知能力；构建可视化模型，搭建工程周边自然背景可视化渲染模型。

建设知识库：梳理工程输水调度等知识规则及标准规范，形成具有实用价值的知识库，为日常调度管理及决策提供信息服务。

建设孪生引擎：建设满足数字孪生平台开发及上层业务应用需要的孪生引擎。

（2）信息基础设施。完善监测感知体系：通过新建、共享等方式，建立北延应急供水工程感知监测体系，实现对北延应急供水工程沿线水量、水质、工程安全、视频等多种要素的监测感知。

完善通信网络建设：建立广域网络系统，确保东线公司与工程现地之间互联互通；建设东线公司调度中心、天津分公司会商中心，初步搭建形成全线会商决策体系。建立云平台，为北延应急供水工程数字孪生提供计算、存储资源保障。购置应用支撑中间件等软件。

（3）业务应用系统。围绕北延应急供水管理急用先行的业务需求，建设业务应用系统，包括三维综合决策可视化平台、水量智慧调度管理系统、工程运行管理系统、工程安全管理系统。

（4）网络安全系统。按照网络安全等级保护三级防护要求，从安全物理环境、区域边界安全、安全计算环境、网络通信安全、态势感知及安全管理等方面建设网络安全体系，基本实现主动防御和整体防护。

（5）共建共享。建设统一的数据资源共享交换体系，包括资源目录体系和资源交换体系两部分，通过目录体系实现对北延应急供水工程数字孪生建设资源的有序化组织管理，通过交换体系，东线公司获取到所需要的数据资源，同时完成对外数据共享，两部分相互协作，从而实现数据资源的共享和交换。

数字孪生北延应急供水工程先行先试已于2023年12月通过水利部网信办组织的验收。　　　　（中国南水北调集团）

2. 江苏水源公司数字孪生先行先试

江苏水源公司对照水利部、中国南水北调集团的要求，2022年12月开工建设数字孪生南水北调（洪泽泵站），2023年8月完成建设任务并通过子系统验收，进入试运行，12月通过水利部验收。

（花培舒　夏臣智）

3. 山东干线公司数字孪生先行先试

（1）邓楼泵站先行先试建设目标。通过邓楼泵站数字孪生建设，构建泵站安全运行"四预"功能的智慧运行体系，实现数字工程与物理工程同步仿真运行，提升工程的运行管理水平。以BIM+GIS技术为支撑，构建邓楼泵站L2、L3级数字底板，完善基础感知体系，实现工程运行状况全方位监测，建设泵站优化调度模型及调度规则库，搭建数字孪生平台，实现调度过程可视化呈现,为泵站状态诊断及维修、调度决策提供智慧支撑;重点构建调度运行的数字化场景,围绕泵站运行调度、安全运行等主要业务开展功能应用、辅助生成决策建议方案,支撑精准化决策。

(2)邓楼泵站先行先试建设范围。先行先试 L2 级数据底板建设范围是在 L1 级基础上获取南水北调东线山东段邓楼泵站工程约 1km 范围的 0.5m 卫星遥感正射影像数据(DOM)。先行先试 L3 级数据底板建设范围包括主厂房、副厂房、引水渠、出水渠、引水闸与清污设施、出水涵闸、泵站防洪围堤及上下游周边 500m 区域范围。

(3)邓楼泵站先行先试建设任务。

信息化基础设施完善:完善基础感知体系、通信网络及存储计算资源。建设物联网平台,提升数据的汇聚、分析、挖掘与数据服务和计算能力,满足数字孪生邓楼泵站工程功能应用要求。

数字孪生平台搭建:数字孪生平台搭建包括数据底板、模型库、知识库 3 个方面的内容。

智能业务应用开发:结合邓楼泵站工程运行管理需求和工作中的难点和痛点,开展工程安全、运行管理的"四预"工作,提升业务应用智能化水平。主要涉及泵站运行管理、安全管理、工程管理、综合决策等方面应用开发。

网络安全体系:补充完善网络边界和终端安全的防护。

共建共享:按照"整合已建、统筹在建、规范新建"的要求,将数字孪生邓楼泵站建设的 L3 级数据底板、模型库、知识库共建共享;整合已有邓楼泵站信息化基础设施资源,完成邓楼泵站内部已建信息化成果的集成。

(黄茹)

【数字孪生运行管控应用】

1. 数字孪生南水北调工程运行管控及水量调度应用 北延应急供水工程数字孪生项目建设了水量智慧调度管理系统,建设了水资源管理与调配三维数字化场景,构建开发了多水源联合调度模型、河渠智能感知预测模型、闸站智能调度模型等专业模型,能够有效提高东线公司调度管理的决策能力和智慧化水平;系统将感知、预报、预演、决策、执行、评估等各个环节有机结合,实现了调水业务的流程化管理。通过为全线调度业务提供可靠全面的数据支撑,实现调水业务的流程化管理,显著提高工程运行调度管理效能。2023 年数字孪生北延应急供水工程应用于东线工程水量调度管理、工程安全管理、水质安全管理三大核心业务。

水量调度方面,东线公司建立水资源监测预警、水量调度决策管理、调度指令管理、日常调度业务管理、调度数据管理、调度分析评价等功能模块,数字孪生北延应急供水工程在 2022—2023 年度、2023—2024 年度两个调水年度的工程运行管控应用方面取得了良好的成效。

冰情预警与冰期调度模块为北延应急供水工程 2022—2023 年度冰期输水及为东线一期工程 2023—2024 年度 12 月冰期输水期间工程安全运行提供了技术支撑。

水量调度决策管理、工程调度决策管理等功能模块,可完成北延应急供水工程不同年月旬尺度水量调度方案编制,为 2023 年京杭大运河贯通补水期间水量优化调度提供了技术支撑。邱屯枢纽、六五河节制闸等工程实时、应急调度支撑平台,与水量调度三维可视化平台提供的水资源调度"四预"决策会商功能共同为 2022—2023 年度北延应急供水工程供水流量调整预演提供了平台支持；供水安全监视监控、输水调度过程跟踪评价、全线水情态势分析等模块为 2023—2024 年度南水北调东线一期工程输水顺利启动提供了技术支撑，在 2023—2024 年度南水北调东线一期工程全线调水启动后，日常可通过三维可视化平台集中监测全线实时水量监测信息、闸站运行工况信息、河湖水情监测信息、天气预报等信息。

数字孪生北延应急供水工程应用于东线工程日常运行管控并随着业务融合不断优化迭代，实现了南水北调东线跨流域水量调度过程中，沿线的水库、湖泊、闸站、测点、河渠等工程要素的连接方式与水流方向的概化展示，并对空间节点分布及关键节点断面水量调度报表及实时监测信息、重要节点及完成情况集中进行可视化展示。在实际应用过程中，调度值班考勤、公文报表、通知公告、待办事项提醒等管理功能得到了完善，实现了对调度计划、方案的维护及跟踪管理功能，可通过调度数据管理模块对历史调度数据，还可对当前不同工程运行情景下关键断面调水量及沿线用水户取用水量等监测数据实施统一管理。 （中国南水北调集团）

2. 南水北调工程运行管控应用 在2022年北延应急供水及 2022—2023 年度、2023—2024 年度调水任务中，数字孪生洪泽站工程系统有效降低了泵站调水用电成本，提升了工程安全预警与处置能力，保障洪泽泵站 5 台主机组安全、高效、经济运行 8831 台时。 （花培舒 夏臣智）

【数字孪生平台数据底板建设】 数字孪生北延应急供水工程以 BIM、GIS、航空摄影、遥感影像技术为支撑，完成自穿黄工程出口，经东线一期工程小运河输水至邱屯枢纽，自邱屯枢纽沿一期引江线路即六分干、七一·六五河至六五河节制闸后继续沿六五河向下游输水，通过潘庄引黄穿漳卫新河倒虹吸，于四女寺闸下至南运河杨圈；沿南运河继续向下游输水至九宣闸全线 450.6km 的 0.2m DOM、2m DEM 和河道大断面建设。建设精度为 L3 级的邱屯枢纽（含油坊节制闸）BIM 模型。建设下视分辨率为 0.3cm 的九宣闸、四女寺枢纽、位山闸、邱屯枢纽倾斜摄影模型。收集、汇聚及共享了本项目和沧州水务局、海委漳卫南局、山东干线公司等沿线流域管理机构和工程管理单位的泵站、水闸、水质数据，接入水利部信息中心提供的沿线数据，构建了数据资源目录，建设覆盖基础数据、监测数据、业务数据、空间数据等的数据底板，初步形成北延应急供水工程数据资产。

（中国南水北调集团）

数字孪生南水北调（洪泽泵站）完成了地理空间数据采集和 BIM 模型构建，建立三维数据底板。按照共享全国水利"一张图"、江苏水利"一张图"地理空间数据的建设要求，完成江苏水利 L2 级数据底板共享接入，完成洪泽泵站 L3 级数字孪生底板建设，采集洪泽站工程管理范围约 $1.6km^2$ 的数字高程数据、正射影像及实景三维数据；完成洪泽站水工建筑物、电气设备、5 台主水泵和主电机模型、2 台水轮机、辅机系统等设备 L3 及 L3＋级三维 BIM 建模；完成基础数据、监测数据、业务数据等数据与三维数据底板的融合应用。 （花培舒 夏臣智）

基于 GIS＋BIM 技术，构建南水北调东线山东段邓楼工程 L2 级和 L3 级数据底板，汇聚工程全要素、全过程地理空间数据、基础数据、监测数据、业务管理数据以及外部共享数据，实现物理工程全要

九、数字孪生南水北调工程

数字孪生南水北调（洪泽泵站）监控系统（江苏水源公司 供图）

素和水利治理管理活动全过程基于泵站BIM模型的数字化映射，为数字孪生邓楼泵站业务应用提供数字化场景。　（黄茹）

【数字孪生方案咨询及审查】　东线公司依据智慧水利和数字孪生水网建设总体框架及重点突破方向，结合东线公司实际，于2023年10月编制完成《数字孪生南水北调东线水网先行先试建设方案》，并上报水利部。2023年12月29日由水利部网信办组织开展专家审核，方案通过审核。东线公司根据审核意见对方案进行修改完善，再次上报备案。

（中国南水北调集团）

2023年10月26日，江苏水源公司组织召开了数字孪生南水北调江苏段工程初步设计报告专家咨询会，与会专家认为初步设计报告总体架构合理、内容全面，分项设计方案明确，基本满足数字孪生建设导则要求，进一步修改完善后可作为下一步招标设计的依据。　（花培舒　夏臣智）

【数字孪生南水北调月度协调会议】　2023年5月10—11日，南水北调司组织调研小浪底水利枢纽工程数字孪生建设并在河南省郑州市组织召开数字孪生南水北调工程建设协调会。

2023年6月20日，南水北调司组织调研丹江口水利枢纽工程数字孪生建设情况并召开数字孪生南水北调工程建设协调会。

2023年9月21日，南水北调司组织调研洪泽泵站数字孪生建设情况并召开数字孪生南水北调工程建设协调会。

2023年10月25日，南水北调司召开数字孪生南水北调工程建设协调会。

2023年11月3日，南水北调司在东线公司召开数字孪生南水北调工程建设专题座谈会。

2023年11月11日，中国南水北调集团召开数字孪生南水北调工程建设专题会议。

（唐磊　李维雨）

【数字孪生奖项荣誉】 2023年5月,江苏南水北调数字孪生建设团队获"江苏省工人先锋号"荣誉称号。2023年10月,数字孪生南水北调洪泽站BIM应用获得中国水利水电勘测设计协会2023年"智水杯"水工程BIM应用大赛银奖。

(花培舒 夏臣智)

【数字孪生先行先试项目效益发挥】 数字孪生邓楼泵站项目聚焦"工程安全、供水安全和水质安全",构建细节丰富、重点突出、全要素数字化场景,融合知识平台、模型平台、数据底板,构建全景应用、智能调度、设备运行、管理与维护、工程安全监测、水质监测典型智能应用场景,初步建立了工程"四预"体系,在2023—2024年度调水中正式上线,经过优化,能源单耗由往年平均 4.2kW·h/(kt·m) 降低到 4.0kW·h/(kt·m),比往年节约电量千分之五,提前24h达到水位、流量调整目标,实现让数字赋能南水北调工程智慧运行。

(黄茹)

中线干线工程

【数字孪生顶层设计】 2023年,中线公司持续开展数字孪生顶层设计工作。

1. 总体设计 以全面提升水安全保障能力为目标,加快构建"系统完备、安全可靠,集约高效、绿色智能,循环通畅、调控有序"的中线水网,聚焦中线"三个安全"和企业"降本增效",围绕"安全监管、智能调度、水质保护、智能运维"4个业务领域,以现有信息系统为基础,按照"统筹规划、示范引领;整合共享、集约建设;融合创新、先进实用;整体防护、安全可靠"的要求,以标准体系建设和网络安全体系建设为保障,以"整合、强基、提升、赋能"为方向,以先行先试带全线推进,以系统整合带全面建设,以两头(数据端统一平台、应用端整合集成)带中间(业务端融合贯通),开展数字孪生建设工作。

2. 规划思路 中线公司从战略上自上而下对规划愿景逐层解码指导执行,在执行上自下而上归纳、总结、反馈影响顶层设计,同时还基于实际业务需求与先进技术两方面因素进行有效融合。

3. 规划原则

(1)中线公司按照"打造世界一流的智慧化调水样板工程"的战略目标,紧紧围绕业务转型的内在要求,坚持信息化建设与全局业务及管理同步规划、同步建设并适度超前,促进信息化建设与中线公司战略落地深度融合,提升运营管理效率,提高创新能力和综合竞争能力,全方位支撑调水业务做专做精。

(2)中线公司按照战略管控要求,以数据为纽带,统一信息资源标准和数据规范,明确战略管控的关键数据,实现信息资源的整合、共享,推进信息化纵向贯通、横向联动。发挥总部信息化建设的带动作用,促进加快推进信息化建设,实现信息化对全组织、全业务、全体员工的全面覆盖,保障对业务发展和管理的全链条支撑。

(3)中线公司充分吸收并利用大数据、云计算、物联网、移动互联网等先进的信息技术,实现信息技术与业务发展、业务管控的深度融合,借鉴社会化企业的信息化建设模式,创新信息化规划、建设和管理的方式、方法与工具,推广敏捷开发模式,建成基于柔性技术体系,大幅压缩从业务需求提出到服务产品上线的时间，提高信息化工作的响应速度，满足业务开展的需要。

（4）中线公司充分发挥信息化建设的后发优势，借鉴信息化领先企业的信息化统一建设、集中共享的最佳实践，结合中线公司处于管理变革、业务快速发展的过渡时期，集中力量，以统一为主，集约化建设、集中化共享服务，规避在信息化基础设施、管控类应用、共享服务、业务运营管理应用等方面的重复投资，实现信息化跨越式发展。

（5）中线公司以"安全可靠"为前提，处理好信息安全和技术发展的关系，守护安全根基，掌控核心技术，提升自主可控能力。建立全方位、全覆盖的网络信息安全体系，实现端到端的信息安全管理，确保全局技术运行高效、顺畅、安全。

4. 规划目标　通过广泛应用物联网技术、传输网、IT 云化、服务化技术以及数据连接技术，建立人与物、人与人、人与 IT 以及人与信息的万物互联新模式，建设基于中线统一的"数据湖"，借助虚拟模型构建技术，建设中线数字孪生模型，构建中线数字孪生模拟仿真中心，持续推进智慧中线智能中心演进，由浅入深分别建立基于规则中心的决策大脑、基于分析中心的思维大脑和基于智能运营中心的调度大脑，实现生产业务和管理业务的全面数字化运作，打造世界级智慧化调度工程管理样板。

（程鸿帅）

【数字孪生建设总体方案】　2023 年 8 月，依据《水利部关于开展数字孪生水网建设先行先试工作的通知》（水信息〔2023〕230 号）要求，中线公司在《数字孪生南水北调中线工程建设方案》基础上，进一步编制了《数字孪生南水北调中线水网建设先行先试实施方案》，用以指引数字孪生南水北调中线工程建设工作。

1. 建设目标　以中线工程为单元，按照问题导向、目标导向、结果导向的原则与要求，迭代提升中线信息化基础设施，构建中线数字孪生平台，以时空数据为底座、数学模型为核心、水利知识为驱动，拓展数据融合、分析计算、模拟仿真等功能，共享集成中线总干渠沿线省（直辖市）数字孪生流域与工程建设成果，强化系统应用迭代升级，实现数字赋能。实现数字孪生中线与物理中线同步仿真运行、迭代优化。聚焦"三个安全"核心业务，建设中线"四预"（预报、预警、预演、预案）智能应用，提供与南水北调工程高质量发展匹配的智慧化保障与支撑，为推动中线工程率先建成数字孪生水网样板、水利高质量发展示范区提供坚实支撑。

2. 建设范围

（1）空间范围。覆盖中线干线工程全长 1432km 及其工程管理范围，包括总干渠和天津干渠两部分。总干渠自陶岔渠首（含陶岔渠首进口）至北京团城湖（含团城湖出口），全长 1277km；天津干渠起于河北省徐水区西黑山村北的分水闸，终止于天津外环河，全长约 155km。

（2）业务应用范围。围绕南水北调中线工程安全、供水安全、水质安全的需要，聚焦"安全监管、智能调度、水质保护、智能运维"4 个业务领域，选取典型试点进行先行先试建设应用，预留与总干渠互联互通的河湖水系及其他工程等的数据接口。

（3）用户范围。包括中国南水北调集团，中线公司本部、5 个分公司、3 个直属子公司、44 个管理处以及项目业务范围内的其他相关单位。

3. 建设原则 基于先进、实用、安全、高效、兼容的总体原则，按照"需求牵引、应用至上、数字赋能、提升能力"总要求，以数字化、网络化、智能化为主线，以数字化场景、智慧化模拟、精准化决策为路径，准确把握水利部、中国南水北调集团的新要求，推进数字孪生南水北调中线建设。

4. 建设任务 截至2023年底，按照"统筹设计、集约建设"的原则，聚焦工程安全、供水安全和水质安全等核心业务的"四预"应用，初步建成数字孪生南水北调中线1.0，实现工程安全、供水安全和水质安全的核心数据互联互通，重点业务场景初步具备"四预"功能，为后续数字孪生南水北调中线建设提供基础和示范引领。基于现有基础实现时空信息服务和数据治理能力优化提升；实现支撑示范段"四预"应用所需的模型能力整合提升；实现示范段输水调度模拟、冰期输水调度模拟、交叉建筑物洪水风险模拟、工程安全运行性态模拟、水污染应急模拟等典型场景的"四预"应用；完成信创云改造提升。

5. 建设方案

（1）数据底板。在中线"一张图"集成的数据基础上，融合水利部建设的L1级数据底板，重点建设中线工程L2、L3级数据底板，实现物理工程全要素和水利治理管理活动全过程。基于GIS+BIM+IoT的数字化映射，为数字孪生中线业务应用提供数字化场景，支撑数字孪生体与物理实体工程的一致性和同步性。

（2）模型平台。构建并完善水网专业模型、智能识别模型及可视化模型，以支撑工程输水调度、安全监测、设备管理、防汛应急、水质安全保障等业务的"四预"功能。对已建模型和新建模型持续进行参数率定和验证工作，不断提升模型性能和效率。开展模型标准化接口改造，开展与模型仿真引擎、数据引擎的集成与联调联试，兼容水利部、流域机构等通用模型，具备良好的可扩展能力和模型管理能力，通过人机交互实现相关模型的构建、调用、管理及升级完善。

（3）知识平台。构建包括水利对象关联关系库、历史场景库、预报调度方案库、业务规则知识库、工程安全知识库、专家经验库、文档库的中线知识库。

（4）信息化基础设施。在中线工程现有信息化设施的基础上，按需补充建设感知网、信息网、云平台等信息化基础设施。

（5）业务应用。在数字孪生水利工程数据底板基础上，充分共享模型库、知识库成果，在孪生引擎的驱动下，建设具有"四预"能力的数字孪生南水北调中线业务应用。重点围绕保障中线工程安全、供水安全、水质安全的业务应用，打造数字化应用场景，提升业务应用智能化水平，为后续工程发展提供精准化决策依据支撑，打造调水工程数字化转型示范样板，推动南水北调中线工程高质量发展及数字化转型。

（邬俊杰）

【**数字孪生工程技术框架体系**】

1. 总体框架 基于先进、实用、安全、高效、兼容的总体原则，按照"需求牵引、应用至上、数字赋能、提升能力"总要求，以数字化、网络化、智能化为主线，以数字化场景、智慧化模拟、精准化决策为路径，准确把握水利部、中国南水北调集团的新要求，推进数字孪生南水北调中线建设。

（1）物理水网。物理水网包括中线总干渠、节制闸、控制工程、工程管理范围等,同时预留与水利部、沿线受水省(自治区)等物理水网的接口。

(2) 基础设施。基础设施部分包括感知网、通信网、中线云三部分。感知网负责采集数字孪生南水北调中线所需各类数据;通过通信网将数据传输至数字孪生平台数据底板;中线云负责提供数据计算和存储资源。

(3) 数字孪生平台。数字孪生平台包括数据底板、模型平台、知识平台三部分。其中数据底板包括地理空间数据、基础数据、监测数据、业务管理数据和共享数据以及数据引擎,汇聚水利信息网传输的各类数据,经处理后为模型平台和知识平台提供数据服务;模型平台包括水网专业模型、智能识别模型、可视化模型和模拟仿真引擎;知识平台包括知识库和知识引擎,汇集数据底板产生的相关数据、模型平台的分析计算结果,经知识引擎处理形成知识图谱服务中线业务应用。

(4) 业务应用。业务应用包括安全监管、智能调度、水质保护、智能运维等中线业务应用。

(5) 网络安全体系。网络安全体系主要包括安全技术体系、安全运营体系、安全管理体系等内容。

(6) 保障体系。保障体系主要包括标准规范、管理制度等。

2. 总体布局 按照"需求牵引、应用至上、数字赋能、提升能力"要求,以问题为导向,以数字化、网络化、智能化为主线,以数字化场景、智慧化模拟、精准化决策为路径,在中线"一张图"基础上筑牢统一的数据底板,提升信息化基础设施能力,构建中线模型平台和知识平台,实现对中线工程的实时监控、科学调度、风险防范,支撑"四预"功能实现和"4+N"的智能应用运行,提升中线工程管理与企业治理的科学化、精准化、高效化能力和水平,为中线高质量发展提供有力支撑和强力驱动。

(邬俊杰)

【数字孪生南水北调中线 1.0】 数字孪生南水北调中线 1.0 以全面提升水安全保障能力为目标,聚焦保障"三个安全"和企业"降本增效",围绕"安全监管、智能调度、水质保护、智能运维"4 个主要业务领域,结合建设基础、现状条件、先行示范作用等多方综合考虑,在数字孪生惠南庄泵站先行先试的基础上,探索构建了长距离引调水工程典型建筑物的工程安全结构分析、工程防洪、跨流域多水源多目标联合调度、长距离明渠输水工程水质保护、冬季输水安全保障等典型智慧应用场景和保障中线工程"三个安全"的"四预"功能体系。

1. 数据底板 按照建设需要,中线公司进一步完善基于空天地一体化的物联感知体系,新增各类信息感知设备、服务器、网络安全设备共计 60 套;接入物联网系统中线沿线 10 万余支(套)安全监测仪器设施、1 万余台视频摄像机、1200 余个水雨情数据站点、33 个水质数据站点;接入卫星应急通信系统、基于北斗的自动化变形观测系统、水下机器人应用、合成孔径干涉雷达(InSAR)应用。

2. 模型库 在充分利用已有模型成果的基础上,中线公司以安全监管、智能调度、水质保护及智能运维为主要目标,按需完成了水利专业模型、智能识别模型、可视化模型等各类共计 18 个模型的构建工作。

(1) 工程安全监测预测预警模型。基于中线工程多源安全监测数据,融合层次分析理念,建立支持单测点、工程部位以

数字孪生南水北调中线1.0系统概览（中线公司　供图）

及建筑物整体性态的安全监测预测预警模型，实现对工程安全性态的预测预警功能。

（2）工程安全评估分析模型。基于渠道、渡槽等建筑物运行水位、交叉建筑物洪水等预报数据，融合安全评估规范与有限元仿真，建立了渠道边坡稳定、衬砌板抗浮、渡槽抗滑稳定、应力应变场计算等模型，初步实现面向不同调度工况下结构的安全性态预演预测。

（3）穿黄隧洞安全分析评估模型。基于穿黄隧洞工程特征，依托运行水位、流量等监测数据，在明确工程典型风险与破坏模式基础上，建立了穿黄隧洞典型风险安全分析评估模型，实现不同输水调度工况下穿黄隧洞结构安全状态分析模拟与预演。

（4）小流域来水预测和洪水预报模型。通过新安江模型构建示范段小流域降雨-产汇流模型，预测水库、河道、交叉断面的水位、流量、流速、淹没范围，对总干渠防洪风险进行预测预警。

（5）水情数据智能清洗模型。研发了基于人工智能方法的数据纵向清洗模型，实现了对单点时序监测数据的异常值的诊断和修正；研发了数据驱动的横向清洗模型，解决水位、流量监测数据的倒挂难题。

（6）输水调度水力参数反演及滚动修正模型。完成了恒定流输水状态自动识别模型，实现了输水工况自动划分；研发了渠道综合糙率反演模型、节制闸过闸流量系数率定模型，实现了在相对稳定运行条件下的糙率、过闸流量系数等重要水力参数的反演率定及滚动修正。

（7）中线总干渠一维快速水动力精准模拟模型。基于各类水情实测数据和工程基础参数，研发了明渠调水工程一维恒定流及非恒定流通用模拟模型，实现了不同时空尺度下多场景输水过程的仿真模拟。

（8）京石段干渠水温冰情过程精细模拟模型。研发了热力-水动力、冰-水耦合集合预报和精细模拟技术，建立南水北调中线京石段干渠水温冰情过程精细模拟模型，实现了京石段217km渠池冰凌生消演变全过程的场景推演。

（9）全线水质指标预测模型。基于中线总干渠建筑物的工程调度，利用一维水质机理模型对总干渠任意位置水质时空变化进行实时模拟，实现水质关键指标未来7天的预测预报。

（10）大数据水质预测模型。利用历史水质监测数据、气象数据等，构建LSTM

神经网络模型,实现 13 个水质自动监测站未来 7 天水质的精准化预测预报。

(11) 水污染事故渠段应急调度模型。基于不同类型风险污染物的扩散输移规律,构建二维水动力学耦合水污染扩散模型,模拟污染物扩散、到达时间等,实现污染物扩散过程的追踪及定位,模拟应急处置决策方案。

(12) 应急退水演进模型。实现污染物在退水闸开启后河道的退水演进过程。

(13) 设备综合风险分析模型。基于温度、振动指标时间序列预测智能模型,结合关键指标量骤变检测和梯度数据变化检测,精确判定主设备健康状态和存在的风险隐患,为惠南庄泵站设备状态监测提供技术支撑。

(14) 设备劣化分析模型。分析历史监测数据识别表征设备健康的特征参数,利用数理统计建立多维健康状态模型,实现设备劣化趋势分析和预警管理,指导惠南庄泵站开展设备预测性维护。

(15) 多源异构数据融合金属结构场景感知模型。基于弧形闸门结构应力、变形、振动特性、运行特性等内在参数,采用多源异构数据特征提取融合和深度学习的方式对闸门设备的故障进行分析与分类,实现金属结构运行状态风险分析。

(16) 泵站经济运行模型。基于泵组校正性能曲线,研发了面向经济运行的大型加压泵站优化调控模型,实现了泵组提水与自流输水组合优选,可实时生成常态输水情景下惠南庄泵站的低碳运行方案。

(17) 智能识别分析模型。基于人工智能算法构建了绊线识别、安全帽识别、水尺识别等多种视频识别模型,实现场景的智能分析并主动推送告警事件,提升对安全事件的响应速度和应对能力。

(18) 可视化模型。通过构建惠南庄泵站段和加码示范段 103 个可视化模型,支撑三维数字化场景下"四预"业务信息的可视化仿真展示。

3. 知识库 根据各业务场景预演模拟计算结果,结合中线工程已有的业务规则、应急方案等成果,对惠南庄泵站段和加码示范段涉及的工程安全知识、专家经验及相关资料文档进行结构化、知识化处理,形成中线惠南庄泵站段和加码示范段工程规则库、专家经验库及文档库示范性建设成果。

4. 信息化基础设施 在中线工程已有感知设备的基础上,按需新增各类信息感知设备、服务器、网络安全设备共计 60 套。其中在北拒马暗渠进口节制闸闸门安装应力应变传感器、振动传感器、倾角传感器等金属结构传感器共计 34 套,新装人工智能服务器、可视化引擎服务器、通用算力服务器及网闸设备共计 26 套。

5. 业务应用 结合中线工程的业务特点,以创新的思维引领,不断深化场景设计与应用,通过系统规划推动场景间的横向协同,挖掘中线工程业务的潜力,打造独具特色的场景设计,进一步激发业务价值。

(1) 安全监管。系统耦合集成数理统计、有限元分析及洪水预报、演进等模型,实现了对各类工程结构安全及洪水风险预警,并支持多工况的预演、匹配预案。

(2) 智能调度。系统耦合集成河渠水动力学、河冰动力学等模型,实现中线总干渠恒定流与非恒定流状态的输水调度模拟,为常态情景及应急场景下供水方案调算以及闸群联调指令制订提供支撑。

(3) 水质保护。数字孪生系统耦合集成全线一维水动力水质预测、大数据预测等模型,实现中线全线未来 7 天水质指标的预报预警,支持突发水质事件预演,为水污染应急指挥决策提供支撑。

(4)智能运维。数字孪生惠南庄泵站系统集成了泵站设备综合风险分析及劣化分析模型,依托在机组安装的各类传感器,实时评估、预测关键设备的运行状态,为维护人员提供动态维护建议。基于泵站经济运行模型,以节能降耗为目标对泵站运行方案进行优化,生成绿色低碳优化方案。

6. 应用成效 围绕"需求牵引、应用至上"的总体要求,针对中线工程的应用特性,中线公司精心组织开展成果验证,成功应对了海河"23·7"流域性特大洪水及工程修复期间的复杂调度,成功复演了郑州"7·20"特大暴雨,系统在日常调度、应急调度、水质演练、工程监管中发挥了巨大的作用。

(程鸿帅)

【数字孪生运行管控应用】 结合中线工程的业务特点,以创新的思维引领,不断深化场景设计与应用,通过系统规划推动场景间的横向协同,挖掘中线工程业务的潜力,打造独具特色的场景设计,进一步激发业务价值。

1. 安全监测业务应用 安全监测业务应用集成了基于数据驱动的数理统计预警预测模型和基于机理驱动的结构仿真分析模型两套模型,初步形成了多模型耦合体系,可更为直观掌握穿黄隧洞、高填方、高地下水、膨胀土等建筑物及渠段运行性态,有效支撑输水调度、应急退水以及交叉建筑物洪水过流对工程自身安全影响的动态复核计算分析,完成了对穿黄隧洞 $320 m^3/s$ 大流量输水,索河渡槽"7·20"特大暴雨等工况下的建筑物结构安全复核分析。

2. 工程防洪业务应用 中线工程防洪业务应用接入了国家气象中心和水利部信息中心的降雨、水库调度、河道水势等水文数据,以产汇流模型和河道水动学模型等专业模型为引擎,构建防汛"四预"功能。实现全线175条交叉河道、458座左排建筑物未来72h洪水自动预报,实时提取中线交叉断面水位、洪峰流量、峰现时间,

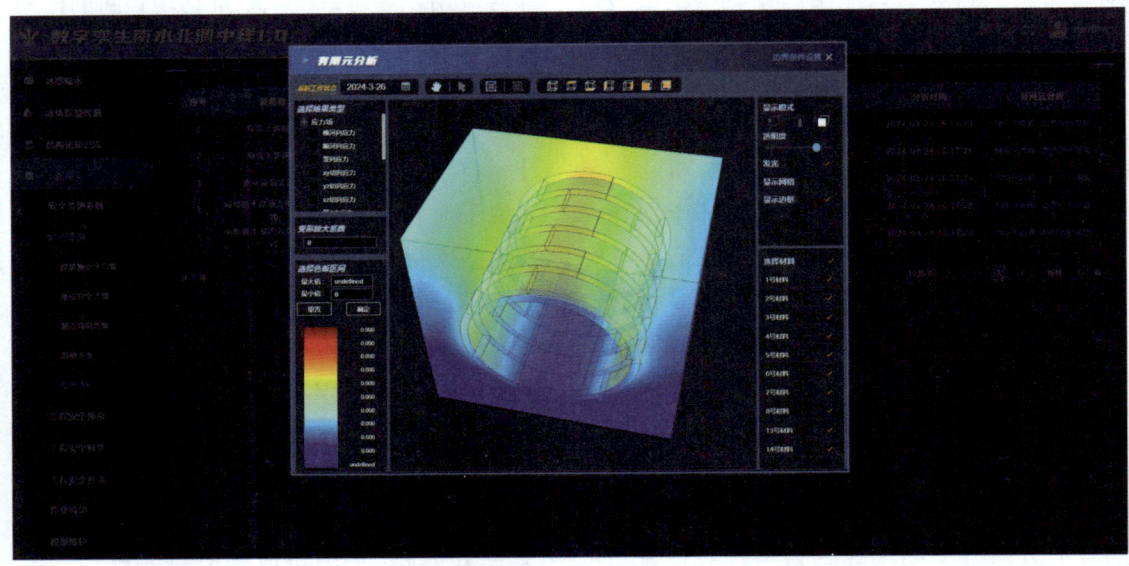

工程安全监测穿黄隧洞有限元分析(中线公司　供图)

预演洪水演进过程，给出预警提示，推荐处置措施。通过模型的融合应用，完成了对河南郑州"7·20"特大暴雨"降雨－产流－水库调蓄－洪水演进"全过程模拟。

3. 智能调度业务应用　智能调度业务应用研发集成了水情数据智能清洗模型、自主学习训练模型、一维水动力快速精准仿真模型等。实现设定分水目标（供水计划）调度方案自动生成、中线总干渠恒定流与非恒定流状态的输水调度模拟，为常态情景及应急场景下供水方案调算以及闸群联调指令制订提供支撑。在海河"23·7"流域性特大洪水中，为防止渠道水位快速上涨，避免工程出现次生破坏，调度人员利用非恒定流模型进行多种预案调算，提升了应急响应速度。

4. 冰期输水业务应用　冰期输水业务应用集成了统计学模型、预报和精细模拟模型 2 套模型。通过双模型驱动，实现对南水北调中线工程京石段 217km 渠道范围内 18 座巡查站点寒潮场景下水温、冰凌预报预警。自 2023 年进入冰期运行以来，结合冰情预测预报结果，通过动态优化调度供水，比计划多供水 3.4 亿 m^3，并优化融冰、扰冰设备及人员投入时间，降低了运行和值守成本。

5. 水质保护业务应用　水质保护业务应用集成了大数据-水动力水质机理耦合构建的水质预测模型，一维、二维水污染扩散模拟模型，退水模型 3 套模型。实现全线水质 12 项指标未来 7 天预报预警；基于一维水污染扩散模型实现了全线 1059 座桥梁、69 个左排跨渠渡槽、20 类 238 种污染物预演，在线计算污染物演进过程，自动生成应急处置预案；基于二维水污染扩散模拟模型耦合退水模型，实现水污染突发事件一体化应急处置预演自动计算污染物浓度变化、污染带长度、污染水量，自动生成应急处置预案，通过预案推荐，辅助决策，及时处置、精准退水、减少损失，提升突发水污染事件应急处置的时效性和精准性。

（程鸿帅）

【数字孪生平台数据底板建设】　以时空信息服务平台和数据治理平台数据信息为基础，融合水利部建设的 L1 级数据底板，重点建设中线工程 L2 级、L3 级数据底板，构建数字孪生南水北调中线 1.0 的数字化场景，实现物理工程全要素和水利治理管理活动全过程。基于 GIS＋BIM＋IoT 的数字化映射，为数字孪生中线业务应用提供数字化场景，支撑数字孪生体与物理实体工程的一致性和同步性。

1. L2 级、L3 级基础数据　在利用中线工程现有地理空间数据的基础上，L2 级、L3 级基础数据在中线时空信息服务平台的数据基础上，融合水利部建设的 L1 级数据底板，重点建设中线工程先行先试范围的 L2 级、L3 级数据底板，完成示范段 L3 级数字孪生底板建设。完成北拒马河 130 km^2 数字高程模型（DEM）数据的航测及数据集成，完成了 16 座工程建筑、196 套金结机电设备、8 套水泵机组的精细化 BIM 模型，接入各类监测仪器 963 个、摄像头 349 路、泵站监控系统监测点位 6330 个，实现了全场景数字化映射。完成了贾鲁河、贾峪河、索河及马金岭沟 90 km^2 航测及数据集成，集成了 12.5m DEM 数据、0.08m 分辨率 DOM 数据以及 0.05m 倾斜摄影数据；完成了 110 座工程建筑、55km 渠道、586 套金结机电设备 L3 级及 L3＋级 BIM 模型构建。

2. 业务数据汇聚及治理　利用中线工程原有的数据汇聚及采集能力，汇聚接入安全监测系统、水质监测系统、应急指挥系统等 21 个系统的 391 个数据表和 6275 个数据字段数据，实现基础数据、监测数据、业务管理数据、共享交换数据集成共享，划分数据权责，实现中线数据一数一源，打破数据壁垒。持续开展数据治理工作，完成数据校核，一致性检验，编制数据质量规则，有效提升中线数据质量。同时，开展数据分级分类工作，保障数据安全。

3. 数据模型及数据服务　围绕数字孪生中线建设需求，提供包括工程安全、供水安全、水质安全、智能运维、经营管理等基础数据、监测数据以及业务数据集成共享服务共计 1000 余项。建设完成工程、调度、水质、生产运维、经营管理类指标和报表类专题服务 100 多项。

（程鸿帅）

【数字孪生方案咨询及审查】　中线公司依据《水利部关于开展数字孪生水网建设先行先试工作的通知》（水信息〔2023〕230 号）要求，结合工作实际，于 2023 年 8 月 20 日编制完成了《数字孪生南水北调中线水网建设先行先试实施方案》并报送水利部。水利部于 2023 年 12 月 28 日组织开展专家审核。

（程鸿帅）

【数字孪生南水北调月度协调会议】　2023 年，中线公司每月组织召开月调度会，按周召开周协调会，形成周报、月报、双月报、会议纪要共 57 期，为项目推进提供强有力的组织保障。

（邬俊杰）

中线水源工程

【数字孪生顶层设计】　2022—2025 年，中线水源公司按照水利部关于数字孪生流域、数字孪生工程以及数据融合共享等方面的标准规范要求，开展数字孪生顶层设计建设。

顶层设计以强感知、增智慧、保安全为主线，通过信息基础设施提档升级，数字孪生平台建设，智慧业务应用扩展升级，网络安全体系、保障体系建设，实现 2025 年初步建成数字孪生中线水源工程 1.0 的建设目标。

信息基础设施：构建水源工程立体感知体系，实现对工程安全、供水安全、水质安全和库区安全态势的全面感知，建成中线水源公司私有云平台。

数字孪生平台：建成中线水源工程 L3 级数据底板，基本建成模型平台，初步建成知识平台。

业务应用：通过工程安全智能分析预警、供水安全智能分析决策、水质安全智能分析管理、库区安全综合管理、工程全景可视、会商预演决策等业务应用和智能事务管理的建设，实现水源公司管理、决策的"数、智"化。

水利网络安全防护：贯彻实施网络安全等级保护制度，实现物理和环境安全、网络与通信安全、设备与计算安全、应用与数据安全、安全管理平台、安全管理制度建设、国产化替代等内容，进一步夯实水源工程网络安全体系。

保障体系建设：从管理制度、标准规范、技术创新、运维体系、人才队伍等方面，统筹谋划、持续推进保障体系建设，为数字孪生中线水源工程建设有序推进保驾护航。

开展数字孪生顶层设计建设期间，中线水源公司在丹江口组织召开了《数字孪生中线水源工程顶层设计》咨询会，邀请长江委、中国国际工程咨询公司、长江委网信中心、长江委水保所、长江委水文局、长江科学院、长江设计集团、汉江集团等单位专家进行了方案咨询。与会专家经过质询与讨论一致认为：

（1）顶层设计总体符合水利部《数字孪生水利工程建设技术导则（试行）》《水利业务"四预"功能基本技术要求》等文件要求，与原有《丹江口水库综合管理平台顶层设计方案》有机衔接，紧紧围绕工程安全、供水安全、水质安全、库区安全的具体需求，明确了数字孪生水源工程建设目标和突出急用先建、分步实施的建设原则，可满足 2025 年基本建成数字孪生中线水源工程的目标。

（2）针对数字孪生中线水源工程建设任务，顶层设计从信息基础设施、数据底板、模型平台、知识平台、孪生引擎、智能业务应用等方面提出的解决方案总体框架合理，目标清晰，任务明确，内容全面，可作为下一步实施方案编制的依据。

专家建议：完善模型、知识平台建设内容和建设方案，复核业务应用建设内容，细化共建共享章节。　　（张伊）

【数字孪生建设总体方案】　数字孪生丹江口工程建设按照《数字孪生水利工程建设技术导则（试行）》技术要求和中线水源工程管理需求，开展数字孪生平台、信息化基础设施、业务应用建设。

1. 数字孪生平台

（1）数据底板。共享汉江流域 L2 级数据底板，采集丹江口坝址区和库区重点区域倾斜摄影模型、数字高程模型，构建重点部位 BIM 模型，结合已有数据基础，搭建水源工程三维可视化场景；汇聚水源工程基础数据、地理空间数据、监测数据、业务管理数据以及外部共享数据。

（2）模型库。大坝安全专业模型：监测数据预处理模型、基于监测数据的大坝运行安全性态分析模型、大坝运行安全性态有限元结构仿真分析模型、大坝运行安全警戒值拟定模型、基于监测数据的大坝运行趋势预测预报模型、基于监测数据的大坝运行趋势异常预警模型、大坝运行安全状况综合评价模型。

水质安全专业模型：水质评价模型、河流一维水动力水质模型、平面二维污染物输移扩散模拟模型、水库三维水动力水质模型、突发水污染事故模拟模型。

库区安全专业模型：滑坡监测预警模型、共享数字孪生汉江丹江口库区水面线模型，服务于库区淹没风险分析。

智能化模型：大坝运行安全监测数据智能算法模型、视频 AI 识别模型等。

可视化模型：水利工程周边自然背景，水利工程场景精细化动态小品等。

（3）知识库。建设包括大坝安全预案库、裂缝处置经验库、加密观测规则库；水质预警规则库、水质预演历史场景库、水质预案知识库；陈家咀滑坡应急预案、滑坡处置实例、预警阈值、专家经验等在内的知识库。

（4）孪生引擎。数据引擎提供多维多时空尺度数据汇聚、清洗、转换、展示、计算等服务能力。知识引擎提供各类知识语义提取、知识推理、知识更新、集成应用等服务能力。模型引擎提供安全监测、水质模拟等模型版本管理、参数配置、组合装配、计算跟踪等服务能力。仿真引擎提供数据底板数据加载、场景管理、模型管理、特效处理、三维渲染、模型轻量化等服务能力。

2. 信息化基础设施　开展右岸土石坝与混凝土坝结合部安全监测自动化改

造，布设大坝智能巡检二维码标签；补充库区视频监控点，开展库区水土保持监测，持续开展库区土地利用及违法水事对象遥感监测，建设陈家咀滑坡地表位移变形在线监测系统；开展丹江口库区主要断面流速、水温分布观测，补充监测无水文站的入库支流流量。对高性能计算集群进行扩展，完善分区网络建设。

3. 业务应用　建设大坝安全、水质安全、库区安全、工程全景可视化、综合决策、移动应用等智能应用，完成先行先试建设项目整体集成以及与数字孪生汉江流域的集成。

（张伊）

【数字孪生工程技术框架体系】　数字孪生丹江口建设采用平台化、服务化架构，系统交互以服务化方式提供，支撑组件和公共业务服务实现中台化，支撑前端业务快速构建；实现前、中、后台分层解耦。系统整体采用三层技术架构体系：数据（底板）层、平台及服务层、应用层。其中，数据底板层实现了各类数据的汇集、治理，并统一汇集到数据资源中心，形成数字孪生丹江口数据资源池，为数字孪生丹江口工程提供"算据"支撑；平台及服务层完成了数字孪生平台及基础支撑组件的建设，并提供了如云渲染、统一身份认证等支撑性服务；应用层面向水源工程的业务需求，实现了桌面、Web、移动App三端的应用服务。

数字孪生系统后端采用Java进行开发，服务框架为Spring Boot，使用Spring Cloud实现微服务模式。采用全局缓存管理，缓存大量静态信息，提高系统总体性能。采用ORM进行SQL数据库映射，解耦数据库类型和版本，支持多种数据库源。前端采用HTML、JS、CSS进行开发，采用标准化组件作为前端框架，通过前后端分离技术，以服务接口的方式与后端进行数据和业务交互。三维引擎采用GIS、BIM结合的方式实现全场景一体化。采用前后端分离技术，基于模拟仿真引擎，结合以模型引擎为核心的数字孪生平台，支撑大坝安全、水质安全、库区安全的"四预"功能。

（1）微服务治理平台。采用国产微服务开发一站式解决方案Spring Cloud Alibaba作为本项目的微服务平台。

（2）地理信息服务平台。基于充分利旧原则，沿用综合管理平台（一期）采购的ArcGIS Server作为地理信息服务平台。采用PostgreSQL结合数据文件实现空间数据存储，利用ArcGIS结合GeoServer实现空间数据的管理。

（3）数据库存储与管理平台。以Mysql、SQL Server作为数据存储和管理平台；空间数据采用PostgreSQL结合数据文件实现存储；采用MinIO对象存储搭建分布式存储服务，结合文件方式实现图片、视频、文档等非结构化数据存储。

（4）模拟仿真引擎。采用长江空间信息技术工程有限公司（武汉）数字孪生云境平台作为数字孪生丹江口模拟仿真引擎，它继承了游戏引擎的渲染效果，具备"GIS+游戏"的场景构建能力，同时支持GIS椭球空间参考、高精度地理坐标体系，基于该平台能方便搭建丹江口枢纽区和库区L3级数据底板及数字孪生场景，实现工程全景可视，支持多尺度仿真，天气、光照、水体等模拟，坝体、廊道、水下一体化漫游，物理模拟，库区水位动态模拟仿真，支撑实现大坝安全、供水安全、水质安全、库区安全"四预"功能。

（5）工程结构有限元分析及模拟平台。以长江科学院自主研发软件为基础进

行研发，该软件经过近 30 年的发展和完善，已经发展成为一整套具有完全自主知识产权的大型水工数值分析工具。（张伊）

【数字孪生先行先试】 按照"需求牵引、应用至上、数字赋能、提升能力"的总体要求，数字孪生丹江口结合工程特点，基于底层物理机制与多种数值仿真方法，自主研发了各类性态仿真模型，综合运用"天-空-地-内-水"智能感知体系，获取并融合多维监测数据，遴选智能优化算法，初步建成了物理与虚拟映射、调控与风险互馈的具有"四预"功能的数字孪生丹江口工程。

大坝安全：针对丹江口工程变形监测范围广，传统极坐标法无法满足观测范围和精度要求的难题，研发了测量机器人实时组网平差技术，实现了测距气象改正、实时组网平差、成果精度评定全过程自动化；针对传统数据驱动模式在映射完整性、准确性方面存在的瓶颈，从底层物理机制出发，研发了有限元多物理场耦合仿真模型，引入参数快速反演技术，形成仿真-监测互馈修正的数字孪生驱动新模式，实现了大坝温度、应力、变形、渗流、结合部接触状态及大坝的整体抗滑稳定在线模拟；建立了变化环境下的预警指标阈值模型，可实时动态计算变化环境下的一级预警指标阈值，基于极限工况确定大坝二级预警指标阈值，有效提升了大坝安全预警准确性和规范性。

水质安全：针对丹江口水库水流复杂、污染来源分散且类型多、精准模拟推演难度大的痛点，研发了调蓄型深水库高效高精度三维水动力水质模型，突破垂向动网格、污染反应过程建模、污染团扩散追踪等关键技术，实现了水库氮磷水质三维分布的自动预测和在线推演；研发了耦合水动力的突发污染快速模拟技术，实现了水库库区和入库支流任意位置、不同污染类型的突发污染场景快速模拟。

库区安全：针对库区地质灾害隐蔽性强、成灾时间短、识别难度大等痛点，基于国产北斗卫星定位技术，搭建了一体化在线监测网络，构建了基于策略的地害多因子监测预警模型、滑坡仿真预演模型，在线模拟不同工况下的滑坡稳定状态和变形趋势，有力提升了地灾防控智能化水平；在智慧管控方面，库区综合利用遥感、无人机、视频监控等监测感知与智能 AI 技术，实现对库区筑坝拦汊、填库、建房、养殖等 12 类问题的主动预警，对于监控发现的问题，形成发现问题到解决问题的闭环流程，为水域岸线的监督管理提供有力支撑。

系统于 2023 年 9 月上线运行，水利部批复的先行先试建设任务已全部完成，并在汉江秋汛及水库 170.00m 蓄水过程中，实现大坝性态、库岸稳定、水质状况同步在线跟踪与动态推演，充分发挥"四预"功能，为取得秋汛防御与汛后蓄水双胜利提供了前瞻性、科学性、安全性决策支持，为"大国重器"装上"智慧大脑"，得到中央和省部级媒体的广泛关注和报道。

（张伊）

【数字孪生平台数据底板建设】 数据底板方面，完成了基础数据、地理空间数据、监测数据、业务数据、外部共享数据建设，建成了丹江口工程 L3 级数据底板。

基础数据方面汇集了库坝区管理（保护）范围线、界桩、行政区划（到村）、特征水位线、监测站点等各类基础数据。

地理空间数据主要包括坝址区 $9km^2$ 倾斜摄影模型、$6km^2$ 数字高程模型；库区 $1287km^2$ 数字正射影像、数字高程模型；库区 $1050km^2$ 水下地形数据；陈家咀滑坡 1km² 倾斜摄影模型；9 个重点坝段、丹江口大坝及闸门、2546 支安全监测仪器、陈家咀滑坡地质 BIM 模型等。

监测数据汇聚大坝安全监测（变形、渗流、应力应变及温度、环境量等监测项目），陶岔渠首、清泉沟水量计量，水质监测（32 个水质人工监测断面、7 个自动监测站的水质监测数据），44 处地灾体监测数据（人工及自动化），鱼类增殖放流数据，地震目录，每月 1 次库区"四乱"遥感解译数据，每年夏秋 2 次库区耕园地解译数据，库区及上游水土流失和入库泥沙数据，库区及上游面源污染数据，水雨情测报系统防洪数据信息（18 个雨量及13 个水位数据），大坝加高工程水情自动测报系统防洪数据信息（52 个雨量及 15 个水位数据），库区及枢纽区视频监控数据等各类监测监控数据。

业务管理数据汇集了防洪度汛信息、大坝巡视检查数据、大坝安全规程规范；陶岔运行管理月报数据、调度指令数据、供水计划对应的上报和批复文档包含的数据；库区水质目标、支流水质目标、水质类别评价、水质超标告警、人工巡查上报数据、各类监测设施运行数据；库周污染源数据（点源）、库区水位为 170.00～172.00m 淹没红线的房屋设施调查数据、库区人工巡查数据等。

共享水文局汉江局关于丹江口水库主要入库支流的水文监测数据。与中线公司开展数据共享工作，中线公司向数字孪生丹江口提供中线沿线陶岔、姜沟、刘湾等13 个水质断面的监测数据。共享数字孪生汉江流域防洪兴利及供水调度相关基础数据、地理空间数据、监测数据及业务数据。形成了流域和工程统一的数据底板，为工程运行管理决策提供丰富"算据"。（张伊）

【数字孪生方案咨询及审查】

1. 需求分析报告评审　2023 年 4 月 14 日，中线水源公司在丹江口组织召开数字孪生丹江口需求评审及阶段成果咨询会议。邀请水利部信息中心、中国水科院、河海大学、三峡大学、长江委水文局长江流域水质监测中心等单位专家进行了方案咨询。与会专家经质询和讨论，一致认为《数字孪生丹江口先行先试建设（中线水源工程部分）项目需求分析报告》结构清晰、内容全面，提出的技术路线合理可行，符合业务应用和管理需求，提出的集成方案全面、合理，满足多层级、多部门共建共享要求，同意通过审查。

针对现阶段建设初步成果，与会专家对数字孪生平台、信息化基础设施、"四预"功能实现、"模型"精度、业务应用、系统集成等方面提出了建设性的意见和建议。建议按照预报、预警、预演、预案要求，针对丹江口工程供水安全、水质安全、工程安全业务需求，进一步梳理预演功能，完善预案措施，加强知识库与业务应用关联；加强业务模型的预演精度，规范性提出模型运行环境，输入输出条件，争取形成一定范围的通用模型，作为下一步推广应用的典型成果。针对服务的对象和目标，加强模型落地应用；注意网络安全及数据安全，明确等级保护要求，严格按照数据涉密有关要求执行，兼顾国产化替代；数据资源整合方面，明确"一数一源"及持续更新问题。

2. 计算存储设备升级及系统部署方案评审　2023 年 7 月 16 日，中线水源公司在武汉组织召开了《计算存储设备升级及系统部署方案》咨询会。参加会议的有长江委网信办、汉江集团公司、浪潮电子信息产业股份有限公司、深圳市瑞云科技有限公司、长江水利水电开发集团（湖北）有限公司等单位的专家和代表。与会专家经质询和讨论，一致认为该方案提出的网络拓扑优化方案，充分考虑了系统的实用性、安全性，方案基本合理；提出的服务器、GPU显卡、存储设备、虚拟化平台等性能参数需求基本合理；提出的系统部署方案符合数字孪生相关技术要求和中线水源公司现状及业务应用要求。并提出项目承担单位要进一步调研分析硬件对数字孪生的支持情况，进一步做好测试工作，优化硬件选型方案。尽早提出数字孪生丹江口系统分布部署方案与项目重要数据的备份和保护方案。 （张伊）

【数字孪生应用】

1. 应用成效　数字孪生丹江口大坝安全、水质安全、库区安全、防洪兴利、供水安全等各个业务板块，已在"2＋N"水利业务中得到了应用。

大坝安全：依托安全趋势预测预报模型智能组合技术、变化环境下的多维度预警指标拟定技术、大坝有限元多物理场耦合仿真技术，实现了2023年汉江秋汛及170.00m蓄水过程大坝性态的同步跟踪与动态推演。大坝安全孪生应用克服了传统预演分析耗时长、及时性差的短板，采用有限元仿真分析技术，实现了大坝结构性态的实时在线推演，1分钟内便能以大坝的即时结构性态为起点，完成预测工况和特征水位下大坝安全性态的演算，实现对重点坝段多场景状态下的安全运行状态预测、预演、预警，为工程运行管理及汉江流域防洪调度决策提供重要支撑。

水质安全：采用调蓄型深水水库高效高精度三维水动力水质模拟技术和突发水污染事件模拟技术，成功复演和实时在线推演了2021年老灌河锑污染事件、2023年泗河排污口偷排氨氮事件和丹江荆紫关锑污染事件、2023年秋汛170.00m蓄水过程中的水质滚动预测推演，为汉江秋汛防御与汛后蓄水的水质安全保障提供重要支撑。

库区安全：依托地质灾害智慧防控技术，实现了库区重点地质灾害体全天候动态预警及实时预演。依托卫星遥感、无人机及智慧巡查模块，及时发现和处置库区消落区、水域"四乱"问题，有效保障秋汛及170.00m蓄水库区安全。

防洪兴利（闸门调度）：在汉江2023年第1号洪水应对中进行了应用，对提升水库调度效率起到了重要的支撑作用。

供水安全：中线水源公司协助长江委水资源局，编制完成南水北调中线一期工程2022—2023、2023—2024年度水量调度计划，为保障南水北调中线一期工程供水安全发挥了重要作用。

2. 推广成效　数字孪生丹江口建设过程中，形成了一批具有自主知识产权的可复制推广的技术成果，培养了一批治江科技人才，提升了业务管理效益，凝聚了中线水源公司的品牌效益，带动了各参建单位的经济效益，对于进一步推进智慧水利建设与中线水源公司高质量发展具有重要作用。

形成了一批可复制推广的技术成果：数字孪生丹江口入选《数字孪生水利建设十大样板名单（2023年）》；数字孪生丹江口大坝安全模型平台及"四预"业务入选《数字孪生水利建设典型案例名录（2023年）》；"湖（库）突发水污染事故快速模拟技术""数字孪生水库水质安全模型平台与预报-预警-预演-预案关键技术"已入选《2023年度水利先进实用技术重点推广指导目录》；"数字孪生丹江口水质安全模型平台与'四预'业务"入选

《2022年水利部数字孪生流域建设先行先试应用案例推荐名录》；2023年申报了"物理机制与多维监测信息融合驱动的数字孪生丹江口大坝安全模型平台及'四预'业务典型案例"；申报1项水利学会团体标准《数字孪生湖库水质管理信息系统设计技术导则》。

此外，测量机器人实时组网平差技术、混凝土结构温度应力仿真技术、土石坝应力变形及复杂渗流有限元计算模型、通用化水动力水质机理模型、突发性水污染事故快速模拟技术、地质灾害监测预警技术、数字孪生模拟仿真引擎技术等多项关键技术和成果在白鹤滩、滇中引水、引江补汉、西藏中曲、新疆头屯河流域等多个工程与流域智慧化建设中发挥示范引领作用，具备可复制可推广性。

培养了治江科技人才：项目汇聚15家长江委内单位、20余个专业领域、百余名技术骨干，自主研发突破了八大关键技术，为长江委治江事业培养锻炼了一大批综合能力强、专业素质高、发展潜力大的科技人才。

凝聚了品牌效益：数字孪生丹江口建设成果得到水利部、长江委领导高度肯定，累计接待近40批次来访考察，中线水源公司还作为水利系统唯一代表参展第六届数字中国建设峰会，充分展现长江委的专业水平、技术实力，初步形成了公司的品牌效益。

带动了经济效益：20余家合作意向单位到中线水源公司调研考察数字孪生建设，带动长江设计集团、长江科学院、长江水保所等单位签约项目合同金额过亿元，真正实现了资源共享、成果互鉴、利益共赢。关键技术已在多个工程中得到推广应用，产生了显著的经济效益与社会效益。

（张伊）

十、配套工程

北 京 市

【**资金管理**】 2023年，北京市全年财政资金安排项目经费105.42亿元，主要用于提升海河"23·7"流域性特大洪水灾后恢复重建能力与防灾、减灾、救灾能力，保障南水北调、永定河生态补水工作；保障市属水利工程和南水北调干线及配套工程日常维修养护和运转工作；保障卢沟桥、北京金源经开污水处理有限责任公司等污水处理正常运行；保障河长制、水务宣传、行政执法、信息化系统建设和运维、水利工程岁修、应急度汛工程等方面的资金需求。 （周英豪）

【**建设管理**】

1. 南水北调大兴支线工程 2021年底，大兴支线工程新机场水厂连接线开工建设，截至2023年12月底，总体形象进度完成90%。

2. 南水北调河西支线工程 截至2023年12月底，中门泵站主体结构基本完成，中堤泵站及园博泵站试运行完成，并完成2座泵站的机组启动和中堤至中门泵站段管道通水阶段验收，已具备向丰台河西第三水厂、门城水厂供水条件。

3. 南水北调团城湖至第九水厂输水工程（二期） 2023年，南水北调团城湖至第九水厂输水工程（二期）输水管线投入使用，中心城区地下输水"一环线"全线运行。

4. 南水北调团城湖调节池管理设施工程 主要建设内容包括团城湖调度中心及食堂、武警基地及公用设备用房、门卫房，以及场区入口、道路铺装、景观绿化等。建筑高度最高为8.7m，建筑层数为

团城湖至第九水厂输水工程（二期）
正式通水（北京市水务局 供图）

2层，批复工程投资9335.04万元。工程于2023年6月开工，截至2023年底，完成所有建筑物框架结构。 （周英豪）

【**运行管理**】

1. 水资源调度 2023年，南水北调计划调入水量10.21亿m³，因海河"23·7"流域性特大洪水调减为9.41亿m³，实际完成调水量9.6亿m³，其中保障城市生产生活7.9亿m³，占总来水量的82.3%，其余水量用于向水源地存蓄以及保障首都功能核心区河湖水系和永定河生态用水。南水北调环线工程2023年累计向5座水厂输水3.87亿m³，其中向黄村水厂输水0.29亿m³，向郭公庄水厂输水1.59亿m³，向亦庄水厂输水0.70亿m³，向通州水厂输水0.32亿m³，向第十水厂输水0.96亿m³。大宁水库全年累计接收干线退水0.06亿m³，接收小清河补水1.5亿m³，向永定河补水0.16亿m³，向稻田、马厂水库补水1.4亿m³。南水北调团城湖工程利用密云水库反向输水工程向沿线分水口分水、水库输水，首站累计取水0.61亿m³，向小中河、七八干渠分水0.35亿m³，向怀柔水库输水0.12亿m³，向沙河分水0.05亿m³；团城湖至第九水厂输水工程（二期）累计向第九水厂供水

2 亿 m^3；东水西调工程首站累计取水 0.56 亿 m^3，向永引渠分水 0.02 亿 m^3，向石景山水厂输水 0.29 亿 m^3，向城子水厂输水 0.24 亿 m^3。

2023年春季，永定河生态补水
（北京市水务局　供图）

2. 水质监测　2023 年内持续强化水质监测。南水北调环线管理处在亦庄调节池 2 号进水口、亦庄水厂 1 号取水口分别布设"水环境侦察兵"光谱传感器，实时传输水质数据，实现对进出水口水质实时监测、动态管理；开展亦庄调节池等 5 处点位 29 项基本水质指标及藻类监测，开展浮游动植物等 6 项指标的跟踪监测。南水北调大宁管理处共开展水体动态监测采样 18 次，除 8 月初受海河"23·7"流域性特大洪水影响外，大宁水库水体始终保持地表水Ⅲ类水平。南水北调团城湖管理处加强水质自动监测站运行过程质量监管、协调水质监管部门开展水质监测与数据共享，及时获取水质信息，团城湖调节池国控点位水质保持地表水Ⅱ类水平，西台上泵站水质保持地表水Ⅲ类以上水平。

3. 维护检修　南水北调干线管理处执行"四班三运转"工作模式，2023 年开展设备设施维修维护 400 余次，每月开展沿线各闸站阀井设备设施、供电线路检查，对柴油发电机进行保养，对积水阀井进行抽排 300 余次，沿线设备设施均运行正常。全年工程安全监测、PCCP 管线断丝监测及水质监测数据正常，工程调入南水水质始终维持在地表水Ⅱ类水平以上。

4. 运行标准化建设　南水北调大宁管理处制订《大宁管理处调度运行管理规程》《河西支线工程输水调度方案》，初步形成中堤至园博段调度运行模式。南水北调团城湖管理处针对调度流程中存在的信息脱节、监管缺失、职能不清等问题，利用数字孪生系统建立总调中心和分控中心，横向打通所辖 4 个工程的信息壁垒，纵向连接 1 处、5 所、15 站，全量汇聚水情、水质、工情、机组等实时数据，零距离监控 65 个工程风险点、246 处重要部位，初步形成中心总调、所级分控、站点少人的三级调度格局。完成密云水库调蓄工程前柳林泵站、西台上泵站、雁栖泵站和东水西调工程杏石口泵站的市级达标评审工作，打造北京泵站标准化管理示范站。

（周英豪）

【质量管理】

1. 制度建设　按照水利部出台的《水利工程质量管理规定》，结合北京市水利工程建设实际，北京市水务局印发《关于进一步加强水利工程质量管理工作的通知》，将市区工程职责划分、质量管理措施等有关事项细化明确；印发《关于进一步加强水利工程开工备案管理工作的通知》，细化开工备案程序、提交材料等内容。

2. 质量督察考核　接受水利部质量考核、督查"飞检"和质量监督履职巡查。在水利建设质量工作考核中，名列全国第六。针对检查发现的问题，逐条分析查找产生原因，制订整改措施；对相关责任单位、责任人实施责任追究。对大兴支线、大宁水库除险加固等26项水利工程，开展质量监督日常检查203次，专项检查13次，重点工程检查11次。对在建的区级水利工程进行抽查，结合质量监督日常检查结果，对各区水务局的水利建设质量工作进行考核。组织北京市水利工程质量与安全监督中心站监督市级水利工程15项，开展质量监督检查182次，印发《质量监督检查结果通知书》6份，提出整改建议171条，报送监督月报8期，全力保障工程建设质量。

（周英豪）

【文明施工监督】

1. 施工现场监管　2023年内接续开展"百日专项治理行动"，推动在线视频监控设备安装，并接入北京市住房城乡建设委网络平台。结合水利工程特点，细化具体措施，将检查结果进行量化分析，纳入年度工程质量考核，形成闭环监管机制。通过周调度、月总结落实工地扬尘管控措施，应对空气重污染和重大活动期间的空气质量保障工作。督促非道路移动机械编码登记，加强工地机械检查。

2. 农民工工资保障　组织有关单位接受国务院根治欠薪考核，考核结果优秀，相关工作得到考核组认可。春节和夏季组织开展根治欠薪专项行动，对市属水利工程农民工工资保障情况进行全面检查，对区属水利工程进行抽查，对发现的问题逐一反馈，并督促受检单位规范整改。2023年未发生极端或群体性讨薪突发事件。

（周英豪）

【安全生产及防汛】

1. 安全生产　南水北调干线管理处组织开展"安全生产和火灾隐患大排查大整治""安全生产月""消防安全宣传月"等系列活动，促进安全生产形势持续稳定，2023年内达到水利工程管理单位安全生产标准化二级。南水北调环线管理处全年开展节前安全大检查4次、月度综合安全检查12次，消防、内保、应急季度检查各4次，大排查大整治专项检查8次，累计检查发现安全隐患共计116项，均已整改完毕。南水北调大宁管理处修订更新

海河"23·7"流域性特大洪水期间，洪水入大宁水库
（北京市水务局　供图）

《安全生产责任制》《突发事件应急预案》等重要制度，初步建立形成"1＋8＋N"应急预案工作体系；完成安全提升改造工程，有效抓好安全生产专项整治、大排查大整治专项活动，2023年安全生产实现"零事故"目标。南水北调团城湖管理处建立"1＋2＋43＋N"安全生产管理制度体系，制订安全生产管理操作指南，形成安全生产管理闭环机制，以火灾隐患大排查大整治为契机，开展各类安全检查55次，发现问题126项，均已整改完毕。

2. 反恐工作　南水北调团城湖管理处结合调节池二级防范恐怖袭击重点目标实际，实施调节池安防提升工作，设置紧急报警装置、补充更换视频监控点、完善入侵探测装置、加装重要设备间门禁、增设电子巡查装置，与海淀区反恐支队联合开展反恐演练，通过物防、技防、人防措施，切实提升调节池安防能力。

3. 安全鉴定　及时组织对已到安全鉴定期限的水利工程开展安全鉴定，完成永定河倒虹吸进水闸、永定河倒虹吸退水闸以及团城湖末端闸等3座水闸，东干渠输水隧洞十厂分水口至通州分水口段安全鉴定。

4. 安全度汛　全力应对海河"23·7"流域性特大洪水，南水北调干线管理处重点加强PCCP管道及相关设备设施运行管理，及时处理阀井涌水等运行问题；配合北京市水资源调度管理中心切换水源，密切关注水质变化，保证管线水质达标。北京段工程整体运行平稳，未出现险情。南水北调环线管理处启动应急调度响应，对供水路由进行应急切换，改为由密云—怀柔供水系统供水，保证环线供水安全。南水北调大宁管理处妥善处置库区防渗墙应急险情，积极配合永定河防汛分指挥部，

圆满完成建库以来首次滞洪错峰任务。2023年8月1日水库水位达59.58m，创历史新高，工程设施总体安全。南水北调团城湖管理处配合当地部门利用所管辖的泵站机组排洪，有效避免渠道漫溢；在南水中断的情况下，应急接管水利工程设施，实现水源切换，优化供水路由，保障北京环线各水厂供水需求。

（周英豪）

海河"23·7"流域性特大洪水期间，团城湖管理处职工紧急抽排电缆井积水（北京市水务局　供图）

【科技创新】　南水北调环线管理处以十厂分水口至通州分水口隧洞检修为契机，开展多项新材料、新技术试验，初步形成《低压输水隧洞检修技术规程团体标准》、聚硫密封胶施工机械发明、结构缝防渗加固处理施工方法、隧洞清淤等研究成果；实施郭公庄分水口超声测流应用研究、亦庄调节池安防提升、排气阀井上启闭装置安装、排气阀井巡检创新等创新项目。2023年，"事业单位机构改革背景下的网络融合研究"和"水下机器人技术在大口径地下输水隧洞检测中的集成应用与示范"项目获北京市水利学会科学技术奖三等奖，"绩效考核激励机制"和"水下机器人技术在大口径地下输水隧洞检测中的

集成应用与示范"两个项目获评2022年度北京市水务局重要水务创新成果。南水北调团城湖管理处东水西调整体工程进行智慧化改造,用3个"三"建设模式(三重感知代替人工运行、三站联合调度取代单站独立运行、三种手段保障运行安全),打造数字孪生东水西调工程。东水西调工程全线补充建设振动、轴位移、键相、噪声、温度等感知设备174个,采用多种AI算法增强视频、智能巡检机器人等智能化技术代替人工巡检,及时掌握高压开关设备和其他电力设备工作状态。建立智能调度模型,统筹三级泵站梯级调度,根据来水量和需水量自动计算水量变化过程,生成调度指令,推演调度过程,有效支撑精准化调度。

(周英豪)

东水西调工程采用智能巡检机器人代替人工巡检(北京市水务局 供图)

【工程验收】 2023年,全面梳理17项历史遗留基本建设项目,按照"一项目一对策"制订验收推进方案。其中,大宁水库除险加固工程已具备蓄水验收条件。

(周英豪)

【南水北调后续规划】 2023年,北京市水务局深入开展北京市南水北调后续工程总体规划研究,完成"东二环线"工程规模和后续调蓄工程需求论证,组织编制《北京市输水东二环线工程规划综合实施方案(阶段成果)》和《南水北调后续工程东二环线(一期)工程项目建议书(代可行性研究报告)》,为尽早启动"东二环线"工程建设夯实基础。

(周英豪)

天 津 市

【建设管理】 2023年,天津市水务局全面强化配套工程建设管理规范化工作,组织制订并印发了《进一步加强建设项目法人管理实施意见》,积极推进配套工程总体规划中最后一项配套工程西河泵站至凌庄水厂红旗路线DN2200原水管道重建工程建设。管线全长8.9km,新建管道输水规模为26.9万t/d,事故输水规模为44.1万t/d,管道设计运行压力0.28MPa,主要建设内容为开挖铺设钢管2027m,其中DN2200管道196m,DN1900管道1831m;在原管道内穿DN1900钢管6345m,穿越河道顶管45m,改建现状3孔方涵共540m。工程设计概算总投资27260万元,计划2025年中旬完工。2023年度圆满完成2km管道建设任务,累计完成投资1.48亿元,占总投资的54.3%。

(张祺帆)

【运行管理】 天津市水务局积极制订调水工程标准化管理实施方案,明确工作目标和时间节点,全面与国家级和市级标准化评价标准对标，从工程状况、安全管理、运行管护、管理保障和信息化建设等方面，实现全过程标准化管理。制订泵站、水闸、水库等设施设备运行管理工作标准，组织推行标准化管理常态化，为安全供水提供有力保障。完成配套工程王庆坨水库新建水库大坝注册登记工作。配套工程各运行管理单位通过完善运行管理标准化建设，夯实设备管理基础工作，减少设备维修费用和停机时间，降低设备故障率，完成设施设备维护投资3188万元，组织完成专项维修工程6项，总投资585万元。组织完成应急抢险项目2项，总投资117万元。2023年加强配套工程特别是管线工程的巡视巡查，出动车辆超过6918车次、9858人次、399船次，车辆行驶里程超过12.32万km，打捞漂浮物超过8.1万kg，南水北调输水末端清除淤积物10万余m³，设备完好率达99%以上，安全输水保证率达100%。

2022—2023年度（2022年11月至2023年10月），南水北调一期中线工程年初批复向天津调水指标9.76亿m³，实际向天津调水10.40亿m³，其中用于城市供水9.83亿m³，用于生态环境补水0.57亿m³。南水北调中线一期工程天津干线将引江水输送至天津后，分五路向天津供水：经曹庄泵站和引江南干线向津滨水厂、北塘水库、塘沽各水厂、开发区水厂供水2.11亿m³；经引江西干线、西河泵站向芥园水厂、凌庄水厂、新开河水厂供水4.20亿m³；经永清渠泵站向北部尔王庄区域及北运河生态供水3.13亿m³；经王庆坨水库向武清京津科技谷水厂供水0.20亿m³；经子牙河北分流井退水闸向海河生态补水0.48亿m³。（张祺帆）

【质量管理】 天津市水务局印发《加强水利工程建设质量监督管理工作意见》《水利工程质量终身责任制实施办法》，开展水务工程建设领域质量安全检查百日行动，开展质量安全专项行动，全面消除工程质量和安全隐患，2023年工程质量合格率达100%，重点水利工程单元优良率超90%，在水利部质量考核中连续7年获得A级。

（张祺帆）

【安全生产及防汛】 天津市水务局组织天津市水务集团全面落实企业主体责任，明确各级职责，层层压实责任，南水北调配套工程各管理单位与本单位各职能部门签订了安全生产责任书，层层传导压力，将责任落实到岗、到人。组织全面排查整治各类安全隐患，强化配套工程管理单位责任担当意识，优化调度流程，通过南水北调配套工程巡视巡查系统对泵站、管线、水库等设施设备进行巡视检查，利用人工巡线配合工程巡视巡查系统保障巡查到位，发现问题及时上报、及时处置。

天津市水务局定期开展南水北调配套工程安全生产大检查，细化安全生产责任，规范安全管理档案，有针对性地组织安全教育培训，确保运行安全、人员安全。以健全上下游管理单位协调联动机制、规范应急响应流程、强化藻类防控措施为重点，2023年5月，组织天津水务集团会同中国南水北调集团中线公司天津分公司联合举行了藻类防控应急演练，重点检验了上下游单位的协调联动机制是否畅通，应急响应流程是否规范，藻类防控措施是否可行。2023年7月，按照供水突发事件应急预案有序应对引江上游来水2-MIB指标异常事件，在配套工程西河泵站调节池出口投加粉末活性炭以满足水厂进水水质要求，粉末活性炭采购88t。

不断加强与中线工程运行管理单位的战略合作，将南水北调工程防汛应急工作纳入全市防汛应急体系，从应急组织体系、应急救援队伍建设等方面全面加强配套工程与南水北调中线工程应急抢险协调联动机制建设，配套工程应急抢险队伍与中线运行管理单位协调联动，提升防汛快速响应能力，确保天津市南水北调工程汛期工程安全、供水安全和水质安全。

海河"23·7"流域性特大洪水期间，为确保南水北调中线工程安全，天津市水务局针对南水北调中线干线交叉河道，全面强化站位、提高标准，落实落地与防洪一级响应相匹配的巡查防守排险力度，积极协调配合海委在洪水下泄期间，严格控制上游西河闸流量，密切追踪水情工情，精准预报洪水关键信息，同时全面强化交叉河道及交叉部位巡查排险，组织属地和河道管理单位重点对交叉河道子牙河及交叉部位开展不间断拉网式巡查，全面落实交叉河道巡查排险技术责任，组织建立了巡查排险情况日报送和险情发现处置实时报送机制。天津市水务局广大党员干部职工及西青、北辰、武清等相关区有关单位坚守一线、昼夜奋战30余天，交叉河道及交叉部位安全度汛，未发生安全隐患。

（张祺帆）

河 北 省

【建设管理】

1. 配套工程验收　为规范配套工程验收工作，保证验收质量，河北省水利厅印发了《关于印发〈河北省南水北调配套工程水厂以上输水工程设计单元工程完工验收工作导则〉的通知》（冀水南调〔2023〕28号），明确了验收条件、内容、程序。截至2023年12月31日，河北省南水北调配套工程26个设计单元工程，合同验收已全部完成，130个专项验收已全部完成，财务决算已全部编制完成，14个设计单元工程已完成项目法人验收，1个设计单元工程已完成完工验收。

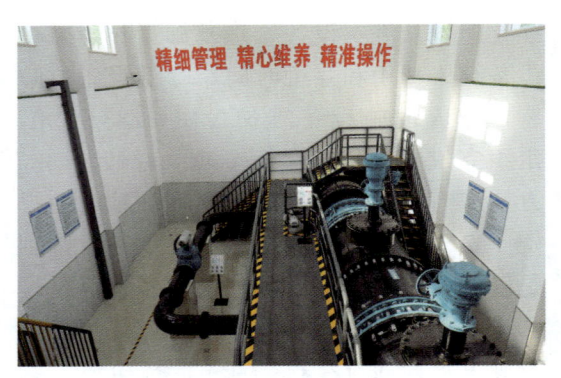

邯郸管理处永年管理所阀门控制室
（河北供水有限责任公司　供图）

2. 工程改造提升　组织实施石津干渠应急项目、军干渠坡防渗工程、廊涿干渠工程供水保障项目和其他各类运行维护项目，持续提升配套工程安全供水保障能力。深入完善改造管理设施，推进7个管理处50余个所站管理设施完善改造项目，整体形象进度基本完成；扎实开展阀井防渗堵漏，完成了保沧、邢台、沧州管理处64座阀井堵漏工作；完成了34座管理所站绿化专业养护和40座所站环境卫生保洁试点；完成了泊头管理所、马头管理所、魏县管理所的取暖供冷改造。全面推进灾后重建，海河"23·7"流域性特大洪水发生后，组织排查水毁恢复、重建、提升项目154项。截至2023年12月31日，已基本处置完成125项，完成率为81.16%，剩余2项正在实施、27项正在项目报批或编制专题设计。

（胡景波）

十、配套工程

南水北调配套工程保沧干渠蠡县调压塔（河北供水有限责任公司　供图）

【运行管理】

1. 工程运行维养　梳理完成了《河北省南水北调配套工程规章制度思维导图》，印发了5项技术标准和管理办法、1项维护检修规程；组织完成了泵站安全运行、电气操作与安全运行等22个方面的专业能力培训，累计培训784人次，员工的专业能力和业务素质得到有效提高；推动运行维护项目专业化、系统化管理，组建了勘测设计、咨询服务和工程审计单位库，累计批复项目1289项，批复项目资金2.8亿元，有效提升了合同管理效率和运行管理专业水平；全面推动供配电、变频设备和水泵机组专业维养，实施设备大修10次41台（套），对2405台管道及附属设施、机电设备、阀门等设施设备进行维养，保障了各类设施设备的安全运行；组建了电力和金结机电设备监督检查专家组开展常态化监督检查，累计发现问题315项，完成整改问题294项，整改率为93.33%。扎实推进水利工程标准化管理试点建设，从工程状况、安全管理、运行管护、管理保障和信息化建设等方面实施标准化建设，全力推进容城管理所和中管头管理站"河北省一级标准化管理工程"达标评定工作。

巡查人员工作照
（河北供水有限责任公司　供图）

2. 自动化系统建设　开展了自动化现地控制站点、应用系统和通信传输交换系统交接测试检验，完成了自动化系统已完建项目的实体接收；采取"自建光缆＋租用公网"方式，进一步保障自动化系统数据传输的可靠性；开展了廊涿干渠自动化系统管理处内全线监控调度试点，为自动化系统全面接收后的运维工作提供经验支撑。组织编制了《自动化系统运行维护服务实施方案》，及时实施了自动化系统维修维护，2023年累计完成了水力监测设备维修改造8次、工程监控系统维修4次、通信系统维修1次。

3. 信息化技术应用　开发掌上运管通运行管理平台，提升管理效能和生产效率，减少安全隐患并形成闭环处理流程，推动工程运行管理的自动化、精细化、科学化水平；推广使用"惠招标"电子采购交易平台，进一步规范了项目招标采购活动；开发了仓储与工程维护信息管理平台，初步实现工程维护巡查管理、合同管理和物资管理的信息化管理；试点推进高新泵站和傅家庄泵站配电室线上监测改造，实现配电室运行线上监测；开发了水泵物联网系统，实现水泵机组运行的实时监控和经济运行；实施了水泵机组风机运行故障声光报警、排气阀技术改造、管道压力突变报警等3项技术革新，解决了工程运行中存在的缺陷问题；在和乐寺泵站安装供电系统电能质量检测设备，监测电能质量参数，提高电力系统的稳定性；实施了无人机巡查试点、配套工程输水管线共享河湖智能视频监控系统，进一步加强输水管线的巡查保护力度，补充了巡查和管控手段；结合两个范围划定开展了智能标识桩试点工作，持续探索新型智能设备与技术在运维场景中的深度应用。

4. 推进工程管理范围和保护范围划定工作　完成了邢台、邯郸、保定、沧州、廊坊、定州、辛集市内工程管理范围和保护范围划定方案及专家审查论证，已完成征求邢台、邯郸、定州市人民政府意见，其中邢台市已率先完成南水北调配套工程管理保护和管理范围划定工作。

（胡景波）

【安全生产及防汛】

1. 健全机构落实责任　及时调整充实河北供水有限责任公司安全生产委员会成员，健全安全生产领导机构，加强安全生产工作的组织领导；与各所属单位第一责任人签订年度安全生产目标责任书，各单位与职工逐级签订安全生产责任书，层层压实责任，落实全员安全生产责任制；细化分工，责任到人，明确各级安全生产管理部门工作职责，推动安全管理工作高效规范开展。

2. 深化提升安全供水能力　制订《河北省南水北调配套工程安全供水深化提升行动工作方案》，开展安全供水专项整治"回头看"，逐项核实6方面专项整治效果，持续巩固专项整治行动成果；开展安全隐患再排查、再整治，对2022年已完成整改销号的风险隐患逐项进行复核，对尚未消除和新发现的安全隐患实行"一点一策"，确保安全隐患大起底全清零；加大督导检查力度，组织了综合检查3次、专项检查3次、安全检查30余次，共排查消除安全隐患49项，为工程安全、供水安全创造了更加有利的安全环境。

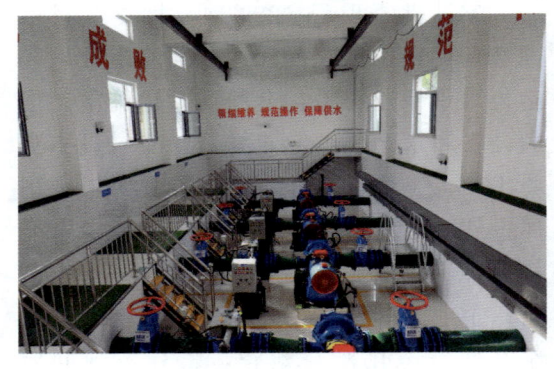

邯郸管理处广平管理所泵房
（河北供水有限责任公司　供图）

3. 开展"六项机制"试点建设　积极推动10个"六项机制"试点，努力打造工作典型，形成可复制、宜推广的示范样板；组织"六项机制"专题培训班3次，260人次参加培训，为扎实推进风险管控"六项机制"建设打下了坚实基础；聘请第三方安全生产技术服务机构提供专业技术咨询服务，分别在固安、邯郸广平管理所组织开展观摩活动，通过交流学习，指导各单位全面落实安全生产风险查找、研判、预警、防范、处置和责任等风险管控。

4. 推动安全生产月活动　组织参加水利安全生产风险管控"六项机制"网络答题、"安全宣传咨询日"活动、春季消防安全知识学习、安全生产法解读、应急演练和安全生产演讲比赛等活动，其中河北供水有限责任公司在网络答题和全国水利安全生产知识网络竞赛——"水安将军"趣味活动中，位居全国第17名，多人获得荣誉，通过学习宣传安全供水知识，筑牢安全发展理念，营造了"人人讲安全、个个会应急"的良好氛围。

邢台管理处南大郭泵站
（河北供水有限责任公司　供图）

5. 提升应急处突能力　及时修订防汛预案，完善防汛度汛各项措施，保证安全度汛；建立健全应急管理机构，选定应急抢险队伍，进一步强化应急管理。开展防汛应急演练7次、藻类防控应急处置和局部突发事件应急调度演练各1次，消防演练8次，提高了各单位应急处置能力；对保沧干渠、栾城支线、青县支线等6个漏水点和廊涿干渠涿州水毁管段、邢清干渠"23·7"水毁项目进行了紧急处置，保障了工程持续稳定供水。

（王腾）

河　南　省

【前期工作】　2023年，河南省全面加强南水北调工程运行管理，推动南水北调后续工程高质量发展取得新成效。在运行管理方面，成功防御了因受台风"杜苏芮"影响造成的多次强降水，南水北调供水工程未出现防汛险情，确保了工程安全运行；强化运行和安全管理，精准调度，超额完成年度水量调度计划。在配套工程验收方面，印发《配套工程验收催（督）办单》23份，通报1份，强力推进工程验收。在水费征缴方面，组织修订水费征缴和使用管理办法，制订五年清缴计划，印发当年和历史拖欠水费"一市一单"催缴和清缴计划通知，督促受水区各省辖市及时、足额缴纳水费。在新增供水项目建设方面，以"城乡供水一体化"为目标，协调加快新增配套供水工程建设。在供水效益方面，2022—2023调水年度，南水北调中线工程累计向河南省供水27.61亿m^3，超额完成年度供水目标任务，累计生态补水1.31亿m^3。

（李泽平）

1. 新增供水目标　2023年河南省南水北调配套工程新增的内乡、平顶山城区、新乡平原新区、原阳县、周口项城以及驻马店四县、安阳西部等12个供水工程已建成通水，郑开同城东部、焦作孟州、新乡市"四县一区"东线等12个供水工程在加快建设，商丘"一市四县"、巩义市、桐柏县等8个供水工程前期工作加快推进,濮阳市全域、郑州90%主城区、安阳市滑县及内黄县全域都用上了丹江水。

2. 水费收缴　河南省为切实加强南水北调水费缴纳工作,确保南水北调工程运行安全,及时足额向国家上缴水费和按时归还银行贷款,组织修订水费征缴和使用管理办法,制订五年清缴计划,印发当年和历史拖欠水费"一市一单"催缴和清缴计划通知,督促受水区各省辖市及时、足额缴纳水费。

2023年9月19日,河南省水利厅向受水区各省辖市水利局印发《河南省水利厅办公室关于尽快缴纳2022—2023年度南水北调水费的通知》(豫水调函〔2023〕17号);2023年11月16日,向受水区各省辖市政府印发《河南省水利厅关于商请缴纳2022—2023年度南水北调水费的函》(豫水调函〔2023〕36号),对缴纳2022—2023年度南水北调水费提出要求。

2023年9月19日,向受水区各省辖市水利局印发《河南省水利厅办公室关于征求南水北调历史拖欠水费五年缴纳计划和逾期缴纳约束措施意见的通知》(豫水调函〔2023〕16号),对历史拖欠水费五年缴纳计划和逾期缴纳相关约束措施征求意见;2023年12月11日,向受水区各省辖市政府印发《河南省水利厅关于强化审计整改落实南水北调新增年度水费和历史拖欠水费五年缴纳计划的函》(豫水调函〔2023〕39号),对新增年度水费和历史欠费缴纳工作提出要求。　　　(赵艳霞)

3. 通水效益　通水以来,河南省南水北调工程持续安全平稳运行,工程经济、社会、生态、安全效益显著。截至2023年底,供水目标覆盖11个省辖市市区、49个县(市)城区和122个乡镇,受益人口达3050万人。在保障正常供水外,河南省通过南水北调总干渠退水闸和配套工程管线持续向南阳、漯河、周口、平顶山、许昌、郑州、焦作、新乡、鹤壁、濮阳、安阳11个省辖市的26条河流和8个湖库实施生态补水。工程有效保证了居民用水,改善了生态环境,缓解了受水区水资源短缺的困局,为河南省锚定"两个确保"、实施"十大战略"、促进全省经济社会高质量提供了有力的水资源支撑,发挥了重大作用。

2022—2023调水年度,南水北调中线工程累计向河南省供水27.61亿 m^3,超额完成年度供水目标任务。其中,农业用水(南阳引丹灌区)6.00亿 m^3、城镇用水19.03亿 m^3、生态补水1.31亿 m^3、通过退水闸向下游供水1.28亿 m^3。

(李泽平　龚莉丽)

4. 合同管理　2023年,河南省南水北调运行保障中心完成了国家审计署对南水北调中线一期工程竣工决算审计工作,其中完成资料需求通知单任务162个(任务条目407项),提交取证单回复意见39个;访谈需求共30起,累计访谈68人次。制订《河南省南水北调运行保障中心合同管理办法》和《河南省南水北调运行保障中心编号管理规定》,配合相关科室完成了全年各项招标采购、结算、验收、变更审查等工作。组织学习合同管理方面的《中华人民共和国民法典》《中华人民共和国政府采购法》《招标投标法实施条例》《政府采购法实施条例》等相关法律法规,邀请郑州大学教授召开合同管理座谈会,邀请河南华北水电工程监理有限公司组织合同管理实务学习。

2023年审核审批合同变更5项;按

照合同的立项、采购、会签审核等程序，签订合同15个；负责和参与合同验收13项；按照泵站代运行管理办法、批准的年度预算及相应的定额，审核审批了焦作、南阳、新乡等地（市）的泵站招标方案和招标控制价。 （马树军）

5. 配套工程验收　2023年，河南省水利厅印发《河南省水利厅关于加强省南水北调配套工程设计单元工程完工验收信息管理的通知》《关于组织加快我省南水北调配套工程完工验收技术性初步验收工作的通知》《河南省水利厅关于南水北调配套工程2023年度验收工作进展情况的通知》，进一步加强、加快南水北调配套工程设计单元完工验收工作。

及时解决问题，促进配套工程验收。加强配套工程验收工作的监管，发现问题，及时研究解决。针对部分地（市）配套工程消防验收等问题，依据验收导则基本规定，协调督促有关单位妥善解决相关问题，促进配套工程验收。

截至2023年底，全省累计完成单项工程通水验收60条，占总数63条的95.2%；累计完成泵站启动验收22座，占总数23座的95.6%；水保环保验收全部完成；累计完成设计单元征迁专项验收10项，占总数14项的71.4%；累计完成设计单元档案专项验收10个，占总数17个的58.8%，漯河、鄢陵、濮阳、清丰4个设计单元完成项目法人验收；鄢陵、濮阳2个设计单元完成技术性验收；17个设计单元工程财政评审全部完成。其他设计单元完工验收的项目法人验收、技术性验收、完工验收等工作也在扎实推进。

（雷应国）

【资金筹措和使用管理】　河南省发展改革委批复配套工程总投资1566699.70万元。截至2023年11月30日，河南省发展改革委累计下达投资计划1543454.00万元。其中，中央预算内投资135700.00万元，南水北调工程基金600348.00万元，银行贷款300173.00万元，省级财政资金200174.00万元，市级财政资金300174.00万元，县级财政资金6885.00万元。另原河南省南水北调中线工程建设领导小组下达河南省南水北调受水区许昌供水配套工程17号分水口门鄢陵供水工程投资计划24696.00万元，其中河南省南水北调配套工程建设结余资金8000.00万元，许昌市自筹16696.00万元。

截至2023年11月30日，累计到位资金1449154.10万元（河南省南水北调中心账面1439698.1万元、许昌自筹9456万元），资金来源与国家下达的投资计划一致。其中，中央财政资金135700.00万元，地方财政资金1060198.10万元，银行贷款243800.00万元，许昌市自筹资金9456.00万元。

截至2023年11月30日，累计完成投资1412691.87万元。其中，建筑安装工程771859.53万元，设备投资78176.75万元，待摊投资562655.59万元（含征地拆迁部分投资392772.52万元）。　（王冲）

【运行管理】　2023年，河南省健全运管制度，规范运行管理，修订印发《河南省南水北调受水区供水配套工程运行监管实施办法》（豫水调〔2023〕12号）。10月9—13日举办了"2023年南水北调工程运行管理培训班"，共有64人参加培训。通过课程学习与研讨交流，学员们进一步掌握了加强运行管理的工作程序和重点要求。全年组织配套工程运行监管巡（复）查40次，及时印发巡（复）查报告40份，跟踪督促问题整改。更新建立2023

年河南省518人次的南水北调干线工程红线外市、县、乡三级防汛责任人和配套工程各级防汛责任人名单，压实防汛主体责任。

（雷应国）

【安全生产及防汛】 2023年，河南省南水北调运行保障中心落实上级安全生产决策部署，不断完善安全生产体系，坚持人民至上、生命至上，坚持"安全第一、预防为主、综合治理"的方针，扎实做好安全生产各项工作。

1. 完善安全生产工作制度 2023年根据机构改革人员变动情况，对安全生产工作领导小组成员进行调整，制订《河南省南水北调运行保障中心安全生产管理办法（试行）》《河南省南水北调运行保障中心安全度汛管理办法（试行）》等安全生产工作制度，按照"党政同责、一岗双责、三管三必须"工作要求，进一步明确岗位职责，确保责任落实到人。

2. 安全生产培训和知识宣传 邀请河南省消防协会消防科普义务宣传队教员为全体干部职工开展了消防安全知识培训讲座和现场实操演练。在河南省南水北调运行保障中心办公楼院内悬挂"人人讲安全，个个会应急""防范灾害风险，护航高质量发展"等活动主题宣传横幅，在LED屏滚动播放《生命至上》专题片。组织开展"一把手"谈"水利安全发展"活动，河南省南水北调配套工程系统主要负责人以"人人讲安全、个个会应急"为主题，举办南水北调大讲堂，学习习近平总书记关于南水北调"三个安全"的重要论述精神，学习《中华人民共和国安全生产法》《河南省安全生产条例》《生产安全事故应急条例》等法律法规，各地（市）对照2023年水利安全生产工作要点，谈本地本单位在强化安全生产责任落实、防控重点领域安全生产风险、提升水利安全生产基层基础保障能力等方面取得的成效。开展安全生产知识网络竞赛，宣传贯彻水利安全生产风险管控"六项机制"，提高职工安全素质和安全意识，组织各地（市）开展水利安全生产风险管控"六项机制"网络答题活动，共计参与答题520人次，优秀率达到90%。为营造"人人讲安全、个个会应急"的"安全生产月"活动氛围，推进安全宣传"五进"，牢固树立安全发展理念，增强竞赛效果，提升趣味性，组织参加以"知识攻坚 责任守关 我是水安将军"为主题的全国水利安全生产知识网络竞赛，累计参与人数680人。

3. 防汛度汛 河南省南水北调中心印发了《河南省南水北调配套工程2023年防汛应急预案》，并以视频会议形式组织全省11地（市）2个直管县（市）南水北调配套工程管理中心观看了安阳市南水北调配套工程防汛抢险应急演练，要求各地各单位结合实际，组织开展各类应急演练。通过演练进一步完善应急预案，发现防汛薄弱环节，做好汛前排查检查工作，提高广大职工防灾避险和应急处置能力。2023年河南省南水北调配套工程做到了安全度汛。

（卢星）

【重大事故隐患排查整治行动】 按照《河南省水利重大事故隐患专项排查整治2023行动实施方案》要求，组织开展重大事故隐患排查整治。检查采用各地（市）中心自查和省中心专项抽查相结合的方式进行。2023年共组织安全生产检查20余次。其中，运行安全方面重点检查是否建立、完善并落实安全生产责任制，是否严格按照规定进行设备操作、运行调度；检查泵站、调流调压阀站、输水线路、建筑电气、安全设施等关键设备设施部位是否存在影响工程运行安全的风险隐患。消防安全方面重点检查办公、物资仓库、集体宿舍、职工食堂等人员密集场所,作业电工是否持证上岗、是否参加过教育培训,是否存在电器线路老化、私拉乱接电线现象,是否存在消防通道、疏散通道不畅等现象,消防设施设备是否能正常使用,是否定期开展火灾隐患排查整治,是否定期开展消防安全培训及演练。安全度汛方面重点检查是否编制、报批或备案度汛方案,落实防汛责任人,开展度汛演练,组建或明确应急抢险队伍,开展安全教育和应急处置培训;是否落实防汛值班制度,值班人员是否到位,值班电话是否畅通;是否制订汛期检查计划,开展防汛检查,做好检查记录;防汛物资(抢险物料、救生器材、抢险机具)准备是否充足;关键部位是否存在度汛风险隐患,防范措施是否落实。 (卢星)

【有限空间作业排查整治】

1. 加强有限空间作业安全宣传 要求河南省各中心针对本辖区内有限空间作业安全宣传工作进行安排,周密部署,切实保障抓好有限空间安全生产专项治理工作。通过现场指导、开展专题教育培训、发放从业人员风险告知卡以及制作有限空间作业安全宣传版面等方式,严格督导各有限空间作业人员落实安全生产主体责任和标准规范,加强对南水北调配套工程密闭设备、阀井等重点领域的安全宣传工作。

2. 加强培训、夯实基础 各地(市)以有限空间安全作业宣传工作为契机,摸排有限空间基本情况,对南水北调配套工程范围内开展有限空间普查工作。并组织南水北调各部门作业人员开展主题安全培训,宣传培训和现场实操相结合,不断提高有限空间作业人员相关安全知识水平,强化有限空间事故预防及应急处置能力。

3. 开展安全演练 结合南水北调配套工程管理实际,为使南水北调现地管理站工作人员掌握有限空间作业知识技能,各南水北调运行保障中心组织现地管理站工作人员与巡线人员参加有限空间作业演练,通过实地实操作业演练,使南水北调配套工程有限空间的作业人员安全防范能力大大提高,人身安全得到了双重保障,对加强有限空间作业安全操作和管理起到积极的推动作用。

4. 采取有力措施开展隐患排查 各南水北调运行保障中心紧紧围绕有限空间规章制度、操作规程、人员培训等重点内容,组织开展地下空间和有限空间督查检查工作,对有限空间和地下空间进行抽查检查,重点对南水北调配套工程重点有限空间作业部位进行了全面的安全检查。严查有限空间临时作业,做到随时发现、随时检查、随时消除隐患。开展安全隐患自查自纠,以隐患整改为契机,及时督促整改发现的有限空间作业隐患和问题,通过复查确保消除有限空间事故隐患。

(卢星)

【保护范围标识标牌制作埋设安装】 2023年5月23日,河南省南水北调运行保障中心召开党政联席会议,会议明确河南省南水北调受水区供水配套工程管理和保护范围标识标牌制作埋设安装工作委托各地(市)、直管县(市)南水北调运行保障中心进行建设管理,签订建设管理委托合同,委托其负责建设实施阶段全过程的建设管理工作。

2023年5月,河南省南水北调运行保障中心分别与安阳、濮阳、鹤壁、新乡、焦作、郑州、许昌、漯河、平顶山、周口、南阳 11 个省辖市和滑县、邓州 2 个直管县（市）签订了《河南省南水北调受水区配套工程管理和保护范围标识标牌制作埋设安装建设管理委托合同》，委托各地（市）、直管县（市）南水北调工程运行保障中心在重要河道、铁路、高速公路国道、省道交叉处，以及居住人口密集或人流相对集中的输水管线附近，选择合适位置埋设标识标牌。项目总投资 1511.90 万元，埋设标牌数量为行政标志牌 70 个、地牌 2623 个、宣传牌 1099 套、标志桩 4135 个、标志牌 3408 个，共计 11335 个点。2023 年各地（市）、直管县（市）南水北调工程运行保障中心已按照建设管理委托合同及实施方案完成了标识标牌的埋设安装，并进行了验收，验收结论质量评定为合格。 （李迎旭）

江 苏 省

【建设管理】 根据江苏省水利厅、江苏省南水北调办公室审计决定，4 项尾水导流工程累计完成投资 15.05 亿元。2023 年，宿迁市、新沂市尾水导流工程分别通过竣工验收，标志着南水北调东线江苏省内 8 项尾水导流工程全部通过竣工验收。 （宋佳祺）

【运行管理】 南水北调东线一期江苏段配套工程运行管理主要涉及南水北调丰县沛县、睢宁县、宿迁市、新沂市 4 项尾水导流工程，均交属地尾水导流工程管理单位或河道管理单位负责运行管理。工程共同参与年度向省外调水和北延应急供水运行，为江苏省内输水干线的水质保障起到重要作用。 （宋佳祺）

【工程效益】 江苏省水利、生态环境、交通运输、农业农村、住房城乡建设等部门完善调水运行水质监测与预警、干线航运保障与监管、突发事件应急与处置、水质数据共享与发布等机制，2023 年累计尾水资源化利用超 8385 万 m^3。（宋佳祺）

【质量管理】 2023 年 1 月 10 日、4 月 27 日，经质量监督部门核定，南水北调宿迁市尾水导流工程、南水北调新沂市尾水导流工程施工质量均为优良等级。（宋佳祺）

【监督运行检查】 2023 年，江苏省南水北调办公室组织专家开展尾水导流工程运行管理监督检查 4 批次，根据江苏省水利厅水利安全生产专项整治方案开展"四不两直"监督检查，督促运行管理单位严格落实安全生产管理工作台账制度，修订完善运行管理应急预案，尾水导流工程全年安全运行无事故。 （宋佳祺）

【维修养护经费】 南水北调东线一期江苏段配套工程规划主要包括丰县沛县、睢宁县、宿迁市、新沂市 4 项尾水导流工程和郑集河输水扩大工程。2023 年，江苏省级财政共落实尾水导流工程维修养护经费 159 万元，从 2023 年第一批省级水利发展资金中落实；市、县财政共落实维修养护经费 2200 余万元。 （宋佳祺）

山 东 省

【前期工作】 山东省内南水北调配套工程范围为南水北调干线分水口门至用水户或自来水厂入口，水厂及以下工程由地方自行组织建设。配套工程共 38 个供水单元，涉及枣庄、济宁、菏泽、德州、聊城、济南、滨州、淄博、东营、潍坊、青岛、烟台、威海13个市，56个县（市、区），受益人口4000多万人。2015年底，山东省批复的续建配套工程38个供水单元工程已全部完成前期工作。

（山东省水利厅）

南水北调东线一期淄博市配套
工程——调蓄工程（新城水库）
（山东省水利厅　供图）

南水北调东线一期淄博市配套
工程——输水工程
（山东省水利厅　供图）

【资金筹措和使用管理】　山东省内南水北调配套工程概算总投资224.79亿元，建设资金采用资本金和融资两种方式筹集。其中，资本金占40%，以政府投入为主；融资占60%，由所在市、县（市、区）负责筹集落实。省级资本金按东、中、西三个标准，东部地区20%、中部地区30%，西部地区40%，省财政直管县另增加10%。市、县财政资金占资本金的60%。其中，市级财政资金占市、县资本金的40%，县（区）财政资金占市、县资本金的60%。总体来说，省级资金采取"以奖代补"的形式，比例占8%～16%，绝大部分投资以市、县财政资金和社会融资为主。（山东省水利厅）

【运行管理】　山东省水利厅指导地方南水北调配套工程建设与运行管理，强力推进标准化管理工作。各受水区水行政主管部门及配套工程运行管理单位根据《山东省水利厅关于深入做好全省调水工程标准化管理创建工作的通知》及《山东省调水工程标准化管理评价实施方案》等文件要求，积极开展标准化建设工作。个别市配套工程标准化建设及管理已取得初步成效。例如临清市张官屯水库于2023年10月通过省级验收，成为新评价标准发布后的首批"山东省标准化管理水利工程"。

（山东省水利厅）

【安全生产及防汛】　全面推进安全生产工作。组织开展了风险管控"六项机制"、重大事故隐患排查整治、消防安全排查整治、燃气专项整治、有限空间作业专项检查、安全生产制度措施落地等安全生产专项工作。山东省水利厅印发《关于做好南水北调山东干线工程2023年防汛度汛工作的通知》（鲁水南水北调函字〔2023〕15号），对防汛度汛工作责任落实、预案编制、隐患排查及防溺水等作出安排部署。制订了2023年度监督检查计划，经山东省政府同意后，严格执行，组织专家对13个市的南水北调配套工程开展了运行管理及安全生产及防汛度汛监督检查，共形成监督检查问题告知书23份，发现问题105个。

（山东省水利厅）

博兴县城乡水务局在博兴水库开展防汛模拟演练（山东省水利厅　供图）

邹平市单元工程应急演练
（山东省水利厅　供图）

【科技创新】

1. 济南市配套工程　科技创新小组发挥员工专业特长，对工业控制的硬件核心——PLC以及数据展示平台—组态软件展开研究与探讨。借助对自动化系统的深入了解，可做到判断自动化系统故障原因，解决系统中软硬件故障，逐步摆脱厂家技术堡垒，强化员工专业技能的同时为济南聚源水务有限公司节省运行维修成本，提高了维修效率，确保泵站安全平稳运行。为更好地将所学知识转化为知识产权，济南聚源水务有限公司申报《泵站水泵机组PID自动控制触摸屏软件1.0》软件著作权，于2023年5月获得国家版权局审批。

2. 东营市续建配套工程　2023年10月，东营市提交的《创新工作机制，发挥南水北调工程效益》课题报告，在山东省总工会、山东省水利厅等六部门组织的山东省水利工程运行管理创新竞赛省级决赛中获二等奖。

3. 济宁市南水北调续建配套工程

（1）采用定向钻拉管施工。管道施工贯穿续建配套工程始终，涉及范围广，战线长，穿越构造物多。针对该特点，管道沿线广泛采用定向钻拉管施工，避免了对沿途设施的破坏。

（2）施工导向控制精确。定向钻施工过程中地磁场容易受到金属构件的干扰，造成控向参数不准确。施工导向控制采用制造人工磁场的方法提高定向钻导向孔的精度，并以此课题开展了QC小组活动，获全国水利优秀质量管理小组成果二等奖。

（3）防腐技术获得实用新型专利证书。输水管道采用国际最先进的TPEP防腐技术，钢管接口处内衬不锈钢板，大幅度提高了管道寿命，降低了水力损失。为解决焊接对管道防腐造成的影响，提出了在管道本体端部内壁预先复合一个双金属结构，再进行防腐处理的焊接工艺。防腐层、金属结构、管壁紧密结合，形成一个完整连续、性能一致的内防腐层。内环氧外3PE防腐管道在完成焊接后，不会对内防腐层造成影响，且不需要内防腐层修补作业。此技术获得实用新型专利证书。

（山东省水利厅）

十一、党建工作

水利部相关司局

【政治建设】 南水北调司坚持党的政治领导，切实加强党的政治建设，多措并举不断推动全面从严治党向纵深发展。

（1）深入组织开展主题教育。认真学习贯彻习近平新时代中国特色社会主义思想以及习近平总书记关于治水的重要论述，持续强化理论武装，着力以学铸魂、以学增智、以学正风、以学促干，不断提高政治判断力、政治领悟力、政治执行力。

（2）深入学习贯彻落实习近平总书记关于南水北调工程重要讲话指示批示精神。按照水利部党组工作部署要求，南水北调司主动担当作为，以身作则，以上率下，把坚决捍卫"两个确立"、坚决做到"两个维护"落实到南水北调各项工作中。

（3）严格规范开展"三会一课"。严肃党内政治生活，开好主题教育专题民主生活会和组织生活会；与河南省水利厅有关党支部、调水司及河湖中心党支部联合赴河南兰考焦裕禄纪念园、北京惠南庄泵站开展主题党日活动；与财务司党支部联合开展审计整改主题党日活动等，持续加强机关内部和与地方水利部门的联学联建。

（4）深化"四强"党支部建设。以"一六三三"工作法为抓手，持续打造支部建设品牌，被中央国家机关工委作为2023年度内水利部唯一入选案例编入《中央和国家机关基层党建创新案例选》（2023年3月）。

（5）持续推进中央巡视反馈问题整改落实。协助水利部党组整改任务1项，为涉及东线体制问题整改，已编印理顺江苏段工程运管体制工作方案，初步形成理顺山东段工程运管体制工作专班方案。

（曹炜林　王泽宇）

【干部队伍建设】 南水北调司坚持不懈推进干部队伍建设，抓好关键环节和重要细节，以问题为导向，抓常抓细抓长。

（1）强化组织建设。严格执行"党建＋业务"联席会议机制；根据支委会建设要求，通过选举充实支委会成员，调整完善委员分工，党支部的组织力和领导力进一步增强。

（2）集中开展干部队伍教育整顿。认真开展"以案三促"专项行动，干部队伍全面进行体检；高质量开展专题民主生活会和组织生活会，针对检视出的问题制订整改方案，明确整改措施期限，确保整改落实到位。

（3）规范党支部日常建设管理。进一步加强学习管理，组织开展各类学习活动25次；严格党员管理，转出党组织关系9人，转入5人，规范化水平不断提升。

（4）持续优化作风。坚决反对形式主义和官僚主义，进一步改进文风会风，严把公文质量关，不断巩固提升形式主义、官僚主义专项整治成果。

（曹炜林　王泽宇）

【党风廉政建设】 南水北调司党支部认真贯彻落实习近平总书记关于党风廉政建设和廉洁文化建设重要讲话指示批示，持续强化深化警示教育和反腐倡廉。

（1）扎实开展主题党日活动。党支部书记领学《中国共产党廉洁自律准则》，带领党员干部重温有关要求，倡导廉政纪律融入日常，不断涵养廉洁文化。

（2）讲好专题党课。党支部副书记、纪检委员作《弘扬廉洁文化　筑牢廉政防线》专题党课，通过汲取传统廉政文化精髓,推进南水北调司内廉政文化建设,进一步筑牢学廉、倡廉、促廉、守廉防线。

(3)严守中央八项规定。始终坚持严的主基调,教育引导党员干部严格遵守中央八项规定精神和各项廉政规定,进一步改进文风会风,不断巩固提升形式主义、官僚主义专项整治成果,持续改进作风。

(4)强化警示教育。集中观看田克军、李志忠严重违纪违法案件警示教育片,全员撰写心得体会,通过深刻剖析违纪典型案例,持续督促党员干部自警自省。

(5)廉政过节提醒。在重要节假日节点,通过廉政提醒、案例通报、谈心谈话等,以案说法、以案议廉,坚决筑牢拒腐防变的思想防线,南水北调司干部职工纪律规矩意识进一步强化。

(6)制订廉政风险手册。结合南水北调工程工作实际,制订并修编廉政风险手册,建立廉政风险防控机制,从竣工决算、安全生产、水量调度、工程建设及验收等业务环节有效预防重大水利工程腐败风险。

(曹炜林 王泽宇)

【作风建设】 南水北调司一以贯之加强作风建设,始终坚持以严的基调正风肃纪,坚持党性党风党纪一起抓,以优良作风推动南水北调事业纵深发展。

(1)开展主题教育。结合学习贯彻党的二十大精神,深入开展学习贯彻习近平新时代中国特色社会主义思想主题教育,党员干部在思想上、政治上进行检视、剖析、反思,对作风问题进行对照、查摆、整治,持续强化理论武装,巩固思想政治根基。

(2)大兴调查研究。全体党员干部深入开展调查研究,聚焦南水北调工程安全及保障首都地区供水安全等领题调研10

项,摸清实情和存在问题,研提对策建议,有针对性推动整改落实,切实把调查研究成果转化为联系群众、指导实践、推动工作的强大力量。

(3)密切联系群众。坚决贯彻党的群众路线,高度重视群众呼声,认真办理和总结人大建议和政协提案,南水北调司党组织负责人多次到地方面对面倾听代表委员意见建议;及时妥善处理督查"12314"平台问题线索,回应解决群众急难愁盼涉水问题。

(4)坚决纠治"四风"。常态长效深化落实中央八项规定及其实施细则精神,重点纠治形式主义官僚主义,重要节假日前进行廉政提醒,出差人员足额缴纳餐费和交通费,采取以视频会议替代现场会议、统筹合并督查检查考核等方式,推动为基层单位松绑减负。 (曹炜林 王泽宇)

【精神文明建设】 深化精神文明创建工作。深入学习贯彻习近平文化思想和习近平总书记关于社会主义精神文明建设的重要论述精神,传达水利精神文明建设工作会议精神,组织做好南水北调精神文明建设工作。

(曹炜林 王泽宇)

各省(直辖市)

【北京市】

1.政治建设 抓实理论学习,落实"第一议题"制度,深入学习习近平总书记一系列重要讲话精神,深刻领悟"四个以学"等重要要求,围绕习近平生态文明思想、习近平总书记"节水优先、空间均衡、系统治理、两手发力"治水思路和"四水四定"原则、建设幸福河湖等主题,深入交流运用党的创新理论解决水务问题的实际案例。基层党支部依托"三会一课"、主题党日等组织党员开展集中学习，进行专题研讨，到水务爱国主义教育基地资源和主题教育现场教学点参观见学，组织党员参加"学思想、强党性、共奋斗"知识挑战赛。成立学习贯彻习近平新时代中国特色社会主义思想主题教育工作领导小组及其办公室，建立健全水务系统主题教育会议机制、报告机制、分工机制等工作机制，确保主题教育各项工作衔接顺畅、运转高效、整体推进。

2. 事业单位机构改革　经北京市委同意，组建副局级北京市水利工程管理中心并正式运行，推动水务加快从"办事业"向"管行业、服务社会"转变。4—5月，分别任命北京市水利工程管理中心书记、主任；6月初，召开北京市水利工程管理中心成立暨主要领导任命宣布会，并陆续完成内设机构负责人任命；研究确定《北京市水利工程管理中心事权清单》，审议通过北京市水利工程管理中心机关处室内设科室设置方案。　　　　　　（周英豪）

【天津市】

1. 政治建设　始终坚持把党的政治建设摆在首位，严格落实"第一议题""第一主题""第一主课"制度，加强对贯彻落实习近平总书记重要指示批示台账19项重点任务全过程管理，确保处处对标对表、事事校正紧跟。全面落实主体责任清单明责、督查促责、考核压责、失责问责、跟进改责工作机制，确保全面从严治党要求落实到各环节、各层级。持续强化政治意识，严明政治纪律和政治规矩，召开持续净化政治生态推进会暨警示教育大会，落实加强政治生态建设20项重点任务，精准分析研判天津市水务局政治生态，并建立台账跟踪抓好问题整改，涵养积极健康的党内政治文化，不断巩固持续向好的政治生态；把积极接受天津市委巡视作为检验"两个维护"的具体体现，以高度的思想自觉、积极的行动自觉全力配合巡视组开展工作，不断增强政治担当。严格落实意识形态（网络意识形态）工作责任制，制订进一步筑牢意识形态安全防线任务清单，开展意识形态安全风险隐患排查和论坛报告会讲座摸排自查，对13家单位开展专项督查，对3家单位结合巡察开展意识形态工作专项检查。充分利用"学习强国"天津平台、《天津日报》、"津水微言"等阵地主动发声，全局意识形态形势稳定向好。

2. 干部队伍建设　加强领导班子和干部队伍建设，坚持把政治标准摆在首位，做深做实干部政治素质考察，注重考察干部在落实高质量发展"十项行动"、迎战海河"23·7"流域性特大洪水中的主要表现，进一步使用处级干部2人，提拔副处级干部8人，21名公务员晋升职级，27名处级干部试用期满考核合格正式任职；建立领导干部"下"的负面清单，明确"下"的15种情形，大力营造靠作风吃饭、拿实绩说话的浓厚氛围。着力培养选拔优秀年轻干部，选派3名优秀年轻干部赴新疆、重庆工作，7名年轻干部进行多岗位锻炼；针对紧缺领域和重点人才，遴选和转任5名公务员，公开招聘69名局属单位工作人员；打破干部管理权限壁垒，开展局属单位副科级管理岗位公开竞聘，选拔科级干部13人，促进天津市水务局年轻人才交流；完善管、技分离改革措施，组织局属单位开展首次实施聘期制评价，对部分不合格人员进行岗位调整。加强干部管理监督，强化"一把手"和领导班子监督,列席10个局属单位党组织会议,对班子年度考核和"一报告两评议"测评结果排名靠后的3个单位主要负责人进行约谈,督促严于律己、严负其责、严管所辖;强化年轻干部管理监督,制订进一步加强年轻干部教育管理监督15项措施,举办年轻干部培训班,对新入职公务员开展廉政谈话,教育引导年轻干部知敬畏、存戒惧、守底线;严格执行个人有关事项报告制度,对2名漏报、及时报告干部进行"第一种形态"处理,释放从严管理信号;做好领导干部亲属招录情况报备工作,加强任职回避、干部兼职、"裸官"、配偶子女及其配偶经商办企业、公务员辞去公职后从业行为等常态化管理,实现领导干部全面监督。

3. 纪检监察工作 深刻汲取北京排水河防渗墙工程质量问题教训,高站位、高标准、高举措落实"三个以案",制订26项整改措施并持续落实整改,全力构筑水务行业监管"三道防线",切实做到汲取教训、警钟长鸣。树牢"全周期管理"理念,强化系统施治,坚持不敢腐、不能腐、不想腐一体推进。常态化开展全方位监督,加强监督贯通融合,制订监督工作清单,紧盯主题教育、高质量发展"十项行动"、审计和巡察整改、防汛抗洪,持续推进政治监督具体化、精准化、常态化,用活用好片区协作监督、专项监督,开展2轮对3个局属单位的巡察,着力整治损害群众利益的腐败问题和不正之风;与驻局纪检监察组同向发力,坚持失责必问、问责必严,共同办理问题线索60件,运用"四种形态"60人次,全局党组织运用"第一种形态"445人次,严的基调、严的措施、严的氛围持续巩固。开展廉政风险排查,重点排查水务工程建设领域廉政风险点96个,制订防控措施132项,从源头上遏制腐败问题发生。加强经常性纪律教育、警示教育和廉洁教育,开展警示教育月和廉洁文化"七个一"活动,清正廉洁的新风正气不断充盈。

4. 作风建设 不断加固中央八项规定堤坝,深化纠治"四风",持续加大治理形式主义官僚主义和不担当不作为问题力度,处理不担当不作为干部24人次。巩固为基层减负成果,实行会议、文件月通报制度,并将发文情况纳入绩效考核。深入开展"强监管、优服务、转作风"专项治理,全面排查15个领域存在的隐患问题,梳理问题241个,制订整改措施359条,完善、建立常态化工作机制28项,修订、制订惠企措施6条,天津市水务局担当作为、干事创业的氛围日益浓厚,3个集体、4人获全国荣誉,13个集体、14人次获市级荣誉。特别是面对海河"23·7"流域性特大洪水,水务党员干部挺身而出、迎难而上、冲锋在前,建立2个临时党支部、10支党员突击队,积极捐款34万余元,水务党员干部的担当作为和过硬作风在大战大考大课和急难险重任务中得到有效检验。

(张祺帆)

【河北省】

1. 政治建设 认真落实"三会一课",持续巩固加强党的领导,河北供水有限责任公司组织召开32次党委会研究"三重一大"事项,印发了《河北供水有限责任公司党委决策议事规则》《河北供水有限责任公司党委"三重一大"决策制度实施细则》等6项党建制度,进一步规范党建工作;开展一支部一品牌创建、青年理论学习标兵创建、省级青年文明号和省直青年文明号创建等工作；推动主题教育走深走实，制订了《深入开展学习贯彻习近平新时代中国特色社会主义思想主题教育实施方案》等7项主题教育方案，成立领导机构，建立健全日报、周报、月报机制，编发主题教育简报26期，谋划调研课题17项，调研人次50余次。

2. 干部队伍建设　深入推进党员队伍建设和基层党组织标准化、规范化建设，成立新组建单位基层党组织，完成基层党组织换届和委员增补，积极培养入党积极分子12名、发展对象14名、预备党员1名。

3. 党风廉政建设　河北供水有限责任公司纪委认真梳理纪检监察工作思路，研究全年纪检监察工作方向，制订了《河北供水有限责任公司纪委2023年工作计划》。组织召开公司党建和党风廉政建设工作会议，分析梳理存在的薄弱环节，深入推进党风廉政建设；贯彻从严治党、畅通举报渠道、细化整改台账、推进整改落实；加强廉政教育，筑牢廉政思想防线，组织纪检工作人员集中学习25次，推动纪检监察干部教育整顿深入开展；加强廉政风险点全过程监督，参加文件审查、招投标、项目验收监督等18次，开展整治自查自纠及专题检视整治13次，开展举报初核调查2次、受理举报线索1次。印发《党风廉政建设学习期刊》9期、到警示教育基地参观学习2次、观看警示教育片4次、节假日廉政提醒6次、廉政谈话41人次、考察领导干部28名。对重点环节有针对性地开展工作纪律和作风检查12次，时刻提醒全体党员干部绷紧勤俭节约、廉政自律这根弦，自觉做到警钟长鸣、自重自省。

4. 精神文明建设　通过开展党务干部培训暨主题教育专题读书班、联学共建、知识竞赛、诵读多种形式推动主题教育落地落实；树模范、推先进，授予4个党支部"五好红旗党支部"，30名党员"共产党员先锋岗"荣誉称号，石家庄管理处党支部、4名党务工作者和13名共产党员获得河北省水务中心党委奖励，激发了各党支部和广大共产党员学先进、赶先进、创先进、当模范、作表率的热情；群团建设不断加强，企业民主化管理不断深入，职工福利得到有效保障，文体活动形式不断丰富，资金管理更加规范。组织完成了河北供水有限责任公司工会一届4次职工代表大会和两届1次职工代表大会暨会员代表大会。2023年，河北供水有限责任公司工会职工之家和10个分会职工小家全部被评为省直表现突出单位，河北供水有限责任公司被授予2023年河北省直五一劳动奖。妇委会组织开展了"约会三八"、"玫瑰书香"征文、女职工体检等主题活动，群团组织各项职能作用发挥日益显著。河北供水有限责任公司共获得省直及以上奖励8项，自公司独立运行以来共获得省直及以上奖励32项，厅直奖励22项，充分展现了新时代公司职工解放思想、奋发进取的精神面貌。　（王腾）

【河南省】

1. 政治建设　2023年，河南省南水北调运行保障中心制订学习制度，规范理论学习。制订《中共河南省南水北调运行保障中心总支部委员会理论学习中心组学习制度》（豫水调中心党〔2023〕5号）、《中共河南省南水北调运行保障中心总支部委员会"第一议题"学习制度》（豫水调中心党〔2023〕9号）等，基本实现党的工作制度化、规范化、程序化。

（1）开展主题教育活动。紧扣"学思

想、强党性、重实践、建新功"总要求，把学习教育、调查研究、检视问题、整改落实贯穿主题教育全过程。举办3期共7天读书班，开展学习研讨交流。以深化调查研究解决发展难题，聚焦配套工程防汛度汛、运行维护、档案验收等制约南水北调高质量发展的问题，中心领导班子成员每人牵头1个课题开展调研。召开调研成果交流会，对调研中发现和反映的问题认真梳理，形成问题清单，明确解决措施、责任主体和时限要求，推动问题解决。

（2）落实谈心谈话制度。印发《中共河南省南水北调运行保障中心总支部委员会谈心谈话工作制度》（豫水调中心党〔2023〕18号）、《关于严肃党内政治生活规范党内活动的通知》（豫水调中心党〔2023〕20号）、《关于进一步提高民主（组织）生活会质量的若干措施》并落实，科室班子成员与每位职工进行谈心谈话，掌握职工在机构改革后的思想动态。

（3）做好意识形态工作。制订印发《中共河南省南水北调运行保障中心总支部委员会意识形态工作责任制实施方案》（豫水调中心党〔2023〕16号），成立了以中心主任为组长，各位副主任为成员的意识形态工作领导小组。邀请河南报业集团大河网大河舆情研究院的专家，对中心全体干部职工进行舆情防控应对专题辅导。落实意识形态风险隐患排查、定期研判和预警提示机制，推动意识形态工作融入日常、抓在平常。

邀请专家对党的二十大精神进行专题辅导，举办《焦裕禄精神的时代价值》专题讲座。开展"共筑中国梦、逐梦幸福河湖""学习焦裕禄精神、坚定理想强党性""观世纪工程 铸如磐信念""践行习近平总书记治水论述 弘扬新时代南水北调精神"等主题党日活动。 （王静珂 陈雯）

2. 组织机构及机构改革

（1）机构编制。根据河南省委机构编制委员会《关于印发〈河南省水文水资源中心职能配置、内设机构和人员编制规定〉的通知》（豫编〔2022〕27号），核定事业编制101名，处级领导职数5名（1正4副），机构规格相当于正处级。根据《河南省水利厅党组关于省水文水资源中心机关等3个单位内设机构设置的批复》（豫水组〔2022〕129号），内设综合科、组织人事科等11个科室，单列纪检监察员、总工程师、总会计师、工会副主席。

（2）岗位设置。根据《河南省事业单位岗位设置（变更）方案通知书》核定方案，河南省南水北调运行保障中心编制总数为101，岗位总数为101。核准管理岗位总数12个，其中五级1个，六级4个，七级4个，八级3个，九级0个。管理岗位中，河南省南水北调运行保障中心主任（五级）、4名副主任（六级）、组织人事科科长（七级）为管理、专业技术"双肩挑"（兼职）岗位。核准专业技术岗位总数82个，其中三级3个，四级5个，五级4个，六级8个，七级10个，八级10个，九级15个，十级11个，十一级6个，十二级10个，十三级0个。核准工勤技能岗位总数7个，其中技术工二级2个，技术工三级2个，技术工四级3个，技术工五级0个。 （王笑寒）

3. 干部队伍建设 2023年依据有关规定，结合河南省南水北调运行保障中心实际，制订设置基层党支部工作方案，搭建支部设立框架，规定支委配备指数，明确组建步骤，提出严格工作要求。向水文水资源中心党委上报《中共河南省南水北调运行保障中心总支部委员会关于成立党支部的请示》（豫水调中心党〔2023〕1号），经水文水资源中心党委批复后，于2023年4月底前按规定程序完成了中共河南省南水北调运行保障中心综合科支部委员会、中共河南省南水北调运行保障中心组织人事科支部委员会、中共河南省南水北调运行保障中心技财合同支部委员会、中共河南省南水北调运行保障中心建安维保支部委员会、中共河南省南水北调运行保障中心信息调度支部委员会等5个党支部的选举工作。

（1）开展党务工作培训。组织支部书记参加2023年2—3月在中国人民大学中国经济改革与发展研究院举办的"河南省直机关学习党的二十大精神党支部书记示范暨新任党支部书记"线上培训班，9—10月在河南省委党校省直分校举办的"2023年省直机关新任党支部书记"线下培训班。2023年6月，对5个支部的支委委员进行了为期3天的集中培训。

（2）做好党费收缴工作。按照《关于中国共产党党费收缴、使用和管理的规定》等有关要求，对党员党费交纳标准进行重新核算，2023年共收缴党费19715.6元，全部上缴水文水资源中心党委。根据党总支党建活动需要，按程序向上级党组织申请党建活动经费，保证党建活动的顺利开展。

（3）做好党员发展工作。每月梳理1次党员信息，根据党员岗位变化情况，及时调整理顺党员组织隶属关系，确保党员的党组织关系出入有序、转接规范高效。制订入党积极分子培养和党员发展计划，经过谈话、双推，2023年共吸收1人成为入党积极分子。

4. 党风廉政建设

（1）推进全面从严治党，营造良好政治生态。成立党风廉政建设工作领导小组，制订《党总支委员会落实全面从严治党主体责任目标任务清单》（豫水调中心党〔2023〕15号），每季度跟踪检查责任落实情况，推动领导班子成员履行"一岗双责"。2023年召开两次党风建设专题会议，印发《河南省南水北调运行保障中心党总支党风廉政建设风险防控监督机制》（豫水调中心党〔2023〕11号）。实行春节、"五一"、端午、中秋、国庆等节假日廉政提醒机制，严防"四风"问题反弹。组织党员干部到河南省廉政文化教育中心参观学习，现场接受教育。组织观看《问剑破局》《家声》等警示教育片。开展虞城县违法违规占用耕地案以案促改，通报典型案例。

（2）严格对标对表，狠抓巡察反馈问题的整改落实。2022年12月5日至2023年1月13日，河南省水利厅党组第二巡察组对中心党总支开展了常规巡察。3月14日，厅党组第二巡察组向中心党总支反馈了巡察意见。党总支召开巡察整改工作专题会，成立巡察整改领导小组，制订整改落实方案，形成问题整改台账，明确整改措施、责任领导、责任部门和整改时限。建立巡察整改周报告制度，推进反馈意见整改落实，按计划推进整改任务。厅党组第二巡察组共指出中心党总支4个方面30个问题。截至2023年12月，已完成整改28项，剩余2项问题（配套工程征迁安置验收滞后、配套工程用地手续办理缺少土地预审手续文件）加紧持续推进。

5. 作风建设

（1）加强纪律教育建设。印发《关于在全体党员干部中开展"明方向、立规矩、正风气、强免疫"专题纪律教育工作方案》（豫水调中心党〔2023〕26号），监督纪律教育落实。

（2）建立联系服务群众机制。春节看望慰问困难老党员，帮助他们解决实际问题；开展助力乡村振兴帮扶共建活动，到帮扶村确山县竹沟镇肖庄村进行慰问；"七一"前夕，对优秀党员进行表彰；组织党员干部职工到竹沟烈士陵园接受红色教育，重温入党誓词，开展"我为群众办实事"；2023年底，开展"双报到"慰问活动，进社区送温暖。

6. 精神文明建设　2023年，河南省南水北调运行保障中心按照《河南省文明单位（标兵）测评体系》要求，制订《2023年精神文明建设工作方案及实施计划》，明确工作目标、任务、要求，建立工作台账，细化工作措施，实行台账制管理。筹备召开"河南省南水北调中心2023年度精神文明建设工作会议"，先后召开10余次文明创建专题会议，总结创建经验，表彰先进典型，安排工作任务，保障精神文明创建活动顺利开展。落实党总支理论学习中心组理论学习、落实"三会一课""第一议题"等制度，落实意识形态工作责任制，在政治立场、政治方向、政治原则、政治道路上同以习近平总书记为核心的党中央保持高度一致；不断加强理想信念教育，定期开展党员学习教育、党风廉政教育，大力弘扬社会主义核心价值观；利用阵地开展宣传教育，深入学习先进人物事迹，组织专家学者开展宣讲活动。开展"文明家庭""文明职工""优秀志愿服务工作者"评选，贯彻落实《新时代公民道德建设实施纲要》；以新时代文明实践、学雷锋志愿服务活动为抓手，组织开展义务植树、全城大清洁、义务献血、社区共建共治、慰问社区基层工作人员等以关爱自然、关爱社会、关爱他人为主题的志愿活动，夯实文明建设成果。开展诚信教育实践活动，引导干部职工自觉践行《河南省文明单位诚信公约》；发挥优势巩固脱贫成果，开展帮扶共建活动，慰问定点帮扶对象。

（王静珂　陈雯）

7. 人事管理

（1）加强制度建设，提高人事管理工作规范化、科学化水平。注重基本制度建设，制订《河南省南水北调运行保障中心平时考核办法（试行）》《河南省南水北调运行保障中心推荐申报中、高级专业技术职称资格量化赋分办法（试行）》《河南省南水北调运行保障中心岗位聘用管理办法（试行）》《河南省南水北调运行保障中心工作人员转岗竞聘实施方案（试行）》《河南省南水北调运行保障中心干部职工教育培训管理办法（试行）》《河南省南水北调运行保障中心关于工作人员病、事假期间工资待遇的通知》《河南省南水北调运行保障中心专业技术岗位内部等级晋升管理暂行办法》《河南省南水北调运行保障中心工勤技能岗位聘用工作方案（试行）》《河南省南水北调运行保障中心岗位设置方案》等，做到人事管理工作有章可依，推进人事管理工作规范化、制度化。

（2）加强人员培训，提高思想政治素质和业务工作能力。按照《事业单位工作人员培训规定》，邀请各行业专家多次举办培训班。先后组织开展档案管理知识轮训，南水北调配套工程自动化系统运行维护培训，配套工程运行管理培训，配套工程运行管理财务干部培训等；举办了OA办公系统、数字孪生、标准化管理等主题讲座。开展综合素质培训，组织单位全体干部职工参加保密教育线上培训，组织正科级及以上干部参加河南省干部网络学院学习，组织专业技术人员开展继续教育学习平台网络学习，举办舆情防控应对、消防安全应急知识等专题辅导，提高干部职工综合素质和能力。

（3）扎实做好重塑性改革后半篇文章。为做好机构改革后河南省南水北调运行保障中心人员的岗位安排工作，进一步提升工作效能，按照河南省委机构编制委员会和河南省水利厅党组关于河南省南水北调中心职能、人员编制及内设机构精神，在整合原河南省南水北调建管局及5个建管处职责的基础上，对原属于5个建管处的人员重新进行定岗定责，从副主任、科长、副科长到一般职工，经过4轮双向选择，择优竞岗，重构重塑形成了11个内设科室等岗位的组织架构，达到了"重塑性改革、结构性优化、功能性再造"的要求。通过双向选择，增强了全体干部职工的责任感、使命感，干部队伍的工作积极性、主动性有了进一步提升。

（4）做好人事管理日常工作。认真做好薪酬和保险福利工作，做到全年工资福利工作无疏漏。按时完成91人的工资薪级晋升，养老保险、医疗、工伤保险缴费基数的申报及日常增减变更，奖励性绩效和全国文明奖的计算、报审等日常性工作；完成5位新增调入人员的入编、岗位设置和工资审批，8位调离人员的减编、工资调出，2位退休人员的退休手续办理和退休工资审批；按时完成河南省委机构编制委员会办公室机构编制数据库的核查上报，水利人事管理信息系统信息报表的填写、校核及上报工作；组织完成2名工勤人员职称报考、9名专业技术人员职称申报工作；组织做好在编干部职工、借聘用人员和未缴纳医疗补助人员的体检工作；完成全体干部职工2023年度考核、结果上报备案、考核材料归档等工作。

（5）完成事业单位重塑性改革后的岗位设置和首聘工作。按照河南省委机构编制委员会和厅党组关于河南省南水北调运行保障中心职能、人员编制及内设机构精神，在整合原省南水北调建管局及5个建管处职责的基础上，对原属于5个建管处的人员重新进行定岗定责，形成《河南省南水北调运行保障中心岗位设置方案》，河南省人力资源社会保障厅于2023年7月批复。随后，根据现有人员实际情况，经领导班子多次讨论研究，于10月底完成了全体干部职工的首聘工作。岗位变动人数共计33人，其中职务晋升16人、等级晋升17人。

（6）加强人才队伍建设。在河南省水利厅人事处的统一组织下，2023年4—7月，进行2023年河南省事业单位公开招聘联考，共筛选报名信息1324份，经笔试面试共招聘5名专业技术人员。10—11月，先后参加"第六届中国·河南招才引智创新发展大会"的郑州、南京、武汉专场。9—10月组织对新入职的5人进行线上和线下教育培训。

（7）做好退休人员管理服务工作。2023年共退休2人，均举行退休欢送会，耐心做好思想工作。重阳节期间，举办"情系桑榆晚，九九话重阳"退休干部座谈会，增强退休人员的荣誉感与归属感。春节前夕，对退休人员逐一上门慰问，力所能及地帮助他们解决实际困难。

（8）开展干部人事档案专项审核及"回头看"工作。严格按照《河南省干部人事档案专项审核"回头看"实施方案》明确的节点目标和任务要求，对83位干部职工的人事档案逐一进行审核，严格核查"三龄两历一身份"、档案涂改等情况，对档案进行健康体检，为下一步实行人事档案"红黄绿"码管理奠定基础。

（王笑寒）

【湖北省】

（1）坚持全面从严治党为根本，认真履行主体责任。湖北省水利厅厅党组认真履行全面从严治党主体责任，专题研究全面从严治党工作情况2次。举办湖北省水利党风廉政建设工作会议、驻厅纪检监察组与厅党组的全面从严治党联席会。建立政治生态分析研判机制，指导厅直单位开展政治生态分析研判。扎实推进湖北省委巡视交办的流域安全及长江大保护方面突出问题整改，推动解决全省水利领域面上共性问题。制订湖北省水利厅五年巡察工作规划，对4家厅直单位开展政治巡察，厅巡察经验在全省巡视巡察工作培训会作交流发言。

（2）坚持以政治建设为统领，全面加强党的领导。扎实开展主题教育，举办7天读书班，引领2890名党员以学铸魂。湖北省水利厅党组落实"第一议题"学习14次、中心组学习11次。厅党组班子成员开展调研课题10个，蹲住式调研68次，宣讲党课10次。召开湖北省水利厅党建工作会暨党组织书记述职述责述廉会议，完成对厅直机关党建工作考核。打造"四清"清廉品牌、"五先"党建品牌，厅党建工作经验被湖北省委组织部转发刊发5次。

（3）坚持以思想建设为先导，扎实开展主题教育。主题教育中，湖北省水利厅聚焦105个课题，深入基层调研290次，完成调研报告139篇。围绕20个正面典型案例、18个反面典型案例，召开调研成果交流会和反面典型案例剖析会。服务厅党组、指导18个厅直单位党委召开了专题民主生活会，296个党支部召开了专题组织生活会。7月16日，主题教育中央第十指导组在武汉召开民生领域座谈会，湖北省水利厅参加交流发言，受到中央指导组的肯定。湖北省水利厅主题教育工作信息被《中国共产党新闻网》主题教育官网，省委主题教育简报第2期、第41期刊发。湖北省水利厅主题教育共有70篇典型经验被《人民日报》《中国水利报》等媒体全面系统报道。

（4）坚持以组织建设为核心，强化战斗堡垒作用。机关党建促先行，服务大局促发展。10月31日，中央和国家机关工委在武汉举办"共建长江经济带·机关党建促先行"协作交流会活动，作为省直单位5家代表，湖北省水利厅2人在"学习新思想·建功先行区"成果交流报告会上汇报交流。5家党支部成功获评省直机关"红旗党支部"，25家党支部获评湖北省水利厅"红旗党支部"。湖北省水利厅获省委组织部第二十二届全省党员教育电视片观摩交流活动优秀作品，获省直机关工委"学习二十大 建功先行区"学习竞答活动先进集体、全省"机关党建促先行"优秀项目和视频组一等奖。湖北省水利厅篮球队在2023湖北省省直机关男子篮球联赛中获冠军。湖北省水利设计院郭靖获"全国五一巾帼标兵"称号，湖北省樊口处电排运行中心获"全国工人先锋号"称号，湖北省漳河局抗旱排涝服务队获"第21届全国青年文明号"称号，湖北省吴岭水库管理局代全胜获"最美水利人"提名奖。

（5）坚持以作风纪律为引领，纯正水利政治生态。制订《湖北省水利厅清廉机关建设任务清单》，谋划水利清廉机关护航系列活动，全面打造清廉机关。深入挖掘 4 家单位水利廉政教育资源，持续擦亮"清水与清廉"相融合的廉洁文化品牌。加强纪律教育，举办党风廉政建设宣教月活动，组织青年开展廉洁从政座谈会，参观党风廉政警示教育基地，严肃节日期间作风建设。深入开展违规吃喝专项整治、纪检干部队伍教育整顿、全面开展水利工程建设领域、乡村振兴领域问题以及形式主义官僚主义专项整治。持续深化政治监督，组织"一把手"述责述廉，对 31 名新提拔干部廉政谈话。严格执行监督纪律，严肃查处 21 名党员干部违规违纪行为。

（6）坚持以制度建设为抓手，严格执行法规制度。湖北省水利厅党组严格落实制度治党、依规治党要求。湖北省水利厅探索建立管长远、固根本的长效机制 12 项，确保主题教育常态化长效化。制订 2023 年党建工作要点、项目清单，认真开展三级联述联评联考，对 18 家厅直单位党委书记和 34 个厅机关党支部书记开展述职评议。推动习近平总书记对档案工作重要指示批示精神和档案法律法规贯彻执行。湖北省水利厅档案室是湖北省特级档案目标管理单位，已初步建成湖北省水利厅数字档案室。

（7）提升支部党建工作能力，服务构建国家水网先导区。2023 年 5 月 25 日，湖北省水利厅南水北调处、事业中心建设处及运行处、湖北省兴隆局电站管理处党支部联合赴沙洋"五·七"干校旧址、汉江兴隆水利枢纽工程开展红色教育及支部主题党日活动。为促进党建与业务工作深度融合，深刻理解"荆楚安澜"现代水网和构建国家水网先导区的重大意义，湖北省水利厅南水北调处、事业中心部分党员干部调研了兴隆水利枢纽工程和引江济汉工程。

本次联合主题党日活动，是创新"党建＋"新模式的尝试，既丰富了支部主题党日活动形式，增强了党员干部对"荆楚安澜"现代水网的直观感受，又有效激发基层党建新活力，加深了党建与业务的深度融合，促进了支部党建工作能力的提升，为更好服务构建国家水网先导区打好基础。

（湖北省水利厅机关党办）

【山东省】

1. 政治建设

（1）强化习近平总书记重要指示批示精神贯彻落实。严格落实"第一议题"制度，将"第一议题"落实范围扩大到基层党支部，党组带头学习习近平总书记重要讲话等 44 篇。严格贯彻落实习近平总书记重要指示批示精神和治水重要论述，形成"建台账、抓调度、回头看"办理机制，纳入山东省委、省政府督查台账的任务全部如期完成。

（2）强化政治监督。组织开展黄河流域生态保护和高质量发展专项政治监督，围绕"国之大者""重点任务"明确水利监督重点，深入查找贯彻落实中的政治偏差，坚决做到"习近平总书记有号令、党中央有部署、水利有行动"，确保水利事业始终沿着习近平总书记指引的方向前进。

（3）强化政治机关建设。坚守"水利机关首先是政治机关"定位，组织开展庆"七一"、党章专题学习等对党忠诚、理想信念宗旨教育活动，深入推进模范机关建设"六大行动""三级联动"，创建经验被山东省委省直机关工委作为典型宣传推广。坚持把巡视整改作为检验对党忠诚的试金石，专项巡视反馈问题集中整改期后，继续坚持月督促、季调度，45 项整改任务均按期完成或取得重要阶段性成效。

（4）强化管党治党责任落实。提高政

治站位，建立管党治党5级责任落实体系，召开全面从严治党部署会、推进会，党组会专题研究党建议题75个，推动落实88项重点任务，切实将管党治党责任一贯到底。认真贯彻意识形态工作责任制，召开山东省水利系统宣传思想文化会议，在35家央媒上发表462篇文章，数量、质量均创新高，水文化建设全面起势，"十个一"工程稳步推进，山东省水利厅意识形态领域总体稳定。

2. 思想建设

（1）高标准抓中心组学习。研究制订加强和改进中心组学习的工作措施，提高中心组学习质效。突出"政治学习"定位，山东省水利厅党组围绕15个习近平新时代中国特色社会主义思想学习专题，开展13次中心组学习，组织76人次交流发言，健全处室单位主要负责人及青年干部常态化列席、学习成果常态化共享等上下联学机制，推动中心组学习成为领导干部分享感悟、交流工作、碰撞思想，基层党组织掌握上情、对标学习、推进工作的重要平台。

（2）高标准抓学习贯彻习近平新时代中国特色社会主义思想主题教育。成立领导班子成员全员参与的领导小组，抽调14名干部组建工作机构，23次召开党组会、领导小组会专题研究，创新"四五六"工作机制，党组带头组织6次专题研讨，举办4期读书班，开展70余次调研，形成16篇调研报告，转化20项重要成果，在中央主题教育指导组座谈会上作交流发言，《光明日报》头版刊登经验做法，在山东省委指导组评估测评中，9个测评项目均为"好"等次。

（3）高标准抓党的二十大精神学习贯彻。提高政治站位，把学习宣传贯彻党的二十大精神作为贯穿2023年的重点任务，山东省水利厅党组分专题开展了7次学习研讨，在核心期刊《山东水利》开设专栏，连续13期宣传贯彻落实的具体举措和实际行动。在山东省直机关学习贯彻党的二十大精神知识竞赛中，山东省水利厅以省直部门预赛第一名的成绩进入决赛。

（4）高标准抓青年学习。深化青年理论学习提升工程，搭建跨部门、跨单位学习平台，与山东省委省直机关工委、山东省黄河河务局、山东省"四进"工作办公室等部门联建联学，开展"跟着总书记读好书"等读书活动，"水润书香"青年理论学习品牌越擦越亮、深入人心，在全国水利系统精神文明建设专题培训班上进行案例教学，介绍工作经验。

3. 组织建设

（1）深化党支部标准化建设。牢固树立大抓基层的鲜明导向，深入开展党支部标准化规范化建设提升工程，开展深化基层党建全面提质增效行动，机关党支部实现全面过硬，山东省水利厅厅直系统过硬党支部占比提前超额完成70%目标。

（2）深化党员教育管理。开展微党课大赛、"我和我的支部"、"我来讲党课"、机关党建创新案例征集、"发现榜样"等系列活动，召开基层党建工作经验交流会，组织党组织书记、党务干部培训班，大力选树"鲁水先锋"先进典型，举办"两优一先"表彰仪式、"光荣在党50年"纪念章颁发仪式，组织开展"三会一课"2661次，主题党日活动3432次，新发展党员16名，党员队伍整体素质显著提升。党建调研成果连续4年获山东省一等奖，党内统计连续4年获山东省直部门"双十佳"全优报表单位。

（3）深化系统和行业党建。创新制订

《进一步加强驻济外党组织建设的若干措施》，建立责任落实、常态沟通、考核互通等5项工作机制，明确20项具体措施，推动解决驻济外党组织"双管"体制下4大难题。强化行业党建，围绕模范机关建设、党务干部队伍能力提升等5个方面，组织开展模范机关建设"三级联动""微党课大赛"等10项活动，行业党建水平显著提升。

(4) 深化党建联系工作制度。以"我为群众办实事"为抓手，开展"双报到"我为群众办实事活动9次，办成6件实事，助老项目被评为山东省市区机关联动"双报到"为民办实事优秀项目。为"双联共建"村累计落实投资488.58万元，推进共建村"五个振兴"，获评山东省直机关"双联共建"先进党组织。深入"党建链动"企业一线调研3次，为2家企业实施节水减排并推介项目，帮助企业解决实际问题。

4.党风廉政建设

(1) 筑牢不想腐的思想防线。常态化加强党纪国法教育，开展"党内法规学思用"活动，组织学习《中国共产党廉洁自律准则》等125项党内法规和规范性文件。强化警示教育，开展"党风廉政警示教育月""以案释法"等警示教育活动，召开党风廉政警示教育会议，驻山东省水利厅纪检监察组组长作辅导报告。注重廉洁文化建设，打造廉洁文化墙，开展廉洁征文、家风建设等活动，引导党员干部修身律己、廉洁齐家。

(2) 筑牢不能腐的制度防线。修订完善涉及财务管理、资产管理、中央八项规定精神落实等方面制度10余项，基本形成了科学规范、务实管用的党风廉政建设制度体系。坚持关口前移，做好风险预判分析，组织各级梳理廉政风险点5263个，逐一落实防控措施。做实日常监督，紧盯春节、中秋、国庆等重要节点、敏感时期，持续进行廉政提醒，开展明察暗访，坚决防止"节日腐败"。探索加强对"一把手"和领导班子监督，健全完善廉政风险告知提醒制度，形成《廉政风险提醒清单》，从源头上防治腐败。

(3) 筑牢不敢腐的纪律底线。牢牢把握"严"的主基调，召开山东省水利系统全面从严治党暨党风廉政建设工作会，释放一严到底、一刻不停歇的强烈信号。针对工程立项、工程招投标等5个领域，逐项提出防控措施，开展驻济外单位财务监督检查、招投标问题专项排查整治，发现、整改问题231个。深化运用监督执纪"四种形态"，处理处分山东省水利厅厅直系统干部19人，对1个失职失责的直属单位党组织进行严肃问责。

（山东省水利厅）

2023年2月8日，山东干线公司2023年度工作会议暨党风廉政建设工作会议在济南召开。会上传达年度工作会议和纪委工作会议精神，听取党风廉政建设工作报告，回顾总结2022年工作，表彰先进，谋划部署2023年重点工作，并签订党风廉政建设责任书。会议要求，全体干部职工要深入学习领会习近平总书记系列讲话精神，认真贯彻落实水利部、山东省委、省政府决策部署和山东省水利厅工作要求，锚定"走在前列、全面开创"总航标，抢抓国家水网建设和山东水务发展大好机遇，坚持发展、开放、创新、融合、和谐五大理念，抓牢2023年度各项重点工作。

（丁晓雪）

5.文明创建活动　深化精神文明建设。强化爱国主义教育，组织到沂蒙山革命根据地、山东省廉政教育馆等开展爱国主义教育31次。深化"我们的节日"主题活动,组织开展干部职工广泛参与的节日活动。大力弘扬社会主义核心价值观,开展美德和信用"六个一"、"感悟家国情怀·涵养清廉家风"廉政微家书、"身边人讲身边事"道德讲堂等活动72次。广泛开展志愿服务,打造"关爱山川河流"志愿服务品牌,开展学雷锋、助力乡村振兴、社区服务、节水护水等志愿服务活动85项,累计服务时长4132h,1人获山东省直机关"最美志愿者"称号,在全国水利精神文明建设工作会议上作典型发言。

(山东省水利厅)

【江苏省】

1. 政治建设　江苏省南水北调办公室党支部为江苏省水利厅机关党委直属党支部,截至2023年底共实有党员14人。

(1) 强化理论武装。坚持不懈用习近平新时代中国特色社会主义思想凝心铸魂、武装头脑、指导实践,深入学习贯彻党的二十大精神、习近平总书记关于南水北调工作重要论述和对江苏工作的重要讲话指示精神,组织支部主题党日活动和"第一议题"学习,努力在学思践悟中深刻领悟"两个确立"的决定性意义,坚决做到"两个维护"。

2023年10月16—17日,中国共产党南水北调东线江苏水源有限责任公司第一次党员代表大会在宁召开。江苏水源公司党委书记、董事长袁连冲代表公司党委作了题为《凝心聚力谋发展 感恩奋进启新程 奋力推动公司高质量发展走在前做示范》的报告。省属企业党委换届工作督导组到会督导。

大会的主题是高举习近平新时代中国特色社会主义思想伟大旗帜,全面贯彻党的二十大以及省委十四届四次全会精神,深入贯彻新时代党的建设总要求和新时代党的组织路线,完整准确全面贯彻新发展理念,锚定高质量发展首要任务,以国企改革深化提升行动为抓手,聚焦主责主业,聚力改革创新,着力提高公司核心竞争力和增强核心功能,加快形成新质生产力,切实提升发展质效,为建设适应中国式现代化要求的一流创新型水利企业而团结奋斗。

大会选举产生了中国共产党南水北调东线江苏水源有限责任公司新一届委员会和新一届纪律检查委员会,通过了关于党委报告的决议和纪委工作报告的决议。大会结束后,新一届党的委员会和纪律检查委员会分别召开第一次全体会议,选举产生了书记、副书记。

(张谦颖)

(2) 组织主题教育。坚持学思想、强党性、重实践、建新功,组织理论学习大讨论、"习语学悟"大家谈和理论讲坛等活动,梳理排查主题教育问题清单,制订整改方案,明确整改措施和整改时限。组织召开党支部组织生活会,开展批评与自我批评。深入开展调查研究,撰成调研报告4份。

2023年4月13日,江苏水源公司召开学习贯彻习近平新时代中国特色社会主义思想主题教育动员会议,会议要求,强化组织领导,不折不扣完成主题教育各项工作任务;要压紧压实领导责任,各级党组织要切实扛起主体责任,细化工作方案和责任清单,推动主题教育有力有序开展,通过主题教育促进党员干部能力素质有效提升。要做好督导引导工作,充分发挥好宣传载体的阵地作用,深入宣传中央和省委部署要求以及公司主题教育的工作进展、实际成效和好经验、好做法,通过开展主题教育营造干事创业的氛围。要切实加强作风建设，在讲政治、强党性中加强作风建设，坚持不懈用习近平新时代中国特色社会主义思想凝心铸魂；在敢担当、善作为中加强作风建设，激发党员干部"敢为、敢干、敢闯、敢首创"精神；在促发展、建新功中改进作风，以时时放心不下的责任感、事事落实到位的执行力抓好全年各项重点工作，以过硬的工作作风促成全年目标的达成，用优异的业绩检验主题教育的成效，为推进南水北调事业高质量发展和中国式现代化江苏新实践作出更大水源贡献。

(王山甫)

2023年9月4日，江苏水源公司召开学习贯彻习近平新时代中国特色社会主义思想主题教育总结会议，会议要求要按照中央部署、省委要求，以巩固拓展主题教育成果为新的起点，敬终如始、善作善成，推动主题教育常态长效，为公司高质量发展提供源源不竭的动力。要坚持不懈学习，推动理论学习常学常新，牢牢把握"读原著、学原文、悟原理"的学习方法，矢志不渝做习近平新时代中国特色社会主义思想的坚定信仰者和忠实践行者。要强化建章立制，推动整治整改见行见效，公司党员干部要结合工作实际和职责任务，把学、查、改、立有机贯通起来，确保整改落地落实、问题见底清零。要汲取奋进力量，推动主题教育深化提升，将主题教育学习成果转化为"走在前、做示范"的强大动力，带头抢抓发展机遇、直面矛盾挑战、勇于探索实践，在推动公司高质量发展中检验主题教育成效，为推动江苏高质量发展继续走在前列、谱写"强富美高"新江苏现代化建设新篇章作出新的更大贡献。

(尹子茜)

(3)抓好意识形态。组织开展意识形态专题学习，定期分析意识形态形势，开展意识形态、机要保密、法纪道德和安全生产"四项专题教育"。调水期间严密跟踪并做好沿线突发事件和应急处置情况，积极宣传南水北调工程效益。

2. 组织机构及机构改革　江苏南水北调省级层面组织机构为江苏省南水北调办公室，挂靠江苏省水利厅，调水沿线地级市均设立相关机构参与调水运行管理，南水北调东线江苏省内工程项目法人江苏水源公司负责南水北调新建工程运行管理。

(1)截至2023年底，江苏省南水北调办公室核定编制20人、实有编制15人。

(2)调水沿线地级市中，扬州市水利局设有南水北调处，徐州市设有南水北调工程管理中心，淮安市在水利工程建设管理服务中心增挂南水北调工程建设服务中心牌子，宿迁市设有南水北调工程建设管理中心。

(3)江苏水源公司由原国务院南水北调工程建设委员会和江苏省人民政府批准成立，建设期内，履行南水北调东线江苏省内工程项目法人职责；工程转入运行期，江苏水源公司参与南水北调东线一期江苏段新建工程运行管理。

3. 干部队伍建设　江苏省南水北调办公室核定编制20名，截至2023年底，实有人数15名，其中处级以上9人、科级以上6人。7月党支部按程序召开支部大会增选党支部委员1名，调入处级干部2人、调出处级干部1人，2023年省考招录公务员1人。

4. 党风廉政建设　江苏省南水北调办公室严格执行中央八项规定精神和江苏省委十项规定，以及江苏省水利厅党组新修订的工作细则，开展"亲清水利　廉洁机关"教育活动，组织观看廉政警示教育片，注重用水利系统身边案例教育党员知敬畏、存戒惧、守底线。强化廉政风险防控，落实"一岗双责"责任，充分发挥政治纪律约束警示作用，教育引导党员务必不忘初心、牢记使命，务必谦虚谨慎、艰苦奋斗，务必敢于斗争、善于斗争，推进作风建设常态化长效化。

5. 作风建设　江苏省南水北调办公室严格遵守中央八项规定和省委十项规定精神，全员严格执行个人重大事项报告制度，出差严格按照标准执行。2023年，江苏省南水北调办公室无人受到纪律函询和信访投诉，年内回复江苏省"12345"服务工单、政府信息公开申请等事项。

（宋佳祺）

中国南水北调集团、项目法人单位

【中国南水北调集团】

1. 政治建设

（1）学习宣传贯彻党的二十大精神。2023年2月3日，中国南水北调集团直属党委组建青年讲师团，聚焦学习宣传贯彻党的二十大精神共开展78场宣讲，推动党的二十大精神上泵站、到渠边、进班组。2023年3月20日至7月20日，中国南水北调集团直属党委组织开展学习贯彻党的二十大精神暨主题教育征文活动，共收到18个党组织选送作品95篇，评选出一等奖3个、二等奖5个、三等奖10个以及优秀组织奖3个。2023年6月8—21日，中国南水北调集团党组组织为期5天的学习贯彻党的二十大精神暨主题教育专题培训班，全集团副处级以上领导干部375人参加。2023年9月23日，中国南水北调集团党组班子集体赴西柏坡开展"牢记'三个事关'、重走赶考之路"主题党日活动。

（2）开展学习贯彻习近平新时代中国特色社会主义思想主题教育。2023年4月14日、9月13日，分别召开中国南水北调集团主题教育动员部署会、主题教育第一批总结暨第二批部署会，认真学习贯彻习近平总书记重要讲话精神和党中央部署要求，引导各级党组织和全体党员干部胸怀"国之大者"、牢记"三个事关"，以学铸魂、以学增智、以学正风、以学促干，奋力加快南水北调和国家水网事业高质量发展，为中国式现代化提供强有力的水资源支撑和水安全战略保障。2023年4—5月，中国南水北调集团党组举办三期共7天的主题教育专题读书班，原原本本、逐字逐句研读中央指定书目，深刻领悟"两个确立"的决定性意义，深刻感悟习近平新时代中国特色社会主义思想的世界观和方法论，切实用以武装头脑、指导实践。2023年10月19日，中国南水北调集团团委印发《关于面向中国南水北调集团团员和青年开展学习贯彻习近平新时代中国特色社会主义思想主题教育工作方案》（南水北调团〔2023〕2号），成立团员和青年主题教育领导小组，全面部署团员和青年主题教育工作。

（3）强化党的创新理论武装。2023年3月7日，中国南水北调集团印发《中共中国南水北调集团有限公司党组理论学习中心组2023年理论学习计划》（南水北调党〔2023〕18号），全年开展专题学习研讨13次，巡听旁听10次，不断提升各级理论武装质效。

（4）加强和改进思想政治工作。中国南水北调集团党组分别于2023年4月26

日、9月19日和11月2日召开思想政治和意识形态工作专题会。2023年5月5日，中国南水北调集团党组修订意识形态工作责任制实施细则。2023年3月3日，中国南水北调集团直属党委印发《关于进一步规范党员干部网络行为的通知》，营造健康向上、风清气正的网络环境。

（5）开展"我为群众办实事"实践活动。2023年3月29日，印发《中共中国南水北调集团有限公司党组关于印发2023年"我为群众办实事"实践活动项目清单的通知》（南水北调党〔2023〕21号），推动调水补水、防汛安全、乡村振兴、志愿服务等13个民生项目落实落地。

（郭莹　司梦）

2. 组织机构及机构改革　根据工作需要，中国南水北调集团成立法治建设领导小组等4个议事协调机构，并调整网络安全和信息化领导小组等6个议事协调机构，持续优化协同工作机制。围绕南水北调和国家水网建设运营工作，协同有关部门研究组建中原区域总部、财务共享中心、水网发展研究公司和青海公司，印发中原区域总部和财务共享中心"三定"方案，指导编制并研究批复生态环保公司、水网智科公司"三定"方案，积极助力拓展涉水相关业务发展和市场经营布局更加完善。

3. 干部队伍建设　持续加强队伍建设，中国南水北调集团首次采取走进清华、北大等高校进行招聘宣讲的方式，按照春季、秋季开展了2次共计300余人的公开招聘工作，完成第十三批后续、第十四批和第十五批共计51人的选调工作，并引进3名高层次专业化人才，多途径充实总部和新组建子公司人才队伍。

着眼事业发展需要，扎实推进干部选育管用工作，2023年办理71名党组管理干部、74名处级干部的选拔任用工作，累计调整二级单位领导班子50人次，配备40岁及以下二级单位正职2人，选派4名干部参与援疆和定点帮扶工作，推荐5名干部到国务院国资委及地方挂职，组织完成48名干部轮岗交流工作。持续加大年轻干部使用力度，开展优秀年轻干部调研，建立各层级优秀年轻干部人才库，共确定231人入选优秀年轻干部人才库，涵养干部人才队伍"蓄水池"。加强专业化董监事队伍建设，明确子公司董事会规模、人选来源、管理方式等问题，初步建立起子公司外部董事人才库。通过分层次、多元化的教育培训，不断加强人才培养，2023年共选派中国南水北调集团领导人员参加中央调训37人次，组织106名中国南水北调集团领导干部参加央企高管研修班轮训。中国南水北调集团总部全年共组织举办各类培训班79个，培训人员近2万人次。（周毅群　闫蓉　卢文灏）

4. 纪检监察工作　2023年，中国南水北调集团纪检监察组深入贯彻落实党的二十大精神和二十届中央纪委二次全会部署，坚守派驻定位，忠诚履职尽责。持续强化政治监督，带动中国南水北调集团各级纪检机构，统筹抓好两批主题教育开展情况的监督；抓好东、中线一期工程竣工决算审计整改监督，精准追责问责2个党组织、33人次；加强应对海河"23·7"流域性特大洪水的监督，相关做法在《中国纪检监察报》头版刊载。推动召开中国南水北调集团党风廉政建设会议，与党组开展2次专题会商，一体推进"三不腐"，中国南水北调集团各级纪检监察机构查处违纪违法干部职工22人，在中央纪委国家监委有力指导下，与地方监委协同配合，查办 3 起留置案件。制作《警钟长鸣》警示教育片，协助召开 2 次警示教育大会。协助开展违反中央八项规定精神问题专项治理，制订《集团公司纠治形式主义官僚主义问题八项措施》。建立纪法问答机制，印发第一批纪法问答。

5. 党风廉政建设

（1）2023 年 1 月 13 日，中国南水北调集团召开 2023 年党风廉政建设和反腐败工作会议，传达学习习近平总书记重要讲话精神和中央纪委二次全会精神，总结中国南水北调集团 2022 年党风廉政建设和反腐败工作，部署 2023 年重点任务。

（2）2023 年 3 月 22 日，中国南水北调集团召开党组和纪检监察组 2023 年度第一次全面从严治党专题会商会议，专题研究 2023 年全面从严治党工作。2023 年 9 月 4 日，召开党组与纪检监察组 2023 年度第二次全面从严治党专题会商会议，研究全面从严治党工作。

（3）2023 年 4 月 17 日，召开党组全面从严治党 2023 年第一次专题会议，审议党组落实全面从严治党主体责任 2023 年重点任务清单。2023 年 9 月 19 日，召开党组全面从严治党 2023 年第二次专题会议，集中研学《中央企业靠企吃企案件警示录》，审议中国南水北调集团党组落实全面从严治党主体责任 2023 年重点任务清单（动态调整）。

（4）2023 年 9 月 4 日，中国南水北调集团召开警示教育大会，通报典型违纪违法案件，用身边事教育身边人，推进中国南水北调集团全面从严治党向纵深发展。2023 年 12 月 19 日，召开警示教育大会，深入学习贯彻习近平总书记关于党的自我革命战略思想和全面从严治党重要论述，持续巩固深化主题教育和警示教育成果，营造风清气正的良好环境。

（5）2023 年 9 月 5 日，组织中国南水北调集团部分干部职工赴司法部燕城监狱开展廉政警示教育，推动中国南水北调集团全面从严治党工作走深走实，一体推进"三不腐"向纵深发展。

（郭莹　司梦）

6. 精神文明建设

（1）2023 年 3 月 8 日，中国南水北调集团总部工会开展"巾帼展风采、廉洁伴我行"主题活动暨清廉家风故事分享会。

（2）2023 年 4 月 27 日，赴中线工程北拒马河倒虹吸进口上游渠道绿化带开展"绿动南水北调"春季义务植树活动，50 余名干部职工共栽种树木 200 余株。

（3）2023 年 6 月 4 日，中国南水北调集团总部工会举办第一届"水网杯"职工乒乓球比赛。

（4）2023 年 3 月 15 日，中国南水北调集团工会启动"南水展翰墨，匠心绘山河"职工书画摄影作品展征集活动，共收到投稿作品 298 件，参展作品 152 件。

（5）2023 年 9 月 25 日，中国南水北调集团工会举办第一届"水网杯"职工运动会，此次活动是中国南水北调集团成立以来举办的规模最大、参加人数最多的一次综合性赛事活动，共计 800 余人，11 支代表队同场竞技。

（6）2023 年 10 月 23 日，中国南水北调集团党组印发关于进一步提升党员干部职工思想道德素养的若干措施，深入推进中国南水北调集团思想道德建设，进一步提升党员干部职工思想道德素养。

（7）2023 年 11 月，中国南水北调集团选送的《我——南水北调中线工程九位基层党员的故事》获第四届中央企业社会主义核心价值观主题微电影（微视频）优秀奖。

（郭莹　司梦）

7. 组织建设

（1）2023年1月9日，召开团员代表大会，选举产生中国南水北调集团团委第一届委员会。

（2）2023年8月28日，召开中国南水北调集团工会第一次会员代表大会，选举产生中国南水北调集团工会委员会和经费审查委员会，协商产生女职工委员会。

（3）2023年10月9日，中国南水北调集团工会印发《关于做好中国南水北调集团有限公司职工代表选举工作的通知》（南水北调工〔2023〕6号），启动中国南水北调集团职代会建设工作，民主选举产生120名中国南水北调集团职工代表。

（4）2023年12月19日，修订《中国南水北调集团有限公司党建工作考核评价办法》（南水北调党〔2023〕82号）和《中国南水北调集团有限公司各级党组织书记抓党建工作述职评议考核办法》（南水北调党〔2023〕83号），突出党建业务"双融"成效考核，推动管党治党责任与治企兴企责任协同联动。

（5）深化实施"强根铸魂"和"党建+"工程，印发《中国南水北调集团有限公司党组党的建设工作领导小组工作规则》（南水北调党〔2023〕78号），指导推动所属企业党建全面入章，严格规范重大事项前置研究讨论流程，出台《中共中国南水北调集团有限公司直属委员会关于开展主题党日活动的工作指引》（南水北调直属党〔2023〕84号），促进基层党组织标准化规范化体系化建设。

（郭莹　司梦）

【中线水源公司】

1. 政治建设　中线水源公司党委以党委理论中心组学习、"第一议题"制度和支部主题党日为抓手，认真学习贯彻习近平总书记关于治水的重要论述，坚决落实党中央决策部署和部党组、委党组的工作安排，制订改进工作清单，将学习成效转化为理清思路、推动发展的具体举措，2023年学习习近平总书记重要讲话精神17次、召开理论学习中心组学习13次，领导班子带头讲党课8次，各基层党支部开展集中学习90余次，守牢南水北调中线水源工程"三个安全"，确保了"一泓清水永续北上"的政治责任感持续提升。

2. 组织机构及机构改革　中线水源公司内设机构进行调整，组建成立技术发展部。调整后公司内设办公室、计划部、财务部、党群工作部（人力资源部）、技术发展部、工程管理部、供水管理部、库区管理部8个部门。

公司部门领导干部18名，其中部门正职8名，按正处级干部配备；部门副职8名，按副处级干部配备；公司纪委副书记1名，按正处级干部配备；公司副总工程师1名，按正处级配备。

3. 干部队伍建设　中线水源公司坚持以"对党忠诚、勇于创新、治企有方、兴企有为、清正廉洁"为标准，把好选人用人政治关、廉洁关、形象关。配合上级开展2名局级干部、1名正处级干部试用期满考核、1名局级干部任职考核和1名委管正处级干部推荐与考察工作；共开展了三批次干部选拔任用工作，选任了部门正职（正处级）干部1名，部门副职（副处级）干部2名，科级干部4名；调整使用1名正处级干部；从汉江集团交流引进1名正处级干部和1名科级干部；开展了6名科级干部试用期满考核和7名一、二级科员晋升工作。通过校园招聘、社会招聘、委内遴选等方式，引进重点院校毕业

十一、党建工作

生和专业技术人才 11 名。选派 4 名干部赴上级机关、云南省滇中引水工程交流锻炼。进一步完善督办工作机制，强化绩效考核结果运用，提升职工队伍精气神，激发干事创业的积极性。

4. 纪检监察建设 中线水源公司纪委按时向长江委纪检组上报公司干部职工违纪违法情况、重大网络舆情和突发性、群体性事件报告、收到问题线索或反映情况等。围绕习近平总书记 2023 年关于南水北调的 4 次重要批示精神，积极落实水利部部长李国英丹江口水库实地调研考察时关于水库消落区、城镇污水等 5 个方面的治理对象，开展好政治监督。将中央八项规定精神贯彻落实到纪检工作的每一个细节，督促落实长江委基层治理专项行动，加强对公务接待、公务用车及会议费、培训费、差旅费、员工食堂等中央八项规定精神的落实等易发高发违纪行为的监督。围绕巡察和审计整改，抓好整改落实监督工作，在完成前期巡视巡察整改任务取得阶段性成效的基础上，持续加强巡视巡察整改和成果运用。认真开展纪检监察干部队伍教育整顿工作，自觉接受监督。

5. 党风廉政建设 中线水源公司深入推进党风廉政建设，全面从严治党持续向好。召开 2023 年党建及党风廉政建设工作会，制定印发《2023 年党建和党风廉政建设工作要点》《落实全面从严治党主体责任 2023 年度任务清单》等，明确年度重点任务，确保各项任务落到实处、见到成效。

6. 作风建设 中线水源公司纪委充分发挥监督保障执行作用，强化日常监督，加强对公司各部门"一把手"和领导班子成员的监督和教育管理，深化重点领域廉洁风险防控。在春节、端午、中秋等重大节日前提出廉政工作要求，加强对公车使用、公款吃喝、公款旅游、大操大办婚丧嫁娶等重点事项的监督检查。

加强干部监督管理，所有提拔干部均征求纪委意见，并进行了廉政考试和任前廉政谈话。加强对重点项目、中心工作落实情况的监督检查，重点加强对合同管理情况的抽查，对公司数字孪生丹江口项目建设、标准化建设进行专项检查。

7. 精神文明建设 中线水源公司成立精神文明建设工作领导小组，制订精神文明建设工作要点，大力弘扬"奉献、友爱、互助、进步"的志愿精神，持续开展水文化宣传、节水护水等系列志愿服务活动，顺利获评湖北省直机关文明单位，原创性 MV《北流长歌》在新华网、中国网、央视频、央视新闻网、"长江水利"公众号等知名媒体推出，编撰纪实报告文学《丹心寄北流》，撰写诗歌《中线水源赋》并拍摄 MV，打造中线水源工程"一书一歌一赋"经典文化作品。加大党外代表人士培养力度，凝聚团结奋斗力量；强化青年思想引领，引导青年岗位建功，组织参加长江委第八届"十杰"评选、第二届创新创效创优大赛等活动，激发团青工作活力。

（付文娟）

【江苏水源公司】

1. 政治建设 把对党忠诚作为兴企之魂，不断提高"政治三力"。

（1）扎实开展主题教育。牢牢把握"学思想、强党性、重实践、建新功"总要求，坚持把理论学习、调查研究、推动发展、检视问题贯通起来、一体推进，编印工作手册，制订任务清单，细化 45 项具体任务，查摆解决 34 个问题，推动完善规章制度 30 个。

（2）务实把稳改革方向。着眼长远、

通盘谋划、深挖特色，构建以党代会报告、"十四五"发展规划中期修编、国企改革深化提升行动方案、一流企业价值创造行动方案等为基础的水源发展蓝图，导入卓越绩效管理模式，实施"三标"体系贯标，通过合规管理认证，治理体系更加完善。

（3）认真做好党建基础工作。顺利召开第一届党员代表大会，选举产生新一届党委和纪委，审议通过新一届党委和纪委工作报告，对未来一个时期发展的总体要求、奋斗目标和重点任务作出部署。深入推进"五聚焦五落实"深化提升行动，完成支部评星定级，规范"三会一课"，落实主题党日制度，发展 10 名党员，评选 10 佳精品党课，有力促进了基层党建全面进步、全面过硬。深化"水源红"党建品牌创建，规范党建共建协作机制，对外共建创新平台，实现"联"出优势、"建"出成效。

2. 组织机构及机构改革　江苏水源公司是顺应南水北调东线江苏段工程建设于 2005 年 3 月由国家和江苏共同出资成立的国有独资公司，隶属于江苏省国资委资产监管。公司注册资本 20 亿元，公司本级设办公室（董事会办公室、党委办公室）、调度运行部、建设管理部（安全生产办公室）、企业发展部、党委组织部（党委宣传部、人力资源部）、财务资产部、法务审计部以及纪委办公室等 8 个职能部门，下设 5 个分公司、5 个子公司，控股 2 家三级子公司。公司党委成立于 2013 年 3 月，辖管 6 个党总支、22 个党支部，共有党员 262 人，党员人数占全部职工总数的 45.1%。设有博士后科研工作站、研究生工作站、博士后创业和研究生、留学生实习基地，设立江苏南水北调干部学院（党校）、江苏南水北调泵站技能学院。先后获得全国文明单位、全国五一劳动奖状、全国工人先锋号、国家水土保持生态文明工程、江苏省文明单位等奖项，获得国家科学技术进步奖一等奖、省部级科技进步奖 13 项，其中一等奖 4 项，获中国水利工程优质（大禹）奖 12 项。

3. 干部队伍建设　聚力建设政治过硬、本领高强、敢闯敢试敢担当的干部人才队伍。

（1）夯实人才队伍。紧扣发展需要，注重外引内培，引进人才 43 人，其中研究生以上学历占比 50%；获评政府特殊津贴 1 人，中高级职称以上 31 人，22 人通过技能等级评定。

（2）精准培养人才。坚持将系统思维、精准赋能贯穿培育全过程，实施差异化培训，组织培训 30 场次，参培人员近 1600 人次，开发灌排泵站运行工行业评价标准，推动劳模技师工作室提档升级，探索技能人才培养新模式。组织 32 名员工申报职称，做到应报尽报。

（3）聚力平台创新。成功承办"江苏省泵站运行工职业技能竞赛"，4 名一线产业工人获评"省部属企业五一创新能手"；开展博士后科研工作站中期考核、研究生基地年度审核，夯实人才平台培育能力；加强年轻干部交流，召开挂职锻炼人员座谈会、选调生座谈会，组织管培生到基层锻炼培养，完善挂职锻炼工作机制。

（王山甫　张卫东）

4. 纪检监察工作　以经济责任审计和一期工程竣工决算审计问题整改为重要抓手，规范处置问题线索，精准运用"第一种形态"，严肃追责问责；开展"一把手"廉洁提醒谈话 21 人次，组织对 9 家所属企业"两个责任"落实情况进行调研，激发"关键少数"头雁作用；开展以案促改自查工作,推动健全财务管理等20余项制度。扎实开展纪检监察干部教育整顿,开展4次专题研讨,印发6份工作提示,赴雨花台烈士纪念馆、南京市看守所开展现场教学,发放纪检监察干部家庭助廉倡议书30余份;严肃开展个人自查,报送自查表45份;严格执行江苏省纪委监委"八严禁"有关规定,主动接受监督,从严防范"灯下黑"。创新举办纪检委员业务小讲堂9期,选派骨干参加江苏省纪委工贸组以案促改专项监督和江苏水源公司政治巡察、专项检查共15人次。

5. 党风廉政建设　起草江苏水源公司纪委换届工作报告,协助完成党委和纪委换届工作;协助召开全面从严治党会议,召开6次纪委会和3次纪检监察工作例会,印发"两个责任"清单及工作要点,细化39项任务,推动主体责任和监督责任贯通协同、一体落实。聚焦党的二十大精神贯彻落实等关键领域,开展对江苏水源公司领导班子及成员落实管党治党责任进行"政治画像";指导各级党组织检视主题教育问题清单34个,组织对问题整改销号进展情况进行督查,推动问题整改到位。出台《公司党委巡察工作规划(2023—2027年)》,有序组织完成1家所属企业党组织的政治巡察任务。

6. 作风建设　组织召开新一届党委首次领导干部警示教育大会,邀请纪检监察专家开展"以案明纪"警示教育培训;组织开展廉洁文化宣传教育月系列活动;创新拍摄纪法小剧场8期,编发12期纪检监察信息简报及400余条廉洁提醒短信。组织对10家子公司、分公司主题教育开展及整改落实情况进行现场检查3次,督促建立健全整改长效机制;组织对4家二级子企业制度制订及执行情况进行

检查,当面反馈问题10个,推动整改落实。紧盯重要节日印发工作提示函,组织对公车封存、值班值守等情况开展现场督查近70次;聚焦项目采购、干部人才等重要领域开展日常监督,出具党风廉政意见回函51份,对党委和纪委换届、"三重一大"决策等重点事项开展现场监督50余次。

(袁双双)

江苏水源公司纪委创新拍摄
《纪法小剧场》(孙哲　供图)

7. 精神文明建设　坚持举旗帜、聚民心、育新人、兴文化、展形象,在守正创新中提升水源形象。

(1)讲好水源故事。成功申报"江苏省水情教育基地""江苏省科学家精神教育基地""建邺区科普教育示范基地",建成启用"省国资系统党员教育实境课堂"。高质量策划纪录片、纪实画册、报告文学,聚焦东线通水10周年、公司党代会等策划专题20多个,实现央视有画面、日报有专版、强国有声音。

(2)传播水源文化。推动"源远流长"企业文化走深走实,印发《企业文化管理办法》,充实"水源红"宣讲团,规范队伍管理,组织讲解培训,开展水情、科普教育1200批次3万人次。组织"感动水源"颁奖典礼、户外团队拓展、职工书画展等文体活动,落实健康问诊、体检义诊等暖心举措,员工"三感"持续增强。

(3) 扛起水源担当。走访调研帮扶地区，落实"五方挂钩"、滴水筑梦帮扶资金及项目，赴帮扶村开展助学捐赠活动，开展"慈善一日捐""无偿献血"等公益活动，江苏水源公司获评消费帮扶（拉萨）先进单位。

（王山甫）

【山东干线公司】

1. 政治建设

（1）坚持政治统领，坚定拥护"两个确立"。认真履行山东干线公司党委全面从严治党主体责任，严格落实民主生活会、双重组织生活会、党务公开、谈心谈话、请示报告等制度和意识形态工作责任制，开展诚信承诺和党性体检，签订《党员、干部拒绝邪教承诺书》。落实"第一议题"制度，及时梳理习近平总书记关于本领域的重要讲话和重要指示批示，适时开展贯彻落实情况"回头看"，确保党中央的重大决策部署和山东省委、省政府及山东省水利厅党组的工作要求在山东干线公司落地落实落细。严格执行"三重一大"制度，2023年召开党委会27次，研究审议重大问题138项。

（2）紧扣主题主线，筑牢思想根基。扎实开展学习贯彻习近平新时代中国特色社会主义思想主题教育。聚焦"学思想、强党性、重实践、建新功"的总要求，一体推进理论学习、调查研究、检视整改、推动发展各项任务落实。将调查研究作为推动主题教育走深走实的重要抓手，学习借鉴"走出去"，先进经验"学进来"，明确时间表、路线图、责任人，探索建立"列清单-提对策-进决策-抓督导-促落地"调研成果转化链条。把检视整改贯穿主题教育始终，解决急难愁盼问题17项，转化调研成果11项，推出创新举措6项，列出问题清单整改问题32个，整改措施75项，及时跟踪整改落实情况，推动形成发现问题、解决问题、巩固提升的工作闭环。持续开展"双联共建""双报到""发现榜样""党内法规学思用""献良策、解难题、建新功"等活动，通过"三会一课"、专家宣讲等方式学原文、读原著、悟原理，利用党性教育基地、廉政教育基地，以举办诵读会、红色观影等形式开展党史学习教育、全民国防教育和庆"七一"系列活动。2023年共开展党委中心组理论学习17次，"我来讲党课"7次。各党支部组织学习研讨329次，主题党日活动284次，推动党员干部学深悟透、真信笃行。

（3）强化组织建设，建强战斗堡垒。建立完善党委书记负总责、班子成员分工负责，党群工作部、纪委办公室和各党支部密切协作、协调推进的工作责任体系。加强对基层党组织党建责任落实情况督查，持续抓好述职评议考核及省直机关工委反馈问题整改。聚焦解决基层党组织建设和党员队伍建设中存在的问题短板，印发《深化基层党建全面提质增效行动方案》《深化模范机关建设"六大行动"重点任务及责任分工》，建立"日提醒、每季度交流、每半年党建考核"制度，按照"组织健全、制度完善、运行规范、活动经常、档案齐备、作用突出"6个方面标准扎实开展党支部标准化梯级创建和评星定级。规范开展支部换届选举，严肃做好发展党员工作。所辖17个党支部均被山东省水利厅授予"五星党支部"称号；13篇党建做法宣传材料被"学习强国"App刊登报道。

2. 组织机构及机构改革　山东干线公司设董事会、监事会和经理层，实行董事会领导下的经理层负责制。

山东干线公司一级机构内设党群工作部（加挂党委办公室）、行政法务部、资产管理与计划部、财务管理部、工程管理部、调度运行与信息化部、质量安全部（加挂安全生产办公室）、技术委员会办公室、纪委办公室9个部门。二级机构设立济南、枣庄、济宁、泰安、德州、聊城、胶东7个管理局和济南应急抢险分中心、水质监测预警中心、南四湖水资源监测中心、济宁应急抢险分中心和聊城应急抢险分中心5个直属分中心。三级机构设立3个水库管理处、7个泵站管理处、9个渠道管理处、1个穿黄河工程管理处共20个管理处，按属地分别由7个管理局管辖。

3. 干部队伍建设　按照山东干线公司党委2023年度工作部署，在深入调研、充分征求意见建议的基础上，下发了《2023年度职工教育培训计划》《考核管理办法（修订）》《招聘管理办法》《职业技能等级评审实施方案（试行）》等通知文件，进一步完善人力资源管理制度体系建设。

（1）规范抓好人员招聘工作。为加强人才梯队建设，为工程运行管理提供强有力的人力资源支撑，本着急需先配、梯次合理、留有余地的原则，在吸取总结往年经验的基础上，进一步结合工作实际，对招聘流程、渠道等做了改进和完善，严格按照招聘方案圆满完成年度招聘工作，共有22名人员入职报到，全部分配到工程一线岗位工作，圆满完成了2023年度招聘工作。

（2）高效推进技能人才发展。为深化山东干线公司技能操作岗位人才评价机制体系建设，畅通技能人才成长通道，鼓励职工勤奋钻研技术和提升技能，在山东干线公司形成导向明确、精准科学、规范有序、崇尚技能、尊重人才的良好生态。完成了山东省首席技师的推荐工作，于涛获聘"齐鲁首席技师"。

（3）加强人才队伍建设。岗位选拔任用坚持公开透明，程序公正、过程公开、结果公平、择优聘任；坚持德才兼备，既注重学历、职称、资格，更注重个人品德及工作经验和工作业绩；坚持人岗相适，个人申请与岗位需求相结合，严格选拔任用条件，人选必须满足岗位工作要求；配合山东省水利厅人事处完成山东干线公司领导班子调配工作及4名总师级人员的选拔任用。向山东省水利厅推荐参与"第一书记和工作队"3人、"四进工作组"1人，严格按程序按时完成了对到山东省水利厅机关年轻人员学习锻炼的选派、借调审计署特派办帮助工作人员、外派克拉玛依水务公司学习交流等人员选派工作，加强了干部实践锻炼，通过开展双向交流挂职、到院校学习、轮岗交流等，提高干部人才队伍政治素养、专业能力。

（4）科学严密组织完成年度管理考核。完成月度、季度及年度员工考核和年度目标管理考核，考核结果在山东干线公司内网进行通报，并在2024年度工作会议上进行表彰奖励，有效发挥了考核的指挥棒作用，提高了全体干部职工的工作主动性和积极性。

（5）按计划有序推进各项培训工作。2023年共完成各类培训20余期，内容涉及党的建设、综合管理、安全生产、调度运行、廉政建设等与日常工作紧密相关的各个领域，同时开展了员工职业规划与心理健康专题培训，内训与外训结合实施，全方位、多角度进行全员培训，取得了令人满意的培训效果。分三批次带领山东大学水利学院学生赴工程一线实习，并与山东大学达成协议，选择总部及两个管理处作为该校学生实习基地，积极打造政学企协同联动的良好机制，深入探索校企合作新路子。

（6）认真做好日常管理工作。认真做好山东干线公司员工基本养老关系转移、医疗保险关系转移、社保费补缴、工伤保险申报、异地医院住院备案、生育保险报销等服务工作；完成了残疾人就业保障金缴纳、党费缴纳基数核算、各类年报统计等工作。

4. 纪检监察工作　2023年，山东干线公司纪委始终坚持聚焦主责主业，加强日常监督，多措并举提升基层纪检监督能力和治理效能。

（1）强化源头防控。2023年山东干线公司纪委开展廉政风险防控管理"回头看"工作，组织各部门单位查摆出部门单位风险点202个，个人风险点532个，逐一制订防控措施，落实责任到岗到人。严格落实廉政合同与项目合同同签制度，结合合同交底加强廉政教育，开展廉政合同执行情况专项检查，实现监督全覆盖。

（2）严明纪律规矩。督促各支部深入学习习近平总书记关于全面从严治党以及作风建设的重要论述，认真学习《中国共产党章程》《中国共产党廉洁自律准则》《中国共产党纪律处分条例》，围绕遵守党的政治纪律、组织纪律、廉洁纪律、群众纪律、工作纪律、生活纪律，加强作风建设，坚持以身边事教育身边人，精选典型案例作为切入点进行剖析，同时传达学习中央、省纪委典型案例通报，要求党员干部从案例中汲取深刻教训，认清全面从严治党形势，时刻把纪律规矩挺在前面。

（3）加强对党员干部日常管理监督。加强对干部的日常监督，动态更新完善党员干部廉政档案，全面掌握党员干部廉洁从业情况及存在的问题，做好"八小时"之外提醒监督，为职务晋升、评先评优人员出具廉洁鉴定意见，让干部习惯在受监督约束下工作和生活。全面落实党员干部述职述廉制度、干部谈心谈话制度，加强对山东干线公司在落实"两个责任"、党内政治生活、选人用人风气等方面监督，确保始终把政治纪律和政治规矩挺在前面，持续净化政治生态。

5. 党风廉政建设　2023年，在山东干线公司党委的坚强领导下，山东干线公司纪委深入学习贯彻习近平新时代中国特色社会主义思想，全面贯彻党的二十大精神，认真落实党中央和省纪委全会要求，全面推进从严治党各项任务落实落地，努力营造风清气正的工作氛围，为山东干线公司全面发展提供政治保障、纪律保障和作风保障。

（1）提高政治站位，强化政治监督。2023年2月8日，组织召开2023年党风廉政建设工作会，总结2022年廉政建设工作，部署2023年工作任务。印发2023年党委廉政建设工作要点，明确了党风廉政建设工作思路和任务。组织层层签订党风廉政责任书，进一步压实工作责任。配合驻厅纪检组推动黄河流域生态保护和高质量发展专项监督调研，进一步压实管党治党政治责任。

（2）做实日常监督，促进权力运行公开透明。2023年4月3日，印发《关于开展廉政风险防控管理"回头看"工作的通知》，组织各部门单位查摆出部门单位风险点202个，个人风险点532个，逐一制订防控措施，落实责任到岗到人；严格落实廉政合同与项目合同同签制度，结合合同交底加强廉政教育,开展廉政合同执行情况专项检查,实现监督全覆盖;加强对干部的日常监督,动态更新完善党员干部廉政档案,全面掌握党员干部廉洁从业情况及存在的问题,做好8小时以外提醒监督,为职务晋升、评先评优人员出具廉洁鉴定意见,让干部习惯在受监督约束下工作和生活。

(3) 加强廉洁教育,筑牢思想道德和法纪防线。2023年7月28日,组织召开党风廉政警示教育会议,集体观看廉政警示教育片;11月10日,组织廉政教育专题培训,邀请省委党校教授为全体职工授课;监督各支部开展党风廉政警示教育月系列活动,使全体党员干部始终绷紧廉洁从业这根弦。印发《2023年度廉政警示教育计划》,到各管理局、处等开展廉政调研和巡回廉政谈话,各级党组织书记带头上廉政党课,对干部职工开展廉洁教育,进一步提高党员干部职工的廉洁意识。多形式弘扬廉洁家风,将廉洁文化建设纳入党风廉政建设和反腐败工作具体内容,印发廉洁文化手册,指导济宁、德州等现场局做好廉洁文化阵地建设,组织开展水利廉洁文化征文活动,倡导职工学习廉洁文化、弘扬廉洁家风。

6. 作风建设 山东干线公司党委认真落实全面从严治党政治责任,坚定坚决把正风肃纪反腐作为主要内容抓紧抓实。

(1) 紧盯作风建设,传导日常监督的正气,加强元旦、春节、清明、端午、中秋、国庆等重要节点廉政提醒监督,确保节日期间风清气正。联合职能部门加强对现场值班值守情况的全面检查,对节日值班进行重点抽查,确保制度执行到位。

(2) 对照上级要求,开展作风专项整治。根据驻山东省水利厅纪检监察组部署,4—5月开展"四风"突出问题专项整治,结合纪检干部教育整顿,开展"基层治理不良现象及不担当不作为乱作为假作为"突出问题专项整治,不断加固落实中央八项规定精神堤坝。根据山东省纪委机关等五部门联合通知要求,在山东干线公司全范围内开展了党员干部和公职人员酒驾醉驾及背后存在的"四风"和腐败问题专项整治,进一步督促各党支部扎实开展"四风"整治,提醒每位党员干部牢记中央八项规定及其实施细则精神,以优良的作风、高效的管理推动山东干线公司各项事业健康发展。

(3) 加大对违规违纪问题追责问责力度。2023年共接到上级转办的信访举报3起,接到群众来信、来电2起,综合运用外围了解、谈话、初核等方式认真核查,严格落实"三个区分开来",用好"第一种形态"加强教育警示。结合近年来信访举报问题查处情况,举一反三,从苗头性问题中总结规律、提出建议,开展关于工程预结算项目管理、合同和招投标管理等专题廉政提醒教育,做到了查处一人、警示一批、教育一片。按时向驻山东省水利厅纪检监察组报送纪检队伍教育整顿相关数据及问题线索和问责处分情况,形成常态化工作机制。

7. 精神文明建设

(1) 丰富志愿服务品牌,认真履行社会责任。以山东干线公司志愿服务队为抓手,统一着装和标识标牌,累计开展"情暖夕阳"志愿服务项目5次,"阳光成长"志愿服务项目15次,"扶贫济困"志愿服务项目4次,"心理关爱"志愿服务项目4次,"营商助力"志愿服务项目4次,"节水护水"志愿服务项目24次。与"双报到"社区开展结对共建活动32次。持续做好捐建的10所"希望小屋"帮扶工作，在社会上树立了山东干线公司乐于奉献、真诚负责、积极向上的良好形象。深入开展美德和信用"六个一"活动，引导广大干部职工感悟认同社会主流思想价值，推动向上向善、诚信互助的社会风尚更加浓厚。

（2）全面落实《新时代公民道德建设实施纲要》。深入贯彻习近平总书记关于注重家庭、注重家教、注重家风的重要指示，认真学习《习近平走进百姓家》，以培育和践行社会主义核心价值观为目标，以四德为重点，广泛开展"中国梦·劳动美——凝心铸魂跟党走 团结奋斗新征程"主题宣传教育，营造尊重劳模、关爱劳模、尊重劳动、尊重知识、尊重人才、尊重创造的良好氛围。开展"最美家庭"评选推荐，"好家风好家训"征集展示，"书香三八"读书、荐书会，文明礼仪讲座，红色观影，专家宣讲，祭扫英烈，红色经典诵读会，"学习先进模范典型事迹"等活动60多次。积极参加山东省直机关文明单位"践行雷锋精神·弘扬时代新风"主题书画展，多人作品入选。作为协作区秘书长单位组织山东省直机关文明单位第三十七协作区开展"互融共创走在前 文明建设开新局"交流学习活动。

以诉求回应为抓手，架好关爱职工的沟通桥梁。建设"妈咪小屋""健康小屋"。积极开展"送精神送温暖""夏送清凉"等活动，走访慰问困难党员和一线干部职工，把党的温暖和党的声音送到基层职工心坎上。

（3）不断深化"青"字品牌，持续打造山东南水北调"青马工程"。按照"月月有活动、季度有交流、半年有展示、年底有评比"，广泛开展"我和国旗合个影""学思想凝心铸魂 重实践青春建功"青年理论学习，与山东省水利厅、国家电网超高压公司青年理论学习小组"联学联建"以及青年文明号和青年突击队等特色品牌活动。山东干线公司获山东省水利厅"厅直系统青年理论学习标兵集体"称号、"厅直系统青年理论学习优秀调研报告"等荣誉。

（晁清　杨捷　李秋香）

【湖北省引江济汉局】

1. 政治建设

（1）加强思想政治建设。坚持"思想在先，学习引领"，发挥党委理论学习中心组领学促学作用，围绕学习贯彻党的二十大精神、湖北省第十二次党代会精神等，2023年举行集体学习12次，开展授课辅导8次，组织研讨交流8次，及时跟进和系统学习了习近平总书记系列重要讲话精神。举办了新党章知识竞赛和主题教育应知应会知识测试，开展了尧治河、红军树等教育基地现场教学，编发了应知应会等学习资料400余册，在全局掀起学思想、强党性、重实践、建新功的热潮。牢牢抓实意识形态工作，积极开展政治生态分析研判，始终做政治上的明白人、清醒人，坚定拥护"两个确立"，坚决做到"两个维护"。

（2）认真落实主体责任。坚持把抓党建作为最大政绩，自觉扛牢主体责任。认真落实民主集中制，2023年召开党委会议共17次，对"三重一大"等事项进行研究和部署，保证了湖北省水利厅下达的各项目标任务按时有序推进落实。及时调整了党建工作领导小组和党员领导干部基层党建联系点安排，优化了支部设置和人员分工，实现了党建工作与业务工作"四同"目标。班子成员严格落实"双重组织生活"制度，均按规定完成了组织生活会、主题党日等工作任务，全年讲党课共12次，与干部职工谈心谈话130余人次。深入开展习近平新时代中国特色社会主义思想主题教育，结合工程效益等主题，组织到仙桃、潜江、洪湖等地走访调研58人次，提交调研报告4篇，形成工作措施19条，为后续工作提供了思路和方向。累计投入资金22.5万元，用于水利设施修建、农田取水灌溉、道路清障修整、提供就业岗位、关爱留守儿童等一批实事项目，为基层办实事做好事解难事，推动"共同缔造""一下三民"活动走深走实。

（3）积极开展创先争优。坚持把党组织打造成坚强战斗堡垒，结合建党102周年，评选表彰了一批先进基层党组织、优秀共产党员和优秀党务工作者。设立了党员先锋岗、示范岗，选树了先进典型，充分发挥广大党员在应急调水、防汛抗旱、乡村振兴、支边援藏等重大任务中的先锋模范作用，受到肯定和好评。湖北省引江济汉局获得厅直系统唯一一家全省"学习强国推广应用先进集体"，1个支部获得厅直机关"红旗党支部"称号，22人次获得"优秀共产党员""先进工作者"等表彰。

2. 组织机构及机构改革　湖北省引江济汉局为湖北省水利厅直属正处级公益一类事业单位，前身为湖北省南水北调引江济汉工程建设管理处，2010年3月经湖北省机构编制委员会办公室批准成立。主要职责是承担引江济汉工程运行管理、设备设施维修检修以及工程运行安全等工作，协调处理工程水事、环保、减灾等工作。机关设综合科、党群科、财务科、管理与计划科、信息化科、安全生产和经济发展科等6个科室，下设荆州、沙洋和潜江3个分局。湖北省机构编制委员会办公室批复湖北省引江济汉局人员控编数为205名，湖北省引江济汉局首次设置人员控制数为138名。截至2023年12月，在编职工79人，其中正处级干部1名、副处级干部5名、正科级干部13名、副科级干部19名、其他工作人员41人。湖北省引江济汉局党委下设9个党支部，共有党员75名。

3. 干部队伍建设　2023年，在湖北省水利厅党组的坚强领导下，经民主推荐、组织考察和党委集体讨论、任前公示等程序，湖北省引江济汉局党委共开展完成了3批次选人用人工作，提拔任用了4名正科级、2名副科级干部，进一步加强了队伍建设。现有人员79人，其中副处级以上干部6名、科级干部32名、其他工作人员41名；本科及以上学历人员75人，占95%；专业技术人员71人，其中高级职称6人，占8.5%，中级职称38人，占53.5%；平均年龄37.5岁，35岁及以下人员41人，占比51.9%。单位人员基本稳定，人才结构日趋合理。2023年投入培训资金22.13万元，组织干部职工参加防汛、标准化、安全生产、信息化、财务、人事、党务等各类培训达20余批次，培训人数达600余人次。安排3人次参加省直机关工委党校脱产学习，选派5名"88后"副科级干部参加湖北省水利系统青年干部成长大讲堂，2人分别获得"优秀学员"和征文比赛一等奖表彰。通过培训学习，干部职工的政治素质、综合能力和业务技能得到进一步提升。

4. 纪检监察工作

（1）强化管党治党主体责任。湖北省引江济汉局党委及时召开党风廉政建设工作部署会，印发了《2023年纪检工作要点》。湖北省引江济汉局纪委积极履职，通过压实局党委和领导干部全面从严治党政治责任，协助完善了2023年党风廉政建设"两个责任"清单，召开党建和党风廉政建设大会，年中召开警示教育大会，安排部署全面工作。层层签订年度党风廉政建设和反腐败斗争目标责任书、"八小时"之外廉洁自律承诺书，发放了致党员干部家属的廉政倡议书和家庭助廉承诺书，形成了强化责任、合力推进的工作格局，确保党风廉政建设主体责任落到实处。

（2）锻造高素质纪检干部队伍。认真落实厅直系统纪检干部队伍教育整顿工作要求，组织纪检干部开展习近平新时代中国特色社会主义思想学习教育，撰写学习心得；派员参加厅直机关纪检干部业务培训，观看电影《忠诚与背叛》、话剧《钱瑛》，交流培训心得和对教育整顿的理解认识；深入开展自查自纠，推动纪检干部教育整顿工作走深走实，把教育整顿转化为开展纪检监察工作的强大动力。加强纪委委员、纪检干部理论武装和业务学习，派员参加厅直系统巡察工作，进一步提升纪检干部履职能力。

（3）发挥好局纪委的监督责任。对于研究决定重大事项，湖北省引江济汉局纪委全程参与，通过民主生活会、专题组织生活会等方式，及时提醒分管部门和分管领域存在的问题，做到态度鲜明、红脸出汗。监督班子成员落实好基层党建联系点制度、书记讲党课制度，以纪实手册为载体用好"第一种形态"加强对领导干部的日常教育监管。督促党委书记积极履行"第一责任人"职责，其他班子成员严格落实"一岗双责"要求，实现压力传导、责任落实。每季度开展党建纪检工作检查，检查各支部党风廉政建设责任制落实情况、各支部党务干部履职情况，并对检查结果进行通报；做好新一轮援藏干部选派工作，及时总结经验查找不足，增强干部能力素养，促进各项工作的有效运行。

2023年，湖北省引江济汉局共实施政府采购项目16项、实施工程招投标项目6项，局纪委指派纪检专员对引江济汉工程运管项目开标现场进行了6次跟踪监督，未发生一起违纪违规问题。坚持信息公开透明，坚持从党费收缴、党员发展以及工程招投标、干部任免、岗位聘用、扶贫捐款、公车使用、政务值班等工作入手，对相关事项进行公开公示，扩大群众知情权，接受群众监督。

5. 党风廉政建设

（1）深入推进党风廉政建设和反腐败斗争。定期召开党风廉政建设和反腐败工作会议，传达精神、分析形势、研究工作。开展常态化谈心谈话，对新提拔干部和重要岗位人员一对一进行廉洁思想教育。不定期传达学习反面典型案例通报，推动各级党组织和广大党员认真履行"两个责任"，不断筑牢"三不腐"的思想堤坝。

（2）持之以恒纠"四风"树新风。全面贯彻落实中央八项规定精神，紧盯"关键节点""关键部位""关键人员"，持之以恒纠"四风"树新风。紧盯节假日，印发通知明确有关纪律要求，定期统计摸排各部门现有车辆信息，针对"公车私用""离岗脱岗"等"节日易发病"开展明察暗访，现场查看值班记录、值班人员在岗情况和值班值守等情况。2023年以来组织开展了3次明察暗访，没有违规违纪情形。

（3）积极推进清廉机关建设。结合第

二十四个党风廉政宣教月活动,邀请湖北省纪委监察委员会主任杜显清进行党纪法规专题辅导。组织党员干部到荆州区人民法院现场观摩庭审案例,教育和引导党员干部知敬畏、存戒惧、守底线。先后组织党员干部到湖北省图书馆参加"清风颂"书画展活动,组织开展二十大新党章知识竞赛,开展"家庭助廉开放日"活动,邀请干部职工家属走进引江济汉工程现场,全方位感受引江济汉廉洁文化。组织职工家属参加家风建设座谈交流会,签订《家庭助廉倡议书》,进一步提高了党员干部廉洁自律意识。

6. 精神文明建设 充分发挥工青妇群团组织作用,不断丰富干部职工文化生活,更新完善篮球场、羽毛球室内等项目,开展趣味运动会、素质拓展等活动,协调组织篮球队、羽毛球队和乒乓球队按时开展训练,群团工作获得佳绩。督促工会和团总支及时召开了年度工作部署会,深入组织开展拍摄多项展现湖北省引江济汉局职工风采的专题片。做到了重大节日有活动、体育每季有比赛、道德培育有讲堂,满足了干部职工精神文化需求。深入践行社会主义核心价值观,举办了4期道德讲堂。紧扣"我们的节日"主题,相继开展了节水宣传、义务植树、清明祭扫、世界读书日、红色观影、宪法宣传等活动。连续两年举办"家属开放日"活动,为单位、职工和家属增加了解、增进感情搭建平台。常态化开展"学习我带头、运动我当先"线上打卡、素质拓展、趣味运动会以及球类文体活动,关心关爱年轻职工身心健康发展。组织20名党员下沉社区参加社区卫生志愿服务活动,先后2次向徐东社区捐赠慰问物资,深受社区好评。严格落实湖北省水利厅党组和湖北省引江济汉局党委关于脱贫攻坚成果巩固及乡村振兴的各项决策部署,拨付专项经费支持竹溪县小南沟村乡村振兴。潜江分局连续6年联合高石碑镇开展"关爱留守儿童"活动。精神文明建设亮点纷呈,顺利

职工和家属参观南水北调引江济汉工程现场(湖北省引江济汉局 供图)

通过了省直机关文明单位和武昌区最佳文明单位复核。

（魏鹏）

【湖北省兴隆局】

1. 政治建设　湖北省兴隆局党委始终坚持把党的政治建设摆在首位，将学习贯彻习近平新时代中国特色社会主义思想贯穿始终，扎实开展主题教育。开展了为期7天的主题教育专题读书班，党委书记讲授《勤学深悟推动思想破冰 实干担当引领发展突围》主题教育专题党课，湖北省兴隆局8个党支部联系实际、立足岗位，围绕9个主题交流讨论，实现了党员学习全覆盖。结合主题教育读书班和第二十四个党风廉政建设宣教月活动，组织党员干部前往潜江市拖船埠红色教育基地、荆门市陆九渊纪念馆开展了2次实景教学，引导党员干部悟思想、铸忠魂、担使命。不断强化政治机关意识，组织开展了2023年度党务干部暨纪检干部集中培训，督促党员干部常态化开展"学习二十大建功先行区"线上学习竞答，深入系统学习《习近平著作选读》《习近平新时代中国特色社会主义思想专题摘编》等必读书目，2023年组织党委理论学习中心组学习11次。激发基层党组织活力，电站管理处党支部和船闸管理所党支部分别获第五届省直机关"红旗党支部"和第五届厅直机关"红旗党支部"等荣誉。

2. 组织机构及机构改革　2018年12月27日，湖北省兴隆局由原湖北省南水北调管理局转隶湖北省水利厅管理。2019年2月23日，承担兴隆枢纽、部分闸站改造和局部航道整治工程项目法人职责。根据原湖北省南水北调管理局《关于省汉江湖北省兴隆局机构设置和人员配置方案的批复》，机关内设综合科、党群科、财务科、管理与计划科、信息化科、安全生

湖北省兴隆局组织党员干部参观漳河工程历史文化主题展览馆
（湖北省兴隆局　供图）

产和经济发展科6个科室；下设电站管理处（副处级）、泄水闸管理所、船闸管理所、后勤服务中心4个直属单位。

3. 干部队伍建设　深入学习贯彻《党政领导干部选拔任用工作条例》《湖北省事业单位领导人员管理办法（试行）》，扎实做好干部选拔任用工作。择优推荐，配合湖北省水利厅人事处选拔任用了1名副处级干部；严格考核，通过组织选拔的方式，完成9名科级干部试用期满转正考核；注重提升业务能力，推荐2名职工上派湖北省水利厅机关处室（单位）锻炼，拓宽视野、改进思维，不断提升综合素质；持续抓好干部职工教育培训。制订年度培训计划，提升职工素质和能力，推荐1名处级干部到地方政府挂职，推荐2名科级干部到党校脱产培训，处级干部在线学习参学率达100%。

4. 纪检监察工作　湖北省兴隆局党委坚持严的主基调不动摇，贯彻落实加强对"一把手"和领导班子监督的工作任务清单，党委班子与分管科室（单位）"一把手"开展监督谈话12次，紧盯重点领域、关键环节和重点人，督促重点科室

（单位）落实主体责任，加强对政府采购、工程建设、合同管理等重要事项的监督，健全落实廉政风险防控机制。不定期开展监督检查，紧盯春节、"五一"、端午、中秋等重大节假日，下发纪律要求，采取节前提醒，节中、节后明察暗访等方式，遏制"四风"反弹回潮。运用监督执纪"第一种形态"开展提醒谈话1次，做到抓早抓小，防微杜渐，维护风清气正的政治生态。

5. 党风廉政建设 严格落实中央八项规定及其实施细则精神，紧盯春节、五一、端午等重大节假日，防控节日腐败。扎实开展第24个党风廉政建设宣传教育月活动，组织党员干部集中观看湖北省纪委监委警示教育片，切实增强党员干部廉洁从政意识和拒腐防变能力。在湖北省兴隆局掀起清廉机关建设热潮，通过清廉机关建设工作方案和年度任务清单，推动湖北省兴隆局清廉机关建设每年有目标、有举措、有实效。

6. 作风建设 以清廉机关建设为载体，不断压紧压实全面从严治党主体责任，着眼建设"政治生态好、用人导向正、干部作风实、发展环境优"的清廉兴隆。坚持问题导向，开展了为期6个月的违规吃喝问题专项整治，及时传达中纪委国家监委、省纪委监委关于违反中央八项规定精神问题典型案例的通报，以案为鉴，警钟长鸣。开展违反客观规律大干快上、举债搞"半拉子工程""形象工程""面子工程"问题专项整治，形成"党委主责、部门协调、全员参与"的工作格局，确保各项专项整治工作有力有效开展。在湖北省兴隆局开展形式主义官僚主义专项整治，全局党员干部作风显著增强，党风政风持续向好。

7. 精神文明建设 坚持党建带群建，充分发挥工青妇等群团组织作用，积极开展了"学雷锋我行动"志愿服务植树活动、第三届"我是小小兴隆人"亲子教育活动、首届"青蓝工程"师徒结对活动、"三八"香氛美学手作体验活动等。组织参加了"春风十里 青春有你"青年人才交友联谊暨红色教育活动、湖北省水利厅第十届水利青年杯篮球赛（获体育道德风尚奖）、"学雷锋 心向党"湖北省水利厅无偿献血活动等。湖北省兴隆局连续三届获评省直机关"文明单位"，连续四届获评"武昌区最佳文明单位"。

（郑艳霞 吴晗月）

十二、索引

索 引

说 明

1. 本索引采用内容分析法编制，年鉴中有实质检索意义的内容均予以标引，以便检索使用。
2. 本索引基本上按汉语拼音音序排列。具体排列方法为：以数字开头的，排在最前面；汉字款目按首字的汉语拼音字母（同音字按声调）顺序排列，同音同调按第二个字的字母音序排列，依此类推。
3. 本索引款目后的数字表示内容所在正文页的页码，数字后的字母 a、b 分别表示该页左栏的上、下部分，字母 c、d 分别表示该页右栏的上、下部分。

0~9

"10S" 标准化管理　143a，144b
"10S" 企业标准　166a，168a
"111" 控制模式　214d
"1+11" 应急预案体系　96b
"1158" 专项规划　91b
"1+1" 值守模式　237b
"12+1" 项安全风险评估项目　40a
"12+1" 项中线工程安全风险评估项目　80a
"1+2+43+N" 安全生产管理制度体系　317a
"1271" 专项提升　143c
"1+8+N" 应急预案工作体系　317a
"1+N" 智能业务应用体系　291b
《2022年水利部数字孪生流域建设先行先试应用案例推荐名录》　312a
《2023年安全度汛方案》　198c
《2023年度成熟适用水利科技成果推广清单》　115c，116b，116c
《2023年度廉政警示教育计划》　357a
"2023年度青年理论学习标兵集体"　177d
"2023年度水利企业质量管理小组竞赛活动"　206b
《2023年度水利先进实用技术重点推广指导目录》　114c，116b，116c，311d
"2023年南水北调工程运行管理培训班"　325d
《2023年水利部定点帮扶工作要点》　103c
"2023数字江苏建设优秀实践成果"　16b
"2023数字江苏建设优秀实践成果'十佳'案例"　16b
"2+N" 水利业务　287b，311b
"2+N" 智能应用　292b
"6·16" 安全生产咨询日　179d
"7·20" 特大暴雨　304c
"8+1" 重大专题研究成果　67c

A

安全度汛工作小组　245b

安全风险管控"六项机制" 197c
安全风险管控"一张图" 248a
"安全管理强化年行动和重大事故隐患专
　　项排查整治2023"行动 97d
"安全监测基准网复测和改建" 252d
"安全监测移动式测斜仪探头脱管打捞器"
　　253c
"安全监测自动化系统维护" 252d
"安全监管＋信息化" 97a
《安全生产标准化评审标准》 195d，
　　196b
《安全生产法》 144a，196a
"安全生产法律法规宣贯学习" 184d
《安全生产费用管理规定》 284d
安全生产风险管控"六项机制" 109a
安全生产风险管控"六项机制"试点单位
　　建设工作调研座谈会 201b
"安全生产和火灾隐患大排查大整治"
　　316c
《安全生产条例》 196a
"安全生产月" 98d，141d，153d，156b，
　　168d，179d，184d，185b，187c，208a，
　　212b，266b，316c，326c
《安全生产责任书》 218a
《安全生产责任状》 153d
"安全宣传咨询日"活动 323a
安全智能分析预警模型 24d

B

BIM＋GIS技术 294d
BIM＋GIS三维可视化孪生场景 24d
"八大体系四大清单" 195d
八里湾泵站枢纽工程 183a
八项安全生产应急预案 204a
"八项重点工作" 103b
"八项重点任务" 3d

"百村千湾万户"提升示范工程 105c
"百佳新媒体账号" 123b
"百日大干"劳动竞赛活动 93b
"百日专项治理行动" 316b
"宝应大讲堂" 145b
宝应站工程 139b，143a，149a，150a，
　　150d
北京段铁路交叉工程 112a
"北京十堰节水爱水护水志愿服务联盟"
　　279a
北京市穿五棵松地铁工程 112a
北京市水利学会科学技术奖 317d
北京市水务局重要水务创新成果 318a
北京水质实验室 238a
北拒马河暗渠 57a，108a，109a
北拒马河暗渠节制闸 34c
北拒马河暗渠中支应急抢险 238b
北易水倒虹吸 34c
泵站经济运行模型 303b
《泵站水泵机组PID自动控制触摸屏软件
　　1.0》 330c
泵站运行与维修工职业技能竞赛 145b，
　　160a
泵组声纹AI监测诊断模型算法 115a
"变化环境下长江黄河丰枯遭遇及极端枯
　　水年水资源调配研究" 188a
冰期输水调度应急演练 247a
博士后科研工作站 119d
部分闸站改造工程 265a

C

漕河渡槽 38c，112a
长葛管理处沉降渠段 10a
长沟泵站 130d，176d，181c
"长江黄河等重点流域水资源与水环境综
　　合治理" 113c，113d

《长江流域综合利用规划要点报告》　53d
"长江水利"公众号　351d
"长江云"平台　122d
长清渠道管理处　194c
"常规巡查＋不定期抽查＋突击检查"　227a
"超标准洪水对库渠紧邻型泄洪工程的影响及应急处置技术"　253a
陈庄输水线路工程　189d
"成本管理实验室"活动　91c
崇阳县白霓古堰　123b
"穿黄管理处党小组"　185a
穿黄河工程　183c
穿黄隧洞安全分析评估模型　302a
《传感中国——来自远方的甘甜》　127b
船舶垃圾污水收集送交执法检查集中日专项整治行动　220a
"创建消费帮扶示范城市助力国际消费中心城市建设"交流座谈会　278c
创新创效创优大赛　351d
磁县段工程—漕河渡槽段工程　244a

D

"大坝全息影像"一张图　132b
《大国基石·天河筑梦》　61b，127b
大数据水质预测模型　302d
大屯水库　130d，207d
《大型泵站机组典型故障案例分析》　117c
《大型泵站远程集控少人值守管理技术规范》　137c，158c
"大型灯泡贯流泵管理技术研究"　140b
"大型调水供水工程技术探索与发展"平行论坛　287a
"大型输水渡槽结构缝渗水处理技术"　253c
"大型输水渠道输水状态下渠道衬砌水下修复与拼装关键技术"　118a
大禹水利科学技术奖　140b
《大中型灌排泵站标准化管理评价标准》　147d，167a
丹江口大坝加高工程　51d
"丹江口库区及其上游流域水质安全保障工作进展和成效"新闻发布会　71b
丹江口库区及其上游流域水质安全保障工作进展和成效新闻发布会　11c
丹江口库区生态清洁小流域建设　274d
"丹江口库区消落带水土流失与面源污染驱动机制及防治"　114a
丹江口库区饮用水水源保护　233d
《丹江口水库2023年汛末提前蓄水计划》　263b
丹江口水库　27a
《丹江口水库及其上游流域水文水质监测系统建设实施方案》　275b
"丹江口水库磷循环失衡机制与富营养化风险研究"　114a
丹江口水利枢纽工程数字孪生建设　297d
《丹江口水利枢纽优化调度方案》　45a
《丹江口泗河排污问题报告》　109c
《丹心寄北流》　132b
党风建设专题会议　338c
"党建＋"　67a，350b
"党建＋业务"联席会议机制　332c
"党建引领聚合力　校企联合共发展"主题党日支部联建活动　202a
"党建＋招标采购"　283d
《党政一把手共话防汛策》　122d
《档案室消防安全应急处置预案》　204a
德州潘庄引黄闸　29a
德州市截污导流工程　227c
德州四女寺枢纽　29a
"灯泡贯流泵通风装置及液压闸门开度仪

清洁装置" 140b
邓楼泵站 16d，177a，181c
《低压输水隧洞检修技术规程团体标准》 317d
地理信息服务平台 308c
"地球知识局"微信公众号 127d
"第21届全国青年文明号" 341d
"第六届中国·河南招才引智创新发展大会" 340d
第一批标准化管理水闸工程 265d
第一批省级标准化管理调水工程 268a
"第一批县级水网先导区" 271c
"第一书记和工作队" 355c
"第一议题" 333d，339b，341b，342c，350b，354a
"第一责任人" 268d
《典籍里的中国——水经注》 61b，127b
电动葫芦年检 242b
《调水工程标准化创建指导手册》 117c
《调水工程标准化管理工作手册》 138c
《调水工程标准化管理评价标准》 95d
《调水工程调度管理规程》 96a
《调水工程技术经济指标及其计算分析研究报告》 94c
"调水+"区域战略 38a
东湖水库工程 194a
东湖水库管理处 194c
东荆河倒虹吸工程 271d
东平湖出湖闸 34c
东平县大汶河戴村坝 29a
"东线工程多水源均衡配置与输水智能调控技术" 3a
东线新能源（北京）有限公司 70c
东线一期工程2023—2024年度水量调度计划 83c
东营市续建配套工程 330c
多目标智能调度模型 24d

多源异构数据融合金属结构场景感知模型 303b

E

二级坝泵站 32d，176c，181a

F

"防溺水党员先锋队" 131b
防汛抢险知识竞赛 240d
《防汛物资储备管理制度》 178a
防汛物资互调机制 240b
"防汛一张表" 245d
《防汛应急响应工作规程》 96b
放水河渡槽 34c
"飞检" 315d
《奋楫笃行20年·南水北调江苏段工程纪事》 120b，129d
风险管控"六项机制" 329d
"风险矩阵法（LS法）" 161d
"浮动式曝气联合扰冰装置及多热源增温技术" 113b
釜山隧洞工程—惠南庄泵站工程 235c
"复杂地质条件下超大直径TBM选型、优化及智能掘进系统" 286d
"复杂条件下长距离地下有压箱涵不断水渗水修复技术研究" 118a
傅里叶变换离子回旋共振质谱仪 238a

G

岗头隧洞出口—釜山隧洞进口段工程 239a
岗头隧洞节制闸 38c
"高地下水位渠段渗流分析及渗控技术研究" 252d

高锰酸盐指数仪　238c

高石碑镇第二届桃花节　134a

高水平科技自立自强及加强基础性研究工作专题会议　100b

"高水头超长有压隧洞水力控制"　286b

"高性能混流泵瞬态过程理论与关键技术研究及应用"　118c

"工程安全监测"　286b

工程安全监测预测预警模型　301d

工程安全评估分析模型　302a

"工程调度初步研究"　286b

工程结构有限元分析及模拟平台　308d

工程危险源辨识与风险评价　216d

《工程运行管理监督检查实施细则》　96b

"工人先锋号"　131b

"供水系统降低能耗研究与智能调节模块开发应用"　151c

巩固水利扶贫成果同乡村振兴水利保障有效衔接工作会　103b

"共产党员先锋岗"　336c

"鼓绳式闸门防下滑和自动缓冲装置"　160d

"关爱山川河流　润泽千村万户"　202a

"关爱山川河流　守护国之重器"　132a

《关于2023—2024调水年度东线一期工程运行维护和还贷资金拨付事宜的指导性意见》　90d

《关于进一步加强水利工程开工备案管理工作的通知》　315d

《关于进一步加强水利工程质量管理工作的通知》　315d

《关于进一步做好调水工程标准化管理工作的通知》　95a

《关于南水北调工程有关在建项目法人验收有关事项的通知》　99c

《关于稳步推进农业水价综合改革的通知》　86c

"贯彻党的二十大·牵手护水润京华"北京十堰对口协作生态文明摄影展　278d

"国家安全知识竞赛"　184d

《国家建设征收土地结案表》　239a

国家科学技术进步奖　352c

国家省级水网先导区建设工作会议　29d

国家水利遗产名单　124b

国家水情教育基地　119a，123c，124b

国家水土保持生态文明工程　352c

国家水网及南水北调高质量发展论坛　10c，69d，127a，128b，254a，287a

"国家水网及南水北调高质量发展学术交流成果"　11b

《国家水网建设规划纲要》　6c，14d，16a，43c，46b，62c，64a

国家水网体系　15b

国家水网"一张网"　63c，290d

国家优质工程奖　16d，21d，138c，183c

H

海河"23·7"流域性特大洪水　2a，14c，56c，80a，85d，95c，127a，232c，236a，241d，251b，304b，314a，317b，320a，348d

"海河杯"勘察设计一等奖　16d

韩庄泵站　172c

韩庄泵站管理处　173a

汉江孤山电站　27c

汉江流域生态流量监管　234a

汉江兴隆船闸　22b

"和美庭院"　105c

《河北省南水北调配套工程规章制度思维导图》　321a

"河北省一级标准化管理工程"　321c

"河长＋检察长"　100d

河海大学研究生培养基地　120a

"河湖长＋警长＋检察长＋法院院长"　276c
《河南分公司科技创新工作实施方案》　253a
"河南省2023年度水利科技创新先进企业"　253d
"河南省科技文献信息共享服务平台"　253b
《河南省南水北调运行保障中心编号管理规定》　324d
《河南省南水北调运行保障中心合同管理办法》　324d
"河南省南水北调中心2023年度精神文明建设工作会议"　339b
河南省水利科技创新成果奖　253d
河南省优秀科普作品（图书）名单　253d
河南省优秀科普作品（微视频）名单　253d
菏泽市东鱼河截污导流工程　229b
菏泽市节水教育基地　230c
鹤壁淇河倒虹吸工程　68a
"弘扬水文化 沿黄河水利行"媒体采风活动　187b
"红旗党支部"　359b
洪泽泵站数字孪生建设情况　297d
洪泽站工程　25a，152d，153d，157a，157c，158a
《湖北日报》　122c
湖北省标准化管理调水工程名单　268a
湖北省第一批标准化管理调水工程　132d
湖北省第一批标准化管理水闸工程　21c
《湖北省节约用水条例》　274c
《湖北省南水北调工程保护办法》　133a
《湖北省南水北调中线工程水源地保护条例》　275b
《湖北省水利工程管理条例》　275b
《湖北省水利厅信息发布工作方案》　123a
《湖北省水文化建设规划》　123c
湖北省吴岭水库管理局　341d
湖北省引江济汉局六座水闸　21c
湖北省漳河局抗旱排涝服务队　341d
湖北水利好新闻好作品　123a
"湖北水利"微信公众号　123b
湖北水利新闻摄影作品　123a
"湖（库）突发水污染事故快速模拟技术"　114c，311d
互感器柜手车加装过电压保护装置　159a
《华北地区地下水超采综合治理行动方案》　86d，210c
华东地区优质工程奖　193d
淮安四站　152c
淮安四站工程　153b，156d，157c，157d
淮安四站输水河道工程　148b，157b，157c
淮安四站输水河道工程（淮安段）　152d，155a，158a
淮阴三站工程　153a，155d，157b，157d
"环境DNA检测技术在中线河北段水生态监测中的应用研究"　246a
《环境保护制度》　182d，183a
惠南庄泵站　34c，111c

J

"机组大修一线党员班组"　131b
《基层技术创新中心建设实施方案（试行）》　120c
"基于HEC-RAS水动力模型对交叉河道水文预报技术"　253b
"基于北斗三号的南水北调天津干线沉降关键技术研究及应用"　118a
"基于卫星雷达遥感技术的渠道边坡变形监测研究项目"　253c

"基于无人机的高精度渠坡变形巡测系统建设研究项目" 253c
"绩效考核激励机制" 317d
《计算存储设备升级及系统部署方案》咨询会 310d
"技能兴寿"职业技能大赛优秀组织单位 193a
济东渠道管理处 194c
济南市配套工程 330b
济南市区段工程 193d
济南市区段输水工程 16d
济宁市截污导流工程 222d，224b
济宁市南水北调续建配套工程 330c
济平干渠工程 193b
嘉祥县截污导流工程 225c
"建设绿色安澜黄河"工作技术创新竞赛 176b
建设水量精细化调度模型 292b
"建邺区科普教育示范基地" 353d
江苏南水北调干部学院（党校） 119d
"江苏南水北调智能调度运行管理系统的创新与应用" 16b，118c
江苏省泵站工程技术研究中心 119d
"江苏省泵站运行工职业技能竞赛" 352d
江苏省博士后创新实践基地 120a
江苏省党员教育作品创作大赛 129d
"江苏省工人先锋号" 298a
"江苏省精细化管理一级工程" 160a
"江苏省科学家精神教育基地" 353d
江苏省水利风景区 143a
江苏省水利科技进步奖 118c，140b
"江苏省水情教育基地" 353d
江苏省网络数据管理优秀案例 118c
江苏省文明单位 352c
江苏省星级上云企业 118c
江苏省研究生工作站 119d

江苏省一级水利工程管理单位 143a
江苏省优秀工程设计 140b
江苏水利"一张图" 296d
江苏水源公司泵站技能学院 119d
"江苏治淮重要堤防防渗隐患诊断与处理及评价研究" 118c
"降雨-产流-水库调蓄-洪水演进" 305a
胶东干线济南至引黄济青段工程东湖水库设计单元工程 111d
胶东干线济南至引黄济青段工程明渠段设计单元工程 111d
《胶东局2023年防汛度汛预案》 189c
《胶东局2023年现场处置方案汇编》 189c
焦作管理处高地下水段 10a
焦作管理处高填方沉降段 10a
教育部科技进步奖 118c
"节水中国 你我同行" 132a
"'节水中国 你我同行'——水源红·节水护水系列宣传活动" 119d
"节水中国 你我同行"水源红节水护水主题宣传活动 129c
"节约用水知识竞赛" 184d
"巾帼建功"评选 131c
金宝航道大汕子枢纽工程 139c，145b，149d，150b，151a
金宝航道工程（金湖段） 153a，156b，157c，157d，158b
金湖站工程 139d，146b，149d，150b，151b
金乡县截污导流工程 224d
"津洽会"展会平台 278c
《进一步加强建设项目法人管理实施意见》 318d
京石段干渠水温冰情过程精细模拟模型 302d
京石段应急供水工程釜山隧洞 112b

"京堰环保志愿联盟" 279a
"荆楚安澜"现代水网 342b
《"荆楚安澜"现代水网谱写兴水利民新篇章》 122c
局部航道整治工程 265a
拒马河应急抢险加固工程质量监督 107d

K

"开工第一课" 179d
开化水库工程 15a
"科技活动周" 119b
可视化模型 303c
可视化鱼道 270c
可视化鱼道监测系统 271a
"跨流域人工调水系统低营养水体中藻类暴发机制与预防技术" 113d，114b
"跨南水北调桥梁绿色养护标准化研究与应用" 253a

L

廊涿干渠自动化系统管理处内全线监控调度试点 321d
"李庆涛创新工作室" 207b
梁济运河段工程 177b，181d
梁山县截污导流工程 224a
"两票三制" 149d，153d，157a
两郧断裂带防渗固结灌浆项目 282c
聊城市截污导流工程 228a
聊城市金堤河、徒骇河引调水工程（二期） 228a
临清市汇通河截污导流工程 229a
临沂市邳苍分洪道截污导流工程 226c
蔺家坝泵站 34c
蔺家坝站工程 164c，169a
刘老涧二站工程 159c，161d，162d，163a，163c

刘山站工程 164b，167a
柳长河段工程 177c，182a
"六条实施路径" 15c
六五河节制闸 34c，35a，85c，207d
"六项机制"试点 96d，322d
鲁北段工程小运河段设计单元工程 111d
鲁山管理处澎河渡槽 10a
"绿色贡献奖" 70c
"绿水青山就是金山银山" 54a，209c，276b

M

茅塔河清洁小流域项目 274d
"美丽幸福示范河湖" 124c
明渠段工程 188d
模拟仿真引擎 308d

N

南湖水库 230c
《南水北调2023年新闻精选集》 121c
《南水北调泵站工程管理规程》 161b，164c，168a
《南水北调泵站工程技术培训教材》 120a
"南水北调大讲堂" 131d
南水北调大兴支线工程 314a
"南水北调大型泵站声纹AI监测技术应用研究" 117c
"南水北调东线大型泵站群优化调度和智能控制关键技术与装备" 118c
"南水北调东线大型泵站群'远程集控、少人值守'关键技术研究与示范" 117c
南水北调东线大运河南旺枢纽工程 124b
"南水北调东线工程及运河文化" 29a

"南水北调东线工程沿线地下水演化规律与智慧管理" 114a

南水北调东线公司泵站联合调度集成技术创新中心 120c

南水北调东线洪泽站大型泵站 AI 声纹监测系统 41c

南水北调东线一期穿黄工程 32d

《南水北调东线一期穿黄河工程安全监测工作实施细则》 185d

《南水北调东线一期工程北延应急供水工程水量调度方案（试行）》 84a

《南水北调东线一期工程大屯水库调度规程》 207c

《南水北调东线一期工程水量调度方案（试行）》 83c

《南水北调东线一期工程投资控制分析报告》 89b

"南水北调东线一期江苏段数据安全防护实践" 118c

"南水北调东线一期山东段工程 2023 年度泰安管理局穿黄河工程混凝土冻融修复处理创新" 184b

南水北调东、中线一期工程竣工决算审计进点会 66b

南水北调东、中线一期工程竣工决算审计整改工作调度会 69c

《南水北调东、中线一期工程竣工资料准备技术要求》 265d

《南水北调东中线一期工程受水区地下水压采总体方案》 86a

南水北调东、中线一期工程通水 9 周年 122d

《南水北调对口协作框架协议》 278d

南水北调防汛应急机制 136c

《南水北调工程安全防范要求》 45a

南水北调工程安全风险防控体系 6a

《南水北调工程安全稳定运行检测技术标准》 116b

《南水北调工程白蚁防治技术规范》 250a

《南水北调工程泵站机组振动测试与评价技术规程》 96a

"南水北调工程垂直位移上浮影响因素分析研究" 117c

南水北调工程供水成本监审 92b

《南水北调工程供用水管理条例》 3b，42b，46b，49d，54b，275b

"南水北调工程关键技术攻关" 114b

南水北调工程管理工作会议 9b

《南水北调工程技术经济管理工作研究报告》 94d

南水北调工程建设运营体制 94a

"南水北调工程山东省内运行供水和用水情况"座谈会 29a

南水北调工程受水区水价承受能力 92c

南水北调工程通水效益统计分析 89d

《南水北调工程通水效益统计分析报告》 89d

《南水北调工程信息》 96a

"南水北调工程运行安全检测技术研究与示范项目" 115c

《南水北调工程运行调度管理规定》 96a

南水北调工程专家委员会 3b，8d，66c，94a，110c

南水北调工程专家委员会年度工作会议 12b

《南水北调工程总体规划》 50d，52d，90a，93d

"南水北调公民大讲堂" 119a

南水北调国家水网工程劳动技能大赛 93c

"南水北调涵闸环保高分子防锈止水创新改造" 184b

南水北调河湖长第一次联席会议 96c

南水北调河湖长联席会议　69b
南水北调河西支线工程　314b
南水北调后续工程高质量发展座谈会　101b
"南水北调后续工程和国家水网建设科技创新路径"　100a
南水北调江汉水网公司长距离输水隧洞关键技术创新中心　120c
《南水北调江苏水源公司水文管理办法》　137d
"南水北调开放日"　119a
南水北调科学技术进步奖　118a，253c
"南水北调山东段衬砌护坡空洞隐患修复创新试验"　184b
"南水北调山东段工程通水十周年新闻发布会"　138d
"南水北调山东段渠道护坡隐患探测技术"　184b
南水北调数字孪生先行先试项目　41c
"南水北调水情教育"企业开放日活动　119d
南水北调水网智科公司水网数字化协同技术创新中心　120c
"南水北调水源地之行"调研交流　278d
南水北调宿迁市尾水导流工程　219d
南水北调天河公园　118d
南水北调团城湖调节池管理设施工程　314b
南水北调团城湖至第九水厂输水工程（二期）　314b
南水北调位山穿黄隧洞出口　29a
南水北调文化建设调研座谈会　125a
"南水北调西线工程调水对长江黄河生态环境影响及应对策略"　68c，113a
《南水北调西线工程规划》　71c
南水北调西线工程可调水量评估研究　110d
"南水北调西线工程输水隧洞建设关键技术及装备"　114b
"南水北调西线工程水源点及可调水量研究"　114a，114b
南水北调西线重大专题研究成果审查会议　67c
南水北调新沂市尾水导流工程　219d
《南水北调，要搞一个大动作》　127d
南水北调用水权交易　92b
《南水北调中线地下水水质监测方案》　248b
"南水北调中线典型膨胀土渠道白蚁危害研究"　259c
南水北调中线调蓄工程体系规划研究　110d
"南水北调中线冬季冰情观测信息化平台研究与建设"　118a
"南水北调中线冬季输水能力提升关键技术研究与示范"　113b
南水北调中线防洪加固项目质量监督　107c
"南水北调中线浮游藻类AI识别技术"　115c，116c
《南水北调中线干线工程标准化管理初评报告》　80c
《南水北调中线干线工程标准化管理评价工作方案》　95d
《南水北调中线干线工程分水管理标准》　247b
《南水北调中线干线工程藻类监测方案（修订）》　248b
《南水北调中线干线与石油天然气长输管道交汇工程保护管理办法》　40a，98a
南水北调中线干线与石油天然气长输管道交汇工程保护管理办法　74a
《南水北调中线工程大流量输水调度管理导则》　96a，96b

"南水北调中线工程冬季大流量非冰盖输水主动提升技术" 113b
"南水北调中线工程多水源供水保障与智慧调控技术" 113c，114d
南水北调中线工程防汛应急抢险演练 251b
《南水北调中线工程史料选编》 132b
"南水北调中线工程特殊输水期调度运行关键技术" 118a
南水北调中线公司数字孪生技术创新中心 120c
南水北调中线公司水质保护技术创新中心 120c
南水北调中线公司总干渠输水挖潜技术创新中心 120c
"南水北调中线水源区中长期水资源预测技术" 114a
《南水北调中线一期工程河北省综合效益分析报告》 94b
《南水北调中线一期工程水量调度方案（试行）》 84c
《南水北调中线一期工程水质监测方案》 248b
《南水北调中线一期工程投资控制分析报告》 89b
"南水北调中线一期工程总干渠输水能力复核" 286b
《南水北调中线引江补汉工程初步设计报告准予行政许可决定书》 88a
南水北调中线引江补汉工程质量监督 107b
"南水北调中线藻类图谱建立及智能识别项目" 118a，253d
"南水北调中线总干渠桥梁墩柱流态优化试验研究项目" 253c
"南水北调中线总干渠输水调度数字孪生仿真预演技术及应用研究" 114c

"南水北调中线总干渠汛期、冰期水力优化调控关键技术及应用" 118a
"南水北调中线总干渠影响水质类别关键指标溯源及防治措施示范" 114b
《南水向北流》 127c
泥沙动力学模型 24d
碾盘山工程 33d
宁阳县洸河截污导流工程 225d
"农发杯"体旅融合趣味接力赛 133

P

PCCP健康诊断数字孪生系统 116a
潘庄引河闸工程 172d
邳州站工程 164a
平阴渠道管理处 194c

Q

"齐鲁首席技师" 193a，355c
齐鲁水利科学技术奖 176a
《千里调水梦"水源"寄北流》 132b
秦岭生态环境保护大会 276c
"青马工程"青年理论学习小组 131c
"清单式"防汛监管 106d
"清四乱" 33b，150c
清污机皮带传输防跳动装置 159a
清污机专项课题研究 149c
"秋汛排涝党员突击队" 131b
曲阜市截污导流工程 225a
"全国工人先锋号" 341d，352c
全国节水主题优秀活动 119c
"全国科技活动周" 118d
全国科普教育基地 119a
"全国科普日" 118d，119b，121d
全国水利安全生产知识网络竞赛 326c
全国水利精神文明建设工作会议 345a

全国水利"一张图"　296d
全国文明单位　352c
"全国五一巾帼标兵"　341d
全国五一劳动奖状　352c
全国优秀水利水电工程勘测设计金质奖
　　16d
全国中小学生研学实践教育基地　119a
全国"最美家乡河"　123b
"全省农林水牧气象系统艰苦边远地区、
　　基层站所先进集体"　193a
"全体职工健康讲座及急救培训"　184d
全线水质指标预测模型　302d
"全员安全生产责任清单培训"　184d

R

"人民论坛年会暨南水北调中线后续工程
　　高质量发展论坛"　71c
"人民论坛年会暨首届南水北调中线后续
　　工程高质量发展论坛"　12a

S

"三个安全"　2a，9b，28d，29c，30c，
　　36b，40a，42b，44d，56c，80a，95d，
　　106c，111a，120d，291b，299c，350c
"三会一课"　144d，183d，332b，334a，
　　335d，339b，343d，352a
《三山五园地区水系规划》　121d
三阳河工程　140d，150b
"三阳河工程堤防标准化提升项目"　141
三阳河、潼河工程　148d，150a
三阳河、潼河河道工程　139b
三支沟橡胶坝工程　172c
"三重一大"　354a
《山东古井名井档案》　124c
"山东省标准化管理水利工程"　329d

山东省标准化管理水利工程评价　203a
山东省工程建设泰山杯奖　193d
"山东省骨干水网综合调度管理平台"
　　138d
山东省科技进步奖　193d
《山东省南水北调条例》　199d
《山东省南四湖保护条例》　220b
山东省农林水牧气象系统工作创新竞赛
　　227b
山东省农林水牧气象系统"乡村振兴杯"
　　176b
"山东省青年岗位技术能手"　178c
山东省水利安全生产风险管控"六项机
　　制"　179a
山东省水利工程勘测设计　193d
山东省水利工程运行管理创新竞赛　330c
山东省水利系统微党课大赛　193a
山东省水利行业职业技能竞赛　227b
山东省水利"一张图"　138c
《山东省水利遗产名录》　124d
"山东省五一劳动奖章"　178b
"山东省现代水网调度指挥系统"　138c
山东省直机关"双联共建"先进党组织
　　344a
山东省直机关"最美志愿者"　345a
《山东水利》　343c
山东水利学会齐鲁水利科学技术奖　207c
《陕西省丹江流域综合规划》　276b
《陕西省水网建设规划》　276b
"陕西省幸福河湖"　276c
《陕西省旬河流域综合规划》　276b
设备劣化分析模型　303a
设备综合风险分析模型　303a
"深入学习贯彻习近平关于治水的重要论
　　述网络答题"　184d
《生产安全事故报告和调查处理管理规
　　定》　284d

生产安全事故应急演练　266b
《生活饮用水中嗜肺军团菌的测定酶底物法》　248c
《生活饮用水中总大肠菌群、耐热大肠菌群和大肠埃希氏菌的测定荧光光度法》　248c
生态环境分区管控"一张图"　276d
"省部属企业五一创新能手"　145b，160b，352d
"省创新型班组"　131b
"省国资系统党员教育实境课堂"　353d
"省级青年文明号"　131b
"省级山洪灾害监测预报预警平台"　116c
省直机关"红旗党支部"　362b
省直机关"青年文明号"　193a
省直机关"文明单位"　363d
"省属企业先进基层党组织"　167d
"施工供电方案"　286b
"十星级文明户"　105c
十堰市文旅推介会　104a
"示范管理处"　259c
"世界水日"　118d，119c，121d，125b，126a，131c，132d，133b，179d，187b，205b，213b
世界水资源大会　118b
"市级花园式单位"　182c
"市级园林式单位"　182c
"事业单位机构改革背景下的网络融合研究"　317d
首批精细化管理工程　155d
"首批山东省水情教育基地"　131d
"书香三八"读书节　131c
输水调度水力参数反演及滚动修正模型　302c
输水调度"行为规范年"专项活动　256a
输水调度"汛期百日安全"专项活动　242d，243b，246b，256a
"输水工程局部线路比选及优化"　286b
"输水工程线路区地应力场特征"　286b
"输水工程线路区岩溶及水文地质"　286b
"输水工程岩石（体）物理力学特性"　286b
"输水隧洞 TBM 选型及配置"　286b
"输水隧洞穿越工程活动断层洞段支护设计"　286b
"输水隧洞穿越既有公路设计"　286c
"输水隧洞穿越既有铁路设计"　286c
"输水隧洞施工方案及通道布置"　286b
"输水隧洞物探 AMT 法解译"　286b
"输水隧洞支护与衬砌设计"　286b
数据库存储与管理平台　308c
数字江苏建设优秀实践成果十佳案例　118c
数字孪生丹江口建设工作专题会　17a
"数字孪生丹江口水质安全模型平台与'四预'业务"　17c，311d
数字孪生丹江口需求评审及阶段成果咨询会议　310c
数字孪生汉江兴隆水利枢纽工程建设先行先试项目　269c
《数字孪生汉江兴隆水利枢纽工程建设先行先试项目实施方案》　269a
《数字孪生汉江兴隆水利枢纽工程建设先行先试项目详细设计说明书》　269a
《数字孪生湖库水质管理信息系统设计技术导则》　114d，312a
数字孪生惠南庄泵站　237d
《数字孪生南水北调东线水网先行先试建设方案》　297b
数字孪生南水北调工程　9c，45d
数字孪生南水北调工程建设协调会　297d
数字孪生南水北调工程建设专题会　70b

数字孪生南水北调洪泽站 BIM 应用　118c，298a

《数字孪生南水北调中线工程建设方案》　299b

《数字孪生南水北调中线水网建设先行先试实施方案》　299b，306b

"数字孪生水库水质安全模型平台与预报-预警-预演-预案关键技术"　114c，311d

数字孪生水利工程　271a

《数字孪生水利工程建设技术导则（试行）》　307b

《数字孪生水利建设典型案例名录（2023年）》　3a，114c，311d

《数字孪生水利建设十大样板名单（2023年）》　114c，311d

《数字孪生中线水源工程顶层设计》咨询会　306d

数字中国建设峰会　17d

《数字中国建设整体布局规划》　18a

双王城水库工程　190d

"双重预防体系及六项机制"工作小组　203b

"双重预防体系、六项机制"建设　203a

"水安荆楚"知识竞赛　123b

"水城工匠 QC 小组"　206b

"水城匠心 QC 小组"　206b

"水尺自动清洁装置"　160d

水工程联合调度模型　292b

"水环境侦察兵"光谱传感器　315b

水价机制调研　92d

水库智慧安防专项项目　197c

水力发电科学技术奖　118a，118c

水利安全生产风险管控"六项机制"　266b，326c

水利安全生产风险管控"六项机制"网络答题　323a

"水利安全生产应急管理公益培训"　184d

水利安全生产应急演练成果评选展示活动　97d，266c

水利安全生产知识网络答题　97d

水利部安全生产知识竞赛　139a

《水利部等 4 部门关于 2022 年度南水北调东中线一期工程受水区地下水压采情况的报告》　86d

水利部定点帮扶工作会议　103c

《水利部定点帮扶湖北郧阳区 2023 年度水利技术帮扶工作方案》　104c

《水利部关于印发南水北调东线一期工程北延应急供水工程 2022—2023 年度水量调度计划的通知》　87a

《水利部南水北调司关于进一步做好南水北调工程安全工作的通知》　106d

《水利部南水北调司关于印发南水北调工程 2023 年安全生产工作要点的通知》　106d，110a

水利部南水北调文化工作座谈会　126a

水利部"人民治水·百年功绩"治水工程名单　123c

水利部水利安全生产应急演练成果评选　179b

《水利工程标准化管理评价办法》　95d

"水利工程地下岩体综合信息采集及管理系统"　115c

《水利工程供水定价成本监审办法》　92b

《水利工程供水价格管理办法》　92b

《水利工程建设质量监督书》　107b

《水利工程运行管理监督检查办法（试行）》　109d

《水利工程质量管理规定》　108c，315d

水利科学技术奖（科技进步奖）　253c

《水利水电工程等级划分及洪水标准》　210d

《水利水电工程（调水工程）运行危险源辨识与风险评价导则（试行）》 97d
水利行业个人突出贡献奖 253b
《水利行业技术标准体系表》 120b
《水利重大事故隐患专项排查整治 2023》 97a
《水脉丹心》 132b
"水清岸绿 鱼翔浅底 生态文明"主题党日活动 202a
水情数据智能清洗模型 302b
"水润党旗红·担当争先锋"大讲堂 227b
"水土保持知识竞赛" 184d
"水网杯"职工运动会 349d
水位站升级改造 242b
水污染事故渠段应急调度模型 303a
"水下衬砌修复技术研究" 118a
"水下机器人技术在大口径地下输水隧洞检测中的集成应用与示范" 317d，318d
"水下机器人探测设备系统研发及应用示范" 118a
"水源大讲堂" 129a
"水源红"宣讲团 119c，130b
"水源云课堂" 120a
《水越千年韵齐鲁》 124c
《水质污染事故专项应急预案》 205c
"四不两直" 100a，110b，328b
"四点半课堂——走进南水北调 感受中国力量" 119d
"四进工作组" 355c
"四条生命线" 9c，16a，42d，45b，50c，80d，87d，106c，120d，125d
"四项专题教育" 346c
"四预" 10b，24d，28c，29d，33d，107a，138d，299c，301b
泗洪站枢纽工程 25a，159b，159d，162c，163a，163b
泗阳站工程 159b，161b，162d，163a，163c
苏鲁省际调度运行管理系统工程 217b
苏鲁省际管理设施专项工程 216c
睢宁二站 31a，164a，169d
"隧洞不良地质洞段风险评价及处置" 286b
"隧洞超前地质预报设计" 286c
《隧洞工程施工质量与安全专项检查检测方案》 108b
"隧洞主要工程地质问题" 286b

T

台儿庄泵站 172a
台儿庄泵站管理处 173b
台儿庄小季河截污导流工程 222b
台风"杜苏芮" 87b，140d，142c，144d，146c，229d，246b，250d，323c
"陶岔固定式反无人机主动防御系统" 261a
陶岔管理处管理园区 118d
陶岔渠首 2022—2023 年度各月供水情况（表） 263
陶岔渠首枢纽工程 260a
滕州市北沙河截污导流工程 222b
滕州市城漷河截污导流工程 221d
天津分公司防汛应急抢险突击队 240d
天津干线工程 239a
"天津干线工程基于北斗三号卫星定位技术的长距离线性工程沉降监测" 239d，241d
"天-空-地-内-水"智能感知体系 309a
调蓄型深水库高效高精度三维水动力水质模型 309b

厅直机关"红旗党支部"　362b
"厅直系统青年理论学习标兵集体"　358c
"厅直系统青年理论学习优秀调研报告"
　　358c
"通脉、联网、强链"　15d
潼河工程　142d，150d
团城湖末端闸　317b
推进丹江口库区及其上游流域水质安全保
　　障工作会议　7a
推进南水北调后续工程高质量发展研究成
　　果审议会　68a
推进南水北调后续工程高质量发展座谈会
　　39b，58c

W

万年闸泵站　32d，172b
万年闸泵站管理处　173b
王庆坨水库水华防控　273c
王庆坨水库饮用水源地环境保护　273d
王希鲁节制闸　34c
微服务治理平台　308c
微山县截污导流工程（湖东片区）　223c
卫星导航定位科学技术奖　118a，239d
"我为群众办实事"　61b，145b，227b，
　　339a，344a，348a
"五好红旗党支部"　336c
"五小"创新活动　151c
"五星党支部"　354d
"武昌区最佳文明单位"　363d
"物理机制与多维监测信息融合驱动的数
　　字孪生丹江口大坝安全模型平台及'四
　　预'业务典型案例"　312a

X

西黑山光伏电站　242b

西黑山进口闸清污机改造　242b
西黑山枢纽工程　38c
西黑山水质自动监测站　244a
西四环暗涵工程　112a
"西线工程调水生态补偿机制及生物入侵
　　风险分析"　113a
"西线工程调水生态补偿模式和机制"
　　113b
"西线工程受水区生态环境效益评价"
　　113b
西线工程水资源配置方案研究专题技术审
　　查会议　66d
西线可调水量研究　111b
西线一期可行性研究任务书审查会　68d
淅川县段工程—方城段工程　257d
《习近平总书记关于南水北调重要论述摘
　　编》　129a
"先进工作者"　359b
《现代水网"安"荆楚》　122c
"向着胜利奋勇前进——南水北调集团防
　　御'23·7'特大暴雨洪水"主题展览
　　128d
项目法人验收工作　99d
"消防安全宣传月"　316c
消防救援试点建设　242b
"消防宣传月"　98d，184d
小浪底水库　102a
小浪底水利枢纽工程数字孪生建设　297c
小流域来水预测和洪水预报模型　302b
小清河五柳岛　29a
解台站　31a，164b，167d
《新型滑块在平面钢闸门的应用》　186d
信息机电"改问题、提技能、保安全"专
　　项行动　242b
《兴隆情》　133c
兴隆数字孪生工程　24b
兴隆水利枢纽工程　23c，133c，265a

381

兴隆水利枢纽鱼道改造工程　272d
"幸福河湖共同缔造"行动　275a
"徐州市网络安全等级保护工作先进单位"
　　218b
蓄集峡水库德令哈供水工程　38b
蓄集峡水利枢纽　38b
薛城小沙河控制单元截污导流工程　221b
"学习党的二十大精神、争做新时代调水
　　先锋"输水调度知识竞赛　255d
"学习强国"App　354d
"学习强国推广应用先进集体"　359b
"学习习近平关于安全生产重要论述"
　　184d

Y

"研制涵闸自动启闭装置"　206b
"研制下穿桥涵道路积水自动预警及抽排
　　装置"　206b
"扬州市文明单位"　144d
阳谷县截污导流工程　228d
"阳光走廊"宣传厅　121c
叶县段工程—穿漳河工程　249a
夜班"1＋1"模式试点　255c
"一把手"谈安全　179d，266b
"一处一库"　250b
"一断一策"　276d
"一岗双责"　338c，347a
"一规划、三顶层设计"发展战略　234a
"一河一策"　220a，236b
"一会三函"　239a
《一江清水北上的密码》　129d
《一江清水向北流》　120a
"一省一单"　97a
"一市一单"　323d，324a
"一数一源"　310d
"一星级全国青年文明号"　175d

"一源一策"整治方案　248d
"一种截流沟旋转闸机防淤堵创新"
　　253b
"一种罩壳智能开合装置"　151c
"一种自主研发新型启闭机在闸站的应用"
　　184b
移民美丽家园示范创建　277b
"以案三促"专项行动　332c
《以南水北调和国家水网事业高质量发展
　　全面助力节水型社会建设》　70b
峄城大沙河大泛口节制闸工程　172c
峄城大沙河截污导流工程　221c
《引调水工程物探检测技术规程》　116b
引江补汉工程　45c，57b，82b，87d
"引江补汉工程超大直径TBM地质适应
　　性选型、适应性设计研究"　286d
引江补汉工程初步设计报告审查预备会
　　66a
"引江补汉工程勘察设计数字孪生应用"
　　14c
引江济汉工程　13d，20a，265a
引江济汉数字孪生工程规划　272b
应急退水演进模型　303a
永定河倒虹吸工程　112a
永定河倒虹吸进水闸　317b
永定河倒虹吸退水闸　317b
"优秀共产党员"　359b
"优秀双报到单位"　131b
油坊节制闸　34c，35a
有限空间作业安全宣传　327b
"淤泥质地基堤防填筑施工控制技术"
　　140b
鱼类增殖放流　272a
鱼台县截污导流工程　223d
"禹州采空区柔性测斜仪自动化改造研究"
　　118a，253c
"预应力钢筒混凝土管断丝电磁无损检测

技术" 115c
"远程集控、少人值守" 115a，137c，
　　143b，157a，158c，214c
郧阳区柳陂水库 27c
《郧阳区现代水网规划报告》 104d

Z

枣庄局"创新工作室" 175d
枣庄局"古运心调"QC 小组 176a
枣庄局"逐梦韩庄"QC 小组 175d
枣庄市截污导流工程 221b
皂河二站工程 159d，162b，162d，
　　163b，163d
"张峰创新工作室" 200c
掌上运管通运行管理平台 322a
"珍爱生命　预防溺水"主题党日宣传活
　　动 198d
郑州市职工"五小"创新成果奖 253c
"支部共建"活动 105a
"志建南水北调、构筑国家水网" 15d
"质量安全月" 184d
《智能泵站技术导则》 114d
智能识别分析模型 303b
"智水杯"水工程 BIM 应用大赛 14c，
　　298a
"智水杯"水工程 BIM 应用大赛——运行
　　维护 BIM 应用银奖 118c
《中共水利部党组关于大兴调查研究的实
　　施方案》 99a
中国大坝工程学会科技进步奖 253c
中国工业互联网大赛首届国企数字场景创
　　新专业赛 118c
《中国共产党廉洁自律准则》 332d
《中国纪检监察报》 348d
中国建设工程鲁班奖（国家优质工程）
　　3a

中国节水论坛 70b
中国留学生实习实践基地 120a
中国南水北调集团划转接收大会 7d，
　　66a
《中国南水北调集团有限公司财会资产数
　　字化平台详细设计方案》 91d
《中国南水北调集团有限公司技术标准体
　　系表（2023—2025 年）》 120b
《中国南水北调集团有限公司经营性固定
　　资产投资项目建设用地事项审核管理规
　　定》 101a
中国南水北调集团有限公司科学技术进步
　　奖 246a
《中国南水北调集团有限公司企业文化建
　　设专项规划》 126a
《中国南水北调集团有限公司土地统计管
　　理规定》 101a
《中国南水北调集团有限公司移交国务院
　　国有资产监督管理委员会管理交接书》
　　8a，66a
"中国水利"公众号 121a
《中国水利》 121c
《中国水利报》 121c，122c
中国水利工程优质（大禹）奖 3a，16d，
　　21b，23a，25a，138c，143a，153d，
　　180b，193d，239d，253c，258c，
　　266c，352c
"中国水周" 118d，119c，121d，125b，
　　126a，131c，132d，133b，179d，
　　187b，205b，213b
中国台湾中兴工程顾问股份有限公司
　　39d
《中国禹迹图（山东）》 124c
《中华人民共和国长江保护法》 133a
《中华人民共和国水法》 133a
"中外典型调水工程核心水源区水安全管
　　理保障体系对比研究及在中线水源管理

中的应用" 119b
中线穿黄隧洞工程 51d
"中线调水系统水资源适应性均衡配置模
　　型及方案" 113d
"中线多水源调水系统水资源适应性均衡
　　配置理论与技术" 113d
中线防洪加固项目 110b
中线数字孪生模拟仿真中心 299b
中线数字孪生模型 299b
中线水源工程 L3 级数据底板 306d
中线水源公司鱼类增殖放流活动 19d
中线"一张图" 300b，301b
中线总干渠一维快速水动力精准模拟模
　　型 302c
中央八项规定 108d，333a
《中央和国家机关基层党建创新案例选》
　　332b
中央企业爱国主义教育基地 119a
中央企业社会主义核心价值观主题微电影
　　（微视频）优秀奖 349d
"中原（青年）水利英才" 253d
"重大事故隐患专项排查整治 2023"行动
　　98c，247d
"重大引调水工程安全鉴定及评价技术"
　　116c
驻勤项目信息化建设 242d
"专业知识大讲堂" 207b
"专用水文站水位自动调节装置" 152a
"准许成本＋合理收益" 90c
《自动化系统运行维护服务实施方案》
　　322d
"自建光缆＋租用公网" 321d
《自然灾害应急预案》 96b
"自学＋跟学＋集中学" 252d
《自有人员参与工程巡查实施方案》
　　241c
"总干渠衬砌板水下修复与拼装关键技术"
　　246a
"组团帮扶"工作机制 13b
"最美水利人" 341d
"最美湾组" 105c
"作业条件危险性评价法（LEC 法）"
　　161d